shangrila
textos aparte

EL CUERPO DEL CINE

HIPNOSIS, EMOCIONES, ANIMALIDADES

Cet ouvrage a béneficié du soutien des programmes d'aide à la publication de l'Institut français/Ministère français des Affaires étrangères et européennes.

Esta obra se benefició del apoyo de los programas de ayuda para la publicación del Institut Français/Ministerio francés de Asuntos Exteriores y Europeos.

CONTRACAMPO LIBROS
Colección dirigida por Mariel Manrique / Hernán Marturet

El cuerpo del cine
Hipnosis, emociones, animalidades
Raymond Bellour

Título original: *Le Corps du cinéma. Hypnoses, émotions, animalités*

Avenida Reina Victoria, 22, principal A
39004 Santander - Cantabria
Tel. 942 078 469
www.shangrilaediciones.com
shangrila@shangrilaediciones.com

Imagen portada: *Persona*, Ingmar Bergman, 1966

Septiembre 2013

Impresión
Todo Print Digital
Calle Faustino Cavadas, 11
39011 Santander - Cantabria
Tel. 942 073 090
www.todoprintdigital.es

ISBN: 978-84-941753-0-5
Depósito legal: SA-529-2013

EL CUERPO DEL CINE

HIPNOSIS, EMOCIONES, ANIMALIDADES

Raymond Bellour

TRADUCCIÓN

Julián Mateo Ballorca

shangrila
textos aparte

SUMARIO

A los desaparecidos,
en su amor por el cine,
Christian Metz,
Serge Daney,
Jean-Claude Biette,
Thierry Kuntzel

A Christa,
por la compañía de las películas

"En la fascinación que desciende de un primer plano y pesa sobre mil rostros unidos en el mismo estremecimiento, sobre mil almas magnetizadas por la misma emoción; [...] en imágenes que el ojo no es capaz de formar ni tan grandes, ni tan precisas, ni tan duraderas, ni tan fugaces, se descubre la esencia del misterio cinematográfico, el secreto de la máquina de hipnosis: un nuevo conocimiento, un nuevo amor, una nueva posesión del mundo por los ojos".

Jean Epstein

"Entre la cultura y la creencia en una verdad, hay que escoger".

Paul Veyne

"Solo el despliegue es importante. Lo demás es mero epifenómeno".

Henri Michaux

Experimentum mirabile. De imaginatione gallinae, Athanasius Kircher

PRÓLOGO

Cabe imaginar tres entradas al cine, en lugar de dos como en *Smoking/No smoking* (1993) de Alain Resnais: la hipnosis, la emoción, el animal. En realidad, constituyen una sola, proporcionalmente a las inflexiones según las cuales cada una de esas tres palabras augura una nebulosa y se convierte en una historia. Es lo que nos gustaría sugerir, para fijar mejor esta sombra que tanto se impone: el cuerpo del cine.

Un hombre podría ser el héroe emblemático de esta historia: el padre jesuita Athanasius Kircher. Al parecer, fue el primero al que, en 1646, en Roma, se le ocurrió atar a una gallina por las patas y tumbarla en una tabla, de lado o boca abajo. Con una tiza, en cuanto la gallina deja de moverse, se hace una raya partiendo del pico. Entonces se le pueden soltar las patas y se queda inmóvil, paralizada por un estupor que Kircher interpreta como una sumisión del animal a la voluntad exterior, siendo esa raya de tiza un signo de la misma. El bello título que se da al experimento, «*Experimentum mirabile. De imaginatione gallinae*», traduce la dimensión, después de todo plenamente psíquica que hará que, cuando exista la palabra hipnosis, se mantenga como un vínculo obligado entre la hipnosis animal y la hipnosis humana.

Aunque de manera controvertida, Kircher también pasa por ser el inventor de la linterna mágica. Se trata de la primera proyección realizada en una pantalla gracias a una verdadera máquina. Si la sombra proyectada de Dibutade encarna en Plinio el origen de la pintura, basta con que una máquina la sustituya para que, siguiendo el hilo de una genealogía interminable, se perfile el cine. El gran libro que, entre otros muchos, concibió Kircher, *Ars Magna Lucis et Umbrae* (1646, 1671, donde se encuentra la imagen de la "gallina"), parece así una llamada múltiple hacia otro mundo de sombras y luces destinadas a quedar fijadas un día en espectáculo —como unos años más tarde Leibniz imaginó, en un texto-programa asombroso, "*Drôle de pensée touchant une nouvelle sorte de représentations*" (1675), un compendio vertiginoso de posibilidades visuales entre las cuales, de manera retroactiva, el cine parece haberse convertido ya en lo que es hoy: una imagen particular aunque mezclada con otras muchas en la gran casa barroca de las imágenes.

Suele ocurrir que el proyecto de un libro vaya precisándose con relación a las tribulaciones que lo han visto nacer. En el momento en el que, con Thierry Kuntzel y Christian Metz, preparábamos un conjunto por entonces novedoso, *Psychanalyse et cinéma* (1975), estaba ya plenamente entregado al análisis interminable de la novela en cuatro títulos y trece volúmenes que Alejandro Dumas escribió sobre ese período prerrevolucionario y revolucionario (*Joseph Balsamo, El collar de la Reina, Ange Pitou, La Condesa de Charny*) —de donde nació mi interés por la hipnosis. En el libro, tanto tiempo aplazado, dedicado a ese cuerpo de narraciones (*Mademoiselle Guillotine. Dumas, Cagliostro, Œdipe et la Révolution française*, 1990), intenté establecer una perspectiva histórica del psicoanálisis, y de ese modo una relativización cultural de sus efectos de verdad y de terror. Este proyecto concordaba con dos ideas entrecruzadas, dos obsesiones, por las cuales tuve para nuestro número una tentación volátil, con relación al análisis de películas dedicadas a la gran maquinaria simbólica del cine americano (del que di entonces un ejemplo desarrollado, a propósito de *Con la muerte en los talones* [*North by Northwest*, Alfred Hitchcock, 1959]).

La primera de esas obsesiones se refería a la conjunción histórica, bastante banalizada desde entonces pero aún turbadora, entre psicoanálisis y cine. Tiene su fecha legendaria, puesto que en el mismo año 1895 coinciden la proyección de la primera película Lumière y la publicación de los *Estudios sobre la histeria* (así como la idea pronto abandonada del *Esbozo de una psicología científica*). ¿Cómo no quedar maravillado ante la coincidencia entre la puesta a punto de la máquina que permitirá por fin ofrecer al espectador una reproducción de la realidad llamada exterior y la de un dispositivo, a la vez de relación y científico, que recurre entonces en ese mismo sujeto a una ampliación del "campo de la memoria", gracias a la idea renovada de una lógica interna de formación y proyección de las imágenes? Además, habría significado intentar comprender mejor la razón que llevaba y llevaría a todo un sector de los estudios sobre el cine (incluido ese número que estábamos preparando) a una dependencia excesiva del psicoanálisis freudiano y lacaniano.

La segunda obsesión, estrechamente vinculada a la primera (como la práctica de Freud en sus inicios quedaba ligada a la hipnosis), se refería al establecimiento de una relación directa entre hipnosis y cine. Como si esa relación, conjeturada por los autores más diversos desde los primeros tiempos del cine, pero nunca aclarada de verdad, fuera la única que permitiera a la vez englobar y desplazar, incluso históricamente, el cara a cara que empezaba a construirse y que desde entonces no ha dejado de elaborarse, hasta el agotamiento, entre psicoanálisis y cine.

Me he preguntado a menudo por qué, desde ese momento, no había podido desarrollar sistemáticamente ese proyecto sobre el cine y la hipnosis, al que sin embargo he vuelto una y otra vez, sobre todo de forma oral, o con ocasión del análisis concreto de alguna película. Es simplemente que, a propósito de la hipnosis, había que llegar a una visión diferente de la que ofrecía el psicoanálisis (sobre todo Freud, en *Psicología de las masas y análisis del yo*). Ello suponía, en primer lugar, que la práctica y el saber propios de la hipnosis se reautonomicen para escapar al círculo vicioso de una dependencia, empírica y conceptual, del psicoanálisis. Eso es lo que ha ocurrido de manera progresiva, sobre todo en Francia, desde hace unos treinta años.

Otra razón se debe al deslizamiento que se ha producido en el universo de los estudios sobre el cine, especialmente en la manera de abordar las películas. También en ese caso, se trata de una tenaza que ha ido aflojándose poco a poco en relación con ciertos visos de normatividad procedentes tanto del psicoanálisis como de la semiología. Allí donde ambos favorecían, con sus propios conceptos, más o menos precisos o flotantes, la idea de "texto fílmico", es más bien la visión de un cuerpo de la película, de la película como cuerpo, lo que ha pasado poco a poco a primer plano, con sus sensaciones, sus emociones y sus figuras (aunque la distancia, de una visión a otra, sea también menos importante de lo que se cree, o sobre todo, de lo que se ha querido hacer creer). Inevitablemente basadas en nuevas ortodoxias, esas doctas reformulaciones científicas de la cinefilia se llevaron a cabo a menudo de manera más bien fragmentaria, en oleadas y por medio de muestras, con mucho suspense, para favorecer una relación muy abierta con la película que siempre fue lo más valioso, aunque yo solo lo supiera a medias, en ese impulso que me empujó entonces al análisis fílmico. Mantener esa relación ha sido esencial para mí, como para protegerla de cualquier autoridad, dejar que se bastara a sí misma con su propia energía, en busca de un cuerpo desconocido.

Pero siempre acaba por plantearse la pregunta: ¿a quién devolver ese cuerpo de la película, si no se puede ofrecer directamente todo a la historia, ni a la del cine, ni a la más grande de la que participa? Más que a la historia y a la teoría del arte, por la cual la del cine podría intentar ennoblecerse y a la vez restringirse, o más que a una estética demasiado segura de su autonomía, parece que el cuerpo del cine, sin ceder nada de sí mismo, podría ser compatible con una visión corpóreo-psíquica, por no decir psicosomática (todavía falta una palabra para unir lo que una larga tradición ha separado), que sería una forma modesta de filosofía. De allí la palabra "emoción", con todo lo que implica, que hay que articular con una visión inspirada por la idea de hipnosis. En el sentido en el que la emoción de cine parece ser una mera forma de hipnosis.

Por su parte, también el tercer término incluido como subtítulo ha dado muchos rodeos. En 1981, ofrecí en Estados Unidos una primera conferencia sobre "El animal como símbolo", dedicada exclusivamente al cine americano. Desde entonces, he vuelto a menudo sobre el tema en algunos cursos. Llegado a ese punto, siguiendo la inclinación de mis análisis, dedicados por entonces casi siempre a películas clásicas americanas, veía cómo se formaba a través de esa gama única de animales de cine más bien un tema de antropología cultural, aunque forzosamente inseparable de muchos efectos de dispositivos. Eso era olvidar la fuerza singular del cine americano para la comprensión del cine como tal y, mucho más, la fuerza pura de la idea de animal y del cuerpo que encarna. Así, fue preciso acabar designando la parte animal del cuerpo de emoción y del cuerpo de hipnosis, para aspirar a alcanzar el cuerpo del cine.

Hay dos cuerpos del cine, que continuamente se pliegan uno debajo del otro para favorecer la impresión de que no constituyen más que uno solo. El cuerpo de las películas, de todas las películas que una por una, plano por plano, lo componen y lo descomponen. El cuerpo del espectador, al que afecta la visión de cada película, como indicio de un teatro de memoria de proporciones desmesuradas, a través de cada película y frente a todas las películas. El cuerpo del cine es el lugar virtual de su conjunción.

Unas palabras más. Al demorarse en julio de 1988 en su diario (*L'exercice a été profitable, Monsieur*) sobre la emoción de cine, Serge Daney veía en ella la conciencia de una singularidad por la cual se sentía plenamente calificado. La oponía al sentimiento, a unos "estados medios" que, según le parecía, era más bien lo que buscaba el público normal, a través y por debajo de las emociones que lo acompañan. Del mismo modo, oponía la capacidad de emociones a la búsqueda de sensaciones, fatalmente "ligadas a lo que, en el cine, sigue funcionando como linterna mágica". Más tarde, en febrero de 1990, también decía a Jean-Claude Biette, de cuya conformidad tomaba nota, hasta qué punto el cine de la "imagen-tiempo" era *su* cine. Un cine que había llegado con el sonoro, con el sonido. Escribía: "Llenar el tiempo es suponer un espectador capaz de *memorizar la película como una suma de informaciones*, por lo tanto un espectador popular de alto nivel". Subrayaba que hoy en día ese cine se había vuelto minoritario, que el espectador actual no esperaba ya de verdad la experiencia.

Han pasado veinte años desde que Daney escribiera esas líneas, cerca de treinta desde la publicación de *L'Homme ordinaire du cinéma* de Jean Louis Schefer, que fue *el* libro de una generación. La tan anunciada muerte del cine ha entrado en la eternidad con una hermosa muerte de la cual no se sabe si acabará por llegar o si ya se ha producido. Pero el espectador popular se ha vuelto menos popular y la pureza simple de su experiencia se ha vuelto más rara, y sobre todo menos única. La película ya no se aleja del espectador para quedar como recuerdo vivo de un encuentro inalienable, del que cada proyección era oportunidad y testigo aislado. De tal modo que el hombre ordinario se ha vuelto menos ordinario y su experiencia se ha vuelto menos extraordinaria. Daney decía también a Biette, para ilustrar su posición de testigos de la imagen-tiempo: "[...] el movimiento estaba detrás de nosotros y el cerebro delante". Tantos cerebros, como sustitutos demasiado reales de memoria, para hacer las veces de la memoria única constituida por esas inmersiones rituales en el olvido y la rememoración. Pero aun así. Incluso rodeada, incluso tan dependiente en lo sucesivo de las prótesis que la desvían multiplicando sus presuntas capacidades de memoria, la experiencia del espectador de cine, por variable que sea, seguirá siendo también lo que ha sido durante mucho tiempo, mientras haya películas y salas —la de un hombre entre otros sumido en la oscuridad mientras dura una sesión y viviendo la visión de su memoria íntima en la que le propone la película. Apenas hay que aceptar que ya no serán las mismas películas ni la misma manera única de verlas, las que, con esas palabras de Schefer que tanto habían impresionado a Daney, habrán "mirado nuestra infancia". En este sentido, todos nos vamos convirtiendo, poco a poco, en espectadores con fecha, vinculados a lo que sin duda está desapareciendo, que tal vez ya ha desaparecido. Pero si el arte es una cosa del pasado, como quería Hegel, también es, responden Malraux y Deleuze, lo único que queda. Ese es el sentido en el que un espectador con fecha, aquí, señala una fecha. En nombre de una cinefilia pasada pero que también renace cada día de sí misma, intermedio renovado de un momento. Entre un amor antiguo por el cine rápidamente sometido a dura prueba por la pasión excesiva por el análisis fílmico y la volatilización del análisis en la utopía sin fin de las nuevas memorias, está ese espacio siempre enigmático en el que se mantiene, intacto, el deseo, frente a las películas, de escribirlas.

Unas últimas palabras, para terminar. A partir del momento en el que se trata sobre todo de emociones, en la mayoría de los casos, la elección de ejemplos tan numerosos de películas y de planos no ha obedecido a ningún orden impuesto por la razón. Se debe a la casualidad tanto como al recuerdo. Según parece, a visiones inscritas, desde siempre, y a encuentros nuevos, aceptados casi hasta el último momento. Al haber escrito tanto en el pasado sobre películas clásicas americanas, he tenido tendencia a apartarme un poco de ellas a lo largo de las dos primeras partes del recorrido, aunque volvamos a encontrarlas plenamente en la tercera. Por lo demás, otras muchas habrían podido ser convocadas aquí (aunque solo fueran las películas de Eisenstein, todas ellas olvidadas, o las de Welles, o las de Buñuel, tan querido en el pasado, o las de Víctor Erice que hoy tanto me llegan, o *Höhenfeuer* (1985) de Fredi M. Murer que me conmueve más que nada, o las películas de Yervant Gianikian y Angela Ricci Lucchi que dibujan sin fin puras emociones de fotogramas, o *Von heute auf morgen* (1997) de Danièle Huillet y Jean-Marie Straub, que me entusiasma, o *Meghe Dhaka Tara* (1960) de Ritwik Ghatak, por quien en cierto modo empezó todo este trabajo sobre la emoción, o también..., o también...). También me gusta pensar que todo lector podrá sustituir cada película que me ha conmovido, y retenido, por las que le resulten especialmente cercanas. De la misma manera que no hay verdadera ciencia del cine (al menos en el sentido en el que empieza a entenderse demasiado a menudo), tampoco hay imparcialidad en el amor por las películas. Para responder a todo ello, solo una precisión posible, que se convierte en garantía de un orden de razones, y la inducción de un pensamiento. Pero solo son verdaderamente reales con la condición de la sorpresa y el choque inicial del que dan testimonio. Eso es lo que entendía Serge Daney cuando enunciaba la regla fundamental, tanto para el espectador como para el crítico o el teórico: mantenerse fiel a la memoria de lo que, un día, nos estremeció.

[Nota de la presente edición: conforme el criterio de abordaje alternativo de los textos propio de la colección Contracampo de Shangrila Textos Aparte, en esta edición no se incluyen en el interior de los capítulos los 684 fotogramas que se reproducen en la edición original en francés.]

La mujer en la luna, Fritz Lang, 1929

I. HIPNOSIS

El director sugiere, luego convence, y después hipnotiza.

Jean Epstein

Creer/Teatro y CINE: alternancia de creer y de no creer. Cinematógrafo: creer continuamente.

Robert Bresson

Cuando se está en el cine, uno está cómodamente en la oscuridad y tiene en frente un punto luminoso: quieto, se está en situación de hipnosis. Entonces es más fácil mostrar los sueños, la magia, la sugestión porque lo inconsciente está 'abierto'.

Ingmar Bergman

Entiendo por cine ese momento de hipnosis que, de repente, se instala en el plató y donde ya nadie es responsable físicamente.

Philippe Garrel

El cine me despertó al mundo, igual que a todos los cinéfilos de mi edad. Teníamos esa relación hipnótica con la proyección, de la cual el 'macmahonismo' era la formulación radical. De ahí mi pasión por Otto Preminger donde la hipnosis, el sueño despierto, la alucinación en pleno día tienen un papel motor.

Benoît Jacquot

Por naturaleza hipnótica, el cine constituye el lenguaje más penetrante que el género humano haya conocido nunca. El que es capaz de inocular a gran velocidad conceptos y deseos en nuestro espíritu, el que influye decisivamente en el delicado territorio de las creencias y las ideologías, los hábitos sociales, las relaciones humanas.

Orlando Senna

El cine posee en sí mismo una cualidad hipnótica secreta.

Werner Herzog

En el cine, una sola regla: hay que conseguir hipnotizar al espectador y luego, sobre todo, no despertarle durante una hora y media.

Alain Resnais

Guillotina

1. PERSPECTIVAS RETROSPECTIVAS

Este libro no tiene nada de una historia. En ciertas ocasiones, no obstante, toma prestado de algunos fragmentos de historia la visión de su propia fábula. De modo que, esquematizando, hay tres momentos en los que se extiende la hipnosis, al final de cada uno de los siglos de la época moderna —de acuerdo con el corte adoptado por Michel Foucault en sus grandes libros de arqueología.

El primer momento es el del "descubrimiento" de la hipnosis por Mesmer, en el último cuarto del siglo XVIII, con el nombre de "magnetismo animal". Este momento presenta la particularidad de no interrumpirse, desarrollándose de manera increíblemente tumultuosa y variada; hasta la llegada de un segundo momento, a finales del siglo XIX, en el que la hipnosis alcanza una especie de apogeo, calando en la psiquiatría oficial y la clínica, con Charcot y la Escuela de Nancy, por limitarnos al campo francés. Se lleva entonces a cabo un giro, impulsado por Freud. Siguiendo el curso de una sobreimpresión delicada y casi definitivamente inestable, se verá cómo el psicoanálisis ocupa el lugar de la hipnosis y la relega, al menos en la Europa cercana, y de acuerdo con el orden aceptado de las ciencias, a la categoría de los accesorios y las prácticas poco recomendables. Habrá que esperar el último tercio del siglo XX para que la hipnosis, nunca abandonada en la Unión Soviética e ilustrada en Estados Unidos, a lo largo del siglo, por la figura emblemática de Milton Erickson, vuelva a imponerse lentamente y empiece a conocer incluso en Francia, en el país de la pura ortodoxia freudiana, un nuevo período de interés y de gloria, gracias al empeño de Léon Chertok, al relevo procedente de algunos pensadores y filósofos y a los trabajos recientes, decisivos, de François Roustang. Uno de los grandes intereses de este retorno, cuyo futuro institucional y clínico todavía se ignora, radica en que vuelve a poner en juego la historia de ese objeto tan inestable y enigmático que es la hipnosis y hace, de ese modo, verdadera historia, gracias a que se sacan a la luz tanto hechos, textos, contextos, como las corrientes de pensamiento y las tradiciones que dichas corrientes cristalizan, al abrir al mismo tiempo nuevas articulaciones con otros ámbitos de investigación y creación.[1]

Lo interesante es que en esos tres momentos acentuados de anclaje de la hipnosis, se aprecia cómo se organizan a su alrededor —en cuanto nos empeñamos en tomarla, a pesar de su volatilidad, como motivo central— un cierto número de dispositivos de visión, de los que ella misma ofrece un ejemplo.[2] Y en cada ocasión, el cine, incluso antes de intentar esclarecerlo con la hipnosis, podrá encontrarse situado junto a ella en el desarrollo, por condensado que sea, de una historia de la imagen y de la mirada marcado por estos tres cortes potenciales: en un momento inicial, lo que se ha dado en llamar la arqueología del cine, aunque el término así empleado suponga cierto riesgo de teleología; luego, en el tiempo que lleva a su nacimiento y a sus primeros desarrollos; finalmente, en este momento contemporáneo, inaprehensible a fuerza de metamorfosis, en el que el dispositivo del cine, que pudo creerse único respecto a la imagen en movimiento, sobrevive entre tantos otros que podría parecer destinado a perder su propia naturaleza.

---

1. Entre otras muchas, la historia más desarrollada y más argumentada de la hipnosis, concebida a partir del modelo del sonambulismo artificial de Puységur y sus consecuencias sobre la formación de las «ciencias psíquicas», es la de MÉHEUST, Bertrand: *Somnambulisme et médiumnité*, 2 vol. (1. *Le Défi du magnétisme*, 2. *Le choc des sciences psychiques*), París: Les Empêcheurs de penser en rond, 1999. El libro de GAULD, Alan, *A History of Hypnotism*, Cambridge (Mass.): Cambridge University Press, 1992, tiene el interés de no limitarse al ámbito francés. La obra clásica es la de ELLENBERGER, Henri-Frédéric, *The Discovery of the Unconscious: The History and Evolution of Dynamic Psychiatry*, New York: Basic Books, 1970, trad. fr., *À la découverte de l'inconscient: histoire de la psychiatrie dynamique*, Villeurbanne: SIMEP Éditions, 1974.

2. Resulta apasionante seguir la manera en la que la hipnosis ha sido considerada de manera elevada, en cuanto forma especificada de la atención, en el segundo libro de CRARY, Jonathan, *Suspensions of Perception. Attention, Spectacle and Modern Culture*, Cambridge (Mass.): MIT Press, 1999. Si intentamos captar en su conjunto los resultados de ese libro con los de *Techniques of the Observer*, 1990 (*L'art de l'observateur. Vision et modernité au XIX*[e] *siècle*, Nîmes: Jacqueline Chambon, 1994), puede apreciarse el esbozo a lo largo del siglo XIX de los grandes rasgos como la virtualidad de un historia comparada de los inventos técnicos (así, en primer plano, de las máquinas de visión) y de las intuiciones o concepciones psíquicas, historia en la cual la hipnosis ocupa un lugar central.

A.

Pueden proyectarse uno sobre otro los resultados de dos libros de Foucault, *Vigilar y castigar* y *Nacimiento de la clínica* (sin olvidar la genealogía más amplia desarrollada en *Las palabras y las cosas*), para comprender que, a caballo de dos siglos, algo ha cambiado de manera fundamental, tanto en el ejercicio de la mirada como en la visión de los cuerpos a partir de los cuales y entre los cuales esa mirada se ejerce. Gira sobre sí misma toda la relación de lo visible y lo invisible, de acuerdo con una nueva articulación entre el ojo y su objeto, conducida por el lenguaje que la hace posible. "Lo invisible visible"[3], dice Foucault, al delimitar la tensión que se instaura en la Clínica entre una visibilidad y una invisibilidad igualmente aumentadas, condenadas a la mirada y agrupadas de acuerdo con una nueva proximidad de la vida con la muerte. Es la famosa exhortación de Bichat, más paradójica de lo que parece: "Abrid algunos cadáveres: veréis cómo al momento desaparece la oscuridad que la simple observación no había conseguido disipar". Foucault emplea una fórmula llamativa para situar la división instaurada de tal modo entre lo visible y lo enunciable, al abrir la imagen al lenguaje que se convierte en su doble inquieto, iluminándolo y oscureciéndolo en un mismo movimiento: "La mirada clínica tiene la paradójica propiedad de *escuchar un lenguaje* en el momento en el que *percibe un espectáculo*". Este lenguaje es la respuesta que provoca una nueva empiricidad de la imagen, que se presenta en su materialidad y se ofrece como enigma, lejos de la idealidad que la mirada de Dios garantizaba en la época clásica. Así, ese "Ojo que hablaría" se convierte en el sujeto en una voz que se alza, tanto desde fuera como desde dentro, para responder a una nueva implicación del observador en el cuadro. De ese modo, se tiene la tentación de conceder a esas opiniones la hipótesis adoptada por Michael Fried a propósito de un lugar del espectador que se impone en la pintura, a partir de la segunda mitad del siglo XVIII, y que se desarrolla hasta encontrar su forma extrema en Manet[4] (Manet que fue, en cuanto a la imagen, la íntima obsesión de Foucault, proyecto de un libro abandonado).

---

3. Es el título del capítulo IX de *Naissance de la clinique. Une archéologie du regard médical*, París: P.U.F., 1963 (para las citas que siguen: pp. 148, 108 y 115).
4. FRIED, Michael, *La place du spectateur* (1980, 1988), París: Gallimard, 1990.

Sin adentrarnos en los repliegues de la disciplina que justifican su lugar en el centro de los análisis de Foucault, puede retenerse del Panóptico la idea de un ojo central, abstracto y todopoderoso.[5] Este ojo del guardián se define por el movimiento circular y discontinuo según el cual se supone que capta los movimientos de una realidad recortada previamente de manera regular, correspondiente al orden intangible de la disposición de las celdas donde están alojados los prisioneros. Sin embargo, se observa que en el mismo momento, y por una singular casualidad, en el mismo país y el mismo año, 1791, se propone una nueva forma de espectáculo: el panorama.[6] Esta gigantesca composición circular tiene como objeto ofrecer el cuadro de la pintura a una contemplación sin precedentes, que sus normas acercan y diferencian de las del Panóptico. Como en este último, el observador del panorama puede ocupar una posición central ideal, la única a partir de la cual, girando sobre sí mismo, abarca poco a poco el conjunto de la escena ofrecida. Pero ese espectáculo se propone para una pintura de la realidad, a pesar de los artificios propios que intervienen en su concepción; por lo tanto, es de naturaleza continua, igual que se supone que lo es la visión natural, a pesar de los saltos visuales, conscientes o reflejos, que la acompañan. Por otra parte, el panorama induce una selección de acuerdo con los movimientos de los visitantes, que se acercan o se alejan libremente de los motivos de la tela, un poco como en las instalaciones contemporáneas. Finalmente, ese espectáculo es social; y la nueva potencia del ojo, de ser relativo y compartido, se opone así, sea cual fuere la manera en que se ejerce, a la que triunfa en la invisibilidad omnipotente y solitaria del Jefe del Panóptico.

---

5. FOUCAULT, Michel, *Surveiller et punir. Naissance de la prison*, París: Gallimard, 1975, pp. 201-206.
6. Es el año en el que aparece el término, en las publicidades del primer gran panorama presentado en Londres el año siguiente: "London from the Roof of the Albion Mills". La patente depositada por Barker data de 1787; un primer intento, menos acabado, de panorama de Edimburgo, data de 1788; en 1793, se abre un lugar permanente de exposición en Leicester Square. Véase HYDE, Ralph, *Panoramania! The Art and Entertainment of the «All-Embracing» View*, Londres: Trefoil Publications/Barbican Art Gallery, 1988. Sobre la articulación entre panóptico, panorama y fantasmagoría, y más allá del diorama, véase FRIEDBERG, Anne, *Window Shopping*, Berkeley: University of California Press, 1993, pp. 17-29.

Es una visión muy distinta la que, apenas un año más tarde, propone la máquina de muerte ideada por la Revolución francesa. Ya se ha dicho y repetido hasta qué punto lo esencial radica en la invisibilidad del proceso por el cual la nueva sociedad piensa imponer una muerte justa, igualitaria e indolora.[7] La voluntad de reformar el sistema penal que anuncia el diputado-doctor Guillotin desde 1789, por "el efecto de un simple mecanismo", engendra una máquina gracias a la cual el verdugo, liberado de la antigua lógica de los suplicios, se convierte en mero ejecutor, casi en una especie de proyeccionista. Pues lo que la máquina ejemplar propone es ciertamente una imagen, tanto al inconsciente ideal de la nueva República, convencida de su objetivo de universalidad, como a los numerosos ciudadanos que se agolpan para asistir al espectáculo de las ejecuciones, como se hacía en tiempos de la muerte pública. La diferencia está en que mientras que antes la muerte se eternizaba, ahora no se ve nada, puesto que la cuchilla se desliza con excesiva rapidez entre los carriles del aparato para que pueda captarse su efecto de otro modo que no sea el de la pura sustracción: en el tragaluz, pequeña pantalla circular contra la que se fascina la mirada, hay primero una cabeza y, al instante, una ausencia, un agujero negro. En *La inglesa y el duque* (*L'Anglaise et le Duc*, 2001), Éric Rohmer propuso una imagen ejemplar de esta visión diferida, ligándola al efecto de una óptica: desde las alturas de Meudon donde se ha refugiado, Grace Elliot hace que su criada observe, por medio de un catalejo que se acerca hasta la plaza Luis XV, la escena de la ejecución de Luis XVI, y le vaya contando las peripecias. Resulta así duplicada por la distancia, el relevo de las miradas y el recurso a los poderes de la lengua una invisibilidad que estalla ya tan vivamente "de cerca".[8] Es conocida la reacción inducida a lo largo de todo el siglo XIX por esta muerte demasiado instantánea: la visión traumática de la "cabeza pensante", de la que Alejandro Dumas y Villiers de L'Isle-Adam extraerán efectos extremos.[9] Ese fan-

7. Véase FOUCAULT, Michel, *Surveiller et punir*, pp. 17-21; ARASSE, Daniel, *La Guillotine et l'Imaginaire de la Terreur*, París: Flammarion, 1987 (para las citas siguientes: pp. 23, 49, 50, 53).
8. «Pero ¿qué ves? / Nada. Parece que... / ¿Qué? (Ruido del gentío, disparo de cañón) / Pero ¿qué ha pasado? / No lo sé. / Yo lo sé y tú también, vamos, no nos quedemos aquí».
9. El primero, en su "tetralogía" sobre todo, ya citada, o en relatos como *Los Mil y Un Fantasmas*, y *La Mujer del collar de terciopelo*; el segundo, en *El secreto del cadalso* (uno de los cuentos de *El amor supremo*).

tasma de un resto de vida posterior a la muerte infligida por la guillotina tiene el interés de subrayar lo que está en juego en esta visión increíble pero que sin embargo hay que creer, donde lo que hay que ver es lo invisible, a merced de la máquina que "corta las cabezas a la velocidad de la mirada" (Arasse citando a Cabanis). Hugo también escribe: "El cadalso es visión".[10] "*Punto ciego*" de la "ventana", subraya Arasse. Y concluye acertadamente: "[...] el instante de la guillotina produce una verdadera divergencia temporal en la que estalla la unidad del sujeto".

Se entiende que la realidad de la guillotina haya conocido, casi desde el principio, los favores de la nueva forma de espectáculo inventada a finales del siglo: la fantasmagoría, que propone temas tan atemporales como inspirados por la actualidad cercana. Se trata de auténticas funciones, con su duración establecida, sus espectadores que pagan una entrada, de las cuales su inventor-director reconocido, Étienne-Gaspard Robertson, dejó evocaciones impresionantes, aunque solo fuera por sus aspectos improbables.[11] Anticipan, en efecto, entre otras muchas cosas, lo que se convertirá casi un siglo más tarde en la obsesión mayor de la fotografía espiritista: la restitución a los vivos de la imagen de los muertos. En la fantasmagoría se forma una mezcla única, propia de ese fin de siglo atormentado, entre racionalismo y superstición, observación e imaginación, enseñanza e ilusión. En ella se anuncia el cine, a través de un primer cumplimiento de las promesas de la linterna mágica. Pero la virtualidad de esta realización, como la de muchos inventos antiguos, se extiende mucho más allá, hasta las instalaciones de hoy. En efecto, según las descripciones, lo difícil de valorar es el grado de focalización de la pantalla propiamente dicha, que Robertson también llama "espejo", tela

10. HUGO, Victor, *Les Misérables*, cap. IV, París: ed. Massin, Club français du livre, 1969, t. XI, p. 64.
11. Las *Memorias* de Robertson, en dos volúmenes, datan de 1831 y 1833. El primero fue reeditado por Café Clima, 1985, con un largo prólogo de Philippe Blon. Sobre la historia agitada de la invención de la fantasmagoría, véase MANNONI, Laurent, *Le Grand Art de la lumière et de l'ombre*, París: Nathan Université, 1994, pp. 135-168 (allí nos enteramos especialmente de que la invención de Robertson en 1798 está prefigurada por la «fantasmagoría» de Paul Philidor, de la que se anuncia un espectáculo a partir de 1792). Véase también el hermoso ensayo de PRIEUR, Jérôme, *Séance de lanterne magique*, París: Gallimard, 1985, así como BRESCHAND, Jean, "1789: Fin de la Révolution, début du cinéma?", *Vertigo*, nº 4, "Les Écrans de la Révolution", 1989, pp. 13-16.

blanca al dorso de la cual se envía la proyección del "fantascopio", oculto a la vista de los espectadores. ¿Se trata de una superficie fija y rectangular, comparable a una pantalla de cine o, por el contrario, de dimensiones variables, y sobre todo, móvil[12], que intenta armonizarse con los movimientos que animan la imagen gracias a una especie de carro que permite pasear, o al menos hacer avanzar y retroceder la linterna? ¿Hubo incluso alguna vez dos pantallas, como parece sugerir una imagen de las *Memorias*, que hace surgir un diablo y una cabeza de muerto con alas en dos puntos diferentes de la sala? Algunos objetos anejos, reales, parecen haber contribuido asimismo a la fantasmagoría también en este caso, como en numerosas instalaciones, ofreciendo puntos de referencia que estimulen la imaginación y proponer una animación que Robertson dirige, más o menos, como si fuera un presentador. También interviene el sonido, no se sabe muy bien cómo. Pero ahí está lo esencial: una proyección en parte móvil y por un tiempo determinado ante unos espectadores sentados en una sala oscura.

Se ve así cómo se cristalizan los efectos de la imagen según modalidades complementarias, de acuerdo con esos cuatro dispositivos que conjugan mutación de la sociedad y mutación del espectáculo. La división más clara se debe al contraste interior a la visibilidad. Por un lado, una mayor visibilidad, una especie de "omnivisibilidad", es común al panorama, al panóptico y a la fantasmagoría.[13] Muy diversificado, tanto en sus formas como en sus efectos, de acuerdo con las intenciones de los diferentes dispositivos,

12. Cabe imaginar entonces un preludio a las convulsiones fenomenales de la instalación de Pitch y Patrick Bokanowski, sobriamente titulada, de manera acentuada, «Instalación», para la exposición *Projections, les transports de l'image*, concebida por Dominique Païni en el Fresnoy, Studio national des Arts contemporains, noviembre de 1997-enero de 1998. La pantalla se retuerce, en movimientos exagerados e imprevistos, según las variaciones de la luz, como si ella misma se convirtiera en su propia imagen. Jean-Luc Godard y Anne-Marie Miéville lo mostraron de manera sintomática en su película sobre el arte, *The Old Place* (1999).

13. Se puede añadir, como propone LEUTRAT, Jean-Louis, el "Eidophusikon" o "Teatro mecánico" concebido en Londres desde 1781 por el pintor francés Philippe Jacques de Loutherbourg, espectáculo que consistía en una animación en la escena de imágenes pintadas, según un principio que anunciaba el diorama ("Sur la terre comme au ciel", en MARIE, Michel y VERNET, Marc (dir.), *Christian Metz et la théorie du cinéma*, París: Méridiens Klincksieck, 1990, pp. 203-204).

este poder determina así un ojo mucho más variable[14], según el cual el hombre se dota de un punto de vista nuevo, tan relativo como absoluto, que sustituye a la mirada de Dios interior en el mundo clásico (llama la atención que Robertson, cuya fantasmagoría permite sobre todo ver más de lo invisible, se convirtiera, años más tarde, en el promotor de los primeros viajes en dirigible, y que también ideara una máquina, el "noctógrafo", que permitiría anotar los sueños en la oscuridad para evitar disiparlos recurriendo a la luz). Estalla por otra parte, la invisibilidad del instante propia de la guillotina, a través del cual una hiperconciencia de la visión material queda paralizada por efecto de una especie de inconsciente maquínico. Como si la máquina sustrajera por un lado lo que ofrece por otros y confirmara sobre todo, por su extremada abstracción, el poder de los efectos físicos y psíquicos propios de todos estos nuevos dispositivos. Por ejemplo, la dualidad interior del Panóptico, entre la mirada virtual ilimitada del guardián y las miradas ciegas de los prisioneros. Esta tensión entre más y menos mirada, que se encuentra tanto en la idea como en la realidad de la visión, permite situar mejor en un cuadro de conjunto el desplazamiento que se lleva a cabo, a través del magnetismo animal de Mesmer, desde el principio de los años 1770 en Viena, y luego en París, entre 1778 y 1784, hasta la prohibición impuesta por los delegados reales comisionados por Louis XVI.[15]

La aportación de Mesmer a semejante perspectiva podría condensarse en una frase poderosamente sugestiva: "Según las experiencias y las observaciones llevadas a cabo, hay poderosas razones para pensar que nos hallamos dotados de un sentido *interior* que está en relación con el conjunto del universo, y que podría ser considerado como una *extensión* de la vista».[16] Esta insistencia en la vista es, en Mesmer, constante y fundamental. En su sistema, de un materialismo vago y ambiguo pero seguro, cuyo principio activo es el cuerpo animal, productor de sensaciones, la vista ocupa una

14. Es la expresión de AUMONT, Jacques, en *L'Œil interminable*, París: Séguier, 1989, edición revisada y aumentada, París: La Différence, 2007 (especialmente el capítulo "L'œil variable, ou la mobilisation du regard", pp. 51-87, sobre el tren y el panorama en el siglo XIX, pp. 58-66).
15. Recuérdese que Joseph Ignace Guillotin fue miembro de esa comisión.
16. MESMER, Franz-Anton Mesmer, *Le Magnétisme animal*, París: Payot, 1971, edición preparada por AMADOU, Robert, p. 306 (para las citas que siguen: pp. 307, 223, 102).

función mediata; encarna, en sí misma, más o menos, todos los sentidos. Esto se reconoce por lo menos de tres maneras. Son, al principio, instrumentos de visión, microscopio o telescopio, que sirven a Mesmer como términos de comparación para el cambio de perspectiva que introducen las nociones de "sexto sentido artificial" y de "sueño crítico", calificando por un lado la acción producida por el magnetizador y, por el otro, los estados de crisis en los cuales se hallan sumidos los sujetos a los que trata. Llama luego la atención el número de casos presentados por Mesmer relativos a personas ciegas, o cuyo órgano visual está alterado, y a los que pretende haber devuelto, pasajeramente o no, la vista, de una manera que entra en resonancia con el conjunto de sus ideas.[17] Finalmente, cuando en su Memoria de 1799, en la que integra en provecho propio, sin nombrarlo, los logros del más famoso de sus adeptos, el marqués de Puységur, "inventor" desde 1784 del sonambulismo artificial, Mesmer evoca la situación extraordinaria del estado de crisis en el cual los "seres pueden prever el futuro y hacer presente el pasado más remoto", está claro que aunque todos los sentidos propios del cuerpo humano contribuyan a un estado de cosas que pone al hombre "en relación con toda la naturaleza", el soporte de esa "extensión" son los sentidos "a distancia", vista y oído, pero ante todo la vista. La cosa es tanto más fuerte en Mesmer cuanto que pretende dirigirse únicamente al cuerpo, al "*alma unida al cuerpo*".[18] Su reivindicación de una acción propia, que permitiera tratar las afecciones del cuerpo precipitándolas en un estado de crisis atribuido con simplicidad excesiva a la circulación de los fluidos en todo el universo, según una aleación confusa entre astronomía y medicina —esta convicción inspirada y un tanto obtusa va acompañada en Mesmer por una desconfianza instintiva hacia el lenguaje y su abstracción. Podrá decir, recordando una época de retiro en términos que recuerdan al Rousseau de las

17. Estos casos son referidos en las pp. 70-75,131-132, 151-154, 161-166. El más famoso es el de Marie-Thérèse Paradis, pp. 71-74 y 81-84. Una de sus peculiaridades es que la supuesta recuperación de la vista se presenta de un modo que anuncia turbadoramente la idea de la fotografía (véase mi texto, "Mademoiselle Paradis", en PAÏNI, Dominique (dir.), catálogo de la exposición *Projections, les transports de l'image*, París: Hazan/Le Fresnoy/AFAA, 1997, pp. 57-71).

18. "*El alma unida al cuerpo no puede recibir o comunicar percepciones a otra alma más que por la acción sobre la materia, vehículo de todas nuestras sensaciones*".

Ensoñaciones: "[...] maceraba el extraño proyecto de liberarme de esa servidumbre. El esfuerzo de mi imaginación era tal que realicé esta idea abstracta. Durante tres meses, pensé sin lengua". Se ha reprochado a Mesmer este exceso demasiado simple, así como lo confuso de su estilo.[19] Es subestimar la opacidad inevitable de un giro radical, del que da testimonio ese estilo, con un ímpetu compulsivo. Ese giro también es debido al espíritu de la Ilustración, pero sin excesiva reducción mecanicista, aunque Mesmer tienda a ella[20]; así, se establece el proceso vital por primera vez en el cuerpo, por el cuerpo y entre los cuerpos, en el alma-cuerpo. Tal vez esto hubiera bastado para prohibir a Mesmer ser a la vez su pionero y su mejor lector.[21]

Por otra parte, no hay que olvidar la dimensión de espectáculo que, a través de Mesmer, implica el magnetismo animal. Efectivamente, hay dos métodos magnéticos. El primero es una consulta privada, aunque sin reglas definidas, ni de tiempo ni de lugar; opera mediante pases y toques. Es el método al que, finalmente, Mesmer parece conceder más crédito. El segundo supone un espacio público, colectivo: es la famosa cubeta, con sus ritos y sus sesiones, que durante unos años se convirtió en una especie de locura parisina. "Es una cuba de aproximadamente seis a siete pies de diámetro, de dieciocho pulgadas de altura. Dentro de esta cuba hay un doble fondo, en el cual se introducen esquirlas de botellas rotas, arena, piedras, azufre en barra triturado, así como limaduras de hierro. Se llena de agua y se recubre con una tabla clavada a la cuba. En la superficie de la tapa, a seis pulgadas de distancia de los bordes, se hacen varios agujeros para dejar pasar unas varillas de hierro, colocadas de tal manera que uno de sus extremos llegue hasta el fondo de la cuba y el otro, por medio de una curva, pueda dirigirse a la boca del es-

19. ROUSTANG, François, refiere la crítica de Hegel en *L'Encyclopédie* y se une a ella (*Influence*, París: Minuit, 1990, p. 78). Por otra parte, la lectura de las producciones de Mesmer le parece "decepcionante" (p. 68).

20. Véase a este respecto los artículos dedicados a Mesmer por AZOUVI, François: "Le Mesmérisme: des Lumières à l'illuminisme", en Mario MATUCCI (a cura di): *Lumières et illuminisme*, Pisa: Pacini, 1985, pp. 133-140; "L'historicité du mesmérisme", en SCHOTT, Heinz (Hg.): *Franz Anton Mesmer und die Geschichte des Mesmerismus*, Stuttgart: Franz Steiner Verlag, 1985, pp. 144-151; "Magnétisme animal. La sensation infinie", *Dix-huitième siècle*, nº 23, 1991, pp. 107-118.

21. Que será Maine de Biran, como muestra bien Roustang en *Influence*, *op. cit*, (pp. 71-76).

tómago de los enfermos, o cualquier otra parte afectada".[22] Los detalles de la instalación, cuya importancia Mesmer parece haber relativizado en ocasiones, son un último homenaje a las virtudes durante mucho tiempo supuestas del imán, antes de que Mesmer vislumbrara que el propio magnetizador se convertía a veces por su práctica en el agente físico de una fuerza psíquica (es la fuerza que el psicoanálisis intentará reducir calificándola de transferencia). Adviértase la forma circular de la cubeta que, a su manera, anuncia las del panorama y el Panóptico, uniendo aquí tanto las miradas como los cuerpos alrededor de un punto central elíptico que es igualmente el ojo del magnetizador. Téngase presente la actividad científica a la que se dedica Mesmer, en sus diferentes hoteles parisinos, produciendo una especie de fantasmagoría: "[...] la puesta en escena del magnetismo, indiscutiblemente teatral, con la ropa de seda y las pantuflas doradas del magnetizador, la penumbra de las sesiones, la música emotiva y apasionada, los grandes espejos, reflejo de la luz magnética, los signos astrológicos del decorado, la mirada fija del terapeuta, dirigida sobre el paciente con intención de provocar una profunda fascinación".[23] Franklin Rausky, que anota estos elementos y recuerda la amistad que unía a Mesmer y Mozart en Viena, subraya hasta qué punto se utiliza aquí la música con fines catárticos, para animar e intensificar la crisis más que para calmar las pasiones. Efectivamente, se supone que tanto el sonido como los espejos contribuyen a la circulación del fluido, asimilado así constantemente por Mesmer a la luz. El objetivo de estas precisiones es subrayar una dimensión que deberá esperar largo tiempo para cobrar todo su sentido. Cuando Mesmer recuerda que "todo es explicable por leyes mecánicas tomadas de la Naturaleza, y que todos los efectos pertenecen a las modificaciones de la *materia* y del *movimiento*", cuando su continuador Tardy de Montravel recuerda que los sonámbulos no son hechiceros, sino "al contrario, meras máquinas"[24], ambos dejan escapar, según parece, la dimensión re-

22. MESMER, Franz-Anton, *Le Magnétisme animal*, *op. cit.*, pp. 226-227.
23. RAUSKY, Franklin, *Mesmer ou la Révolution thérapeutique*, París: Payot, 1977, p. 70. Es, en Francia, el libro más preciso sobre los componentes epistemológicos de la visión mesmeriana.
24. Esta articulación la hace AZOUVI, François, en "Magnétisme animal, la sensation infinie", *op. cit.*, p. 117 (el libro de MONTRAVEL, Tardy de, *Essai sur la théorie du somnambulisme magnétique*, se publicó en Londres en 1785).

lacional y afectiva destacada por Puységur que, en este sentido, abre por una prefiguración lejana de la transferencia, la era de la "talking cure". Pero, a su manera, anticipan el hecho de que un día aparecerán diversas máquinas susceptibles de producir efectos comparables a los inducidos por verdaderos cuerpos, en el magnetismo, el sonambulismo o la hipnosis.

B.

La relación entre invento técnico e intuición psíquica que se propaga a lo largo del siglo puede fijarse en una doble imagen, en el caso de Balzac, a través de dos momentos de *Ursule Mirouët* (1841) y de *El primo Pons* (1847). En un capítulo de la segunda de estas novelas, titulado "Tratado de las ciencias ocultas", Balzac establece una analogía entre varios campos de dichas ciencias, de las que es seguidor, y la invención de la fotografía. "Si alguien hubiera dicho a Napoleón que un edificio y un hombre son representados inmediatamente y en todo momento por una imagen en la atmósfera, que todos los objetos existentes tienen allí un espectro aprehensible, perceptible, habría metido a ese hombre en el manicomio. [...] Y sin embargo eso es lo que ha demostrado Daguerre con su descubrimiento. ¡Pues bien!, si Dios imprimió, para ciertas miradas clarividentes, el destino de cada hombre en su fisonomía, tomando esa palabra como la expresión total del cuerpo, ¿por qué la mano no habría de resumir la fisonomía, puesto que la mano es la acción humana entera y su único medio de manifestación? De ahí, la quiromancia".[25]

Si profundizamos por un momento en lo que Balzac desarrolla aquí, advertiremos que, como en todo profeta romántico, este vínculo entre quiromancia y fotografía sirve al poder enunciativo que se atribuye, de leer y por tanto predecir el destino de la comedia humana tal como se supone que solo Dios puede hacerlo —un Dios extrañamente convertido en Hombre con el siglo XIX (Balzac añade inmediatamente a esas pocas líneas: "¿Acaso la sociedad no imita a Dios?"). Es el mismo impulso que se aprecia en Dumas, en su tetralogía sobre la Francia prerrevolucionaria y revolucionaria, cuyo centro es la hipnosis (empieza a escribir *Joseph Balsamo* el año en el que Balzac con-

25. BALZAC, Honoré de, *Le Cousin Pons*, París: Gallimard, "Folio", 1973, p. 146.

cibe su narración). Pero desde otro punto de vista, lo esencial es el contenido de la analogía sobre la que Balzac vuelve dos páginas más adelante: "Así, al igual que los cuerpos se proyectan realmente en la atmósfera dejando que permanezca en ella ese espectro captado por el daguerrotipo que este detiene al pasar, del mismo modo, las ideas, creaciones reales y activas, se imprimen en lo que es necesario llamar la atmósfera del mundo espiritual, producen en ella ciertos efectos, viven *espectralmente* en ella (pues es necesario forjar palabras para expresar fenómenos innominados) y a partir de entonces algunas criaturas dotadas de facultades excepcionales pueden percibir perfectamente esas formas y esas huellas de ideas".

Es el caso de la médium ejemplar de *Ursule Mirouët*, una mujer del pueblo a la que un "misterioso swedenborgista" anima para convencer al escéptico doctor Minoret, anti-mesmeriano convencido, a petición de otro médico, su amigo Bouvard, al que el relato presenta como mesmeriano perseguido durante mucho tiempo por su viejo compañero.[26] La escena consiste, de manera entonces clásica, en la prueba tangible de los efectos de la videncia ejercida a distancia, fuera de la limitación de las leyes del mundo material (recuerda la gran escena con la portera de Marat, en *Joseph Balsamo*, en la cual Balsamo consigue perturbar la incredulidad materialista del futuro dirigente revolucionario). La médium puede así aniquilar el escepticismo racional de Bouvard revelándole detalladamente, desde una casa en París donde trascurre la escena, lo que piensa y hace en el mismo momento su sobrina Ursule en Nemours; y ello gracias a muchas descripciones, plenamente balzacianas, cuyo beneficio es así nuevamente aplicado a la causa de la visión sobrenatural. Al pobre Bouvard ya no le queda más que volver inmediatamente a Nemours para comprobar que la médium ha visto de verdad y que, como dice Balzac, existen "medios para llegar a las *visiones*".[27]

La relación que induce Balzac entre los dos órdenes de fenómenos es sobrecogedora. Es un ejemplo manifiesto de la manera en la que el siglo XIX asoció continuamente, en un sincretismo impregnado de religiosidades mezcladas, las nuevas visiones de la psicología y las transformaciones de la técnica. Está claro que es la existencia propia del médium fotográfico —con la

---

26. BALZAC, Honoré de, *Ursule Mirouët*, París: Le livre de poche, 1968, pp. 97-111.
27. BALZAC, Honoré de, *Le Cousin Pons, op. cit.*, p. 148.

lentitud de impresión y el carácter fantasmático que le han caracterizado durante la mayor parte del siglo— lo que permite a Balzac construir la visión extraordinaria de una imagen previa, que afecta a todo objeto y a todo acontecimiento, depositada idealmente en la atmósfera bajo la forma de un doble y que la fotografía habría de revelar. Pero esta misma visión se hace posible por la previa existencia de la realidad postulada de un transporte de imágenes mentales, cuya tradición inmemorial fijaron repentinamente y de manera espectacular el magnetismo animal (invocado aquí por Balzac como efecto de las "ciencias ocultas") y el sonambulismo. Agrupando los dos fenómenos en torno a una palabra que forja y reivindica, "*espectralmente*", Balzac confirma un verdadero devenir-fantasma del conjunto de la realidad de la cual él mismo es un "Vidente" privilegiado (el término se repite cuatro veces en esas páginas del *Primo Pons*). Devenir-fantasma que presenta la particularidad de ser confirmado a la vez en el orden físico y en el orden psíquico, siendo cada uno de ellos la garantía del otro. La fotografía y la hipnosis, bajo las especies del sonambulismo, es decir, de la transferencia de imágenes mentales, se convierten de ese modo casi en una sola y misma cosa. El sueño crítico y el estado fotográfico coinciden, como se había prefigurado desde los años 1770, a través de los ojos, al recuperar la vista, en una habitación a oscuras, de la paciente de Mesmer, Marie-Thérèse Paradis.

Es espectralmente como hay que comprender una nueva constelación de dispositivos que se organizan o reorganizan en torno a la visión hacia finales del siglo XIX. Pero, como se habrá entendido ante la simple evocación de esas combinaciones ya abordadas, quien dice la visión dice el cuerpo entero del que emana y que la recibe.

A través de las transformaciones de la fotografía y de la hipnosis, así como bajo el efecto de muchos dispositivos de espectáculo y de transporte, se impondrán dos realidades insospechadas, que un ojo retrospectivo habrá podido ver preparándose continuamente a lo largo del siglo: una teoría del psiquismo humano, el psicoanálisis; un dispositivo de proyección de imágenes en movimiento, el cine. Más que de volver a contar su relación o de hacer su historia, se trata de captar lo que los vincula en la realidad de su nacimiento, sobre todo en lo que atañe a la hipnosis, cuyo lugar parecen haber ocupado poco a poco, siguiendo las mutaciones que también la han afectado.

Si la llegada de la fotografía, como quería Barthes, divide más que la del cine la historia del mundo[28], al menos tienen en común la forma de la instantánea que consagra a la fotografía como tal y a la que le corresponderá ocultar al modo de desfilar de la cinta cinematográfica, en provecho de su movimiento visible. Michel Frizot, que ha perfilado su historia y captado su destino, define así la instantánea, cuya "era" culmina en los años 1880-1910: "[...] que cualquier objeto en movimiento, sea cual sea su velocidad propia, *aparezca* en una inmovilidad rígida y total".[29] Esos instantes arrancados a la vida cada vez más deprisa producen, pues, la imagen en serie de casi-muertes elípticas según las cuales el tiempo se divide sobre sí mismo, dentro de una máquina cuyo mecanismo desafía al entendimiento del ojo humano. De ese modo, el aparato fotográfico, capacitado para capturar todo lo visible, lleva igualmente en sí un principio de invisibilidad que lo acerca a aquel cuya imagen absoluta fijó un siglo antes la guillotina. Demorándose largamente al final de su libro sobre el singular género del "retrato de guillotinado", dedicado a fijar "la última imagen", Arasse llega a la fotografía con la que se encuentra de manera ineludible.[30] Recuerda, como lo hace Frizot, que uno de los obturadores propios de la instantánea se llama "de guillotina"; pero también que "al ejecutor situado frente al chasis y encargado de colocar con toda exactitud la cabeza del condenado en el 'agujero pequeño de la lente' se le llamó 'el fotógrafo'".[31] De manera más amplia, Arasse reconoce en el "esto ha sido" del que Barthes hace el noema de la fotografía, y en los términos mismos que este emplea ("algo *se ha depositado* ante ese agujero pequeño y ha quedado ahí para siempre")[32], el emblema de un corte del tiempo cuyo carácter intratable ha fijado la guillotina y que la fotografía extiende al conjunto del cuerpo subjetivo y social, hasta en la nueva preocupación de antropometría criminal y médica que triunfa a finales del siglo.

---

28. BARTHES, Roland, *La Chambre claire*, París: Cahiers du cinéma/Gallimard/Seuil, 1980, p. 136.
29. FRIZOT, Michel, "Un instant s'il vous plaît", *Le Temps d'un mouvement*, catálogo de exposición, Centre national de la Photographie, 1986, p. 10.
30. ARASSE, Daniel, "Guillotine et portrait", en *La Guillotine et l'Imaginaire de la Terreur*, *op. cit.*, pp. 165-177.
31. *Ib.*, p. 174. En su libro *Peines de mort. Histoire des exécutions capitales des origines à nos jours*, París: Le Cherche-Midi, 1994, MONESTIER, Martin, insiste en la analogía de la fórmula atribuida al fotógrafo: "¡Que nadie se mueva!" (p. 215).
32. BARTHES, Roland, *La Chambre claire*, *op. cit.*, p. 123.

Es curioso que los progresos, primero lentos, de la foto instantánea, a partir de los años 1850 con Charles Nègre y Gustave Le Gray, por ejemplo, en la época de las placas de colodión húmedo, hayan coincidido de manera tan precisa con el desarrollo de la foto espiritista de la que Balzac habría merecido ser testigo, hasta tal punto concuerda con su "teoría de los espectros" que refiere Nadar y con ese "Tratado de las ciencias ocultas" cuya imagen ofrece *El primo Pons*.[33] Hugo, siempre vidente, también decía: "El cadalso es [...] un espectro".[34] Empieza a extenderse en los años 1860 en Estados Unidos, en los años 1870 en Inglaterra y en Francia, como una emanación particularmente ardiente del espiritismo americano y luego europeo, la fotografía de los espíritus (la *Revue spirite*, fundada en 1858, abre en 1872 su sección "Fotografía espiritista"). Cubrirá con sus sombras todo el final del siglo y se extenderá más allá. Evidentemente, la cuestión ya no radica en saber cuál es la parte de verdad o de mentira interna de tales imágenes cuyo principio han variado los trucajes reconocidos, sino en darse cuenta de hasta qué punto tanta gente ha creído o ha querido creer en ellas con la esperanza de comunicarse con sus muertos y redimir toda forma de ausencia. Las respuestas de los creyentes engañados, en ocasión del proceso por estafa entablado en 1875 contra Jean Buguet, fotógrafo espiritista parisino, son turbadoras por el deseo que manifiestan de creer, de estar seguros de haber visto, a pesar de todos los argumentos de realidad.[35] Nunca la fórmula de denegación o de desaprobación, tan del gusto de Octave Mannoni, "ya lo sé pero aun así", ha parecido dar cuenta tan acabada de un fenómeno que participa de los cambios del sentimiento religioso tanto como de las nuevas posturas ante la muerte. Un deseo de creencia semejante desarrolla los aspectos más agudos de la muerte ro-

33. Véase KRAUSS, Rosalind, "Sur les traces de Nadar" (1977), en su libro *Le Photographique*, París: Macula, 1990, pp. 18-36; DUBOIS, Philippe, "Le corps et ses fantômes", *La Recherche photographique*, nº 1, octubre 1986, pp. 41-50; GUNNING, Tom, "Phantom Images and Modern Manifestations: Spirit Photography, Magic Theater, Trick Films and Photography's Uncanny", en PETRO, Patrice (ed.), *Fugitive Images*, Bloomington: Indiana University Press, 1995, pp. 42-71.
34. HUGO, Victor, *Les Misérables*, *op. cit.*, p. 64.
35. Véase CHARUTY, Giordana, "La 'boîte aux ancêtres'. Photographie et science de l'invisible", *Terrain*, nº 33, septiembre 1999, pp. 57-80. Y, de manera general, el catálogo *Le Troisième Œil. La photographie et l'occulte*, CHÉROUX, Clément et FISCHER, Andreas (dirs.), París: Gallimard, 2004.

mántica, "la muerte tuya" descrita por Philippe Ariès, con su cortejo de duelos inextinguibles, su culto de las tumbas y la intensa psicologización de los escenarios y de las figuras de la religión que dibuja su otra cara.[36] Como en el pasado a través de la fantasmagoría, pero de manera mucho más vivaz, puesto que las huellas del fantasma lo atestiguan dentro de una misma imagen, la presencia inefable de los muertos viene a mezclarse en la fotografía espiritista con el alma y el cuerpo de los vivos. Por eso toda fotografía sería de entrada espiritista, como indicaba Barthes al sugerir que nos preguntáramos "sobre el vínculo antropológico de la muerte y de la nueva imagen". El signo más significativo de lo que llama unas veces "la muerte literal", la "muerte asimbólica", "la *Muerte lisa*".[37]

Puede apreciarse así el efecto que la reducción de los tiempos de pose propios de la instantánea abre a esta perspectiva. Desde que se inventó la fotografía, su duración había conferido a las imágenes producidas durante mucho tiempo, sobre todo daguerrotipos pero también calotipos, una fuerza de extrañeza y una cualidad de ensoñación aptas para estimular las más sutiles exaltaciones. El carácter desde un principio fantasmal de la fotografía apelaba a su entendimiento sobrenatural, en Balzac y otros muchos. Paradójicamente, la instantánea aumenta esta dimensión que hereda, metamorfoseándola: en efecto, confiere a la fotografía una capacidad de fijar como automáticamente lo sobrenatural que el pensamiento espiritista convierte en su programa; en lo sucesivo, la rapidez del disparo fotográfico puede coincidir con el carácter repentino e intermitente de las apariciones. A la vez, por una inversión que se sitúa más allá de cualquier creencia, la instantánea hace que refluya lo espiritual al interior de la máquina, despojando más que nunca a la mirada humana del poder que sin embargo le atribuye: es lo que Walter Benjamin llamará "el inconsciente óptico" o "visual", para calificar a la fotografía y luego al cine.[38]

---

36. ARIÈS, Philippe, *Essais sur l'histoire de la mort en Occident du Moyen Âge à nos jours*, París: Seuil, 1975, sobre todo pp. 46-60, *L'Homme devant la mort*, París: Seuil, 1977. Por su parte, Giordana Charuty escribe: "El dogma cristiano de la Encarnación deja lugar a la doctrina de la reencarnación y el perfeccionamiento de los 'espíritus'" (p. 60).
37. BARTHES, Roland, *op. cit.*, pp. 144-145.

Pero primero hay que situar la manera en la que la fotografía se coloca en concordancia con las transformaciones de la hipnosis en el curso del siglo XIX. Efectivamente, la fotografía espiritista está ya directa y doblemente vinculada a ella. Por un lado, la "fotografía de los médiums"[39] acabó por constituir un verdadero género en el conjunto de los fenómenos ocultos cuyo campo extiende la fotografía: en efecto, se supone que el carácter automático de la grabación garantiza tanto la veracidad de los hechos más turbadores de los que los médiums son presa y de los que ofrecen la imagen (materializaciones diversas, levitaciones, de cuerpos y de objetos, ectoplasmas, etc.). Por otra parte, el fotógrafo de los espíritus es en sí mismo un médium singular. Giordana Charuty ha insistido en esta nueva figura del "médium fotógrafo" del que Buguet ofrece un ejemplo: figura compuesta que puede implicar tanto la asistencia variada de otros médiums como una magnetización previa de las placas o de los aparatos. Es que la hipnosis, bajo sus diversas denominaciones y fluctuaciones casi imposibles de dominar, permanece como uno de los tormentos más vivos del siglo, aunque solo sea por el vínculo oscuro que mantiene con todas las máquinas de visión, empezando por el ojo humano. Si es cierto que Dios reside en los detalles, cómo no maravillarse, por ejemplo, de que a través de esa mezcla indeterminable de superchería y creencia atribuida a la fotografía espiritista, Buguet, sintiéndose un día totalmente dominado por un espíritu, haya terminado por captar con ayuda del proceso fotográfico "al ser maléfico que da a conocer así, por escrito, su identidad: 'Visita de Cagliostro al médium Buguet'".[40]

Al seguir la historia sorprendentemente compleja del magnetismo animal de Mesmer y el sonambulismo artificial de Puységur, devenidos hipnotismo en James Braid en los años 1840, luego hipnotismo científico en

---

38. En alemán, las dos frases que califican este "Optisch-Unbewußten", una para la fotografía, en la "Pequeña historia de la fotografía", la otra para el cine, en la versión de "La obra de arte en la época de su reproductibilidad técnica", son casi idénticas, aun más de lo que parece en las traducciones respectivas de Pierre Rusch y Rainer Rochlitz (BENJAMIN, Walter, *Œuvres*, París: Gallimard, "Folio-Essais", 2000, respectivamente t. II, p. 301, y t. III, p. 306).
39. Es una de las tres categorías recogidas, con "la fotografía de los espíritus" y "la fotografía de los fluidos", en el catálogo *Le Troisième Œil. La photographie et l'occulte*.
40. CHARUTY, Giordana, "La 'boîte aux ancêtres'. Photographie et science de l'invisible", *op. cit.*, p. 71.

Charcot y muchos médicos del último tercio del siglo, se puede apreciar, siguiendo a H. F. Ellenberger, Bertrand Méheust y otros, la dinámica de una división cuyos términos opuestos son sometidos a interpenetraciones constantes. Esta división dota de un nuevo ardor al conflicto clásico entre razón e imaginación, en nombre de la ciencia propensa a sus propias cegueras. Desde los funcionarios monárquicos que acusan a Mesmer de ceder al simple poder de la imaginación hasta los hipnólogos de la Salpêtrière que arrojan a la sombra de la charlatanería el legado siempre activo de los magnetizadores, desfila más de un siglo, animado por una teatralidad incomparable. No es la menor paradoja que los más sabios puedan mostrarse a veces, si no los más crédulos, sí al menos igual de delirantes, como se ve en la *Invención de la histeria* contada por Georges Didi-Huberman. Es revelador que en la *Iconografía fotográfica de la Salpêtrière* haya una resonancia tan fuerte de los desarrollos de la fotografía espiritista[41], y que muchas nosografías de la ciencia médica den la impresión de trasponer con una exactitud opresiva los procedimiento más confusos, pero más humanos, habituales en los magnetizadores, o incluso las sugestiones propuestas en algunos espectáculos populares. Méheust cita así el caso del magnetizador danés Hansen, muy criticado en 1884 por un tal doctor Bottey, en su obra *Le "Magnétisme animal", étude critique et expérimentale sur l'hypnotisme, ou sommeil nerveux*, cuando este último lleva a cabo en sus pacientes, en la intimidad de hecho menos arriesgada de su práctica, maniobras sugestivas muy parecidas. Cuestión de palabras, de posición social, de autoridad moral, de institución legitimadora, tanto como de razón propiamente dicha. Trayendo el debate al momento presente, a Méheust le resulta fácil añadir: "La terminología científica de Bottey es en realidad un barniz que recubre realidades que la ciencia de 1997 sigue sin dominar".[42]

Este es el escenario de fondo en el que aparecen, como a la vez, psicoanálisis y cine, frente a la hipnosis. El mismo Freud contó detalladamente todo lo que debía a la hipnosis, que abandona, tras atormentados años de

---

41. DIDI-HUBERMAN, Georges, *Invention de l'hystérie*, París: Macula, 1982 (especialmente pp. 90-97 sobre las afinidades entre Charcot e Hippolyte Baraduc, autor de *L'Âme humaine, ses mouvements, ses lumières et l'iconographie de l'invisible fluidique*, 1896).
42. MÉHEUST, Bertrand, *Somnambulisme et médiumnité*, *op. cit.*, t. I, pp. 473-475. La fecha corresponde al año en el que aparece su libro.

práctica, en el cambio de siglo. Recordemos que adquirió la "sólida convicción de la autenticidad de los fenómenos hipnóticos" por haber asistido, siendo aún estudiante, a una representación pública del "magnetizador" Hansen, evocando de paso, con una sensatez tranquilizadora, los equivalentes de la ciencia, su experiencia parisina con Charcot y la actividad de la escuela de Nancy.[43] Recordemos también que Freud no dejará de referirse de manera destacada a la hipnosis, al escribir por ejemplo, poco después de la *Psicología de las masas y análisis del yo* donde vuelve a enfrentarse, muchos años después, al "enigma de la sugestión"[44]: "Nunca se valorará como se merece la importancia de la hipnosis para el desarrollo del psicoanálisis. Desde el punto de vista teórico y terapéutico, el psicoanálisis administra el legado que ha recibido del hipnotismo".[45] Este legado, a través de los *Estudios sobre la histeria*, el mismo año del cine Lumière, aparece ante todo como una ampliación del campo de la memoria. Freud vuelve sobre ello continuamente, tanto por la idea como por el ejemplo, maravillándose modestamente de la magia que le parece despertar a través de esos ojos de mujeres (magia tan próxima, en un sentido, a la locura romántica concentrada por Dumas en su personaje mítico de Balsamo-Cagliostro): "Ni siquiera hoy consigo comprender cómo, con ayuda de mi dedo delante de sus ojos y la orden de dormir, conseguía crear ese estado psíquico particular en el que la memoria de la enferma abarca todos los hechos psíquicos de su vida".[46] De un caso a otro, lo que resulta posible por la inmersión en la hipnosis es el aflujo y una especie de modelización de las imágenes; pero igualmente, lo que se perfila es todo el descubrimiento de Freud, por una simple llamada a la concentración, la atención y un arte obstinado del intercambio, del que nacerá el dispositivo psicoanalítico. El diálogo extraordinario entablado por Freud con Katharina, la joven criada de una posada a la que conoció en lo alto de una montaña

---

43. *Sigmund Freud présenté par lui-même* (1925), trad. F. Cambon, París: Gallimard, 1984, pp. 28-29.
44. FREUD, Sigmund, *Psychologie des foules et analyse du moi* (1921), en *Essais de Psychanalyse*, trad. P. Cotet y otros, París: Payot, 1982, p. 149.
45. FREUD, Sigmund, "Un bref compte rendu de la psychanalyse" (1924), *Œuvres complètes*, t. XVI, París: PUF, 1991, p. 335.
46. FREUD, Sigmund, BREUER, Joseph, *Études sur l'hystérie*, trad. Anne Berman, París: PUF, 1956, p. 79. Sobre la ampliación por la hipnosis del campo de la memoria, véase p. 215.

("No me atreví a intentar trasplantar la hipnosis en esas cumbres")[47], constituye así un relato salpicado de visiones, de imágenes profundamente sexualizadas, cada vez más nítidas y llamativas, incluso a través de una ventana: percepciones evocadas, a veces en el límite de la alucinación, en las que el trastorno profundo que despiertan conduce casi a la "otra escena" de un inconsciente presentido. Se revela un poder propio de creación de imágenes a partir de —pero también más allá y más acá— la hipnosis, cuyo destino, teórico, relacional, institucional, quedará sellado por la lógica deslumbrada prontamente conducida por la interpretación del sueño. Se constituye un escenario psíquico renovado, hecho de un entrelazamiento de lenguaje e imagen, que supuestamente da cuenta del deseo humano.

A lo largo de esa época en la que el psicoanálisis, avanzando en el siglo, se extiende y se afirma, llama la atención que la hipnosis, bajo sus diversas formas, pero sobre todo científicas, psicológicas, médicas, retroceda poco a poco, sin por ello desaparecer. Así, en Francia, donde el interés por la hipnosis ha sido siempre más intenso que en cualquier otro país, conoce a partir de 1910 un ocaso evidente, que solo el nombre de Pierre Janet consigue moderar por un tiempo, hasta que recobra interés en los años '60. Es la suerte común de las creencias que a la ciencia le resulta imposible resolver, así como de los dispositivos técnicos a partir del momento en el que contienen promesas artísticas: se acumulan a la vez que se sustituyen, aunque en ocasiones tengan que eclipsarse antes de reaparecer. A través de esta especie de sustitución, de sobreimpresión lenta que lleva al psicoanálisis a ocupar el lugar de la hipnosis, se ven afectadas dos de sus dimensiones más visibles: sus poderes explícitos de sugestión y su realidad fenomenológica, que hacen de ella un dispositivo espectacular. Eso es precisamente lo que parece proponer el cine, espectáculo ante todo de imágenes, dispositivo singular que de repente encuentra su sitio, único, entre tantos dispositivos técnicos y festivos concentrados en este fin de siglo. De este modo, el psicoanálisis y el cine habrían nacido conjuntamente de la hipnosis y, en parte, la habrían sustituido. Es su conjunción sorprendente lo que saluda Benjamin, con la famosa frase que cierra la sección XIII de "La obra de arte en la época de su reproductibilidad técnica", al rematar su elogio arrebatado de los poderes de la cámara: "Por vez

47. FREUD, Sigmund, BREUER, Joseph, *Études sur l'hystérie*, *op. cit.*, p. 99.

primera, nos abre el acceso al inconsciente visual, como el psicoanálisis nos abre el acceso al inconsciente pulsional".[48]

Sin olvidar que "la invención del cine" según Lumière está, como tal, sujeto a determinadas reservas[49], resulta cierto en cambio que su aparición se debe al encuentro, al cruce, a la aleación, en un dispositivo casi al momento reconocido como único, de dispositivos anteriores o concomitantes, que suponen otras tantas posturas físicas y psíquicas, de las que el cine permite, más que una síntesis, una especie de cristalización. Estos dispositivos tan variados —cuyas denominaciones científicas están libremente concertadas con las estrategias de cada autor (de Tom Gunning a Laurent Mannoni, de Anne Friedberg a Jonathan Crary, de Jacques Aumont a Giuliana Bruno)[50]— parecen ordenarse de acuerdo con varias series o campos, cuyos puntos de encuentro son por definición múltiples. Como se ha sugerido, el cine que de ellos nace parece a la vez sustituirlos y sumarse a ellos, de acuerdo con una acumulación que no tendrá fin.

1. Una primera serie está formada por el conjunto de las técnicas de proyecciones frontales, que suponen una sala y un escenario, por variados que sean, siempre que haya un público, que garantizan así por los poderes de la óptica una transformación del teatro: espectáculos de linterna mágica, fantasmagoría, diorama, teatro óptico, etc. Todos estos dispositivos suponen el punto de vista de un espectador a la vez individual y colectivo, cautivado por las ilusiones variadas de un movimiento que permanece siempre más acá de la expresión "real" de la vida, induciendo de ese modo posiciones intermedias entre una animación de la imagen y su inmovilidad (otras máquinas diseminan este efecto de visión, de acuerdo con ópticas individuales, como el estereoscopio, prefiguración del kinetoscopio Edison).

---

48. BENJAMIN, Walter, "L'œuvre d'art à l'époque de sa reproductibilité technique" (última versión de 1939), en *Œuvres*, t. III, *op. cit.*, p. 306.
49. Véase FRIZOT, Michel, "Qu'est-ce qu'une invention? (le cinéma). La technique et ses possibles", *Trafic*, nº 50, "Qu'est-ce que le cinéma?", verano de 2004, pp. 316-326.
50. En su *Atlas of Emotion: Journeys in Art, Architecture and Films*, Nueva York: Verso, 2002. Por ejemplo, es en nombre de una "avisualidad" de la imagen como LIPPIT, Akira Mizuta, articula, en la fecha mágica de 1895, la aparición conjugada del cine y el psicoanálisis con la invención de los rayos X por Röntgen (*Atomic Light (Shadows Optics)*, Minneapolis: University of Minnesota Press, 2005).

2. La segunda serie se debe propiamente a la descomposición-recomposición del movimiento. Lleva esencialmente de la fotografía al cine, a través de todos los dispositivos intermedios (o divergentes), habiéndose convertido en sus emblemas los nombres de Muybridge y Marey. Su singularidad es el principio de invisibilidad interna de las máquinas que capturan la vida produciendo su muerte, de acuerdo con la interrupción del movimiento que está en la base de la fotografía. Hemos visto que esta interrupción se situaba directamente en el hilo del instante invisible de la guillotina cuyo funcionamiento reproduce el obturador, de manera metafórica y real. El cinematógrafo, cualesquiera que hayan sido en su origen las imperfecciones iniciales con respecto al movimiento de la vida, aparentemente anula, por el sentimiento del milagro que produce, esas interrupciones en las que se funda. Pero el fotograma del que se compone, y la congelación de la imagen que es su corolario virtual, es su corazón secreto, siempre a la espera de ser exhibido.

3. Una tercera serie toma forma en torno a la visibilidad propia de las posiciones centrales circulares de las que el cine, sin por ello sustituirlas de verdad, produce una reconversión en provecho de la posición frontal. Por un lado, esta visibilidad se encarna en las máquinas de visión de estructura circular como el praxinoscopio o el zoótropo. Sus efectos están relacionados con los que son propios de la segunda serie, puesto que su objeto es la producción de una ilusión de movimiento. Pero esta ilusión es visible. Oscila así constantemente entre inmovilidad, discontinuidad y continuidad de movimiento. Y es el espectador quien lo ordena. En ese sentido, cada "fotograma", abiertamente visible, evoca también a través de esas máquinas la imagen de un prisionero del panóptico del cual el espectador, aunque aquí sea externo al círculo, se convierte en una especie de guardián ilusionista.

Por otra parte, esta visión circular es el objeto mismo del panorama. Resulta cautivador ver cómo este, que data de más de un siglo y, más o menos, se sobrevive a sí mismo a lo largo del siglo XIX, se va haciendo más raro a partir de 1820, cuando aparece el diorama. Pero, después de un tiempo en el que se mantiene en estado latente, durante el cual el daguerrotipo y todas las modalidades propias de la fotografía derivadas pasan al primer plano para satisfacer el deseo de espectáculo en imágenes, el panorama vuelve con fuerza, sobre todo en Francia, entre los años 1880-1890, en el momento en el que triunfa la instantánea. Atenta a este resurgir, que asocia con otras formas contemporáneas de espectáculo, Vanessa Schwartz ha insistido en el deseo acrecentado de realismo del que fue testimonio entonces, entre los espectadores, semejante entusiasmo pasajero, deseo al que responden esos nuevos panoramas, tanto por la elección de temas como por las modalidades de sus puestas en escena: inspiración y mediación de la fotografía, elementos tridimensionales añadidos al decorado, simulaciones variadas de movimientos, como en la época de los paisajes giratorios del diorama.[51]

Lo fascinante del arte de los dispositivos, sobre todo visuales, es que resulta imposible de dominar, por la diversidad de sus objetos y las combinaciones de principios que pone en juego. Es lo que ocurre con el Kaiserpanorama, a propósito del cual han coincidido la nostalgia fascinada de Benjamin y la agudeza de Jonathan Crary.[52] No se trata de un panorama propiamente dicho, sino más bien de un "peep-show estereoscópico", que en un principio permite reunir a veinticinco espectadores sentados en torno a una estructura circular que pueden asistir simultáneamente, aunque de manera individual, a un desfile de imágenes al ritmo aproximado de dos minutos por imagen, en un espectáculo que puede durar hasta cincuenta minutos, según las ganas y el dinero de que disponga cada cual. La discutida palabra "panorama" y la forma circular de la que depende el espectáculo propuesto son, de hecho, fundamentales. Pues el Kaiserpanorama, aparentemente una simple puesta en escena del estereoscopio de Charles Wheatstone y David Brewster, lleva a cabo de hecho una síntesis híbrida, flotante pero única, entre los verdaderos panoramas y todas las máquinas circulares de visión intermitente/continua, a la vez que anticipa, desde el punto de vista de la individualización o del carácter colectivo del espectáculo, tanto el kinetoscopio Edison como el cine Lumière, cuyo sistema de distribución, además, prefigura.[53]

51. SCHWARTZ, Vanessa R., "Cinematic Spectatorship before the Apparatus: The Public Taste for Reality in *Fin-de-Siècle* Paris", en CHARNEY, L. y SCHWARTZ, V. (eds.), *Cinema and the Invention of Modern Life*, Berkeley: University of California Press, 1995, pp. 297-319. La autora insiste especialmente en la importancia del panorama de batalla con relación al antiguo panorama de paisaje. Véase también su libro *Spectacular Realities*, id., 1998. Para cierta continuidad del panorama a lo largo del siglo XIX, véase GRIFFITHS, Alison, "Le panorama et les origines de la reconstitution cinématographique", *CiNéMAS*, vol. 14, nº 1, pp. 35-65.

52. CRARY, Jonathan, *Suspensions of Perception*, *op. cit.*, pp. 133-138.

53. Crary subraya, siguiendo el libro clásico de OETTERMANN, Stephen (*Das Panorama*, Frankfurt am Main: Syndikat, 1980) que pronto hubo doscientos cincuenta Kaiserpa-

4. Una cuarta serie la componen dispositivos de espectáculo asociados en este fin de siglo con el panorama para aumentar el grado de realidad de las representaciones posibles. Así, Vanessa Schwartz ha convocado a la morgue y el museo de cera a la cabecera virtual del cine. En cuanto a la primera, no se detiene mucho en las razones de un entusiasmo público evocado con gran lujo de detalles, que hacía de la "sala de exposición" del depósito de cadáveres parisino, construido en 1864 detrás de Notre-Dame, una especie de teatro público de acceso libre y gratuito que, en los días señalados, podía recibir hasta cuarenta mil visitantes. Sin duda hay que ver en ello, en la línea de las grandes muertes públicas de las cuales la guillotina revolucionaria fue (al menos en Occidente) uno de los últimos ejemplos[54], una manera de seguir socializando la muerte, con ese lento triunfo de la "muerte invertida", muda y oculta, cuyo progreso a lo largo del siglo XX describió Ariès. Recordando que la morgue se cerró al público definitivamente en 1907, a Vanessa Schwartz le parece plausible sugerir que el "público pasó de la *sala de exposición* a la *sala de cine*".[55]

Entre las evocaciones que presenta del museo Grévin, abierto en París en 1882, y que entonces se encuentra asociado a menudo a la Morgue en los anuncios de los espectáculos parisinos, llaman especialmente la atención dos imágenes, en relación con el ensamblaje de los dispositivos: en una de ellas se ve a unos políticos en la torre Eiffel, ante una vista panorámica de la capital; la otra descubre, desde un palco, un ensayo en la Comédie Française, que anuncia los efectos de pantalla interior que tan frecuentes serán en el cine. Pero hay que insistir sobre todo en el vínculo que el museo Grévin permite establecer, de un siglo a otro, en torno a la muerte y la suspensión del tiempo. Es sabido que Madame Tussaud, francesa de origen alemán antes de hacerse inglesa, desarrolló el museo que su padre adoptivo, Curtius, había abierto a partir de 1770 en diferentes lugares de París, mezclando figuras de cera y autó-

---

noramas activos y que August Fuhrmann, su inventor, no dejaba de mandar a sus fotógrafos a través de Europa y por todo el mundo para poder renovar sus espectáculos.

54. MONESTIER, Martin, insiste en *Peines de mort, op. cit.,* sobre el carácter de espectáculo público muy apreciado durante mucho tiempo propio de las ejecuciones en la guillotina (pp. 228-230).

55. SCHWARTZ, Vanessa, "Cinematic Spectatorship before the Apparatus...", *op. cit.,* p. 304.

matas. También se sabe que representó en cera a muchos grandes personajes, tanto de la corte como actores de la Revolución; que había convertido en toda una especialidad recoger las cabezas de los guillotinados para captar su huella; y que la guillotina ocupará un lugar especial, sobre todo a través de las figuras de Marat, su gran maestro de ceremonias, y de María Antonieta, en el museo que abrirá en Londres en 1835 y del cual el museo Grévin se convertirá en una réplica. Michael Curtiz podrá hacer de ese vínculo elocuente entre la figura de cera y la guillotina, concentradas a través del cuerpo fantasmático de la reina de Francia, el motivo central de su película *Los crímenes del museo* (*Mystery of the Wax Museum*, 1933), en la cual la morgue tiene su sitio, puesto que el artista-protagonista secretamente desfigurado roba allí los cuerpos que luego somete a su arte macabro.

Es sorprendente que, so pretexto de un incremento del realismo del que participan esos dispositivos, una genealogía del cine se encuentre así en dos ocasiones situada también a la sombra de la muerte, y más especialmente de una inmovilidad de la figura (cadáver o escultura) cuya negación aparentemente establecerá el movimiento de la película. Y es que esta inmovilidad también es interna: es su fantasma y su doble porque es en la materialidad del fotograma su instancia mecánica oculta, que revelará la congelación de la imagen.

5. Al nacer así en el cruce de tantos dispositivos y máquinas, la singularidad del cine radica en que, por su propia naturaleza, solo él pueda reproducir a voluntad su realidad y su funcionamiento. Lo ha hecho incansablemente, para dar testimonio tanto de sus orígenes como de su expansión, y volver a captar así del modo más cercano posible, de acuerdo con un juego continuamente variado de analogías, su capacidad maquínica de grabación y de proyección de imágenes. Viaje inmóvil, el cine no habrá dejado nunca de refractar lo que debe a los medios de transporte que le preceden y acompañan y cuyos efectos, tanto de realidad como de virtualidad, ha intentado integrar para captar mejor los suyos.

De ahí esa afinidad especial del cine con el tren, sobre la cual tanto se ha insistido.[56] Se prepara a lo largo de todo el siglo XIX, transformando, mo-

---

56. Así, SCHIVELBUSCH, Wolfgang (1977), *Histoire des voyages en train*, París: Le Promeneur, 1990; AUMONT, Jacques, *L'Œil interminable*, *op. cit.*, (pp. 58-60), KIRBY, Lynne, en un libro esencial, *Parallel Tracks. The Railroad and Silent Cinema*, Durham (N.C.):

delando la percepción, induciendo correspondencias reguladas de dispositivo. Como se sabe, llegará incluso a convertir cada rueda de tren en la imagen absoluta del movimiento mecánico, cada ventana de compartimento en el equivalente de una pantalla de proyección, al igual que las ventanas de los vagones desfilando en la imagen de una película, de una sucesión encadenada de fotogramas. Desde las innumerables películas de los Lumière hasta *Asalto y robo de un tren* (*The Great Train Robbery*, Porter, 1903), desde *Salvada por el teléfono* (*The Lonedale Operator*, Griffith, 1911) hasta *Los espías* (*Spione*, Lang, 1929), desde *La rueda* (*La Roue*, Gance, 1922) a *Y el mundo marcha* (*The Crowd*, Vidor, 1928), de *La bestia humana* (*La Bête Humaine*, Renoir, 1938) a *Berlín Express* (Tourneur, 1948), de *El caballo de hierro* (*The Iron Horse*, Ford, 1924) a *Deseos humanos* (*Human Desire*, Lang, 1954), de *Carta de una desconocida* (*Letter from an Unknown Woman*, Ophüls, 1948) al *Silencio* (*Tystnaden*, Bergman, 1963), de *Monsieur Verdoux* (Chaplin, 1947) a *Fin* (Pelechian, 1992), de *El expreso de Shanghai* (*Shanghai Express*, Sternberg, 1932) a *Tren de noche* (*Pociag*, Kawalerowicz, 1959), de *Sobibór* (Lanzmann, 2001) a *Tickets* (Olmi, Kiarostami, Loach, 2005), de *Satanás* (*The Black Cat*, Ulmer, 1933) a *35 tragos de ron* (*35 Rhums*, Claire Denis, 2008), de *2046* (Wong Kar-wai, 2004) a *Octobre* (Pierre Léon, 2005), de *El hombre de la cámara* (*Cheloviek s Kinoapparaton*, Vertov, 1929) a tantas películas de vanguardia y experimentales a lo largo de su historia, el cine ha hecho del tren su objeto interior, para reconocerse a la vez en su naturaleza mecánica y en su dimensión psíquica, en su cuerpo íntimo y global. Eso es lo que se experimenta, por ejemplo, continuamente, en *Alarma en el expreso* (*The Lady vanishes*, Hitchcock, 1937), en cuanto el tren, muy pronto, entra en escena, convirtiéndose en el lugar de un espectáculo meditado por el cual el cine se refleja según su dimensión propia de dispositivo heredero de los dispositivos de espectáculo e invención de imágenes que le han precedido.

Duke University Press, 1997. Y, para el cine de vanguardia, BLÜMLINGER, Christa, "Lumière, the Train and the Avant-Garde", en STRAUVEN, Wanda (ed.), *The Cinema of Attractions Reloaded*, Amsterdam: Amsterdam University Press, 2006, pp. 245-264. Véase también CHÉROUX, Clément, "Vues du train. Vision et mobilité au XIXe siècle", *Études photographiques*, nº 1, noviembre de 1996, pp. 73-88; el dossier "Train et cinéma" de *Décadrages* (nº 6, otoño de 2005), y sobre todo el artículo de BERTON, Mireille, "Train, cinéma et modernité: entre hystérie et hypnose", pp. 8-21.

A partir de entonces, lo difícil es deslindar lo que depende de semejantes apariencias de historia o de parcialidades teóricas, por mezcladas que estén. Efectivamente, nos encontramos frente a dos tipos de problemas.

1. El primero depende de la realidad de ese dispositivo del cine que surge de tantos otros. Se separa rápidamente de todos para convertirse puramente en lo que es, a partir del momento en el que unas imágenes animadas por el supuesto movimiento de la vida son proyectadas en una pantalla en la oscuridad, ante un público que paga por lo que dura esa sesión. Llama la atención, por ejemplo, que apenas cinco años después de la irrupción del cine, y su febril desarrollo, sus inventores (que creían tan poco en él), idearan el *Fotorama*, panorama fotográfico circular destinado a un público amplio pero pronto abandonado, sobre todo por razones de coste de explotación. También sorprende la asombrosa variedad de panoramas reunidos para esta Exposición, y especialmente el Trans-Siberian Railway Panorama, en el que se consumaba la alianza del panorama y el tren. Ello basta para indicar que el cine no será más que un dispositivo entre otros, que sirve para mostrar imágenes. Pero su éxito será tal que ocupará el lugar de muchos otros de forma duradera, sin por ello eclipsarlos de verdad. Vivirá como a la espera, constantemente y desde su origen, de ser superado y relativizado por otros, aunque solo sea bajo la forma de ese otro invento del cine que fue el kinetoscopio Edison y de todas las formas más o menos utópicas de "televisión" que se han desarrollado desde finales del siglo XIX hasta la televisión de ayer y de hoy.[57] Los historiadores del cine de los primeros tiempos han sabido mostrar hasta qué punto, a pesar de su calidad única de proyección de imágenes en movimiento y por tanto de espectáculo singular, durante mucho tiempo el cine había sido considerado una atracción entre otras, todavía mezclado con ellas en programas híbridos, que oscilaban entre el teatro y la pantomima e incluían también sesiones de espiritismo e hipnosis.[58] Así, a través de sus lar-

---

57. Véase ZIELINSKI, Siegfried, *Audivision. Cinema and Television as Entr'actes in History*, Amsterdam: Amsterdam University Press, 1999 (versión aumentada de la primera edición de 1989), pp. 32-34.

58. Véase el artículo fundador de GUNNING, Tom, "The Cinema of Attraction(s): Early Film, Its Spectator and the Avant-Garde", *Wide Angle*, vol. 8, nº 3-4, 1986, pp. 63-70, recogido y luego modificado en ELSAESSER, Thomas, y BARKER, Adam (eds), *Early Cinema. Space - Frame - Narrative*, Londres: BFI Publishing, 1990, pp. 56-62, y después con otros

gos años iniciales hasta la guerra y luego sus grandes años mudos hasta la llegada del sonoro, la historia del cine es en gran medida la de la autonomización progresiva de un dispositivo en cuanto a su capacidad de arte propio dedicado a sugerir lo vivo. Pues si bien, de entrada, el cine seduce por el efecto inaudito gracias al cual parece que ofrece la vida misma (según el doble icono, en las vistas Lumière, de las hojas de árboles moviéndose en el fondo del cuadro y del tren que al avanzar parecía amenazar a los espectadores), no puede olvidarse la reacción tan viva de Máximo Gorki lamentando antes que nada en esas mismas imágenes, que también percibe como amenazadoras, una carencia abierta ("No el movimiento de la vida sino una especie de espectro muerto. [...] Nace ante nosotros una vida, una vida pero sin su sonido ni su espectro de colores —una vida gris y silenciosa— una vida pálida, una vida rebajada").[59]

2. Hay que precisar la hipótesis expuesta según la cual el cine y el psicoanálisis habrían tomado el relevo de la hipnosis. Por un lado, el psicoanálisis irá ocupando poco a poco el lugar de la hipnosis científica y médica que, al menos en Europa, tendrá un retroceso relativo y progresivo. Por otro lado, el cine que nace se encuentra vinculado a la cultura popular y espectacular de la hipnosis, a la cual será más ajeno el éxito progresivo del psicoanálisis y de la que, en cambio, el cine se convertirá en parte importante. Ello puede entenderse de distinta manera, como ha sugerido François Jost, en un ensayo en el que se propone encontrar, desde el punto de vista de la "metafísica de la aparición", el cine naciente en su entorno. "En las ferias, las películas [...] se daban a la vez que las sesiones de magnetismo, de hipnosis y de transmisión de pensamiento. Muy a menudo, se incluía un número de videncia entre dos películas. Por ejemplo, el teatro Bénévol, en París, encadenaba los números de la bruja Foska, del profesor Robertson y de su prodigiosa visionaria Lucille, del profesor Du Laar que representaba el sueño de Pigmalión con un proyector cinematográfico. En semejante contexto, cabe preguntarse si el cineasta no ha ido ocupando progresivamente el lugar de la vidente, primero por el *flash forward*, luego por el montaje paralelo (es literamente lo que ocu-

---

muchos textos, sobre todo de GAUDREAULT, André, relativos a esas cuestiones, en *The Cinema of Attractions Reloaded*.

59. GORKI, Máximo, "Au pays des spectres", en PRIEUR, Jérôme (dir.), *Le Spectateur nocturne. Les écrivains au cinéma*, París: Cahiers du cinéma, 1993, pp. 30-31.

rre en *Salvada por su perro -Rescued by Rover*, Heptworth, 1905, donde la gitana, figura de la videncia, es observada, seguida y alcanzada por un narrador inclusive mucho más omnisciente que ella)".[60] Como puede apreciarse, hay aquí tres cosas diferentes, desde el punto de vista de las relaciones entre el cine y la hipnosis, en sentido amplio. Primero, el efecto de proximidad y de sustitución eventual entre dispositivos de espectáculo. Luego, la tendencia de las películas a inspirarse en temas relativos al sueño, la adivinación, la supervivencia, la videncia, todos los estados posibles que asocian visión y creencia ("ese indudable empeño del cine de los primeros tiempos por representar lo que ocurre en el cerebro, cuando todavía está tanteando en la expresión visual de la mirada").[61] Finalmente, y esto es sin duda lo más importante, se puede augurar de todo ello que la elaboración de figuras y de formas del lenguaje cinematográfico, tanto por utilizar esos temas como por desarrollar otros muchos, parece específicamente una manera de constituir un fantástico mental propio del cine, cercano en eso a la hipnosis y sus aledaños. De ahí un proceso de doble sentido: cuanto más se elabora el cine, como dispositivo y como arte, y parece alejarse de su convivencia inicial con la hipnosis popular, más tiende a transformar esa relación de origen, de acuerdo con una pluralidad de modos que ciertas concepciones más científicas y renovadas de la hipnosis pueden contribuir a situar.

La doble película de Fritz Lang, *El doctor Mabuse, 1ª y 2ª parte* (*Dr. Mabuse, der Spieler/Inferno*, 1922), fue el momento crucial de ese movimiento. La representación popular de la hipnosis alcanza aquí su punto culminante, al mismo tiempo que la película, tanto a nivel de la elaboración de sus imágenes como de su organización narrativa, y en sentido más amplio de la actualización de su dispositivo ligado al poder de una mirada, abre una comprensión íntima y global del cine (como dispositivo singular) y de la película (como obra, texto o cuerpo) en tanto que hipnosis. Y ello en el sentido

---

60. JOST, François, "Métaphysique de l'apparition dans le cinéma des premiers temps", en COSANDEY, Roland, GAUDREAULT, André, GUNNING, Tom Gunning (dirs.), *Une invention du diable? Cinéma des premiers temps et religion*, Montréal/Les Presses de l'Université de Laval-Lausanne/Éditions Payot, 1992, pp. 263-272 (pasaje citado pp. 266-267).
61. *Ib.*, p. 263.

que la teorización de la hipnosis, a partir del psicoanálisis, pero también más acá y más allá de este último, puede formar.

Se trata, como cabe imaginar, de un nudo difícil de deshacer y es, en parte, el objeto de este libro. Mabuse —a quien vemos como "psicoanalista" en la primera parte de *Dr Mabuse,* dando una conferencia sobre "El psicoanálisis como factor de la medicina moderna" y al que la placa fijada en la entrada de su edificio en la segunda parte designa explícitamente como tal, cuando a lo largo de la doble película actúa solamente como hipnotizador— también constituye su símbolo. Asimismo, puede tomarse como ejemplo una película que ha vuelto a ver la luz, *Le Mystère des Roches de Kador* (1912) de Léonce Perret, que el catálogo del Festival de Cine Mudo de Pordenone presentó en 1995 como "la primera película psicoanalítica"[62], y de la que enseguida se adueñó Jean-Luc Godard para ilustrar el poder del dispositivo en la primera sección de las *Historia(s) del cine* (*Histoire(s) du cinéma*, 1988).[63] Según la intriga, al término de una oscura historia de robo y de asesinato frustrado, una joven, Suzanne, ha quedado catatónica, y un tal doctor Williams se propone curarla por "la aplicación del cinematógrafo a la psicoterapia". En el folleto que acompañaba el pase de la película, podía leerse sobre este nuevo método el siguiente comentario, presentado como un intertítulo posible pero que no figuraba en la copia restaurada: "Parece que este invento maravilloso, utilizado desde hace poco en la medicina mental, ha de ocupar muy pronto un lugar preponderante. Las vibraciones luminosas de las imágenes cinematográficas transmitidas por medio del nervio óptico, de la retina a la que han impresionado hasta las células de la corteza cerebral, determinan, en efecto, un estado muy particular de hipnosis que se presta admirablemente a la sugestión terapéutica".[64] Eso es lo que ilustra la escena ya famosa del retorcido

---

62. BERSTROM, Janet, concluye con una evaluación de esa película su introducción ("Parallel Lines") en el libro bajo su dirección: *Endless Night. Cinema and Psychoanalysis, Parallel Histories*, Berkeley: University of California Press, 1999 (pp. 15-19).
63. Algunos planos de la película figuran en *Toutes les histoires*, I (1a), p. 82, y en *Seul le Cinéma*, II (2a), p. 46, llevan impresos en rojo las palabras "Seul le cinéma" y corresponden a las líneas sobre la historia del cine "más grande que las otras porque se proyecta" (Jean-Luc Godard, *Histoire(s) du cinéma*, París: Gallimard/Gaumont, 1998).
64. *Le Mystère des Roches de Kador* (drama), Gaumont-Palace/Grands films artistiques Gaumont, folleto sin fecha (collección Rondel), p. 24.

dispositivo según el cual proyectan a Suzanne una película imaginada y rodada por el terapeuta, que ofrece la reconstitución del intento de asesinato del que habían sido objeto la joven y su novio, en la playa de las Rocas de Kador. Suzanne está sentada frente a la pantalla blanca, con el rostro iluminado (hay algunos ayudantes-espectadores al lado, para asegurar la mediación entre subjetivación y carácter social del espectáculo). Las cortinas están corridas; la habitación, a oscuras; el médico gira con un gesto suave la cabeza de Suzanne para que se fije en la pantalla donde se desarrolla la acción. Se ve cómo la luz que sale de la proyección anima el rostro poco a poco conmovido de la joven que termina por levantarse, como sonámbula, extendiendo las manos en dirección a la pantalla hacia la cual avanza y frente a la que retrocede para desmayarse poco después. Cuando despierta, llorando, reconoce a su novio y la realidad de su historia, ese trauma que la película ha reactivado para liberarla de él.

Es posible, como hace Janet Bergstrom al destacar que "Suzanne es atraída hacia la pantalla como si se encontrara hipnotizada", atribuir luego esta singular psicoterapia al psicoanálisis y reconocer así que esta película arroja una primera luz sobre la manera en la que este último permitiría esclarecer el cine, o la manera en la que psicoanálisis y cine se esclarecen mutuamente.[65] También puede reconocerse en ello, a varios niveles, la indicación de una estrecha correspondencia entre cine e hipnosis, en la cual el psicoanálisis entra fatalmente como tercero, aunque proceda de la hipnosis pero para distinguirse de ella. Naturalmente, llama mucho la atención que esta "cura" en la cual el elemento de seducción no está ausente (el tutor de Suzanne pretende casarse con ella antes de intentar matarla) recuerde tan poderosamente los casos de mujeres más o menos sexualmente traumatizadas tratadas por Freud y Breuer en los *Estudios sobre la histeria*, entre los cuales podría figurar la historia de Suzanne. Pero la parte de lenguaje que constituye la fuerza original de esas situaciones, vinculando la catarsis a la "talking cure", de donde emergerá el psicoanálisis, está aquí totalmente ausente. Solo el cuerpo es impresionado, el cuerpo-cerebro. Ello gracias al psiquiatra, ese terapeuta singular convertido en director de cine para probar la eficacia de su

---

65. La evocación de conjunto más aguda sobre esta relación es la que dio HEATH, Stephen, en *Endless Night*: "Cinema and Psychoanalysis: Parallel Histories", *op. cit.*, pp. 25-56.

método, que se queda a un lado en favor del cine-película hacia el que dirige la mirada de su paciente. Es, literalmente, la película lo que abre los ojos de Suzanne, le permite pasar del estado catatónico al estado hipnótico y recibir así el choque que la hará desfallecer para volver finalmente a la plena realidad. Como se ha visto, la virtud de inducir una hipnosis singular, dada como condición de la sugestión terapéutica, se atribuye a las vibraciones luminosas de las imágenes, proyectadas y transmitidas por el nervio óptico al cerebro. Pero, más bien, la misma película se convierte por sí sola en esa sugestión, proceso de inducción que basta para llevar a cabo la transformación del estado catatónico en estado hipnótico, de donde el sujeto emerge curado. Son suficientes para ello tres dimensiones armonizadas entre sí: el dispositivo de proyección (en el que el laboratorio del psiquiatra deviene el cubo oscuro de una sala improvisada, con su espectadora elegida y sus espectadores testigos); que esa proyección se haga con imágenes en movimiento y cambiantes, con sus componentes y sus intermitencias, sus parpadeos de blanco y de negro; y que esas imágenes adopten, evidentemente, la forma de un relato claramente destinado a la causa a la que pretenden servir.

De ese modo, en su ingenuidad procedente de diversos rasgos de época —de la creencia popular vinculada a la hipnosis al eco de investigaciones científicas o cientificistas—, en esta película puede encontrarse como en pocas una dimensión física tanto como psíquica propia del cine, de la que el psicoanálisis no puede dar cuenta de verdad, como sí lo hacen, tal vez, investigaciones ya antiguas y sobre todo contemporáneas, tanto a propósito de la hipnosis en sí misma como de la biología del cerebro.

Es conocida la reticencia de Freud hacia el cine, o más bien hacia la idea de que el cine sería susceptible de encarnar lo que el psicoanálisis se había atribuido para sí como objeto de estudio: mecanismos psíquicos vinculados al deseo humano. En el episodio que le enfrentó a Karl Abraham a propósito del proyecto de película finalmente realizada por G.W. Pabst, *Secretos de un alma* (*Geheimnisse einer Seele,* 1926; en francés, *Les Mystères d'une âme*, por "Secretos"), Freud le contesta: "Mi objeción fundamental es que no me parece posible hacer una presentación plástica, que resulte mínimamente respetable, de nuestras abstracciones".[66] Puede parecer sorprendente que Freud, tan propenso a reconocer en las obras de arte los procesos que atestiguan el poder y la realidad del deseo inconsciente (como puede apreciarse en sus ensayos de "psicoanálisis aplicado"), no haya vislumbrado entonces en el cine lo que en él reconocerán más tarde generaciones de teóricos, para los que el cine se convertirá en un lugar privilegiado de las manifestaciones del inconsciente y de sus procesos de formación. Simplemente, es posible que Freud, clásico en sus referencias, entre literatura, pintura y escultura, no haya sabido ver en el cine ni un arte, ni una máquina en sintonía con sus puntos de vista, prefiriendo el simple "bloque mágico" como analogía aproximativa del inconsciente.[67]

Tal vez, también, haya que comprender mejor lo que sugiere de ese modo. Hablando en esa misma carta de quienes elaboran ese proyecto de película, Freud observa que estos últimos podrían, sin ese acuerdo que buscan con él y sus allegados, "hacer algo salvaje", en caso de rechazo. Y eso es lo que, con o sin aprobación, parece temer de todas formas. Comentando estas líneas dirigidas a Abraham, J.-B. Pontalis destacó la obligación que el cine constituiría para Freud, en cuanto a la imagen, respecto a su función en el sueño, el relato del sueño: "La 'presentación plástica', la figurabilidad, de simple condición, se convierte en ley. Lo 'no-figurativo' (las 'abstracciones') se somete entonces a lo 'figurativo': todo debe abandonarse, sin que nos demos cuenta, a la imagen".[68] Habría una especie de salvajismo, sordo y unilateral, encarnado en la imagen en movimiento, y entonces muda, proporcional a su analogía ambigua con la del sueño. Ello responde tal vez a lo que a continuación añade Freud a Abraham, aludiendo al ofrecimiento que le había hecho unos meses antes Samuel Goldwyn, para que, como "el mayor especialista mundial del amor"[69], colaborara en un proyecto de película sobre los amantes famosos: "El Sr. Goldwyn era al menos lo suficientemente inteligente como

---

66. FREUD, Sigmund, ABRAHAM, Karl, *Correspondance 1907-1926*, París: col. "Connaissance de l'inconscient", Gallimard, 1969, p. 390. Sobre la historia de la película de Pabst y su teorización, véase LACOSTE, Patrick, *L'étrange cas du Professeur M. Psychanalyse à l'écran*, París: col. "Connaissance de l'inconscient", Gallimard, 1990.
67. Es lo que reveló y desarrolló KUNTZEL, Thierry, en "Note sur l'appareil filmique" (1975, en inglés), tardíamente publicado en francés en el catálogo de la exposición que se le dedicó en la Galerie nationale du Jeu de Paume, 1993, pp. 22-26 (el texto ha sido recogido en *Thierry Kuntzel, Title T.K.*, Archive/Musée des Beaux-Arts de Nantes, 2006).
68. PONTALIS, J.-B., "Scénario Freud, scénario Sartre", prólogo a SARTRE, Jean-Paul, *Le Scénario Freud*, París: Gallimard, col. "Connaissance de l'inconscient", 1984, p. 22.
69. Sobre los detalles de este asunto, véase RODRIGUÉ, Emilio, *Freud*, t. II, París: col. "Désir Payot", Ed. Payot & Rivages, 2000, pp. 359-360.

para limitarse al aspecto de nuestro proyecto que admite muy bien una representación plástica, a saber, el amor". El amor es esa fuerza que conviene a la imagen y del que esta última ofrece un equivalente posible, como anteriormente a las "abstracciones" que sin embargo pretenden servir a la verdad de ese amor, a través de las lógicas del deseo que se expresan en ella.

Llama la atención que por esos mismos años '20 Freud utilice en su sentido más amplio la palabra "amor", cuando de repente vuelve a enfrentase al enigma de la hipnosis. Ofrecerá entonces una visión renovada, de acuerdo con las opiniones de su segunda tópica en proceso de elaboración. Pero no esclarece de verdad su dimensión específicamente somática, el estado propiamente dicho, cuya "disposición" remite a "la historia originaria de la familia humana"[70], en la prolongación de la visión filogenética de *Tótem y tabú*. La hipnosis participa así una vez más de esos fenómenos difícilmente explicables, que contienen una parte de irracionalidad, por los cuales Freud se deja atraer entonces de manera bastante abierta, aunque siempre con gran prudencia. Como la telepatía, a la que dedica dos artículos favorables casi seguidos, en 1921 y 1922, intentando incluirla, entre los fenómenos de transmisión de pensamiento, en una posible lógica psicoanalítica.[71] También se sabe que Freud, a pesar de sus muchas reservas, participó de lejos en la "Society for Psychical Research" fundada por F.W. Myers y de la cual fue miembro, así como en otras sociedades de investigación psíquica cuyos trabajos seguía con una mezcla de desconfianza y fascinación[72] (Ernest Jones decía: "un delicado vaivén entre el escepticismo y la credulidad").[73] Por su parte, Jean Starobinski

---

70. FREUD, Sigmund, *Psychologie des foules et analyse du moi*, *op. cit.*, p. 197.
71. Véase el muy sólido libro de MOREAU, Christian, *Freud et l'occultisme. L'approche freudienne du spiritisme, de la divination, de la magie et de la télépathie*, Toulouse: Privat, 1976, pp. 167-203.
72. *Ib.*, pp. 87-96. Moreau cita especialmente la famosa carta fechada en julio de 1921, en la que Freud, aunque enumera estrictamente sus reservas sobre "el estudio de los fenómenos psíquicos llamados ocultos" y prefiere no ver mencionado su nombre en los trabajos del American Psychical Institute, no por ello deja de escribir a su director, Hereward Carrington: "Si me encontrara al principio de mi carrera científica en lugar de estar cerca del final, tal vez no escogiera otro campo de investigaciones a pesar de todas las dificultades que presenta" (p. 90).
73. JONES, Ernest, *La Vie et l'Œuvre de Sigmund Freud*, t. III, París: PUF, 1969, p. 425. Todo el capítulo "Ocultismo" ofrece un excelente resumen del tema.

subrayó hasta qué punto el racionalismo científico de Freud le impulsaba a desmarcarse tanto de las creencias vinculadas a modalidades diversas de lo sobrenatural como de formas de arte que pretendían nutrirse de este último para alcanzar un acceso más directo a los poderes del inconsciente: es la reticencia de Freud con respecto al surrealismo y a Breton, que apelaba a la vez al psicoanálisis y a las visiones de Myers, a los conocimientos de la ciencia y a los misterios flotantes propios de las artes y tradiciones populares.[74] Así, se puede tener la tentación de sugerir que el cine, aunque no lo haya tenido en alta consideración, hubiera podido entrar para Freud de manera vaga en ese círculo de fenómenos, y que de todas las artes, si es cierto que alguna vez mereció ese nombre, el cine hubiera podido ser percibido como más cercano a la magia y a la hipnosis que al psicoanálisis como tal, aunque solo fuera por su capacidad inmediata para encarnar el amor.

Todo ello es significativo de hasta qué punto el cine que está naciendo y desarrollándose ha podido entrar en resonancia con el fenómeno de las "ciencias psíquicas" tal como se impuso y se ramificó en el último cuarto del siglo XIX y hasta los años '20 sobre todo, primero en Inglaterra, luego en Francia, en Alemania y en Estados Unidos. Herederas de la ola espiritista de la que les diferencia la respetabilidad intelectual y científica de sus defensores, las ciencias psíquicas vuelven a encontrar también algunas de las virtudes del antiguo magnetismo desprestigiado por la hipnología científica de la Salpêtrière. Al elaborar su crónica sutil, Bernard Méheust destacó la mezcla paradójica de voluntad científica y de deseo intenso de creer que trenzó en varios países toda una red fluctuante de adeptos en torno a las ideas de transmisión de pensamiento, de telepatía, de médiums, de posibles supervivencias y de mensajes procedentes del más allá.[75] En este caso, la cuestión tampoco está en discutir sobre lo verdadero o lo falso, lo forjado a partir de tal o cual caso o de la supuesta verosimilitud de tal otro (por ejemplo, aquellos de los que se ocuparon durante años y en numerosas cartas Sándor Ferenczi y Freud), sino de ver hasta qué punto un movimiento proteiforme de esta categoría ha po-

74. STAROBINSKI, Jean, "Freud, Breton, Myers", en *La Relation critique*, París: Gallimard, 1970.
75. Es todo el segundo volumen de su *Somnambulisme et médiumnité: le choc des sciences psychiques*.

dido alimentar de manera natural al cine y cómo ha conseguido a la vez encontrar en el cine, desde el principio, una cámara de resonancia.

Se trata de reencontrar, de acuerdo con modos más elaborados, tanto en el plano de las películas como en el de los pensamientos, las equivalencias planteadas por François Jost entre las formas populares del espectáculo y el cine naciente. Sin insistir siquiera en tantas películas (en gran parte francesas o americanas) de los primeros años del cine cuyos títulos evocadores están presentes en todos los catálogos, basta con evocar el impulso del gran cine alemán, esa "pantalla demoníaca" descrita por Lotte H. Eisner[76], con sus dobles, sus espejos, sus autómatas, sus doctores locos, sus hipnotizadores, sus vampiros, las películas danesas y suecas de los años 1910-1920, vibrantes con su fantástico mortuorio a las que *La carreta fantasma* (*Körkarlen*, 1921) de Victor Sjöström sirve de emblema y que han afectado de manera tan íntima las películas de Mauritz Stiller, antes de alcanzar su punto álgido y único con *Vampyr, la bruja vampiro* (*Vampyr*, 1932) de Carl Dreyer. Pensemos también en las películas del ruso Yevgeni Bauer, *Tras la muerte* (*Posle smerti*, 1915) por ejemplo[77]; o, un poco más tarde, en las películas americanas de Tod Browning. Basta para comprender hasta qué punto, igual que una foto espiritista, pero mucho más inmensamente que ella, la materia del cine, en apariencia tan próxima a una captación inmediata de la vida, no ha dejado de ahondar sobre sí misma, alcanzando profundidades psíquicas insospechadas. Como para coger al revés, metamorfoseándola, la impresión inicial de Gorki. Y ello, abandonándose a las virtualidades de sus mecanismos de grabación y de proyección, a la vez que incorpora las mutaciones confusas pero llenas de la vivacidad a las que las ciencias psíquicas sirvieron de emblema, vinculadas a un sentimiento nuevo de la muerte que la Gran Guerra, y Freud insistía en ello, radicalizó aún más.

Así, el cine que, como otros muchos dispositivos, nace de la hipnosis, ha podido a su vez convertirse en hipnosis, siguiendo sus propios modos.

---

76. EISNER, Lotte H., *L'Écran démoniaque*, París: Le Terrain vague, 1965 (una primera edición, menos completa, fue publicada por André Bonne en 1952).
77. Véase el CD-Rom concebido por TSIVIAN, Youri, *Immaterial Bodies. A Cultural Analysis of Early Russian Films*, USC Annenberg Center for Communication, 1999.

C.

Llegamos ya al tercer tiempo de esta historia. Por una confusión que recuerda a la que, en el cambio de los dos siglos, cuando el cine se estaba inventando, había llevado poco a poco de la hipnosis al psicoanálisis, hemos visto cómo se desarrollan los estudios sobre el cine inspirados por el psicoanálisis, en Francia, en el momento en el que el interés por la hipnosis empezó a resurgir del largo olvido al que había sido condenada por el éxito del psicoanálisis.

Los libros de Léon Chertok empiezan a hacer efecto, en la Francia freudiana y lacaniana, a partir de los años '70, y los de François Roustang se afirman a partir de los años '90. El signo más elocuente de ese cambio es sin duda una carta que ambos citan, con brevedad excesiva[78], dirigida a Chertok por uno de los muy escasos psicoanalistas que han tenido el rigor de encontrar las palabras para calificar su intuición. Octave Mannoni subraya así que le interesa la hipnosis, "sobre todo por los problemas oscuros que plantea a los teóricos". No es, añade, más que una "fenomenología, pero una fenomenología revolucionaria, en el sentido de que contradice todo el saber teórico". Sin embargo, los hechos que presenta son insuficientes, a partir del momento en el que la teoría que pretende explicarlos es falsa. De ahí el destino de Mesmer, acusado por los informes de los comisarios reales; de modo que el fluido invocado terminó por descalificar, para ellos y para la mayoría, el alcance de los mismos hechos. Mannoni confiesa así a Chertok que comprende su deseo de que se hagan más "verificaciones científicas" y de que se lleve a cabo una mayor "investigación experimental". Pero para que se admita esa "fenomenología *innegable* e *insostenible*", habría que acabar sobre todo por "invalidar las teorías médicas existentes". O elaborar otras —pero eso Mannoni no lo

78. CHERTOK, en *L'Hypnose* (1965), edición corregida y aumentada, Payot, 1989, p. 233, y en *Mémoires d'un hérétique* (con GILLE, Didier y STENGERS, Isabelle), París: La Découverte, 1990, p. 242; ROUSTANG, en *Qu'est-ce que l'hypnose?*, París: Minuit, 1994, p. 10. Esta carta fue dirigida el 29 de febrero de 1980 a Chertok después de la publicación de su libro *Le Non-Savoir des Psy. L'hypnose entre la psychanalyse et la biologie*, París: Payot, 1979. Su existencia me fue comunicada por Léon Chertok. Se encuentran pasajes de otras cartas de Mannoni citadas por BORCH-JACOBSEN, Mikkel, en *Hypnoses* (con MICHAUD, Éric y NANCY, Jean-Luc), París: Galilée, 1984, pp. 57-58.

dice, aunque es lo que implican las últimas palabras de su carta, las más duras que puedan imaginarse viniendo de un psicoanalista: "Piense que Groddeck es mucho más impresionante que Freud, pero es de Freud de quien se acuerda todo el mundo, porque él sí que tenía una teoría".

Es lo que percibió, acertadamente, François Roustang. Ha sido el primero en intentar construir de manera tan clara un pensamiento sistemático de la hipnosis, entre teoría clínica y filosofía. Por ello, este ejemplo será muy valioso para intentar acercarnos al cuerpo del cine como hipnosis.

No obstante, cabe destacar primero que este movimiento de vuelta a la hipnosis es coetáneo de ese otro por el cual el cine se encontró enfrentado a un número cada vez más variado de dispositivos de proyección y de difusión de imágenes, a partir de la competición masiva abierta desde hace tanto tiempo por la televisión. El cine tiende así a volver a ser lo que fue durante los largos años de su invención, antes de haberse fijado de manera más definida con la llegada del sonoro: un dispositivo entre otros, cuyo éxito fue tan absoluto que parece, de ahora en adelante, relativo. Pero, por relativo que resulte, el dispositivo del cine se sobrevive a sí mismo también como absoluto: cada vez que unos espectadores se reúnen en la oscuridad frente a una gran pantalla el tiempo que dura una función (aunque la proyección sea digital —el ejemplo de *Sarabanda* (*Saraband*, 2003) de Ingmar Bergman basta para demostrar que su carácter mecánico no es, como se ha podido creer, un rasgo crucial del dispositivo). De tal modo que la muerte apresuradamente anunciada del cine, a la que sigue resistiéndose, invita con más fuerza a intentar captarlo por sí mismo, aunque sea dentro de una historia más amplia y menos aislada, marcada por una confusión cada vez más viva.

Por eso, llama la atención que en el mundo de las instalaciones y de los museos —en el que se elaboran dispositivos cada vez más numerosos, que proponen por medio de gradaciones sin fin muchas figuras posibles de otro cine— sean a menudo dispositivos anteriores al nacimiento del cine como tal, o que han continuado desarrollándose en los huecos de su advenimiento, los que propongan modalidades nuevas, ambiguas, flotantes, de imágenes-movimiento —ahondando con tantas idas y venidas la historia de las imágenes, y sobre todo la del cine en ellas.

Pensemos así en las proyecciones de rostros al aire libre que Tony Oursler organiza en pantallas de humo en *The Influence Machine* (2003): remiten explícitamente a la fantasmagoría de Robertson, ocupando a su vez el lugar que les corresponde en la interminable lista *in progress*, que se remonta a la Antigüedad, de los dispositivos de imágenes (y de sonidos) que Oursler acumula desde hace años bajo el título *An Optical Timeline*.[79] Piénsese en el singular panorama propuesto bajo el título *Film ist* (1998-2002), que el espectador puede recorrer tanto por fuera como por dentro, en el que Gustav Deutsch junta ocho pantallas que presentan en bucle raudales organizados (en su mayoría) de películas científicas de los primeros tiempos. Piénsese en los intentos de cine en relieve de Zoe Beloff, reservados a algunos espectadores frontales, mediante los que se propone sugerir hasta qué punto los efectos de la foto espiritista y las creencias vinculadas a las ciencias psíquicas abrieron en el siglo XIX un espacio nuevo a la proyección física y mental de las imágenes (*Shadow Land or Light from the Other Side*, 2000; *The Ideoplastic Materializations of Eva C.*, 2004; *The Somnambulists*, 2008). Su ejemplo convence tanto más cuanto que empezó por desarrollar formas nuevas de panorama calculadas que pueden leerse en ordenador (los DVD-Rom *Beyond*, 1997; *Where Where There There Where*, 1998).[80] Piénsese también en las imágenes concebidas desde hace unos años por Jean-Louis Boissier, especialmente a partir de la obra de Rousseau (*Flora Petrinsularis*, 1993-1994; *Moments de Jean-Jacques Rousseau*, 2000), bajo forma de DVD o de instalaciones: trabajadas por ordenador para poder ofrecer una discontinuidad de la experiencia perceptiva, más acá del movimiento supuestamente natural de la vida, esas imágenes se sitúan abiertamente en la descendencia de la cronofotografía de Marey, inmediatamente anterior a las imágenes Lumière.

En este sentido, puede resultar sobrecogedora una obra de Douglas Gordon: *30 Seconds Text* (1996). En una cámara oscura, un texto expuesto en letras luminosas cuenta la experiencia intentada en 1905 por un médico sobre

---

79. Véase OURSLER, Tony, "Je déteste le noir. J'adore la lumière", *Trafic*, nº 34, verano de 2000, pp. 22-42. También llama la atención la coincidencia entre uno de los trucajes utilizados por el médium Jean Buguet para fabricar "espectros" (mencionado en el ensayo de CHARUTY, Giordana, *op. cit.*, p. 65) y la técnica de las "muñecas" animadas puesta a punto desde hace años por Oursler.
80. Véanse sus textos "La vie rêvée de la technologie" y "Deux femmes visionnaires", en *Trafic*, respectivamente nº 30, verano de 1999, pp. 84-91, y nº 44, invierno de 2002, pp. 107-114.

un condenado a la guillotina, del cual esperaba recibir, gracias a un código previamente establecido, signos fidedignos de un resto de conciencia después de la decapitación.[81] La duración de la experiencia relatada, de 25 a 30 segundos, es la que supone la lectura del texto, brutalmente interrumpida tras ese plazo para un visitante que queda sumido, de repente, en la oscuridad; imita de ese modo el supuesto efecto de la guillotina. Uno de los intereses de esta instalación conceptual es la relación que puede establecerse con el movimiento infinitamente dilatado de *24 Hour Psycho* (1993), mediante el que Douglas Gordon sometió la película de Hitchcock a una desnaturalización que inducía en el espectador una conciencia aguda del fotograma, de su valor de suspensión, de interrupción virtual.

Así se encuentra exhibido, como en tantas instalaciones según los caminos más diversos, el trabajo de lo *fotográfico*. Interrumpe el movimiento, provocando una inversión del tiempo sobre sí mismo, proyectado en la multiplicidad combinatoria de los tiempos. Ese efecto-guillotina, en el principio de la fotografía, es hoy cada vez más visible en el cine, donde ha sido presentido durante mucho tiempo antes de encontrarse casi banalizado, primero por la práctica del vídeo y luego, sobre todo, por la del ordenador. Pero en cuanto lo reinventan sigue siendo pasmoso, en proporción directa con lo que finge suspender en provecho de una fascinación pura: el tiempo-movimiento de la película, que es la condición de su valor de hipnosis.

---

81. El caso lo relata MONESTIER, Martin, *Peines de mort, op. cit.*, p. 233. Dedica varias páginas ("La survie des têtes coupées") a los que fue una obsesión del siglo XIX.

La mujer en la luna, Fritz Lang, 1929

2. LA HIPNOSIS-CINE

En 1944, el psiquiatra y psicoanalista americano Lawrence S. Kubie publicó, en colaboración con Sydney Margolin, un artículo titulado "The Process of Hypnotism and the Nature of the Hypnotic State".[1] Todo el mundo estuvo de acuerdo en considerar que ese texto significaba un momento decisivo en la comprensión de la fenomenología hipnótica, tanto en lo que se refiere a la calificación de la transferencia como a los factores fisiológicos y psicológicos puestos en juego simultáneamente.[2] La visión desarrollada se aprecia ya en el título: hay que distinguir en la hipnosis el proceso que la induce y el estado hipnótico resultante para convertirse en su cuerpo, entre los cuales se produce un salto en el que se confirma el enigma de este último. Pero es la claridad propia del dispositivo así formado lo que mejor permite captar la realidad del dispositivo-cine.

El proceso de inducción que vincula primero al hipnotizado con su hipnotizador se presenta como un fenómeno de regresión —por vago que sea el uso del término, Kubie insistirá más adelante sobre ello— y bajo la forma de un sueño parcial. Las dos comparaciones utilizadas para delimitarlo son el balanceo del niño durmiéndose en brazos de su madre y el efecto frecuente del tren sobre el viajero. Que en ambos casos la persona dormida se despierte en cuanto cesa el balanceo sitúa bien los factores que, en el plano fisiológico, contribuyen al desarrollo del proceso. Se trata de producir un foco central de excitación apartándolo de cualquier otro efecto, por dos medios principales. El primero es una inmovilización relativa del cuerpo, cuyos efectos inhibito-

---

1. KUBIE, Lawrence S. y MARGOLIN, Sydney, "The Process of Hypnotism and the Nature of the Hypnotic State", *The American Journal of Psychiatry*, Vol. 100, nº 5, Marzo de 1944, pp. 611-622.
2. CHERTOK, Léon, *L'Hypnose*, *op. cit.*, pp. 57-58; ROUSTANG, François, *Qu'est-ce que l'hypnose?*, *op. cit.*, p. 56.

rios en el plano muscular y motriz Kubie describirá, en detalle, más tarde[3]; tiene como modelo la fijación del ojo en un punto fijo, de acuerdo con la imagen-madre de la dramaturgia hipnótica. Esta fijación, en la cual el ojo equivale a la cabeza, y esta última a todo el cuerpo, garantiza la inhibición motriz, tanto en la gallina como en la oveja o en el hombre. Va acompañada por un "aislamiento perceptivo parcial", corolario en el plano sonoro. En resumen, este primer rasgo del proceso de inducción recuerda la "visión bloqueada" de Pascal Bonitzer (cuya fórmula tanto gustaba a Serge Daney), que este empleó a menudo para calificar el cine con relación a los diferentes dispositivos audiovisuales que lo rodean y, más o menos, lo desnaturalizan.[4]

El segundo factor es la "monotonía". Es la que garantiza la "adaptación sensorial" susceptible de afectar a todo órgano receptor de dos modos: un estímulo de intensidad constante que se desarrolla sin interrupción durante cierto tiempo, o un estímulo de intensidad constante, discontinuo pero animado por un ritmo regular. Poco dados a vagabundeos y metáforas, los autores insisten en esta dimensión puramente fisiológica del ritmo acorde con sus valores emocionales y su papel en el campo global de la estética. De entrada, se trata de mantenerse atento a las artes mecánicas de la época, música y cine, a sus múltiples modalidades de experiencia. En el proceso clásico de la hipnosis, las fórmulas repetitivas y circulares del hipnotizador que invitan a sus pacientes al sueño, garantizan ese factor rítmico que contribuye a apartarles de su entorno invitándoles a entregarse al mismo.

Una visión inspirada por el psicoanálisis permite situar el efecto de regresión que afecta al sujeto en el proceso de inducción, gracias a la reducción draconiana de las implicaciones sensorio-motrices. "Esta disolución de las fronteras del Yo crea un estado psicológico análogo a ese breve período de la primera infancia en el curso del cual el seno de la madre en la boca del niño

---

3. KUBIE, Lawrence S., "L'illusion et la réalité dans l'étude du sommeil, de l'hypnose, de la psychose et du réveil" (1972), *Revue de médecine psychosomatique et de psychologie médicale*, t. 18, nº 2, verano de 1976, pp. 163-180 (para el pasaje que nos concierne: pp. 171-172). Ha sido recogido en CHERTOK, Léon (dir.), *Résurgence de l'hypnose. Une bataille de deux cents ans*, París: Desclée de Brouwer, 1984.
4. Especialmente en "Du défilement au défilé", *La Recherche photographique*, nº 7, 1989, p. 49 (Bonitzer introduce la expresión en *Le Champ aveugle*, París: Cahiers du cinéma/Gallimard, 1982, p. 116).

forma parte psicológicamente del niño mucho más que los dedos de sus manos o sus pies, y pertenece al yo del niño tanto como su propia boca".[5] Así, en el hipnotizado, la voz del hipnotizador ya no se distingue de la conciencia, en proceso de desvanecimiento, de sus propios límites subjetivos. La estatua de Condillac, con su famosa hipótesis de una concentración en un solo sentido (el olfato), ofrece también un modelo más material y alegórico de este proceso, relacionado antes que nada con el dispositivo del sueño, sin quedar nunca reducido a este último.

De ahí la sorprendente intensidad de la alteración que se lleva a cabo en cuanto el sujeto cede, con mayor o menor celeridad y de manera más o menos profunda, a la sugestión que le invita al abandono, y entra en el estado hipnótico propiamente dicho. Efectivamente, vuelve a estar capacitado para una comunicación relativa con el mundo exterior y con su hipnotizador, en los niveles verbal y sensorio-motriz. El misterio que acompaña a tal estado no es aclarado realmente, en el plano científico en el que se sitúan Kubie y Margolin, por la interpretación que de él presentan entonces en términos casi metapsicológicos. En efecto, vinculan esta expansión recuperada de las fronteras del yo con una incorporación de una imagen fragmentaria del hipnotizador que prolonga, tranformándola, la prueba anterior de la fase de fusión; de modo que en esta experiencia el sujeto adquiere, sin saberlo, tanto un yo como un superyo modificados. "Está claro que la fase final del proceso de la hipnosis, que se instaura con el pleno desarrollo del estado hipnótico, equivale precisamente a esa fase del desarrollo del yo del niño en el curso de la cual se despliegan gradualmente sus límites, gracias a que van quedando en la memoria las imágenes parentales inconscientemente incorporadas como elementos del yo del niño. La imagen incorporada del hipnotizador desempeña el mismo papel en el sujeto hipnotizado que la imagen inconsciente incorporada de la figura parental en el niño o el adulto. La hipnosis aparece así como la reproducción experimental de un proceso natural del desarrollo".[6] Esta elaboración no impedirá a Kubie volver con reforzada insistencia "sobre el misterio fundamental del estado de hipnosis".[7] Aunque define el hipno-

5. KUBIE, Lawrence S. y MARGOLIN, Sydney, "The Process of Hypnotism...", *op. cit.*, p. 612.
6. *Ib.*, p. 621.
7. Véase especialmente el artículo ya citado ("L'illusion et la réalité..."), en el que Kubie

tismo como "un estado de sueño inducido, controlado y apto para la comunicación", y por esa razón como un instrumento privilegiado para acercarse al "fenómeno de transición" entre diversos estados psíquicos, tanto normales como patológicos, aunque puede llegar así a la conclusión de que "la hipnosis constituye la encrucijada de todos los niveles de organización fisiológica y psicológica", sin embargo su definición propiamente dicha se nos escapa.[8] Entre las opiniones del mito popular y una imposible caracterización científica, después de Mesmer o Puységur, Charcot o Erickson, la hipnosis sigue suponiendo un obstáculo para el saber. Es lo que recordará también Chertok, en el intento de definición tal vez más omnicomprensiva que se haya dado: "Es un cuarto estado del organismo, actualmente no objetivable (a la inversa de los otros tres: estar despierto, dormir, soñar): una especie de potencialidad natural, de dispositivo innato cuyas raíces llegan hasta la hipnosis animal, caracterizado por rasgos que, aparentemente, remiten a las relaciones de vinculación del niño anteriores al lenguaje y se producen en situaciones en las que el individuo está perturbado en sus relaciones con el entorno".[9]

¿Qué es lo que atrae de semejante evocación, y sobre todo de la distinción propuesta entre el proceso de inducción y el estado de hipnosis, para una mejor comprensión del dispositivo-cine? En primer lugar, la realidad misma de la sugestión, su doble naturaleza. En el proceso de inducción, solo se propone-impone al sujeto una sugestión: entregarse al sueño. En cambio, durante el estado de hipnosis el abanico de sugestiones se abre hasta el infinito, de acuerdo con dos modalidades desde siempre ligadas a la hipnosis: una situación terapéutica, un espacio de experimentación. Que esas sugestiones, durante el estado, contrariamente a lo que se produce en el proceso de inducción, se actualicen en imágenes o en cosas dichas procedentes del hipnotizado tanto o más que del hipnotizador no cambia en nada el carácter

---

escribe por ejemplo: "Hoy por hoy, es imposible definir la naturaleza del estado hipnótico" (p. 174); y un texto anterior: "L'hypnotisme, terrain de choix pour la recherche psychologiques et psychanalytiques" (1961), *Revue de médecine psychosomatique*, t. 5, nº 3, 1962, pp. 213-233.

8. *Ib.*, pp. 220-221, 229, 231.

9. CHERTOK, Léon, *L'Hypnose*, *op. cit.*, pp. 260-261. ROUSTANG cita estas líneas al principio de *Qu'est-ce que l'hypnose?*, *op. cit.*, p. 11.

global de un dispositivo en el cual la determinación, en su origen y globalmente, viene *del exterior*. Ello basta para hacer que, de entrada, el dispositivo del cine se aproxime mucho más al de la hipnosis que al onírico, en el cual la determinación sigue siendo puramente interna.

Para llegar a establecer esta relación, hay que concebir dos desplazamientos. Según el primero, el hipnotizador y el poder que tiene para sugerir (es decir, hacer que nazcan visiones, asociaciones, relatos) han de ocupar en el dispositivo del cine el lugar del conjunto de los elementos externos al espectador. Ello equivale a formar una vista tan real como ficticia, según la cual las sugestiones del hipnotizador se convierten en sugestiones de imágenes, de palabras y de sonidos, capaces de crear en el sujeto hipnotizado una continuidad visual y sonora que se parece a una película. La parte de artificio propia de tal equivalencia nunca debe hacer olvidar que lo esencial, en ese sentido, se debe al efecto de conjunto de un dispositivo según el cual una instancia, en un caso el hipnotizador, en otro los elementos propios del dispositivo-cine, consigue suscitar una creencia de grado variable en la realidad de lo que es sugerido, y así liberado, a partir de una situación fundamental de influencia, de atracción o de servidumbre, cualquiera que sea su nombre.

El segundo desplazamiento supone que la situación de cine compone una analogía global con la situación hipnótica. El estado fílmico aparece como la imbricación o la superposición entre los dos tiempos de la hipnosis, el proceso de inducción y el estado. En efecto, el espectador, en lo que se refiere a la intensidad de la atención, permanece siempre en cierto estadio, variable, del proceso de inducción, llevado hasta cierto grado de sueño, pero sin llegar a dormir de verdad —en cuyo caso, a la inversa de lo que se produce en la hipnosis, escapa al dispositivo. Y es en ese ante-sueño cuando la película le es sugerida continuamente, prohibiéndole dormirse, pero precipitándole en un estado intermedio entre sueño y vigilia, gracias a una posición de atención exacerbada o de sobre-percepción. El espectador se encuentra así presa de una sobreimpresión continua, entre la sugestión única del proceso de inducción y las sugestiones múltiples del estado, la sobre-percepción exterior y monocorde del proceso de inducción y las percepciones tanto internas como externas inducidas de manera ficticia en el curso del estado. Y ello en condiciones comparables de concentración e inmovilidad. La oscuridad necesaria a la proyección, que permite individualizar la relación entre el espectador y la pantalla, manteniéndolo a la vez en un entorno social, puede parecer un equivalente de la focalización individual que se lleva a cabo entre el hipnotizado y su hipnotizador —a la vez que recuerda las sesiones colectivas de sonambulismo inducido por un médium, una de cuyas condiciones era la oscuridad relativa.

De ese dispositivo del cine inspirado por la hipnosis, Fritz Lang dio en su *El Doctor Mabuse, 1ª parte* (*Dr Mabuse, der Spieler*, 1921) una ilustración precisa, aunque más acorde con los fines de un drama que presenta un enfrentamiento de voluntades que con una conformidad de temperamentos (así lo quiere el mito novelesco de la hipnosis como poder puro). Es un ejemplo excepcional, por el modo en el que la puesta en escena modela la imagen para transmitir la idea de un proceso mental y maquínico, de acuerdo con una alternancia casi regular de planos entre dos personajes opuestos. El inspector principal Wenck, que sigue persiguiendo al gran Desconocido cuya identidad se le escapa, está entonces en una sala de juego de lo más sospechosa donde ocupa su lugar en una mesa, frente a Mabuse disfrazado de viejo. Le rodean sus comparsas, igual que a Wenck otros jugadores. Cuando las manos de Wenck abren en la mesa su cartera llena de billetes, un ligero halo de sombra envuelve los motivos de ese plano medio, subrayando tanto el punto de vista de Mabuse como el primer efecto de su mirada sobre Wenck. Mabuse saca entonces de su bolsillo unos extraños lentes que comienza a mover, dirigiendo los cristales hacia Wenck para que le lleguen sus reflejos. Wenck acusa el golpe al momento y una ligera sombra le envuelve, quitando en parte de la vista a los jugadores que le rodean. Ese juego de campo-contracampo entre los dos hombres se focaliza enseguida en un plano visto por el inspector, en el cual emergen de un profundo círculo de sombra con bordes borrosos las manos de Mabuse y los espejuelos que está manipulando. Es también la ocasión de un intercambio verbal, con la cabeza y los ojos de Wenck vacilando en primeros planos mientras se dirige a Mabuse ("Son unas gafas chinas. / Sí, vienen de TSI-NAN-FU"). Wenck termina por cerrar los ojos y Mabuse, dejando las gafas, desliza hacia Wenck dos cartas en la mesa. Entonces, el campo visual que ya había empezado a reducirse por medio de diferentes límites de sombra se hace más pequeño. Con esta finalidad, Wenck aparece encuadrado de nuevo en un plano amplio, idéntico al del principio, momento en el que ocupaba su sitio en la mesa. Sutileza de la puesta en escena: una gran cortina negra, que apenas se apreciaba al principio, en la parte izquierda del cuadro, es ahora bien visible, iniciando así el proceso por el cual la imagen se oscurece de repente por los dos lados, se vuelve a cerrar sobre sí misma hasta encuadrar solamente en su tercio central a Wenck, que va hundiéndose en la hipnosis (en el fondo de lo que queda del cuadro, pueden percibirse una o dos siluetas indecisas y vivas, indicios de que a su alrededor sigue una vida "normal"). El famoso plano que sigue —los ojos brillantes de Mabuse aislados en el corazón de una noche ficticia, que parecen salir de una frente de animal— remata el efecto de aislamiento visual que tienen en común los dos protagonistas del drama vinculados en el proceso que les enfrenta. Este efecto justifica también que el trance de Wenck sea cada vez más intenso por la inducción de alucinaciones: las palabras TSI-NAN-FU sobreimpresionándose en los motivos de las dos cartas que Mabuse ha dirigido hacia Wenck. Pero la focalización sigue precisándose, como para saturar todas sus posibilidades. Así, el plano de conjunto que vuelve a mostrar a Mabuse rodeado de sus comparsas (como hemos visto al principio de la escena, plano paralelo al de Wenck ocupando su lugar en la mesa) va llenándose progresivamente de sombra hasta aislar en una oscuridad total, en el fondo de la imagen, únicamente la cabeza iluminada de Mabuse: avanza entonces inexorablemente, como un punto central de luz que va en aumento, hasta ocupar todo el cuadro, hacia Wenck y hacia el espectador. El efecto somático del plano es acentuado por un contraste debido a una fuerza contraria: en tres ocasiones, un movimiento hacia delante de la cámara, por lo tanto del ojo, insiste en las palabras que representan en la pantalla la sugestión brutal de Mabuse ordenando a Wenck que coja las cartas que le tiende ("SIE NEHMEN!!!" "Usted coge"). Voz de Mabuse, ojo de Wenck, que no ve esas palabras pero se supone que las oye: efecto mucho más directo dirigido al espectador. Este refuerzo de la sugestión se traducirá por un aumento del tamaño de las letras que terminarán por invadir toda la pantalla; también acrecienta la alucinación en Wenck, con las palabras TSI-NAN-FU brillando hasta en la mesa cada vez que intenta volver las cartas. Se alcanza el límite cuando Wenck, por una contra-voluntad decisiva, y como desde el fondo mismo de su estado hipnótico, puede devolver a Mabuse un "Nein!" subrayado por una mirada fascinante que fulmina a este último: entonces, como por efecto de un disparador, Mabuse se derrumba en la imagen en la que se encuentra aislado por un cerco de sombra y vuelve la luz a su alrededor, en ese mismo cuadro que desde el principio de la escena le situaba en medio de sus comparsas.

La claridad de semejante ejemplo ilustra bien la dificultad de principio que resulta de poner en imágenes un dispositivo relacional concreto y su alcance teórico. Pues, fatalmente, la realización tiene que inscribir entre los actores del drama que la justifican, por medio de decisiones internas a las propias imágenes, el proceso que se despliega simultáneamente entre el conjunto de lo que la película muestra y sus espectadores, a través del dispositivo cuya fuerza, por naturaleza, la película oculta y a la vez revela. Como se ha visto, el proceso de inducción se basa aquí, sobre todo, en la fuerza de atracción del ojo aumentado por lentes. Aunque se trate de un simple apéndice corriente, no deja de ser una máquina óptica, que permite una concentración y una proyección de luz, a imagen de la proyección de la película en el haz del proyector. Las focalizaciones diversas y progresivas que afectan a muchos planos son así el equivalente inmediato del efecto de esta delimitación de la luz: la traducen, por decirlo así, en intensidades y en proporciones, modelando en el rectángulo de la pantalla una especie de pantalla interna, plástica y móvil. Lo llamativo es que esas focalizaciones afectan tanto a Mabuse como a Wenck, aunque el primero concentre todo el efecto del poder de la mirada-luz y de su extensión (culmina cuando la cabeza iluminada de Mabuse se aproxima como un ojo desorbitado). Equivale a subrayar que en el proceso el hipnotizador puede o debe ser igualmente el hipnotizado. Pero es sobre todo que esos efectos se dirigen al espectador, tanto para profundizar el trance singular a merced del cual la película lo atraviesa, como para hacerlo explícito y que sea consciente de ello. En cuanto a la contra-voluntad final de Wenck, su misma posibilidad, hay que leerla no tanto como un límite interno de los poderes de la hipnosis (en principio, no se puede proponer bajo hipnosis nada que sea contrario a las convicciones íntimas ni a la salvaguarda de la persona) sino como un anuncio de la relación de las fuerzas en provecho de la ley, que finalmente triunfará sobre la locura asesina de Mabuse (por lo demás, es la única vez que esa mirada y esa voluntad de dominio fracasan, antes de metamorfosearse en locura).

En las otras tres ocasiones más importantes en las que, a lo largo de la doble película cuyo centro es Mabuse, este poder se manifiesta bajo la forma reconocida de la hipnosis, está relacionado con la mirada y las focalizaciones que produce: sus variaciones acumuladas se convierten así en el índice multiforme de la potencia en acto del dispositivo-cine. Así, es "la mirada hipnótica del Dr Mabuse que dirige no solamente a sus víctimas sino también al público y le fascina".[10] La primera vez, en el music-hall, Mabuse hipnotiza de lejos, con ayuda de sus gemelos de teatro, al joven Hull sentado con sus amigos en un palco: insistiendo en el doble círculo formado por los gemelos y apoyado por un ligero movimiento de cámara, el cierre en iris sobre el rostro de perfil, lo único iluminado a partir de entonces, marca el punto de impacto de la mirada como transporte y como proyección. Para que el dominio así señalado prosiga hasta la mesa de juego del club y las pérdidas insensatas de Hull. Más tarde, hacia el final de la primera parte de *Doctor Mabuse*, se repite el mismo proceso con el conde Told, de manera más sobria: basta con una mirada insistente, repetida, de Mabuse, desde el otro lado de la habitación, para que el conde sea alcanzado en la nuca e inducido a hacer trampas durante la partida que ha organizado. La sencillez de ese momento es lo que, paradójicamente, hace su fuerza: parece que se ve cómo la mirada de Mabuse, cual rayo, atraviesa el espacio para proyectarse hacia su objetivo. El último ejemplo, el más desarrollado, es el de la sesión en la Filarmónica, en *El doctor Mabuse, 2ª parte* (*Doktor Mabuse. Inferno des Verbrechen*, 1921). De momento, recordemos solo la fase final en la que Wenck, hipnotizado, ahora al volante de su coche, sigue lo indicado por Mabuse en un mensaje y ve bailar el nombre, MELIOR, con el que va firmado ese mensaje, en grandes letras blancas delante del coche, multiplicándose a lo largo de la carretera por la que avanza en la noche a gran velocidad. De modo que sigue la línea de fuga de una proyección. Colocadas alternativamente en horizontal ante el parabrisas del coche, según el campo y según el contracampo, o alineándose en el sentido de su trayectoria, como una emanación de la luz de los faros, esas palabras parecen componer así, para el espectador imaginado cuyo lugar ocupa Wenck, tanto el rayo de la proyección con su materia de imagen como la pantalla sobre la que esta se inscribe.

Todavía pueden inferirse según dos direcciones las correspondencias que se manifiestan entre el dispositivo de la hipnosis y el del cine. Para ilustrar la distinción que establecen entre el proceso de inducción y el estado de hipnosis, Kubie y Margolin indican acertadamente el "slow-motion picture" del proceso hipnótico, tal como se desarrolla en el novicio. Pues quien ha practicado mucho la hipnosis se encuentra muy a menudo sumido de manera casi instantánea, como por efecto de un disparador, en el estado hipnó-

10. *Berliner Zeitung am Mittag*, 18 de abril de 1922, citado en *Fritz Lang*, textos escogidos por EIBEL, Alfred, París: Présence du cinéma, 1964, p. 55.

tico mismo. Pero no por ello se evita la transformación previa que supone el proceso de inducción. Simplemente, "la reacción hipnótica se convierte en una unidad compleja condicionada en el seno de la Gestalt global del yo, un fragmento del yo organizado en el cual el sujeto puede ser precipitado en un instante".[11] Esta situación recuerda la del espectador de cine que, nada más entrar y sentado frente a la pantalla, se sumerge al momento en la película que empieza. Pero también puede ocurrir, y así lo habrá experimentado cada cual, que sea preciso algo de tiempo para el olvido de uno mismo que supone el abandono al estado fílmico, y que la transición entre la vigilia y el sueño despierto del cine se haga por una profundización del efecto inducido por la proyección. Una película ilustró mejor que ninguna otra este proceso propio de toda película, cuya influencia progresiva en cierto modo ha descompuesto, virtualmente: *El año pasado en Marienbad* (*L'année dernière à Marienbad*, 1961), de Alain Resnais.

Desde los títulos de crédito —cuyos rótulos sobrios, en los que apenas destacan los nombres en el fondo blanco, van sucediéndose a un ritmo regular, apoyados por una música violenta y apasionada, una vez que ha aparecido el título de la película—, se alza una voz de hombre, al principio apenas audible, que se entiende mal, en parte debido a su acento extranjero, hasta alcanzar una especie de claridad neutra, que la música seguirá recubriendo a ratos. Su monólogo de ritmo teatral acompaña, de tal modo que parece desdoblarlos, los movimientos de la cámara que se acumulan sobre los motivos arquitectónicos, lujosamente sobrecargados, de un interior de mansión barroca. Esos movimientos se despliegan desde el plano inicial, girando primero lentamente bajo las bóvedas decoradas de un techo y desarrollándose, a partir de entonces, según modalidades diversas que se adaptan a una gran variedad de espacios, pero de tal manera que, a pesar de la multiplicación de los planos, crean el sentimiento así como la sensación de un movimiento continuo. Se recordarán las frases ya famosas que van encadenándose de manera inexorable: "Una vez más - voy, una vez más, por estos pasillos, a través de estos salones, estas galerías, en esta construcción - de otro siglo, este hotel inmenso, lujoso, barroco, - lúgubre, en el que pasillos

11. KUBIE, Lawrence S. y MARGOLIN, Sydney, "The Process of Hypnotism...", *op. cit.*, p. 617.

interminables suceden a otros pasillos, - silenciosos, desiertos, recargados con un decorado oscuro y frío de entablado, de estuco, de paneles con molduras, mármoles, espejos negros, cuadros de tonos negros, columnas, pesados cortinajes, - marcos esculpidos de las puertas, puertas en enfilada, de galerías, - de pasillos transversales, que dan a su vez a salones desiertos, salones sobrecargados con una ornamentación de otra época, a salas silenciosas...".[12] Estas frases —y se oyen durante unos cuantos minutos— presentan dos particularidades: son repetitivas y circulares; concuerdan con lo que vemos recortarse figurativamente en la imagen, de un modo análogo, tanto en el montaje de los planos como según sus movimientos. De tal manera que ese conjunto perceptivo, variado pero monótono y estrictamente acompasado, se parece, hasta el punto de confundirse con ellos, a los protocolos de inducción, en gran medida basados en sugestiones verbales, ofrecidos como ejemplo por Chertok en su libro introductorio sobre la hipnosis.[13] Se puede añadir la pérdida de las fronteras espaciales y temporales en las que insisten Kubie y Margolin. A este respecto, la gran habilidad de la película está en haber sustituido progresivamente, sin interrumpir en ningún momento el avance uniforme de la cámara, una voz de hombre por otra. De tal modo que en el momento en el que se descubre una sala con su escenario, unos espectadores fascinados y los actores que los cautivan, se siguen pronunciando esas mismas palabras. Pero entonces, por medio del teatro y una apariencia de acción realizada por la pareja de actores —un hombre y

12. ROBBE-GRILLET, Alain, *L'Année dernière à Marienbad*, París: Minuit, 1961, pp. 24-25. Aparecen ligeras diferencias entre el texto de Robbe-Grillet y el de la película terminada. El texto también muestra que Robbe-Grillet había previsto (al contrario de lo que hará Resnais) iniciar el proceso de imágenes desde los títulos de crédito, de acuerdo con un deslizamiento progresivo: se pasa en su evocación de los rótulos clásicos enmarcados con recuadros sencillos a rótulos cuyos recuadros son cada vez más ricos y decorados, hasta cartones que componen verdaderos cuadros, con espesuras en trampantojo, todo ello para entrar como de manera natural en los planos iniciales de decorados reales.

13. CHERTOK, Léon, *L'Hypnose*, *op. cit.*, a lo largo del capítulo 3, "L'induction", pp. 159-173. Insistentes por sus contenidos y por sus ritmos, las sugestiones verbales se combinan en general con fijaciones de objeto, la fascinación por la mirada, la levitación de la mano. Pero otros métodos prefieren, como Mesmer en otra época con sus pases, evitar el lenguaje en provecho de formas variadas de sugestión.

una mujer ante los cuales la cámara se inmoviliza al fin, pues se está terminando la obra que representan—, se tiene la impresión de que la película empieza de verdad, la verdadera película, aunque en realidad ha empezado hace mucho y, en cierto modo, es como si hubiera empezado desde siempre. *El año pasado en Marienbad* se convierte así, por excelencia, en esa película que permite a la vez descomponer y superponer el proceso de inducción y el estado.

La segunda correspondencia que se descubre entre el cine y la hipnosis se debe a efectos de máquina. Por lo menos en tres artículos, dos de ellos escritos por Kubie y Margolin y, especialmente, un tercero escrito por Kubie en solitario, encontramos una descripción desarrollada de producción de estados de hipnosis con ayuda de diversas máquinas, pero sin presencia de hipnotizador.[14] Pues, dice Kubie, si nada distingue de verdad los elementos psicológicos de la hipnosis de otros estados, normales o patológicos, en cambio, el marco psicofisiológico en el cual se desarrolla el proceso constituye su carácter específico. Hasta el punto de que la presencia del otro, implicada por la transferencia, puede llegar a ser aquí "fantasmática e imaginaria", de acuerdo con las variaciones posibles de ese mismo marco. Kubie enumera así, con todo lujo de detalles, una serie de máquinas que pueden producir efectos hipnóticos más o menos análogos a los que se producen en la relación hipnótica clásica. Primero, un hombre es colocado en un avión, a una altura tal que pierde todo sentimiento de su peso, de tal modo que quedan mermadas sus percepciones habituales, tanto más cuanto que se encuentra encerrado dentro de una campana plástica, lo suficientemente pequeña como para inmovilizarle casi del todo. Así, "empujan a ese hombre a entrar en un sueño despierto y a convertirse en un elemento constituyente del mismo". O bien le sumergen en el agua para conseguir un resultado parecido. Viene luego el "pulmón de acero modificado (llamado cámara de Barach)". Se suple la respiración, que se lleva a cabo sin movimiento, de modo que "el hombre

14. KUBIE, Lawrence S. y MARGOLIN, Sydney: "A Physiological Method for the Induction of States of Partial Sleep, and Securing Free Associations and Early Memories in Such States", *Transcriptions of the American Neurological Association*, nº 68, 1942, pp. 136-139; "An Apparatus for the Use of Breath Sound as a Hypnagogic Stimulus", *American Journal of Psychiatry*, nº 100, 1944, p. 610; L.S. Kubie: "L'hypnotisme, terrain de choix..." (las citas proceden de este texto, pp. 214-218).

accede a un estado hipnótico extrañamente desencarnado, que escapa a las leyes del tiempo y del espacio". Kubie y Margolin idearon un dispositivo según el cual un micrófono, colocado junto al cuello del sujeto, devuelve a través de un amplificador el ruido de su propia respiración, de modo que "para él retumba casi como si se produjera dentro de su cabeza". Otros investigadores concibieron un sistema de auriculares para un resultado similar. Y Kubie vuelve a los ejemplos clásicos: fijar la mirada en una espiral que gira con un lento movimiento centrífugo; la gallina inmovilizada por la raya de tiza; la litera del tren, con sus ruidos y sus movimientos constantes y acompasados. En todos esos casos, que Kubie considera tan paradigmáticos como el balanceo del niño en brazos de la madre, no hace falta sin embargo ningún ser humano ni palabras que pretendan sugestionar para inducir a la hipnosis. Al hablar de "transferencia en estado puro" para calificar semejantes estados, Kubie apunta a la idea de una presencia sin presencia, cuya imposición oscila entre conciencia e inconsciencia, y que "puede corresponder a las imágenes protectoras más precoces de la infancia, o a imágenes mucho más tardías de autoridad y de protección". Recuérdese la fórmula convincente de esta equivalencia: "Que haya presencia real o imagen...".

También en este caso, se debe a Fritz Lang el haber desarrollado de la manera más exacta la génesis de un segundo estado provocado por una máquina destinada a servir a la imagen del dispositivo-cine. Pues solo el cine, máquina de visión, puede ser en sí mismo portador de tales efectos y encarnarlos en otras máquinas cuyo funcionamiento expone y metaforiza para mejor captarse a sí mismo. Es en su última película muda, *La mujer en la luna* (*Frau im Mond*, 1929), donde Lang se entrega a un viaje de ida y vuelta elocuente entre la evocación de un dispositivo-cine actualizado en la tierra y en la luna y su encarnación por medio del cohete destinado a pasar de una a otra. Por un lado, en la tierra, una secuencia fulgurante destaca la imposición elíptica del dispositivo de proyección, de sus efectos de encuadre y de luz, so pretexto de ofrecer las informaciones necesarias a propósito del viaje y así prefigurarlo. Por el otro, en la luna, la cámara manipulada por la mujer llevará a cabo su trabajo insoslayable de grabación —tanto más fácilmente cuanto que, en contra de todo lo que se esperaba y de manera sintomática, se respira el mismo aire allí que aquí. Sin embargo, de la tierra a la luna, se lleva a cabo la metamorfosis que transforma a los actores de la expedición en espectadores de su propia experiencia, y a esta experiencia en una meditación sobre las condiciones de realidad del espectáculo. La extensa secuencia del encendido del cohete, con sus admirables e interminables planos de valores abstractos y luminosos, así como la implicación sabiamente organizada de los numerosos espectadores fascinados por la operación, parece ilustrar, por sí sola, un proceso de inducción por el cual la película, en el corazón de su desarrollo, se ofrece en espectáculo el principio que la anima. Pero donde se organiza un proceso más específico, cuyas fases parecen por sí solas encarnar la mutación que produce un espectador, es dentro del cohete. Recordemos solamente que se reúne entonces un resumen ejemplar de humanidad con esa finalidad en el espacio del cohete, con los rasgos individualizados que componen otras tantas variedades posibles de una misma entidad: Helius, el jefe de la expedición; su amigo Windegger, recién casado con Friede, la mujer a la que ama Helius (ella es la "mujer en la luna"); el viejo profesor Mansfeldt, que desde hace treinta años profetizó la presencia de oro en la luna así como los medios de llegar hasta ella; Turner, el representante de la firma que financia la expedición, sin olvidar a Gustav, el niño apasionado por la ciencia-ficción, que se ha escondido en el cohete, así como, en su jaula, Josefina, el ratón de Mansfeldt, para recordar hasta que punto lo animal participa de lo humano.

Así, se suceden tres estados durante el vuelo del cohete. Después del despegue, con las variaciones debidas a los caracteres individuales y las necesidades dramáticas, todos los personajes quedan sumidos en una especie de sueño letárgico. Salen de dicho sueño de distintas maneras, para encontrarse, más tarde, sometidos de repente a un estado de ingravidez que les obliga a modificar su comportamiento y permite, por ejemplo, pasar, con un salto mágico, de un piso a otro del cohete. Finalmente, luego de que ese estado se haya reabsorbido por sí mismo gracias a la progresión del cohete que va acercándose a la luna, se impone una pura fascinación que lleva a los personajes, pegados a las amplias ventanas rectangulares del aparato, a mirar la luna, la corteza indescriptible del astro que desfila, como una proyección. El cohete se parece así a una sala de cine que viaja por el espacio, para asignar al cine, con más seguridad, el planeta y su satélite, a los que hace superponerse. Lleva a los personajes que lo ocupan a mostrar especularmente al verdadero espectador de la verdadera sala las fases a la vez progresivas y superpuestas del proceso del que es presa, al igual que dichos personajes, entre una inducción renovada y un estado variable pero constante, cuyo artificio se torna cada vez más natural debido a su carácter ficcional.

Un año antes, en *Los Espías (Spione*, 1928), que en muchos aspectos es una versión renovada de *Mabuse*, Fritz Lang había ideado, por medio de un despliegue de máquinas de todo tipo, una extraordinaria maraña de secuencias mezclando varios trenes. El punto de partida de este conjunto es un plano vertiginoso que asocia en una misma profundidad dos trenes y dos compartimentos de coches-cama que se comunican por las ventanas. En uno de ellos, se ve a Sonia (Gerda Maurus, futura mujer en la luna); en el otro, ve, y nosotros le vemos con ella, a Tremaine (Willy Fritsch, futuro Helius en *La mujer en la luna*), el agente secreto al que ama pero del que se esconde y cuya suerte constituirá a partir de ese momento, para ella, una obsesión. En cuanto los dos trenes se disocian, a Sonia le invade una imagen de tren —inmensas ruedas en marcha en las que aparecen números, una imagen mental alucinada cuyo sentido real intenta encontrar. Mientras, dentro de su propio tren, alternando con el de Sonia ocupada por la imagen del tren en el que se encuentra Tremaine, este se instala en su compartimento, sin darse cuenta de los manejos de los espías que preparan su fechoría. Acaban de entregar a Tremaine un medallón que le devuelve vívidamente el recuerdo de Sonia. Guarda el valioso objeto en su chaqueta, la deja en la rejilla, apaga la luz (sin dejar por ello de estar bien iluminado), se tumba, cierra los ojos y se duerme, mecido por el movimiento del tren (un plano del tren que desfila, cogido entre los raíles y el cuerpo de la máquina, califica este instante y lo objetiva para el espectador, inscribiéndolo con más fuerza en la pura visión del movimiento). Pero del tren protector viene también la amenaza: los espías, atareados en desatar el vagón en el que duerme el agente secreto para que un tercer tren, el que alucinaba Sonia, surja de la oscuridad ante los ojos espantados de Tremaine, recién arrancado del sueño por la parada brutal de su vagón, subrayada por la caída del medallón. Así, el tren que duerme se convierte en el tren que despierta, y su relación compone, para el espectador identificado con el protagonista y con la imagen, un motivo privilegiado de su propia relación con la película que desfila. Tanto más cuanto que quedamos igualmente bajo el efecto de las pasmosas proyecciones impresas de manera tan tenaz en la mente de Sonia —imponiéndose el tren como algo visto porque es, al igual que el cohete de *La mujer en la luna*, una máquina de ver y de dar ritmo al movimiento, transformando así a los cuerpos que se entregan a ella.

De esa película en la que Haghi, hipnotizador implícito, el que organiza el mal y dirige la escena (a él se debe esa disposición de trenes), es la figura reencarnada de Mabuse (representado por el mismo actor, Rudolf Klein-Rogge, del que ofrece un rostro transformado, como si fuera una de las encarnaciones hipotéticas de Mabuse que este deshoja cual juego de cartas en el plano inicial de *Dr Mabuse, der Spieler*), volvemos fatalmente al plano de tren que, en este principio de película, parecerá surgir enseguida del ojo de Mabuse para imponerse al espectador como una visión que les resulta común. Entonces, el hipnotizador se convierte además en el hipnotizado de la película, de la cual es la figura delegada, para que, a través de él, el espectador también lo sea. Frente a nosotros y mirándonos casi fijamente, Mabuse saca el reloj del bolsillo de su chaleco para comprobar la hora. Un primer plano del reloj destaca el círculo que forma. Y casi inmediatamente se abre en su centro una pantalla oscura, por medio de un iris cuya forma repite la del reloj —hasta el punto de que parece el ojo mismo de Mabuse proyectado en su visión interna, ofrecida así al espectador con el pretexto del acontecimiento que se prepara: un tren avanzando en línea recta desde el fondo del cuadro a medida que el iris se amplía hasta desaparecer.[15] De modo que la visión puede pasar inmediatamente al interior de un compartimento del tren en el que muy pronto se inicia una acción criminal, casi a la vista de Mabuse que la ha ordenado, calificando la mirada del espectador como inscrita dentro de ese drama.

Se entiende mejor por qué, entre las vistas Lumière, el motivo "*Llegada de un tren...*" adquirió valor emblemático, a través de tantas denominaciones y apariciones. Si alguna de las películas despertó la tan conocida emoción, más o menos mítica, entre sorpresa, pasmo y miedo frente al exceso de realidad vinculado a la acción de la imagen, si, sobre todo, el recuerdo y

---

15. Ese es el *découpage* del vídeo en el que he trabajado durante mucho tiempo (copia de una primera restauración emitida por Arte). Tres planos (el primer plano del reloj / un coche abriendo otra serie en la acción / el tren con apertura en iris) han desaparecido en la versión publicada en DVD por MK2, según la versión restaurada en 2000 con la colaboración de tres archivos alemanes, entre los cuales la Friedrich-Murnau Stiftung. Han sido sustituidos por un plano del tren llegando oblicuamente, sin apertura en iris. Intrigado, hasta tal punto ese montaje me parecía tan poco "langiano", conseguí gracias a Janet Bergstrom la lista de los planos de esta primera secuencia, establecida por el experto italiano Nicola Mazzanti, responsable de la restauración para la Murnau Stiftung cuando dirigía "L'imaggine ritrovata" de Bolonia. Dos de los tres planos de la copia de Arte sí que figuran, sucediéndose incluso sin el plano de coche interpuesto: el reloj y el tren en iris. ¿Qué ha ocurrido? Misterio. A Bernard Eisenschitz, a quien enseñé los dos estados de la secuencia y la lista de Mazzanti, le parece igual que a mí menos plausible la versión final de la restauración presentada en DVD.

el pensamiento de esta emoción primera han sido reactivados continuamente por los historiadores y teóricos del cine[16], si la entidad "tren y cine" se ha convertido, como hemos visto, en objeto de evaluación histórica y estilística, ha sido en proporción con una equivalencia de máquinas, con los efectos de inducción y por tanto de hipnosis que ambas suscitan, de acuerdo con un enlazamiento sutil de motivos relacionados con la naturaleza mecánica y formal de dos dispositivos.

Así, algunas figuras predilectas, variadas, insistentes, jalonan la interminable historia del tren de cine. La primera, porque solemos encontrarla al principio de la película, donde inmediatamente equivale a un proceso de inducción, se debe al recubrimiento que se lleva a cabo entre la ventanilla del tren y la pantalla. El proceso es de los más puros cuando sirve para los títulos de crédito, que organizan la transición de la película hacia sí misma. Como en *Gallos de pelea* (*Cockfighter*, Monte Hellman, 1974), donde solo el borde de un marco de ventana, a la izquierda, indica primero que el paisaje que desfila a gran velocidad, al ritmo de la música, es visto a través de la ventanilla del tren. Un movimiento hacia atrás de la cámara precisa enseguida lo que está en juego, induciendo la voz en *off* del personaje que a su vez induce la ficción

---

16. Véase, para los elementos cruzados del mito y de su crítica: SADOUL, Georges, *Lumière et Méliès*, edición aumentada, París: Lherminier, 1985, pp. 43-45; BONITZER, Pascal, *Le Champ aveugle*, *op. cit.*, p. 139; RITTAUD-HUTINET, Jacques, *Le Cinéma des origines. Les frères Lumière et leurs opérateurs*, París: Champ Vallon, 1985, pp. 214-215; el largo análisis de DUBOIS, Philippe, sobre la más famosa de las "Llegada de un tren", *Arrivée d'un train à La Ciotat* (catálogo Lumière nº 653) —es decir, la parte más desarrollada de su estudio "Le gros plan primitif", en *Le Gros Plan, Revue belge du cinéma*, nº 10, invierno de 1984-1985, pp. 19-34; *Lumière!*, catálogo "Les frères Lumière et le Japon, 1895-1995"— en él se ve, además de la portada, cómo el tren invade el cuadro a través de siete imágenes sucesivas a toda página. El museo del Cine de Turín cristalizó el mito haciendo casi salir de la pared una locomotora en dirección de los visitantes. Véanse también a este respecto las reservas de GUNNING, Tom, en "An Aesthetic of Astonishment. Early Film and the (In)credulous Spectator", *Art and Text*, nº 34, Primavera de 1989, pp. 31-45: en nombre de su idea histórica de un "cine de atracciones", se alza contra el mito de origen del choque traumático producido por *La llegada de un tren a la estación* (catálogo Lumière nº 8), mito inspirado por la visión "psicoanalítica" de un efecto de creencia vinculado a la realidad de la imagen, tal como subraya METZ, Christian, en "Le Signifiant imaginaire", *op. cit.*

con un dominio firme de la transición: el movimiento termina poco a poco en una sombra indecisa para volver a surgir de repente contra el motivo alambrado de un gallo de pelea enjaulado, detrás del cual vuelve a desfilar el paisaje; pero esta vez, en cuanto se borra el último título, con el nombre del director, y la voz se va apagando, el desfile se reanuda dentro de un coche, y ahí otro personaje abre el presente de la narración. A menudo se impondrán tales desfiles en el curso de algunas películas, que dedican siempre más o menos un retorno a la inducción mezclada con cierta autorreflexión, en el seno de la suave hipnosis de la película. También puede surgir un ejemplo en medio de una película en la que no se esperaría, como en *Ser y tener* (*Être et avoir*, Nicolas Philibert, 2002). Los niños de la escuela están reunidos para una merienda tranquila, con el fervor realista que emana de las películas sin actores profesionales. Y de repente, sin transición, de los planos modelados por una cámara sobria y atenta se pasa a un desencadenamiento de paisajes hápticos, desfile acelerado de numerosos planos que se acumulan tanto por sus velocidades extremas como por su montaje. En cuanto a la narración, el pretexto del viaje es una visita de la clase a la ciudad, como entendemos en el curso de la larga secuencia en la que esos planos casi abstractos se armonizan pronto con otros que recuerdan la vida de los niños dentro del tren. Pero aquí el interés radica en la necesidad imprevista de ese desfile, en la precipitación exacerbada de la figura del tren por la cual el cine pretende de repente reconocerse como puro movimiento. En la película de ficción, por el contrario, la ventana de tren puede delimitar el motivo que habrá de habitarla por la abstracción sensible con la que impresiona la doble mirada del personaje y de su espectador: como esos admirables planos reiterados de *El viento* (*The Wind*, Victor Sjöström, 1928), que condensan a lo largo del viaje inaugural la furia de la arena arremolinándose y acumulándose, como iluminada, contra la ventana oscura del compartimento, ante los ojos asustados de Lillian Gish, condenada durante toda la película a esa arena y ese viento.

Hay otra figura vinculada al cuerpo del tren-máquina, a los juegos de ruedas de la locomotora, que sirve para arrastrar a la película y, en parte, se convierte en su idea. El efecto es mucho más llamativo cuando solo está justificado a medias por el planteamiento de la ficción. Así las apariciones súbitas, repetidas, jadeantes, del tren en *Monsieur Verdoux* (Charlie Chaplin, 1947), que acompasan la vida de asesino del protagonista. Esos planos son todos idénticos, con la salvedad de alguna inversión reiterada de ángulo. Muestran más de cerca las ruedas de la locomotora, su progresión inexorable; brutalmente marcadas por estridencias musicales, duran apenas tres segundos, con los fundidos encadenados que los delimitan. Se supone que esos planos están ahí para representar los viajes de Verdoux y esa forma compulsiva de pasar de una mujer a otra. Así, en tres ocasiones, hasta que le detienen por primera vez, van asociados a la visión del personaje en un compartimento de tren; pero el relato se encuentra marcado brutalmente once veces por el primer plano de las ruedas, que gana en abstracción propia. Sobre todo, sus tres últimas apariciones se producen después del segundo arresto de Verdoux y en el curso de su proceso. Eso significa que más allá de su valor de realidad, la imagen del tren se convierte también en la energía de la película pensada como puro movimiento, circulación, velocidad, vida de imagen enigmáticamente inserta en la energía de muerte que nos cuenta el relato. Además, en tres ocasiones, se recurre a otros tres planos de manera un tanto análoga, por fundidos y aceleración de la música: las rotativas imprimiendo los periódicos que surgen ocupando toda la pantalla, anunciando el crack bursátil y el arresto de Verdoux. Y, a su vez, en dos ocasiones, los dos últimos planos de ruedas de tren se encuentran combinados con planos de periódicos, que anuncian la condena y próxima ejecución de Verdoux en la guillotina. De tal modo que un arrastre de máquinas girando sobre sí mismas se mantiene así a la vista de la proyección del cine. De otra manera, encontramos en *Los cuervos*, uno de los episodios de *Los sueños de Akira Kurosawa (Dreams*, Akira Kurosawa, 1990), un uso parecido del tren. Cuando Van Gogh explica a un joven con el que se ha encontrado viajando dentro de sus cuadros lo que es para él el acto de pintar, un modo de devorar equivalente al automatismo de un sueño, añade: "Trabajo, me esfuerzo, me afano como una locomotora". Y entonces un verdadero tren en blanco y negro se interpone en dos ocasiones brevemente en el seno de los planos en color. Como si esos primeros planos sobre la locomotora y su chorro de vapor representaran a su vez un segundo sueño. Sueño del cine proyectado a través de la pintura, gracias a su movimiento de máquina. Cuando finalmente el joven pintor se encuentra en el museo ante el *Campo de trigo con cuervos* que, a su manera, la película acaba de recomponer, oye rugir a la locomotora con cuyo pitido Kurosawa imaginó representar la pasión de la pintura al hacer avanzar el tren del cine.

Por eso el tren puede servir de dispositivo especular por el cual la película se concibe y se desarrolla en lo más íntimo de su sensación de pensamiento. Por ejemplo esos trenes de feria gracias a los cuales el cine consigue encantarse retrospectivamente con una identidad que sitúa en su propio nacimiento, en nombre de una reciprocidad de los espectáculos. Así, el tren de ilusión viajera del Prater, tan a menudo comentado por su valor de dispositivo de deseo y de memoria vinculado al desfile, de ventana en ventana, en *Carta de una desconocida* (*Letter from an Unknown Woman*, Max Ophüls, 1948), con su indispensable rótulo inaugural: “Viena, 1900”.

Finalmente, el tren puede darse como un todo de la película, siguiendo estrategias variadas. Una de las más ingeniosas es la imaginada para *Tickets* (Ermanno Olmi, Abbas Kiarostami, Ken Loach, 2005), película a seis manos que la ficción escogió identificar con el trayecto de un tren. Su singularidad está en que, a diferencia de las películas de episodios, no presenta cortes claros entre los mismos, de modo que algunos de sus elementos narrativos se empalman, pasando de uno a otro. De tal manera que a través de los temperamentos de dirección pueda surgir entre los tres autores la variación de los estilos de visión. Sequedad geométrica pero sensual de Kiarostami, en la delimitación expresiva de los espacios; impresionabilidad psíquica de Olmi, que juega sobre la profundidad por capas de las imágenes que la ensoñación acumula a través de las ventanas; realismo picaresco de Loach, que se interesa más por las relaciones sociales. De tal modo que, todos juntos, haciendo un bloque, dan a ese tren común de viajeros, espectadores del drama unas veces, otras de la comedia de los demás, una fuerza tan teórica como inmediata de dispositivo, de acuerdo con la vida y conflictos que se traman en ese tren. En la otra orilla de un mismo espectro, es un tren absoluto lo que exalta Artavazd Pelechian (*Fin*, 1992), llevando su película de ocho minutos hacia la extensión seca de su título. ¿Qué es, para Pelechian, un “todo” del tren? No ser más que un punto entre otros se convierte en una vacilación entre los viajeros llevados por ese tren y la realidad dispersiva de acontecimientos que el ojo humano no basta para contener. La continuidad es el sonido, el ruido acompasado, pero también desigual, siempre un tanto caótico, cuya intensidad no disminuye. Tiene su análogo en la fotografía, que tiembla al unísono. Su materia varía, por variaciones agrupadas: rostros tomados muy de cerca, paisajes desfilando, hasta lo indiscernible, rostros y paisajes mezclados contra el cristal (en ese momento, una *Pasión* de Bach cubre brevemente el ruido del tren). Pero unos planos cortan estos ensamblajes: visiones longitudinales del cuerpo del tren vibrante, como soldando todas las demás intensidades; tres entradas sucesivas, repetidas, bruscas, en un túnel, que aspiran la mirada. Resulta esencial la vibración de los tonos mezclados de blanco y negro que acumulan todos los matices posibles de contrastes. De tal modo que cada rostro delimitado —ese niño de ojos extraviados, hundiéndose en el cuerpo de su madre— parece probar, por anticipación y recurrencia, el bloque perceptivo en fusión que despliega la película. El último plano es alucinante, ocupando por sí mismo casi una cuarta parte de la película. El latido intensivo del blanco y negro ha quedado sumido en el negro. No se ven ya más que dos minúsculos puntos luminosos, muy a lo lejos. Uno de ellos, a la izquierda del que parece estar más en el centro de la imagen, se aleja cada vez más del otro, avanza, sale del cuadro; la cosa se repite varias veces (se entiende que se trata de una iluminación lateral cuya aparición-desaparición subraya el avance invisible del tren en un túnel). Cuando por fin el punto luminoso central se ha ampliado y se percibe a medias la luminosidad de los raíles, casi hemos llegado al término del túnel y salimos a la plena luz cegadora que rubrica la palabra "Fin". Creo que nunca se había hecho sensible hasta qué punto el tren de cine actúa como una máquina de hipnosis, en el sentido en el que lo pensaba Epstein.

También del tren, como de cualquier otro medio de transporte, nace el desplazamiento de cámara, hacia adelante o lateral, ilustrado por tantas vistas Lumière[17] —antes de que el *carello* de Giovanni Pastrone tomara el relevo en *Cabiria* (1914) como máquina propia. El *travelling*, que penetra el espacio y parece ahondarlo, es en sí mismo inductor de hipnosis, por sus cualidades de ritmo constante y por los valores de intermitencias que atribuye a todas las materias que descubre a medida que avanza, suponiendo focalizaciones incrementadas de la mirada. Ha sido durante mucho tiempo la forma preferida del cine de Resnais, que ha concebido los encadenamientos de *travellings* a la vez como un refuerzo de la fascinación y, desde el interior mismo de esa fascinación, como una llamada directa al pensamiento (valiendo lo mismo para el texto como ritmo y sentido). Puede reconocerse en ello esa aleación perpetua del proceso de inducción que lleva al sueño crítico y del estado de hipnosis abierto a una conciencia segunda. Aunque de otro modo, puede decirse lo mismo de Stanley Kubrick, Chantal Akerman, Jean-Marie Straub y Danièle Huillet, Andrei Tarkovski, Wong Kar-wai y, en

---

17. Entre las vistas Lumière se cuentan cincuenta y cinco películas relacionadas con el tema del tren: es decir, diez "Llegadas a la estación" y, en cuanto a lo demás, sobre todo "panoramas" tomados a partir de un tren en marcha.

determinadas ocasiones, de otros muchos cineastas. De manera general, el movimiento de cámara, *travelling* pero también panorámica, capta el ojo y lo guía, le impone sus ritmos y así lo cautiva llevándole hacia las condiciones de un doble pensamiento, el pensamiento que la película enuncia y el de su dispositivo. También por eso, por decir casi exclusivamente su dispositivo, desarrollando durante ciento ochenta minutos un movimiento continuo de cámara que se eleva dando vueltas de la tierra al cielo para volver a su punto de origen, *La región central* de Michael Snow (1970-71) podría ser, siempre que nos abandonemos a ella, la película más atrevidamente hipnótica de la historia del cine.

Así parece posible decir que, entre la hipnosis y el cine, se dan identidades más íntegras que las que se habían conjeturado desde sus inicios, y a la postre bien delimitadas, por el lado del psicoanálisis, entre el sueño y el cine.

En "La película de ficción y su espectador", Christian Metz no emplea la palabra "dispositivo" para calificar el sueño, así como tampoco la usa entonces con relación al cine —sin duda para legitimar el paralelismo que se propone establecer entre los dos regímenes de la película y el sueño.[18] A la inversa, Jean-Louis Baudry agrupa bajo ese término los "acercamientos metapsicológicos de la impresión de realidad" cuyo efecto, tanto en la película como en el sueño, intenta delimitar, en la escena del deseo que juntos suponen.[19] Es que, al tomar como fuente de inspiración y de comparación el dispositivo de la caverna imaginado por Platón, al destacar la importancia en Freud de las metáforas ópticas en sus caracterizaciones del inconsciente, al vincular las dos visiones de acuerdo con una misma lógica del deseo forjada por el psicoanálisis y de la cual el cine sería por excelencia una efectuación prefigurada desde el mito antiguo —al hacer esto, Baudry puede admitir para el sueño un efecto de dispositivo que el cine realiza y del cual un sueño ejemplar ofrece la matriz: la famosa "pantalla del sueño" del

18. METZ, Christian, "Le film de fiction et son spectateur", en BELLOUR, R., KUNTZEL, T., METZ, C. (dirS.), *Psychanalyse et cinéma. Communications*, nº 23, 1975, pp. 108-135, recogido en su libro *Le Signifiant imaginaire*, París: Christian Bourgois, 1977.
19. BAUDRY, Jean-Louis, "Le dispositif: approches métapsychologiques de l'impression de réalité", *Psychanalyse et cinéma*, *op. cit.*, pp. 56-72 (para las citas que siguen, p. 67), recogido en su libro *L'Effet-cinéma*, París: Albatros, 1978.

psicoanalista kleiniano Bertram Lewin. Pantalla blanca atestiguada en algunos sueños, pero virtualmente interior a todo sueño, sobre la cual vendrían a proyectarse las imágenes del sueño. "Según la hipótesis de Lewin, escribe Baudry, la pantalla del sueño es la representación alucinatoria dada por el sueño del seno materno sobre el cual el niño se dormía después de mamar. Expresaría así un estado de satisfacción consumada a la vez que repite la disposición inaugural de la fase oral en la cual el cuerpo no tenía límite propio, sino que se prolongaba indistinto del seno. Esa pantalla del sueño correspondería al deseo de dormir. Sería el arquetipo y el prototipo de todo sueño". Así, el sueño mismo responde en esta hipótesis al deseo de estar despierto, que confirma la vista de sus imágenes. Semejante "dispositivo formador" del sueño, en el que se confunden "un deseo alucinatorio, signo de una satisfacción y un deseo de percepción, de contacto con lo real", viene a garantizar un *real-más-que-real* que el cine permite simular ante todo. Así se esclarece la impresión de realidad que el cine es el único en comunicar entre las artes, por su dispositivo adecuado para inducir una "regresión artificial", que permite alcanzar un nivel de identificación propiamente arcaico. "El aparato de simulación consiste, pues, en transformar una percepción en una casi-alucinación, dotada de un efecto de realidad que no se puede comparar con el que aporta la simple percepción".

Todavía es demasiado pronto para indicar una forma distinta de ver, situando otra hipnosis, que presente al menos la ventaja de romper el círculo retroactivo ilimitado por el cual el psicoanálisis garantiza sus efectos de verdad sin la sombra de una preocupación histórica. Bástenos con sugerir que, a su manera, Baudry contribuye a que pueda comprenderse mejor el hecho de que aparecieran juntos el cine y el psicoanálisis, la máquina de simular lo real y la teoría psíquica supuestamente capaz de esclarecer el deseo que allí se fija. Observemos también que en un punto central al menos —la dimensión de regresión y la imagen que la legitima, de la madre con el pecho, invitando al sueño—, aunque en lenguas diferentes, Baudry y Kubie coinciden. Razón de más para precisar cómo, de manera más estrecha que el sueño, la hipnosis mantiene una relación de identidad con el cine.

Es que en la hipnosis, como en el cine y a la inversa de lo que ocurre en el sueño, hablando con propiedad, hay un dispositivo. Es incluso posible, como hemos visto, que la puesta en escena de la que suele hacerse cargo el hipnotizador sea confiada a alguna máquina con la que, más o menos, se acaba asimilando al dispositivo-cine. Pero lo esencial es que la determinación proceda, tanto en la hipnosis como en el cine, ante todo *del exterior*. A partir de ahí, pueden reevaluarse una por una las tres diferencias, hechas también de analogías parciales, que Metz apuntó entre el estado fílmico y el estado onírico. La primera, y la principal, está relacionada con el "*saber desigual del sujeto* en cuanto a lo que está haciendo". Pues "el soñador no sabe que sueña, el espectador de la película sabe que está en el cine".[20] Por eso, "la ilusión de realidad" propia del sueño se opone a "cierta *impresión* de realidad" que produce el cine. Con un arte de mínimos matices y sus equivalentes meta-psicológicos, Metz intenta sin embargo acercar los dos estados que opone, la vigilia y el sueño: por un lado, existe un cierto saber interior al sueño, al que corresponde el sueño en el sueño; por el otro, están todas esas vacilaciones que arrastran al espectador de cine hacia la pérdida de vigilancia. Pero queda una distancia fundamental, que solo el verdadero dormir de cine, con el sueño que puede nacer de la película, viene a reducir a veces. La hipnosis ocupa allí una posición intermedia. Ya sea porque en el proceso de inducción nos deslicemos progresivamente del saber al no-saber para entrar en el estado hipnótico; ya sea porque en este se restablezca y persista cierto saber, en cuanto a la situación en la que se encuentra el sujeto, presa de una lucidez sin duda singular pero indiscutible, cuya plena y posterior conciencia dependerá en última instancia de las sugestiones del hipnotizador (es la cuestión de las sugestiones post-hipnóticas). Ocurre lo mismo con la segunda diferencia, que se refiere a "la presencia o ausencia de un material perceptivo real". Metz opone así el carácter puramente endógeno del sueño, siguiendo el circuito regrediente que lleva sus representaciones del interior, inconsciente o preconsciente, hasta la ilusión de percepción, y la realidad exógena de las percepciones del cine, destinadas a seguir un circuito inverso, progrediente (sean cuales sean los inicios de la regrediencia que puedan llevar al espectador de cine al límite de una alucinación que nunca llegará a ser del todo verdadera). Se aprecia entonces que la hipnosis ocupa también allí una posición media, gracias a esa misma determinación del exterior que sigue estando presente, y también allí de manera diferente en el proceso de inducción y en el estado: en el primero, el hipnotizado ve y oye las fuentes enrarecidas que su-

20. METZ, Christian, "Le film de fiction et son spectateur", *op. cit.*, p. 108 (para las citas que siguen, p. 120).

puestamente le duermen; en el segundo, conserva una relación relativa con el mundo que le rodea y con el hipnotizador, hasta en la sugestión de alucinaciones visuales y auditivas adecuadas para acercar de la manera más clara su situación a la del sueño.

El caso de la tercera diferencia subrayada por Metz entre el sueño y la película es más singular. Esta vez se refiere al texto mismo. Si se habla de un texto del sueño, es por una especie de metáfora que no atestigua ninguna materialidad; pero no obstante, para el soñador que recuerda, su impresión es la de un desfile sucesivo de imágenes (y de sonidos) que intenta restituir, a sí mismo o a los demás, bajo las especies de una narración, o al menos de una serie de elementos verbales. De ese modo, el sueño se parece a la película, hasta el punto de que se puede sentir la tentación de anotar ciertos planos o, tal vez, más bien algunas partes del sueño como se hace con planos de películas: es la manera más exacta de experimentar concretamente la diferencia primordial que sigue habiendo, en términos freudianos, entre un texto ligado y un texto no ligado, un texto (más o menos) secundario y un texto (más o menos) primario —como se ha podido ver en los análisis ejemplares de Thierry Kuntzel.[21] A este respecto, la hipnosis se encuentra en una situación paradójica. Efectivamente, en realidad no existe texto homogéneo que sea particularmente suyo, comparable al de la película o al casi-texto del sueño. En las formas desarrolladas del proceso de inducción, está el texto atribuido al hipnotizador, del cual *El año pasado en Marienbad* muestra un equivalente pasmoso. En cambio, en el estado mismo, el diálogo entablado entre hipnotizador e hipnotizado hace surgir representaciones, de cosas y de palabras, de naturaleza más o menos discontinua: compone así la realidad de un texto seguido, pero menos que el que consiguen el desfile material de una película o el fugitivo, pero fijado, de un relato de sueño. Sin embargo, como se ha visto a propósito de *Ursule Mirouët*, y como se aprecia en tantas escenas de Dumas y otros, las transposiciones literarias de la hipnosis se presentan a menudo como escenas que encadenan visiones más o menos continuas, hasta el punto de que a veces parecen prefigurar la progresión plano por

---

21. KUNTZEL, Thierry, "Le travail du film", *Communications*, nº 19, 1972, pp. 25-39, "Le défilement", en NOGUEZ, Dominique (dir.), *Cinéma, Théorie, Lectures,* París: Klincksieck, 1972, pp. 97-110; "Le travail du film, 2", *Psychanalyse et cinéma, op. cit.,* pp. 136-189.

plano del montaje propio del cine.[22] Por otra parte, y sobre todo, se pueden sugerir sueños bajo hipnosis, y se ha hecho a menudo, por razones en gran medida experimentales. Freud destacó su importancia, a propósito del tratamiento de los símbolos transformados por la censura del sueño, que resulta ser similar.[23] De las numerosas investigaciones, sobre todo americanas, llevadas a cabo desde entonces en este campo de los sueños provocados bajo hipnosis, resulta en principio una gran perplejidad en cuanto a los límites respectivos del verdadero sueño y del sueño inducido, tanto en el plano de los contenidos como desde el punto de vista de los procesos. Pero de esos intentos científicos nos quedamos al menos con una certeza confirmada varias veces: las respuestas dadas por los sujetos sometidos al experimento muestran que el valor de realidad de los sueños provocados les parecía escalonarse entre las variaciones de la simple ensoñación y los efectos de presencia de los verdaderos sueños nocturnos, pasando por las impresiones dejadas por una película o por la televisión.[24]

Si se concibe así el sueño provocado bajo hipnosis como una instancia ideal para favorecer la analogía entre cine e hipnosis, puede apreciarse, una

22. Un ejemplo especialmente llamativo es el de los capítulos LXXXIII-LXXXV de *Joseph Balsamo* a lo largo de los cuales este último puede seguir detalladamente, gracias a Lorenza, su vidente, la progresión de un correo que se dirige a Versalles para entregar un mensaje al duque de Choiseul.
23. Se trata de los experimentos del Dr Schrötter, llevados a cabo en Viena en 1912, sobre los que se hizo un artículo publicado en el órgano oficial del movimiento ("Experimentelle Träume", *Zentralblatt für Psychoanalyse*, vol. 2, 1911, pp. 633-648 —traducción en inglés en David Rappaport (ed.), *Organization and Pathology of Thought*, Nueva York: Columbia University Press, 1951, pp. 234-248). Freud los menciona en *L'Interprétation du rêve*, París: PUF, nueva ed. 1967, p. 330, y en su conferencia de 1932, "Révision de la théorie du rêve" (*Nouvelles conférences d'introduction à la psychanalyse*, París: Gallimard, 1984, p.34).
24. Véase sobre todo el libro de MOSS, C. Scott, *The Hypnotic Investigation of Dreams*, Nueva York: John Wiley, 1967. Su segunda parte es una antología de los textos más importantes dedicados al tema. Hay que citar sobre todo: FARBER, Leslie H. y FISHER, Charles, "An Experimental Approach to Dream Psychology Through the Use of Hypnosis" (1943), pp. 115-126; DOMHOFF, Bill, "Night Dreams and Hypnotic Dreams: Is There Evidence That They Are Different?" (1964), pp. 206-213; así como HILGARD, Ernest R. y NOWLIS, David P., "The Contents of Hypnotic Dreams and Night Dreams: An Exercice in Method" (en FROMM, Erika y SHOR, Ronald E. (eds.), *Hypnosis: Research Developments and Perspectives*, 1972, Chicago: Aldine-Atherton, pp. 511-526).

vez más, que esta ocupa una posición intermedia dentro de la comparación instaurada entre sueño y película o cine. De todas formas, sea cual sea el lado por el que delimitemos la cosa, existe una proximidad más real entre la hipnosis y el cine-película que entre este y el sueño. Es que existe entre el cine y la hipnosis una verdadera correspondencia de dispositivos y esta correspondencia es también el efecto de una historia. Supone así las articulaciones complejas, progresivas y escalonadas, entre tres órdenes de dispositivos: combinaciones de máquinas, situaciones psíquicas (terapéuticas, experimentales), modos de espectáculos que inducen formas de arte.

Precisemos tres puntos susceptibles de esclarecer un poco más esta primera articulación entre hipnosis y cine. Dos de ellos se refieren, nuevamente, a su relación con el sueño; el tercero afecta a la condición propia de la experiencia hipnótica.

En una nota de su "dispositivo", Baudry observa que el parentesco tantas veces reivindicado entre el cine y el sueño ha llevado a los cineastas "a creer que el cine era el instrumento por fin adecuado para representar los sueños".[25] Sin embargo, ve fracasos repetidos en esos intentos, que se explica así: de la misma manera que el sueño en el sueño actúa como una defensa contra el deseo del sueño, el sueño de cine atenta contra la impresión de realidad, remitiendo al espectador a su conciencia del espectáculo. Si la película es en sí misma como un sueño, ese fragmento en el que casi siempre se convierte en sueño, más que confirmar su ilusión, la destruye. En sentido contrario, se piensa en esos ejemplos, que Baudry no cita, como *La mujer del cuadro* (*The Woman in the Window*, 1944) de Lang, donde la película entera se propone como resultado de un sueño y se anticipa a dicha crítica puesto que la situación dada, al principio y al final de la película, sugiere el paralelismo a la vez que deja a la película desarrollarlo plenamente. Como si el sueño puesto en escena de ese modo se convirtiera en su propio proceso de inducción. Podrían recordarse también los ejemplos de sueños de cine que convencen en tantas películas de los primeros tiempos, como *El moderno Sherlock Holmes* (*Sherlock Jr.*, 1924) de Buster Keaton, de *Subida al cielo* (1952) de Luis Buñuel a *Vértigo. De entre los muertos* (*Vertigo,* 1958) de Alfred Hitchcock. Pero, por otra parte, se piensa sobre todo en cuán convin-

25. BAUDRY, Jean-Louis, "Le dispositif...", *op. cit.,* p. 64.

cente parece que la película se de a sí misma, en distintos momentos, la imagen de su propio funcionamiento bajo la forma manifiesta de la hipnosis. Cuando, en *Vorágine* (*Whirlpool*, 1949) de Otto Preminger y en *El pirata* (*The Pirate*, 1948) de Vincente Minelli, en *Trilby* (1915) de Maurice Tourneur y en *La noche del demonio* (*Night of the Demon*, 1957) de su hijo Jacques, en *Le mystère des roches de Kador* de Léonce Perret y en *Le Septième Ciel* (1997) de Benoît Jacquot, o a lo largo de los primeros *Mabuse*, aparecen los momentos explícitamente "hipnóticos", se aprecia una forma particular de ilusión de realidad que se debe, propiamente, al efecto de lo que se ve. La manera en la que esta se desarrolla entonces, en la acción y en la imagen, induce un regocijo particular, ligado al hecho mismo de entrever el poder de simulación común a los dos dispositivos —poder del cual, en el momento mismo, se depende más o menos.

Metz concluye su texto en torno al esencial "efecto-ficción". Pues si la impresión de realidad caracteriza a todas las películas, narrativas o no, en la medida en la que depende de los "rasgos perceptivos del significante", solo la ficción garantiza que en el cine "el espectador adopte una orientación de conciencia muy particular que no se confunde ni con la del sueño, ni con la de la ensoñación, ni con la de la percepción real, pero que tiene un poco de las tres y se instala, por decirlo así, en el centro del triángulo que describen".[26] También en este caso, la analogía que se sugiere entre cine o película e hipnosis es de naturaleza más cabal. Pues si es seguro que una película experimental no figurativa, *The Flicker* (1965) de Tony Conrad por ejemplo, y una película clásica de Hollywood no producen en los espectadores un efecto similar, sin embargo tienen en común un factor diferencial de ritmo, manifiesto para la primera, más secreto para la segunda, de acuerdo con el cual el ritmo se encuentra inervado por las formas de la ficción. No obstante, como se ha visto, bajo sus diversas modalidades, esta función del ritmo es esencial para la inducción de la hipnosis igual que lo es, bajo los aspectos más diversos posibles, para toda película digna de ese nombre. Como se verá, existen así manifestaciones muy variables de la hipnosis-película, que componen, juntas, la hipnosis-cine. Y en este caso, también, la película y la situación hipnótica tienen en común algo ajeno al sueño: no hay

26. METZ, Christian, "Le film de fiction et son spectateur", *op. cit.*, p. 134.

verdaderamente ritmo del sueño, al menos sentido por el que lo vive y lo rememora —hay más bien impresiones de velocidad o de lentitud, otra manera de decir que es interior y mental.

Finalmente, llegamos a la cuestión, clásica, de la propensión a la hipnosis, es decir la capacidad variable que tienen los sujetos humanos de responder al proceso hipnótico. En cierto sentido, se le debe la invención del psicoanálisis: tal vez Freud no hubiera abandonado nunca la práctica de la hipnosis si no se hubiera encontrado con las resistencias y conflictos tan detalladamente recordados en su esbozo autobiográfico.[27] Esta capacidad no debe ser confundida, como se ha hecho algunas veces, con la facilidad de sugestión, es decir, la receptividad a las sugestiones, que, según Kubie, sería más bien consecuencia del proceso de inducción y del estado hipnótico mismo. Sea como fuere, todo el mundo está de acuerdo en lo que se refiere a la condición esencialmente variable de las capacidades de hipnotizadores e hipnotizados, y a sus dependencias mutuas.[28] Según una enumeración clásica debida a Hippolyte Bernheim, apenas una quinta o sexta parte de su clientela particular había sido fácilmente hipnotizable, mientras que en situación hospitalaria la proporción se ampliaba de repente a los cuatro quintos. Lo mismo ocurre con los soldados, alejados de la línea del frente y sometidos por lo tanto a cualquier influencia susceptible de protegerles (también Kubie, después de Freud, insistió en ello, y puede verse también en el documental tan fuerte de John Huston, *Let There Be Light* (1945), sobre el tratamiento, en particular por hipnosis, de los trastornos neuropsiquiátricos producidos por la guerra).[29] Todas estas observaciones califican la capacidad de los sujetos para entrar en la hipnosis profunda y plantean por sí mismas la

---

27. *Sigmund Freud présenté par lui-même, op. cit.*, pp. 46-48.
28. Véase sobre todo el capítulo 8 del libro de CHERTOK, *L'Hypnose, op. cit.*, que ofrece un buen resumen de los diversos aspectos del problema y de su historia.
29. Por la dureza de sus imágenes esta película será prohibida hasta 1980 por el ministerio americano de la Guerra. Merece la pena destacar lo que cuenta Huston sobre su experiencia de rodaje: "A medida que se curaban, [los pacientes] aceptaban la cámara como parte integrante del tratamiento. Los médicos observaron incluso que parecía que las cámaras les estimulaban, y que los pacientes que eran filmados hacían progresos más rápidos que los de otros grupos". (En HUSTON, John, *An Open Book. The Autobiography*, Londres: Virgin, 1994, p. 123).

cuestión de la profundidad del trance, que ha sido objeto de numerosas clasificaciones científicas a la vez que, a menudo, es difícil de estimar y sigue siendo en su fondo algo enigmático.[30] Aun así, hay que tener en cuenta que la receptividad de los sujetos es esencialmente variable, casi todos son al menos receptivos a una hipnosis ligera —uno de esos múltiples estados de transición, tan bien evocados por Kubie, entre el sueño y la vigilia. Y, como muestran las sugestiones de sueños bajo hipnosis, esta forma ligera ha podido ser asimilada desde el principio a la impresión producida por una película. De tal modo que sin subestimar las variaciones individuales susceptibles de afectar por naturaleza tanto a los espectadores de cine como a los sujetos convencidos de la experiencia de la hipnosis —hasta existen casos extremos de fobias al cine—[31], lo que arroja luz sobre la realidad del trance ligero es la realidad del trance profundo, igual que para Freud el acercamiento de lo "normal" siempre se ha perfilado a partir de la condición de lo "patológico".

---

30. Véase también el capítulo "Approfondissement de la transe" del mismo libro de Chertok.
31. KLEIN, Melanie, "Contribution à l'étude de la psychogénèse des tics" (1925), en *Essais de psychanalyse*, París: Payot, 1967, pp. 147-148.

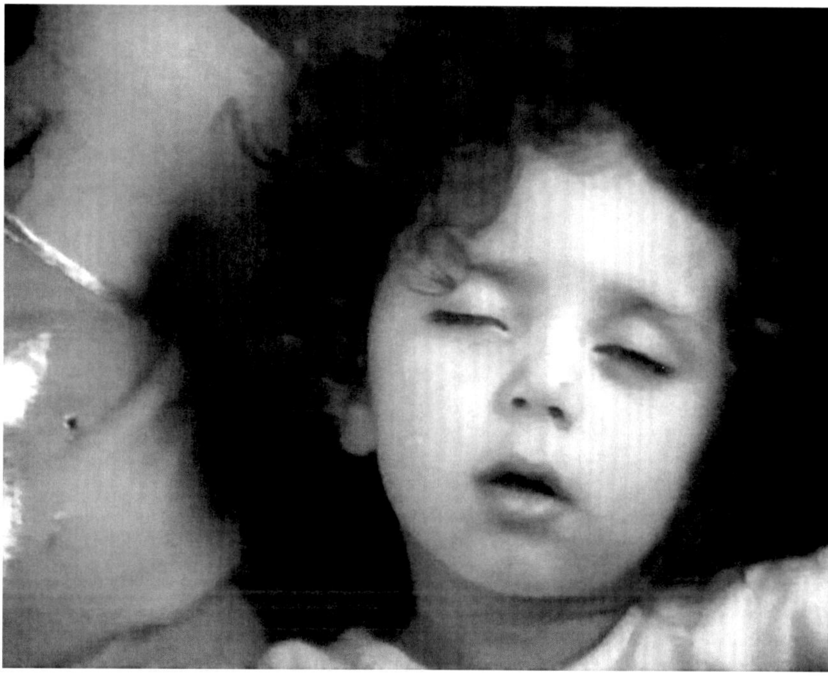

Fin, Artavazd Pelechian, 1992

El Dr. Mabuse, 1º parte, Fritz Lang, 1921

3. METAPSICOLOGÍA DEL CINE

En 1921, un año después de los comienzos políticos de Hitler en Munich, el mismo año en el que empieza a publicarse por entregas en la *Berliner Illustrirte Zeitung* la novela de Norbert Jacques, *Dr Mabuse, der Spieler*, y un año antes de que Fritz Lang acabe su rodaje, Freud publica en Viena *Psicología de las masas y análisis del Yo.*[1] En esta obra aborda nuevamente, treinta años después, "el enigma de la sugestión", destacando que desde entonces no se ha aprendido nada sobre su naturaleza, "es decir sobre las condiciones en las que se establecen influencias carentes de un fundamento lógico suficiente" (149-150). Freud remite así al lector a su artículo de 1891, "Hipnosis", redactado cuando él mismo la practicaba de manera regular pero poco antes de empezar a alejarse de ella. También vuelve a encontrarse con los términos de uno de los numerosos textos en los cuales a lo largo de los años y hasta en el último, "Análisis terminable e interminable", no deja de referirse a la hipnosis[2], fuente primera, obsesión, a veces incluso futuro ineludible del psicoanálisis y siempre su misterio persistente —cuando recuerda por ejemplo "los numerosos enigmas que se ocultan tras los conceptos de hipnosis, de sugestión y de autosugestión. [...] ¿Cuándo y en qué condiciones una representación llega a ser tan fuerte que puede comportarse como una sugestión y transponerse tal cual en la realidad?".[3]

---

1. *Psychologie des foules et analyse du Moi* es el título de la nueva traducción colectiva publicada en 1981 por Payot, que sustituye a la de S. Jankélévitch "Psychologie collective et ...". Todas las referencias corresponden a *Essais de psychanalyse*, París: Petite bibliothèque Payot, 1982 (para limitar las notas, las páginas de las citas se indican entre paréntesis en el texto —lo mismo ocurrirá en el resto del libro en casos parecidos).
2. Se encuentra un inventario no sistemático de esas referencias más o menos desarrolladas de Freud a la hipnosis en dos textos de BORCH-JACOBSEN, Mikkel: "In statu nascendi", en *Hypnoses*, y "L'hypnose dans la psychanalyse", en el colectivo CHERTOK, Léon (dir.), *Hypnose et psychanalyse, Réponses à Mikkel Borch-Jacobsen*, París: Dunod, 1987.

Es conocida la respuesta que Freud termina por darse a sí mismo la única vez que llega a proponer una teoría de la hipnosis: el poder especial ejercido por el hipnotizador se debe al hecho de que ocupa para el sujeto el lugar propio del *ideal del yo*. Enseguida se aprecia la consecuencia que pueda tener para una hipótesis en la que se supone que el dispositivo-cine sustituye al hipnotizador y desempeña así a su vez esa función del ideal del yo. Por lo tanto, hay que especificar ese término difícil y el contexto excepcional en el que Freud lo desarrolla por entonces —aunque solo sea para comprender mejor los límites de su abstracción para calificar el cuerpo del cine.

En este texto, Freud se propone abordar la psicología de las masas, que sobre todo Gustave Le Bon, en su libro homónimo, publicado el mismo año de la invención del cine, intenta explicar por la sugestión, sin conseguirlo del todo. A través de la psicología individual, cuya transformación se encuentra inducida por la situación de masa, Freud pretende esclarecerla también gracias al concepto de *libido*, redefinido de la siguiente manera: "la energía, considerada como magnitud cuantitativa —aunque de momento no mensurable—, de esas pulsiones relacionadas con todo aquello susceptible de ser comprendido bajo el concepto de *amor*" (150). Ello supone que el amor, aunque se deba primero a la atracción entre los sexos, califica también los afectos de familia, se dirige tanto a uno mismo como al otro e incluso a toda la humanidad, sin excluir las creencias y las ideas abstractas. Centrándose en la génesis de la libido, Freud presenta ahí el único desarrollo de conjunto que en su obra se refiere al concepto de identificación, del que deriva todo el proceso.

Solo podemos ahorrarnos la torsión que se aprecia en el famoso capítulo VII, por la manera en la que Freud oscila entre opiniones y ejemplos referidos a cada uno de los dos sexos, para distinguir la identificación de la elección de objeto, anterior al complejo de Edipo y siguiendo su formación. Pero enseguida pasa a distinguir tres grandes formas de identificación, recapituladas de la siguiente manera: "[...] en primer lugar, la identificación es la forma más primitiva del enlace afectivo a un objeto; en segundo lugar, siguiendo una dirección

---

3. FREUD, Sigmund, "Le trouble psychogène de la vision dans la conception psychanalytique" (1910), trad. D. Guérineau, en *Névrose, psychose et perversion*, París: PUF, 1973, pp. 167-168.

regresiva, se convierte en sustitución de un enlace libidinoso con un objeto, como por introyección del objeto en el yo; y, en tercer lugar, puede surgir siempre que el sujeto descubre en sí un rasgo común con otra persona que no es objeto de las pulsiones sexuales" (170). Sin embargo, la instancia del ideal del yo viene en cierto modo a unir esas tres formas de identificación. Freud recuerda su génesis, en su ensayo fundacional de 1914, *Introducción al narcisismo*, donde forja la idea de libido del yo y así la de un ideal del yo que se desprende para el sujeto como "sustituto del narcisismo perdido de su infancia; en esa época, él mismo era su propio ideal".[4] Freud enumera así las cuatro funciones del ideal del yo que se distinguían en el pasado: la auto-percepción, la conciencia moral, la censura de los sueños, un papel decisivo en la formación de la represión. Todas ellas contribuyen a alejar al yo de su narcisismo primario, pero engendran una aspiración intensa a conquistarlo de nuevo. "Este alejamiento sucede por medio del desplazamiento de la libido sobre un yo ideal impuesto desde el exterior y la satisfacción es proporcionada por el cumplimiento de este ideal".[5] Pero Freud añade entonces en *Psicología de las masas* una quinta función; y lo hace en el mismo momento en que en el capítulo siguiente, "Enamoramiento e hipnosis", formula la doble tesis según la cual, en ambos casos, el objeto de amor idealizado y el hipnotizador vienen a ocupar de hecho el lugar del ideal del yo. Esta última función es la del "ejercicio de la prueba de la realidad". En una observación añadida al *Vocabulario de psicoanálisis*, en el artículo correspondiente, que Laplanche y Pontalis anotan, sin decir nada más, como una "idea interesante"[6] el hecho de que en ese momento de su pensamiento Freud refiera al ideal del yo una función en todas partes y en todo momento correspondiente al yo, en relación con la distinción que permite mantener entre la percepción y la alucinación.

Merece la pena citar el pasaje en que aparece esta idea, aumentado con una nota restrictiva de Freud que hace que el argumento resulte tanto

---

4. FREUD, Sigmund, "Pour introduire le narcissisme", en *La Vie sexuelle*, París: PUF, 1969, trad. Denise Berger, Jean Laplanche, p. 98. Freud recalifica así en su nuevo ensayo esta instancia como "heredera del narcisismo originario, en el seno del cual el yo del niño se bastaba a sí mismo" (p. 173).
5. *Ib.*, 104.
6. LAPLANCHE, Jean y PONTALIS, J.-B., *Vocabulaire de la psychanalyse*, París: PUF, 1967, p. 142.

más sorprendente: "El hecho de que el yo experimente como en un sueño todo lo que el hipnotizador exige y afirma nos advierte que hemos omitido mencionar, entre las funciones del ideal del yo, el ejercicio de la prueba de la realidad. No es de extrañar que el yo considere como real una percepción cuando la instancia psíquica encargada de la prueba de la realidad se pronuncia por la realidad de la misma" (179). Al proseguir su paralelismo entre el estado amoroso y la hipnosis, Freud hace así de la relación hipnótica "un abandono amoroso total" y, por una atrevida inversión de la fórmula que lo devuelve a su tema al anudar todos los términos, "una formación colectiva constituida por dos personas" (180). Así, los tres estados se escalonan por parejas: el enamoramiento y la hipnosis por la limitación del número, la hipnosis y la multitud por la ausencia radical de cualquier tendencia directamente sexual, de acuerdo con una idealización plena. Solo es preciso que, para la masa, la tercera forma de identificación mencionada anteriormente se añada a las dos primeras; de manera que, habiendo "remplazado su ideal del yo por un mismo objeto", se haya establecido entre los individuos que componen la masa "en consecuencia, una general y recíproca identificación del yo" (181).

Antes de llegar a esas primeras conclusiones, y a pesar de lo que ha explicado ya, Freud insiste en el carácter enigmático, místico, de un estado de sumisión que por su carácter extremo "nos aproxima a la hipnosis provocada en los animales por el terror" (181). Pero a la vez se aprecia que intenta tomar la medida del "como en un sueño", por el cual reconoce en la situación de hipnosis la conservación de un marco de conciencia y de realidad, en el interior mismo de la creencia alucinatoria propia del sueño. Por eso, este quinto rasgo atribuido al ideal del yo resulta tan fundamental y su carácter excepcional en la maquinaria teórica de Freud se incorpora con tal fuerza en la perspectiva que aquí está en juego. Concuerda con las analogías y las diferencias propuestas por Kubie y Margolin en cuanto al papel de las transferencias de representaciones, entre la experiencia de la hipnosis y la del sueño considerada por ellos desde un punto de vista totalmente freudiano. Pero, sobre todo, la noción de prueba de la realidad así comprendida se inscribe exactamente entre las de impresión de la realidad y de ilusión de la realidad tal como las distribuye Metz con relación a la película y al sueño; y, por otra parte, se introduce entre los dos niveles de impresión de la realidad con la cual Baudry califica tanto el sueño como la película. En ese caso, también, la hipnosis ocupa una posición perfectamente a mitad de camino entre sueño y cine-película. Pues el ideal del yo activo en la hipnosis se convierte así en garantía de la prueba de la realidad inducida por el cine, bajo la forma de una impresión de la realidad que permite aceptar sin creencia excesiva ni verdadero terror la ilusión de la realidad común a la psicosis y al sueño, por una extrema confusión entre percepción y alucinación. El cine, como la hipnosis, acepta la psicosis, si se quiere, pero con una garantía y esta garantía se llama ideal del yo.

Es sabido que para acabar con el carácter irreductible de la hipnosis y así con la parte de hipnosis vinculada a la masa, Freud recurrirá al mito de la horda y el padre originarios fijados en *Tótem y tabú*. La reviviscencia de ese estado arcaico, reprimido e inconscientemente transmitido a lo largo de la historia humana, explicaría que bajo la mirada del hipnotizador, como antes bajo la del padre de la horda, del cual toda encarnación de Dios nunca será otra cosa que una imagen transformada, el sujeto ceda a una intensa emoción que reaviva esas impresiones antiguas.[7] La adhesión apasionada de Freud a su hipótesis —la misma cuyos hilos desenredó Roustang para esclarecer la historia del movimiento psicoanalítico, por la presión de una lógica identificatoria interna y dominante, transmitida de Freud a Lacan—[8], le llevó a señalar demasiado pronto, como por escrúpulo, la distinción hecha por Ferenczi muchos años antes entre dos tipos de hipnosis: una maternal, otra paternal; una acariciadora y apaciguadora que induce al sosiego del sueño y otra amenazante que nos deja ateridos ante una mirada de autoridad (195). Pues solo la segunda interesa a Freud, por garantizar la coherencia de su mito homosuficiente y la de un aparato conceptual cuyo núcleo está constituido por el ideal del yo.

Resulta sorprendente la decadencia posterior de una noción durante cierto tiempo tan viva, hasta tal punto concuerda con el objetivo propio que solo esta vez habrá servido para poner de relieve. Desde *El Yo y el Ello* (1923),

---

7. De ahí la creencia de Freud, como destaca en una nota que cierra el capítulo "La masa y la horda primitiva", en la realidad de un estado del cual la sugestión no es sino una manifestación parcial. Converge así, oponiéndose a las opiniones de Bernheim, con "una concepción antigua, más ingenua", que podría designar la de Charcot y será también, como se ha visto, la de Kubie.

8. ROUSTANG François, *Un destin si funeste*, París: Minuit, 1976, y *Lacan*, París: Minuit, 1986.

donde se consolida la segunda tópica, el ideal del yo se encuentra absorbido en el super-yo, o superyo (aunque el término antiguo, de acuerdo con una estrategia freudiana ya practicada, subsiste, como un equivalente, al preservar la memoria de un trayecto realizado). Y el superyo pierde así en provecho del yo dos de sus funciones correlativas, la censura de los sueños devuelta al yo inconsciente y la prueba de la realidad, debido a la equivalencia planteada entre el yo y el sistema percepción-conciencia[9]; de la misma manera que anteriormente, en *Psicología de las masas*, en "Duelo y melancolía" (1917), esas dos funciones figuraban con la conciencia moral "entre las grandes instituciones del yo".[10] En cambio, el término de ideal del yo retornará brillantemente en Lacan, en proporción con un retroceso relativo del superyo. Encarna allí un poder específico, que corresponde a la promoción, cultural y psíquica, de la dimensión simbólica. Ya sea de la ley, del código y del orden instaurador del lenguaje, cuya inspiración freudiana expresa muy acertadamente una fórmula entre otras: "Esa identificación con el nivel paternal que se llama ideal del yo". A lo cual responde como haciendo eco la inscripción del ojo en ese ideal: "[...] es la relación simbólica la que define la posición del sujeto como vidente".[11]

Es necesaria esta doble referencia, freudiano-lacaniana, para entender plenamente la traslación entre la instancia del ideal del yo, que ocupa el lugar de un hipnotizador real o mítico, y los elementos del dispositivo-cine que, desde fuera, vienen a apoderarse de su espectador. A partir de ese momento, está claro que el aparato de proyección, al reactivar las capacidades de grabación de la cámara, obedece igual que esta última a un proceso de percepción regulado de acuerdo con las normas técnicas y mecánicas de un desfile que tiene fuerza de ley. Cuando Dziga Vertov, de manera más absoluta que otros muchos, concibe la cámara como algo superior al ojo, como un ojo ideal, ello implica que por sí misma ve mucho más allá de lo que se supone

9. Allí también una nota corrige ese "error que exige una rectificación. [...] Sería del todo conforme con las relaciones del yo con el mundo de la percepción que la prueba de la realidad siga siendo la tarea propia del yo", *Essais de psychanalyse*, *op. cit.*, p. 240.
10. FREUD, Sigmund, *Métapsychologie*, traducción colectiva dirigida por LAPLANCHE J. y PONTALIS J.-B., París: Gallimard, col. "Folio-Essais", 1968, p. 153.
11. LACAN, Jacques, *Le Séminaire, Livre I, Les Écrits techniques de Freud*, París: Seuil, 1975, p. 161.

que ve el ojo.[12] Si se quiere, "sobreve"; y eso es lo que experimenta el espectador, ante la continuidad ideal de la película que ve, sin duda, pero por la cual también es visto, en la medida en la que allí se encuentra prorrogada incesantemente la visión superior que la cámara ha ejercido sobre la realidad cuyos rasgos, materia, sensación, restituye. Es también lo que expresa Jean Epstein continuamente, cuando hace el elogio de "El objetivo mismo"[13] y enumera lo que el aparato lleva a cabo, "por cuenta del ojo humano", pero haciendo "un ojo fijo de facetas, como un múltiplo de ojos".[14] En esto, la cámara da una buena prueba de la omnipotencia de los pensamientos, reconocida por Freud al narcisismo primario del niño y reinvestida en la figura idealizada que, posteriormente, llega a ser su fiadora. Por otra parte, esta máquina que, en cierto modo, interioriza el fantasma mismo, ofreciendo al ojo el mundo mucho más allá de lo que habría podido parecer, es ante todo una máquina social: como el lenguaje, pero de otra manera, supone una regulación de los intercambios humanos; así se reconoce por la organización ante todo colectiva que manifiesta el dispositivo del cine. Cuando Freud define curiosamente la hipnosis como una formación colectiva constituida por dos personas, también sugiere que la experiencia del cine se sitúa entre la situación de hipnosis y la de la masa tal como la concibe. Escondida en la sombra, existe una multitud de cine, en la que cada uno se identifica, en lo más íntimo de sí mismo, con ese ideal que forma el dispositivo de proyección, de acuerdo con

12. Véase por ejemplo en el volumen VERTOV, Dziga, *Articles, journaux, projets*, París: 10/18, 1972: "Soy el cine-ojo. Soy el ojo mecánico. Yo, máquina, os muestro el mundo como solo yo puedo verlo" (p. 30); "El 'Cine-Ojo' se entiende como 'lo que el ojo no ve'" (p. 61); la oposición entre "la vida como es" vista por el ojo armado con una cámara ("cine-ojo") y "la vida como es" vista por la mirada imperfecta del ojo humano (p. 119). Es evidente que, para Vertov, lo que puede llamarse, en nuestros términos, una buena hipnosis, se opone a la mala, la del cine "artístico", "representado", "teatral": "Asombrar y sugestionar, ese es el modo esencial del drama artístico, que lo emparenta con una influencia de carácter religioso y permite durante un tiempo mantener al hombre en estado de excitación e inconsciencia" (p. 8).

13. EPSTEIN, Jean, *Écrits sur le cinéma*, LHERMINIER, Pierre (dir.), París: Cinéma Club/Seghers, t. I, 1974. Escribe en este texto (pp. 127-130): "[...] una de las cualidades más singulares del ojo cinematográfico, la de *ser un ojo fuera del ojo, la de librarnos del tiránico egocentrismo* de nuestra visión personal" (p. 129).

14. EPSTEIN, Jean, *Écrits sur le cinéma, op. cit.*, t. II, 1975, p. 146.

las dos primeras formas de identificación distinguidas por Freud. Pero también se da entre los espectadores, esta es la tercera forma, el reconocimiento de esa identificación común que les hace identificarse entre ellos con ese mismo ideal (sin hablar de los modos más triviales, aunque esenciales, de identificación con los personajes y las acciones de la película). Epstein lo formuló agudamente en su propio lenguaje. Destaca que en el cine la atención "solo es exigida por un centro: la pantalla" y que esto es "la hipnosis"; y añade: "Y no es indiferente que esta hipnosis sea una hipnosis colectiva. Primero, porque la comunión de una modesta multitud en el mismo sentimiento garantiza a este último su realidad y su legitimidad y crea, entre los individuos, una corriente de simpatía amplificadora. Luego, porque el uso de la poesía adquiere así un aspecto social que puede ser considerado una rehabilitación al menos parcial, como un reconocimiento del derecho a una existencia al menos ideal, de esas tendencias que el yo considera como las más suyas y tanto más valiosas cuanto que son desgraciadas: condenadas a ser relegadas, quedando prohibida toda satisfacción real".[15]

Hay algo más, para lo cual Freud vuelve a indicar el camino. Al esbozar al término del recorrido la génesis del ideal del yo como estadio en la formación del yo, subraya hasta qué punto la escisión entre el ideal del yo y el yo puede resultar difícil de soportar para el sujeto, hasta el punto de que esta tenga que "desaparecer temporalmente". Esto es lo que asegura "la institución de las fiestas": excesos canalizados por la ley, regresiones temperadas, permiten sin demasiados riesgos la vuelta del ideal al yo. Freud usa esta fórmula de notable ambigüedad que permite por igual reconocer una instancia u otra en el juego de báscula que mantiene entre las mismas: "Se crea siempre una sensación de triunfo cuando algo en el yo coincide con el ideal del yo" (201). La representación cinematográfica es esa fiesta que permite, por su cualidad regresiva propia, la vuelta del ideal al yo. El estado de cine parece así un estado atenuado de las fiestas liberadoras, que abre una violación ilusoria y suave de las prohibiciones.

---

15. EPSTEIN, Jean, *Écrits sur le cinéma*, *op. cit.*, t. II, 1975., p. 55. Epstein se muestra más cercano que en otras ocasiones a una visión psicoanalítica, hablando del espectáculo de cine y de teatro como "los de una lección y una cura de psicoanálisis entretenida" (p. 57).

Pero el interés de recurrir a Lacan releyendo a Freud en la vertiente del orden simbólico tiene otro alcance. En una de sus variaciones más sutiles sobre el texto freudiano, Lacan desdobló efectivamente el concepto de ideal del yo para reconocer en el mismo, además, la instancia de un yo-ideal de acuerdo con sus opiniones. Es cierto que el texto de Freud del que parte y en el que se sabe que aparece el ideal del yo, "Introducción al narcisismo", parece autorizar esa lectura: para precisar su idea, Freud dice unas veces *Ichideal* y otras *Idealich* —sin que por ello parezca posible, a menos que se tenga una idea previamente formada, ver en el torniquete de los dos términos una diferencia explícitamente significativa. Pero esta posible diferencia interesa a Lacan en grado sumo: por un lado, puede ver en el *Ichideal* esa instancia reguladora de todo real, de acuerdo con la cual, según él, armonizan el lenguaje, la ley y la instancia del padre; pero a la vez, por contraste y de manera complementaria, puede reconocer en el *Idealich* la instancia adecuada para designar el estadio del espejo con el que ha emblematizado desde la primera formación de su teoría el registro de lo imaginario. Con un mismo gesto, en su articulación y dentro de una sola imagen, la del niño ante el espejo captándose a sí mismo y de ese modo dirigiéndose al otro, puede unir los dos órdenes fundamentales de lo simbólico y lo imaginario. Es lo que llama los dos narcisismos: primero y segundo, en lugar de primario y secundario, como para sugerir la distancia que introduce su visión del estadio del espejo con relación a las opiniones de Freud cuyo texto, sin embargo, vuelve a leer literalmente.[16]

Es conocido el carácter central que adquirió en la teoría del cine la equivalencia formulada entre el estadio del espejo lacaniano y la posición del espectador dentro del dispositivo. También en este caso se entrecruzan dos

---

16. Véanse los dos capítulos "Les deux narcissismes" e "Idéal du moi et moi-idéal", en *Les Écrits techniques de Freud*, pp. 137-163. Para la historia de esta distinción, puede consultarse el número 6 de *La Psychanalyse*, París: PUF, 1961, que incluye el informe de LAGACHE, Daniel, "La psychanalyse et la structure de la personnalité", y la respuesta de Lacan: "Remarques sur le rapport de Daniel Lagache", recogida luego en sus *Écrits* (París: Seuil, 1966).

17. Publicadas respectivamente en *Cinéthique*, nº 7-8, 1970, y en *Psychanalyse et cinéma*, *op. cit.*, 1975, han sido recogidos en los libros citados más arriba. Con los dos ensayos sobre el sueño citados entonces, esos textos entrecruzados de Metz y Baudry forman el núcleo de lo que se ha llamado la teoría psicoanalítica francesa del cine.

artículos famosos de Baudry y de Metz: "Cinéma: effets idéologiques produits par l'appareil de base" y "Le signifiant imaginaire".[17] En el primero, como indica su título, la identificación imaginaria planteada en el espectador, en el sentido de la captación retrospectiva de una primera unidad de sí, es objeto de crítica: esta se dirige al sujeto trascendental así formado, cuya postura está garantizada por la concepción tecnológica misma de un dispositivo cuyo aparato de base, la cámara, continúa el de la construcción del perspectivismo elaborada por el Renacimiento italiano (Baudry presiente entonces en esta réplica del espejo lacaniano, puesto en relación con la escena platónica de la caverna, un posible "origen de la impresión de lo real", que en su texto posterior, sin más inflexión ideológica, referirá a la escena originaria del sueño). En cambio, en el ensayo de Metz, la "identificación con la cámara" es afirmada en su plena dimensión de realidad, como el efecto de la prolongación que lleva a cabo el dispositivo del cine, al situar al espectador frente a la pantalla igual que, originariamente, fue confrontado al espejo de la infancia: es la "identificación cinematográfica primaria", así llamada para especificar su carácter segundo con relación a la del espejo que le sirve de fundamento. Metz destaca que esta distancia introduce de entrada el significante imaginario del cine en la vertiente de lo simbólico. Pero aun así, Metz no tiene en cuenta la instancia que, en la concepción lacaniana, lleva desde el principio lo simbólico al corazón de la lógica imaginaria: ese ideal del yo que reconvierte la noción freudiana, purificándola. Al distinguir dos haces que coexisten en la sala de cine, el que, por partida doble, arrancando de la cabina y al mismo tiempo del ojo del espectador llega hasta la pantalla y el que vuelve de ella para fijarse en la retina, Metz opone así proyección e introyección. Pero lo hace horizontalmente, si se permite la expresión, como si solo fueran competencia del registro de lo imaginario, cuando en realidad esos son los términos mismos que permiten a Lacan trabar su doble imagen, organizar la doble función de esa imagen originaria: "[...] proyección, función de lo imaginario [...], introyección, relación con lo simbólico".[18] Y así se impone el ideal del yo, con relación a la escena del espejo, como la instancia que la funda

18. "Remarques sur le rapport de Daniel Lagache", en *Écrits, op. cit.*, p. 655. Véase también *Le Séminaire, Livre XI, Les Quatre Concepts fondamentaux de la psychanalyse*, París: Seuil, 1973, pp. 221-223.

—aunque sea en referencia a la madre, puesto que al llevar al niño y al aparecérsele, en la vista misma en el que este por fin se reconoce y se capta a la vez como otro, la madre se convierte en el otro del Otro, legitimando de ese modo esa primera vista de sí mismo según el entendimiento simbólico del que ella misma depende. Aún menos que Freud podía ser Lacan sensible a la distinción que Ferenczi no dejó de invocar entre la hipnosis maternal y la hipnosis paternal: como a Freud, solo le interesa el padre. Y la primacía del lenguaje respondiendo del orden simbólico viene también a depurar lo que, en el acercamiento freudiano a la hipnosis, quedaba de misterio económico y sensorial, que solo el salto producido por el paso al mito terminaba por desanudar temporalmente.

Por eso, desde el punto de vista del psicoanálisis clásico, se entiende hasta qué punto, gracias al efecto de ese concepto central de ideal del yo, la fuerza enigmática, aunque por ello suavizada, de la hipnosis se extiende al dispositivo del cine: de cada lado del espejo y más allá del sueño. Pero hay, sobre todo, como pasa con todo espejo abolido, un más acá del sueño, o una realidad del cuerpo, de donde procede desde lejos, muy cerca, la luz más viva.

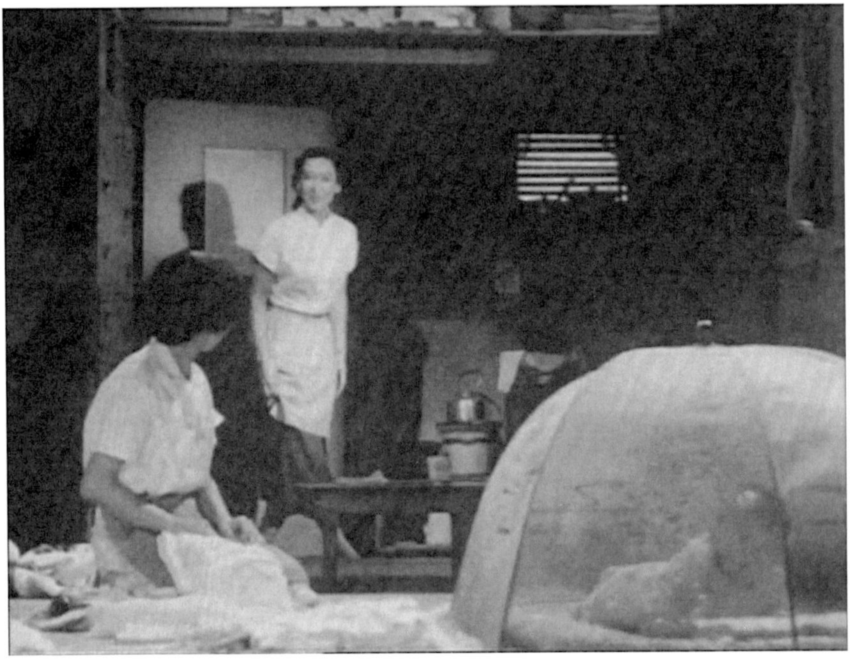

Cuentos de Tokio, Yasujiro Ozu, 1953

4. OTRA HIPNOSIS

Más allá de lo que el psicoanálisis haya podido decir al respecto, ¿cómo entra en resonancia este "cuarto estado del organismo" que es la hipnosis, tan poco definible, con todo lo que el psicoanálisis deja de lado, del cine y de su cuerpo más vivo?

Ello supone abordar de frente las nuevas relaciones entre el psicoanálisis y la hipnosis, en cuanto esta, en lugar de dejarse comprender en forma demasiado simple, reducir y más o menos excluir por el psicoanálisis, se ha propuesto reafirmarse como tal. En un paisaje francés durante mucho tiempo paralizado por el dogma lacaniano, la cuestión obsesiva ha sido la de un regreso con fuerza del afecto, incansablemente invocado por Ferenczi desde los años '20 en los límites un tanto maltrechos de las ideas freudianas, reactivado luego en Winnicott y en muchas investigaciones americanas. En Francia, esa vuelta, con el salto que implica cuando se convierte o vuelve a ser hipnosis, puede entenderse al menos de dos maneras. En los trabajos de Chertok, como bien indica la carta que le envía Mannoni, una fidelidad obstinada hacia la realidad y el enigma de la fenomenología hipnótica, puesta en práctica y reevaluada en la extensión de su historia, termina por producir una fuerza de desplazamiento considerable. Desde la negativa categórica que en su diván le opuso Lacan, Chertok luchó incansablemente contra el "no-saber de los psi"[1], sin cesar de forjar todo tipo de alianzas para conseguir que pudiera captarse esa potencia de afecto nacida del cuerpo y dejar así de disociar "el corazón y la razón".[2] Pero, en realidad, no construye una teoría, en el sentido que indicaba Mannoni. Se ve por ejemplo en la manera en la que Cher-

---

1. CHERTOK, Léon, *Le Non-Savoir des psy. L'Hypnose entre la psychanalyse et la biologie, op. cit.*
2. CHERTOK, Léon, STENGERS, Isabelle, *Le Cœur et la Raison. L'hypnose en question, de Lavoisier à Lacan*, París: Payot, 1989.

tok acoge la visión filosófica de Michel Henry.[3] Este llevó hasta sus últimas consecuencias las tensiones que existen en Freud entre el afecto y la representación: de esta manera, al criticar la metafísica freudiana de la representación en nombre de una ontología de la vida concebida como pura afectividad, llega a negar su consistencia propia al inconsciente freudiano. Así, Chertok suma más bien voces y vías para oponer a una visión de la ciencia y de la verdad forjada por el psicoanálisis, una autenticidad de la "herida narcisista" que prefiere reconocer a la hipnosis, al tomar de Freud la fórmula con la cual este calificaba su empresa.[4]

Roustang procede de manera diferente. Aunque en el prefacio de uno de sus últimos libros prescriba como primer imperativo al terapeuta "poner en duda toda afirmación teórica"[5], concibió su libro anterior, *Qu'est-ce que l'hypnose?*, como un intento de nueva fundación del pensamiento de la hipnosis por sí misma.[6] Al invocar a su vez la frase de Mannoni, que hizo fortuna, sobre esa "fenomenología revolucionaria que contradice todos nuestros saberes teóricos", Roustang se arriesga a dibujar los contornos de una argumentación descriptiva, tan firme como hipotética, al tomar sistemáticamente del revés la visión psioanalítica. Se propone sustituir así el por qué por el cómo, la interpretación por la acción, el pasado por el futuro, el universalismo del individualismo subjetivo por la individualización específica. Recurre especialmente a las neurociencias y a la medicina genética, cuya compatibilidad con las virtudes enigmáticas de la hipnosis destaca. Pues, a la inversa de la medicina epigenética, que solo se hace cargo de la historia del individuo como lugar de una formación del síntoma, la medicina genética se apoya en la idea de un plan organizador propio, desde su concepción en cada ser vivo —plan por na-

---

3. *Ib.*, pp. 217-220. Los autores comentan allí su *Généalogie de la psychanalyse*, París: PUF, 1985.
4. CHERTOK, Léon, STENGERS, Isabelle, *L'Hypnose, blessure narcissique*, París: Les Empêcheurs de tourner en rond, 1990.
5. ROUSTANG, François, *Comment faire rire un paranoïaque?*, París: Odile Jacob, 1996, "Poches Odile Jacob", 2000, p. 9.
6. ROUSTANG, François, *Qu'est-ce que l'hypnose?*, *op. cit.*, pp. 9-16. Roustang subraya allí la imposibilidad de limitarse a "la práctica no teorizada" de Erickson, demasiado genial e idiosincrásica. "Que el pragmatismo americano pueda conformarse con ello, es asunto suyo. Los europeos solo lo conseguirían a costa de su pasado cultural, que les obliga a situarse intelectualmente con relación a lo que hacen" (p. 10).

turaleza ahistórico pero constantemente puesto en juego según el desarrollo individual, del cual la hipnosis sería una especie de estado testigo, de posibilidad de ser reactivada. Roustang puede así apartarse del marco de la acción refleja que apoya el modelo neurológico freudiano y, a partir del mismo, la construcción del aparato psíquico y la génesis subjetiva que de ello se deriva. En cambio, el enigma de la hipnosis queda esclarecido al ubicarlo en relación con investigaciones contemporáneas referidas al sueño y la primera infancia. "La hipnosis aparecería como una introducción al poder de imaginar, es decir, de transformar la realidad que se impone, porque es semejante al poder de soñar que rige los comportamientos de nuestra especie y al poder de configurar el mundo, que es la capacidad innata del niño de pecho".[7]

Una referencia insistente a la neurofisiología del sueño, sobre todo a las hipótesis de Michel Jouvet, permite a Roustang definir la hipnosis como *vigilia paradójica*: se convierte en un equivalente del "sueño paradójico", ese momento privilegiado del sueño que suscita un despertar en el seno del sueño más profundo. Es sabido que para Jouvet la producción del sueño no está determinada según una lógica aferente al deseo del que sueña. El poder de soñar estaría relacionado con una "programación iterativa genética", de acuerdo con la cual la energía propia del cerebro repite sin fin el programa de la especie según la historia propia de cada existencia individual. Roustang insiste en la "potencialidad" que así se abre, en contraste con el modelo de la anterioridad propia de la visión psicoanalítica. "La función del sueño se traduciría adecuadamente por un proceso repetitivo; sin embargo, la repetición se referiría no a los primeros años de la vida sino a ese lugar impenetrable propio de cada cual, que ha heredado y ha modificado ya un poco, a esa fuerza cerrada sobre sí misma (operativa a través del sistema nervioso central), que lo hace diferente de todos los otros humanos". Es ese poder propio del sueño lo que se encuentra reactivado en el "estado hipnótico, llamado ahora estado de vigilia paradójica"; de modo que Roustang puede volver a desplegar, de acuerdo con esta nueva lógica, la comparación clásica entre sueño e hipnosis.

Volveré detenidamente sobre Daniel Stern, cuyas ideas sobre la primera infancia, según me ha parecido desde siempre, ofrecen un marco de

7. *Ib.*, p. 17. Los desarrollos que siguen sobre el sueño y la hipnosis figuran en las páginas 17-31.

una virtualidad incomparable para la intelección del cine.[8] De momento, quedémonos con las palabras que emplea Roustang para delimitar las páginas que le dedica, después de las referidas al sueño: "el poder de configurar el mundo".[9] De la misma manera que Jouvet saca al sueño del recorrido unívoco de la regresión y la represión, así la ficción experimental de Stern construye la realidad de un bebé llevado desde el inicio de la vida por un principio de singularización y una capacidad de diferenciación, multisensoriales e interactivos, que se oponen en todo a la visión freudiana de una fusión primaria. De ello, Roustang retiene un poder a la vez próximo y distinto del poder del sueño, pero acorde con este último: "un solo y único poder, compartiendo sus fuerzas según el día y la noche" (43). Los une en "el poder de imaginar", posterior al estado de vigilia y la edad adulta. Y distingue así tres modalidades de la vigilia: la vigilia paradójica del sueño, la vigilia restringida de la conciencia, la vigilia pura o generalizada, la de los fronterizos o *borderline* y, añade, de los poetas, que nos hablan desde el otro lado de la frontera. La imaginación se convierte entonces tanto en "lo que nos queda de ese poder endógeno que hace los sueños" como en la fuerza que constituye "el enlace entre vigilia generalizada y vigilia restringida" (49). De allí procede todo el efecto al definir la hipnosis como vigilia paradójica: "[la hipnosis] es vuelta al poder que hace el sueño y que configura el mundo, pone pues a nuestra disposición, bajo las apariencias del dormir, la vigilia generalizada que es la manifestación de ese poder" (52). Roustang ilustra así la extraña afirmación doble de los hipnoterapeutas, al hacer sucesivamente de la hipnosis un estado permanente y un estado artificialmente provocado que, a su manera, se acercaba a la idea de "fenómeno de transición" de Kubie: "Nos encontramos permanentemente en estado de hipnosis en la medida en la que la vigilia generalizada, incluso encubierta, está siempre activa en la existencia humana" (52).

Si las palabras de Stern recogidas por Roustang tienen aquí tal calidad de resonancia es porque, de entre todas las artes, el cine es la más directamente investida por el "poder de configurar el mundo". Simplemente porque

8. STERN, Daniel N., *Le Monde interpersonnel du nourrisson (The interpersonal World of the Infant*, 1985), trad. A. Lazartigues et D. Pérard, París: PUF, 1989.
9. ROUSTANG, François, *Qu'est-ce que l'hypnose?*, *op. cit.*, pp. 31-43. Véase también "La différence pour le nouveau-né", *Critique*, nº 546, noviembre de 1992, pp. 823-832.

lo presenta y lo representa de acuerdo con la variación temporal de su movimiento perpetuo y es el único en hacerlo además de esa manera. Y también se encuentran implicados los otros dos poderes invocados por Roustang, de soñar e imaginar. De ahí surge otra evidencia global del cine como hipnosis, cuyo alcance hay que valorar.

Podemos hacerlo, en principio, observando cómo esta calificación del cine responde más o menos a las modalidades distintivas que Roustang reconoce como propias del estado de hipnosis. Llama "anticipación" a la forma bajo la cual puede encontrarse mediante la hipnosis, a partir del estado de vigilia, algo de ese poder primario, triple y uno; y descompone sus efectos siguiendo las etapas de la inducción hipnótica. Así, distingue sucesivamente: la hipnosis como fascinación (una parada), la hipnosis como confusión (una espera), la hipnosis como alucinación (un proyecto), la hipnosis como energía (una redistribución de los parámetros de la existencia) (55).

Al detenerse en la primera etapa, Roustang vuelve a encontrar los datos, ya clásicos, propuestos por Kubie y Margolin en su descripción del proceso de inducción. Al fijarse en lo que le propone el hipnotizador —factores de concentración, de inmovilización, de ritmos—, el sujeto suspende cualquier otra atención y se abre al estado hipnótico. Pero en cuanto llega a las etapas siguientes, Roustang explica la profundización de la vigilia paradójica en términos muy diferentes de los que inspiraba más o menos la conceptualización psicoanalítica. En una palabra, quiere dar al cuerpo la oportunidad, aunque sea a través de la angustia más extremada, de vivir un desplazamiento que finalmente le remite al "poder arquitecto de nuestro mundo" y así de corregir su plan (79). Al abordar la segunda etapa, confusión o indeterminación, Roustang hace una distinción que podría restringir de entrada la equivalencia que estamos tentados de seguir, de acuerdo esta vez con sus opiniones, entre cine e hipnosis. "Ya no estamos bajo el efecto de la magia de las imágenes de una película o del atractivo hechizador de una voz. Un libro, una película, una voz, una búsqueda despiertan nuestro interés, nos absorben o nos fascinan. Pero, si nos sacan de un entorno, es para proponernos otro. No hay pues allí más que un desplazamiento de la atención, de un cambio de objeto de la conciencia. ¿Qué ocurre cuando la fijación hace que el mundo se desdibuje y nos remita a nuestro interior?" (66).

Aunque está claro que no se puede asimilar la experiencia sin objeto, entregada a sí misma, a lo que abre así de único, la que, de entrada, se atribuye uno, sin embargo no parece adecuado reducir la experiencia llamada "imaginaria" del arte a una fijación sin suplemento. Como si hubiera dos imaginaciones, sin relación ni solapamiento. Esta disyunción sorprende en un libro que sitúa el acceso a la vigilia generalizada bajo la protección de los poetas y al que la obra de arte, la música o la literatura sirven tan a menudo de imagen y de referencia. Naturalmente, se trata entonces más bien de invocar el poder creador. Pero tampoco en ese caso tiene demasiado sentido decidir entre invención y recepción, entre creador y lector o espectador. Como si de repente estos no tuvieran cuerpo, o solo un cuerpo desprovisto de posibilidades. Más bien hay que comprender que la experiencia del arte, por dondequiera que se coja, abre un mundo que se acerca al que se manifiesta a través de las etapas de la vigilia paradójica distinguidas por Roustang. Pero las mezcla y las incorpora, en cierto modo, simultáneamente, dentro de la fijación singular que produce la realidad improbable del objeto (de la misma manera que el cine ha podido dar la impresión de confundir el proceso de inducción y el estado hipnótico distinguidos por Kubie y Margolin). Por eso, para el cine entendido como una modalidad singular de hipnosis, hay que concebir como de una sola pieza esos términos que Roustang desarrolla desdoblándolos, para poder destacar su efecto problemático: fijación y fascinación, confusión e indeterminación, posibilidad y alucinación, potencia y energía.

Demos un rodeo por el meollo del tema. En un artículo en el que lamenta la falta de trabajos sobre el cine y la hipnosis, T. Jefferson Kline encontró en *Le Septième Ciel* (1997) de Benoît Jacquot la ocasión que le permitía evocar una relación de identidad entre ambos dispositivos.[10] Sobre todo en

---

10. KLINE, T. Jefferson Kline, "Benoît Jacquot's *Septième Ciel*. Revisiting the Boundaries Between Cinema and Hypnosis", *Studies in French Cinema*, nº 1, abril de 2011, pp. 37-46. —Que yo sepa, los primeros textos de carácter teórico sobre el cine y la hipnosis, aunque bastante generales, son los de DEPRUN, Jean: "Le cinéma et l'identification", "Cinéma et transfert", en los números 1 y 2 de la *Revue internationale de filmologie*, respectivamente julio-agosto de 1947 y septiembre-octubre de 1947. En fechas más recientes, hay que citar dos libros (ambos precedidos por artículos en revista): ANDRIOPOULOS, Stefan, *Besessene Körper. Hypnose, Körperschaften und die Erfindung des Kinos*, Munich: Wilhelm Fink Verlag, 2000; EUGENI, Ruggero, *La relazione d'incanto. Studi su cinema e ipnosi*, Milán: Vita e Pensiero, 2002. Notable en muchos aspectos, interesado a la vez por la historia y la "arqueología", por la teorización del dispositivo, sobre todo en términos de enunciación, rico en análisis (por ejemplo del *Dracula* de

la medida en la que le parece que Jacquot convierte esa relación en su propio tema, al incorporar a su película no solo un hipnotizador sino precisamente las opiniones del libro de Roustang, aunque solo sea por la presencia activa del libro mismo en el hilo de la intriga. Así, el cineasta consigue sugerir cómo la hipnosis abre aquí a todo el mundo universos insospechados de creatividad a la vez que se ofrece como "metonimia" del dispositivo-cine. En este contexto, el título mismo del libro de Roustang, *¿Qué es la hipnosis?*, viene a hacer eco a la pregunta de André Bazin, a su título símbolo: *¿Qué es el cine?*, en cierto modo deslizarse así debajo del mismo; y la película entera parece proponer, de acuerdo con las opiniones de Roustang, una "nueva ontología" del cine, que se desmarca tanto de las opiniones de Bazin como de las teorizaciones freudianas del dispositivo, de Baudry o de Laura Mulvey.[11]

Un análisis detallado del personaje de Mathilde, especialmente centrado en las escenas de hipnosis y su implicación en el relato, permite hacer así de la protagonista tanto "un agente de reconfiguración del dispositivo" como "el director" del "script implícito" constituido por el libro de Roustang, a partir de la lectura que, según se ve, hace del mismo. T. Jefferson Kline ha destacado la fuerza de ese momento marcado por una música disonante: la cámara sube de la portada del libro abierto y cogido en primer plano, hasta el rostro y los ojos de Mathilde; esta echa un vistazo furtivo, volviéndose apenas (para ella hacia su izquierda, para nosotros hacia la derecha), luego cierra los ojos despacio, mientras la cámara se desplaza de lado en la dirección así propuesta, con un movimiento lateral decidido sobre una sucesión de motivos desenfocados, antes de inmovilizarse en un fundido en blanco. Pero desde el principio del movimiento llegan unos ruidos de la calle, como para compensar la borrosidad de la imagen. De tal modo que se produce así un

---

Tod Browning), este libro es el primer estudio de conjunto sobre las relaciones entre cine e hipnosis. —Véanse también mis textos y entrevistas: "Alternation, Segmentation, Hypnosis" (con Janet Bergstrom), *Camera Obscura*, nº 3-4, 1979; "La machine à hypnose" (con Jacques Kermabon), *Les Théories du cinéma aujourd'hui, Cinémaction*, nº 47, 1988; "Croire au cinéma", en *Jacques Tourneur, Caméra-Stylo*, nº 4, 1986; "Le malheur d'énoncer" (sobre Fritz Lang), en *Le Mal au cinéma*, 3° encuentros cinematográficos de Dunkerque, 1989.

11. Véase sobre todo "Visual Pleasure and Narrative Cinema" (1975), en *Visual and Other Pleasures*, Londres: Macmillan, 1989.

paso turbador de dentro hacia fuera y de la lectura a la acción: encontramos a Mathilde en la calle dirigiéndose hacia el encuentro decisivo con su hipnotizador al que, por lo tanto, parece haber suscitado al salir de su lectura. No sé si puede decirse que este extraño terapeuta casi habría sido alucinado por la protagonista, hasta el punto de convertirse en su creación; todo ello, para conferir a la lectura del libro de Roustang un efecto desencadenante mucho más claro, al acentuar la manera en la que la película se convertiría en su teoría en acto. Parece sobre todo que haya optado sutilmente por una postura indeterminada, al sugerir los efectos de la construcción psíquica a la vez que preserva plenamente las bazas de un cine de la realidad.

Desde este punto de vista, el segundo hipnotizador, incapaz de ayudar al marido perturbado por la transformación repentina de su mujer, dota más bien al primero de una especie de evidencia. La diferencia entre ambos, tanto en el guión como en la puesta en escena, sugiere, como quiere Roustang, que no haya transferencia efectiva, y por lo tanto verdadero efecto de hipnosis, más que en relación con un absoluto deseo de cambio en el sujeto. Lo esencial es que el efecto de correspondencia entre ambos dispositivos, el de la hipnosis y el del cine, sea de ese modo plenamente reconocido. La modificación que a continuación se produce en Mathilde (fin de sus desmayos, liquidación del síntoma de cleptomanía, salida del estado depresivo, aclaración del pasado familiar, sobre todo acceso al orgasmo en torno al cual oscila la película) parece susceptible de remedar para el espectador su propia implicación en el dispositivo del cine. Eso es lo que produce la secuencia-eje de la segunda sesión, en un apartamento extrañamente desierto, que confiere a la escena una fuerza de abstracción. Como bien ha notado el comentario, su fuerza procede de que se reanude amplificándose, guiado por la propia música, ese mismo movimiento de cámara que llevaba a Mathilde del libro a la calle. Esta vez, fija su mirada y la del espectador, en una parte de la pared vacía suavemente iluminada, siguiendo la voz inductora que habla por sí misma: "Mire en la dirección en la que yo miro. Ve usted una pantalla. En esa pantalla, ve unas imágenes. Esas imágenes, también las oye. Retrocedemos en el pasado, estamos a 15 de febrero de 1974". El hipnotizador también le dirá después de que ella admita haber tenido un orgasmo: "Mire donde miro yo. La pantalla sigue estando allí. Dígame dónde está la niña ahora".

Este análisis sugestivo plantea dos dificultades. La primera se debe a una falta de perspectiva histórica, de efectos muy retorcidos. El mismo Jacquot indicó el carácter evidente de repetición que sitúa su película en la línea de la cinefilia francesa: "Al pensar por un lado en la hipnosis y por otro en la pareja, llegué a un cineasta que me interesa desde hace mucho, desde que tengo ganas de hacer cine, desde los catorce años: Preminger y su película *Vorágine*. Decidí adoptar el mismo punto de partida: una pareja, la chica que no está bien, con síntomas cleptomaníacos, el marido médico pero que no entiende nada; y ese hipnotizador ocasional, improbable, una criatura bastante alucinadora, una figura de maestro alucinada. Me apoderé de ese triángulo. Después se impuso un tono de comedia, como un modo de ruptura, de hiato, dado el punto de partida más bien serio".[12] Ese tono de comedia puede parecer también una manera de ligar dos tradiciones hollywoodenses, el filme negro psicoanalítico y la comedia de segundas nupcias, y de deslizar a Cukor bajo Premminger.[13] Así se plantea la cuestión, delicada, de la relación entre el objeto y la teoría que lo acompaña. Si, a través de la lectura de Roustang que parece proponer el itinerario de su personaje femenino, la película de Jacquot permite descubrir una "nueva ontología del cine": ¿qué pasa con el cine antiguo o clásico, sobre todo americano, que, desde el punto de vista tanto de su proceso creador como de los comentarios que ha suscitado, estaba bastante acorde con las ideas del psicoanálisis, incluso con el modo en el que este se articula en dichas ideas con la hipnosis, a través de la película de Preminger u otras?[14] En resumen, esa "ontología" que parece surgir de una película contemporánea, ¿afecta al cine por entero, y cómo?

(La manera misma en la que se impone el pensamiento de Roustang en la película de Jacquot sigue una afinidad histórica. Al hacer que la modificación descanse sobre la mujer más que sobre el hombre, al hacer que nazca de ella la luz que le aportan dos hombres, el hipnotizador que la transforma y el cineasta que la pone en escena, *Le septième ciel* se sitúa por un lado en la tradición que, de Schlegel (Lucinda, la mujer-luz) a Freud (la teoría de las bellas histéricas y "el continente negro"), hace de la mujer y del enigma de su cuerpo el lugar de una prueba de la verdad y de transmisión de un saber. Se

---

12. "Un nouveau désordre amoureux", entrevista con Benoît Jacquot por Frédéric Bonnaud, *Le Inrockuptibles*, nº 131, 17-23 de diciembre de 1997, p. 39.
13. BONNAUD, Frédéric, "Elle et lui", *Ib.*, p. 42.
14. Para aligerar su planteamiento, Jacquot ha convertido cuidadosamente al marido de su protagonista en un cirujano inocente, en lugar de un psiquiatra atormentado por su propia incapacidad de terapeuta y de *partenaire* afectivo-sexual.

trata de una perspectiva romántica, cuyos efectos no dejan de reactivarse en distintos lugares, incluso en la ficción modesta, realista, moderna, de una "nueva mujer", simplemente y perfectamente contemporánea.)

El segundo punto, más importante, es adyacente al primero. De manera más precisa, ¿dónde reside en la película la ruptura capaz de llevar en sí esa "nueva ontología"? ¿Cómo encarna el cine ese pensamiento que, en términos de Roustang, más que invocar un nuevo inconsciente, preferiría abrir una comprensión nueva entre lo que se supone consciente e inconsciente, cuya carga llevan el cuerpo y su imaginación? ¿Cómo hace eco el cuerpo de la película a un proceso semejante? En *Le Septième Ciel*, lo esencial radica en el trabajo de guión y en la sutileza de todo lo que se ordena en torno a la heroína, sobre todo en la interpretación de la actriz, a través de la cual se percibe cómo un mundo vacila y se forma. Pero la parte propiamente expresiva de la película sigue siendo muy mesurada, está organizada con relación a los intercambios y la extrañeza que los rige. Salvo el doble momento destacado, que ve cómo se forma una pantalla proyectiva de una intensidad singular, la película casi no abandona, en los planos y relaciones de planos, una elegancia refinada dispuesta, a partir de la transparencia de sus representaciones, en la tradición de un arte postclásico. Apenas un rasgo que llama la atención, por ejemplo, cuando el marido y la mujer se dirigen en coche a la velada en la que aparecerá el hipnotizador: unos primeros planos alternados de cada rostro están como aureolados por efectos de irisación que se multiplican a través del parabrisas —figura que resulta agobiante en el cine contemporáneo y que aquí recupera una verdadera fuerza para subrayar un flotamiento común a esos dos cuerpos-miradas, al presagiar así la nueva pantalla sobre la cual Mathilde será empujada a ver cómo se forman ciertas imágenes. Así, se plantea la cuestión, a partir de la misma ejemplaridad de este guión y su interpretación, en el doble sentido del término: ¿cómo consigue el cuerpo de la película, de las películas, el cuerpo del cine, encarnar el poder de configuración e imaginación que lo hace más o menos cercano a la hipnosis tal como la concibe Roustang?

El comentario suscitado por esta película y el mismo pensamiento de Roustang llevan también a preguntarse hasta qué punto es preciso que, para ser concebida y afirmarse, una visión o una teoría tenga que borrar, por principio, a otras. Si volvemos a la "pantalla" propuesta por el hipnotizador a la mirada de Mathilde así como a la del espectador, se aprecia que su idea-realidad es invocada a través de *Le septième ciel* para sustituir tanto la idea de "la pantalla del sueño" formulada por Baudry siguiendo a Lewis, como aquella que en Baudry y Metz se convertía en un sustituto del espejo lacaniano. De ese modo, este último puede servir mejor de ejemplo.

Se entiende la irritación de Roustang contra el narcisismo incurable de la cultura occidental, cuya concepción del narcisismo formada por el psicoanálisis ha sido una de las consecuencias antes de convertirse en una de las causas.[15] Se ve que, en adelante, todo le lleva más allá. Pero eso no dice nada sobre lo que perdura de realidad posible de la cosa misma, por no hablar de su verdad. En lugar de ser considerado plenamente "formador de la función del yo", como aparece en Lacan, ¿acaso no puede el "estadio del espejo", frente a presupuestos distintos, ser considerado más bien como secundario, más o menos secundario? Winnicott daba la idea de ello cuando concebía, al lado y como más acá del espejo lacaniano cuya influencia reconocía haber experimentado pero del que se apartaba sin dificultad, el papel de espejo del rostro de la madre en el desarrollo del niño.[16] Del mismo modo, se aprecia que, de manera más general, Stern no siente la necesidad de oponerse al psicoanálisis con la misma impaciencia que Roustang, sin duda porque siempre ha sido más reacio al mismo. ¿Qué nos dice, en el umbral de su gran empresa? Simplemente esto: "La mayoría de los postulados psicoanalíticos parecen mucho más adecuados a la descripción del desarrollo al término de la primera infancia, es decir, después de la adquisición del lenguaje. Esa observación no pretende invalidar la teoría psicoanalítica. Solo sugiere que es un error aplicar la teoría psicoanalítica a ese periodo más precoz de la vida, que no describe bien".[17] Naturalmente, una afirmación semejante basta para plantear una inversión radical de perspectiva, a partir del momento en el que las etapas de la primera infancia se elaboran en el curso de su libro como otros tantos elementos previos a toda formación de la vida —sin deber ya nada a las ambigüedades inducidas hasta entonces por las visiones diversas de lo "pre-edípico". Pero eso no impide que sin por ello calificar un "estadio", la vi-

---

15. Véase sobre todo, además de lo que sugiere en *Qu'est-ce que l'hypnose?*, el capítulo "Narcisse et Psyché ou l'illusion de la guérison par la connaissance de soi", en *La fin de la plainte*, París: Odile Jacob, 2000.
16. WINNICOTT, D. W., "Le rôle du miroir de la mère et de la famille dans le développement de l'enfant", en *Jeu et réalité*, París: Gallimard, 1975, pp. 153-162.
17. STERN, Daniel N., *Le monde interpersonnel du nourrisson, op. cit.*, p. 23.

sión que adquiere de sí mismo a partir de los dieciocho meses, al reconocer en el espejo su propia imagen, el bebé se convierta en una de las figuras del "sí-mismo conceptual", que en la concepción de Stern sucede a otros "sí-mismos" más antiguos y más fundamentales.[18]

Esta manera de ver presenta la ventaja de adelantar las condiciones de un cambio, por radical que sea, sin hacer tabla rasa de lo que desplaza, por lo tanto sin prejuzgar las articulaciones que de ello puedan deducirse. De ese modo, favorece además una comprensión histórica de los fenómenos, de las ideas que a ellos se refieren. Para desarrollar este ejemplo del "espejo", puede considerarse de diversas maneras la relación que mantiene o no con la posición del espectador de cine. Puede adoptarse plenamente su principio, o bien para encontrar en ello la ocasión de una crítica de tipo ideológico (como Baudry en la época del "aparato de base"), o bien para reconocer una articulación de la verdad entre la teoría de la que procede y el arte en la que se realiza (es la construcción de Metz en "El significante imaginario"). O bien se decide ignorarlo, o hacer lo contrario, o mostrar su vanidad. O bien, finalmente, se intenta más bien considerar esa idea del espejo como relativa, en su fondo, con relación a fuerzas más determinantes, pero también, desde el punto de vista de esta relatividad misma, como de importancia y de realidad variable según los tiempos y los modos de ese arte de la proyección que es el cine. Por ejemplo, mientras el cine de los primeros tiempos corresponde más o menos al régimen que Tom Gunning calificó como una "estética del asombro" o un "cine de atracciones"[19], parece claro que la forma de identificación propia a la captación del espejo está todavía un poco en suspenso aunque, de entrada, esté presente, como en todo dispositivo de proyección. En cambio, tiende a cristalizarse con la racionalización del espectáculo, a medida que se entra en el espacio dominante que formará el "cine clásico" (en Metz, la idea se impuso a través de la fuerza propia de la narratividad, aunque le confiera un alcance más general, de rasgo estructural del dispositivo; también dentro de ese régimen se afirma con más evi-

18. *Ib.*, pp. 212-214.
19. GUNNING, Tom, "An Aesthetic of Astonishment. Early Films and the (In)credulous Spectator", pp. 31-45; "The Cinema of Attractions. Early Film, Its Spectator and the Avant-Garde"; "Cinéma des attractions et modernité", *Cinémathèque*, nº 5, Primavera de 1994, pp. 129-139.

dencia, de acuerdo con una visión ya clásica de la relación entre hipnosis y psicoanálisis, la articulación entre yo ideal e ideal del yo). Finalmente, lo que se ha llamado "cine moderno" será el inicio de una muy lenta disgregación de la plena captación de imagen que supone la creencia en una identidad de sí-mismo —hasta la situación contemporánea en la que constituye el dispositivo mismo del cine, cuya identidad está destinada a debilitarse, cada día un poco más, bajo la presión de otros muchos dispositivos que lo descomponen y lo recomponen, de otra forma.

Veo ya la objeción que puede hacerse a estas sugerencias: es pasar de la generalidad abstracta atribuida al dispositivo, a la singularidad diversa de las películas que se supone se inscriben en el mismo y dependen del mismo, sin por ello calificarlo. La objeción sería acertada si la historia consistiera en pasar de un dispositivo bien definido a otro, mientras que, en este nivel como en otros, no es más que la variación perpetua de efectos de metamorfosis y migración por los cuales los dispositivos se recalifican incesantemente y pueden así encontrarse modificados, tanto en sus organizaciones propias como por los pensamientos que suscitan. Parece existir una autonomía de los dispositivos que ayuda al pensamiento a construirse, dando la ilusión necesaria de un repliegue por el cual serían idénticamente subyacentes a los efectos que incorporan. Pero no son sino el efecto de los acontecimientos simultáneamente individualizados e inconmensurables mediante los que se revelan. Y cuanto más resulta que esos acontecimientos son obras, más son llevadas esas obras a aclarar lo que las hace posibles, más se confunden la obra y su dispositivo, invitando a que se forme ese mismo pensamiento.

Se ve con el ejemplo del *Septième ciel*, escogido para datar una inversión que procede del cine y su teoría. Es sintomático que en ella se mezclen lo viejo y lo nuevo para hacer transición. Es tan entretenido como instructivo que se pase de Lacan a Roustang —al hilo de varias lógicas mezcladas, incluida la del director. Jacquot ha sido el "filmador" de Lacan, el que le permitió ese paso.[20] "Me recordaba sobre todo al doctor Mabuse. La gestualidad, la forma de ser que imaginé para el primer hipnotizador está muy inspirado en el Lacan que conocí en persona". Añade: "Para mí, el primer personaje de analista, es Mabuse, no es Freud —y he llegado a saber algo de Freud a fuerza

---

20. LACAN, Jacques, *Psychanalyse 1 et 2*, 1974 (dos episodios de 50' para el programa de televisión "Un certain regard", publicados bajo el título *Télévision*, París: Seuil, 1974).

de pensar en Mabuse".[21] Todo se encadena de la siguiente manera: de Freud a Mabuse, exactos coetáneos, de tal modo que parece que el segundo nace del primero, cuya teoría elaboró en *Psicología de las masas*; luego, de Freud a Lacan, que retiene y extrae la lección del ideal del yo para distinguir tanto más radicalmente el psicoanálisis de la hipnosis[22], aunque, al hacerlo, confunde a ambos en su propia imagen, que compone, sin darse muy bien cuenta de ello —"del equívoco al callejón sin salida", afirmará Roustang como conclusión[23]; y llegamos por fin, de Lacan a Roustang, a esa película en la que el hipnotizador, operador teatral, condensa en su actuación, para lo que debe quedar de los prestigios antiguos de la puesta en escena, las figuras asociadas del "Gran Desconocido" (Mabuse) y del "Psi" por excelencia (Lacan), incluso cuando su "influencia" abre manifiestamente en "el otro" la libertad sin trabas de una modificación inducida en la realidad más real del cuerpo.

En esta acumulación de razones, se pasa así de un "programa de verdad" a otro. Debemos a Paul Veyne esta bella idea, más tranquilizadora que inquietante: "La verdad es que la verdad varía".[24] Equivale también a decir que si las verdades pueden parecer "análogas entre sí"[25], resulta posible, en una proporción que siempre resta estimar de acuerdo con el problema tratado y el punto de vista en el que nos situamos, combinar esas verdades en un cuadro diferencial en el que más que anularse se completan, componiendo mejor el efecto de una historia. Por brutal que se desee, hay una lentitud del cambio, tanto en la historia como en la psique. Es lo que ocurre aquí con un ensayo que ha creído acertado referir el cine a la hipnosis concebida primero en parte según el psicoanálisis clásico, luego sobre todo a un pensamiento a

21. Entrevista citada, p. 42.
22. En su comentario del esquema que cierra el capítulo "Enamoramiento e hipnosis" de *Psicología de las masas*: "Definir la hipnosis por la confusión, en un punto del significante ideal en el que se orienta el sujeto con la *a*, es la definición estructural más segura que se haya expuesto./ Ahora bien, ¿quién no sabe que fue distinguiéndose de la hipnosis como se instituyó el análisis? Pues el resorte fundamental de la operación analítica es el mantenimiento de la distancia entre la I y la *a*" (*Les Quatre Concepts fondamentaux de la psychanlyse, op. cit.*, p. 245).
23. De *Un destin si funeste* a su *Lacan*, así subtitulado.
24. VEYNE, Paul, *Les Grecs ont-ils cru à leurs mythes?*, París: Seuil, coll. "Des travaux", 1983, p. 127. Sobre los programas de verdad, véase sobre todo pp. 94-99 y 116-118.
25. *Ib.*, p. 32.

la vez antiguo y renovado de la hipnosis, que debe apartar a la primera para poder formarse. Es sorprendente, aunque no atribuyan a esas palabras el mismo sentido, que Veyne relacione la variación de los programas de verdad con una "imaginación constituyente" y que Roustang insista como lo hace sobre la imaginación como poder de configuración de un mundo. La paradoja menor, a este respecto, no es que Lacan, aunque incluya en ello parte de juego, haya pretendido siempre mantener un discurso de verdad para fijar a su manera la abertura hipotética y variable de las proposiciones freudianas. Mientras que Stern, cuya práctica experimental es por naturaleza susceptible de tocar más "verdades", se encuentra empujado por su propio tema —la formación del niño de pecho antes de cualquier adquisición del lenguaje— a presentar también su libro como una "invención".

Volvamos a los cuatro pares de términos presentados por Roustang para calificar su comprensión de la hipnosis, al formar otras tantas etapas del proceso de inducción que lleva a la vigilia paradójica. Repitámoslo: *fijación y fascinación, confusión e indeterminación, posibilidad y alucinación, potencia y energía*. Y recordemos la base previa que se encuentra planteada: "[...] en la práctica, no hace ninguna falta seguir estas etapas una por una y en ese orden [...]. El hipnotizador puede muy bien empezar por proponer al paciente imágenes que le sitúen más allá de la posibilidad" (56). Lo cual equivale a decir que esas etapas tienen en teoría tanto sentido mezclándose como sucediéndose.

Repitamos, pues, esas palabras, no por su valor conminatorio —su carácter flotante en Roustang basta para disuadir de ello—, sino para recoger su efecto en el recorrido de una experiencia próxima aunque diferenciada. Si la palabra "fijación" parece simple, el término "fascinación" no lo es tanto. La fijación es la "visión bloqueada" del espectador de cine (también en este caso hay una historia y una geografía de ese "bloqueo", que equivale a circunscribir la variación empírica de la realidad del espectáculo y del espectador); y ya se sabe cómo esta concuerda con la situación del sujeto ofreciéndose a la hipnosis. En cambio, la fascinación, que se adhiere a la fijación como su sombra y parece su efecto, en cuanto esta se extiende, es a su vez el término que suele servir para expresar en su generalidad lo más vivo de la experiencia inducida por el cine. De momento, reservemos esa palabra, tan cargada, que también requiere ser aclarada y de la cual, en cierto sentido, este libro es también el despliegue. Y, cogiendo en sentido contrario la sucesión indicada por

Roustang, planteemos más bien que para llegar a la fascinación, hasta tal punto parece imponerse rápidamente como bajo el efecto de un disparador hipnótico, entramos en relación con lo que llama confusión o indeterminación, que se vincula con la idea de una espera. Todo plano de cine, como tantas imágenes y casi toda percepción, pero de manera más abierta, ofrece siempre, en proporción variable, demasiados elementos al ojo para que este consiga fijarse en todos con la misma certeza, para el reconocimiento, o intensidad, para el efecto producido. Esa indecisión difícil de determinar, pero dominante, ligada a la impresión de realidad del cine, que parece muy relativa a la experiencia de cada espectador[26], lleva con toda seguridad a lo que Roustang llama la posibilidad o la alucinación.

Es conocida la dificultad que representa esta palabra para el pensamiento del cine. Quienes mejor lo percibieron fueron Metz y Baudry, por diferencia con las imágenes del sueño.[27] El inconveniente de este acercamiento, adecuado a la idea de lo inconsciente que supone es que le cuesta hacer que la alucinación resulte natural, como inclinación inmediata del cuerpo. Por su parte, Roustang abre dos vías, aparentemente divergentes. Distingue primero la imaginación (referida, como se ha visto, al "poder endógeno que hace los sueños", tal como lo entiende) de la alucinación ("que es y sigue siendo una distorsión de la percepción" -49-). Sin embargo, se queda con esa misma palabra al precisar que bajo hipnosis, contrariamente a lo que se deduce de la definición clásica de la alucinación, "se realizan las condiciones exteriores normales de la percepción" (71-72). Pues a pesar de la disociación que provoca la hipnosis, no se corta nunca el vínculo con el entorno. La noción de alucinación sirve así para calificar "la proliferación de las imágenes" que manifiesta la invasión de la vigilia generalizada en la vigilia restringida y de la cual se vale el hipnotizador para profundizar el trance (72, 80). Roustang cita en-

---

26. Véanse estas palabras de Roustang, a pesar de la distancia de los contextos: "La confusión remite a cada cual, en una vigilia generalizada, a su propio imaginario, a su poder singular de soñar y configurar el mundo, es decir a lo que le define y es para él lo más intangible" (75).
27. "[...] sobreinvestir la percepción hasta hacer de ella el principio de una *alucinación paradójica*" (Metz, "Le film de fiction et son spectateur", *op. cit.,* p. 110); "la transferencia de una percepción en una formación próxima a la alucinación" (Baudry, "Le dispositif", *op. cit.,* p. 70).

tonces la fórmula de Erickson: "trance ordinario cotidiano" para subrayar que este paso de un régimen a otro, radicalizado por la hipnosis, también es propio de una vida de la conciencia siempre virtualmente captada por las intermitencias de su régimen inconsciente.

Tocamos aquí en su punto más vivo la realidad del cine. "Alucinación" es también la palabra que recoge Gilles Deleuze para su evocación de la "percepción en los pliegues". No es en sus libros sobre el cine, sino en *El pliegue* donde Deleuze forjó el modelo, psíquico-corporal, de una percepción alucinatoria. Siguiendo una delicada descomposición de argumentos, Deleuze ofrece allí, a través de Leibniz, su punto de vista de lo inconsciente, tal como se desprende de los libros escritos con Félix Guattari y de un tratamiento renovado y personal modelado a través de su pensamiento sobre el arte, pintura y cine.[28] "El problema consiste en saber cómo se pasa de las pequeñas percepciones a las percepciones conscientes, de las percepciones moleculares a las percepciones molares".[29] Deleuze dice también *microscópica* y *macroscópica*, subraya hasta qué punto "la 'buena forma' macroscópica depende siempre de procesos microscópicos".[30] Lo que sostiene la génesis de tal visión es el pliegue, tanto concepto como realidad: entre "pliegues minúsculos que no dejan de hacerse y deshacerse" y "cuando nuestras percepciones claras vuelven a formarse [...], un pliegue que separa ahora la conciencia y lo inconsciente".[31] De tal modo que la relación de semejanza entre la percepción y la materia pasa por una "proyección" que consiste en una animación sin fin de movimientos[32], une así el alma al cuerpo. Nos acercamos de ese modo al cuerpo del cine, que las sugerencias de Roustang califican de otra manera.

Queda la energía, el poder. Estas palabras nietzscheanas designan para Roustang la abertura hacia la modificación y la acción que favorece la hipnosis, por solapamiento entre el "cuerpo-anticipación" y el "cuerpo-imaginación" (88). ¿Cómo afectan tales palabras al cine, en el cual se ha visto sobre

---

28. *Francis Bacon: logique de la sensation* (París: La Différence, 1981) y *Cinéma (I. L'image-mouvement*, 1983, *II. L'image-temps*, 1985, París: Minuit) suceden a *Mille Plateaux* (París: Minuit, 1980), escrito con Guattari.
29. DELEUZE, Gilles, *Le Pli*, París: Minuit, 1988, p. 116.
30. *Ib.*, p. 117.
31. *Ib.*, p. 124.
32. *Ib.*, pp. 127-128.

todo relajamiento, abandono, inacción, a escala de la impotencia motriz que constituye su principio? Se recordará "esa sensación de triunfo" que Freud atribuía a "la institución de las fiestas", por la posibilidad transgresiva que se produce en ellas de un levantamiento de las prohibiciones, gracias a una coincidencia temporal entre el yo y el ideal del yo. Hay una megalomanía propia de la situación de cine, relacionada con las diversas formas de la identificación, que favorece una omnipotencia de los pensamientos, en un presente, de las formas de presencia ilimitadas. Pero sobre todo, más profundamente, hay que pensar en el sentimiento que, según decía, Barthes experimentaba, de manera tan evidente, "al salir del cine": la curación, "el más viejo de los poderes de la hipnosis".[33] Siguiendo ese texto breve en el que, ironizando sobre la condescendencia psicoanalítica, asocia sin reservas cine e hipnosis, calificando esa relación con las palabras "fascinación" o "asombro", Barthes atribuye sobre todo esta virtud curativa al dispositivo que desarrolla con sutileza (la oscuridad, el rayo del proyector, etc.). Jugador conceptual, poco dado al amor inmediato por las películas, termina entonces por verse "hipnotizado por una distancia": precisamente la que Barthes pone, al avivar todos los componentes posibles del dispositivo, entre la película y él mismo, en sentido contrario a la "hipnosis de lo verosímil", de la historia y de sus señuelos, que sitúa en línea recta con el espejo y la captación imaginaria. Sin embargo, con su arte inimitable de la indecisión contrariada, Barthes sugiere también que uno puede encariñarse con la película de otra manera, para precisar esa hipnosis y esa curación que se le debe. Así, aventura, como de paso, la formulación más acertada que tal vez se haya dado, siempre que la aclaremos: "ese festival de afectos que llamamos una película".

Evoquemos esta curación. El niño está a oscuras. El niño que todo espectador oculta y revela. Hoy ni siquiera sabe si entonces ya había visto o no la película que se disponía a ver, un mal día de los años '80. Pero sabía que *Cuentos de Tokio* (*Tokyo monogatari*, Yasujiro Ozu, 1953) es una película triste, dedicada a una pareja de personas mayores que se prepara para la muerte.

---

33. BARTHES, Roland, "En sortant du cinéma", *Psychanalyse et cinéma, op. cit.*, pp. 104-107. "Resumiendo: es evidente, sale de una hipnosis. Y de la hipnosis (vieja linterna psicoanalítica por la cual el psicoanálisis solo muestra ya condescendencia) [...], lo que percibe, es el más viejo de los poderes: la curación" (p. 104).

El niño se prepara para un duelo. Lo piensa ya cuando desfilan discretamente los ideogramas de los títulos de crédito sobre un fondo de tejido gris. El niño no deja de pensar en la enfermedad de su padre, en el acontecimiento de una muerte próxima. Pero queda sumido en lo que ve, que se desarrolla ante él y en él progresivamente. Tal vez no abandone nunca del todo la idea que le mantenía bajo su sombra cuando entró en la sala. Pero cuando sale, siente que esta se ha transformado. Esa sensación aguda de dolor demasiado vivo ha remitido, como redondeada en su centro. Experimenta una curación, pasajera, sin duda, a lo mejor persistente, cuyos aspectos le gustaría recuperar.

Naturalmente está, como ante todo, el nivel tosco de la identificación banal. Aquí, con esos niños-padres —hermanos, hermanas, nuera— dibujando para el niño que mira otras tantas conductas posibles con relación a sus padres mayores. Está esa pareja de padres-abuelos, admirables por su fatalidad aceptada del orden del tiempo, que van errando en ellos mismos a través de sus hijos para encontrarse frente a frente. Está esa madre que presiente la muerte y que muere, ese padre inerme por tener que seguir viviendo. El niño se identifica con su historia, pasando por todos los cuerpos que en ella se combinan para forjar una apariencia tan robusta como frágil. El destino propio de la identificación, sobre todo de cine, consiste en flotar continuamente entre el centro giratorio del relato, que se lleva a los personajes en el tiempo y a cada uno de esos mismos personajes, en seguir más o menos a uno u otro según la insistencia de la película y las inclinaciones propias de cada espectador —o espectadora, aquí la diferencia importa. En *Cuentos de Tokio*, ante la imagen de ese padre frágil, el niño-espectador se identifica por partida doble, con el padre como héroe singular y como cuerpo, con el niño que es frente a su propio padre al que encarna ese viejo. La transferencia de muerte que para él se lleva a cabo, del padre a la madre, frente a su escenario íntimo, le trastorna considerablemente, llevando la muerte singular a una muerte más general cuya desgracia siente.

En el límite del dispositivo, al que Barthes da tanta importancia, y de la película propiamente dicha, está primero ese hecho inicial de una animación de la vida, del movimiento de las imágenes y de su tiempo, cuya capacidad de suscitar impresiones ya no ha cesado desde los inicios del cine. Tal vez a eso mismo se deba un efecto de curación: el cuerpo delega su actividad de movimiento, su dominio físico y perceptivo sobre el mundo, repentinamente concentrados en un lugar y ofrecidos a su inmovilidad frontal. Pero el niño actual quiere volver a captar lo que afectó más exactamente al niño del pasado, durante un momento algo aliviado por esa película, *Cuentos de Tokio*, a través de su historia y continuamente más acá. En el sentido de que en toda ficción hay siempre dos historias, por difícil que sea desenmarañarlas, creadas una por otra: la historia que se cuenta, que uno mismo puede querer contar y la que se ve (y oye), materia de imágenes (y de sonidos) organizada impalpablemente de muchas maneras.

El arte de Yasujiro Ozu es tanto más grande cuanto más escaso parece, ordenado en función de una sucesión de vistas casi siempre fijas, en las que el movimiento se produce, el tiempo se realiza. Por eso de allí emana de una fuerza propia debida al efecto del cambio de plano. En el sentido en el que lo comentaba Daney, de un efecto de velocidad graduada que invita a la distinción, a la apropiación ("el placer de contar en mi cabeza los veinte primeros planos de una película que empieza, para saber si en ella estaré 'en mi casa'").[34] Se pueden enumerar así los seis planos iniciales de *Cuentos de Tokio* para apreciar la pregnancia escurridiza, tan finamente contrastada, de estas vistas de exteriores sin actores, cuya inserción ritualizada al hilo del relato constituye uno de los rasgos destacados y de los más misteriosos de la obra de Ozu.[35] El cambio de plano, que es la forma creadora y tal vez fundamental de la emoción de cine, se manifiesta con una frontalidad que deja inerme y resulta al momento conmovedora: en efecto, estos planos muy libremente repartidos según se desenvuelve la película tienen en efecto como misión recompensar, dilatándolas, las pruebas temporales atravesadas por los personajes e inscribirlas así, en cierto modo, fuera del tiempo, lo que Deleuze llama con Proust "el tiempo en persona, 'un poco de tiempo en estado puro'".[36]

Pero, volviendo a la película para buscar en ella esa emoción de antaño, me llaman la atención sobre todo acontecimientos de imágenes que la fuerza continua y variable de los cambios de planos, los de los *pillow shots* y otros muchos, hace surgir mucho mejor, cristaliza dentro de tal plano, o de un

---

34. DANEY, Serge, *Persévérance*, París: P.O.L., 1994, p. 67.
35. Se puede ver una imagen de cada uno de esos planos en el libro de HASUMI, Shiguéhiko, dedicado a Ozu, París: Cahiers du Cinéma, 1998, pp. 210-211. BURCH, Noël, los llama "pillow shots" en *Pour un observateur lointain*, París: Cahiers du Cinéma/Gallimard, 1982, pp. 175-193. En algunas copias, por ejemplo la que se emitió en televisión, falta el segundo de esos seis planos.
36. DELEUZE, Gilles, *L'Image-temps*, *op. cit.*, pp. 22-29 (27, especialmente).

plano a otro a través de la película. En toda película digna de ese nombre y de acuerdo con una proporción siempre variable, hay dos grandes tipos de efectos de imágenes (y de sonidos), con todos sus grados intermedios imaginables. Los primeros son a la vez localizables y reiterados, al participar así de cierto orden, que vale por su consistencia y su fuerza de regulación (el análisis fílmico ha sabido aprovecharlo muy bien, con aquello que se abre a partir de allí en materia de lógicas formales e interpretativas). Los segundos son más erráticos, cerrados sobre la literalidad del momento y por ende más misteriosos (también se puede optar por reservarles ese estatus, allí donde otros notarían más persistencias —depende de la variedad de las miradas). Se verá que la proporción y los modos de esas regularidades, siempre más o menos regulares, permiten definir calidades o niveles de hipnosis; y que es también una manera de acercarnos a los estilos y a los géneros o los tipos de cine de acuerdo con las inflexiones de su historia. Pero esos efectos de imagen tienen en común estampar en el relato que cuenta la película su borde interior, allí donde parece suspenderse o acumularse sobre sí misma para formarse o volver a formarse continuamente. He aquí, pues, al hilo de los *Cuentos de Tokio*, algunos de esos momentos, en su arbitrariedad imprescriptible. Los ofrezco en desorden, intencionadamente, materia restaurada de emoción personal, líneas de escansión de una emoción más general.

En el tercero de los planos que abren la película, la calle está encuadrada para dejar una perspectiva oblicua, como se ve en Ozu a menudo, en exteriores o en interiores. El efecto queda aumentado por la división de la calle en dos masas de luz y sombra. Se incrementa sobre todo por la presencia, en primer término, a la izquierda, de un carrito con el que el ojo tropieza tanto más cuanto que su masa oscura inicia la parte de sombra; y, en el suelo, cerca de una de las ruedas, por la realidad de dos botellas de altura desigual, cuya parte baja desaparece en el fuera de campo mientras que su cuello destaca en la luz. En la calle, desde el principio, unos niños, vistos de espaldas con sus carteras, avanzan escalonadamente a distancias variadas, progresando hasta el final del plano en su parte de luz. No sé a qué se debe el efecto de las botellas, fijas en el borde de la imagen, más acá de ese movimiento de los niños; y lo único que se me ocurre, sin aclarar nada de verdad, es un efecto de "punctum" o de "tercer sentido" vivido según el movimiento y no, como en Barthes, a partir de una imagen fija, foto o fotograma. Como si esas botellas llevaran el efecto de la realidad de la imagen, su sensación de vida, de cuerpo externo y presente que pasa por el ojo a mi interior.

Otro plano de idéntica y distinta magnitud de intensidad. Aparece en la segunda serie de *pillow shots* que sigue a la escena durante la cual los padres preparan minuciosamente sus pequeños bultos. La línea oblicua que parte de la derecha está formada esta vez por tres finas barras de madera montadas sobre unos postes frágiles, en las cuales hay tendida ropa interior. En el fondo del cuadro, una línea recta que corta esta línea oblicua y que delimita el cielo está formada por un largo talud; en la cresta, pasan unos niños jugando, como deslizándose entre las prendas de ropa que se agitan con el viento. Este plano se repetirá, con un encuadre más ajustado, hacia la mitad de la película —la ropa ocupará entonces los cuatro bordes del campo, para que puedan inscribirse de otro modo la cresta de hierba y el cielo. La fuerza de impresión de ese motivo simple ha sido tal, de entrada, que su variación llama mucho más la atención la segunda vez, por el recuerdo que hayamos podido conservar del mismo. Más tarde, tras la muerte de la madre, la más joven de las hijas, Kyoko, y la nuera, Nuriko, hablan tranquilamente en la casa, ocupando diversas posiciones, de pie, sobre todo sentadas, en ambas partes del cuadro: entre ellas, en la profundidad de un plano que da ritmo a su diálogo, hay ropa colgada. Está tan obstinadamente presente, captada en efectos de encuadres interiores, que parece venir hacia delante de la imagen en la cual insiste, por un momento, tras la salida de las dos mujeres, mezclándose con el pensamiento de los planos anteriores. Y esa misma figura volverá, de manera más fugaz, en el diálogo inmediatamente posterior entre Nuriko y el padre, inscribiendo la huella de un tiempo-luz.

Un motivo más tenue es el que trama de esa manera a lo largo de toda la película la presencia de abanicos que los abuelos y algunos de los padres agitan regularmente. Abanicos claros cuyas sacudidas breves dibujan ínfimas y suaves vibraciones-variaciones de luz que se adaptan a todas las posturas de los cuerpos, para hacer habitar así en ellos el movimiento mismo del tiempo.

Cuando una noche la madre va a dormir a casa de Nuriko, una vez que han apagado la lámpara, estalla en la oscuridad, a la izquierda, un pequeño rectángulo de luz viva, cuya presencia intriga desde el principio de la escena, hasta tal punto forma una mini-pantalla sorprendente, sin otra necesidad aparente que esa llamada para el ojo.

Durante la extensa oración que sigue a la muerte de la madre, uno de los hijos sale de la casa y se sienta en los escalones; Nuriko se reúne con él y regresan juntos. Gracias sobre todo al tiempo desnudo que el plano se concede a sí mismo, destaca lo que la escasez de acción y los intercambios apenas habían dejado entrever: la entrada de la casa compone, entre el suelo, las ventanas, las puertas, un escalonamiento casi excesivo de formas geométricas, rectángulos y cuadrados, fragmentos de paredes traslúcidas que pasan por los matices más variados del blanco y el negro, como iluminándose, empujándose mutuamente. Una polifonía de luces en suspenso.

En cuanto ha pasado el plano que reúne a Kyoko y Nuriko en torno al deslumbramiento alucinante de la ropa blanca, reencontramos a las dos mujeres frente a frente en otro cuadro. Cuando, en el plano siguiente, la primera sale por el fondo del campo, la segunda se ha movido de tal manera que la cámara de Ozu, tan a menudo colocada en contrapicado ligero para anclar la visión al suelo, acoge en primer plano el tobillo que apenas sobresale de la falda larga, con el cuerpo cortado a partir de la cintura, imponiendo una masa repentinamente aberrante, compacta, de una sensualidad mate: un instante de cuerpo bruto plantado para siempre en esa película de una extrema contención.

Finalmente, vendría la imagen absoluta, aparecido, fantasma, sensación de idea. Primero me resultó casi indiferente, luego ilegible; y cuando surge, me sorprende con una coincidencia cegadora la idea misma por la cual puede intentarse, si no explicar, al menos situar esos efectos de emociones inconexas y cambiantes vinculadas a la materia íntima de las películas. Nuriko va a casa de su vecina a buscar una botella de sake para recibir a sus padres políticos ("¿Está dormida la niña? — Acaba de dormirse"). Se puede ver o no, a la derecha del cuadro, una masa redonda, traslúcida, inerte, que se parece a una inmensa campana de queso, en la cual no se ve más que blanco. Los suegros miran luego con su nuera una foto de su hijo Shoji, muerto desde hace tiempo. Cuando Nuriko vuelve a casa de la vecina, esta vez para buscar la copa y los vasitos, se adivina una figura que se mueve en el primer término dentro de esa forma extraña: un bebé tumbado boca abajo, que apenas se mueve, con todo su cuerpo, con la cabeza y las manos, como apoyado en la pared de esa especie de campana, que así podría mirarnos desde dentro de ese extraño parque en el que le tienen metido.

Como viendo películas no dejamos de pensar también en las ideas que sugieren, podemos querer reconocer, en ese niño que parece mirar fijamente un fuera de campo sin destino, al *infant*, al niño de pecho de Daniel Stern: ese infra-espectador originario, cuya experiencia supuesta por la observación de la ciencia servirá así de imagen testigo a la experiencia que la realidad de la película alcanza a modelar, de manera para siempre singular, acorde con el acontecimiento de cada cual, según las películas y según los espectadores de cine.

Para creer en la ficción de esta imagen, finalmente, hay que aventurar una hipótesis, favorecida por la referencia que hace Roustang a Stern. Las emociones que las películas despiertan parecen ser, al menos en una parte variable pero crucial, proporcionales a su capacidad para inventar formas o figuras, fuerzas, acontecimientos de masas y luz, choques de movimientos y tiempo, más o menos tenues o compactos. Pueden quedarse en el límite de todo sistema estilístico organizado o bien contribuir a establecerlo. Estos acontecimientos son físicos, aunque en la pantalla sean incorpóreos. Su misterio radica en que penetran cuerpos cuyo principio relativo es la inmovilidad, donde se convierten en corpóreos-incorpóreos. Su efecto contribuye a producir esa hipnosis ligera cuyo lugar es el cine. La hipótesis viene a decirnos que en el cine, como de manera general en el arte, la emoción, que tan a menudo se considera como su objetivo propio, equivale a la hipnosis por la cual se le califica continuamente.

Una película ofrece la doble imagen de esta conjunción. Con la distancia que toda película, toda verdadera película, muestra hacia el pensamiento que intenta captarla. En *Sombre* (1998) de Philippe Grandrieux, justo después del principio, dos escenas en las que aparecen niños están engarzadas en las cuatro secuencias que llevan al protagonista a su asesinato inicial. La primera de esas escenas está compuesta por una sucesión de planos muy próximos, de fronteras intencionadamente confusas, por el efecto vibrante de una cámara llevada al hombro sobre unos niños gritando, embelesados y asustados, de pie en una sala más que sentados en las butacas, frente a una actuación de la que no vemos nada —las escasas palabras pronunciadas hacen pensar en un espectáculo en vivo (poco después, nos enteraremos de que se trata de una función de marionetas, ofrecida por el asesino). Esos planos traducen, en los espectadores-niños así capturados, emociones intensas acompañadas por sus voces y gestos, como proporcionales a los gestos ejecutados en *off*, cuyo misterio todavía se mantiene. Pero la propia escena se encuentra escindida en dos: de repente, desaparecen las voces, como sin razón, para dejar sitio únicamente a las expresiones de los rostros. Ese retraerse en el realismo del afecto llama tanto más la atención cuanto que es parcial; parece una manera de ir hacia la representación de una emoción más interiorizada: la de espectadores de cine, por infantiles que sean, si les mostraran no ya gestos reales y sus simulacros sino, como hace la película, imágenes. Lo que queda de expresión viva y muda parece así una especie de traducción visible de la efervescencia interna que vive el cuerpo de cine.

La segunda escena, que sucede a la insistencia elíptica del asesinato, es aun más difícil de evocar y la turbación que induce, más violenta. Dejemos de lado el detalle de los escasos planos que la componen para llegar al corazón de lo representado, la ceguera móvil que también hace creer en el recuerdo alucinado de un solo plano. Sobre un fondo de cielo de un azul metálico, y la parte negra de una casa que destaca sobre el mismo, un niño, con los ojos vendados, las manos extendidas, se adelanta hacia nosotros, caminando como un sonámbulo. Se supone que no ve nada, pero lo que nos hace ver es la hipnosis misma que le arrastra (hacia el bosque cercano) por la fuerza de una orden interior, que se convierte también en la nuestra frente a esas imágenes nacidas de la memoria del cuerpo profundo. Así es la imagen invertida, el contracampo del espectador yendo hacia la película con los ojos muy abiertos. El niño de la emoción frente al espectáculo y el niño de la hipnosis cogido en el enigma de su propia vida se convierten aquí en el mismo. Por ser así varios y luego uno, esos niños reales-conceptuales dicen bien que un espectador es tanto un ser de multitud como un cuerpo de soledad, escondido en el lugar cerrado del espectáculo pero abierto por este último a todos los vientos. Se proponen aquí como el único eco de sentido a la presión acumulada de los asesinatos sucesivos y a la improbable luz que nace de ellos —hasta el momento último en el que, en el bosque, Jean cae al suelo, animal humano del que la acción de la cámara, llevada durante toda la película por el cuerpo mismo de su director, encarna sobre todo, por su movilidad que transforma el proyecto de la filmación en una especie de piel, el vehículo que, del exterior al interior de la imagen, expresa la emoción del cuerpo como hipnosis.

La señorita Oyu, Kenji Mizoguchi, 1951

II. EMOCIONES

Lo grande no es la imagen, sino la emoción que provoca.

Jean-Luc Godard

La actividad mental, que la película puede traducir o suscitar, es mucho más sentimental que intelectual. Lo que en ella desempeña la función de las ideas, son, en la mayoría de los casos, representaciones de emociones, que por sí mismas son emocionantes.

Jean Epstein

En la escena anterior, hemos mostrado a una mujer presa de la más violenta emoción. Esa mujer se ha subido a una camioneta, por lo tanto ahora tengo que mostrar una camioneta presa de las emociones.

Alfred Hitchcock

Conmover no con imágenes emocionantes, sino con relaciones de imágenes que las hacen a la vez vivas y emocionantes.

Robert Bresson

La emoción es el único deber del hombre que busca.

Ingmar Bergman

—En el cine, hay un juego de emoción.
—Háblame de tu amor por el cine, de esa emoción.
—Me gusta el cine, es todo lo que amo.

Moshen Makhmalbaf

La emoción es para mí privativa del espíritu. No hay emoción sin expresión inteligente. Por lo tanto, estoy en el modo del pensamiento emotivo, que en realidad es abstracto.

Catherine Breillat

En cuanto se baja a lo inconsciente, puede nacer una emoción. Por ejemplo, recuerdo mi emoción al ver *Le jour se lève*, cuando de repente había un momento de incertidumbre, cuando la imagen del armario empezaba a desaparecer.

Alain Resnais

Lo podemos todo sobre nuestras ideas, que no son nada, y nada sobre nuestras emociones, que lo son todo.

Jean-Luc Godard

La señorita Oyu, Kenji Mizoguchi, 1951

5. EL DESPLIEGUE DE LAS EMOCIONES

Entremos en una película que se preste a ello, para ver desde el principio cómo la emoción va tomando forma en ella, antes de que la pasión narrativa, en cierto modo, se haya cerrado sobre sí misma, cristalizando sus equilibrios en una homogeneidad aparente. Para el enamorado del cine, es el momento del "flash" hipnótico evocado por Kubie y Margolin, cuando por la fuerza conjugada de la costumbre, la pasión y la espera coinciden, de entrada, el proceso de inducción y el estado.[1]

Se trata de *La señorita Oyu* (*Oyu-sama*, 1951) de Kenji Mizoguchi. Esta elección puede encontrar su razón de ser en un inspirado artículo de Alexandre Astruc, "¿Qué es la puesta en escena?".[2] Intentando calificar la grandeza enigmática del autor de los *Cuentos de la luna pálida* (*Ugetsu monogatari*, 1953), Astruc definía entonces la puesta en escena como "cierto medio de prolongar los impulsos del alma en los movimientos del cuerpo". Evocaba "esa distancia misteriosa instalada entre el autor y sus personajes, cuyos movimientos de aparato parecen acompañar con tanta fidelidad las oscilaciones y las carreras alocadas a través del bosque". Los planos iniciales de *La señorita Oyu* elaboran ese misterio, permiten al menos delimitarlo.

El plano inicial es un gran movimiento lateral de cámara que, de derecha a izquierda, recorre un bosque; descubre los árboles como masa sensible, soporte de los armónicos blancos y negros de la luz, luego se detiene para desvelar una hermosa casa escondida a lo lejos entre los árboles. De entrada, los árboles pequeños que la bordean en la parte delantera llaman la atención por la distancia entre ellos: a la derecha, oscuros y rectos, entran plenamente

---

1. KUBIE, Lawrence S. y MARGOLIN, Sydney, "The Process of Hypnotism...", *op. cit.*, p. 617.
2. ASTRUC, Alexandre, "Qu'est-ce que la mise en scène?", *Cahiers du Cinéma*, nº 100, octubre de 1959, pp. 13-16.

en el cuadro; a la izquierda, más luminosos, frágiles, entran sesgados y cortados en la imagen. El segundo plano, mucho más largo (un poco más de un minuto), muestra primero esa casa desde dentro.[3] Lo hace recortando cuadros internos en el cuadro, puerta y ventana abiertas, a través de las cuales los árboles se escalonan en la perspectiva, con numerosas variaciones. Se inscriben allí, en plano medio, dos personajes sentados, la joven tía y su sobrino Shinnosuke: él a la izquierda, en medio de una puerta, inmóvil; ella, a la derecha, en el borde de la ventana, poniéndose enseguida en movimiento, dirigiéndose al joven; de modo que los equilibrios se alteran, en cuanto él le contesta, dentro de esos espacios en los que sus siluetas vacilan.

El valor de esos micro-movimientos se ve reforzado por el carácter geométrico de los elementos que componen la imagen, con sus disimetrías propias. Primero, las de los tabiques que bordean la puerta y la ventana. En los lados, unos tabiques amovibles traslúcidos están formados por pequeños rectángulos regulares, a los que la luz llega con distinta intensidad; cerca del suelo, en horizontal, el tabique muestra dos largos rectángulos blancos y negros de masa desigual. También llama la atención la desemejanza debida a los salientes del tejado que oculta la parte superior de los espacios abiertos de la puerta y de la ventana. Por un lado, un pequeño alero, bastante macizo y que cae oblicuamente, proyecta una sombra en la parte baja de la abertura; por el otro, el tejado labrado, más alto, cuyo borde es casi paralelo a las líneas horizontales de la imagen, es continuado por una estructura calada, destinada a proteger del sol, delimitando así en la ventana una parte de sombra, que, por contraste, puede dejar un cuadrado de luz entero.

En el diálogo entre la tía y su sobrino, relativo a la llegada inminente de una joven que ha de ser presentada ceremoniosamente a Shinnosuke como posible esposa, este se levanta y sale por la puerta, la cámara sigue lentamente, de izquierda a derecha, el movimiento que le lleva delante de la ventana; luego, delante de una puerta-ventana ampliamente recortada en el

---

3. En esta descripción no he intentado dar cuenta de los elementos visuales según las normas propias de la cultura japonesa, como ha hecho TESSON, Charles, en su estudio, "Kenji Mizoguchi: le décor, le personnage, le spectateur", en AUMONT, Jacques (dir.), *La Mise en scène*, Bruselas: De Boeck-Université, 2000, pp. 73-98. Lo que aquí llamo "ventana" se debe en gran medida al efecto de apertura organizado por los cambios de los tabiques amovibles traslúcidos (*shoji*).

segundo tabique de la habitación, que descubrimos a medida que avanza. Este movimiento le lleva por fin hacia el parque. Inestable durante un momento, que dura lo suficiente para llamar la atención, parece que Shinnosuke se ha eclipsado; ya no se ven más que recortes verticales apareciendo-desapareciendo, uno atrayendo a otro: la puerta-ventana abierta sobre el paisaje, el tabique de rectángulos luminosos, luego dos partes de un tono uniforme, una de un blanco resplandeciente, la otra gris oscuro[4], y finalmente la perspectiva del parque que se descubre a la derecha, en la cual viene a insertarse Shinnosuke.

Comienza entonces un doble avance difícil de describir, compuesto por el acorde y la divergencia armónicamente escalonados entre dos movimientos: Shinnosuke que avanza por el bosque, hundiéndose en el espacio abierto de su mirada, como abierto por su mirada; y el movimiento de la cámara que le sigue sin seguirle de verdad y parece detenerse, construyendo su propia velocidad, su deriva calculada. Así se modulan con toda libertad choques perceptivos acumulados, de intensidades variables, que se deben ante todo al encuentro con los troncos de árboles y bambúes entre los cuales la cámara prosigue su camino. Ya en el ángulo exterior formado por la tercera "pared" de la casa han rozado al pasar, con un toque leve, un bambú, muy erguido, en el límite del blanco y el gris, de modo que a la vez destaca del fondo y parece participar del mismo, produciendo un choque apagado. Luego, en cuanto Shinnosuke avanza, siempre de izquierda a derecha y poco a poco de espaldas, está ese tronco macizo y oscuro junto al que pasa, mientras se escalonan, en la profundidad, a la derecha del árbol, todo tipo de troncos finos, rectos e inclinados, bambúes y árboles hasta los que, más o menos, llega la luz. Se alcanza entonces un momento intenso, a cuya sensación solo pueden acercarse las equivalencias fijadas-dilatadas de fotogramas. Apenas ha pasado Shinnosuke entre dos bambúes cuyas líneas convergen y divergen de acuerdo con el movimiento hacia delante de la cámara cuando esta choca en primer término con un tercer bambú, oblicuo y borroso; luego un cuarto, un poco menos borroso pero recto, después un quinto, más nítido y también recto, cuya forma clara se inscribe entre dos troncos de árboles macizos, uno recto, el otro in-

4. Más tarde se comprenderá que se trata de una tercera "pared" de la casa, dividida entre parte fija y tabique amovible opaco.

clinado; luego, un sexto bambú que pasa igualmente entre los dos troncos, luego un séptimo, de nuevo borroso, en primer término; luego otros cinco, espaciados de maneras diversas. Ante esta sinfonía de figuras erguidas e inclinadas, que modulan en primer y segundo término y más allá las superficies de la pantalla, casi nos hemos olvidado un poco de Shinnosuke, aunque sea su movimiento el que nos lleve. Ha llegado al corazón de ese bosque agitado por figuras innumerables que le envuelven en su profundidad. Camina despacio, seguido por una cámara igual de lenta que le lleva, no hay que olvidarlo, hacia la imagen posible de un deseo.

Ese deseo surge en el corte, y del corte del montaje, en un espacio distinto, en la entrada de la finca; mientras Shinnosuke, siguiendo su descenso entre los árboles, casi ha desaparecido detrás de un tronco (es el final de ese largo plano 2). Enseguida nos enteraremos —durante esa misma escena, cuando la tía alcance a Shinnosuke en la maleza— de que es la señorita Oyu quien abre la marcha (en el plano 3), seguida por su hermana pequeña, la que prometen al joven y que al principio (al final del plano 4 y más allá del mismo) este apenas ha entrevisto, arrebatado como queda nada más ver a la hermana mayor. Pues mientras tanto, reencuadrado en plano americano y seguido siempre por la cámara (al inicio de ese mismo plano 4, en cuanto las mujeres han salido del campo al término del plano 3), Shinnosuke se ha deslizado entre finos troncos de curvas atormentadas para desembocar en la orilla de un claro, desde donde ve el cortejo de las mujeres que avanzan.

Así, gracias especialmente a ese extraordinario segundo momento del plano 2, los árboles se han convertido en los elementos de una representación plástica, firme y vacilante, según la cual se modula la visión, a cada momento interceptada, liberada, formada, deformada, reformada, de acuerdo con el trayecto de la cámara que se desliza a lo largo de todos esos troncos de valores desiguales, en cuanto a masas e inclinaciones, evocando el trazado de una partitura orquestada por objetos naturales.

Este efecto se prolongará, con variaciones continuas, durante esta primera escena, hasta el plano 10, cuyo cuadro fijo recuerda el principio del plano 2. Todos los personajes están ahora reunidos en la casa: el protagonista, su tía, la señorita Oyu, la presunta novia, Oshizu y sus acompañantes. Pero el encuadre ha cambiado: la casa está vista desde fuera y de lejos, cogida entre cinco o seis troncos entrecruzados de bambúes sobre la izquierda, dos árboles finos a la derecha; y se inscribe más allá en la masa frondosa de los árboles revelada por la trayectoria del plano de apertura. De modo que los encuadres de la puerta y de la ventana del plano anterior forman ahora los puntos de fuga de la perspectiva del espacio central de ese nuevo cuadro. Así se cristalizan, en un primer resultado, las dos funciones-figuras del árbol organizadas hasta ahora: por un lado, una función de delimitación-barrera, de vibración-impedimento, de fijación-desvelamiento, de una fuerza ante todo emotiva, que desprende a partir de elementos materiales una especie de imagen interna, propia del cuerpo en estado de choque sublime; por el otro, al estar la visión captada entonces más bien por su borde exterior, los árboles constituyen el escenario de fondo en el que se sitúa el drama que va tomando forma entre los personajes.

En ese ir y venir que orquesta las dos funciones de la figura, continuamente plástica y narrativa, las variaciones de distancia y los intervalos operan por un lado entre los planos, según los cortes que los distinguen, y por el otro, y sobre todo, dentro de los planos, bajo la forma de espaciamientos mucho más sutiles de tiempo. La sutileza mayor está en la manera en la que esos dos niveles inconmensurables del plano se desarrollan uno por el otro, bajo el impulso de las dos fuerzas motrices conjugadas que son los movimientos/no-movimientos vinculados a la cámara y los de los actores-personajes que más o menos dependen o están desligados de ellos. Se trata de un ejemplo muy puro del modo en el que la puesta en escena se impone como variación libre y neumática de la distancia entre la cámara y sus objetos, entre los cuales aparece el cuerpo humano: los elementos que hacen figura dentro del plano le permiten adoptar su dimensión de figura dentro del plano, concebido en sí mismo como figura propia, bajo la presión de lo que incesantemente hace y vuelve a hacer figura en él.

Seguir la figura, una figura, en ese caso, para ir hasta el final de la escena, de su segunda parte, en esa doble escena de 21 planos (el plano 12 sobre la señorita Oyu y su hermana más joven dentro de la casa constituye un momento-bisagra mediante un fundido encadenado), sería ver cómo, en el momento del encuentro preparado en la orilla del parque entre los jóvenes, la base de la sombrilla, que cruza el cuadro oblicuamente, formada por un tronco de bambú análogo a los que se han visto hasta entonces, toma su relevo: todo ello, en el instante en el que el abanico que Oyu había colgado se cae, como una hoja desprendiéndose de un árbol, precipitando un movimiento brusco de los cuerpos que apenas acerca a los dos novios virtuales, como si estuvieran ateridos.

Intentemos expresar en otros términos el efecto culminante a través de ese plano 2 de los árboles-bambúes. Se puede tomar de Deleuze una calificación de este momento de dos maneras —a pesar de la distancia que se establece de la idea al ejemplo. La primera es la relación del todo y el intervalo tal como lo desarrolla en *La imagen-movimiento*. Deleuze pone así en fase dos aspectos del tiempo: "[...] por una parte, el tiempo como todo, como gran círculo o espiral, que recoge el conjunto del movimiento en el universo; por la otra parte, el tiempo como intervalo, que la unidad más pequeña de movimiento o de acción. El tiempo como un todo, el conjunto del movimiento en el universo, es el pájaro que se cierne y agranda su círculo sin cesar. Pero la unidad numérica de movimiento es un batir de alas, el intervalo entre dos movimientos o dos acciones que no deja de hacerse más pequeño".[5] A lo que Deleuze apunta con el todo, vale también para la unidad restringida pero no obstante inmensa formada aquí por el plano; y para la unidad de su movimiento, concentrado en la trayectoria de la cámara que lleva a Shinnosuke de la casa al corazón de la espesura. El intervalo designa entonces dos realidades que se superponen y parecen indivisibles, pero son sin embargo diferentes. Está por un lado el intervalo propiamente dicho entre los árboles y los bambúes, entre los troncos de cada uno de ellos: intervalo que varía continuamente a medida que los descubren el cuerpo del actor y el de la cámara. Por otra parte, de manera más abstracta, aunque siempre material, está el intervalo como unidad cada vez más pequeña del espacio-tiempo homogéneo de acuerdo con el cual se lleva a cabo ese movimiento pasando de un árbol-bambú a otro, desvelando el espacio cambiante de esa parte del bosque —hasta la invisible materia imposible de descomponer del fotograma, que constituye el inconsciente maquínico del dispositivo de proyección. Es el solapamiento entre esos dos niveles del intervalo lo que produce el efecto de una captación constante modulada por choques diferenciales. Digamos, por usar una imagen a partir de la propia impresión perceptiva, que se produce aquí como un latido de árbol, con relación al todo del bosque; y eso es lo que nos llama la atención, por la alteración de una velocidad continua pero variable, de efectos intermitentes.

La segunda manera de ver es la que procede de la oposición y la articulación, en *El pliegue*, entre las pequeñas percepciones oscuras que com-

---

5. DELEUZE, Gilles, *L'Image-mouvement*, *op. cit.*, pp. 49-50.

ponen el inconsciente perceptivo y la operación de la percepción consciente. Volvamos a esos términos ya planteados. Todo el esfuerzo de Deleuze, que arranca a Leibniz su visión de la "percepción en los pliegues", consiste en ofrecer la complejidad de la implicación entre los dos niveles. "[...] Veo el gran pliegue de las figuras a medida que el fondo deshace sus pequeños pliegues. Pliegues sobre pliegues, ese es el estatuto de los dos modos de percepción, o de los dos procesos, microscópico y macroscópico. Por eso el despliegue no es nunca lo contrario del pliegue, sino el movimiento que va de unos a otros." O bien porque, deshaciéndose "los pliegues infinitamente pequeños que no dejan de agitar el fondo", se traza "un gran pliegue en el lado del cual aparecen las formas"; o porque, al deshacer "sucesivamente los pliegues de la conciencia", se descubre "ese fondo innumerable de los pequeños pliegues móviles". De lo *macroscópico*, Deleuze dice bien que "distingue las percepciones, y las apeticiones que son paso de una percepción a otra". Mientras que "el nivel *microscópico* ya no distingue las pequeñas percepciones y las pequeñas inclinaciones: aguijones de la inquietud que causan la inestabilidad de toda percepción" y la orientan hacia la alucinación.[6]

Por eso puede llamarse *puesta en pliegues* el efecto que contiene una figura de acentos variables como la del árbol dentro de ese plano de Mizoguchi. Por un lado, se desprende un pliegue formal, debido a las fuertes emociones visibles inducidas por los árboles-bambúes. Por el otro, una inestabilidad de principio hace vibrar esa visibilidad, como por inducción de micro-movimientos en el límite de lo imperceptible, del que nacen los grandes pliegues. Pero las inflexiones de esos micro-movimientos continuados, según los cuales se desarrolla la puesta en pliegues, no dejan de estar aquí claramente contenidas en el orden armónico de un movimiento global integrador y de las fronteras concretas del plano, y ordenadas así para los fines manifiestos de la *puesta en escena*. Esta tensión, por la cual una línea de fuga entra en la composición de un orden dando la impresión de agrandarlo desde dentro, para llevarlo a su límite, es una de las maneras de distinguir el cine clásico. Cuando llega a su más puro equilibrio, por una fuerza de concentración sobre su mismo proceso, como ocurre en Mizoguchi, cuando coinciden puramente "puesta en pliegues" y "puesta en escena", se alcanza lo sublime y

6. DELEUZE, Gilles, *Le Pli*, *op. cit.*, pp. 124, 116.

su impresión se comunica, como una vibración, al interior del cuerpo que ve.

¿Cuál es propiamente el interés de esa reciprocidad del pliegue y el intervalo? Puede verse que es doble, o incluso triple. En el nivel descriptivo, o emotivo —las cosas están de acuerdo entre sí—, los dos términos, aunque se solapen, no afectan a la imagen de la misma manera. Al designar más bien espacios-tiempos, *intervalo* atañe también con fuerza a todo lo que procede del corte de los planos en el montaje —en Deleuze, cortes racionales, luego irracionales, en el curso del tiempo del cine. Mientras que *pliegue* parece participar de manera más estrecha de la materia misma de la imagen, su expresividad, sus accidentes-acontecimientos, su modulación más física —y ello hasta el punto que en el cine de las vanguardias y en el "cine moderno" los planos, al igual que sus motivos, parecen destinados a plegarse entre sí.[7] En el nivel estilístico e histórico, el deslizamiento del intervalo al intersticio, que marca para Deleuze el paso de la imagen-movimiento a la imagen-tiempo, puede expresarse así también por la transformación más o menos radical y pregnante de la puesta en escena en puesta en pliegues —de la misma manera que en *El pliegue* se pasa finalmente de la armonía barroca de los acordes a su disyunción según la divergencia moderna del pliegue (cuando la monadología se duplica con una "nomadología").[8] Pero cuando más rico resulta el carácter complementario de las dos palabras es con relación al efecto de la película sobre su espectador. Es sorprendente que en los libros de Deleuze sobre el cine, irrigados por la génesis cambiante de una materia-imagen, el espectador esté poco presente, como absorbido de entrada por las calidades diversificadas de esa materia. En cambio, en *El pliegue*, donde, sin duda por efecto de los dos libros anteriores, el cine está tan ausente, contrariamente a otras artes, literatura, pintura o música, se trata también, en el tema

---

7. Encontramos una sugestión de la relación entre los dos términos en la entrada en materia del libro de ROLLET, Patrice, cuando escribe a propósito de Vertov: "[...] la obra de Vertov que lleva el montaje de los intervalos a su más elevada potencia (el cine-ojo se convierte allí en un acelerador de partículas que no deja simultáneamente de fracturar, para descifrarlos, los bloques de espacio-tiempo recortando los planos hasta el infinito, pliegue sobre pliegue, por el uso sistemático de la imagen compuesta o la sobreimpresión múltiple [...]" (*Passages à vide*, París: P.O.L., 2002, p. 16). Se piensa así en esos planos en los que la imagen (de los tranvías, por ejemplo) se duplica plegándose por el medio, como para expresar de ese modo la separación, de otra manera invisible, de sus intervalos.
8. DELEUZE, Gilles, *Le Pli*, *op. cit.*, pp. 186-189.

o más bien en el "Yo" que se encuentra construido, de un espectador: "yo" activo-pasivo de la "percepción en los pliegues", al que Deleuze somete, a través de Leibniz, a "una deducción moral del cuerpo".[9] Tener un cuerpo de espectador es plegarse al cuerpo plegado del cine, de modo que "los pliegues en el alma se parecen a los repliegues de la materia"[10] —aunque sea a través de la huella luminosa de una proyección.

Para llegar mejor a la *emoción*, esta doble referencia a Deleuze lleva a precisar la elección de algunos términos, con relación a los que él mismo usa en varios contextos, de acuerdo con la variación inspirada de conceptos que le es propia. Como la palabra *figura*, que ha cobrado tanta importancia en los estudios sobre cine, pero a los que impregna desde hace mucho. Se impone en Deleuze con su libro sobre Francis Bacon, *Lógica de la sensación*. Permite entonces plantear la oposición entre "figurativo" y "figural", que Deleuze toma de Jean-François Lyotard, pero desligando lo "figural" de toda dependencia con relación a la teoría freudiana, de acuerdo con un movimiento inverso, aunque tácito, al de *Discours/figure*.[11] En él, la figura es definida como forma sensible puramente referida a la *sensación*, para la cual el cuerpo más material (en su devenir-animal, la "carne" en su aspecto muscular y comestible, más que la "carne" como asiento de los sentidos) es el lugar de paso e inscripción. Volvemos a encontrar esa misma palabra "sensación", asociada a la idea de "figura estética", en la sistematización de *¿Qué es la filosofía?*, en cuanto entra en juego la realidad del arte (la obra de arte como *"bloque de sensaciones", "un compuesto de perceptos y afectos"*).[12] Sin embargo, Deleuze (con o sin Félix Guattari) habla también de emoción, de una manera que, por su mezcla con otros términos, parece más o menos traer a veces la palabra a un lugar próximo al que recubre el concepto de sensación. Pensemos en formulaciones contundentes del *Anti-Edipo*: en "la

9. *Ib.*, p. 113. "La percepción en los pliegues" es el primero de los tres capítulos de la tercera parte del libro, "Tener un cuerpo".
10. *Ib.*, p. 132.
11. LYOTARD, Jean-François, *Discours/figure*, París: Klincksieck, 1971. El libro de Deleuze es de 1981.
12. DELEUZE, Gilles y GUATTARI, Félix, *Qu'est-ce que la philosophie?*, París: Minuit, 1994, p. 154.

emoción verdaderamente primaria", de la cual Artaud ofrece la fórmula extrema; o la "emoción material"; o también "la emoción intensiva".[13] Pensemos también en el uso más reservado de la palabra en *La Imagen-movimiento*, donde se combina en el umbral del libro con "recuerdo" y "percepción" para invocar la realidad fugitiva de un espectador; o con "sentimiento", para calificar por diferencia el régimen propio de la pulsión, en el modo de imagen al que esta designa; o con "pasión", para precisar el régimen singular de los afectos y las pulsiones en el seno de la imagen-acción.[14] Es como si la palabra "emoción" flotara intencionadamente, a diferencia del concepto del que más cerca está: el afecto o la afección, que en *Cine* encarna tanto una modalidad de imagen como la fuerza vibrante interna de toda imagen, hasta en la virtualidad de la imagen-cristal. Finalmente, si, en *El pliegue*, las palabras "sensación" y "emoción" quedan en segundo término, es en provecho del concepto mismo de *pliegue*, que reformula su idea: en efecto, este representa, de acuerdo con una modulación material y conceptual, la reversibilidad constitutiva y completa del alma y el cuerpo en el corazón de la experiencia perceptiva.

De tal modo que hablar de emoción más que de sensación, o de afecto, para expresar la experiencia de las películas y del cine, es una elección de connotaciones en parte opacas. Sin duda esto se debe, para todos aquellos a quienes la palabra ha parecido evidente (y de acuerdo con la filología), a una fusión íntima entre la realidad irreal del movimiento propio de la imagen-cine y ese movimiento no menos singular que afecta en su cuerpo interno a un espectador inmóvil. Esto es lo que intentó traducir, por ejemplo, "el conmover" de Thierry Kuntzel[15], siguiendo el impulso que un día, para pensar mejor

---

13. DELEUZE, Gilles y GUATTARI, Félix, *L'Anti-Œdipe*, París: Minuit, 1972. La primera de esas emociones, p. 25, "experimenta primero solamente intensidades, devenires, pasajes"; esta es, p. 26, una de las frases de Artaud que la califican: "[...] esa emoción que da al espíritu el sonido conmovedor de la materia, el alma entera se desliza en ella y pasa a su fuego ardiente". La formulación de la segunda, "emoción material", p. 27, está tomada de Klossowski, en su libro *Nietzsche et le cercle vicieux*. La tercera, "emoción intensiva", p. 101, definida como afecto, "es a la vez raíz común y principio de diferenciación de los delirios y alucinaciones".
14. DELEUZE, Gilles, *L'Image-mouvement*, *op. cit.*, respectivamente, pp. 8, 173, 196.
15. KUNTZEL, Thierry, "Le défilement", *op. cit.*, pp. 107-109. El proceso es concebido entonces, como la figura en Lyotard, de acuerdo con una lógica explícitamente freudiana.

las películas, llevó a congelar sus imágenes. Nos acercamos así, paradójicamente, a la definición de la afección por Bergson tal como la desarrolla Deleuze, que califica a la vez, de manera casi literal, la impresión de la película en el espectador: "[...] 'una especie de tendencia motriz' sobre un nervio sensible", es decir, un esfuerzo motor sobre una placa receptiva inmovilizada". [16] Pero se recordará sobre todo ese momento en el que, para comentar *El troquel* de T. E. Lawrence, siguiendo la fórmula tan querida por Spinoza sobre la inconmensurable posibilidad del cuerpo, Deleuze llega a invocar la teoría (demasiado olvidada) de las emociones de William James[17]: lleva del choque perceptivo bruto a "la emoción de la conciencia o del espíritu", pasando por la pura afección del cuerpo. Tal vez, observa Deleuze, esta estricta causalidad sea excesiva; pero lo que tiene de bueno el orden es que subraya el efecto de testigo al principio casi distante del espíritu que de repente "se conmueve, testigo apasionado" y "experimenta por su cuenta afectos que no son simplemente efectos del cuerpo sino verdaderas *entidades críticas* que dominan al cuerpo desde arriba y lo juzgan".

Este sería propiamente el efecto-realidad de la emoción de cine: un estremecimiento de la idea a través de un estremecimiento del cuerpo. No quiere decir que el espectador no experimente una sensación propiamente dicha. Están primero las sensaciones reales, de frío, de hambre, que pueden ser independientes del espectáculo o depender del mismo, de acuerdo con la identificación siempre extraña pero banal según la cual una comida en la pantalla puede despertar un hambre real, o unas imágenes de sexo provocar una erección. Esas sensaciones, que actúan por contagio inmediato, pueden ser llamadas también emociones de contenidos, o al menos estar ligadas a estas últimas, y pueden referirse a grandes afectos codificados de tal modo, que la filosofía y la psicología, desde Descartes[18] y Darwin[19], han descrito detenidamente. Cuando mi hijo a los cinco o seis años se esconde entre los sillones

---

Recientemente, se han formulado equivalentes más o menos cercanos: por ejemplo en la *affectuation* por LE BIHAN, Loig, "La chambre d'affect", *Trafic*, nº 33, primavera de 2000, pp. 57-62; o lo *fulgural* por BULLOT, Erik, en "Le fulgural et la photogénie", *Cinémathèque*, nº 17, primavera de 2000, pp. 16-27 (el autor se refiere allí sobre todo al "conmover").

16. DELEUZE, Gilles, *L'Image-mouvement*, *op. cit.*, p. 96.

17. DELEUZE, Gilles, *Critique et clinique*, París: Minuit, 1993, p. 155.

para evitar ver imágenes demasiado fuertes del *remake* de *King Kong* (John Guillermin, 1976), está claro que tiene miedo. En cambio, cuando ese mismo niño, es cierto que más pequeño, sentado en las rodillas de su padre preocupado por evitarle los efectos de *La noche del demonio (Night of the Demon*, 1956, Jacques Tourneur), emitida por televisión, manifiesta a su manera que, mientras le habían creído dormido ha visto sin pestañear la película reflejada de lado en un espejo, se puede suponer que ha sido presa de emociones de cine más finas y más detalladas, por desconocidas que sean. Pienso también en esa época de la vida en la que a uno de mis amigos más cercanos le costó aguantar en la pantalla, sin llorar, la visión de un *flash-back*. Aquí, lo interesante es el aspecto intermediario del efecto: inmediato, demasiado inmediato, pero sin embargo construido; pues su violencia se debe también a la potencia de una forma, narrativa sobre todo, pero que como tal afecta al corazón del tiempo, y de ese modo induce un estremecimiento propio del espíritu cuyo cuerpo se conmueve.

De suerte que hablar de emoción es apuntar a la vez a la fuerza íntima del afecto como forma sensible del cuerpo que la experimenta, y a la conciencia espiritual o mental que más o menos la acompaña. Esta dualidad corresponde, en su nivel propio, a las dos caras del pliegue, "pliegue sobre pliegues", articuladas por Deleuze entre las dos modalidades, inconsciente y consciente, de la percepción. Es en su libro sobre Foucault, que el azar doloroso de una muerte hizo aparecer poco después de *La Imagen-tiempo*, donde el concepto de pliegue cobra en Deleuze toda su importancia, a partir de la que él reconoce en Foucault, profundizada en un largo capítulo: "Los plegados o el interior del pensamiento (subjetivación)". Por eso no es sorprendente que se deba a Foucault la definición tal vez más luminosa que se

18. En el dualismo cartesiano, "pasiones" califica una extensa gama de afecciones, que van de los sentimientos a lo que hoy llamamos más bien "emociones"; tienen en común el depender "siempre de algún movimiento de los espíritus [animales]", es decir, del cuerpo. Mientras que las "emociones interiores del alma", por cerca que a menudo estén de las pasiones, "no son excitadas en el alma más que por el alma misma". Las excitaciones de la lectura o del teatro, debidas a las pasiones representadas, participan de ellas, como "alegría intelectual" vinculada en último término a un "ejercicio de la virtud" (DESCARTES, René, *Traité des passions*, París: 10/18, 1965, pp. 125-126).
19. DARWIN, Charles, *L'expression des émotions chez l'homme et les animaux* (1872), París: Éditions du CTHS, 1998.

haya dado de la emoción, cuando intenta calificar el efecto de las series fotográficas de Duane Michals, la manera en la que proponen a su lector-espectador "pensamientos-emociones": "[...] la emoción es ese movimiento que hace que el alma se agite y se propaga espontáneamente de un alma a otra".[20] Así, ni siquiera falta, de la obra a quien la experimenta, la comunidad de sus espectadores. En cuanto a lo que sería el alma, esas palabras de Leibniz citadas por Deleuze, al final del capítulo "La percepción en los pliegues", sugieren un acercamiento convincente, si las ampliamos a la relación insensata que se establece entre el cuerpo del cine —sus cuerpos y las figuras de esos cuerpos como todas sus formas componiendo otras tantas figuras— y el cuerpo sutilmente impresionado del espectador: "Lo que sucede en el alma representa lo que ocurre en los órganos". Para honrar al idealismo leibniziano, Deleuze precisaba, como hemos visto: "Los pliegues en el alma se parecen a los repliegues de la materia, y por allí los dirigen".[21] Mientras que hoy ya solo se trata de expresarlos, de convertir con ellos, tal como ocurre en el cine, la sensación en emoción. Por lo demás, Foucault vuelve a captar acertadamente en un mismo movimiento los dos términos, al sugerir cómo una serie de Duane Michals hace correr "la continuidad sin forma de las sensaciones y la emoción".[22] Pero tal vez, así, las diferencia. Podemos pensar que, del plural al singular, a lo que se apunta es al suplemento de retroceso y abstracción propia de esta última, como implica el título de su breve ensayo: "El pensamiento, la emoción". La emoción es ese pliegue que, en el intervalo perceptivo de lo inconsciente y lo consciente, fija en el alma la impresión recibida de los órganos.

Por eso, según el ejemplo propuesto de *La señorita Oyu*, se puede plantear una primera distinción entre cuatro modalidades o niveles de emoción.

---

20. FOUCAULT, Michel, "La pensée, l'émotion", catálogo del "Musée d'Art moderne de la ville de Paris", 1982, p. VI (en FOUCAULT, Michel, *Dits et Écrits IV*, París: Gallimard, 1994, pp. 243-250).
21. DELEUZE, Gilles, *Le Pli*, *op. cit.*, p. 132.
22. ¿Por qué dice Foucault "sin forma", cuando los gestos que evoca siguiendo las series y las "interrupciones" que regulan los pasajes de una imagen a otra son otros tantos indicios formales? Sin duda para alejar la idea de toda prescripción narrativa ("La serie elude el acontecimiento que tenía que haber captado").

La emoción es primero y siempre *intensiva* (o afectiva): es el primer nivel, fundamental, de la emoción de cine. El ejemplo más puro es en este caso el choque que se produce cuando, en su avance, la cámara tropieza, al descubrirlo, con el tercer bambú, a la derecha: su masa ligera y borrosa tiene tiempo de interponerse en el movimiento general para hacer en él, en proporción a su breve choque en el interior del cuadro y en el ojo que se difunde en el cuerpo-espíritu, un pliegue, agudo y furtivo. ¿Qué decir entonces de los árboles que surgen luego, variando ese mismo efecto? Acumulan esa intensidad, la recogen, la modulan, sin por ello cambiar su naturaleza, hasta tal punto sus formas variables inducen un afecto pero sin fijarle otro marco que los límites de ese plano en el que suceden (se piensa en la fórmula aparentemente tan enigmática, en *Diferencia y repetición*, de la cual ese momento de cine parece una efectuación): "la repetición es la diferencia sin concepto").[23] Ya no ocurre lo mismo cuando el efecto de repetición se lleva a cabo de un plano a otro, o de un tiempo a otro de la película sobre todo, de acuerdo con distancias narrativas y formales que desembocan en una construcción: entonces, la emoción se puede llamar *textual* (o de sistema). De entrada, su intensidad es diferenciada. La emoción textual se vuelve así por naturaleza más proyectiva, vinculada a los efectos de memoria, conscientes o no, que toda película acumula y de los que depende. Pueden reconocerse aquí dos ejemplos: los cuadros iniciales de los planos 2 y 10, que permiten variar la manera de captar la casa al fijar en el segundo los efectos de intensidad acumulados hasta entonces por todas las figuras de árboles; y la relación que se impone a la mente entre los diversos bambúes y el que en el plano final sirve para sostener la sombrilla de la que cae el abanico. Este último ejemplo desemboca en un tercer nivel de emoción, que llamaremos *simbólico*. La mejor manera de entender ese término de connotaciones demasiado numerosas es recordar lo que Barthes decía a este respecto en *S/Z*, cuando hablaba de código o de campo simbólico, con sus tres entradas, retórica, económica y psicoanalítica, calificando así, aproximadamente, la idea de un orden cultural. Este bambú-sombrilla participa visiblemente de un código, por desconocido que sea para el espectador occidental; es la razón que lo convierte enseguida en el soporte de un efecto de deseo, más o menos transgresor y

---

23. DELEUZE, Gilles, *Différence et répétition*, París: PUF, 1966, p. 36.

desplazado de una mujer a otra: como un agujero de locura, puesto que el abanico es el que hemos visto antes colocado por Oyu. Finalmente, la emoción de cine es a menudo tributaria de efectos de *dispositivo*. Es decir, de todos los efectos mediante los cuales la máquina-cine se inscribe en el cuadro de las visiones que inspira. Es también una variedad de emoción simbólica, que convierte así al cine en su propio símbolo; pero es lo suficientemente específica como para ser diferenciada. Pregnantes hasta el exceso en los grandes cineastas de la mirada explícita como Hitchcock o Lang, esos efectos son más tenues en ese puro director de la discreción que es Mizoguchi. Sin embargo, la insistencia en los marcos de puerta y ventanas al principio del plano 2 participa de ello, al imponer con sobriedad pero con fuerza los acentos de una visión de la visión. Así se construye lo innumerable de las emociones de cine: siempre intensivas, textuales más o menos continuamente, simbólicas a menudo y, a veces, de dispositivo.

Intentemos delimitar en su nacimiento y por sí misma la emoción intensiva. Se da desde las películas Lumière, de dos maneras muy distintas. La intensidad primera es naturalmente la de los movimientos dentro del plano: desde las "hojas que se mueven" en el fondo del cuadro hasta la forma, siempre misteriosa, en la que avanzan los cuerpos-figuras en las tres *Salida de fábrica*, o la del tren y los viajeros que se bajan en las diversas *Llegada de un tren...* —provocando tantas glosas, entonces y hoy[24], pero también meta-películas que intentan mediante la congelación de la imagen, el reencuadre y nuevos tratamientos de todo tipo arrancar a esos planos su misterio, dándole cuerpo otra vez.[25] Esos primeros movimientos proyectados del cine recuerdan

---

24. Sobre el tren y las películas Lumière, véase más arriba, p. 85 y n. 16.
25. Entre las películas, citemos: *Arbeiter verlassen die Fabrik* de Harun Farocki (1995); *Motion picture (La sortie des ouvriers de l'usine Lumière à Lyon)* (1984) y *L'Arrivée* (1997-1998) de Peter Tscherkassky; *Lumière's Train* de Al Razutis - uno de los seis estudios *Visual Essays, Origins of the Film* (1973-1983), uno de los ejemplos destacados por BRENEZ, Nicole, en "L'étude visuelle. Puissance d'une forme cinématographique" (*De la figure en général et du corps en particulier. L'invention figurative au cinéma*, Bruselas: De Boeck-Université, 1998, pp. 316-318) e incluido por Godard en *Vrai Faux Passeport* (2006). Varias de esas películas son igualmente comentadas en el estudio ya citado de BLÜMLINGER, Christa, "Lumière, the Train and the Avant-Garde", *op. cit.*

al menos esto: la emoción propia debida a una animación del mundo a partir del momento en la que es captada en un cuadro. También implican por ellos mismos un efecto de dispositivo, debido a la novedad de la situación de cine, que ha suscitado, tal como se ha visto, lecturas diversas. Pero la segunda modalidad de emoción es más interesante, porque va más lejos que la primera. Sabemos ahora con todo lujo de informaciones que, contrariamente a la doxa propia de los dos hermanos, un cierto número de cintas Lumière no se presentan compuestas por un solo plano sino por varios, ya se deba la decisión al dueño de la sala o al operador.[26] Algunos de esos cortes son extraordinarios, sobre todo estos últimos, producidos por la detención de la cámara: permiten captar en su estado bruto y primario el choque que nace del paso íntimo de un plano a otro. Tanto más íntimo cuanto que esos cortes, provocados por incidentes diversos en el momento de tomar las vistas, que es imposible no experimentar, no estaban de verdad destinados a ser vistos, sino más bien destinados incluso a no ser vistos. Así, en la vista fija *Transport d'une tourelle par un attelage de 60 chevaux* (nº 770, 1896), el cambio o el salto que, pasando de un momento a otro de la acción, hace variar en el campo la posición de un personaje e introduce de repente otro nuevo, suscitando la emoción de un hiato, de un pliegue visual inesperado, a la medida del defecto de racord de esa distancia improvisada. Pero los cortes más cautivadores son, con mucho, los que se producen en planos en movimiento, gracias al efecto de la cámara puesta en un coche, un ascensor o, sobre todo, un tren, descubriendo un panorama.

He aquí por ejemplo, de un operador desconocido, *Mâcon: panorama pris d'un train lors d'une inondation* (nº 160, 1896). De acuerdo con ese desfilar de la imagen, a buena velocidad: se ve en primer término, la orilla negra

26. Otra modalidad de corte posible en la época: esas vistas estaban destinadas a ser eventualmente ensambladas en la proyección, pues se suceden en la toma de vistas (así los números 1230-1232, operador: Félix Mesguich, 1900, véase más adelante, p. 160). Entre los estudios de GAUDREAULT, André, véase el último de ellos: "Fragmentation et segmentation dans les 'vues animées': le corpus Lumière", en colaboración con Lamotte, Jean-Marc, en Albera, François, Gaudreault, André y Braun, Marta (dirs.), *Arrêt sur image, fragmentation du temps. Aux sources de la culture visuelle moderne*, Lausanne: Payot, 2002. Se deduce que aproximadamente el 8,5% de las películas Lumière, es decir 99 vistas, muestran cortes o hiatos, de distintas naturalezas, 22 de las cuales con más de un corte, y ello hasta cinco cortes en un ejemplo único.

del río; en el aire, hilos telegráficos; del otro lado del río, casas, masas de árboles. Al principio del todo, en la orilla, llaman la atención dos árboles pequeños y redondos que desaparecen enseguida. Luego, postes telegráficos, cuya proximidad repentina que se pierde al momento provoca un primer choque visual. El efecto de choque se extiende con la aparición de una cortina de árboles, muy desiguales en cuanto a formas y materias, que llegan casi demasiado cerca de la cámara: potencia pura de lo háptico. Ahí es donde se produce un cambio de plano difícil de localizar, incluso con ayuda del mando imagen por imagen, pero plenamente perceptible, como un mini-trauma enigmático: el corte se lleva a cabo en el corazón de la cortina de árboles. Es primero un efecto de velo muy cercano, como un barrido que llena todo el cuadro y que, de fotograma en fotograma, deja paso a un barrido casi idéntico pero que no llena, en primer término, más que la parte inferior de la imagen, mientras que tres formas de árboles medio borrosas se escalonan un poco más lejos. Este efecto de profundidad así creado, mínimo pero inmenso frente a la intensa proximidad de los elementos gradualmente distanciados, explica el efecto de choque tan vivo que se experimenta en el momento de la transición. Lo más extraño —y enigmático, en cuanto a la situación de la filmación y la decisión de estilo implicada por ese montaje— es que se produce entonces una aceleración de la velocidad del movimiento, en el momento preciso en el que va a producirse el paso de un "plano" a otro. De ahí un efecto de jadeo repentino, que se transmite de la imagen al cuerpo que la recibe. Y al instante la velocidad se hace regular. La visión se nivela, de acuerdo con pequeñas variaciones propias del paisaje que desfila: los campos, el talud, el río a lo lejos, los árboles en primer término. Y de repente el choque vuelve a precipitarse, gracias a un segundo corte: en lugar de una especie de carretera y un talud en primer término, y el río a lo lejos, se impone una masa repentina de árboles cercanos, de donde surge una casa pequeña. Ahí también la masa indecisa y cambiante de los árboles disimula el corte; ahí también se impone una aceleración como instantánea y fugitiva de velocidad. Luego, el paisaje se vacía: talud bajo, árboles dispersos, extensión de agua salpicada de casas como islas, hilos eléctricos, una carretera, árboles altos y aislados como a la orilla de las carreteras —el tren cruza una verdadera carretera. La cosa se detiene sin que haya dejado nunca de desfilar.

El efecto es todavía más intenso en *Panorama pris du chemin de fer électrique, I*, filmado por Alexandre Promio (nº 704, 1897). Pues esta vez el puerto y los muelles de Liverpool, de entrada, ofrecen al ojo una materia más estructurada, más dramática. Así, el efecto se debe al contraste entre los mástiles afilados de los barcos, el entrelazamiento de los aparejos y los barcos negros que los rodean, a veces los sustituyen, chocando todos de manera muy desigual con el ojo de la cámara. El choque se produce cuando desembocamos de repente en una pared desnuda erizada al momento de formas poco reconocibles: el corte vuelve a precipitarse sin previo aviso entre los barcos y su jungla de variedades inmóviles, antes de que la película se acabe sobre otros buques. Aquí, no hay aceleración real de la toma de vistas: solo una impresión de velocidad aumentada, que corresponde al hiato visual que el ojo suple como por retroacción, encontrándose precipitado de un segmento de espacio y de tiempo a otro, por breve que sea el intervalo que los separa y debido a esa misma brevedad.

Unos contrastes plásticos, organizados por la realidad pero amplificados por la elección o el azar del instante en el que ha tenido lugar la detención de la cámara, contribuyen también a amplificar el efecto perceptivo del corte. Así, en la segunda de esta serie de cuatro cintas de forma similar, filmadas por Promio sobre el mismo motivo en Liverpool (*Panorama pris du chemin de fer électrique, II*, nº 705, 1897): la cámara muestra primero tejados muy bajos de depósitos, descubriendo a lo lejos un círculo de casas altas con numerosas ventanas, todo ello en una tonalidad clara (el fotograma que precede al corte está incluso francamente sobreexpuesto); y lo que surge de repente en primer plano es un edificio muy oscuro. Doble contraste, pues, de distancias y tonalidades marcadas en el blanco y negro.

Pero el efecto más sorprendente de estas películas viene paradójicamente de una serie en la que el corte se debe solo a una pegadura. Esta se ha hecho de tal manera que no se note del todo, pues se inscribe en la oscuridad de los túneles que dan ritmo a las tres "vistas" tituladas *Nice: panorama sur la ligne de Beaulieu à Monaco* (Félix Mesguisch, nº 1230-1232, 1900). Esta vez, el choque viene del humo del tren que invade la pantalla con vaharadas repetidas y espasmódicas, provocando suspensiones y flotamientos perceptivos de una calidad alucinatoria imprevisible.[27] Así, en la continuidad y el avance sin embargo ineludible de un solo y mismo plano, parecen dibujarse

27. Es el tercer motivo que distingue Philippe Dubois (véase más arriba p. 85, n. 16): "el efecto de humo (o la aparición del tren fantasma en la estación de La Ciotat)", pero

tantos planos de incertidumbre, de fronteras indecisas y constantemente recompuestas, veladas y desveladas, cuya calidad propia de emoción se debe al extravío del ojo y a la seducción que surge de todo ello.

En una palabra, ¿a qué se debe la energía renovada de esas vistas Lumière? Se puede reconocer que en su tiempo cada una de ellas valió por el dispositivo del cine cuyo advenimiento repetían (pero entonces ¿por cuánto tiempo, aunque hoy ese efecto haya regresado con el tiempo?). Pero si se supone que el motivo "Llegada del tren", míticamente, ha hecho entonces coincidir el arrobamiento suscitado por el hecho mismo de la reproducción del movimiento real con un miedo específico provocado por el avance de la máquina, no ocurre exactamente lo mismo con las cintas llevadas por un movimiento único, lateral o hacia adelante, cuya magia procede ante todo de lo que descubren. Efectivamente, su dramatización se debe a una animación continua de la variedad de lo real y a la captación de los choques que esa variedad organiza por sí misma a medida que se produce el movimiento que la coge. Proporcionalmente a las bocanadas de alucinación que estas trayectorias inducen, un efecto difuso de interrupción se convierte en su punto de fuga interior, mientras que la realidad del corte, tangible para el ojo, atestigua la invención del cambio de plano por la intensidad propia de la emoción que suscita.

La singularidad de esa emoción radica en que es un núcleo sin nombre, en que no tiene ningún nombre. Es una falla viva que se abre en la experiencia, perceptiva en su centro, del espectador de cine. Pues de la misma manera que, en el plano de *La señorita Oyu*, no se puede nombrar el afecto que conmociona al pasar de un bambú a otro, si no es formando estas mismas palabras que intentan, un tanto desesperadamente, volver a captar lo concreto de la cosa, tampoco, frente a esas vistas Lumière, puede designarse su efecto de otro modo que no sea volviendo a trazar de la manera más fidedigna posible la variación sorprendente de los motivos o el sobrecogimiento más específico vinculado al cambio implícito de plano. Por lo tanto, hay que decidirse a pensar una fuerza que no tiene nombre.

---

mucho más desarrollado en esas tres vistas, proporcionalmente al doble movimiento de la cámara y del tren.

Pascal Bonitzer fue sin duda el primero en llamar la atención sobre esa dificultad, en sentido contrario y mediante ambigüedades cautivadoras, en el último capítulo de su libro *El campo ciego*: "Sistema de las emociones".[28] Sensible a la pérdida, que lamenta, de las emociones en el "cine moderno", Bonitzer evoca esas "emociones típicas que el cine, desde sus orígenes, supo producir en masa, y que son el miedo, la risa, las lágrimas. ¿Existen otras?". Vuelve a Lumière, para el miedo y la risa (entre las cuales *La llegada de un tren a la estación* y *El regador regado* constituyen el ejemplo) y a Griffith para el sistema más elaborado de las lágrimas, que supone una verdadera puesta en historia. Llega así a la idea del plano mismo, con esa fórmula de una duplicidad sorprendente: "Las emociones son planos, planos de intensidad". La complica sin precisarla, al subrayar que "la oposición entre los planos de acuerdo con la sucesión narrativa produce las variaciones emocionales". Pero se adivina que entre las emociones que los planos parecen adecuados para llevar en sí mismos, aunque solo fuera ya por sus efectos de cortes, y la emoción global llamada "miedo" o "lágrimas", hay sitio para muchos matices. Precisamente todo lo que implica la doble relación planteada por la fórmula abierta entre emoción y plano, plano e intensidad, en la cual plano puede entenderse también como nivel, o meseta. Pero la preocupación de Bonitzer es ir lo más rápidamente posible a lo que le empuja, justificando ese circuito apresurado: "El cine moderno rompe los planos de emoción, inventa nuevas relaciones entre los planos; despega al cine de las 'emociones corrientes'[29] para producir sensaciones nuevas, menos identificables, menos identificatorias". Añade, y son sus últimas palabras: "[...] ha deshecho las emociones orgánicas para trabajar planos más sutiles, ha abierto el cine a dimensiones más grandes y más pequeñas".

Ello equivale a reflejar la separación que hemos intentado sugerir con los términos tan descriptivos como gráficos de "puesta en escena" y "puesta en pliegues". Con la salvedad de que si la puesta en pliegues, bajo el impulso del cine moderno, absorbe o disuelve en sus metamorfosis las formas segu-

---

28. La fecha del libro (1982) es importante: un poco antes de que el cine americano, con sus nuevos medios tecnológicos, reconquistara masivamente al público.
29. Bonitzer cita ahí palabras de Fitzgerald en las que se inspira, de entrada, en las que este último reprocha al cine ser "un arte incapaz de expresar otra cosa que los sentimientos más corrientes, las emociones más comunes" (pp. 138 y 148).

ras de la puesta en escena, esta, desde sus inicios en la época del primer cine y su despliegue en el cine clásico, se encuentra inversamente irrigada por efectos de pliegues que no pueden reducirse a una clasificación psicológica. En las sugestiones de Bonitzer, se habrá observado la palabra "sensación": de hecho, divide la emoción en dos instancias no calificadas, salvo por diferencia, inducidas por "planos perversos" y contenidos que pueden nombrarse vinculados a planos orgánicos y reconocibles. De tal modo que cuando Bonitzer se pregunta, con fingida inocencia: "¿Existen otras?", se ve que toca sin aventurarse demasiado la cuestión que desde un principio plantea la emoción de cine, una división entre lo que tendría un nombre y lo que no tiene ninguno de verdad.

Esa es, con pocas diferencias, la doble vía trazada por Francis Vanoye y Serge Daney. Debemos al primero (que ignora a Bonitzer) el primer intento erudito, al menos en Francia, de abordar por sí misma la emoción de cine.[30] Propone una distribución con dos entradas. Por un lado, una serie de emociones basadas "en la primacía de la sensación", que se detienen sobre sí mismas, provocando un "bloqueo del ciclo emocional", y por ello efectos de pura reiteración. Como el miedo, la sorpresa, la novedad, la alegría. Por el otro lado, "sobre ese fondo, destacan también a menudo figuras complejas constituidas por elementos de ficción (situaciones, personajes, lugares) y cinematográficos (actores, formas fílmicas). Se recurre entonces a otro grupo de emociones (tristeza, cólera, afecto, deseo)". Puede apreciarse cómo solo estas últimas interesan de verdad a Vanoye, en proporción con la experiencia que se hace así más profunda entre las películas y su espectador. Al oponer a la emoción "regresiva" una emoción "progresiva", busca las modalidades de construcción que le parecen favorables a la eclosión de la segunda; a la vez, sigue más o menos las vías señalizadas del análisis fílmico para volver a formularlas en términos de afectividad, insistiendo precisamente en el suplemento reflexivo y por lo tanto casi ético que induce la emoción. Pero siempre esta se da a través de esos determinantes psicológicos forjados por una larga tradición.[31]

---

30. VANOYE, Francis, "Esquisse d'une réflexion sur l'émotion", *Cinémaction*, nº 50, 1989, pp. 183-191.
31. Véanse también dos textos de Francis Vanoye que profundizan su proceder sin cambiarlo demasiado: "Cohérence narrative et cohérence émotionnelle", en Murcia, Claude

Muy distinto es el movimiento de Daney, aunque al igual que Vanoye inspirándose en el título modesto del libro de Sartre, juega con él como le gusta hacerlo para forjarse su propia "pequeña 'teoría de las emociones'".[32] Los circuitos improvisados por los cuales, al azar de las películas y de acuerdo con la necesidad ardiente de llegar a lo más íntimo de su amor por el cine, Daney se remite a la emoción, no facilitan su comprensión.[33] No obstante, se puede expresar esta "teoría" de acuerdo con tres principios. El primero tiene aspecto de conclusión: "Cómo esa palabra (emoción) ha terminado por resumir lo que espero del cine".[34] Segundo principio: la emoción se da de improviso, es la espera y lo inesperado, "nace en el camino, en momentos misteriosamente precisos". Los ejemplos que Daney ofrece ahí, de ralentización y de aceleración, en dos de sus películas más queridas (*La noche del cazador* [*The night of the Hunter]*, Charles Laughton, 1955, *The Saga of Anatahan*, Joseph von Sternberg, 1953)[35], no hacen más que especificar lo que dice en otros muchos sitios: la emoción nace del ritmo, de ritmos tan diversos, actúa como una música, y esa música es la de los planos.[36] Tal vez nunca se haya hablado del plano, de los planos, con una intensidad tan amorosa y exacta. "El amor del plano es el de los intersticios en los que colarse, escondido o acogido en ese desenrollarse de la película".[37] Finalmente, úl-

---

y Menegaldo, Gilles (dirs.), *Les Contraintes de la cohérence dans le film de fiction*, *La Licorne*, nº17, 1990, pp. 9-15; "Rhétorique de la douleur. Trois films de D.W. Griffith, *Vertigo*, nº 6-7, 1991, pp. 129-137.

32. A propósito de *Paris, Texas* de Wim Wenders, en *Ciné Journal*, París: Cahiers du Cinéma, 1986, pp. 253-255. Recuérdese que el ensayo de Sartre se titula *Esquisse d'une théorie des émotions* (1939), París: Hermann, 1960.

33. DELORME, Stéphane, lo ha hecho de manera sutil: "De l'émotion et du mouvement des images", *Trafic*, nº 37, "Serge Daney, après, avec", primavera de 2001, pp. 43-54.

34. DANEY, Serge, *L'exercice a été profitable, Monsieur*, París: P.O.L., 1993, p. 95. "Émotions" es el título dado a esta sección (pp. 95-96).

35. "Dos ejemplos inolvidables para mí. La ralentización en *La noche del cazador*: los niños escapan al ogro que ruge, se suben a una barca y, en el plano siguiente, todo ha cambiado siguiendo el ritmo del río. La aceleración, en *The Saga of Anatahan*, en medio de la película, con los stock-shots del final de la guerra", *Ib.*, p. 96.

36. "El plano es ese bloque insecable de imagen y de tiempo. [...] El plano es musical, finalmente. Respiración, ritmo. [...]. Del cine, nada me ha importado salvo los planos", *Ib.*, p. 22.

37. *Ib.*, pp. 32-33.

timo principio, corazón mismo de la "teoría", formulado en el texto en el que se anuncia actuando como tal: "Lo que podemos llamar 'emoción' es el movimiento de cámara al revés, el que se produce *en el cuerpo del espectador*".[38] "Al revés" designa pues el efecto misterioso de respuesta por el cual la película se mueve o parece moverse dentro del cuerpo; y la expresión "movimiento de cámara" es aquí tanto más aguda cuanto que el ejemplo tomado entonces por Daney nace del recuerdo de un plano fijo (de *En un lugar solitario* [*In a lonely place*], Nicholas Ray, 1950). Es que se trata de calificar ante todo el movimiento, de cámara o no, que viene de la película como de un cuerpo y por eso se vuelve plegando el cuerpo del espectador sobre sí mismo. Ese movimiento puede ser también una interrupción, congelación de imagen o de la imagen; quedémonos aquí en la congelación de imagen cuya inflexión se abre al pensamiento. De este modo, Daney amplía su visión: "tiempo de 'maduración' de una película en el cuerpo y el sistema nervioso de un espectador en la oscuridad".[39]

38. DANEY, Serge, *Ciné Journal*, *op. cit.*, p. 254.
39. DANEY, Serge, *L'exercice...*, *op. cit.*, p. 20.

La regla del juego, Jean Renoir, 1939

6. CON DANIEL STERN, MEJOR SENTIR-PENSAR EL CINE

Pero ¿cómo forjarse, si no una teoría de esa teoría, al menos una visión susceptible de hacer eco a ese enlazamiento de los cuerpos? Llegamos así a Daniel Stern y a su *Mundo interpersonal del infante*. A la vez, es dar cuenta de una impresión indeleble, provocada de entrada por el encuentro, hace ya mucho, con este libro que, ante todo, descubría a mi sorprendida mirada la experiencia del espectador de cine. El *infant* de Daniel Stern *es* el espectador de cine.

Ese libro, escribe su autor, "es una hipótesis de trabajo sobre la experiencia subjetiva que tiene el bebé de su propia vida social" (14).[1] Así, es una construcción, por la cual se inventa "un diálogo entre el bebé revelado por el acercamiento experimental y el reconstruido por la clínica" (8). La noción que orienta el ensayo es la del "sentido del sí-mismo", definido como "conciencia elemental (no reflexiva)" (18). Hay cuatro sentidos del sí-mismo, que se desarrollan y se combinan, desde el nacimiento hasta la aparición del lenguaje. "Esos sentidos del sí-mismo no son considerados como fases sucesivas que se sustituyan mutuamente. Una vez constituido, cada sentido del sí-mismo sigue funcionando plenamente y sigue estando activo a lo largo de toda la vida. Todos siguen desarrollándose y coexistiendo" (23).

1. Recuérdese que las citas se indican aquí con sus páginas respectivas en el texto. [La traducción al castellano del libro de Stern se titula *El mundo interpersonal del infante. Una perspectiva desde el psicoanálisis y la psicología evolutiva*, Buenos Aires: Paidós, 1991. Tal vez se haya empleado "infante" por "infant" (*nourrisson* en la tr. fr.) en sentido etimológico: el *infante* (de *infans*) no designa solo, poéticamente, al niño muy pequeño, sino propiamente al niño "incapaz de hablar", derivado de "fari", hablar (se habla incluso de "infante muy pequeño"). De la misma manera, para otros términos específicos de ese estudio, se recurrirá, con algunas variaciones o alternancias, a la versión castellana (por ejemplo, *entonamiento*, "afinación", por "attunment", "accordage" en fr.; *sí-mismo* por "self", "soi" en fr., "afectos de *la* vitalidad", etc.). N. del T.]

Cada uno de los conceptos decisivos que inerva cada sentido del sí-mismo ilumina, según su incidencia propia, uno de los aspectos de la emoción intensiva que se imprime en el corazón del cine. Empezaremos por enumerarlos, siguiendo la cronología de su aparición: la *percepción amodal* y los *afectos de la vitalidad*, para el sentido de un sí-mismo emergente (en el niño, desde el nacimiento a los dos meses); los *compañeros evocados* para el sentido de un sí-mismo nuclear (de dos a seis meses); el *entonamiento de los afectos* para el sentido de un sí-mismo subjetivo (de siete a quince meses). El sentido de un sí-mismo verbal que llega después, con la reflexividad, corresponde, por su parte, a la manera en la que la emoción intensiva encuentra forma, de acuerdo con los términos elegidos aquí, de duplicarse, más o menos, con una dimensión sistemática y simbólica.

Conviene hacer previamente tres observaciones. Hemos visto que, de manera general, Stern no siente ninguna necesidad de oponerse al psicoanálisis, del que no ignora nada. Propone más bien una inversión radical de perspectiva y prioridades, que desplaza y relativiza los dogmas más asentados. Así, la inversión cronológica llevada a cabo a propósito de las "experiencias de tipo fusional y simbiótico tal como las describe el psicoanálisis" (97), y que tanto han pesado como modelos intangibles, en la teoría y en las visiones que inspira. Al igual que la experiencia del espejo, esos modelos devienen para Stern simplemente secundarios, con relación a la formación de los primeros sentidos del sí-mismo.

También es esencial que Stern adopte con insistencia, como medida y sugestión de lo que intenta captar, la experiencia del arte: literatura y música sobre todo, pero también danza y a veces cine. Para hacer sensible la dificultad que encuentra el tratamiento de lo que por naturaleza escapa a la conciencia y a la transmisión verbal, destaca que solo se puede hacer alusión a esta experiencia del bebé pero no describirla realmente —"aunque los poetas puedan sugerirla" (44). De este modo, por lejos que se sitúe del psicoanálisis, Stern recoge su tradición, en el sentido en el que para Freud el arte es siempre lo que viene antes y después, a la vez prueba y eco.

Pero no por ello se trata de apuntar a una aplicación propiamente dicha de los conceptos y las descripciones de Stern, en el sentido en el que el psicoanálisis ha podido pretenderse "aplicado", y de hecho lo ha sido, al cine, tanto a nivel de los efectos de dispositivo como de las tramas narrativas y las configuraciones de planos. Se trata más bien de pensar una analogía de situación en cuanto a la realidad ontológica, perceptiva y ambiental —la habitación, de niño y de cine, en la que el mundo se compone y se recompone a cada momento tanto para el espectador como para el "bebé" con relación a un aprendizaje de lo nuevo, frente al cual se experimentan regularidades mínimas. En eso, la analogía ofrece el marco de una redefinición de la impresión de realidad: un efecto-cine vivido como repetición de la génesis indefinidamente continuada que ha sido la constitución del mundo para el niño muy pequeño. Así se abre la perspectiva a partir de la cual pueden pensarse esas diferencias de regímenes que provocan las emociones. Se trata pues de una analogía micro-elemental relacionada con el proceso mismo de la formación de las imágenes (y de los sonidos) y de su efecto como cuerpo y sobre el cuerpo, según una lógica afectiva y no psicológica.

En la evocación que hace Stern del niño en los inicios de su vida, llama poderosamente la atención una expresión: "inactividad alerta". Se observa así que, por fases, el bebé hace otra cosa que ceder a sus necesidades inmediatas o activarse plenamente. El término empleado para calificar esos momentos, "ventana temporal" (59), recuerda a la famosa ventana de Bazin, "abierta al mundo". De los tres grandes rasgos enumerados por Stern y otros investigadores para explicar que nada más nacer el niño parece interesarse por el mundo exterior, recordemos sobre todo, junto a la orientación de la cabeza y la succión, la importancia de la mirada. Contrariamente a lo que ha podido creerse durante mucho tiempo, "los recién-nacidos nacen con un sistema visual maduro en muchos aspectos. Ven razonablemente bien a la distancia focal adecuada y los reflejos que controlan los movimientos de los ojos responsables de la fijación de los objetos y la búsqueda visual están íntegros al nacer" (60). Atraído ya por las caras, el niño puede así distinguir una sonrisa, "sea cual fuere el rostro en el que aparece" (62), sin que se pueda separar nunca el aspecto propiamente cognitivo de su dimensión afectiva.

De tal modo que es un tanto excesivo convertir, como hace François Roustang, a ese niño que nace al mundo y a las primicias de un sí-mismo emergente, en un "no-espectador" de principio, con el pretexto justificado de que entra en relación con el todo.[2] Se ve cuál es el objeto de Roustang, en

2. "El bebé no puede ser espectador, ya que no puede ver, oír, tocar, oler, sin entrar en reacción con el objeto. Como todavía no tiene acceso a la reflexión, no puede objetivarse, y por lo tanto objetivar el mundo. Está incluido como actor en la parte de universo que capta." ROUSTANG, François, *Qu'est-ce que l'hypnose?*, *op. cit.*, p. 36.

su perspectiva de una inversión del psicoanálisis según una hipnosis redefinida: el tema de la mirada, el espejo y la pulsión, que el psicoanálisis ha forjado hasta la saciedad —y que la teoría del cine ha llevado a extremos exagerados. Sin embargo, si se quiere comprender que se haga posible, en el niño crecido y luego en el adulto, un espectador de cine que, presa de esas formas separadoras que parece encarnar el dispositivo del cine, no deje sin embargo de ser modelado ante todo por una experiencia fundadora de naturaleza sensitiva, hay que admitir que esa insistencia inicial de la mirada resulta lo bastante viva como para que pueda ser en su origen disociable de los otros sentidos y para que luego parezca que adquiere su autonomía. Es la atracción paradójica y única del cine, producirse por los sentidos a distancia, vista y oído, y suponer sin embargo todos los demás, en esa mimética del mundo total de la que está investido: dispositivo doble por el cual la distancia se invierte en captación.[3] Era la intuición de Mesmer, cuando veía en los sentidos a distancia, y sobre todo en la vista, el sentido adecuado para reunir a todos los demás y fundar así, por el "sentido interno", la realidad superior del magnetismo animal.[4] Puede sentirse así el plano para siempre emblemático de *Persona* (Ingmar Bergman, 1966): cuando el niño ya un tanto crecido toca con su mano la materia apenas móvil de dos rostros inmensos de mujeres que dibujan uno solo, su madre y otra que podría serlo, pasamos de la mirada al tacto que la mirada parece excluir pero contiene, con todos los sentidos mezclados. A propósito de la imagen, nos acercamos al primer concepto que desarrolla Stern para calificar el sentido del sí-mismo emergente: la *percepción amodal*.

Solo se puede remitir aquí a todas esas páginas extraordinarias en las que se confirma, de acuerdo con un entrelazamiento muy variado de experiencias, "la capacidad del bebé para transferir la experiencia perceptual de una modalidad sensorial a otra" (69-70). Se trata de una aptitud "general e

---

3. Véase la importante recopilación *I cinque sensi del cinema / The Five Senses of Cinema* (a cura di Autelitano, A., Innocenti, V., Re, V., Udine: Università di Udine, Forum, Forum, 2004).

4. "[...] cómo es posible que todo el sistema de los nervios se convierta en *ojo*, con relación a los movimientos que representan los colores, las formas, las figuras", MESMER, *Le Magnétisme animal*, *op. cit.*, p. 312.

innata", que contradice así los modos hasta entonces escalonados y organizados en serie del aprendizaje.[5] Stern subraya sobre todo la fuerza de expansión de la "transferencia visual-háptica" (70) y los vínculos sorprendentes que se establecen entre el "modo visual" y el "modo auditivo" (72). Pero lo esencial, lo que sigue siendo misterioso, se debe al hecho de que esa capacidad de traducción de una modalidad a otra permite inferir una representación amodal, relacionada con una codificación interna a la representación y sus cualidades más abstractas.[6] Stern precisa: "Estas representaciones abstractas que el infante experimenta no son sensaciones visuales, auditivas o táctiles, ni objetos nombrables, sino más bien formas, intensidades y pautas temporales: las cualidades más 'globales' de la experiencia" (75) (como las variaciones de intensidad sonora y lumínica, las propiedades de duración, de pulsación, de ritmo).

Esa es la perspectiva que se abre sobre el segundo y sin duda el más importante de los conceptos introducidos por Stern: los *afectos de la vitalidad*. Nacen más directamente, dice Stern, del "encuentro con la gente" (77) y su fuerza primaria consiste en ser distintos de los "afectos categoriales" según los cuales, desde hace tanto tiempo y sobre todo desde Darwin, se ha querido dotar a las emociones humanas de un sentido reconocible. Se trata de categorías discretas que permiten clasificar las experiencias afectivas (felicidad, tristeza, temor, cólera, disgusto, sorpresa, etc.). Su número varía según los autores, así como sus combinaciones. Son a la vez visibles y psicológicos y suponen la traducción expresiva de una sensación interior. Son considerados innatos y por ende universales, a pesar de posibles variaciones culturales.[7]

Los afectos de la vitalidad que Stern opone o añade más bien a esos afectos categoriales presentan, en principio, la particularidad de no entrar en su taxonomía. "Esas cualidades elusivas son mejor aprehendidas por términos

---

5. Sobre todo las ideas de Piaget; Stern suele defender opiniones opuestas.
6. "El infante parece experimentar un mundo de unidad perceptual, en el que puede percibir cualidades amodales en cualquier modalidad procedente de cualquier forma de la conducta expresiva humana; puede representar esas cualidades de manera abstracta y luego trasponerlas a otras modalidades" (75).
7. Véase el prefacio de DUVERNAY-BOLENS, Jacqueline, a *L'Expression des émotions chez l'homme et les animaux* de Darwin, *op. cit.*, sobre todo las secciones "Expressions naturelles/expressions conventionnelles" y "L'inné et l'acquis".

dinámicos, cinéticos, tales como 'agitación', 'desvanecimiento progresivo', 'fugaz', 'explosivo', 'crescendo', 'decrescendo', 'estallido', 'dilatado', etc. Tales cualidades de la experiencia son seguramente perceptibles para los infantes y tienen una gran importancia diaria, incluso momento tras momento. Son estos los sentimientos que serán suscitados por los cambios de estado, los apetitos y las tensiones motivacionales" (78). Stern emplea así varias veces el equivalente: "emociones de la vitalidad" (78, 80). El segundo rasgo de los afectos de la vitalidad es que, por sus variaciones mismas, sus cambios ilimitados, son más constantes que los afectos categoriales; su discontinuidad es el indicio de su asiduidad en el corazón de la experiencia.[8] Pueden aparecer así tanto en presencia como en ausencia de estos últimos. Stern desarrolla el ejemplo de uno de los términos que, de entrada, había escogido: "Diversos perfiles de activación o afectos de la vitalidad pueden experimentarse no solo durante la emisión de una señal categorial, como por ejemplo una sonrisa 'explosiva', sino también en una conducta que no tiene ningún valor como señal de afecto categorial; por ejemplo, podemos ver que alguien se levanta 'explosivamente' de una silla. Uno no sabe si esa explosividad es consecuencia de la cólera, la sorpresa, la alegría o el susto. Podría vincularse con cualquiera de esas cualidades emocionales darwinianas, o con ninguna" (80). Y añade, con un sentido crucial de la variedad humana y experimental, a la cual, de entre todas las artes, solo el cine parece haber respondido de manera tan cabal, por su capacidad única de reproducción del movimiento y de organizaciones ficticias de la vida misma: "Hay mil sonrisas, mil conductas de levantarse-de-la-silla, mil variaciones en la ejecución de cualquiera y todos los comportamientos, y cada una presenta un diferente afecto de la vitalidad" (80). Esto es llevar a término y volver a fundamentar la intuición de Merleau-Ponty sobre el cine como el arte más adecuado para "expresar al hombre por su comportamiento visible".[9]

---

8. "Las diferentes formas de sentimientos suscitadas por esos procesos vitales inciden en el organismo casi constantemente. Nunca están ausentes, seamos conscientes de ellas o no, mientras los afectos 'regulares' van y vienen" (78).
9. MERLEAU-PONTY, Maurice, "Cinéma et psychologie", *L'Écran Français*, 17-24, octubre de 1945, p. 34 (versión resumida de la conferencia dada en marzo de 1945 en el IDHEC, recogida bajo el título "El cine y la nueva psicología" en *Sens et non-sens*, París: Nagel, 1948).

Por eso, el tercer carácter de los afectos de la vitalidad es el de recurrir enseguida a la referencia artística. Para arrojar luz sobre su expresividad, Stern toma como ejemplo el espectáculo de marionetas, por las multiplicaciones de movimientos que compensan su escasa aptitud para encarnar afectos convencionales. Pero le interesan sobre todo la música y la danza moderna. Insiste en el hecho de que el coreógrafo intenta transmitir más una manera de sentir que un sentimiento particular y que la danza revela así afectos de vitalidad múltiples, “sin recurrir a una trama ni a señales de afectos categoriales de donde pudieran derivarse los afectos de la vitalidad” (81). Según Stern, el espectador es análogo al niño que es su precursor: pues este, observando los comportamientos de sus padres, se encontraría en una situación comparable, ya que su acción “expresa un afecto vital, ya sea que el acto exprese o esté coloreado parcialmente con algún afecto categorial” (81). Mejor aún, el niño percibe de manera mucho más exclusiva que el adulto los actos en términos de afectos de la vitalidad; y eso es lo que recuerda de manera oscura el adulto, reencontrando la postura en cuanto se la muestran. “Ese mundo global y subjetivo de la organización emergente es, y sigue siendo, el dominio fundamental de la subjetividad. [...] es el depósito fundamental del cual se puede abrevar para toda experiencia creativa” (94-95).

El coche que conduce André Jurieu en *La regla del juego* (*La règle du jeu*, Jean Renoir, 1939) acaba de salirse bruscamente de la carretera y chocar con el talud. En cuanto se apagan los ruidos producidos por el golpe del accidente, emerge un plano desnudo, compuesto por un cielo vacío con un poco de hierba: una línea desigual de briznas agitadas por el viento de un borde a otro del cuadro. Pasan dos segundos, y de unos sonidos indecisos surge el diálogo en *off* de André y Octave (“Octave... / ¡Ah no!, sigue tú si quieres, yo vuelvo andando. / Octave... Octave”), que alcanza el cuadro que ha quedado vacío durante seis segundos antes de que entre Octave por la izquierda, seguido de André, destacando los dos contra el cielo como abstracciones vivas. Ese momento de la entrada de los dos personajes en el campo tiene una fuerza de aparición pura. A pesar de que, naturalmente, es cierto que la acción anterior lo prepara y está constantemente apoyado en la continuidad del sonido y las voces. Puede leerse allí el impulso de un afecto de la vitalidad por el cual surge la figura humana (es la primera de las palabras de la lista de Stern para las características de las emociones que los afectos categoriales son incapaces de captar), enmarcándose en el espacio abierto de una percepción.

En una película kirguíz, *Beshkempir* (Aktan Abdykalykov, 1998), aparece una figura inversa. El cuadro fijo recorta un fragmento de paisaje desnudo dividido en el sentido longitudinal por el trazado sinuoso de un arroyo. En la parte del campo que está más cerca de nosotros, el desdichado hijo adoptivo padece las vejaciones de otros tres niños. Luego, pasado ese tiempo, todos se alejan y Beshkempir se dirige hacia nosotros para salir fuera de campo en el ángulo inferior izquierdo, mientras los otros tres se van en sentido inverso, cruzando el arroyo y dirigiéndose hacia el ángulo superior derecho, en cuyas márgenes desaparecen de uno en uno hasta que la pantalla queda vacía. Ese plano que pasa muy deprisa en la vida fugitiva de una proyección de festival me llamó tanto la atención que lo anoté enseguida. Me había parecido que la fuerza del momento se debía, una vez representada la parte del drama, al efecto específico de esas desapariciones. Efectivamente, al igual que en la película de Renoir, son a la vez llevadas, coloreadas por las identificaciones y su contenido moral y son, sin embargo, como independientes de ellas. Tenemos así ese tiempo final que se prolonga, puesto que tres cuerpos se retiran de uno en uno: unos cuerpos simplemente captados en una acción se convierten entonces en figuras de fuga y retraimiento, puras figuras de desaparición. Como Stern al invocar con sus ejemplos a "la madre del afecto de vitalidad del sosiego", tendríamos aquí a "los niños del afecto de vitalidad de la desaparición".

Una versión conjugada pero muy diferente de esas dos modalidades la ofrece un momento posterior de *La señorita Oyu*. El sobrino y la tía se dirigen a casa de la heroína involuntaria de esa pasión contrariada para asistir a su interpretación de una obra de canto tradicional. Al principio, se trata otra vez de un plano fijo, en el ángulo de dos calles, bastante amplio para que se vean a la vez las calles y en la parte izquierda, especialmente, las disposiciones de los tejados. La tía y el sobrino avanzan, llegando por la derecha; la cámara empieza a seguirles, con un movimiento derecha-izquierda, cuando dan la vuelta en el ángulo de las calles y se alejan de espaldas, junto a la pared que forma con los tejados líneas oblicuas variadas. Es entonces cuando surge una bicicleta desde la izquierda y atraviesa el campo, siguiendo al bies una trayectoria que le hace volver a salir casi al momento por el ángulo inferior derecho del cuadro. El movimiento de cámara lento y regular se suspende; pero no sin haber descubierto, en cuanto la bicicleta ha salido del campo, a un transeúnte visto de espaldas a lo lejos, que precede así a nuestros protagonistas y ocupa la línea de fuga del plano. Entra entonces una mujer por la izquierda (va de oscuro, mientras que la tía y el sobrino llevan ropa clara), que ocupa con su cuerpo toda la altura del cuadro que atraviesa para desaparecer a la derecha, por donde acababa de salir la bicicleta. Cuando estos giran en la calle a su derecha para entrar en la casa de la señorita Oyu, el transeúnte que iba delante de ellos a lo lejos desaparece. Y al momento viene por la izquierda, igual que antes llegaba la mujer, pero un poco más abajo en el cuadro, una segunda bicicleta que como la anterior atraviesa toda la parte inferior de la imagen para volver a salir por la derecha.

¿Qué decir de semejante precisión, de ese engarce de las figuras de cuerpos que riman a través de la superficie-volumen del espacio recorrido, atribuyendo con un rigor repentino a las dimensiones de un mundo ideal ese simple instante de vida cotidiana? ¿No es acaso así como el arte contrae y, de ese modo estiliza, simultaneidades perceptivas inmediatas: entradas, salidas, sucesión de acontecimientos breves y contingentes, pero formales, figurados-figurales, porque todo lo es o puede serlo? Recorrido del ojo que una y otra vez es impresionado, como por un choque encuadrado: toda "la grandeza del cine consiste en reformularlo". La simple acción se convierte así en un arrebato de afectos y nos conduce en su avance hacia la ficción de la que es la parte corporal, la parte desnuda de emociones o de afectos de la vitalidad.

Se impone al recuerdo un último ejemplo, porque esta vez el sonido se añade de manera intensa a la imagen y el movimiento del plano participa del choque producido. Es otra vez en *La regla del juego*, durante la fiesta en la Colinière. Hay agitación entre bastidores, se oye el ritmo lejano de una música de piano, cuya imagen abría la escena, con su intérprete. Y súbitamente reaparece el piano, con el teclado encuadrado desde bastante cerca, en diagonal, convertido ahora en un piano mecánico, cuyas teclas tocan solas una especie de vals endiablado. Cinco segundos después del principio de ese plano fijo, empieza uno de los muy bellos movimientos de cámara de la historia del cine, que apenas puede evocarse. Partiendo hacia la izquierda, la cámara descubre a la pianista sentada de lado que, muy sorprendida, contempla el instrumento; luego, volviendo hacia la derecha, su trayecto recoge a tres invitados de pie, luego masas oscuras, indecisas, luego pasa una columna clara en el borde de la cual se detiene, contra un fondo oscuro en el que apenas se adivina un motivo que anuncia el espectáculo de pantomima que viene a continuación. El instante que hace virar el plano, induciendo un vértigo propio, es cuando empieza el movimiento: pues la música se acelera de repente y entonces la vemos además de oírla, pues aumenta el número de teclas que se agitan automáticamente. Y el efecto así producido se propaga, arrastrado por todos los movimientos que se combinan a lo largo de esta escena de puro virtuosismo, hasta que la música se agota y por fin le quitan a Octave su "piel de oso".

Se puede tener la tentación de ver en ello, a través de afectos de la vitalidad entrecruzados, para los cuales habría que inventar nombres (estaría ya el "crescendo" de Stern), un ejemplo que ilustra específicamente la percepción amodal, proporcionalmente a la implicación incrementada entre lo visual y lo sonoro. Pero si leemos bien a Stern, nos parece comprender que la percepción amodal, anclada en la experiencia hasta el punto de darle forma, actúa más bien allí como una matriz de posibilidades cuyos afectos de vitalidad parecen las actualizaciones o, según un término sutil pero expresivo, los "perfiles de activación"; y ello a partir de un efecto generalizado de correspondencia entre los sentidos, que virtualiza también los afectos hasta el infinito ("Hay mil..."). Eso explica que, por inconscientes que sean, con más razón en esa época mítica de la vida, parece que los afectos de la vitalidad pueden circunscribirse y nombrarse, arrancados de todo aquello cuyo cuerpo dibujan, como se aprecia en la obra de arte de la que devienen una parte inalienable. Mientras que la percepción amodal, que nunca puede localizarse exactamente, es la fuerza múltiple que actúa, por todo lo que implica en relación con la forma, la intensidad, el número o el ritmo.

Estas son las fuerzas que hereda el más sintético de los conceptos fundadores creados por Stern para dividir esa odisea del niño, desde el primer al décimoquinto mes: el *entonamiento de los afectos*, que marca "el sentido de un sí-mismo subjetivo". Por un lado, el entonamiento es en efecto regulado por una transmodalidad generalizada; por el otro, "los afectos de la vitalidad son esenciales para la comprensión del entonamiento" (202). Con esa palabra, Stern pretende delimitar la mutación que se lleva a cabo, en cuanto el niño se acerca a los nueve meses, en la relación establecida con la madre (designando como "madre", como se ha precisado al principio del libro, a "la persona que más se hace cargo del niño") (36). De un comportamiento de "casi-imitación", propio del diálogo entablado desde el nacimiento, la "madre" adopta entonces un nuevo modo de comportamiento que hace de su hijo un verdadero compañero de la intersubjetividad. Stern insiste en la dificultad de aislar el entonamiento afectivo, tan a menudo insertado en otros comportamientos, pero da algunos ejemplos casi puros, de los cuales vale la pena citar el primero y el último: "Una niña de nueve meses se excita mucho con un juguete y tiende la mano para cogerlo. Cuando lo hace, emite un exuberante '¡aaaaah!' y mira a su madre. Esta le devuelve la mirada, mueve los hombros y ejecuta un agitado fox-trot con la parte superior del cuerpo, como una bailarina de cabaret. Esas contorsiones alegres e intensas duran más o menos lo mismo que el '¡aaaaah!' de la hija". O bien: "Un niño de nueve meses está sentado frente a su madre. Tiene un sonajero en la mano y lo sacude dando muestras de interés y moderada diversión. Mientras la madre le observa, empieza a mover la cabeza de arriba abajo, con un ritmo que se ajusta al movimiento del brazo del bebé" (183-184).

Pueden deducirse así tres grandes características del entonamiento, en el hecho de compartir los afectos. Primero, un modo singular de imitación por correspondencia. Luego, el carácter transmodal de esta correspondencia (del grito a la danza del cuerpo, de una parte del cuerpo a otra, con equivalencias rítmicas). Finalmente, y esto es lo más delicado, "parece que el emparejamiento se presenta entre las expresiones del estado interior" (185), es decir estados emocionales que se expresan por aspectos del comportamiento. Stern insiste en el hecho de que la imitación propiamente dicha no permite a los miembros de la pareja referirse al estado interior, mientras que el entonamiento, por la reconstrucción del acontecimiento que lleva a cabo, apunta al "carácter del sentimiento que se está compartiendo" (186). De ahí el carácter a la vez creativo y no tematizado del entonamiento. Pues si se puede establecer un entonamiento de afectos categoriales discretos, son ante todo los afectos de la vitalidad los que suscitan entonamientos, de acuerdo con las tres mismas dimensiones fundamentales de la intensidad, el ritmo y la forma (con todas las combinaciones imaginables). La mayor parte de los entonamientos parecen producirse con los múltiples afectos de la vitalidad, caracterizados por su variedad de principio tanto como por su continuidad entonada con las funciones de la vida.[10]

---

10. "El entonamiento se parece más a un proceso ininterrumpido. No puede aguardar irrupciones afectivas discretas, tiene que operar con prácticamente toda la conducta. Y esta es una de las grandes ventajas de los afectos de la vitalidad. Ellos se manifiestan en todas las conductas y por lo tanto pueden ser objetos casi omnipresentes del entonamiento. Tienen que ver con el *modo* en el que se pone en obra *cualquier* conducta, *toda* conducta, y no con una conducta específica" (203).

De tal modo que Stern, poco dado a apoyos filosóficos, recurre entonces a Aristóteles y su doctrina de la correspondencia sensorial para insistir en la unidad de los sentidos, basada en el "sexto sentido, el sentido común [...], el de la percepción de las cualidades primarias (es decir amodales) de la sensación" (199-200). También en este caso se puede recordar el "sentido interno" de Mesmer. Y esa unidad basada en la vida encuentra su espacio y su demostración en el arte. Stern formula la cuestión en términos de transposición de la percepción a la emoción, por la capacidad de reagrupar modalidades de ritmo, intensidad y forma en un gesto, por ejemplo, sentido como "enérgico", es decir, como un afecto de la vitalidad. Y esto es precisamente lo que hace la obra de arte: por una virtualización de la sensación que la ordenación de sus elementos hace posible, "parece presentar un aspecto de la vida sentida" (205). Stern evoca así a través de la pintura, la escultura, la fotografía, la música y la danza ese efecto de sensación virtual cuyo modelo le viene a través de Baudelaire y sus "correspondencias" y que extiende también al cine, en una larga nota dedicada a "la coordinación sonido-imagen", en la que se detiene en Eisenstein y Disney (201-202). Prosiguiendo su comparación entre arte y comportamiento, plantea así su cuestión central: "¿Es posible que los perfiles de activación (la intensidad en el tiempo), percibidos en la conducta abierta de otro se conviertan en un afecto de la vitalidad virtual cuando son experimentados en el sí-mismo?" (205). Contesta disociando también aquí, en la pintura, por ejemplo, los elementos convencionales propios de los afectos categoriales, análogos a las formas y a las representaciones convencionales, de la "*manera de verter*" esas formas. Es decir, en el caso de un cuadro, "el tratamiento exacto del manto de la Virgen y el fondo, la manera en la que los colores contrastan y se armonizan, o cómo se resuelven las tensiones de las líneas y las superficies—en resumen, cómo son tratadas las formas. Es el campo del estilo" (205-206). De ahí una equivalencia frontal, o una transposición, entre los afectos de la vitalidad en los comportamientos espontáneos y el estilo en el arte. La traducción de la percepción en sensación implica así en cuanto al estilo "la transmutación de las percepciones 'verídicas' (armonías de colores, resoluciones de líneas y así sucesivamente) en formas virtuales de sensación" (Stern da el ejemplo de la "calma") (206). De ahí el término "expresionismo" con el cual califica finalmente el entonamiento en los inicios de la vida social, lo que lo convierte en "un precursor de la experiencia del arte" (208).

El cine parece, de entrada, llenar el marco de una visión semejante. Por un lado, debido a la variedad de sus componentes (la imagen y las modalidades de la banda de sonido incorporada), produce, de la simple realidad del mundo a su puesta en ficción, la ilusión constante de un entonamiento sensorial entre los elementos del mundo así como entre los cuerpos que se despliegan en el mismo. Todos los recursos del plano, del encuadre a los movimientos que lo agitan, ya sea en sus límites internos o bien animándolos con los desplazamientos de cámara —todos los recursos del plano y de los encadenamientos de planos sirven al despliegue continuo de los afectos de la vitalidad, con el pretexto y de acuerdo con las inclinaciones de afectos psicológicos, apoyando las identificaciones con los personajes, con la ficción. También en este caso, una película como *Persona* debe su fuerza única al hecho de que su historia, tanto en el fondo como en las formas que la desarrollan, se presenta como un gigantesco intento de entonamiento entre sus dos protagonistas ancladas en una soledad común: la situación requiere que una haya dejado de hablar para que la otra se desvele así a fuerza de tener que adivinarla constantemente, por una especie de energía transmodal que los aspectos más nimios de la película parecen no acabar nunca de expresar y de convertir en acto. De ahí que parezca que *Persona* está constantemente interpelando al público. Pues el entonamiento así considerado solo tiene sentido si se produce para cuerpos de espectadores, en los que se lleva a cabo esa virtualización de las sensaciones. Inspirándose en Susanne K. Langer[11], Stern dice acertadamente que la sensación así ofrecida en el arte es una aparición, una ilusión (204-208). Lo es solamente en el cine según su dispositivo propio, proyección que parece dar la vida misma y suscitar la creencia en ella. Esas formas virtuales de la sensación, procedentes de los afectos de la vitalidad bajo la presión del entonamiento, son las que garantizan el "movimiento de cámara al revés, el que se produce *en el cuerpo del espectador*". Y si Daney decide llamar *emoción* a ese movimiento es porque se afirma la dimensión interna de conciencia que resulta de lo que se adivina así súbitamente, tanto de la película como del sí-mismo. Es el afecto del espíritu sobrevolando el del cuerpo, que subraya Deleuze.

En los grandes cineastas, los movimientos de cámara, pero también lo que a menudo se llama, tal vez de manera inadecuada, reencuadres, tienen

---

11. LANGER, Susanne K., *An Essay on Human Feeling*, vol. I, Baltimore: John Hopkins University Press, 1967.

un valor especial de activación, que recoge lo que de ignoto se establece entre los cuerpos y, de ahí, entre esa relación misma y el enigma de su paso al espectador. Durante una escena intensa por los sentimientos que descubre entre los seres, y con el pretexto de un realismo perceptivo vinculado a la continuidad de la acción, las ligeras oscilaciones de cámara parecen llevar a su momento álgido el estado emocional atribuido a los personajes. También sorprenden directamente al espectador, de este lado de los afectos discretos y de los soportes flagrantes de identificación, reforzando estos últimos.

Vuelven así, por ráfagas, muchas escenas a la memoria.

¿Cómo he podido creer que la escena de amor bajo el kiosco de música, en *Muerte en los pantanos (Wind Accross the Everglades*, Nicholas Ray, 1957), era el ejemplo mismo de ese doble juego de afectos? Es que el plano inicial del abrazo entre Walt y Naomi, aunque supuesto por la intriga, es exageradamente repentino. Se precipitan sin que se les vea llegar, por la izquierda y la derecha, en un cuadro fijo corto sobre el fondo de madera del kiosco de música, y se besan, intensamente. El plano más corto que viene después de ese beso y los que le siguen apasionadamente parece también fijo pero se mueve ligeramente sin parar, para caer por fin y seguir el movimiento de la pareja que se desliza bajo el kiosco. La cámara les sigue todavía en un tercer plano, esta vez ya del otro lado de la estructura, les deja alejarse un poco para volver a encontrarles. Los nueve planos que forman luego el corazón de la escena son una sucesión de campos-contracampos muy ajustados sobre los rostros (algunos verdaderamente rápidos), que se alternan de manera clásica y dan ventaja sucesivamente a cada uno de ellos, en el curso de una mezcla de diálogo y abrazos. Estos son los planos que yo había creído más movidos, animados por reencuadres, desencuadres y solapamientos, como se ve en Cassavetes. Sin embargo no todos son fijos de verdad y la cámara parece estremecerse con los más leves impulsos de los cuerpos. La dificultad misma que se tiene para comprobarlo se debe al hecho de que los límites del encuadre muy ajustado sobre su motivo provoca en esos límites, con la multiplicación de los planos, una intensificación de movimiento. Como si este no hubiera cesado desde el primer choque de los cuerpos. Y Ray conseguía alcanzar aquí, por una confusión de medios simples, un efecto que la productora no dejó de reprocharle durante del rodaje de la película de la que prefirieron pensar que había perdido el control para quitársela con más facilidad.[12]

El mismo efecto resulta flagrante en una escena bastante parecida de *La aventura* (*L'avventura*, Michelangelo Antonioni, 1960). Otra vez un abrazo, otra vez una sucesión de besos, en esta ocasión en un paisaje desnudo, cerca de una vía de ferrocarril (pasa un tren, al principio y al final del segmento). El interés radica en que después de un plano largo en movimiento en el que se ve cómo la pareja se deja caer al suelo (Monica Vitti, Gabriele Ferzetti) en la parte inferior del cuadro, lo que regula el aumento del deseo en una escena casi muda, de una sensualidad más densa, es una alternancia de planos y no un simple efecto de contracampo. Y todo está en la alternancia de los encuadres, también muy ajustados, que constituyen otra vez el corazón de la escena, en seis planos, que se captan forzando la atención. El primer encuadre captura las cabezas y apenas los hombros de los amantes en ligero picado sobre un fondo de hierba; el segundo los coge de lado en ligero contrapicado. Una parte de la turbación, al igual que en la película de Ray, está en el aparente movimiento de los encuadres ajustados, en parte fijos. Pero los ligeros reencuadres o movimientos de cámara son aquí mucho más nítidos y están concentrados sobre todo en los planos de perfil, que dejan ver los gestos y las posturas de los cuerpos, mayor o menor cantidad de tierra o de cielo. La verdadera turbación nace pues, según esos gestos, de una especie de enrollamiento de un encuadre sobre otro y, por eso mismo, de un traslado casi imperceptible del movimiento a la fijeza y a la inversa. Esta dualidad de los planos tiende también una analogía sensible a la dualidad de los cuerpos, que ruedan uno sobre el otro y bajo el otro. Finalmente, el efecto se incrementa en ese juego con la preferencia otorgada a la mujer por ese ir y venir de la cámara (rostro, varias veces, de Monica Vitti, volviéndose al cielo en un éxtasis pictórico —es también la única que dice algunas palabras de amor).

¿Por qué pasar de esas dos escenas que parecen desarrollarse mutuamente, del cine ya menos clásico al cine moderno, a los dos primeros minutos de *Rece do gory* (Jerzy Skolimowski, 1967)? Porque, de entrada, la puesta en escena se impone allí como ficción experimental de la puesta en pliegues. Y porque se trasluce un entonamiento inmediato, entre música, sonido, luces

---

12. Jack Warner observa así "continuos cambios de emplazamiento de cámara, 'muy ligeros pero para representar la misma acción, lo cual es muy costoso y hace perder tiempo'". Y Budd Schulberg, el productor-guionista, decía que: "Nick rodaba desde muchos ángulos intermedios, desplazaba la cámara solo unos pocos centímetros... Nos daba la impresión de que rodaba al azar". (Citado en EISENSCHITZ, Bernard, *Roman américain. Les vies de Nicholas Ray*, París: Christian Bourgois, 1990, p. 374).

y gestos, y entre los gestos mismos. Imagínese una pared hecha de tablones; delante de esa pared, un hombre (en plano bastante corto), con la cabeza envuelta con vendajes blancos; y delante de ese hombre, gran cantidad de manos que se agitan al ritmo de una música inventiva, aguda y caótica, o más bien "caósmica".[13] El hombre esgrime un sobre, del que saca un texto, un panfleto negro, anarquizante, críptico, relativo al estado de las cosas del mundo en el que vive. Mientras lee el texto en voz muy alta, las manos, los brazos, la parte superior de las cabezas del público indeciso e indiferente invaden el cuadro por la parte inferior, mezclándose y dando vueltas, ocultando y descubriendo más o menos al hombre. Empieza a quitarse las vendas y esgrime la base de un micrófono como para tirarlo. Una conmoción en el plano descubre de repente a los que bailan y, por encima de ellos, unas bombillas que caen desnudas desde el techo, que el hombre rompe en parte con su micrófono. El plano o los planos se prolongan, así, acercándose nuevamente casi hasta el rostro del hombre que lee y se quita las vendas, siempre recubierto, descubierto por esas partes altas de unos cuerpos sacudidos por un movimiento perpetuo.

El efecto de plegamiento, del pliegue imperceptible al pliegue formal manifiesto, cabe en seis características, sin orden de importancia, pero todas ellas ligadas entre sí.[14] Si hay que decir "conmoción" en el plano y no corte, es que hay que experimentar la película imagen por imagen para estar primero seguro de que se trata de un violento *zoom* hacia atrás dentro del mismo plano y no de un segundo plano. De la misma manera y a la inversa, un poco más tarde, el corte que prepara otro plano, casi primer plano sobre primer plano, es apenas visible, por no decir sensible. Esta indeterminación de las fronteras del plano es corolario, segunda característica, de una confu-

---

13. "Caosmosis" es el término de Deleuze y Guattari que más adecuadamente expresa la transformación del arte en su lucha contra el caos (*Qu'est-ce que la philosophie?*, *op. cit.*, p. 192). De esa música de Krzysztof Komeda, Jean Narboni dice: "Música integrada en las películas y musicalidad tensa, entrecortada, sincopada de las películas mismas" ("Jerzy Skolimowski et la fuite impossible", católogo del festival de Belfort, 2001, p. 100).
14. Skolimowski dice, de la que cree "con mucho" que es su "mejor película": "Si tuviera que representar gráficamente *Rece do góry*, habría oscilaciones vehementes y vigorosas en el dibujo, interrumpidas de vez en cuando por delicadas líneas más suaves.", *Ib.*, p. 112.

sión continua entre primer y segundo término, en las manos que se agitan, y casi, hasta tal punto a veces se mezcla todo, entre el hombre y las manos. En tercer lugar, se pasa casi de lo borroso a lo nítido y de lo nítido a lo borroso sin contemplaciones. Luego, se acumulan los efectos de luz y de sombra, por medio de matices ínfimos y por efectos de masas. Lo relevante es que siguen siendo autónomos con relación al aparente relato que se organiza. En el momento en el que el hombre rompe las bombillas, la luz disminuye de repente, pero sin proporción de intensidad ni de ángulo con el acto. Es que, quinta característica, entramos aquí en un mundo sin verdadera causalidad entre las apariencias y los acontecimientos. Finalmente, hay a la vez concordancia y disonancia entre lo que se oye y lo que se ve, la música misma y el efecto visible de los cuerpos que parecen responder a ella.[15]

Estamos entonces lo más cerca posible de lo que una lectura inspirada por el psicoanálisis calificaría de procesos primarios, en el corazón mismo de su elaboración secundaria. Esto es propiamente lo que la visión de Stern, como la de Deleuze y Guattari, de otro modo, toca de manera más directa y más real, al dibujar otro acercamiento de la relación de comprensión y deseo entre el mundo y su subjetivación, así como otros límites y otras dinámicas entre consciente e inconsciente.

De ese modo se perfila, de acuerdo con una virtualidad cercana a la que ordena la percepción amodal, pero a un nivel diferente, otro de los grandes conceptos de Stern, que parecerían salidos de una novela de Henry James, o de su resonancia en Maurice Blanchot: los *compañeros evocados*. En el mundo social originario cuya descripción intenta Stern, los compañeros evocados aparecen con "el sentido de un sí-mismo nuclear" (con sus dos componentes: "el sí-mismo *versus* el otro", "el sí-mismo con el otro"), antes que "el sentido de un sí-mismo subjetivo" y después de "el sentido del sí-mismo emergente" (justo después de que hayan empezado a construirse los afectos de vitalidad). Sentido que no es nunca, y Stern insiste en ello, ni "sentido de", ni "conocimiento de", ni "conciencia de", sino "dimensión palpable y vivida

15. Un ejemplo comparable es el de la escena del night-club en *Rostros* (*Faces*, John Cassavetes, 1968), tan bien explicado por BRENEZ, Nicol: "Travolta en soi", en *De la figure en général et du corps en particulier*, *op. cit.*, pp. 302-304.

de esas realidades que son la sustancia, la acción, la sensación, el afecto y el tiempo" (98). De dos a seis meses aproximadamente, en el curso de este período que "tal vez sea el período de sociabilidad más intensa de la vida" (100), se trata de acercar "un sentido de la experiencia de los hechos" (98).[16] En esta "integración de los invariantes del sí-mismo" (127), se impone una noción: el *episodio*, "fragmento pequeño pero coherente de experiencias vividas" (128), unidad de base de la memoria de los acontecimientos. El episodio solo parece tener sentido "generalizado": no recuerdo específico, sino "formado por múltiples recuerdos específicos", es una "estructura, más cercana a una representación abstracta". Se aplica así "al curso probable de los acontecimientos, basado en las experiencias promedio" (131).[17] Al desplegar la realidad del episodio en la vida interpersonal, Stern introduce la idea de "representaciones de interacciones generalizadas" (RIG). Esas RIG multiplicadas que forman otros tantos prototipos (o "estructuras flexibles") (147) son reguladores de la experiencia y Stern fija así su fórmula: "Siempre que se activa una RIG de estar-con alguien (que ha cambiado la experiencia del sí-mismo), el bebé encuentra a un compañero evocado" (149).

Una cosa importante, que supone la palabra evocación, es que ese recuerdo del "compañero" pueda tener lugar tanto estando solo como a través de la misma relación. Así se manifiesta una dimensión constructiva, que puede llamarse ficticia, en el despliegue de la realidad social, por la integración de acontecimientos a la vez sucesivos y recurrentes ordenados en el tiempo. Se trata de un tiempo orientado desde el pasado hacia el futuro, que garantiza así una primera integridad del sí-mismo nuclear. El interés de una perspectiva basada en el episodio y el acontecimiento, por elementales y no conscientes que sean en esa primera época de la vida, reside en que abre una vía hacia lo que Stern, en un estudio posterior, califica para terminar de "mo-

---

16. Stern establece "una lista provisional de las experiencias a las que el niño tiene acceso, necesarias para dar forma a un sentido de un sí-mismo nuclear organizado": la experiencia de la actividad propia del sí-mismo, la experiencia de la coherencia del sí-mismo, la experiencia de la afectividad del sí-mismo, la experiencia de una historia del sí-mismo (p. 98).

17. Stern adopta allí el punto de vista de varios investigadores que consideran las "estructuras generalizadas de acontecimientos" (EGA) como "bloques constructivos básicos del desarrollo cognitivo, así como de la memoria autobiográfica" (131).

delo narrativo".[18] Parte de la unidad de base, singular e indivisible, formada por el episodio almacenado en la memoria, para desarrollar una integración progresiva de "momentos" que dan forma a la representación. Distinguiendo el "Momento Vivido" (que en gran parte califican los afectos de vitalidad), el "Momento Memorizado" y el "Momento Representado", Stern construye una especie de odisea lógica que tiende hacia "unidades de orden superior" y nos conduce hasta el umbral del cuarto y último sentido del sí-mismo que en el recorrido de su libro es "el sentido del sí-mismo verbal", que desemboca en el lenguaje y lo simbólico. Es sorprendente que esa progresión lleve a Stern a tomar prestadas entonces palabras procedentes del cine: script, secuencia, guión.[19] El "guión" se presta a una jerarquización parecida a la de los momentos: él mismo es a su vez vivido, memorizado, representado, como "bloques de construcción". Así, momentos y guiones se integran en un "modelo operativo" ("un nivel para ordenar una representación"), siempre no consciente y no verbal, que abre en torno al tercer año de vida la vía a la emergencia del Modelo Narrativo: es decir "la historia del modelo operativo que uno se cuenta a sí mismo o cuenta a otro".

De ese modelo narrativo, Stern dice entonces a la vez mucho y poco. Pero sí tres cosas esenciales. De la misma manera que los diversos sentidos del sí-mismo son llamados a coexistir a lo largo de la vida, el modelo narrativo no anula los modelos operantes que lo preceden ("Coexisten en armonía o en ausencia de armonía relativa durante toda la vida"). Luego, un modelo narrativo singular puede reunir varios modelos operativos. Finalmente, puede mezclar con la experiencia histórica personal (que es la única que define el modelo operante) muchos elementos procedentes de la experiencia de los otros ("historias de familia, mitos, mentiras, secretos"), es decir, abrirse a la cultura.

---

18. STERN, Daniel N., "Engagements subjectifs: le point de vue de l'enfant" (trad. Élisabeth Fivaz), en Carel, A., Hochmann J. y Vermorel, H. (drs.), *Le Nourrisson et sa famille*, París: Cesura Lyon Éditions, 1990, pp. 30-45 (para las citas que siguen, pp. 42-43).
19. "El script [...] sería el modelo de esa especie de unidad compuesta por los diferentes momentos fototípicos de una secuencia invariante. He aquí un ejemplo sencillo: (1) el bebé se acerca a su madre; (2) la madre orienta su cuerpo y se prepara para aceptar el acercamiento; (3) el bebé levanta los brazos para que le cojan; (4) la madre ajusta su posición de manera adecuada". Stern llama a esta unidad un "Guión-Vivido" (*Ib.*, p. 41).

Así, desde el episodio mínimo representado como compañero evocado en los inicios de la elaboración del modelo narrativo, se pone en orden una posible génesis de lo que se llama, según los casos, ficción, narración o relato. Teniendo en cuenta lo anterior, su originalidad consiste en hacer que toda diferenciación tajante resulte artificial, es decir que puede plantear una realidad esencial o autónoma entre el elemento de guión y sus perfiles de activación, para hablar como Stern o, para hablar como muchos otros, entre los momentos narrativos o los acontecimientos y lo que responde a ellos como formas y figuras.

Esto no significa que todas las películas sean narrativas, sean cuales fueren los grados o los modos de lo que cuentan. Tal como hay una pintura llamada abstracta, hay películas abstractas o no figurativas (por ejemplo *Arnulf Rainer*, 1966, de Peter Kubelka o *Axiomatic Granularity*, 1972-1973, de Paul Sharits). Hay también películas cuya imagen documental corresponde más al puro fluir de una materia-imagen que a una ficcionalización (por ejemplo *La région centrale* de Michael Snow, o tantas películas de Stan Brakhage, sin olvidar, en su principio mismo, el cine-ojo vertoviano). En ambos casos, la única "historia" de esas películas es la de la sucesión de sus imágenes, del acontecimiento o de los acontecimientos materiales que en ellas se construyen y, por lo tanto, de las formas y de la imagen del tiempo que en ellas se impone. En términos de Stern, se sitúan, con excepción de la dimensión simbólica propia del dispositivo del cine y del arte de que dan testimonio, en los puros niveles elementales de la percepción amodal y de los afectos de la vitalidad que la despliegan, sin dejar realmente espacio a los afectos discretos, siempre más o menos ligados a los contenidos figurativos y narrativos. En cambio, en cuanto entra en escena o se expresa la figura humana, en cuanto se perfila la mínima ficción[20], hay una correlación total entre lo que se cree leer como imagen y lo que se cree vivir como relato.

Esto es lo que André Parente ha visto acertadamente, cuando toma de revés la convicción con la que Deleuze, al empeñarse en escapar al dominio

20. Nos encontramos aquí frente a todos los casos intermedios de antropomorfización de lo abstracto, sobre todo en el cine de animación, del que constituye un muy buen ejemplo *Blinkity Blank* (1955) de Norman McLaren.

de la semiología, las teorías del lenguaje y las implicaciones filosóficas de la representación, llega a pensar que "la narración no es más que una consecuencia de las propias imágenes aparentes y de sus combinaciones directas, nunca un dato".[21] Al contrario, dice Parente, basándose sobre todo, en línea con Blanchot, en la idea de "voz narrativa" y en un concepto del relato como "acontecimiento mismo": "La narración y el relato no son consecuencias de imágenes, así como tampoco son resultados de los enunciados y procesos de lenguaje subyacentes a los enunciados. [...] El relato cinematográfico así como las imágenes y enunciados que lo componen son resultado de procesos narrativos/que ponen en imágenes".[22] Esos procesos son "las operaciones que explican por qué los acontecimientos y objetos constituyen las imágenes y los enunciados cinematográficos y estos la realidad". Se ve cómo, en otro lenguaje, esas palabras están de acuerdo con la visión de Stern, con el entrelazamiento que describe, desde los primeros meses de la vida, entre la integración de cualidades sensibles y la integración en la memoria de las formas episódicas que les corresponden. Por lo demás, es llamativo que la concepción del acontecimiento desarrollada por Deleuze en *El pliegue* parezca a su vez desbaratar de manera implícita la escisión introducida en *Lógica de la sensación* entre lo figural y lo figurativo o (según las propias palabras de Bacon) entre sensación y narración, escisión que encontramos nuevamente desplegada, con otros términos, en sus libros sobre el cine. Por el contrario, con sus cuatro condiciones o componentes desarrollados a partir de la intervención de una criba a través del caos[23], el acontecimiento leibnizo-deleuziano, inspirado en Whitehead, parece muy cercano, a pesar de la diferencia de los vocabularios y las tradiciones intelectuales, a la visión de Blanchot a la que recurre Parente y los ordenamientos con los que Stern

---

21. DELEUZE, Gilles, *L'Image-temps*, *op. cit.*, p. 40.
22. PARENTE, André, *Cinéma et narrativité*, París: L'Harmattan, 2005, pp. 55-56 (ese libro es la versión abreviada de una tesis dirigida por Gilles Deleuze, presentada en 1987).
23. Son respectivamente las extensiones ("un elemento se extiende sobre los siguientes, de manera que es un todo, y los siguientes, sus partes"), las intensidades (timbres, colores, valores, etc.), los individuos o prehensiones (que permiten la subjetivación), los objetos eternos o "ingresiones" (identidad del objeto a través de los momentos). DELEUZE, Gilles, *Le Pli*, *op. cit.*, p. 103 y siguientes.

construye para el bebé los inicios del mundo. Para terminar de ligar los pensamientos y los términos, también llama la atención a este respecto que la teoría del pliegue se vincule directamente con ciertos aspectos de los grandes libros escritos antes por Deleuze con Guattari (sobre todo el acoplamiento capital de lo molar y lo molecular); y que por fin este último, en su último libro, *Chaosmose*, haya escrito páginas cruciales para mostrar hasta qué punto las concepciones de Stern entraban en consonancia con sus propias construcciones, tanto en el plano de una "ontológica" de la subjetivación como en el del "paradigma estético".[24]

Así, casi siempre hay consustancialidad entre imagen y relato, sean cuales fueren los modos de imágenes y de relatos, desde el cine clásico más orgánico a las disyunciones más flotantes del cine moderno, y hasta en la muy amplia mayoría de obras del cine de vanguardia o experimental. La dificultad procede más bien de la posibilidad de mostrar esa identidad, es decir, de saber cómo nombrarla. Pues nombrar equivale a describir; y lo único que hace creer en la ilusión de las distancias de realidad y de pensamiento es a menudo la diferencia de las palabras. Se puede intentar someterlo todo a prueba a través de tres planos de otra película de Mizoguchi, *El héroe sacrílego* (*Shin Heike monogatari*, 1955).

Se trata de tres planos de apariencia más bien sencilla, sin hechos destacables (casi diez minutos después del principio de la película). Los samurais del capitán Tadamori han vuelto de la guerra y se acercan a la casa del amo. El plano inicial, fijo al comienzo, muestra la casa, en la perspectiva oblicua tan del gusto de Mizoguchi: hay un muro bajo por el medio, en la orilla izquierda del cuadro que llega hasta el centro, interrumpido por la entrada de la casa rematada con un tejadillo. A la derecha se ve la calle y la multitud bulliciosa que la ocupa (ese sentimiento de muchedumbre enloquecida por los efectos de la guerra está muy presente desde el principio de la película, nueve minutos y medio antes); a la izquierda, gracias a una posición de cámara en picado, se descubre la animación del patio interior, ante una parte de la casa que forma un ángulo recto con el saledizo y la pared baja que continúa más lejos, saliendo casi al momento del cuadro. Es entonces cuando se produce el acontecimiento. Es indisociable del movimiento de la cámara que

24. GUATTARI, Félix, *Chaosmose*, París: Galilée, 1992, pp. 17-18, 94-99.

se eleva virando hacia la derecha y avanzando, para descubrir toda la perspectiva de la calle y de la pared que continúa y seguir los movimientos convulsos de la muchedumbre precipitándose al encuentro de los guerreros. El ojo ve entonces lo que puede ver, en el intenso bullicio. Percibe en la profundidad una bandera roja. Puede ver en primer plano, pero ya a lo lejos, y entre otros cuerpos agitados, la fina silueta de una mujer encuadrada en la parte baja de su vestido rojo, corriendo. Se va a la izquierda, casi pegada a la pared, se aparta para dejar pasar a unos soldados, vuelve a atravesar la calle para llegar al centro de la imagen, desapareciendo casi entre el gentío; pero de repente salta al cuello de un hombre que camina apoyándose en una muleta. El movimiento de cámara ha quedado suspendido por un momento y vuelve a arrancar hacia la izquierda retrocediendo, a la vez que la mujer, sosteniendo al soldado herido, vuelve a atravesar la calle, pasa otra vez por el mismo centro del cuadro, y se dirige hacia la entrada de la casa. Entonces la perdemos de vista, habiendo recuperado la cámara su encuadre de partida y progresado incluso un poco más hacia la pared del recinto y el patio para seguir el movimiento de la muchedumbre que se precipita hacia allí. Se queda fija, en esa vista siempre lejana, de tal modo que volvemos a encontrar a la mujer alejándose de espaldas con el herido, mientras otras mujeres vienen a preguntar por sus parientes, desplomándose una de ellas sobre un cuerpo que yace en una camilla.

El segundo plano no hace sino detallar, de manera más cercana, ese diálogo doloroso de mujeres y guerreros. Se pasa enseguida al tercer plano, que parece retornar al encuadre inicial del primero. Con una ligera diferencia: su encuadre parecería más bien sacado del recorrido interno de ese plano inicial, como si este se hubiera detenido a medio camino en el movimiento que hacía entonces descubrir la pared del recinto y la calle. Este tercer plano, muy largo, se queda fijo, imponiendo a la vista su encuadre y las acciones que en él se desarrollan: circulación intensa entre el patio y la calle, avance de guerreros que enarbolan banderas rojas replegadas.

A través de esos tres planos se concretan dos elementos fundamentales. Proponen primero a la visión una pluralidad de acontecimientos confusos entre los que destaca, en cuanto nos dejamos atraer, un acontecimiento menor: esa mujer que va corriendo y vuelve. Acontecimiento ante todo a lo lejos. Se trata de un afecto propio, al que le cuadra, aunque sea demasiado metafóricamente, la expresión tan elocuente utilizada por Stern, "perfil de activación", que vincula tiempo e intensidad de la sensación dando "origen a los afectos de la vitalidad de un nivel de emoción" (82). Esa mujer visible por su vestido rojo se desplaza a lo lejos, y por eso su desplazamiento atrae. Por otra parte, el segundo rasgo destacable de ese fragmento de película, al combinarse forzosamente con el primero, es la línea oblicua insistente de las paredes con un clara variación de ángulo, imponiéndose de hecho del plano 1 al plano 3 (variación oculta y acentuada por la distancia entre el movimiento de cámara. Primero, y luego por la inmovilidad del plano): disposición oblicua que es en sí misma una de las marcas más destacadas del estilo de Mizoguchi, de su manera de ver y de captar el mundo.

Allí se afirma el segundo elemento en juego: la imposibilidad de deslindar rasgos de visión o de imagen y elementos de relato. También se puede llamar a la mujer con su vestido "mancha roja en movimiento" o bien "mujer corriendo hacia su marido herido". De la misma manera, la pared del recinto que concentra la fuerza de las líneas oblicuas puede encontrarse expresada por esa pura insistencia formal tanto como por un elemento de la casa de Tadamori. Es tanto una línea abstracta como un fragmento de la prosa del mundo. Se entiende entonces cómo pueden establecerse objetivos de análisis que se pretenden, por un lado, más bien de carácter figurativo o figural, por otro más bien narrativos o narratológicos, y desarrollan así sus propias consecuencias.[25] Pero lo esencial es que, al igual que en Stern el afecto de la vitalidad y la interiorización del episodio, ambas dimensiones siguen estando en el fondo ineludiblemente ligadas, al derivar la matriz narrativa de afectos elementales de los que constituye una extensión natural.

Sin embargo, hay una anterioridad de los afectos de la vitalidad, en el nivel del sí-mismo emergente, incluso antes del sentido de un sí-mismo nuclear que abre la virtualidad de los compañeros evocados y por ende la de la formación de episodios de vocación narrativa. A ese momento primario, definido por la percepción amodal y los afectos de la vitalidad aferentes, hacen

---

25. Es lo que AUMONT, Jacques, intentó determinar, esforzándose por mantener la tensión máxima entre elemento figurativo y elemento narrativo (en el capítulo "La description ou l'invention des faits" de *À quoi servent les films*, París: Séguier, 1996). Se percibe hasta qué punto otra forma de árbol, aislada como elemento de una figura en un plano de Tarkovski (pp. 209-213), es adecuada para apoyar el efecto que aquí llamo emoción.

virtualmente eco la búsqueda y la realidad de un "cine-materia" propio del régimen de la variación universal de las imágenes, del "en-sí de la imagen" cuyo modelo encontró Deleuze en Bergson, en el primer capítulo de *Materia y memoria*.[26] Lo difícil de concebir, pero es algo crucial, es que en cuanto se ha iniciado una mínima narratividad, en el orden de la selección, el reconocimiento, la consecuencia y el tiempo, lo que se convierte en relato es la realidad material de la propia imagen, antes que cualquier prescripción del orden del lenguaje, tal como subraya Parente. Hasta el punto de que resulta imposible establecer una separación que no sea formal, tributaria de la selección y disyunciones de lenguaje (mancha roja/mujer corriendo), en el cuerpo de los elementos de la imagen que constituyen sus acontecimientos unitarios.

Pero los afectos de la vitalidad no son solamente primarios; por eso mismo, son también, y Stern insiste en ello, mucho más continuos y diversificados que los afectos discretos, con los cuales pueden combinarse o no, en la vida y en la experiencia del arte. Los afectos de la vitalidad son de cada instante, allí donde los otros destacan por sus diferencias de categorías, dependiendo de un relato proporcionado a su caracterización siempre, más o menos, psicológica. Por eso, en comparación, independientemente de la fuerza con que unos y otros se correspondan, los rasgos de imagen son siempre mucho más variados, en cuanto a su naturaleza, número e importancia, que los elementos de relato, de entrada más sintéticos; así, es mucho más difícil que los agote la lengua que intenta nombrarlos. Por eso Stern tiene tan a menudo la tentación de calificar a los afectos de la vitalidad con las artes del tiempo, en las cuales la parte de relato es mínima y sobre todo poco formalizable: música y danza moderna sobre todo, en la medida en la que el cuerpo participa de ellas según impulsos no codificados.

Se deriva de ahí que en el cine los afectos de la vitalidad sigan estando ante todo vinculados a la materia de la imagen (y de todas las dimensiones del sonido en cuanto este entra en "los componentes de la imagen").[27] Expresan tanto el carácter elemental como la variabilidad perpetua según el movi-

26. PARENTE, André, *Cinéma et narrativité*, *op. cit.*, pp. 118-122, y DELEUZE, Gilles, *L'Image-mouvement*, *op. cit.*, pp. 116-124, así como en el capítulo 4 (el segundo comentario de Bergson).
27. DELEUZE, Gilles, *L'Image-temps*, *op. cit.*, p. 292 y siguientes.

miento y el tiempo, determinados, en palabras deleuzianas, por la reciprocidad continua del todo y el intervalo. Apoyan así el paso y la reversibilidad entre los niveles de lo microscópico y lo macroscópico, lo molecular y lo molar, en la plegadura de lo inconsciente y lo consciente concebidos como modos de energía sensible. Experiencias subjetivas, en el sentido de Stern, desde los primeros tiempos de la vida cuya formación y transformación acompañan, convirtiéndose así en las del espectador de películas, los afectos de la vitalidad son también, por sus valores de intensidad, las instancias de la vida a-subjetiva y no psicológica que Deleuze reconoce como principio de la imagen-movimiento y la imagen-tiempo. Por eso, lo que califica a estas imágenes de la manera más absoluta —las relaciones de ritmo de un plano a otro según todas las lentitudes y velocidades posibles, la distribución de las materias y las masas en el espacio del cuadro, las variaciones de la luz y el color, el carácter físico de los cuerpos, de los gestos y esa otra, tan particular, que va unida a los movimientos de la cámara— todo ello suscita, como ocurre en la música o la danza, emociones que no tienen nombre de verdad.

De todo ello se desprende la afinidad de implicación entre la red de las emociones intensivas y la intensidad de las identificaciones narrativas (unas y otras más o menos apoyadas, simultáneamente, en los otros tres niveles de emoción: textual, simbólica y de dispositivo). En esa superposición de niveles, esta implicación es tan evidente como compleja, tan necesaria como aleatoria, tan restringida como ilimitada. Y es siempre específica, singular, acorde con cada instante, cada momento de película, y cada cuerpo de espectador apto para encarnarla, es decir, diseminarla. Si el ejemplo del primero de los tres planos elegidos del *Héroe sacrílego* llama la atención, es por la modestia misma de la relación que se establece con esa figura fugaz de la mujer de rojo, cuya carrera vacilante dentro del cuadro está libremente en sintonía con la turbación propia del movimiento de cámara y sus diversas posiciones, así como con la variación aferente de las líneas oblicuas dentro del espacio cambiante del plano. Mientras que, en los planos iniciales de *La señorita Oyu*, la identificación se aferra enseguida al cuerpo, se debe a un cuerpo cercano ofrecido por el diálogo y en la imagen como tal, por reservado que sea, y de entrada se encuentra puesto en juego un deseo excesivo. De tal modo que, a través del bosquecillo, siguiendo el movimiento de la cámara que acompaña el avance de Shinnosuke, cada tropiezo con un árbol y un bambú, cada intervalo y cada pliegue que les afecta se convierten, simple y misteriosamente, en la repercusión, en la cámara de eco de ese deseo.

Tal vez alguien se pregunte: ¿por qué Mizoguchi? Sin duda porque muy pocos cineastas parecen haber mostrado como él al mismo tiempo, de manera tan clara, la dependencia y la independencia de las fuerzas de la imagen y las del relato. En sus películas, se equilibran por una especie de fricción perpetua. Y es de sus constantes puntos de encuentro, concediendo a unos y otros, paradójicamente, autonomías temporales y como absolutas, con tantas disonancias, como nace para un espectador la emoción intensa y renovada.

Cuando se reestrenó *La señorita Oyu*, en 1983, unos meses antes de que llegara a su "pequeña 'teoría de las emociones'", Daney proponía ya una versión trivial de la misma.[28] Indiquémosla brevemente. Para arrojar luz sobre "la emoción muy especial que se adueña de nosotros poderosamente, cada vez que vemos o volvemos a ver una película de Mizoguchi", Daney proponía a su lector que se imaginara en "*otra* butaca. No la del cine, sino la del dentista". Desarrollando la metáfora, deducía dos componentes vinculados a las películas de Mizoguchi: "el punzón del dolor, el valor de la lucidez". Pero añadía otra: "la belleza que se ha vuelto extraña y como repelente" que nace de la música. Pues el movimiento propio de la música se conjuga con los de la cámara y los cuerpos de los actores para suscitar, con ellos y en ellos, variaciones continuas de armonías y disonancias. "Por eso sus películas son desgarradoras. Por eso *La señorita Oyu* es sublime".

Al principio de *La señorita Oyu*, esa música desbordante cubre los títulos de crédito y el plano inicial. Se interrumpe durante el corto diálogo inaugural entre la tía y el sobrino, se reanuda cuando Shinnosuke se hunde en el bosque y no cesará hasta el choque provocado por la caída del abanico (salvo, otra vez y también brevemente, en la casa, en el momento de las presentaciones). Recuérdese lo que escribe Stern acerca de la danza moderna y la música, en las cuales ve "ejemplos por excelencia de la expresividad de los afectos de la vitalidad". Añade sobre la danza que revela esos múltiples afectos "sin recurrir a una trama ni a señales de afectos categoriales de donde podrían derivarse los afectos de vitalidad" (81). Es así "el ejemplo último —en cuanto a prototipo" de los efectos de entonamiento (202). En el cine, en

28. DANEY, Serge, "Mademoiselle Oyu (Kenji Mizoguchi)", *Ciné-Journal, op. cit.*, pp. 190-192.

el cine hablado o sonoro, donde se convierte en un componente de la imagen, por naturaleza, la música suele remitir al mismo tiempo a la intriga a la que se supone que sirve y permanece exterior a ella. Pues a través de la intriga su autonomía hace que se entone tanto con los sentimientos más abiertos y los más difíciles de formular inducidos por la película como con los instantes de su intimidad más corporal. En las películas de Mizoguchi, donde tiene una pregnancia tan continua, más que en cualquier otro, la música parece a la vez duplicar la intriga, penetrarla y alzarla fuera de sí misma. Parece indiferente a sus acontecimientos para mejor cubrirlos con su sombra. De ahí la impresión de desgarramiento que destaca Daney. Pero esa impresión general es también el efecto de impresiones particulares que dependen de los rasgos, los accidentes, los choques que se producen en la imagen, en la autonomía aparente que es la suya respecto al relato. Cuando Shinnosuke pasa entre los árboles y bambúes, la melodía penetrante de la música de Fumio Hayasaka, parece ponerse a tono desde el principio con los intervalos y los pliegues que se forman. Al escucharse y verse así subrayada, la música participa entonces en sus dos orillas de la emoción que intensifica, tanto por la afección del cuerpo como por la vibración del espíritu.

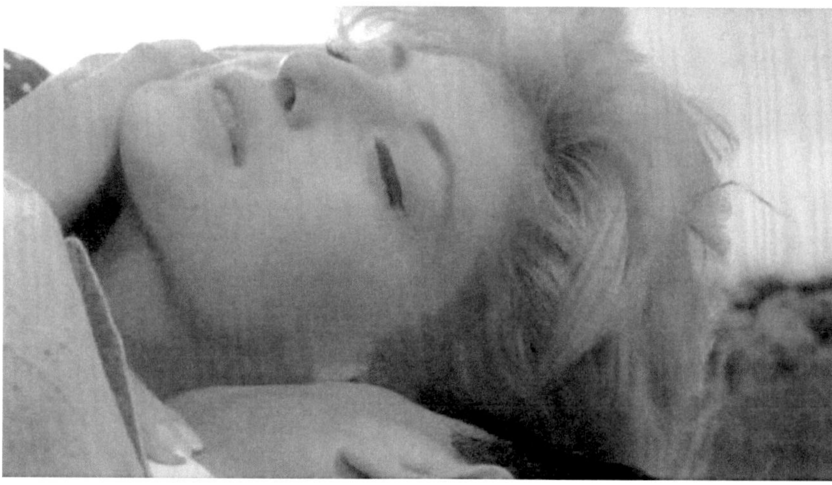

La aventura, Michelangelo Antonioni, 1960

Amanecer, F.W. Murnau, 1927

7. UN ESPECTADOR PENSATIVO

Pero más exactamente, ¿cómo es ese espectador que siempre está volviendo de la infancia en la que se ha preformado, que es lo suficientemente adulto como para abandonarse a la película y que encuentra en ese abandono una capacidad, intermitente pero sutil, de conservarla en la memoria, de dejar al menos que la memoria de esa película trabaje en él? Ese espectador entregado a la leve hipnosis de la película es tan activo como pasivo: esa tensión es una de las líneas de fuerza que recorre *L'exercice a été profitable, Monsieur*. Serge Daney encuentra su principio en la doble "pasividad" que se halla en el corazón del cine: la de la cinta de celuloide que recibe la impresión de las cosas; la del espectador que a su vez se impregna de ellas. Sin embargo, esta "situación corporal de debilidad" se alimenta de lo que la coge en sentido contrario, de acuerdo con otra dualidad que opone la película a la sala: "El espectador tiene dos sitios: uno inmóvil (clavado en su butaca: visión bloqueada) y otro móvil (cautivo en una sucesión de imágenes: visión liberada)". La escritura crítica es la huella de esa liberación, que permite "pasar de la pasividad del que ve a la actividad del que escribe". Pero esta solo es posible en la medida en la que: "Escribir es reconocer lo que ya se ha escrito. En la película (como depósito organizado de signos) y en mí (organizado por un depósito de huellas mnésicas que, a la larga, constituyen también mi historia".[1] Daney encontraba así la hipótesis activa, que fue sobre todo la de Thierry Kuntzel en los años '70, de un "trabajo de la película" que implica una actividad mental y casi física del espectador. Semejante hipótesis justificará, de manera reconocida o no, a lo largo del siglo, entre los abandonos subjetivos y las convicciones más o menos crispadas de la "ciencia",

---

1. DANEY, Serge, *L'exercice...*, *op. cit.*, pp. 19-21, 216.

muchos acercamientos y análisis fílmicos, muchos pensamientos del cine. En Francia, por ejemplo, un interés parecido se expresó, primero después de la guerra, a menudo muy lejos de las películas, de acuerdo con puntos de vista más bien psicológicos o antropológicos (como Edgar Morin y los filmólogos), luego en términos semio-lingüísticos y psicoanalíticos (con Christian Metz, sobre todo). Hoy, este pensamiento de un cuerpo a cuerpo con la película encuentra su referencia posible en la biología del cerebro. Ahí radica la importancia del capítulo más programático de *La imagen-tiempo*: "Cine, cuerpo y cerebro, pensamiento", y de su sección 2, en la que Deleuze dibuja una analogía entre el cuerpo del cine y las nuevas comprensiones del cerebro. Poco después volvió sobre ello, para contestar a la pregunta: "¿En qué se puede basar una evaluación de las películas? / Creo que hay un criterio especialmente importante, y es la biología del cerebro, una micro-biología. Está en pleno cambio, y recoge ya descubrimientos extraordinarios. Lo que podría ofrecer algunos criterios no es el psicoanálisis ni la lingüística sino la biología del cerebro, porque no tiene el inconveniente de las otras dos disciplinas de aplicar conceptos ya elaborados. Se consideraría el cerebro como una materia relativamente indiferenciada y se preguntaría qué circuitos, qué tipos de circuitos, trazan o inventan, puesto que los circuitos no existen previamente, la imagen-movimiento o la imagen-tiempo".[2]

Es sin duda en la obra de Antonio Damasio donde pueden encontrarse las sugerencias más adecuadas para esas analogías. Su interés radica en que no tienen que presentarse como aplicaciones, hasta tal punto sigue siendo grande la distancia entre los datos científicos y la experiencia viva de las obras; pero de unas a otras, lo que se impone es la idea de una misma actividad, sobre todo con respecto a la formación de las imágenes, de la inteligencia y de la sensibilidad que suponen, de la naturaleza de los efectos que inducen. La forma en la que se establece esta relación puede considerarse desde varios ángulos.

1. Desde *El error de Descartes*, subtitulado en francés "La razón de las emociones", seguido poco después por dos grandes libros (*La sensación de*

---

2. "Sur *L'Image-temps*", entrevista con Gilbert Calasso y Fabrice Revault d'Allones, *Cinéma*, nº 334, diciembre de 1985, recogido en *Pourparlers*, París: Minuit, 1990, pp. 85-86.

lo que ocurre y *En busca de Spinoza*)[3], Damasio se impuso como el neurobiólogo que ha reevaluado de manera global y defendido la función de las emociones en el conjunto de la vida humana (y animal), continuando el legado de Darwin y de William James, dando a su pensamiento un sesgo de revisión filosófica. Durante demasiado tiempo opuesta a la razón, considerada como un estado de conciencia y de conducta dependiente de un cuerpo ciego, y por eso como un fracaso de la realidad (era la postura de Sartre en su *Esquisse*), la emoción recupera en Damasio (y otros muchos) un valor positivo de integración, en relación tanto con un pensamiento global de la evolución como con el desarrollo y el destino individuales, en la riqueza y la diversidad de sus componentes. Esta visión descansa en una manera bastante novedosa de concebir las relaciones del cerebro y el cuerpo y así arrojar luz sobre lo que ocurre con la mente, incluso con el alma. El cuerpo ya no está solo regido por el cerebro sino que participa del mismo, de acuerdo con localizaciones precisas que provocan entre el cuerpo y el cerebro, así como entre las partes de este último, una interacción constante, por bucles retroactivos cuya complejidad garantiza la singularidad irreductible de cada una de las conexiones concebibles.

Esa es la condición de una verdadera reversibilidad entre emoción y cognición, pensamiento y afecto. Se expresa muy acertadamente en unas líneas que parecen responder al título del capítulo de *La imagen-tiempo* en el que Deleuze se inspira en *El hombre neuronal* de Jean-Pierre Changeux para determinar la circulación que se establece entre "cuerpo y cerebro, pensamiento": "Alguien podría argumentar que puesto que el cerebro proporciona

---

3. DAMASIO, Antonio R.: *Descartes' Error. Emotion, Reason and the Human Brain*, Nueva York: Grosset/Putnam Books, 1994; *The Feeling of What Happens. Body and Emotion in the Making of Consciousness*, Nueva York: Harcourt, 1999; *Looking for Spinoza: Joy, Sorrow, and the Feeling Brain*, Nueva York: Harcourt, 2003 (los tres títulos publicados por la editorial Odile Jacob en 1995, 1999 (edición de bolsillo en 2002, utilizada aquí) y 2003, respectivamente). [*El error de Descartes. La emoción, la razón y el cerebro humano*, Barcelona: Crítica, 1996; *La sensación de lo que ocurre. Cuerpo y emoción en la constitución de la conciencia*, Madrid: Debate, 2001; *En busca de Spinoza. Neurobiología de la emoción y de los sentimientos*, Barcelona: Crítica, 2005. En 2010, Antonio Damasio publicó *Self comes to mind*, traducido como *Y el cerebro creó al hombre. ¿Cómo pudo el cerebro generar emociones, sentimientos, ideas y el yo?*, Barcelona: Destino, 2010].

los sustratos más inmediatos de la mente (los mapas neurales), el componente crítico que debe considerarse en el problema mente-cuerpo es el cerebro del cuerpo, no el cuerpo propiamente dicho. ¿Qué ganamos considerando la mente en la perspectiva del cuerpo, en oposición a considerarlo únicamente en la perspectiva del cerebro? La respuesta es que ganamos una razón de ser para la mente que no descubriríamos si solo consideráramos la mente en la perspectiva del cerebro. La mente existe para el cuerpo, está dedicada a contar la historia de los múltiples acontecimientos del cuerpo y utiliza dicha historia para optimizar la vida del organismo. Aunque no me gusten las frases enrevesadas, me siento tentado a ofrecer aquí una como resumen de mi hipótesis: 'la mente del cerebro suministrada por el cuerpo, preocupada por el cuerpo (*the brain's body-furnished, body-minded mind*), está al servicio de todo el cuerpo'".[4]

2. Llama la atención la constancia con la que Damasio recurre a la idea de la "película" (*movie*) para calificar los procesos mediante los que se despliegan las emociones, del cuerpo al cerebro, desarrollando ese sentimiento de sí mismo que se llama la conciencia. Al principio de *El error de Descartes*, antes incluso de pronunciar la palabra, lo que se impone es la metáfora de la película conducida por la imagen del tren: "Conceptualizo la esencia de los sentimientos como algo que el lector y yo podemos ver a través de una ventana que se abre en forma directa sobre una imagen continuamente puesta al día de la estructura y el estado de nuestro cuerpo. [...] De una manera general, un sentimiento es la 'visión' momentánea de una parte de este paisaje del cuerpo en un momento determinado".[5] Hay así una "película cerebral", que se invoca constantemente, y todo sugiere que la película real puede dar una imagen de la misma porque sería concebida sobre el modelo, más o menos virtual, según el cual el cuerpo-cerebro se desarrolla para poder proyectarse en el mundo y como mundo. Fue la intuición inicial de Epstein, así como de Artaud o de Eisenstein, reformulada luego por Deleuze: el cine,

4. DAMASIO, Antonio R., *Spinoza avait raison*, (trad. J.-L. Fidel, *op. cit.*, pp. 206-207). Lógica de los pensamientos y de los afectos: Damasio reconoce que Changeux es el único biólogo de la mente que se ocupa del pensamiento de Spinoza, que le ofrece la inspiración de su propio libro. Y se convierte sin duda en el único biólogo de la mente que cita a Deleuze a propósito de Spinoza.

5. DAMASIO, Antonio R., *L'erreur de Descartes*, (trad. M. Blanc), *op. cit.*, p. 11.

cuerpo-cerebro, se despliega como una imagen del pensamiento. Por eso, entre referencias variadas tomadas de todos los campos artísticos, Damasio invoca a menudo el ejemplo de películas reales para ilustrar lo que intenta hacer comprensible del funcionamiento del organismo humano. "Las películas son la representación externa más cercana de la historia contada dominante que se desarrolla en nuestra mente. Lo que ocurre durante cada toma, el encuadre diferente del sujeto que puede llevar a cabo el movimiento de la cámara, lo que ocurre en el intervalo de las tomas efectuadas en el montaje y lo que ocurre en el relato construido por una yuxtaposición particular de tomas, todo ello es comparable, en ciertos aspectos, con lo que ocurre en la mente, gracias a los mecanismos encargados de la formación de las imágenes visuales y auditivas, y a dispositivos como los múltiples niveles de atención y de memoria de trabajo".[6] En una intervención más reciente expresamente dedicada al cine, Damasio escribe también, cerrando su perspectiva: "Las personas brillantes que han desarrollado las técnicas cinematográficas hace décadas se inspiraron, unas veces conscientemente y otras inconscientemente, en mecanismos de la mente humana tal como los produce el mayor y más bizantino de los estudios de cine: el cerebro humano".[7]

Tal correspondencia merece ser precisada en dos puntos. Está claro que la película debe su virtud de modelo al hecho de desarrollar imágenes (y sonidos) en el tiempo. Si Damasio puede hablar en ese sentido del "funcionamiento narrativo del cerebro"[8], es porque ve en la formación originaria de imágenes, ellas mismas determinadas por emociones primarias del cuerpo, la condición

---

6. DAMASIO, Antonio R., *Le sentiment même de soi* (trad. C. Tiercelin, C. Larsonneur), *op. cit.*, p. 244.
7. DAMASIO, Antonio R., "Cinéma, esprit et émotion: la perspective du cerveau", *Trafic*, nº 67, otoño de 2008, p. 97 (texto publicado originalmente en el catálogo *Kino im Kopf. Psychologie und Film seit Sigmund Freud*, Berlín: Verlag Bertz+Fischer, 2006, con ocasión de una exposición organizada en el Filmmuseum de Berlín).
8. DAMASIO, Antonio R., *Le sentiment même de soi, op. cit.*, p. 245. "La construcción del conocimiento entero, del simple al complejo, del que se da en imágenes no verbales al que adopta una forma verbal literaria, depende de la capacidad de cartografiar lo que ocurre en el tiempo, *dentro* de nuestro organismo, *alrededor de* nuestro organismo, *a* nuestro organismo, una cosa tras otra, causando otra, indefinidamente. / Contar historias, en el sentido de grabar lo que ocurre bajo forma de mapas cerebrales, tal vez sea esa una obsesión del cerebro y probablemente empiece pronto, a la vez en términos de evolución y en términos de complejidad de estructuras neurales requeridas para crear

previa del desarrollo humano, incluso del lenguaje. Esta opinión englobante está de acuerdo con la que propone Daniel Stern acerca del desarrollo del niño. Y se adivina hasta qué punto una narratividad así de extendida atañe tanto a cualquier acontecimiento del relato como a las formas visibles y sensibles según las cuales se produce. Una vez más, como antes en Mesmer, "imagen" (en el sentido de configuración mental) vale aquí para todas las modalidades sensoriales susceptibles de ser activadas; pero la metáfora, como la realidad de la película, confiere a las imágenes visuales y auditivas un alcance particular.

Por otra parte, la idea de la película alcanza su plena dimensión como emblema del funcionamiento de la memoria. En dos ocasiones, Damasio invocó el ejemplo de *Brigadoon* (1954), la comedia musical de Vincente Minnelli, recordando el argumento según el cual ese pueblo cuyo nombre no figura en ningún mapa solo se despierta una vez cada cien años.[9] Reconoce allí una ilustración de la relación entre lo que llama, en su segundo libro, *espacio formado por imágenes* y *espacio disposicional*. El primero es el espacio en el que se mezclan los contenidos mentales manifiestos y otros que siguen siendo inconscientes[10]; el segundo, el espacio de disposiciones latentes, inconscientes para siempre, "huellas abstractas de potencialidad"[11] que constituyen una suerte de archivos de la memoria que permiten la reactivación de una imagen del pasado. Sorprende —y el ejemplo de *Brigadoon* invita a ello, a la vez como idea-símbolo sustentada por esa película y como imagen de la realidad de toda película— que a la escisión entre esos dos espacios, y tal vez sobre a la que divide el espacio formado por imágenes entre conciencia e inconsciencia, parezcan responder, aunque de forma necesariamente metafórica, las diversas maneras en las que ha sido considerada la singularidad de la película prescrita por la de su dispositivo: la forma en la que se va desenvolviendo la película implica una rememoración sin fin, y un olvido pro-

---

relatos. Contar historias viene antes del lenguaje, puesto que, de hecho, es una condición del lenguaje...".

9. DAMASIO, Antonio R., *L'Erreur de Descartes*, *op. cit.*, p. 142 (más ampliamente, 140-142); *Le sentiment même de soi*, *op. cit.*, p. 421 (de manera más amplia, 420-424).

10. "El espacio compuesto por imágenes es el espacio en el que aparecen explícitamente imágenes relacionadas con todos los tipos sensoriales, algunas de las cuales corresponden a los contenidos mentales manifiestos (accesibles a la conciencia) mientras que otros permanecen inconscientes", *op. cit.*, p. 420.

11. *Ib.*, p. 421.

gramado. Como la determinación de un inconsciente óptico en Benjamin, la tensión introducida por Kuntzel entre la película-celuloide y la película-proyección[12], la concepción del sistema o del bloque textual procedente de la semiología del cine y de algunos análisis fílmicos, la relación del todo y el intervalo en el pensamiento de Deleuze. Más exactamente, frente a la tensión de esos espacios emparejados en el cuerpo-cerebro, en lo que se piensa es en la dualidad que se desprende del *Pliegue*, de "la percepción en los pliegues". La oposición, marcada pero llena de permeabilidades y de pasos, desarrollada por Deleuze, a partir de la ensoñación monadológica de Leibniz, entre los niveles de lo macroscópico y de lo microscópico, y que formula igualmente en términos de consciente y de inconsciente, parece corresponder a las divisiones propuestas por Damasio entre los dos espacios y dentro del propio espacio formado por imágenes. Expresa, en el plano de la ficción filosófica, su virtualidad científica, en el sentido en que Deleuze recurría a la biología del cerebro para una comprensión de las películas.

3. Se ha sugerido hace poco que respecto al relato, hecho e idea, había una confluencia manifiesta entre el pensamiento de Damasio y el de Stern. Se advierte en el paralelismo que en varias ocasiones establece Damasio entre el marco general de la evolución y el del desarrollo del niño. Pero debe especificarse, ante todo, en cuanto a las propias emociones. En dos ocasiones, Damasio ha subrayado una proximidad explícita con Stern, sobre el cual habían llamado su atención algunos lectores de su primer libro.[13] Atañe a la relación entre los afectos de la vitalidad y lo que Damasio llama las emociones de fondo. En *El error de Descartes*, propuso efectivamente una tripartición entre las emociones primarias (o de base), las emociones secundarias (o sociales) y las emociones de fondo. Las dos primeras clases dibujan una cartografía ajustada de los afectos categoriales darwinianos, según la división clásica y cambiante entre lo innato y lo adquirido, lo natural y lo cultural. En cambio, las emociones de fondo delimitan un paisaje en cierto modo anterior y previo del cuerpo y del sentimiento que pueda tenerse sobre el mismo. De

---

12. Véase KUNTZEL, Thierry, "Le défilement" y "Note sur l'appareil filmique".
13. DAMASIO Antonio R., *Le Sentiment même de soi*, *op. cit.*, pp. 365, 453; *Spinoza avait raison*, *op. cit.*, pp. 48, 296 ("En cierto modo, la idea de Daniel Stern de afectos de la vitalidad se corresponde con el concepto de emociones de fondo" —en inglés, siempre, *background*).

un libro a otro, Damasio ha modificado un poco su postura a propósito de esta noción, arguyendo primero "percepción del estado de fondo del cuerpo" y, en esta línea, del "estado corporal predominante *entre* emociones".[14] Luego, ha hablado más bien de "sentimientos de segundo plano"[15], para retornar a "emociones".[16] En la evocación más concisa que ofrece, donde tales términos en parte se solapan, establece una lista abierta de esos estados del cuerpo que "contribuyen a definir nuestro estado mental y a conferir a nuestra vida su tonalidad [...]: el cansancio, la energía, la exaltación, el bienestar, el malestar, la tensión, el relajamiento, el sentimiento de emerger, la gravedad, la estabilidad o la inestabilidad, el equilibrio o la fragilidad, la armonía o la discordia".[17] Se ve así que se trata de estados relativamente continuos, más que de accesos de emociones propiamente dichas, aunque puedan formar el fondo de la escena y favorecer su emergencia.[18]

Por difícil que sea zanjar este tema, no parece del todo exacto decir, como lo hace Damasio, que la noción así desarrollada de las emociones de fondo "se aproxime a la de los afectos de la vitalidad" de Stern, y que ambos abrevan por igual, tal como Damasio lo precisa, en las interesantes intuiciones de esa discípula de Whitehead que fue Susanne K. Langer.[19] Pues, como se ha visto, las "*forms of feeling*" de Langer de las que el arte ofrece el modelo y en las que se inspira Stern dependen ante todo de las formas, de las fuerzas, de las figuras sensibles.[20] Y si los afectos de la vitalidad acompañan la modulación de la vida de manera más constante que los afectos catego-

---

14. DAMASIO, Antonio R., *L'erreur de Descartes, op. cit.,* pp. 195-196.
15. DAMASIO, Antonio R., *Le sentiment même de soi, op. cit.,* pp. 363-365.
16. DAMASIO, Antonio R., *Spinoza avait raison, op. cit.,* pp. 48-49, y "A Second Chance for Emotion", en *Cognitive Neuroscience of Emotion*, Lane, Richard D. y Nadel, Lynn (eds.), Nueva York: Oxford University Press, 2000, pp. 15, 16, 18.
17. DAMASIO, Antonio R., *Le Sentiment même de soi, op. cit.,* p. 364.
18. Sin embargo hay que distinguirlos de los humores con los cuales podrían confundirse, pues estos se hallan relacionados más bien con la repetición o la constancia de una emoción singular (DAMASIO, Antonio R., "A Second Chance for Emotion", *op. cit.,* p. 16, *Spinoza avait raison, op. cit.,* p. 49).
19. DAMASIO, Antonio R., *Le Sentiment même de soi, op. cit.,* p. 365. Además, el texto en inglés se refiere esta vez a unos y otros como "*similar*" (p. 287).
20. Recojo la formulación en inglés pues incluso en una traducción tan fiable como la de *Le Monde interpersonnel du nourrisson*, "*forms of feeling*" es traducido algunas veces como "maneras de sentir" (p. 78) y otras como "formas de sensación" (p. 207).

riales (es decir, las emociones primarias y secundarias de Damasio), si parecen así alcanzar las emociones de fondo ("esas interacciones continuamente cambiantes que constituyen nuestro 'estado de ánimo'")[21], aseguran también, en cambio, un desglose constante y discontinuo de la experiencia subjetiva e intersubjetiva. Al no ser discretos, cargados de contenidos como los afectos categoriales, esos rasgos formales, esos marcadores de intensidad, ritmos individualizados del tiempo y del espacio, son tanto más singulares, efectivos, activos, tienen vida plena. Lo que permite suponer su equivalencia con las figuras materiales de las obras del arte y sobre todo con las del cine es el hecho de poder distinguirlos y apreciarlos uno por uno y juntos como acontecimientos pregnantes, propios de la inmersión del cuerpo afectivo en el seno de la realidad humana. Así, por esenciales que sean, por su carácter integrador en el sentimiento fluctuante de sí mismo que se apodera del organismo, las emociones de fondo no están de verdad en condiciones de abrir un área de comprensión análoga a la de los afectos de la vitalidad, de los cuales nada parece ocupar en Damasio ni la función ni el lugar exactos. Por lo demás, es lo que implica la formulación del mismo Stern, cuando observa en su último libro que los "sentimientos de fondo identificados por Damasio parecen solaparse parcialmente (*'appear to overlap'*) con los afectos de la vitalidad".[22] Y los diferencia de ellos, tanto desde el punto de vista del valor de acontecimiento, es decir, su dimensión diacrónica, como de su carácter analógico. Lo hace en la perspectiva renovada que es entonces la suya, el pensamiento del "Momento", cuando reafirma el carácter central de los afectos de la vitalidad para captar "la línea de tensión dramática" que se desarrolla, en un nivel micro-elemental y más allá, tanto en la experiencia de la psicoterapia como en el hilo de la vida cotidiana y en el corazón de las diferentes artes.

---

21. DAMASIO, Antonio R., *Spinoza avait raison, op. cit.,* p. 49.
22. STERN, Daniel N., *Le Moment présent en psychothérapie. Un monde dans un grain de sable*, París: Odile Jacob, 2003, trad. Michèle Garène (pero la traducción se refiere de manera poco precisa a "sensaciones de fondo" como "sentimientos de segundo plano", que traduce *"background feelings"* en *Le Sentiment même de soi*). De manera general, para ese libro he preferido utilizar la edición americana (*The Present Moment in Psychotherapy and Everyday Life*, New York: Norton, 2004), paradójicamente posterior a la traducción francesa, a menudo poco segura, y las referencias de las páginas corresponderán a las dos ediciones (así, en este caso 66i para el original en inglés/88f para la traducción francesa).

INTERMEDIO COGNITIVISTA

—Pero dígame, esta manera repetida de referirse a la biología del cerebro, el carácter complementario que usted esboza entre las ideas de Damasio y las de Stern, las múltiples implicaciones, en el último libro de Stern, si no recuerdo mal, entre el desarrollo de sus trabajos y las investigaciones más avanzadas de la psicología cognitiva, la manera misma en las que esos pensamientos sostienen esta insistencia suya sobre las emociones —todo eso, ¿no hace inevitable una confrontación, o al menos algunas indicaciones sobre las relaciones entre su tentativa y las investigaciones llevadas a cabo sobre el cine que, desde hace años ya, apelan a las ciencias cognitivas?

—¡Esta es precisamente la pregunta que resulta más irritante!

—Porque es la buena.

—Claro, claro... Pero seré breve.

—En caso de que se lo permita.

—Tengo todavía tantas cosas más que contar...

—Pero ya sé que la pregunta le desazona.

—Es cierto, ya casi ni duermo, pero también ¡qué aburrimiento!

—Bueno, le ayudaré un poco. Diga primero, sin pensarlo demasiado, qué es lo que le llama la atención en esa masa de estudios eruditos y bastante desarrollados que ha aumentado considerablemente, sobre todo, aunque no solamente, en Estados Unidos, desde hace algo más de veinte años.

—Pues, de entrada, diré que es la serena certeza que les permite excluir a priori todo lo que no son ellos. Y eso por variados que sean sus niveles de aplicación o su grado de dependencia con relación a una u otra orientación de las ciencias cognitivas. Algún día, los historiadores de las ideas reconocerán en ello un episodio menor de la guerra de descolonización que finalmente tuvieron que llevar a cabo los americanos con respecto al pensamiento francés que por un tiempo les sedujo en demasía. Por lo tanto, ha sido preciso liquidar todo lo que se llamó, a falta de una palabra mejor, "Film Theory"[23], "teoría de la película" o "teoría del cine": esa mezcla de lingüística, estructuralismo, semiología o semiótica, luego de psicoanálisis, y de filosofía

23. BORDWELL, David, CARROLL, Noël (eds.), *Post-Theory, Reconstructing Film Studies*, Madison: University of Wisconsin Press, 1996.

que, sobre todo en Francia, pero también en Italia, en Inglaterra y muy pronto en Estados Unidos (y allí es donde empieza el drama), se desarrolló a partir de los años 1960-1970, recogiendo la herencia de los trabajos de los filmólogos y sobre todo de acercamientos críticos y estéticos entre los cuales el más ejemplar fue el de André Bazin.

Todo ello es rechazado globalmente, con un gesto en el fondo algo parecido al de la filosofía analítica con respecto a la filosofía llamada "continental". El psicoanálisis, cuyos abusos ya no hay que lamentar, sobre todo desde el *Anti-Edipo* (pero naturalmente, ¡no es la referencia!), sirve de capote interminablemente agitado en esta triste corrida. Y se prefiere olvidar lo que haría las cosas más complejas, y verdaderamente históricas. Es lo que Jean-Pierre Changeux, por ejemplo, se siente en la obligación de recordar al iniciar *El hombre neuronal*: que Freud también fue neurólogo y que "sentar las bases de una biología moderna del espíritu" equivale, en cierto sentido, a volver a escribir su *Esbozo de una psicología científica*.[24] No resisto al placer de citar las primeras líneas de su prefacio: "*El hombre neuronal* nació en 1979 de una entrevista con Jacques-Alain Miller y sus colegas de la revista *Ornicar?*, convertida luego en *L'Âne*. Ese diálogo sin orden ni concierto entre psicoanalistas y neurobiólogos tuvo el mérito de demostrar, en contra de lo que cabía esperar, que los protagonistas podían hablarse, incluso entenderse". También sabe usted, sin duda, que acaba de publicarse por fin un libro muy interesante que trata en toda su extensión, y con mucha delicadeza, esa relación atormentada entre Freud y las neurociencias, de las que se convierte en el Cristobal Colón.[25]

—En resumen, quiere usted decir que es mejor no hacer creer que se cambia todo cuando solo se cambian las cosas a medias.

—Si quiere decirlo así. En todo caso, eso permitiría ver que a menudo la novedad del argumento radica más en una diferencia de posición en la manera de abordar el objeto que en un verdadero cambio en lo que se descubre: así la tesis central (que tanto gusta a David Bordwell y a Noël Carroll y que se

---

24. CHANGEUX, Jean-Pierre, *L'homme neuronal* (1983), París: Hachette Littératures, col. "Pluriel", s. f., p. 7. [*El hombre neuronal*, Madrid: Espasa-Calpe, 1985.] Véase también en CHANGEUX, Jean-Pierre, *Raison et plaisir* (1994), París: Odile Jacob Poches, 2002, pp. 140-141. [*Razón y placer*, Barcelona: Tusquets, 1997].
25. NACCACHE, Lionel, *Le Nouvel Inconscient. Freud, Christophe Colomb des neurosciences*, París: Odile Jacob, 2006.

ha convertido en el credo de sus innumerables discípulos) del modelo pregunta-respuesta o de la narración como solución de problemas dentro de la película clásica consiste en gran parte en reconsiderar del lado del espectador lo que fue pensado en los años '70 en beneficio a veces excesivo del "texto", en tantos y tantos análisis de relatos literarios y de películas (aunque solo sea a través del código hermenéutico de Barthes en *S/Z*).

—¡Pero ese cambio no es baladí!

—Naturalmente, no es baladí. Pero ¿no le parece que las miríadas de conexiones y de interconexiones entre los menores elementos del texto de Balzac que, mucho más allá del código hermenéutico, supone la lectura en forma de estrella de Barthes, ofrecen, de manera evidentemente analógica, si uno se toma la molestia de pensarlo, una imagen más "verdadera" del bullicio neuronal del cerebro (no hay que olvidarlo nunca: miles de millones de neuronas, alrededor de diez mil contactos discontinuos disparándose desde cada neurona...) que la de cualquier análisis llamado cognitivista, ninguno de los cuales ha podido decidirse todavía a entrar en un texto a tal nivel de detalle? Y de todas formas, para que haya un texto, y un texto semejante, es preciso que haya un lector, aunque solo fuera el del libro de Barthes, que exige mucho de su lector.

—Complica usted las cosas a propósito. La visión cognitivista supone una referencia real a los procesos cognitivos tanto como emotivos implicados en el cuerpo-cerebro del espectador a lo largo del desarrollo de la película.

—Ese es precisamente el problema. Y la razón por la cual no hay análisis cognitivista propiamente dicho. Hay enunciados programáticos, que se refieren de manera más o menos precisa a un determinado marco teórico o experimental que permite una comprensión de los procesos físicos y psíquicos implicados por la realidad del cine y la visión de la película; y hay ejemplos, a menudo limitados a un momento determinado, a un personaje o una acción de la película, o al contrario extendidos a su generalidad verdaderamente general (así en los estudios de género, como posibles realizaciones del programa). Y entre ambos, aparece siempre una especie de abismo.

Hay una paradoja del cognitivista, que se debe a la propia naturaleza de la ciencia que le gustaría poder aplicar y que en ese sentido induce un cientificismo (por lo demás, es volver a encontrar los sueños mecanicistas de algunos filmólogos, en los buenos tiempos de la psicología experimental —por eso, dicho sea de paso, vuelve a estar de moda la filmología). Por un lado, el verdadero cognitivista sueña con poder expresar en términos de localizaciones, de modalidades y de cantidades reales (zonas del cerebro, tipos de neuronas, redes asociativas, recorridos localizables, etc.) cualquier operación de la película; por otro, como todavía es imposible, y de todas formas problemático, y como no podemos conformarnos con puras virtualidades, hace, como todo el mundo, en cuanto vuelve a caer en la película, todo lo que se quiera (¡salvo psicoanálisis, es cierto!): narratología, formalismo (ruso o no, incluso neo), estilística de todo tipo, estructuralismo (pre o post), o simplemente crítica, como todo el mundo, en resumen: análisis más o menos acertado o desacertado, según el humor, el talento, la sensibilidad (si uno se atreviera a emplear esa palabra frente a tanta "ciencia"), las convicciones varias (incluso ideológicas, y no faltan).

—Dice usted "todavía", lo cual supondría que un acercamiento verdaderamente científico puede ser posible algún día.

—¿Quién sabe? Henri Michaux ya soñaba, hacia 1942, con ver lo que llamaba el "ser fluídico"; está dicho de manera tan bella que no puedo dejar de citárselo: "[...] esos extraños recorridos llamados sentimientos, que no hacen sino rozar levemente la fisonomía y dejar su huella en ciertos actos, un día, estoy convencido de que un día, y no tan lejano, y dichosos quienes los contemplen, un día los veremos. Gracias a algún invento, veremos cómo se forman, se anudan los sentimientos y las emociones, y progresivamente sus conexiones, hasta implicar a todo el individuo. Veremos el amor".[26]

Pero aunque llegara a ser cierto, y acabáramos por ver y luego poder incluso calcular, expresar en términos verdaderamente neurobiológicos el efecto del desarrollo de una película en un cuerpo-cerebro, quedaría el problema de saber qué hacer con esa segunda "película" científica, que a su vez habría que comprender, situar, incluso interpretar, por mal vista que esté la palabra. Y ni siquiera hablo de la distancia entre los cerebros...[27] Todo ello me trae un recuerdo de los viejos tiempos del análisis fílmico. Me encontraba en Nueva York, a mediados de los años '70, en el departamento de Film Studies de la Univer-

---

26. MICHAUX, Henri, "En pensant au phénomène de la peinture", en *Passages* (1950), *Œuvres complètes*, t. II, París: Gallimard, "Bibl. de la Pléiade", 2001, pp. 322-323.
27. CHANGEUX, Jean-Pierre: "[...] la variabilidad de un cerebro a otro es considerable" (en CHANGEUX, Jean-Pierre, RICŒUR, Paul, *Ce qui nous fait penser. La nature et la règle*, París: Odile Jacob Poches, 2000, p. 106). [*La naturaleza y la norma. Lo que nos hace pensar*, México: FCE, 2001].

sidad de Columbia; comentaba mis problemas de entonces (congelar la imagen, anotar, describir, evaluar, construir, analizar). De tal modo que acabaron por decirme: pero eso es precisamente lo que hacemos, ¡análisis! Y me entregaron un documento impresionante (tan impresionante que lo he conservado): cien páginas de descomposición plano por plano de los 72 planos de la secuencia de la ducha en *Psicosis*, todos ellos re-dibujados, codificados, diagramatizados, según los ejes, las duraciones, la iluminación, etc., para producir en todos los niveles posibles equivalencias cuantificadas y visualizables de la secuencia que tal vez se ha convertido ya en la más famosa de la historia del cine. Unas páginas modestas y precisas de introducción (firmadas por Linda Montanti) no decían nada más, salvo que después de haber sido así transcrita, detallada, meta-esquematizada, esa secuencia en la que se hacía evidente el genio de Hitchcock seguía provocando el mismo miedo. De la misma manera, me imagino en un futuro probable o improbable miles, millones de neuronas reorganizadas así en una gigantesca partitura matemático-musical.

—Digresión, y nada más que digresión, espero que tenga usted argumentos más serios para distinguirse de los cognitivistas.

—Mire, si es usted capaz de aguantar, lea atentamente el libro del danés Torben Grodal[28], ya verá que en el fondo ese es su sueño: un determinismo neurobiológico radical que no dejaría de desembocar en distinciones, clasificaciones, incluso opciones estéticas y filosóficas. Por lo demás, en el fondo, allí es donde aprieta el zapato.

Mi objeción fundamental, si se empeña usted en saberlo —prescindiendo de las virtualidades de la ciencia, que son excitantes por naturaleza a poco que se sepa jugar con ellas—, está relacionada con la caracterización del cine. Es considerado masivamente bajo el ángulo, en sentido estricto, del cine narrativo, cuyo modelo dominante es el cine clásico hollywoodense así como el cine americano contemporáneo, el de los *blockbusters* y las películas de género. De la lección de Bordwell, aun así algo más complicada, en *El cine clásico de Hollywood* y en *La narración en el cine de ficción*[29], se ha im-

---

28. GRODAL, Torben, *Moving Pictures. A New Theory of Film Genres, Feelings, and Cognition*, Oxford: Clarendon Press, 1997.
29. BORDWELL, David, STAIGER Janet, THOMPSON Kristin, *The Classical Hollywood Cinema. Film style & Mode of Production to 1960*, New York: Columbia University Press, 1985 [*El cine clásico de Hollywood: estilo cinematográfico y modo de producción hasta*

puesto, también porque hace algo más que prestarse a ello, la idea de un modelo canónico de la película como relato, que se supone ha de corresponder a un modelo cognitivo previamente formado en cada espectador y cuyo programa este puede efectuar, a su gusto, en sí mismo.

El efecto perverso está en que de ese modelo canónico, sin embargo necesariamente forjado a partir de las películas (esa es la aportación de *El cine clásico de Hollywood*), cada película tiende a convertirse simplemente en una especie de variante que mantiene, si ha lugar, una relación más o menos transgresores con el modelo, y de ese modo casi una relación de distancia con respecto a una norma —hasta esa transgresión mayor que constituye la película llamada "de autor" y el cine llamado "de arte" o "europeo" (por no hablar siquiera del cine "de vanguardia" o "experimental"). Eso se ve muy bien en el libro de Grodal, que por lo demás pasa continuamente, y no sin cierta atracción, de la norma a lo que se aparta de ella (a través de Godard, por ejemplo) para volver otra vez a la norma. Pero ¿qué es la norma? Es, tanto o más que un supuesto modelo científico, un modelo ideológico basado en la adaptación de una sociedad con relación a sí misma, es decir, en este caso y la mayoría de las veces, Estados Unidos y sus valores.

—Tampoco hay que exagerar.

—Lea, lea, y verá cómo muy a menudo un discurso moral de la adaptación social hace que los argumentos cognitivistas se parezcan a discursos de los productores de Hollywood o a manuales para guionistas sobre las respuestas anticipadas del público a lo que le proponen. Lea el texto de Noël Carroll, "Art, Narrative and Emotion", que se presenta, en un volumen colectivo, como una síntesis de sus posiciones; lea, y verá que tanto la idea como la palabra "normatividad" impregnan todo el proceder ("A lo largo de este artículo, lo que me ha interesado es la respuesta emocional correcta que los textos deben suscitar de acuerdo con las reglas en vigor y la estructura que provoca esta respuesta")[30]. Estaría relacionado con el viejo análisis ideoló-

---

1960, Barcelona: Paidós, 1997]; BORDWELL, David, *Narration and the Fiction Film*, Madison: University of Wisconsin Press, 1985. [*La narración y el cine de ficción*, Barcelona: Paidós, 1996].

30. CARROL, Noël, "Art, Narrative and Emotion", en *Emotion and the Arts*, Hjort, Mette y Laver, Sue (eds.), New York-Oxford: Oxford University Press, 1997, p. 208. Este ensayo fue considerado por su autor lo suficientemente representativo como para que fuera

gico si no fuera también ideología en sí, con los argumentos, por lo demás imponentes, de la filosofía y de la ciencia, aplicados, demasiado a menudo, a películas bien pobres, so pretexto de comprender tanto la mente como el cine.

—Todos ellos harían bien en revisar sus escritos, si hacemos caso al artículo clamoroso de Nathan Gardels y Mike Medavoy en el *New York Herald Tribune*, que anuncia el ocaso de la "American Story", tanto en Hollywood como en Washington.[31]

—¡A lo mejor no leen los periódicos! Pero todavía tengo una objeción aún más importante, y en el fondo es la única que me interesa de verdad. Se refiere a las emociones mismas y, de ahí, a lo que se aborda o no de las películas, en las películas.

—¡Por fin! ¡Ya nos estamos acercando!

—Pero también es allí donde empieza la verdadera dificultad. En ese mismo texto, Carroll anuncia de entrada que se interesará por lo que ignoran los estudios inspirados por el psicoanálisis (ahí sí que tiene razón), y que califica, con la expresión inglesa tan encantadora, como "*garden-variety emotions*", es decir, todo tipo de emociones, las emociones corrientes. Como el miedo, el temor, la piedad, la admiración, la cólera, etc. —puesto que eso es, precisamente, lo que "mantiene el interés del público por las obras de arte".[32]

—Ya le veo venir: nos va a decir que esas emociones de contenido, cuya realidad e importancia usted admite, son sin embargo secundarias, o más bien solo encuentran manera de desarrollarse en proporción con esas emociones más finas, más secretas, de un tejido más tupido, de una intensidad más variada, que componen, paso a paso, el cuerpo de la película, formando lo que podemos llamar su estilo, hoy se dice su poder figural, antes se decía su puesta en escena. Y nos va a decir incluso que la limitación de los estudios cognitivistas, sin mencionar la paradoja debida a sus objetivos propiamente científicos, está en que solo se interesan por el relato en la medida en la que se supone que este es llevado por las emociones de contenido;

---

recogido en *Philosophy of Film and Motion Pictures. An Anthology*, Carroll, Noël y Choi, Jinhee (eds.), Malden (Mass.): Blackwell, 2006.

31. GARDELS, Nathan y MEDAVOY, Mike, "Hollywood in the World. The Fast-Fading Luster of the American Story", *New York Herald Tribune*, 15 de junio de 2006.

32. CARROLL, Noël, "Art, Narrative and Emotion", *op. cit.*, p. 191.

mientras que por su parte, usted nos dice, que el relato, ese mismo relato que invocan, es, de hecho y también o más profundamente, el relato de las variedades innumerables de la imagen y de los planos que las componen, al que el resto está unido como a su carne íntima.

—Es usted un interlocutor admirable, que puede leer los pensamientos como lo hacía antaño Joseph Balsamo en el alma del cardenal de Rohan.

—Por favor, ¡olvídese de la hipnosis!, de momento sigamos con las emociones.

—Pero ya sabe usted que mi sugerencia, mi intuición salvaje es que son una sola y misma cosa.

—Quizás, quizás, pero quedémonos en las emociones.

—Ya ha dicho usted lo esencial. Pero, para ampliarlo un poco, observemos primero que esta primacía atribuida por la visión cognitivista al relato canónico y a las emociones categoriales es lo que permite a Carroll decir que películas como *Zorns Lemma* (Hollis Frampton, 1970) atañen exclusivamente a la cognición, que no tienen ninguna relación con las emociones.[33] Como si la propia cognición o el propio conocimiento, en las obras de arte, precisamente por lo que las constituye como arte, no estuvieran formados por emociones, sin discriminación de géneros o de las diversas naturalezas de las obras (sea cual fuere, a todos los niveles, la utilidad evidente de esas distinciones). Es incluso la razón por la cual los afectos de la vitalidad, por hablar como Stern, son componentes del pensamiento. Para decirlo rápidamente, un cuadrado negro sobre fondo blanco es también una emoción posible, tanto del cuerpo como del pensamiento.

Y además, hay que repetir hasta qué punto las propias emociones de contenido solo adquieren tanta fuerza en proporción con las emociones sutiles y diferenciadas que las sostienen y en buena medida las modelan, sin que nunca, por ello, estas puedan ser verdaderamente absorbidas, subsumidas por aquellas. Por otra parte, en cuanto se trata de películas casi desprovistas de emociones sutiles, abandonadas a la violencia bruta de la sensación y por tanto al triunfo de la emoción de contenido —como en la mayoría del cine americano de hoy—, se cae en los *mass-media* y en la sociología más que en el arte (por difícil, por delicado, por imposible que sea a veces esta-

33. CARROLL, Noël, "Art, Narrative and Emotion", *op. cit.*, p. 193.

blecer la frontera). Fue la grandeza de la cinefilia y de la política de los autores reconocer lo uno en lo otro, el arte en la cultura de masas, lo irreductiblemente singular en lo aparentemente canónico. Lo que honra a la crítica es seguir trabajando en esa asignación. Si no, es o bien adoptar la perspectiva clásica del análisis ideológico o bien participar (aunque fuera para explicar) en el consenso autosatisfecho del imperialismo cultural —americano u otro, si hubiere lugar. En resumen, para quedarnos en lo clásico, hay que seguir repitiendo la evidencia de la distancia que hay entre *Madame Bovary* de Flaubert y *Lo que el viento se llevó* de Margaret Mitchell, o, más sutilmente, entre *Madame Bovary* (Vincente Minnelli, 1949) y *Lo que el viento se llevó* (*Gone with the Wind*, Victor Fleming, 1939). Observará que, para el segundo caso, he escogido ejemplos nobles.

—Todo esto me parece un poco elitista.

—Bueno, pero no del todo. Si el arte es finalmente lo que queda, como decía a menudo Deleuze, siguiendo a Malraux, es porque ha sido primero en nuestras sociedades modernas el de los "happy few", gratos a Stendhal. El cine habrá tenido la suerte de abarcar extremos, de Ozu a Frampton, de Griffith a Godard. Por eso es tan difícil, y tan apasionante, orientarse en todo ello, preguntarse qué efecto produce en todos y cada uno.

—Pero, dígame, se empeña usted en oponer dos maneras de ver, las que no se interesan más que por el contenido o por su forma narrativa y usted, que da más importancia a lo que se llamaba antes las formas de la expresión. ¿No podría darnos al menos un ejemplo, uno solo, aplicado directamente a esta distinción?

—No sé si son realmente los términos adecuados (o entonces habría que volver a tratarlos de acuerdo con las inflexiones sutiles de Deleuze y Guattari en la sección II de la meseta "Postulados de la lingüística")[34]; pero después de todo, siempre se vuelve a lo que designan. Creía haber sugerido ya lo suficiente al desplegar tantas emociones de cine. Por ejemplo, ¿se acuerda de la mujer de rojo en *El héroe sacrílego*? Pero si insiste...

—Insisto.

—Sería entonces un intermedio en el intermedio.

—Llámelo como quiera.

---

34. DELEUZE, Gilles y GUATTARI, Félix, *Mille Plateaux*, *op. cit.*, pp. 109-116.

INTERMEDIO EN EL INTERMEDIO

Pienso en un fragmento que me encantó, en *The Old Place* (1999) de Jean-Luc Godard y Anne-Marie Miéville. Como sabe, esta película, o este vídeo, es una reflexión sobre el arte, del siglo XX y de cualquier época, en la línea de Malraux y de Élie Faure, y uno de los diversos codicilos de las *Historia(s) del cine*. Ese momento se titula "Fotos de la utopía". Está puntuado por negros intermitentes que dan ritmo a los efectos de sensación y pensamiento. Un plano inicial nos muestra primero, apareciendo de repente en la pantalla, unas banderas rojas agitándose, que ondean hacia el ojo que apenas vislumbra entre sus densos pliegues los cuerpos de civiles y militares participando en un desfile. El plano siguiente descompone, de acuerdo con una sucesión de instantes congelados en su movimiento, la probable agonía de un soldado ruso que yace en el suelo, con el puño cerrado y la boca entreabierta espasmódicamente. Luego hay otro plano de banderas, pero esta vez tomado desde muy arriba, de tal modo que las sombras de algunos de los que desfilan se alargan en el suelo y que las banderas, en masa pero formando cada una de ellas una mancha roja autónoma, representan ahí también, imagen por imagen, un movimiento entrecortado, haciendo eco al que sacudía la boca del soldado. Y ahí es donde aparecen, de acuerdo con la magia propia del fundido encadenado cuando su tempo y sus motivos armonizan con las imágenes que mezcla, las primeras amapolas, en un cuadro finamente inspirado en el cuadro de Monet, *Las amapolas*: se amontonan especialmente abajo, en la parte izquierda del encuadre, precisamente allí donde en el plano anterior no hay banderas; de tal modo que durante el tiempo breve del fundido unas y otras parecen tener la misma forma y estar hechas de la misma sustancia, dando así la impresión de que las flores toman el relevo de las banderas cuyo movimiento ya estaba suspendido, inmovilizándolas para siempre en el espacio vivo del cuadro.

Allí es cuando después de un fundido en negro aparece el primer plano de verdaderas amapolas. Habrá once, durante los cuales la pantalla se quedará completamente negra en seis ocasiones, acompañados primero por la voz de Godard, luego por algunos versos de una estrofa y del estribillo de "La Butte rouge". "Se han quedado más solas que nunca. De hecho, han desaparecido. Han abandonado el paisaje, o al menos la conciencia que se tiene de un paisaje familiar. A veces, en algunos sitios, todavía se organiza una pequeña manifestación. Pero es por amor al arte. Y el año siguiente, vuelven a caer a la cuneta, o todavía se agarran al talud, a la orilla de los caminos de la autopista, de la carretera de circunvalación, siempre en la orilla. Parecen refugiados".[35] El tema, continuado por la canción popular antibélica, que sucede a las imágenes de banderas rojas y del soldado agonizando, y como eco al título de esa sección, está claro: final nostálgico del fracaso de la Historia ahogada en sangre, que solo sobrevive como utopía, y como utopía del arte. De ahí el cuadro de Monet, con sus flores rojas, tomando el relevo de las banderas, y las palabras murmuradas por Anne-Marie Miéville al final del pasaje: "En cierto modo los últimos artistas, sin duda". En resumen, las amapolas como signos del arte y reverso de la Historia.

Sí, pero ¿por qué tantos planos de amapolas, escogidas y encuadradas de esa manera? En tres ocasiones, cuando la voz menciona la autopista y la carretera de circunvalación, las imágenes responden directamente al texto, y el ruido agresivo de los coches que pasan por ráfagas choca tanto con la visión de las flores sabiamente distribuidas en el talud como con la música de piano que acompaña a la secuencia. Si no, los planos se suceden como por sí mismos. Naturalmente, están al servicio de la insistencia del tema (el comentario, la canción); pero también interpretan su propia partitura: la de un escalonamiento de visiones, cuya autonomía garantiza una emoción singular, muy viva. Así, por un lado, está entonada con la que se desprende del tema y a la vez desentonada. Esta emoción diferenciada se debe a la variación del número de amapolas que figuran en el cuadro, a la distancia según la cual la cámara decide encuadrarlas, en los ángulos adoptados para hacerlo, en la distribución del verde de la hierba y las masas más oscuras de arbustos o de árboles en el fondo de plano. Como en el primero de esos planos en el que once amapolas forman una línea oblicua y discontinua de flores más o menos distantes o reagrupadas que se distribuyen escalonadamente hasta un macizo de arbustos oscuros, y la composición deja a la izquierda una línea de fuga —a ese plano inicial sucede un plano frontal en el que una amapola aislada, que apenas surge de la hierba, se desprende sobre un fondo de árboles oscuros que cierra todo el cuadro. El tercer plano adopta otra disposición: tres flores de frente, una de las cuales está sepultada entre las hierbas, una a la derecha, dos hacia la izquierda y tres al fondo, constituyendo todo

35. GODARD, Jean-Luc, MIÉVILLE, Anne-Marie, *Four Short Films*, ECM Records, 2007, p. 28.

ello un cuadrilátero surcado hasta los árboles por una lengua de tierra negra. Esa es la variación que prosigue plano a plano con ese sentido agudo de los contrastes, de las distancias y complementariedades inesperadas entre los ángulos, los colores, las masas, los escalonamientos de motivos sensibles: todo ello hace que Godard sea tal vez quien mejor uso hace del encuadre.

Como se ve, el mensaje o el contenido se va precisando, de acuerdo con las palabras que lo construyen. Y la alegoría que recibe de esa orquestación de planos de flores lo sostiene hasta llevarlo a su proposición final ("los últimos artistas") —cuando, después de un noveno plano sobre un pequeño batallón obstinado de amapolas que ondea en la hierba desnuda, se ve primero (décimo plano) una masa de amapolas que surge de la hierba luminosa entre troncos negros de árboles encuadrados en plano medio, tapando el cielo, para finalmente llegar (último plano) a un cuadro más corto en el que, entre los árboles que se escalonan detrás de una pequeña ola de flores rojas radiantes, se vislumbran a lo lejos unos coches que pasan (signos, diría Mallarmé, del punto de vista del arte, de "la otra gestación en curso"). Así, hasta el final, el mensaje insiste y participa del sentimiento global que suscita ese momento. Pero la emoción particular que nace del tratamiento de las amapolas, motivo central de todos esos planos, debida (como he dicho) a esos pequeños rasgos y a otros muchos (pues nunca se termina de sentir la insistencia detallada de imágenes ricamente compuestas), esa emoción trenzada de afectos de la vitalidad desplegados de uno en uno y todos al mismo tiempo, tiene también una fuerza autónoma, al menos en parte diferenciada, debido ante todo al número de esos planos y a todas sus variaciones, como al cuerpo transfigurado de la realidad sensible y, por ello, al arrebato de la mente que es su compañero y testigo.

Le daré rápidamente, por lo grato que resulta, un segundo ejemplo, con un poder distinto, puesto que contribuyen al mismo las emociones de la ficción. El tranvía de *Amanecer* (*Sunrise*, F.W. Murnau, 1927). La mujer huye de su marido en cuanto se da cuenta de que quiere asesinarla. Corren los dos alocadamente, por el bosque: ella sube al tranvía, él consigue alcanzarlo por muy poco. Están ahí, durante doce planos, antes de bajarse. Pero quedémonos con los seis primeros, en los que no pasa casi nada, hasta que el tranvía llega a la ciudad. En ellos se ve, desde atrás, la parte delantera del vagón, donde el hombre y la mujer están cerca del conductor. A la derecha, se ve al hombre y a la mujer a través del marco de la ventana que separa las dos partes del tranvía; la pared lateral, a la derecha, tiene tres aberturas: la puerta, ante la cual se encuentra el hombre, y dos ventanas, una ocupada por la mujer, la otra vacía. Por su parte, el conductor aparece a la izquierda, detrás de la puerta de separación entrecortada por una forma metálica horizontal que deja tres pequeñas aberturas; su ventana grande frontal está dividida, a su vez, en dos, en sentido vertical. Estos son los elementos de cuadro internos al cuadro que van a variar, desde el plano 1 al plano 6: según el/los personaje(s) encuadrado(s), sus tenues variaciones de movimiento, el ángulo elegido, según el paisaje que desfila y cuyos diversos elementos se encastran dentro de esas superficies abiertas, apareciendo y desapareciendo en ellas a medida que el tranvía avanza con velocidad uniforme. Es realmente imposible de describir. Postes, árboles, cercanos o más lejanos, bordean la vía que corre junto a un lago del cual se ve la otra orilla. Se ve una barca, con su vela en forma de trapecio. Luego, los activos suburbios de la ciudad que se aproximan. Todos esos elementos, según su propia naturaleza, chocan de uno en uno con los bordes multiplicados de uno(s) u otro(s) cuadro(s) del tranvía y se inscriben en ellos según el tiempo variable pero siempre breve de instantes que pasan. Todo habrá durado apenas un minuto y medio. El último de los seis planos, el más largo, muestra al conductor solo, cuando el tranvía entra en la ciudad. Lo que se desvela entonces parece hacer reverberar el efecto del drama íntimo vivido por los dos seres ahora fuera de campo, drama expuesto así a través de una infinidad de acontecimientos encuadrados de imagen y otras tantas variaciones luminosas. Apenas un minuto para cinco planos, uno de los momentos más puros de la historia del cine. La lección es clara: los micro-acontecimientos innumerables que los constituyen son ajenos al deseo y al miedo de la muerte así como a los celos; puede decirse que se los prestan, se los conceden, para llevar esas emociones comunes indispensables más allá de sí mismas, al mundo sin nombre de la intensidades naturales que la fuerza del arte tiene como vocación acoger. Y al mismo tiempo, se entiende por qué unos movimientos de cámara por los pasillos de un hotel, trayectorias de ascensor, que se deslizan de un cuadro a otro y reinventan continuamente nuevos encuadres, pueden conmover con tanta fuerza, por ejemplo en *Hôtel Monterey* (Chantal Akerman, 1972).

INTERMEDIO COGNITIVISTA
(continuación)

—Entonces, si lo he entendido bien, habría a la vez una autonomía relativa y un valor de suplemento propios de los rasgos de expresión, sin los cuales los contenidos no tendrían consistencia real.

—Sí, por eso la música, de Baudelaire a Stern, es concebida como el modelo ideal e interno para todas las artes. Porque es más puramente expresiva, más interior al cuerpo, como previa a todo sentido, y sigue siendo a menudo sensible hasta para quienes han perdido poco a poco el acceso al lenguaje.

—De acuerdo. Pero me da la impresión de que estamos aquí dando vueltas sin saber si está usted a favor o en contra del cognitivismo.

—De cine, hay que insistir. Pues no estamos en contra de una ciencia, por muchas reservas que puedan tenerse sobre algunos de sus efectos y sus falsas apariencias. En principio, estoy evidentemente a favor, aunque solo sea por la idea de las relaciones entre el cine y el pensamiento. Así lo sugería la pregunta inicial que usted planteaba, recordando la importancia de Stern y de Damasio para mis hipótesis y mis sugerencias. Pero estoy en contra de la capa de plomo de una nueva ortodoxia, a menudo mucho peor que las que denuncia, tanto en el sentido de su pensamiento como por el cine que escoge.

Si me interesa tanto Stern, es porque su práctica de observación específica, que coincide a menudo con los avances de las ciencias cognitivas, me parece profundamente ligada a la realidad posible del cuerpo de la propia película, como lo supone la implicación constante que formula entre lo que descubre su saber y lo que inducen las artes a las que se refiere. Si me atrae tanto Damasio, es porque toda su ciencia es lo suficientemente imaginativa como para haber intentado reconocerse un día en Spinoza y eso abre de entrada algo más que una connivencia con el pensamiento de Deleuze, incluso cuando este recurre a la biología del cerebro para una comprensión del cine. Si Changeux es tan estimulante, es porque su descripción del hombre neuronal, de una complejidad pasmosa, es al mismo tiempo esa reescritura del *Esbozo* de Freud al que apela y ello es una invitación más a pensar, siguiendo el detalle de tantas configuraciones que descubre su libro y gracias al eco propagado así de un siglo a otro (encontrándose de paso el psicoanálisis cogido en su historia, lo cual siempre es buena señal). Es también porque este hombre de ciencia se interesa muy activamente por el arte, como lo manifiesta su pasión de coleccionista y su actividad de comisario de exposición, y procura siempre que ciencia y arte se iluminen mutuamente, sometidos al fuego de una misma visión sensible. Pienso sobre todo en la última exposición que organizó a partir de su colección personal de pintura francesa de los siglos XVII y XVIII, cuyo título, "Las pasiones del alma", responde al *Tratado* de Descartes; pero es, como en Damasio, para exaltar mejor a Spinoza, cuyo retrato aparece simbólicamente en el umbral del largo diálogo que mantuvo con Paul Ricœur.[36] Spinoza, cuyo ejemplo invoca Changeux paradójicamente, él, el hombre de ciencia, aun más que el filósofo, en nombre de un objetivo ideal de identidad real del alma y el cuerpo para la que se inspira en la unidad spinozista de la sustancia.

Pero al intentar inspirarme, modestamente, en estos científicos, tomando prestado de ellos lo que pueda hacerme avanzar, no aspiro a la ciencia, solo a cierto grado de seriedad. Por eso me parece siempre preferible quedarme en la sugerencia analógica, por precisa que pretenda ser o sueñe que es, y resistirme a la aplicación, por naturaleza doblemente reductora, tanto para la teoría como para el objeto. No es siempre fácil definir ni mantener el límite entre ambos, pero es esencial, aunque solo sea para destacar, humildemente, orgullosamente, la dimensión de ficción del pensamiento, en su relación con todo saber. Allí donde el cognitivista intenta aplicar, aplicar sin poder hacerlo ni siempre ni de verdad, y pierde en su proceder o bien la referencia verdaderamente precisa de la ciencia a la que se remite, o bien la realidad del objeto que pretende comprender y servir, yo solo sugiero analogías, para dar a las películas la oportunidad de que aparezcan, si no tal como son, al menos tal como se presentan a una mirada cercana —fatalmente, la mía.

—Analogía, analogía, la palabra de Mallarmé, obsesionado por su demonio.

—Es también sin duda una manera de esperar salvar su lengua, su propia respiración vinculada a su manera de ver. De todas formas, se encuentran allí, dos veces, dos tradiciones que se enfrentan cruzándose y solapándose, hasta lo indescriptible, y ello sin solución y sin cuartel. Por un lado, unas tra-

---

36. CHANGEUX, Jean-Pierre, RICŒUR, Paul, *Ce qui nous fait penser. La Nature et la Règle*, *op. cit.*, p. 18 y siguientes. La exposición tuvo lugar en el "Musée des Augustins" en Toulouse, en septiembre-noviembre de 2006.

diciones de pensamiento, la francesa y la americana, con sus simpatías y sus repulsiones que vienen de muy antiguo; por otro, un deseo de libre expresión, obsesivo y juguetón, y una voluntad de sumisión a las normas y a los modelos universitarios, voluntad de poder del que el cognitivismo aplicado ofrece una versión especialmente áspera, en su dependencia fascinada con respecto al núcleo duro de las ciencias.

—Pero volviendo a los cognitivistas de cine, espero que a pesar de todo podamos hacer distinciones entre los textos, los libros, los autores.

—Por supuesto, como en todas partes. Si consideramos la recopilación colectiva, *Passionate Views. Film, Cognition, and Emotion*[37], que a día de hoy da sin duda la imagen más completa de las investigaciones cognitivistas sobre el cine, en cuanto a las emociones, nos llama la atención el ensayo de Greg Smith, "Local Emotions, Global Moods, and Film Structure". El autor intenta desmarcarse de la articulación ya clásica en ese campo entre los conceptos cognitivistas tradicionales (como los de metas y expectativas) y una explicación funcionalista de las emociones. Pretende así añadir a las emociones prototípicas otros estados diferentes, menos intensos pero igualmente esenciales para la comprensión de las películas. En ese sentido, habla de un "modelo asociacionista" cuya referencia encuentra, en el plano neurológico, en las particularidades del sistema límbico (sobre todo, la amígdala). No puedo entrar en detalles de este estudio erudito y extenso. Pero la articulación que el autor lleva a cabo entre la noción de "*mood*" (humor), que supone una duración del afecto, y la variedad de breves estallidos de emoción (que llama "marcadores de emoción"), para concebir la idea de "episodios emotivos" que se acumulan a lo largo de la experiencia de la película hasta servir de apoyo a emociones más amplias, todo ello construye una perspectiva bastante rica y diferenciada. Además, no todas esas unidades de distintas dimensiones están sometidas al imperativo del relato, pues dependen también de diferentes niveles expresivos, la música, la iluminación, el color, el sonido, la puesta en escena (por ambiguo que resulte aquí este término). En resumen, se trata, en el más puro estilo cognitivista, y aplicado a películas poco tentadoras (*En busca del arca perdida* [*Raiders of the Lost Ark*], Steven Spielberg, 1981; *Un*

---

37. PLANTINGA, Carl y SMITH, Greg M. (eds.), *Passionate Views. Film, Cognition, and Emotion*, Baltimore: Johns Hopkins University Press, 1999.

tipo genial [*Local Hero*], Bill Forsyth, 1983) aunque de manera convincente, de un acercamiento de una verdadera complejidad.

En cuanto a un libro entero, puesto que me hace usted la pregunta, pienso en *Engaging Characters,* del inglés Murray Smith.[38] Me parece el libro más sólido sobre la relación entre personaje, relato y espectador de película. Por la firmeza de un pensamiento construido a partir de un modelo "cognitivista-antropológico", con el cual se puede estar de acuerdo o no, pero también más o menos, y porque el autor sabe siempre mantenerlo a distancia respetable, para evitar los efectos del cientificismo. Pero, solo por estas pocas palabras, noto que todo ello podría arrastrarme muy lejos. ¿Tendrá usted paciencia?

—La tendré.

—¿Aunque haya que arrancar otra vez desde la identificación?

—¿Quiere usted decir desde Freud?

—Fatalmente. Ya sabe que la palabra "identificación", a la que Freud solo dedicó un capítulo en toda su obra, el famoso capítulo 7 de la *Psicología de las masas*, es en él tan fundamental y ha adquirido una consistencia tal en los estudios teóricos sobre el cine, durante los años 1970 y 1980 en Francia, en Inglaterra y en Estados Unidos que, desde entonces, se ha convertido en objeto de una fobia sistemática en el conjunto de las investigaciones de obediencia cognitivista. Como si por rehuir la palabra fueran a librarse de la "cosa". Todo ello, a costa de muchas contorsiones gracias a las cuales otros términos, a menudo muy próximos o sinónimos, supuestamente, permitirían dar un giro positivo a posturas en último término menos dispares de lo que pudiera pensarse que las que critican tan ferozmente.

—Me da la impresión de que tiene usted un nombre en la punta de la lengua...

—¡Pues sí, otra vez Noël Carroll! Propone así (como recuerda Murray Smith) el término muy cercano de *asimilación* (que sin embargo no está lejos de la fusión, aunque denote también la comprensión) para calificar la relación que el espectador mantendría con los personajes en las películas de ficción. Pues el empleo de la palabra "identificación" le sugiere una opinión según la

38. SMITH, Murray, *Engaging Characters. Fiction, Emotion and the Cinema*, Oxford: Clarendon Press, 1995.

cual el espectador se tomaría a sí mismo de verdad por el personaje, viviría prácticamente sus emociones. Es como decir, si fuera totalmente cierto, que saldría corriendo de la sala en cuanto aparece el monstruo, para limitarnos a un ejemplo próximo al de Carroll, aficionado a las películas de terror (mi hijo, escondiéndose debajo de los asientos para dejar de ver a King Kong, solo está a medio camino). En resumen, basta con volver a leer la primera frase del texto clásico de Metz sobre el sueño y la película de ficción para apreciar el límite que tal creencia se concede a sí misma, por proclive que uno sea a adoptar el punto de vista freudiano de la identificación ("El soñador no sabe que sueña, el espectador de cine sabe que está en el cine"). Escojo intencionadamente la referencia del sueño porque es la que invoca Carroll para oponer el *"central imagining"*, con el que está relacionado el sueño, al *"acentral imagining"* que cree propio del cine (de modo que está más cerca de Metz de lo necesario para poder denigrarle con tanto aplomo).

—¡Qué rodeo para llegar a Murray Smith!

—Pero es que este expone detenidamente las opiniones de Carroll para intentar ofrecer una versión más flexible. Su visión propia se organiza en torno a dos términos que despliega a partir de una insistencia inicial y casi exclusiva sobre la realidad fenomenológica y cultural del personaje de ficción, que corresponde a una captación diferenciada de la persona humana como tal ("*person schema*"), en una perspectiva ante todo narratológica. El primer término es *la estructura de simpatía*; el segundo, *la empatía*. Descompone cada uno de ellos de acuerdo con tres niveles, deconstruyendo así tanto la idea como la palabra "identificación", para reconstruir según un modelo de racionalidad de inspiración abiertamente cognitivista los datos así arrancados a la creencia o al irracionalismo psicoanalítico.

—Gracias por haberme avisado, porque parece un tanto complicado.

—Como todas las cosas serias. Esto es lo esencial. La estructura de simpatía se explica así según el reconocimiento (*recognition*), el alineamiento (*alignment*) y la lealtad (*allegiance*). El reconocimiento supone la construcción elemental del personaje como cuerpo dotado de individualidad y continuidad. El alineamiento (cercano a la focalización de Genette), compuesto por "vinculación espacio-temporal" y "acceso subjetivo", implica una comprensión de las conductas y los sentimientos del personaje; este se organiza a lo largo de la narración en una estructura dentro de la cual la determinación del punto de vista, destacada por tantos autores, tiene solo una importancia secundaria. Finalmente, la *allegiance*, la adhesión, supone una evaluación moral del personaje (convicción que Smith toma de Carroll). Se trata de un proceso de estimación, de acuerdo con el cual "los espectadores construyen estructuras morales, en las que se organiza y se clasifica a los personajes según un sistema de preferencia".[39] La simpatía se opone así a la identificación en tanto la emoción (eventual) del espectador, siempre subordinada a su juicio, no corre nunca el riesgo de confundirse con la que es (o parece) expresada por el personaje. Curiosamente, pues, se puede sentir una reacción negativa, dentro de la estructura llamada de simpatía, hacia un personaje (de todas formas, ya se sabe que se puede encontrar antipático a un personaje con muchas cualidades morales). Todo ello, cuando parece a menudo normal y tan simple, aunque solo sea durante las operaciones más complejas, abandonarse, casi sin moral (pero no sin ética), al flujo movedizo y tan variable de la película, sin que por ello se deje de pensar, de tener, como paralelamente, convicciones, opiniones, y sabiendo siempre —pero más o menos, ahí está todo el interés y la proporción no viene nunca dada de antemano— que estamos en el cine.

—Es sorprendente cómo el cognitivismo (¿hay que decir "de cine"?) desemboca en un moralismo.

—En última instancia, sigue siendo el modelo (en el fondo más spenceriano que darwiniano) de la adaptación social y de la norma como garantía del orden liberal democrático. Pero volvamos a la simpatía según Smith. Definida por el *acentral imagining*, se le opone la empatía definida por el *central imagining* —en la que se supone que el espectador, en nombre de un juicio, ya no comparte los valores, las creencias o las finalidades encarnadas en lo que percibe de los personajes y sus conductas. Se encuentra directamente sometido a ellas, en tres niveles complementarios. El primero, la "simulación emocional", por una especie de distorsión, es el proceso, todavía voluntario (que, he de confesarlo, parece de lo más extraño), por el cual el espectador intentaría proyectarse en la situación para aprehenderla mejor, como si probara las emociones manifestadas en el otro para hacérselas inteligibles o al menos más próximas, sin por ello desear compartirlas.

—Es curioso, esa simulación emocional parece empatía convertida en simpatía, como para limitar de entrada sus efectos.

39. SMITH, Murray, *Engaging Characters. Fiction, Emotion and the Cinema*, *op. cit.*, p. 84.

—Efectivamente. La imitación afectiva, y su complemento, la imitación motriz, son en cambio mucho menos voluntarias y conscientes (así como un tercer nivel, el de las "reacciones autónomas", reacciones casi reflejas, a ciertos ruidos por ejemplo, a determinados acontecimientos repentinos propios de la imagen). Smith se inspira entonces tanto en la "imitación cinestética" de Theodor Lipps, el teórico de la empatía, como en el "movimiento expresivo" eisensteiniano para delimitar un nivel de reacción que define así: "una grabación casi 'perceptual' y una simulación reflexiva de la emoción de otra persona a partir de señales faciales y corporales".[40] Smith llega así a las intuiciones clásicas de Rudolf Arnheim, al que cita, sobre el efecto propio de los rostros y los gestos humanos. Pasa así de las reacciones motrices y musculares más tenues (como atestigua la electromiografía, por ejemplo) a los efectos más importantes pero casi automáticos propios de los afectos darwinianos fundamentales (tristeza, miedo, cólera, etc.), cruzados con sus determinaciones culturales (todo ello sin ignorar los casos más sutiles de retención y alteración de las conductas clásicas, en las películas de Bresson por ejemplo). Smith prefiere entonces calificar esos procesos como afectivos más que emocionales para reservar a estos últimos, como buen cognitivista, su dimensión de diferenciación por evaluación y juicio. En resumen, sí que habla de un "sexto sentido" que modula así la vida del espectador, pero orientándolo cuanto puede hacia una prueba de racionalidad. Es que, por variada y viva que sea, por constante que sea su efecto en la experiencia de la película, en último término, la empatía sigue estando continuamente sometida a lo que Murray Smith llama acertadamente "la estructura soberana de simpatía".[41] La empatía está incorporada en ella, pero también depende abiertamente de ella; de modo que la razón superior de la lógica narrativa, en su coincidencia con la ley moral, contiene en las mejores condiciones posibles todos los afectos o esta misma "razón de las emociones", corporal-mental, de la que Damasio por ejemplo ha fomentado el programa.

—Entonces es ese doble juego, y esa subordinación, de la empatía

---

40. SMITH, Murray, *Engaging Characters. Fiction, Emotion and the Cinema*, *op. cit.*, p. 99.

41. *Ib.*, p. 103. "Las simulaciones iniciales y las simulaciones de los estados emocionales de los personajes son continuamente fortalecidas, transformadas, a veces invertidas por nuestra construcción cognitiva del relato".

a la simpatía, en la relación establecida con el/los personaje(s), lo que desarrolla Murray Smith a lo largo de los análisis que encarnan sus diferentes conceptos.

—Sí, y llama la atención la calidad, la riqueza variada y el tratamiento de esos ejemplos, que llegan hasta el detalle del plano. Naturalmente, al leerle dan ganas de tomar en sentido contrario los cuatro admirables fotogramas (extraídos de tres planos) que reproduce de *El dinero* (*L'Argent*, Robert Bresson, 1983), para destacar en ellos, más que modalidades de lógica narrativa relacionadas con las supuestas emociones de los personajes, o en lugar de solo eso, contrastes de espacios y choques de intensidad perceptiva, que tal vez permitirían hablar de los personajes de otra manera. Pero este libro tiene una coherencia perfecta en el nivel en el que ha escogido situarse; también está escrito con sencillez, es decir que es muy legible, y está apenas oscurecido por la pandemia anti-psicoanalítica que une con tanta fuerza al frente cognitivista.

—Solo un punto más. ¿No cabe acaso imaginar que, sin insistir siquiera en los valores de expresión y de estilo, la empatía con el personaje pueda adquirir a menudo un valor propio, sin encontrarse de entrada sometida a la estructura de simpatía y, por tanto, a los juicios de moralidad que esta supone, en la visión de Murray Smith?

—¡Pues claro! Y en su misma coincidencia con el relato, puesto que la imagen nunca escapa al mismo, en cuanto hay una mínima trama narrativa. Christine Noll-Brinckmann dio un buen ejemplo de ello, en un texto basado en Murray Smith en el que únicamente se queda, de su argumentación, con la dimensión de empatía.[42] La sitúa al margen de los procesos de identificación (cuyo planteamiento conserva), para situar efectos miméticos parciales y temporales que suponen otras tantas influencias directas de cuerpo a cuerpo. Indica así cómo los diferentes tipos de cine clásico se prestan según unos u otros de sus aspectos a la empatía somática, luego se concentra sobre todo en Hitchcock y en un momento particular de *Frenesí* (*Frenzy*, 1972). El asesino ha metido en un saco de patatas el cuerpo de la mujer a la que es-

42. NOLL-BRINCKMANN, Christine, "Somatische Empathie bei Hitchcock: eine Skizze", en *Der Körper im Bild: Schauspielen - Darstellen - Erscheinen*, Heller, Heinz-B., Prümm, Karl, Peulings, Birgit (Hg.), Marburg: Schüren, 1999, pp. 111-120.

tranguló; pero se ha olvidado de que durante el forcejeo ella se quedó con su alfiler de corbata en la mano. El camión en el que ha escondido el saco arranca en el mismo momento en el que él sube para intentar recuperar el alfiler. De tal modo que está medio a oscuras, sometido a los movimientos del vehículo cuyo batiente trasero no consigue cerrar, cuando intenta aflojar el puño de su víctima, que le ha costado mucho sacar de entre las patatas, crispado sobre el objeto tan deseado. Hasta el punto de que después de haber destrozado su navaja en el intento, finalmente tendrá que romper con sus manos, uno por uno, los dedos del cadáver. Christine Noll-Brinckmann supone que el espectador se encuentra entonces cogido en una experiencia propia, casi puramente somática, que le vincula tanto al cuerpo del asesino como al de la víctima. Depende de un universo sensorial global dentro del cual todo le afecta de manera muy directa: por ejemplo, según los bandazos del camión y las patatas que caen, el miedo de que caiga todo el saco con el cuerpo; y el alivio que se siente, por una empatía muy directa con el asesino, cuando, después de haber recuperado su alfiler, este vuelve a encontrar su libertad de movimiento. Hitchcock, añade, es consciente hasta tal punto de las percepciones corporales en las que ha implicado entonces a su espectador que juega con ello en la escena siguiente en la que, a medida que su marido le cuenta el caso, se ve a la mujer del inspector romper el colín que tiene en la mano en tantos trozos como dedos tenía la mano de la mujer asesinada. En resumen, es el principio mismo del suspense, en todo caso del suspense hitchcockiano, que la empatía vaya por delante de la simpatía o la antipatía, en provecho de sus propias determinaciones.

—Me ha parecido comprender que eso preocupaba a Murray Smith: que la empatía experimentada por el malo pueda entrar en conflicto con la estructura de simpatía.

—Sí, es el ejemplo que da de los últimos planos de *Sabotaje* (*Saboteur*, 1942), cuando el cuerpo del malo cae al vacío desde lo alto de la Estatua de la Libertad, a medida que se desgarra su chaqueta por la cual le agarra la mano del héroe positivo.[43] La imitación afectiva soporta mal la conmoción propia de la caída mientras, en la moral de la historia, todo la pide. Pero sin

43. SMITH, Murray, *Engaging Characters, op. cit.*, pp. 103-106.

duda Hitchcock no sea lo bastante buen cognitivista, él que gustaba de decir: "Mi amor por el cine es más importante para mí que cualquier moral".[44] Tal vez podríamos dejarlo aquí.

—¿Pero en todo esto, dónde deja usted la gran obra de David Bordwell?

—¡Qué pregunta tan perversa!

—Será la última.

—¿Le interesa de verdad?

—Qué otra cosa puede hacerse...

—Ya sabe que, en parte, eso queda fuera del tema.

—Sí, pero solo en parte.

—¡Pues vayamos a ello! Bordwell es un autor considerable, por el número y el peso de sus libros. Es un notable historiador del cine clásico de Hollywood, un maestro en doctrina universitaria (el manual que hizo con Kristin Thompson es sin duda el más leído y el más influyente del mundo). También es un temible y casi siempre injusto polemista (todo crítico o teórico francés recordará la delicada opinión emitida a mediados de los años '90, según la cual, salvo muy escasas excepciones, "la mayoría de las obras teóricas producidas en Francia son del estilo de esas divagaciones tan *chic* popularizadas por Barthes"[45] —¡qué honor sentirse después de treinta años dedicados (entre otras cosas, por suerte) a analizar películas, entrar en esa categoría deliciosa, en la probable compañía de Schefer y de Deleuze, ignorado a lo largo de toda la *Post-Theory*)! También significa que bajo el engañoso aspecto de objetividad, Bordwell solo retiene de los argumentos lo que le sirve, leyendo en el sentido que le conviene, con una mala fe impasible. Pero, en esa guerra que él mismo ha declarado, eso es legítimo. Así, los dos capítulos que abren *La narración en el cine de ficción* son amables semi-caricaturas de los textos y las posturas de las que habla. Es tan sencillo simplificar para poder diferenciarse a toda costa...

—Deme un ejemplo por lo menos.

---

44. TRUFFAUT, François, *Le Cinéma selon Alfred Hitchcock, op. cit.,* p. 243.
45. BORDWELL, David, "Film Studies and Grand Theory", en *Post-Theory, op. cit.,* pp. 30-31.

—Es bien fácil, y para variar, podemos tomarlo de la teoría literaria. Bordwell ataca con dureza, en su crítica de las "teorías diegéticas", las aplicaciones (que le parecen demasiado relativas al lenguaje) de la distinción de Benveniste entre historia y discurso, que Genette recoge por cuenta propia en *Figures II* (1969) como relato y discurso. Pero Bordwell prefiere no darse cuenta de que poco después, en *Figuras III* (1972), la bipartición que propone Genette esta vez entre relato e historia, para caracterizar el proceso global de la narración, es prácticamente idéntica a la que defenderá él mismo trece años más tarde en provecho suyo entre *syuzhet* y *fabula*, y que prefiere tomar de los formalistas rusos, otros locos del lenguaje, por qué no, para fundar su doctrina sobre una idea original. Me dirá usted que no se puede haber leído todo, ni tenerlo todo en cuenta, claro está; pero entonces no hay que hacer "como si" y seguir siendo modesto, en lugar de pasar la apisonadora por encima de todo hijo de vecino para dárselas de fundador de disciplina.

—¡Hay que ver cómo se pone usted!

—¿Hay algo peor que la falta de seriedad del serio?

—¡No a todo el mundo le es dado coronar su carrera escribiendo *Bardadrac*![46]

—¡Desde luego que no!

—Nos hemos alejado un poco del cognitivismo.

—Ya se lo había dicho.

—Pero de todas formas es la base de ese trabajo inmenso sobre el modelo clásico, los grandes ejemplos histórico-estilísticos alternativos, los autores más eminentes, Dreyer, Ozu, etc., los innumerables análisis de películas que los salpican y los modelan...

—Efectivamente, es la base, discreta en un sentido pero siempre afirmada. En la práctica, Bordwell mantiene el modelo cognitivista a distancia, de modo que no es explícitamente víctima como otros muchos de la paradoja cientificista. Pero se inspira estrictamente en dicho modela para fundamentar

46. GENETTE, Gérard, *Bardadrac*, París: Seuil, col. "Fiction et Cº", 2006. [N. del T.: El autor se refiere a la sorprendente obra de Genette —el título alude al "revoltijo" o "batiburrillo" de un gran bolso femenino, aplicable a todo tipo de desorden— en la que, adoptando el orden alfabético, repasa temas y momentos de su vida y su época con una regocijante mezcla de ironía y lucidez. Posteriormente, le añadió una continuación: *Codicille*, París: Seuil, 2009].

su propia visión general. La idea fundamental que toma prestada de la psicología cognitiva es la de una actividad normativizada del espectador que pretende ante todo comprender lo que ve, la historia que le cuentan, en función de esquemas dominantes definidos por su claridad, su unidad y su causalidad. Es la idea de un modelo canónico que es el de la propia mente y en función del cual es valorada toda película, hasta en la diferencia del alejamiento de la norma y de los excesos que le siguen, para siempre sometidos al poder de evaluación de una norma primaria. Del cognitivismo, Bordwell se queda con la dimensión más tristemente cartesiana, la del tratamiento de informaciones por la mente idealmente concebida como un ordenador (es el "conjunto de circuitos lógicos" del que habla Damasio, que tiende a una reabsorción del cuerpo en la pura máquina del cerebro).[47] De modo que sus análisis, por ejemplares que parezcan, por su exhaustividad, su sentido del detalle, su inscripción histórica, siguen sometidos a esa convicción imposible de desarraigar de una norma de intelección lógica de la narración, de la cual lo que llama "el estilo" acaba siempre por ser únicamente una especie de suplemento. Por lo demás, es la razón por la cual, en su origen, en *La narración en el cine de ficción*, donde Bordwell se muestra estrictamente focalizado en la relación determinante entre percepción y cognición, dice que le interesan poco las emociones (¡llega incluso a remitir al psicoanálisis para una posible evaluación!). De modo que, en último término, todo lo que emprende, por agudo que sea, está relacionado tanto con una ciencia como con la sensatez reguladora supuestamente innata en cada espectador occidental medio, es decir norteamericano. Léase lo que escribe después de páginas y páginas de racionalización en torno a esa fuerte convicción a propósito del relato canónico, para reunir en torno a su núcleo duro todo lo que pudiera correr el riesgo de escapársele: "Aunque una película no despierte nuestras expectativas más que para frustrarlas, o se invente alternativas imposibles que finalmente resultan ser viables, presupone que el espectador empieza por apoyarse en los supuestos de los que nos valemos para construir un mundo cotidiano coherente".[48] Como si la vida diaria no fuera ya en sí misma un caos, a pesar del mínimo de coherencia que permite la supervivencia. Ganas dan de aconsejar a Bordwell, del lado de América,

47. DAMASIO, Antonio R., *L'Erreur de Descartes*, *op. cit.*, pp. 294-295.
48. BORDWELL, David, *Narration and the Fiction Film*, *op. cit.*, p. 47.

que lea las novelas alucinadas de Cormac McCarthy o que vuelva a ver las películas de Gus Van Sant. Me recuerda a ese productor italiano de *Pasión*[49], histérico, a esa directora de producción, harta, que reclaman sin parar la realidad y la ley de una historia ("Pero señor Coutard, ¿hay una ley en el cine?", replica el director. "No señor, no hay ninguna ley").

—¡Hay que ver cómo se pone usted!

—Mire... No tengo ni la cuarta parte del desprecio, arrogancia, ignorancia (voluntaria o involuntaria) que demuestran tantos autores cognitivistas. Y le digo todo esto medio en broma, sin asestarlo con una prosa orgánica caída de alguna cátedra de la verdad. Pero si no le importa, me gustaría volver al cine.

—¿No le ha gustado nuestro pequeño diálogo?

—No todo el mundo puede ser Diderot.

—Desde luego, pero para cumplir con ciertos deberes, ¡qué suerte poder hablar con Él!

—Es cierto, pero a Mí me gustaría volver al cine.

UN ESPECTADOR PENSATIVO
(continuación)

Como acabamos de ver, aunque haya pasado algo de tiempo, puede ocurrir que "emoción" y "sentimiento" se sustituyan mutuamente en Damasio, aunque intenta mantener entre ambas palabras una verdadera diferencia. Esta es tanto más difícil de precisar cuanto que resulta más bien de orden estratégico y es imposible expresar aquí, en términos accesibles, una parte de su complejidad real.[50] No obstante, puede reducirse a dos diferencias esen-

---

49. Evidentemente, se trata de la película de Jean-Luc Godard (1982).

50. "[...] Aunque considero que los fenómenos que solemos llamar 'mente' y 'cuerpo' proceden de una única sustancia biológica, trato la mente y el cuerpo como objetos de investigación diferentes por las mismas razones que las que incitan a distinguir la emoción y el sentimiento: me parece que esta estrategia de investigación permitirá comprender mejor el todo integrado, formado por la mente-cuerpo y la emoción-sentimiento" (*Spinoza avait raison*, p. 295). —Aunque el debate sobre esos dos términos recorra el conjunto de los tres libros de Damasio, lo encontramos sobre

ciales. La primera hace de la emoción la respuesta inmediata del cuerpo a un estímulo externo (en eso es eventualmente observable, incluso cuantificable); es "pública", mientras que el sentimiento es "privado", propiamente mental, y escapa así a toda influencia externa. "El contenido esencial de los sentimientos es la cartografía de un estado corporal determinado; el sustrato de sentimientos es el conjunto de patrones neurales que cartografían el estado corporal y del que puede surgir una imagen mental del estado del cuerpo". Damasio añade, articulando y conjugando los términos: "Un sentimiento de emoción es una idea del cuerpo cuando es perturbado por el proceso de sentir la emoción".[51] Y en su estudio dedicado al cine, sigue precisando: "En este contexto, los sentimientos inducidos por la emoción constituyen la etapa siguiente, la realización suprema del proceso: son nuestra percepción compuesta de todo lo que ha ocurrido durante nuestra emoción —acciones, ideas, estilo de ideación—, que interviene tras esta última. Experimentar una emoción es percibir lo que ocurre mientras dura, en el cuerpo, real o simuladamente, y en otras partes en el intelecto. En términos no científicos, esto significa simplemente que el proceso parte de la mente hacia el cuerpo y vuelve a la mente".[52] La segunda diferencia es pues que el sentimiento, del lado de la mente más que del cuerpo, sucede a la emoción; extiende e interpreta su efecto como conciencia singular. Es, se convierte, en su duración, sirviendo luego de basamento modulado sobre el que pueden venir a incorporarse emociones nuevas, que a su vez inducen sentimientos más vivos o diferentes, de acuerdo con un efecto de arrastre reversible y sin fin, como se comprueba mientras dura esa experiencia tan singular que es la proyección de una película.

El espectador de cine reconoce que es presa de compuestos incontrolables y que su situación de cuerpo sumido en la sombra mina en gran medida

---

todo expresado en el capítulo 2 de *La sensación de lo que ocurre* ("La emoción y el sentimiento"), así como en las primeras secciones del capítulo 9 del mismo libro, "El sentir del sentimiento", luego en los capítulos 2 y 3 de *En busca de Spinoza*: "De apetitos y emociones" y "Sentimientos". Este punto también es abordado de manera sistemática en "A Second Chance for Emotion".

51. DAMASIO, Antonio R., *Spinoza avait raison*, *op. cit.*, p 92.

52. DAMASIO, Antonio R.: "Cinéma, esprit et émotion: la perspective du cerveau", *op. cit.*, p. 100.

la distinción entre el aspecto social de la emoción y la dimensión privada del sentimiento. El misterio de su cuerpo inmovilizado, en el que sin embargo no deja de animarse la vida oscura que le envuelve, absorbida y transfigurada por la que le viene de la película, puede hacer menos probable una división en la cual la conciencia tiene su parte, haciendo pasar virtualmente de la emoción a la conciencia que de ella daría el sentimiento así como a una conciencia propia de este último. Incluso las lágrimas que pueden apoderarse de repente del cuerpo están extremadamente concentradas en el rostro, como si se convirtiera en la imagen de un pensamiento interno relacionado tanto con la culminación de un sentimiento como con el choque propiamente dicho de una emoción, aunque esta siempre pueda precipitarlo, acentuarlo. Imagen para siempre emblemática del rostro de Anna Karina radiante de lágrimas, tendido hacia la pantalla en *La Pasión de Juana de Arco* (*La Passion de Jeanne d'Arc*, Dreyer, 1928, en *Vivir su vida* [*Vivre sa vie*], Jean-Luc Godard, 1962). Simbiosis de primeros planos adversos y como confundidos, que muestran claramente que el relato de un destino y la empatía que suscita se deben a la puesta en formas, en fuerzas y en intensidades, en espacios, en ritmos, en tonos que los construye.

Así, esas dos palabras, emoción, sentimiento, junto con otras, ante todo sensación y afecto, o afección, o también pasión, dibujan el armazón sensible del libro que del modo más directo posible ha intentado evocar la experiencia del espectador como una materia de pensamiento. En *L'homme ordinaire du cinéma*[53], donde, escribía Deleuze, "la teoría forma una especie de gran poema"[54], Jean Louis Schefer solo ha podido mezclar esas palabras, deslizar una en otra, hacerlas derivar una de la otra, permitiendo oír entre ellas leves diferencias exactas, a la vez casi imposibles de delimitar, como para encarnar sensorialmente las separaciones tajantes y los solapamientos de principio que la escritura de la ciencia moviliza en alguien como Damasio.

Pero es mejor que escuche cómo las palabras del hombre ordinario se empeñan en captar las sustancias flotantes de los acontecimientos de sensación y de pensamiento. Pues solo su envoltorio de frases puede sugerir la

---

53. SCHEFER, Jean Louis, *L'Homme ordinaire du cinéma*, París: Cahiers du cinéma/Gallimard, 1980.
54. DELEUZE, Gilles, *L'Image-temps, op. cit.*, p. 53.

turbación de una experiencia íntima cuyo carácter único es realizado por el tiempo ofrecido como percepción. "Ese arte, misteriosamente ligado a la experiencia de una profundidad de sentimientos (pero también a una vida muy particular de los afectos aislados), despierta una memoria" (16) / "afectos (y apenas sentimientos, mociones de sentimientos ligadas a acciones imposibles)" (18) / "esos árboles cogidos en un movimiento lento y bruscamente sublime son afectos innominados o desconocidos: son esa especie de rodeo silencioso, rígido y delicado en torno a la emoción más desconocida" (21) / "la verdad y la extrañeza de los afectos enteros, nuevos —y dominantes porque sus cantidades son inéditas, porque sus relaciones de objeto son inéditas" (22) / "Existen afectos —emociones, penas, cóleras" (35) / "Las sensaciones, los dolores o los miedos son como deseos compuestos por una parcelación del mundo; [...] lo que debe generar emociones es primero el mundo de los objetos escogido al pormenor. [...] esos afectos, nacidos de nuevas e incesantes desproporciones en la imagen del mundo" (106-107) / "un puro afecto y, paradójicamente, un afecto cuya permanencia no es garantizada por ninguna representación. / [...] el espectador (al que mantiene la esperanza de un cuerpo desconocido hecho de tentáculos de emociones o de sentimientos)" (110) / "el abanico confuso y precipitado de mis emociones" (121) / "esta amalgama de cuerpo y de conciencia de imágenes por la cual soy entonces toda la novedad de esas sensaciones" (158) / "el color de afecto del que están provistas las imágenes 'incluso antes' de representar para él actos humanos" (164) / "No obstante, si el tiempo se ha hecho visible, en acciones, es preciso que sea nuestra emoción" (209) / "la extrañeza persistente de los afectos que no atañen a lo posible del cuerpo ni a su imaginación sino, podría decirse, únicamente a su desplazamiento y a su cantidad de desplazamiento sin órganos *como* emoción" (215) / "esas mismas apariencias son *afectos*. Esos afectos no tienen rostro, todavía no tienen nombre; sin embargo, en ellos aceptamos, sordamente, esos extraños antecedentes de emociones" (220) / "Sabíamos, pues, que esos mismos sentimientos impalpables [...], que esas emociones más finas eran como dedos leves" (222) / "una emoción de percepción y no la duración de algo constantemente visible" (225).

Ese revoloteo de palabras de una abstracción sensible pretende acercarse a una realidad del cuerpo interno proyectado en la película que una visión próxima y obsesiva tenderá a recortar, lo más cerca posible de los planos y de los elementos de planos, de las inflexiones mínimas pero agudas de las que nacen impresiones generales. Recuérdese cómo, por su parte, Daney destacaba la palabra "emoción" en una cadena ("Sensación-Emoción-Sentimiento-Idea"), para captar en ella el corazón de su deseo del cine.[55] Bastante más acá de los amplios movimientos repentinos propios de las películas que tomaba entonces como ejemplo, bastará con extender su intuición de "momentos misteriosamente precisos" capaces de provocar la emoción. El misterio de esta precisión se aclara en gran medida cuando se entra sin reservas en el detalle de momentos determinados, hasta el vértigo si es preciso, siguiendo micro-inflexiones más o menos autónomos o entonados entre sí. Daney indicaba allí que, según le parecía, la emoción zanjaba sobre la realidad de "estados medios" encarnados por el sentimiento. Se trata de designar esos afectos prolongados, más fácilmente reconocibles, nombrables, que corresponden a otros tantos contenidos psicológicos y en los cuales se detienen la mayoría de los comentarios, periodísticos o eruditos, que supuestamente califican las emociones de cine. También se trata de tocar, además, esas constantes más oscuras del cuerpo que Damasio califica de sentimientos o de emociones de fondo. Mientras parece que la emoción propiamente dicha, tal como aquí se considera, liberada de esas dos influencias cercanas, puede responder de los efectos de modulación más inmediatos y tan variados que manifiesta la película y que experimenta el cuerpo del espectador mostrándose capaz de reconocerlos y, por lo tanto, de pensarlos. De ahí el deseo de limitarse sobre todo a esa palabra "emoción", aunque se le atribuya una variedad y una extensión excesivas que bordean, por un lado, la sensación demasiado simple y, por otro, el sentimiento más general con los que incesantemente se asocia la emoción. La emoción es ese choque, ese pliegue perceptivo, discontinuo, que se desliza continuamente del exterior al interior del cuerpo y que pasa de la inconsciencia a la consciencia.

Eso es lo que puede ayudar a precisar también la relación que se perfila, en el libro reciente de Daniel Stern, entre lo que llama el "momento presente" y el plano de cine cuya realidad de arte ha preferido ignorar aquí pero que su pensamiento implica continuamente. Pues el momento en el cine es ante todo el plano, por el cual todo sucede, tanto bajo la forma de aconteci-

55. Véase más arriba, pp. 18-19 y 163-164.

mientos internos al plano como de acuerdo con el plano como acontecimiento propio. Interesarse por las figuras que iluminan los planos supone también tratar como figura el propio plano —figuras con aspecto de planos porque de ellos tienen tanto la velocidad como la apariencia.

Si *El mundo interpersonal del infante* permite concebir una analogía de modelo entre la formación-sensación-percepción del mundo en el niño muy pequeño y la experiencia del espectador de cine, *The Present Moment in Psychotherapy and Everyday Life* contiene dos novedades. Primero, ese libro no está dedicado propiamente a la primera infancia, aunque siga refiriéndose a ella de manera importante, sino al sujeto humano como tal. Y si el modelo de la experiencia terapéutica es central, el libro trata igualmente, como anuncia su título, de la vida diaria, y en ella también el arte, que habría podido figurar en tercer lugar, hasta tal punto está presente en todas partes. Por otro lado, este libro tiene como objeto primero una división del tiempo, que implica la noción-realidad de *momento*.

En el prefacio y los agradecimientos, Stern destaca que su primera evaluación del momento presente se remonta al uso de la película y del vídeo en los años 1960-1970, para estudiar las interacciones entre la madre y el niño. "Se abría ante mí un mundo fascinante. Me di cuenta entonces de todo lo que puede producirse en un breve momento que no dura más que unos segundos" (XIi/8f). Enumera las técnicas utilizadas: congelación de la imagen, ralentí, repeticiones de segmentos. Evoca así un micro-análisis realizado en la mesa de montaje, describiendo los ligeros movimientos recíprocos de un padre y de un bebé al que le cuesta dormirse (171i/203f). Y describe la práctica de la "entrevista micro-analítica", desarrollada luego y llamada primero "*breakfast interview*", situación en el curso de la cual se supone que el paciente reconstruye la experiencia vivida durante unos segundos de intensidad especial, en el momento de su desayuno: "La entrevista dura cerca de hora y media. Pregunto a cada uno lo que ha hecho, pensado, sentido, vivido, oído, en qué postura estaba su cuerpo, cuándo se ha movido, si se consideraba a sí mismo actor u observador de la acción, o si estaba en alguna posición intermedia. Les pido a todos que hagan una película de su experiencia como si pudiéramos hacer un montaje de aquello de lo que eran mentalmente conscientes. Ellos son el director y yo soy el operador. Tienen que decirme qué hacer con la cámara. Este plano, ¿es un primer plano o un plano general? ¿Cómo tengo que cortar de una escena a la siguiente? ¿Dónde se encuentra la cámara y desde qué ángulo ve la acción? En resumen, les pregunto todo aquello en lo que puedo pensar para captar lo esencial de su experiencia subjetiva" (9-10i/26-27f).

Como en *El mundo interpersonal...*, la música y la danza están en el primer plano de las artes a cuya imagen recurre Stern continuamente como horizonte de referencia. Están ligadas a los principios y a la concepción de su práctica. Stern recuerda con fervor su encuentro en Nueva York con un grupo de coreógrafos que utilizan técnicas parecidas (congelación de la imagen, saltos hacia atrás...), sus visitas mutuas en el laboratorio y el estudio, y la amistad de una vida que le vinculó con Jerome Robbins y Robert Wilson, que le facilitó la entrada a "los reinos sin palabras" (XXI-XXIIi/298-299f).[56] Por otra parte, su descripción de los parámetros que distinguen el momento presente recurre a analogías precisas con la poesía, y acude también a la fotografía y a la pintura, para reinterpretar a su manera la oposición tradicional entre las artes del tiempo y las artes del espacio. Con una frase simple, precisa: "Los contornos temporales y los afectos de la vitalidad entran en todas nuestras experiencias, banales y estéticas" (69i/92f).[57]

---

56. Para ilustrarlo, he aquí el primer párrafo de una nota de Robert Wilson, del 21 de junio de 1986, en la que se refiere al principio del cuarto acto de su espectáculo *Deafman Glance (Le Regard du sourd)*: "En 1967, me encontré con el doctor Daniel Stern, que dirigía entonces el Departamento de Psicología en la Columbia University. Había realizado unas 300 películas sobre madres con sus hijos. Se trataba de situaciones muy sencillas: el niño llora, la madre lo coge para tranquilizarle. Cuando se pasaban esas películas a velocidad normal, eso era lo que veíamos. Pero cuando se mostraban imagen por imagen —la velocidad normal es de 24 imágenes por segundo— lo que vemos en 8 casos de cada 10 es que la reacción inicial de la madre en los tres primeros fotogramas —3/24os de segundo— es abalanzarse hacia el niño, provocando en este un movimiento de retroceso aterrorizado. En los 2 0 3 fotogramas siguientes vemos imágenes completamente diferentes. En los otros 2 o 3 fotogramas siguientes, las imágenes son de nuevo completamente diferentes, y así sucesivamene. De modo que, en un segundo de tiempo, vemos que lo que se produce entre la madre y el niño es extremadamente complejo. Cuando se enseña la película a la madre, se horroriza y contesta: '¡Pero si quiero a mi niño! Quiero tranquilizarle'".
57. Stern redefine así los afectos de la vitalidad, concebidos como experiencias subjetivas: "Consisten en dinámicas temporales de cambios propios a los sentimientos compuestos de mutaciones analógicas, de fracción de segundo en fracción de segundo en tiempo real, referidos a los afectos, pensamientos, percepciones o sensaciones" (246-247i/277f). Los contornos temporales que les corresponden, como "forma temporal

El momento presente se caracteriza primero por su unicidad, la clausura del mundo que encierra en sí, el tiempo recogido de una duración breve, rico en componentes. Corresponde a un tiempo de conciencia; pero esta es tan implícita como explícita (*awareness/consciousness*) y está definida ante todo por su afecto, el sentimiento propio de la experiencia. Su objeto mental es indiferentemente real o virtual. El momento presente se reconoce por dos grandes rasgos: está formado por afectos de la vitalidad y desarrolla una historia, por mínima que sea. "El momento presente da lugar a un drama emocional vivido. Al desarrollarse, el drama dibuja una forma temporal comparable a una frase musical efímera" (4i/21f). Stern define ese momento como *kairos*, subjetivamente sacado de *Chronos*; también dice micro-*kairos*, por las unidades mínimas que aísla, pero añade que su libro "intenta mostrar por qué todos los momentos presentes son también momentos de *kairos*, sea cual sea su amplitud" (7i/24f).

Así, el momento presente es "la unidad constructiva fundamental propia de las experiencias subjetivas y psicológicamente significativas que se desarrollan en el tiempo" (44i/64f). Según Stern, los momentos presentes tienen una duración que va de 1 a 10 segundos, y su media se establece en torno a 3 y 4 segundos. Una larga sucesión de referencias a mundos muy diversos establece su consistencia. Así, en el lenguaje, cuyas unidades han sido las que mejor se han estudiado, la mayoría de las frases habladas giran en torno a los 3 segundos, llegando las más largas hasta 4 o 5. Es también, más o menos, el tiempo propio de cada uno de los interlocutores en el intercambio verbal. Del mismo modo, es el tiempo que hace falta para recitar un verso en voz alta. Las duraciones del momento presente en música, de acuerdo con los numerosos autores que cita Stern, van de 2 a 8 segundos. También son indicaciones de tiempos similares lo que encontramos dentro de toda una serie de acciones, en los movimientos del cuerpo, los rituales, la danza. Evidentemente, Stern vuelve a recordar las interacciones no verbales entre la madre y el niño, constituidas según el modo del "entonamiento afectivo" en *El*

---

de estímulos que afectan al sistema nervioso, del interior o del exterior", son, por su parte, teóricamente calculables (246i/278-279f). La noción de perfil de activación (*activation contour*), que califica la variación de los afectos de la vitalidad en función del tiempo en *El mundo interpersonal...*, ha sido sustituida en *Le Moment présent...* por la de contorno temporal *(temporal contour).*

mundo interpersonal... Y subraya, sin detenerse en ello, que el ciclo de la respiración se establece en torno a una media de 3 segundos.

De este modo va tomando forma una equivalencia sugestiva entre momento presente y plano. Pues los planos son esos bloques de duración unitarios, interiormente divisibles de acuerdo con acciones y ritmos variables que a menudo forman en unos segundos su riqueza en cierto sentido inagotable. En el sentido que le atribuía Christian Metz insistemente, recordando que los elementos del plano, en oposición a los elementos discretos de la lengua, "son indefinidos en cuanto a número y naturaleza" y que si "se puede *descomponer* un plano, no se puede *reducir*".[58] Se objetará que los planos tienen duraciones diversas, son muy a menudo más largos, que los hay verdaderamente largos, incluso interminables, como ya se ha experimentado desde Hitchcock hasta Warhol. Y que el cine moderno, de Béla Tarr a Gus Van Sant por ejemplo, se ha empeñado en volver a encontrar la duración, teóricamente sin cortes, de las vistas Lumière, antes de que el azar y las decisiones de un montaje imprevisto subdividan su tiempo. Desde luego. E incluso en las películas de ese arte del montaje, en la base del cual está Griffith, las duraciones de los planos, a poco que lo consideremos, varían más de lo que se cree. Youri Tsivian ha podido establecer que si en *Intolerancia* (*Intolerance*, 1916) la duración media de los planos en el conjunto de la película es de 5,9 segundos —variando la media de cada una de las cuatro partes que lo componen de 4,9 a 6,7 segundos—, el más largo de los planos de la parte dedicada a la historia francesa es sin embargo de 32 segundos y el de la parte dedicada a la historia moderna llega hasta los 53 segundos.[59]

En cuanto a la cuestión crucial de la duración de sus momentos presentes, Stern adopta una postura matizada. Por un lado, se maravilla de que un mismo tiempo de 3 a 4 segundos sirva igualmente para reunir datos perceptivos, para desarrollar unidades funcionales de comportamiento y para tomar conciencia de un acontecimiento. "Los humanos parecen construidos para poder elaborar psíquicamente los acontecimientos bajo la forma de unidades de base que corresponden a los momentos presentes" (53i/75f). Por

---

58. METZ, Christian, *Essais sur la signification au cinéma*, París: Klincksieck, 1968, p. 119. [*Ensayos sobre la significación en el cine*, Barcelona: Paidós, 2002].
59. TSIVIAN, Youri, "Qu'est-ce que le cinéma?: une réponse agnostique", *Trafic*, nº 55, otoño de 2005, p. 117.

otro lado, subraya que dentro de ciertos límites, cuya variación vuelve a establecer entre 1 y 10 segundos aproximadamente, el momento presente es una unidad psicobiológica flexible (de acuerdo con factores como la modalidad, la complejidad, la familiaridad). Pero destaca que en condiciones especiales, el momento presente puede amplificarse, como en algunos estados de meditación, o en esos "instantes de vida" (*moments of being*) propios de Virginia Woolf. Menciona también otros trabajos que llevan hasta una duración de 30 segundos la concepción de unidades autónomas. Stern tiende más bien a ver en ello, y esa misma ambigüedad es cautivadora, variaciones que forman una secuencia de varios momentos presentes. Insiste así en el hecho de que los momentos presentes están ensamblados unos con otros de manera muy variable: los separan a veces verdaderos agujeros de conciencia; "otras veces, están estrechamente reagrupados en secuencias de momentos adyacentes, con breves transiciones comparables a un corte -*cut*- en un montaje de cine" (53i/74f). Finalmente, añade que en las situaciones de concentración o de carga afectiva intensa, los momentos presentes parecen sucederse a intervalos próximos y que, a veces, a una mirada atenta le da la impresión de que se renueva un "mismo" momento presente (como hacen, por ejemplo, diversos ángulos de visión internos a una misma escena). En resumen, Stern intenta por todos los medios armonizar los datos exactos que le ofrece la observación experimental, de la cual participa su práctica terapéutica aunque sin reducirse a ella, con las realidades fluctuantes de la vida y el arte.

¿De dónde viene la tentación de hacer que el momento presente corresponda al plano y la sucesión virtual de momentos presentes a las organizaciones del *découpage*, ya sea plano a plano o bien de acuerdo con innumerables modalidades de variaciones que se distribuyen escalonadamente en la duración de un mismo plano? ¿Y qué interés tiene esa tentación? Primero, una aceptación renovada de la fuerza del detalle, sea cual fuere su nivel de implicación, de intrincación, de localización en el progresivo desenvolvimiento de la película paso a paso; pero con la convicción de que allí donde cambia el plano, en las películas dignas de ese nombre, en cada ocasión, un mundo vira sobre sí mismo, desplegando una constelación, por un efecto de retracción interna sobre un momento propio que, desde allí, se difunde más o menos a otros momentos. Uno de los títulos provisionales del *Momento presente*... fue "Un mundo en un grano de arena".[60] Es la invitación a honrar al dios que yace en los detalles del plano. Y es, a la vez, una invitación a prestar una atención renovada a las numerosas formas de montaje interno que pueden ser otras tantas maneras de cristalizar, de separar, de encadenar momentos de una autonomía relativa. Una vez más, no se trata de aplicar un modelo, sino de situar su virtud de analogía. Se debe al carácter polifónico, "politemporal" dice también Stern, del momento presente y de los afectos de la vitalidad que lo componen, lo inervan, como otras tantas modalidades de lo viviente inmediato. De este modo, se produce entre el momento presente y el plano un juego de cruces que hay que entender a la vez literalmente, por todo lo que convoca, y desplazar continuamente en proporción con la realidad de las películas. Cuando Stern dice: "Cada pequeño mundo de un momento presente es único" (38i/58f), veo la unicidad cortante de cada uno de los planos de Bresson. Pero si pienso en las trayectorias de *Elephant* (Gus Van Sant, 2003), supongo que un corte se lleva a cabo, de otro modo, de acuerdo con los micro-acontecimientos que los puntúan y que, en los planos largos, es también la propia intermitencia de la capacidad de atención del espectador lo que hace el corte, según la dinámica corporal que le liga al espectáculo.

Pues la idea-realidad del momento apela también a una atención renovada del cuerpo del espectador reflejado en el cuerpo de la película. Desde el ciclo natural de la respiración, que Stern sí que recuerda, y cuya idea le impresiona (la palabra, asociada a la de "ritmo", le venía espontáneamente a Daney), hasta esa intensa conciencia de sí mismo en el tiempo (siempre más o menos explícita o implícita) que supone el momento presente. Tiempo del presente terapéutico, con su matriz intersubjetiva, o tiempo de la empatía vivida con la película recortada por cada cual según lo que recibe de la manera en la que se recorta la película.

Si es ante todo paradójico que en la referencia constante que hace Stern a las diversas artes falte el cine, es por el papel activo que le concede en la elaboración de sus modelos de experiencia, pero también por la adecuación continuamente reafirmada del momento presente con el hecho de una historia (*story*). Todo el capítulo cuatro de su libro está dedicado a la evaluación de esas historias mínimas, no verbales, de las que se componen tantos momentos presentes (llega incluso a reformular las seis cuestiones clásicas

60. Es el subtítulo conservado por la edición francesa.

propias de los elementos de la intriga: ¿quién? ¿cuándo? ¿por qué? ¿qué? ¿cómo? ¿dónde?). Stern se detiene así en la idea de "instante decisivo" de Cartier-Bresson, para dilatar ese instante y, por la suma de un contorno temporal imaginario, convertirlo en "un pequeño relato emocional" (69i/91f). Eso es lo que produce el cine continuamente, plano a plano, en cuanto en las películas de los grandes cineastas se llevan a cabo contracciones, condensaciones, suspensiones, dilataciones de la vida que la expresan en la extensión y la agudeza de su realidad espiritual y material. Lo que la película realiza y prosigue momento a momento es ese proceso que describe Stern cuando intenta captar el efecto que llevan los afectos de la vitalidad "como frases musicales". "En resumen, los afectos de la vitalidad, que actúan con el flujo intencional de sentimiento, alimentan una línea de tensión dramática que confiere una coherencia de sentimiento al despliegue del momento presente. Los afectos de la vitalidad actúan como una columna vertebral temporal sobre la cual está suspendida la intriga. [...] Dan al momento presente la sensación dramática de una historia vivida" (70i/92-93f).

Además, por mínimas que parezcan esas intrigas, por concentradas que estén en la actualidad de su acontecimiento, no por ello dejan de inducir a partir de su presente una apertura en el tiempo, del cual el momento presente compone cada vez una especie de síntesis pasajera (es el capítulo 12 del libro, "El Pasado y el Momento Presente"). Efectivamente, Stern desarrolla la idea de que el momento presente es fundamentalmente el lugar de una rearticulación de la memoria a través de un presente que se renueva cada vez. Y ello tanto a nivel de la vivencia psicológica como de la realidad neurobiológica del funcionamiento de la memoria. "El momento abre una forma especial de conciencia y se codifica en la memoria" (22i/40f). Y de ese modo: "Cada vez que toma forma un nuevo momento presente, recompone el recuerdo neural actual del pasado y reescribe los recuerdos posibles del pasado" (200i/234f). Así el momento presente toma consistencia, sin correr el riesgo de ser eclipsado por el pasado del que procede, ni borrado por el futuro que prepara. Con ambos, compone una especie de matriz virtual.

Esta extensión del momento presente en términos de memoria plantea la cuestión de su lugar y de su efecto dentro del conjunto más amplio del que por naturaleza se saca. El ejemplo de la frase musical apoya en este libro su idea-realidad con toda una serie de analogías y casi de análisis, que sugieren la presión abierta de idas y vueltas permanentes entre el detalle del momento presente y varios niveles del conjunto, tanto en relación con el tiempo de la vida individual como con el de la obra de arte. Y ello sin recurrir nunca a lógicas de interpretación. Se trata más bien de una afirmación variada, compuesta, de la vida misma, bajo sus aspectos diversos, y así de una extensión libre o, como lo induce la música, de una modulación, que implica más o menos una organización. Semejante visión entra entonces en resonancia con dos maneras de entender la película, aunque es más interesante captar la parte común que enfrentarlas: por un lado el "todo" deleuziano, proyectado a partir de una afirmación del plano y de sus intervalos o intersticios, que descubre la película como modulación; por otro, la película considerada como cuerpo o como texto, compuesta por elementos y signos, o bien en la perspectiva ya antigua del análisis fílmico inspirado en la semiología del cine o bien en sus formas más actuales (no hay que olvidar que, paradójicamente, la idea de texto, en el sentido en el que terminó por entenderlo Barthes, ha procurado desprenderse del dominio del lenguaje al que debe su origen y coincidir —aunque solo sea a través de la sugestión del "tejido"— con la idea del cuerpo).

Por otra parte, hay que aclarar un contraste posible con relación a la dimensión del mismo presente. Para Stern, el hecho de ser puramente presente, encarnar un "ahora", una cristalización de algo vivido, es la realidad propia del momento. En ese sentido, es una forma particular de conciencia, tanto implícita como explícita, que supone una concentración, una condensación de tiempo. Para ello, Stern se inspira en la fenomenología y el modelo husserliano del tiempo (*Un punto de vista fenomenológico de la experiencia psicoterapéutica* fue otro de los títulos provisionales de su libro). Parece así perfilarse una divergencia posible con la visión de Deleuze, cuya reticencia general hacia la fenomenología es conocida, a la vez que su afirmación reiterada de que la imagen cinematográfica no está en presente (cuando dice por ejemplo: "Las relaciones de tiempo no son nunca vistas en la percepción ordinaria, pero sí en la imagen, en cuanto es creadora. Hace sensibles, visibles, las relaciones de tiempo que no pueden reducirse al presente").[61] No obs-

61. DELEUZE, Gilles, "Le cerveau, c'est l'écran", mesa redonda con *Cahiers du Cinéma*, nº 380, febrero de 1986, recogido en DELEUZE, Gilles, *Deux régimes de fous*, París: Minuit, 2003, p. 270; y *L'Image-temps*, *op. cit.*, pp. 54-56.

tante, si leemos atentamente a Stern, parece que a pesar de la importancia que da a la conciencia, su presente puro está constituido, en relación con la realidad del arte y del tiempo ordinario-extraordinario de la vida recogida en sus "momentos", por calidades de estratificación y de virtualidad de los tiempos próximas a las que el no-presente deleuziano atribuye a la imagen. Lo que hace que se encuentren dos opiniones aparentemente opuestas es la misma insistencia sobre el nivel micro-elemental de la percepción y, de manera más amplia, de la experiencia, su dimensión molecular, que experimenta umbrales múltiples entre consciente e inconsciente. Más que la simple plenitud de una presencia, lo que deja vislumbrar el momento presente es una especie de imagen-cristal. Tal vez una frase de Deleuze pueda servir aquí de vínculo: "El plano, es decir la conciencia"[62], aunque la conciencia sea aquí la cámara que lo forma más que el sujeto que lo experimenta. Y parece que entre esos dos mundos alejados, la biología del cerebro evocada por Deleuze de manera tan encarecida constituye precisamente el vínculo. Pues si la investigación de Stern no está relacionada exactamente con la microbiología, se articula con ella sin cesar, por un lado debido al carácter cuantificable de sus protocolos experimentales, por otro debido al horizonte de referencia continua que ofrece con sus evaluaciones, sobre todo en este último libro (ya hemos visto las correlaciones que se organizan con *La sensación de lo que ocurre* de Antonio Damasio). De tal modo que al leer *El momento presente...*, al pasar de momento presente en momento presente, de acuerdo con tantas modalidades reiteradas, se experimenta algo de lo que, según podemos imaginar, es el propio tiempo-movimiento de las películas en el cuerpo-cerebro.

62. DELEUZE, Gilles, *L'Image-temps*, *op. cit.*, p. 34.

Amanecer, F.W. Murnau, 1927

Displaced Person, Daniel Eisenberg, 1981

8. PLANOS DE EMOCIONES

Nadie escoge sus momentos. Van, vienen en cada cual según el capricho de la memoria asaltada tanto por el azar como por el deseo de hacer inventario y de demostrar, de reactivar un choque más o menos antiguo y ofrecerlo para que sea compartido. Hay tantos de esos momentos, tantos y tantos planos de cine. Tantas emociones ligadas a ellos, casi desconocidas hasta el momento en el que una elección repentina los atrae y les dota de una vida nueva y casi excesiva, por su valor de ejemplo. Momentos así le escogen a uno, le escogieron un día, antes de llegar a convertirse en posibles motivos de una argumentación. Por eso no es preciso justificarse, a pesar del orden aparente según el cual, una vez pasados por el cedazo de razones múltiples, se ponen en línea en virtud de algún criterio determinado al que nunca corresponden del todo, siempre a falta de un más o un menos con respecto a la opinión a la que supuestamente sirven pero que, ocurra lo que ocurra, no conseguiría reducir su exceso de vitalidad. La resonancia es para siempre inmensa y desigualmente conocida. En la mayoría de las ocasiones, se mantiene dentro de los límites de la idea que arranca un plano a la película para devolvérselo modificado, por la insistencia puesta en servirse de ese plano tanto como en servirlo, aun a riesgo de eternizarlo. A veces, llega más allá, en una intimidad de sí misma tan inmediata que podrá tardar en reconocerse, en situarse en el tiempo propio de una memoria individual que ante su propia mirada solo puede concebirse como una memoria demencial.

Como esos dos chicos que pasan en bicicleta, al inicio de *Displaced Person* (Daniel Eisenberg, 1981). Avanzan primero cuatro veces, en un bloque de apenas diez segundos, dejando poco tiempo a cada uno de esos pases idénticos. Que pasaran una sola vez hubiera creado un choque de elipsis, el enigma de una imagen llamativa pero que desaparece demasiado pronto para imprimirse en el cuerpo-mente. Sin embargo, la repetición de la misma imagen en cuatro ocasiones, de ese mismo plano breve, perturba tanto como tranquiliza. Vuelve a empezar como una respiración, pero sin llegar nunca hasta el final. La cámara se desliza igual que la bicicleta para caer en ese fuera de campo singular en el que se convierte de nuevo el principio del propio plano, antes de que al término del último de los cuatro planos, un poco más largo que los tres anteriores, lo que la bici tarde en salir completamente del campo[1], termine por imponerse un plano sin vínculo alguno con este último.

Al principio, la bici aparece por entero en el cuadro, con la parte baja de la rueda delantera al borde de la imagen. Al final, en los tres planos iniciales, ya solo se ve la parte alta de la rueda trasera. El mayor de los muchachos, un adolescente, sentado en el sillín, pedalea; lleva un pantalón oscuro y una camisa también oscura, remangada. El más joven, con pantalón negro, camisa de manga corta blanca, está sentado de lado en el cuadro; lleva en la mano derecha una raqueta de bádminton, levantada al principio, y que va bajando según avanza, con gesto mecánico. El mayor mira más bien hacia delante, como alguien que conduce; pero, a medio trayecto, vuelve la cara hacia nosotros. Es el momento en el que su hermano —o así nos lo imaginamos, por lo mucho que se parecen— también se ha vuelto y esos dos rostros juntos nos observan. Si no, al principio y al final del plano, sobre todo, el más pequeño mira fijamente, hacia su derecha, para nosotros hacia la izquierda, un punto que será imaginario y contribuye a la inquietud multiplicada del acontecimiento. Tal vez, mientras se mueven, los dos chicos se estén hablando. En el fondo del cuadro, se ve primero demasiado brevemente la trasera de un coche, luego un coche con el maletero abierto ante el cual hay un hombre de pie y luego destacan apenas unas vagas siluetas sobre formas imprecisas, tal vez tiendas, tenderetes, escaparates.

Ya no sé si la conmoción provocada por este encadenamiento de planos semejantes, inervados por los compases desgarradores del *andante con moto* del tercero de los cuartetos Razumovsky de Beethoven (Op. 59, en Do mayor), se ha debido también al motivo central de esta película de diez minutos compuesta por imágenes de archivo sometidas a un trabajo experimental: el único viaje de Hitler a París en junio de 1940, que abría al autor de la película un mundo de asociaciones primordiales.[2] Nunca lo sabré, pues

1. Las tres primeras apariciones duran unas 40 imágenes; la cuarta, algo más de 50.

esos planos iniciales vuelven dos veces, sin otra razón asignable, en el primer y segundo tercio de la película, quedando así cargados con todo lo que ofrece. En la segunda serie pasa ocho veces, siempre de manera idéntica, con la pequeña diferencia de que el primero se oculta en una imagen negra que por un momento lo separa de los otros siete; en la tercera serie, solo tres veces. Esta reiteración no extraña en una película orquestada por el regreso y los efectos de rima entre sus elementos. Se observa sobre todo, puesto que el tema lo propicia, otro plano de bicicleta, montada esta vez por una niña demasiado pequeña para una máquina tan grande, a la que sigue otra niña a pie. Ese plano fijo también volverá, con un encuadre más corto, y repetido entonces cuatro veces. Pero su efecto en mí no tiene proporción con la bicicleta de los chicos. Poco me importa haberme enterado luego de que ese plano de dos segundos y medio procedía de un archivo americano y es anterior a la época de la guerra. Para mí, se hunde en ella.

En realidad, no vuelvo a ver una escena, sino que se trata de un saber mezclado con un sentimiento. En Lyon, durante la Ocupación, mis padres habían conseguido un tándem, para sustituir un coche inmovilizado en casa por falta de gasolina. Lo utilizaban sobre todo para rastrear el campo, en busca de productos comprados en el mercado negro. A veces, si no recuerdo mal, me llevaban detrás, sentado en un cesto. Hay mucha distancia de una imagen a otra, que no es verdaderamente una imagen. Tal vez simplemente un efecto de algo que desfila unido al movimiento de la bici, desde donde se mira y lo que uno mira. Movimiento de barrido, apoyado por el deslizamiento de la cámara. Memoria del cuerpo desconocido. Ya sé que para mí la intensidad del plano utilizado por Daniel Eisenberg procede de que ha despertado ese afecto de recuerdo que, sin esa casualidad, tal vez hubiera permanecido para siempre en el olvido. Y el poder de repetición adoptado por la película con respecto a esos pocos fotogramas es, en ese sentido, crucial. No se debe tanto

---

2. Daniel Eisenberg destacó las fuertes implicaciones personales de esta película, en una entrevista con el cineasta Peter Delpeut (en el ensayo documental *The Time Machine*, 1996). Recuerda su emoción al descubrir, viendo *Le Chagrin et la Pitié* (Marcel Ophuls, 1969), que cuando visitaba la iglesia de la Madeleine en París, Hitler se había detenido exactamente en el mismo sitio donde él se había sentado, de adolescente, con ocasión de un viaje a París. "Sin él, añade, yo no existiría, puesto que mis padres se encontraron después de la guerra en un campo de personas desplazadas en Dachau".

al hecho de que la figura así creada regrese dos veces más, anclando su recuerdo, sino al efecto que por sí misma produce cada vez. Movimiento que volviendo así de su final hacia su principio pide que le presten una atención excesiva, en cierto modo que lo retengan, que lo inmovilicen mientras todavía se encadena, siempre demasiado pronto, con una fatalidad imposible de dominar, y que tanto su ida como su vuelta, si puede decirse así, se nieguen a cualquier tipo de aprehensión, transformando ese movimiento repetido en un puro efecto de tiempo. Una interrupción en el movimiento, o más bien un movimiento en la interrupción. Es de esa tensión de donde nace una especie de imagen interna del cuerpo que desemboca en una rememoración posible.

Naturalmente, queda obnubilada por todo lo que la película desvela. Esas imágenes cortantes de Hitler visitando París. Esas imágenes de tren sobre todo, de Hitler llegando, volviendo a marcharse, saludando desde la ventanilla, aclamado por cuerpos, cuerpos de mujeres cuyos impulsos responden al movimiento del tren. Imágenes que vuelven una y otra vez, para manifestar su carácter de obsesión. Son indecisas, más o menos, y a menudo resultan más fantasmales por el trabajo de descomposición de las formas que intenta acercarse a ellas. Hay sobre todo el cuerpo, de una mujer levantando el brazo, agitando la mano, llevada por su carrera a lo largo del andén y que parece quedarse fija en una pose de deseo obsceno, que por sí sola parece representar una pantalla de memoria imposible. El corte de pelo, la blusa, la falda, un aspecto imposible de definir, consiguen atraer una foto sepultada en un álbum de familia. Mi familia. Perturbación del recuerdo. También están, sobre todo, oscilando de acuerdo con diversos grados de representación, de lo más nítido a lo más abstracto, todas esas imágenes de tren, cuidadosamente trabajadas a partir del motivo inicial del viaje —para alimentar la identidad que se ha hecho ineludible entre los trenes de la muerte y el tren como imagen intermitente de los diversos componentes del dispositivo-cine. Todo ello viene a alimentar en *Displaced Person* el afecto encarnado en el plano serial de los chicos en bicicleta.

Y viene también a manifestar lo difícil que resulta aislar esa figura, ese plano, ese conjunto de planos. Y sin embargo, así es como proceden la sensibilidad y la memoria. Por choques diferenciados, que parecen arrancarse a su contexto, al que por eso mismo alimentan y por el que son, a su vez, afectados. La banalidad de esta experiencia, propia de las artes del tiempo, y sobre todo del cine, ha sido demasiado poco estudiada en sí misma. Pues, la mayoría de las veces, triunfa el deseo de argumentación de tal modo que o bien aísla la figura, en nombre de un proyecto, o por el contrario la incluye en una red que, según se supone, encarna una lógica o incluso la lógica de la película. Mientras que, en cierto modo, por precisos y poderosos que sean a veces sus efectos, la figura siempre flota, queda en suspenso, según modos diversos de acuerdo con los cuales se despliega su cuerpo. Y ese flotamiento también constituye su fuerza.

Nos gustaría seguir ahora, de manera completamente aleatoria, en sus extensiones tan variadas, algunas de esas modalidades. Hemos visto que si todas las emociones de cine, tal como lo entendemos aquí, eran por naturaleza intensivas, podía distinguirse entre las emociones textuales o de sistema, las emociones simbólicas y las emociones de dispositivo —apuntando esos términos a niveles de efectuaciones y de sentido que, muy a menudo, en la realidad de la película se confunden más o menos y dependen también del ángulo de aproximación adoptado. Precisemos de nuevo que las palabras "texto" y "sistema" no tienen aquí ningún valor normativo establecido sobre un modelo del lenguaje (ya he subrayado hasta qué punto texto y cuerpo terminan por hacerse equivalentes en Barthes, en torno a la idea mediadora de "tejido"; y la primera palabra es a veces más sencilla de utilizar que la segunda, todo bajo forma de adjetivo). Esos términos pretenden simplemente delimitar los efectos tan constantes y tan pregnantes de repeticiones, insistencias, variaciones que afectan a uno(s) u otro(s) elemento(s) de la película, efectos que están en la base de su construcción y de su memoria en acto, consciente e inconsciente, y de su posible rememoración. Por ejemplo, se me había olvidado que el plano serial de los chicos de la bici volvía varias veces en *Displaced Person*; pero el hecho mismo de esta repetición, casi con toda seguridad, ha permitido conservar la impresión tan viva y como aislada de la serialidad interna propia de la figura, y captar en ella una incidencia personal de fondo de escena —sin que se sepa nunca, del espacio de disposición al espacio formado por las imágenes, cómo se organizan los circuitos de memoria.

En lugar de intentar en vano afinar estas conceptualizaciones imprecisas, nos gustaría, con los ejemplos siguientes, casi neutralizarlas con la evocación concreta, y por ende siempre excesiva, de ciertos momentos escogidos. Tendrán también como objeto variar en cuanto a naturaleza y extensión, del plano solo a la sugestión de la película entera, o más o menos entera, puesto que esa palabra tiene poco sentido y el "todo" de la película solo puede ser virtual. Se tratará aquí de delimitar y caracterizar de nuevo emociones de planos, pero para liberar así planos de emociones. Es decir, niveles múltiples y cambiantes de modulación al ritmo de los cuales se dan, se componen, unos momentos o una inspiración más general de la película. Evidentemente, las modalidades elegidas para este fin no son arbitrarias; pero tampoco forman una lista cerrada (poco se habrá especificado sobre la música, o el sonido, por ejemplo). Simplemente se me presentaron como las más inmediatamente fundamentales para la expresión y la recepción de las películas, tales como yo las experimento y me siento apto para expresarlas (solo habrá que esperar al capítulo 10 para la evocación del principio de alternancia). *Dispositivos*: porque nunca se repetirá lo suficiente hasta qué punto la película se gana también a su espectador (fatalmente, volvemos a encontrarnos con el tren, pero también con diversas situaciones de inmovilización) autoimitándose, desvelando las condiciones y los efectos de la máquina que la crea. *Planos y regresos de los planos*: porque es la ley siempre más o menos libre del texto, reanudarse para poder variar. *Frases-planos*: porque de la imagen a su texto, siempre se establece una relación esencial. *Largos momentos, breves instantes de planos*: porque las variaciones de número y de duración, de velocidades y lentitudes, son la respiración misma de la película. *Curvas de películas* finalmente, para creer que se capta algo de películas enteras después de haber aislado algunas de sus fuerzas. Parece que casi no hace falta recordar que esos planos de emociones esconden algunas figuras, más o menos especificadas o fugaces, que habitan los planos: figuras con aspecto de planos que no siempre nos empeñaremos en designar como tales, aunque solo sea para preservar su realidad de fuerzas a través de las formas que desarrollan. Y no olvidaremos que hay una fatalidad del análisis, que cree saber de dónde parte, no sabe nunca muy bien hasta dónde le llevará, o qué recoge al pasar, para dar cuerpo a la intuición que lo justifica, con ese sentimiento, siempre, de un "demasiado", pero también de un "no lo suficiente"; y para terminar, la presciencia de que es en esa oscilación difícil de mantener donde permanece fiel tanto a sus impresiones primarias como a la posibilidad de tornarlas aprehensibles.

A un lector apresurado podrá parecerle posible saltarse sin grandes perjuicios todo este largo capítulo, en relación con las ideas que intentan elaborarse en este libro. Efectivamente, estos análisis encadenados son, en gran medida, de insistencia. No pretenden más que decir y volver a decir lo mismo, variándolo. Pero esta misma insistencia parece esencial para convencerse de una ínfima, diversa e infinita realidad. Es también una manera de mostrar que las películas, como decía Lévi-Strauss de los mitos, se piensan entre ellas. Pero aquí no es por una razón estructural por lo que esa insistencia se desplegaría en espiral para alcanzar niveles superiores de sentido. Simplemente, con tantos ecos como puedan tejerse entre las películas, una variación de variedades. Todas ellas dirigidas a un lector pensativo.

Finalmente, no hay en estos ejemplos ningún afán de historicidad —salvo la imprescindible, necesaria algunas veces para la lógica propia de cada uno. En un libro sin aspiraciones de historia, se encontrarán sin embargo inflexiones inevitables, en capítulos posteriores. En este, no hay nada de todo eso: solo un libre juego de encadenamientos, para hacer surgir planos lo más diversificados posible de emociones, de acuerdo con criterios variados pero incapaces de impedir que uno u otro fragmento de película o cierta película escogida pueda parecer que corresponde a varios.

DISPOSITIVOS

Hay un arte de los planos iniciales, para decir un motivo crucial de la película, que se convierte en su conector de ficción, y para hacerlo calificando la visión de la visión por la cual se produce la proyección del cine. El plano inicial de *Toni* (Jean Renoir, 1934) es uno de esos planos sublimes. De la pantalla oscura surge un paisaje en un encuadre de ventanilla de tren que duplicaría, hasta el punto de confundirse con ella, una pantalla de cine si no estuviera tan marcadamente encuadrada (a la derecha, abajo, a la izquierda, donde el montante vertical de la ventanilla a la izquierda está delimitado por una banda estrecha que supone una segunda ventanilla, puesto que el paisaje también se inscribe en ella). El indicio más fuerte de realidad, además del paisaje que desfila, es la *canzone* que se oye en *off*, desde los títulos de crédito. Durante un momento, desfilan la orilla del mar, una cala, una casa entrevista en lo alto; luego, a distancias mezcladas, que se confunden en seguida, llegan unos árboles a la pantalla, formando una materia a la vez variable y continua, opaca, animada, granulosa, estriada, parecida al efecto de algunas vistas Lumière, por ejemplo *Mâcon: panorama desde un tren durante una inundación*, que hemos intentado evocar más arriba. Todo ello dura apenas ocho segundos; pero ese tiempo es como un tiempo de eternidad, tiempo de emoción primaria concedido al desfilar de la imagen. Después, la película ya puede empezar, afectada por esa impresión pura.

Los planos que siguen cuentan por enésima vez la llegada de un tren a la estación. Pero al hacerlo, al enseñar a ese hombre, todavía desconocido, que da título a la película y se baja del tren, esos planos acumulan un material de figuras, tanto de composición como narrativas, que también tendrán su efecto al servir de motivos posibles de memoria cuando al final de la película se encuentren redistribuidos, reorganizados en relación con el drama acumulado. Siete planos al principio de *Toni*, casi todos ellos fijos, suceden al plano inicial emblemático del dispositivo-pantalla. 2. Un plano corto sobre el guitarrista cantante rodeado por dos caras amigas. 3. Un plano general, impresionante, que descubre oblicuamente un gran puente metálico que cruza un río, sobre el cual el tren avanza silbando a gran velocidad. 4. Un plano más corto, casi frontal, del tren que llega al final del puente (donde se acaba el parapeto de cemento que, en el último segmento del puente, sucede a la estructura metálica), silbando todavía, frenando apenas para dejar que se aparten unos obreros que están trabajando en la vía, llenando por fin toda la parte izquierda de la imagen. 5. Dos obreros, de espaldas, de medio cuerpo, destacan solos contra un cielo desnudo, comentando tranquilamente las condiciones de vida del inmigrante, que constituyen el tema de la película. El cuadro, fijo, sorprende con una emoción súbita, por la ruptura de espacio que introduce, la desorientación de la mirada que provoca, la abstracción sensible que induce (en eso es una formulación parecida al plano de diálogo entre Octave y Jurieu en *La regla del juego*, analizado más arriba). 6. El tren entra en la estación, por la parte trasera derecha del cuadro que acaba llenando, descubriendo con un movimiento breve y medido hacia la izquierda el andén lleno de gente que espera. 7. De un compartimento visto de frente, se bajan algunos viajeros, entre los cuales se encuentra Toni. 8. El tren arranca despacio, en el mismo ángulo que al término de su llegada a la estación.

El final de *Toni*, a partir del momento en el que, perseguido por los gendarmes, este llega a la base del gran puente, no tiene menos de 25 planos. De este final dramático, recordemos sobre todo lo que hace eco de manera más clara al principio de la película, redesplegado según una sucesión de recuerdos y desplazamientos, mezclando motivos narrativos y plásticos, que suponen más o menos un trabajo de memoria cuya emoción propia viene a duplicar la simpatía suscitada de forma natural por cualquier destino desgraciado e injusto. Hay que insistir sobre la manera en la que esos espacios simples, con un fuerte grado de realismo en la continuidad de los actos y las motivaciones (por ejemplo, planos cortos sobre Dominique esperando a Toni, con el fusil en la mano, en el otro extremo del puente), están sometidos a efectos de desorientación, de dilatación temporal y de abstracción espacial que se acumulan, en el plano y de un plano a otro. Ahora, Toni está corriendo, visto desde muy lejos, seguido por un amplio movimiento panorámico, en el puente, por encima del cual están las líneas paralelas de los cables eléctricos: destaca primero su cabeza como un punto móvil abstracto en el parapeto de cemento, luego se imprime todo el cuerpo a lo largo de la estructura metálica, antes de que el movimiento de cámara se detenga y Toni salga de campo por la izquierda. Este plano es retomado desde mucho más cerca, con Toni corriendo todavía por el lado del puente, en un encuadre más convencional, en plano medio amplio, con la presión propia de un eje oblicuo. Pero entonces, a lo largo de esta carrera seguida en *travelling* lateral y que parece interminable, detrás de Toni, más allá del puente, a lo lejos, muy lejos, desfila el campo de Provenza, ese cuerpo global de la película, tal como desfilaba demasiado cerca por la ventana-pantalla en el plano inaugural. La impresión es tanto más fuerte cuanto que los poderosos largueros metálicos del puente inducen una visión intermitente. El encuadre está sobre-dramatizado, en proporción con el drama que se representa, según un efecto de doble distancia en movimiento, llevado por el cuerpo del actor y el cuerpo del paisaje captado en su desfilar.

Poco después, un plano aumenta sensiblemente esa tensión entre proximidad y distancia, sometiendo la captación del espacio a un desgarramiento extremado. Acabamos de ver repentinamente a Fernand —el amigo de Toni, que ha ido a avisarle que Dominique le está esperando, armado— entrar en el encuadre a la orilla del río y precipitarse levantando la mirada, sin que la relación entre los lugares esté verdaderamente definida. Se vuelve a ver a Toni, más lejos todavía, en el puente, convertido ahora en un armazón frágil, visto sesgadamente; Fernand entra entonces rápidamente en el cuadro por la derecha, dirigiéndose al momento a la izquierda, en contrapicado y en muy primer plano, tapando esa porción de espacio, como entrando en la imagen (aunque estas no son las palabras del todo adecuadas), levantando con todo su gran cuerpo delgado el brazo derecho que sube y baja dos veces a través del cielo donde se encuentra Toni, al que llama en vano. Es difícil calificar la naturaleza del plano, en términos de identificación narrativa: el encuadre podría corresponder a la mirada de Fernand que ha sido captada fugazmente en el plano anterior, entrando así el personaje, como se ve a menudo, en el espacio de su visión; pero más bien, hasta tal punto es rápida la acción que se transforma en afecto, se percibe el efecto de la pura energía corporal del avance del personaje a partir del cuadro anterior. Están ahí, en un impulso muy breve, el demasiado cercano Fernand y el demasiado alejado Toni, la tierra y el cielo. Luego, Fernand, sale igual que ha aparecido para reanudar su carrera, Toni vuelve a estar solo en el puente vacío, que corta el cielo oblicuamente. Ese plano, que apenas ha durado unos cinco segundos, es alucinante. Condensa los planos anteriores de Toni en el puente con esa figura que le gusta a Renoir, de cuerpos captados de perfil o de espaldas y hundiéndose en el vacío del cielo. Por lo demás, será en el otro extremo del puente, en el mismo sitio en el que estaban al principio de la película los dos trabajadores dialogando contra el cielo, al que Toni ha llegado por fin, donde le matará Dominique, apostado del otro lado de la vía, y donde se derrumba, sostenido por Fernand que por fin le ha alcanzado.

El extenso plano de la muerte de Toni impresiona por dos razones: por su composición, los dos hombres en plano muy corto ocupando como un bloque compacto toda la izquierda del encuadre y dejando libre a la derecha el espacio vacío del talud que lleva al puente; y por su duración, pues Renoir ha querido conceder todo su tiempo continuo a esta muerte, a este intercambio desigual de palabras que viven los dos amigos, hasta que Toni se va quedando sin voz. Dos planos después, vuelve a cogerlos desde el otro lado de la vía, en el eje del disparo de fusil, mientras Fernand sostiene el cadáver de Toni. Es entonces cuando vuelve el tren (ya lo hemos oído silbar), entrando por la izquierda, aplastando la imagen con su masa, y dejando vislumbrar entre las ruedas de los vagones, durante todo el tiempo que tarda en pasar, los dos cuerpos reducidos a siluetas intermitentes. En este caso, el tren, imagen del dispositivo, queda duplicado con la dimensión de afecto simbólico que le confiere la narración (cuatro años más tarde, esta figura del tren se desplegará en *La Bête humaine*). Y es ese nivel múltiple de emoción lo que sostiene aquí la intensidad de ese plano cruel. Se suavizará para cerrar el relato y la película sobre sí mismos cuando el tren, como al principio de la película, espera que los viajeros bajen y suban, luego vuelve a marcharse, mientras un grupo de viajeros recién llegados cantan al andar la *canzone* que entonaban en el vagón al principio, y desde allí una larga panorámica se eleva para encuadrar el gran puente metálico y el enorme pilar hundido en tierra que lo sostiene.[3]

---

3. Puede encontrarse el *découpage* detallado de esta larga secuencia en el número especial de *L'Avant-Scène Cinéma* (nº 251-252, julio de 1980) dedicado a Jean Renoir.

La memoria puede creer que el momento "de tren" por el cual empieza el viaje de París a Berlín en *Berlin Express* (Jacques Tourneur, 1948) es el que abre la película, cuando en realidad hay antes un largo prólogo en varios tiempos. Es que ese momento asombroso es ejemplar: tal vez nunca se haya equilibrado mejor en una película de ficción la necesidad de la narración con la visión que hace que se reúnan en un solo plano una equivalencia formal entre la máquina del tren y la máquina-cine.[4] Estamos en la estación del Este, poco después del final de la guerra, aproximadamente ocho minutos después del principio de la película. Algunos viajeros importantes que, según se adivina al momento por el juego de la trama, son de distintas nacionalidades, suben de uno en uno a un tren en dirección a Francfort, que el comentario presenta así: "el Main Seiner, tren militar americano, especie de hotel ambulante para soldados de permiso, madrinas de guerra, personas desplazadas y diplomáticos". Es entonces cuando empieza el plano, que dura casi exactamente un minuto. Se trata de un *travelling* lateral continuo en ligero contrapicado a lo largo de siete compartimentos que pertenecen a un mismo vagón —movimiento puntuado por paradas de duración sensiblemente idéntica, salvo dos excepciones, en cada una de las ventanillas que corresponden a esos compartimentos. El plano empieza con un breve momento fijo durante el cual se ve a un primer personaje ocupando su sitio en el espacio que le ha sido reservado, y que identifica la voz en *off*: "El americano estaba en el compartimento A. Robert Lindley, nacido en Illinois, experto agrícola del gobierno". El cuadro delimita entonces una parte central acristalada e iluminada, bordeada por dos partes negras, cada una de las cuales corresponde a una porción del espacio lleno del vagón que figura entre dos ventanas. Refiriéndose al compartimento B, la voz se alza antes de que hayamos dejado la imagen del compartimento A; cubre así, más o menos, el trayecto que lleva de un compartimento a otro, durante el cual la parte llena del vagón ocupa casi todo el encuadre, con dos bordes variables formados por la ventana que dejamos y aquella a la que llegamos, ante la cual el movimiento vuelve a inmovilizarse. Contaremos cuatro pequeñas variaciones en esta evocación sistemática pasando de A a G según un principio uniforme. La

4. Sobre este inicio, véase la evocación detallada de ROLLET, Patrice, en su recopilación *Passage à vide*, *op. cit.*, pp. 124-125.

primera hace aparecer por un momento en el compartimento C, junto a Otto Franzen, un alemán de Franfort, a la única mujer, Lucienne Mirbeau, a la que acabamos de ver instalándose en el compartimento B. A continuación, la cámara no se detiene ante el compartimento D, "sin ocupar, reservado a una personalidad". En cambio, se detiene más tiempo en el compartimento E, en el cual un ruso viene a juntarse con un inglés, el tiempo necesario para exponer sus identidades respectivas. Finalmente, la presentación del séptimo miembro de ese grupo todavía enigmático, "Hans Schmidt, nacido en Munich, ocupación...", es cubierta brutalmente por el silbato de la locomotora, mientras el alemán, y es el único que lo hace, observa el andén por la ventana abierta, al final de ese largo plano que se ha detenido sobre él y al que sucede con toda naturalidad un plano corto sobre la locomotora, bajo un chorro de vapor luminoso, que se hunde en la noche.

Resulta evidente, en cuanto se piensa: esas partes centrales iluminadas, delimitadas por partes negras, representan una cinta de celuloide, una sucesión de fotogramas; y el movimiento intermitente que los recorre esboza su manera de desfilar. La potencia del efecto se debe a la inversión que presenta ese movimiento de cámara sobre un tren parado con relación a tantos y tantos planos de trenes en movimiento que más o menos simulan por medio de numerosos rasgos los efectos de una proyección, y simplemente la potencia de la imagen de cine, fijada así desde sus orígenes. Aquí, esta potencia y estos efectos son todavía virtuales, como lo es la película que está por venir, aunque ya haya empezado (por eso nos imaginamos con tanta facilidad que un plano como este pueda abrir la película). De allí la intensidad de esta emoción de dispositivo abiertamente disimulada en las necesidades de la intriga que permite instalar, bajo sus apariencias de razón, sus ardides y sus partes oscuras. De allí una identidad primaria del tren y la película, anunciada por el título, *Berlín Express*, y que la llevará hasta el desenlace. Pero encontrando la ocasión de reafirmarse, sobre todo en un segundo momento, con una fuerza singular, que implica en esta ocasión directamente la actividad de la propia mirada, para someter por añadidura el espacio del tren a la sugestión de una proyección.

La película se acerca al final, en el segundo tren que lleva, salvo algún personaje, al mismo grupo hacia Berlín. Robert Lindley y Lucienne Mirbeau conversan en el pasillo. Heinrich Bernhardt, el héroe ideológico de la película, cuya acción justifica el guión como arte del suspense dedicado a ponerlo en escena, es vigilado de noche en su compartimento por Henri Perrot, señalado como francés en la presentación inaugural, aunque el americano sospecha que hace doble juego. Durante el diálogo entre Lindley y Mirbeau, su tren se detiene, paralelamente a otro tren que ya está en la estación. Se encuentran frente a frente, dejando abierto entre ellos el espacio de la ventanilla del compartimento de Mirbeau. De tal modo que el espectador empieza a ver, gracias al supuesto reflejo de la ventana del compartimento vecino de su tren en la de la segunda ventana, lo que ni Lindley ni Mirbeau ven todavía: a Perrot, que está frente a nosotros en ese espacio incierto, quitándose el pañuelo que lleva al cuello y empezando a avanzar hacia Bernhardt que le da la espalda, para estrangularle. La visión queda en ese momento diferida, con el suspense inducido, por un plano corto sobre Lindley y Mirbeau, él de espaldas recortado en el primer término, ella de frente, con la cara iluminada, en el preciso momento en el que un silbato anuncia la salida de su tren. De tal manera que la continuación del plano anterior, donde vemos ahora, entre Lindley y Mirbeau, a Perrot avanzando lentamente hacia Bernhardt, es vista esta vez a partir del tren en movimiento, es decir, al ritmo de una intermitencia entre el espacio lleno de los vagones y los espacios abiertos formados por las ventanillas. Esa disposición reitera así en parte la de la escena de la estación del Este, con tres diferencias importantes: el movimiento de los trenes sustituye aquí la trayectoria lateral de la cámara; la visión, producida por reflexión intermitente, se ve afectada por un valor turbio de alucinación; finalmente, a partir del momento en el que, al volverse, Lindley se percata a su vez de la escena, esa visión pasa por la mirada del personaje y precipita la lógica de la acción.[5] La puesta en escena ha preparado un momento muy valioso

---

5. Una imagen publicitaria, publicada en el diario corporativo *The Film Daily* para el estreno de la película (mayo de 1948), tuvo el arte de condensar las dos escenas: se ven tres ventanillas de compartimento con las líneas que indican el desfilar del tren en marcha. En la de la derecha, Mirbeau y Bernhardt, con ansiedad, miran hacia fuera, como siguiendo el movimiento ficticio del tren; de la misma manera Lindley, en la del centro, parece dispuesto a pasar a la acción. En la tercera, a la izquierda, se adivina a Perrot avanzando hacia un hombre del que solo se ve la cabeza por detrás. En la primera escena nunca se abarcan dos ventanas enteras a la vez con el movimiento de cámara; y solo se ven dos en la segunda, en profundidad y por reflejo. Pero lo que ofrece esa imagen fija es la virtualidad mental del recuerdo conjugado de las dos escenas y lo mismo ocurre con la "realidad" de la película.

de suspensión para hacer que se encuentren la mirada del protagonista y la del espectador: Lindley, no muy seguro de haber visto lo que le ha sorprendido, se inclina para ver mejor, como un espectador capturado por lo que la película le ofrece.

Por eso, por el combate que enfrenta a los dos hombres, el tren se convierte en el espacio que ciñe la acción como visión. Tantos efectos de luces, de encuadres, de velocidades, de miradas implicadas y de sugerencias contrarias, es decir, de seducción y de angustia de imagen en el arte de los cuales Tourneur es maestro, acumulados a lo largo de esta evocación heroica y atormentada de la Alemania de posguerra —todos esos efectos parecen condensarse en la fuga de Perrot alias Holzmann por los pasillos vibrantes del tren. Lo que llama la atención, mezclando el punto de vista de los perseguidores y el perseguido, como soldados al ojo superior de la cámara haciendo cuerpo con el tren, es la línea seguida, el punto de fuga alucinado que repercute por las paredes de los pasillos agitados por sombras y luces. Ese punto de fuga lleva al último cristal-pantalla posible, el cristal de la puerta posterior del último vagón —roto por el segundo de los disparos que alcanza de lleno al fugitivo, ya herido por el primer disparo—, tras el cual el cuerpo del fugitivo alcanzado por una bala queda como encastrado, apoyado en la barandilla, desvelando, más allá de la imagen de los raíles que se alejan, la línea misma de la mirada sin fin.

El niño separado del cuerpo de su madre, en un compartimento de tren, al principio de *El silencio* de Ingmar Bergman, es el emblema del espectador de cine. Surge del sueño para caer en un medio sueño perceptivo, vagando por el pasillo, volviéndose hacia la ventana donde le atrae una primera imagen: la línea dura, fríamente negra y blanca, de una montaña desnuda que corta el círculo naciente del sol y vibra con un movimiento insensible que manifiesta el flotamiento de una mirada humana. Un fundido encadenado muy lento queda fijado en el contracampo corto del niño vestido de blanco que entorna los ojos y mira. Casi tendrá que volver a dormirse, volver a despertarse otra vez a medias, ser captado como todo el pasillo donde está en un efecto de parpadeo intenso oscuramente ligado a la progresión del tren, para que se afirme su posición de espectador, cuando baja un asiento colocado bajo una ventanilla y se instala, pegado al cristal en el que apoya la mano derecha. La emoción, intensa, que se ha ido preparando de tal forma, se deberá a partir de ese momento (ya han pasado unos minutos desde el principio de la película) a variaciones a la vez brutales y muy finas entre encuadres, todos ellos cortos, según escalas diversas —allí radica todo lo que está en juego de ese festival de afectos— que hacen alternarse tres modalidades de planos: planos que muestran al niño de espaldas incorporado a lo que ve por la ventana; esas cosas vistas por sí mismas, aunque siempre desde el supuesto punto de vista del niño; planos de este último captado desde fuera del tren y como desde el punto de vista de esas cosas. Estas últimas están primero inmóviles y desfilan pasivamente según el movimiento del tren: todo lo que parece la periferia de una ciudad. Luego, esas cosas se convierten ellas mismas en movimiento, yendo, de derecha a izquierda, en sentido inverso al movimiento del tren: desfila un ejército de tanques, en la abstracción tensa de un blanco y negro de imaginario. De modo que la mirada del espectador queda tanto más bruscamente atrapada cuando los ve en estado desnudo, a través de la mirada del niño pero como más allá de él. Los planos que vuelven desde fuera hacia el niño, casi primeros planos del rostro aplastado contra el cristal, tienen una blancura lechosa y fría que incorporan el efecto de la visión fascinada en la que es sorprendido. Ese efecto también se reconoce en el hecho de que, sobre todo desde dentro, se ve cómo oscila su cabeza ligera pero constantemente de derecha a izquierda y luego a la inversa, para seguir el movimiento de los tanques hasta el costado izquierdo de la ventana y reanudarlo cuando entran por la derecha.

Hay que añadir que la puesta en escena ha tenido buen cuidado de variar a menudo el número y la proporción de los encuadres de las ventanillas del tren en el campo de la imagen. De tal modo que el espectador experimenta así no solo afectos de la vitalidad ligados a esos choques diferenciales, sino, en ellos, una especie de equivalencia del cambio de atención vivido por su propia visión frente a toda imagen. Finalmente, Bergman ha dispuesto un tiempo abstracto del tiempo para esa contemplación fascinada. Un fundido encadenado muy largo, hacia el final del episodio, confunde así durante mucho tiempo dos momentos sucesivos de visión: un primerísimo plano del niño anegado en el blanco, con los ojos desorbitados, la cabeza oscilando ligeramente; y, por primera vez, un encuadre más amplio que le muestra de cuerpo entero sentado en el asiento del que le cuelgan las piernas, ante una ventanilla central encuadrada por otras dos, frente al desfile de un paisaje urbano. Es en el plano siguiente donde se cierra ese momento hecho de momentos casi todos igual de fuertes y diferenciados: el niño encuadrado otra vez desde fuera vuelve a levantarse contra el cristal, frente a nosotros, en plano corto; en la parte derecha y superior del cuadro se ven los motivos de decoración que adornan las puertas acristaladas de los compartimentos; los reflejos de la visión exterior implícita del niño vienen a mezclarse esta vez, no se sabe cómo, con su imagen, condensando así hacia el final de la escena campo y contracampo; la cámara se eleva, hasta delimitar el rostro en primer plano aislado del niño en la parte baja de la imagen que viene a llenar entonces de forma masiva, detrás y por encima del niño, el cuerpo de su madre, que ha salido de su propio sueño y reina sobre la escena con su ojo vago, sensual y maquinal.

El dispositivo también puede concentrarse en su parte de inmovilidad reforzada, de visión verdaderamente bloqueada, inducida por una máquina o una situación física determinada. Es la famosa imagen de *La naranja mecánica* (*A Clockwork Orange*, Stanley Kubrick, 1971), con su protagonista, Alex, sometido al tratamiento Ludovico, atado en el cine a su asiento, con los ojos completamente abiertos de manera artificial para obligarle a disfrutar hasta el suplicio de las imágenes-sonidos de violencia y de sexo de los que quieren asquearle.

De manera más modesta, pero igualmente sutil, es la situación puesta en escena por Hitchcock en uno de sus "Alfred Hitchcock Presents", *Angustia* (*Breakdown*, 1955). Muestra a un jefe de empresa autoritario, William Callew (Joseph Cotten), especialmente despreciativo, durante una conversación telefónica, con el llanto de uno de sus empleados al que acaba de despedir. La moraleja de la historia quiere que, poco después, Callew se encuentre en una carretera aislada, víctima de un accidente de coche que le deja, debido a una leve distracción, paralizado y sin auxilio. Parece muerto, detrás del volante en el que apoya la barbilla, bloqueado, dentro del descapotable. Plenamente consciente, solo puede ver, y ver de manera absoluta, porque no puede cerrar los ojos[6] (hasta comenta la suerte que tiene por no encontrarse de cara

6. Antonio Damasio comenta el síndrome del "locked-in", emparentado con el coma, en el cual queda, por ejemplo, "el control de un solo movimiento: mirar hacia arriba o hacia abajo, parpadear". Comenta la fascinación del cine por situaciones límites semejantes, citando especialmente el guión de Nicholas Kazan para *El misterio von Bulow* (*Reversal of fortune*, Barbet Schroeder, 1990), donde la protagonista en coma puede decir: "Mi cerebro está muerto, mi cuerpo está mejor que nunca" (*Le sentiment même de soi*, *op. cit.*, pp. 310-313, 445).

al sol). Pocas veces habrá sido más pura una génesis de la identificación y la empatía suscitadas por ese personaje sin embargo tan antipático, gracias al enfrentamiento desnudo que se establece. Se debe al comentario interior incesante que sube de ese cuerpo inmóvil y a las alternancias de primerísimos planos variados y de visiones subjetivas. Impotente como Callew, el espectador asiste a los desmanes de los que será víctima (le vacían el coche, le quitan hasta la ropa). El espectador ve o cree ver, por la mediación depurada de los ojos fijos del protagonista, cada vista subjetiva que manifiesta la realidad de una situación que se parece a la suya, puesto que la ficción le arrastra a ello, clavado como está en su butaca en la oscuridad de la sala. Experimenta así una especie de emoción absoluta cuando, en la morgue a la que finalmente han llevado el cuerpo, a través de la mirada del médico forense, ve formarse una lágrima en el ojo que corre sobre ese rostro paralizado. Por un momento incluso, debido a las lágrimas, y para preservar hasta el final la identidad crucial de la mirada, la imagen de quienes acabarán por descubrir en ese presunto cadáver un ser vivo es presentada en parte como borrosa. El cuento moral anunciado por Hitchcock puede cerrarse, pero no sin que este sugiera a los espectadores, como un suplemento, lo que les vincula a él tanto como él está ligado a ellos: "Me recuerda mi situación. Intenten imaginar el terror de estar dentro de una pantalla de televisión sabiendo que en cualquier momento uno de ustedes puede cortarme. Hago todo lo posible por evitarlo, y lo vivo todas las semanas. Lo que me consuela es que algunos de nuestros episodios son tan fascinantes que hechizan al espectador".[7]

Un resorte algo parecido, pero mucho más cruel, anima la única película realizada por Dalton Trumbo, *Johnny cogió su fusil* (*Johnny Got His Gun*, 1971, adaptada de su propia novela de 1939). Se recordará el argumento: un mutilado de guerra anónimo, reducido a una cabeza sin rostro y a un tronco, es mantenido en secreto en un hospital militar, para que sobreviva indefinidamente. La identificación con el protagonista es masiva, en su dimensión de horror, y la capacidad de empatía experimentada por el espectador tan reducida como acentuada; sigue los escasos movimientos de ese cuerpo, sobre todo los de la cabeza, recubierta por una máscara blanca oblonga de la que

7. Presentación de la película en el pack DVD *Alfred Hitchcock Presents* (Universal, 2005).

solo sobresalen la parte alta de la frente y el pelo. Esos afectos serán rápidamente conducidos por la composición de un guión que hace alternar sistemáticamente (salvo dos momentos de mezcla) las escenas que se desarrollan a puerta cerrada en una habitación desnuda filmada en blanco y negro con secuencias en color, mucho más ricas, multiformes, que oscilan entre recuerdos vividos y elaboración de ensoñaciones, de pesadillas y de fantasmas más o menos invocados por las inflexiones de una voz interior. Semejante situación basta para convertir a esta habitación extrema y a su habitante casi exclusivo en un dispositivo de visión que se parece al del cine. Ese hombre verdaderamente inmóvil que ya no ve, sin embargo no deja de ver y lo que nosotros vemos es, en la misma medida, lo que él ve. Se produce así una emoción de principio vinculada al mismo paso de una secuencia a otra, por el cual una proyección vuelve a empezar, como hasta el infinito (contribuye a ese paso el choque de los tiempos que provoca cada vez la transición del blanco y negro al color —piénsese en *Buenos días tristeza* [*Bonjour tristesse*, Otto Preminger, 1958], *Nuit et brouillard* [Alain Resnais, 1955]). Interiores, marcadas por algunos efectos que manifiestan esa interioridad, esas proyecciones se vuelven enseguida a la vez "reales", dando así testimonio de la mezcla indefinible que se produce, para cualquier espectador, entre lo que se supone que su ojo ve y lo que su pensamiento imagina. Así, muchos momentos manifiestan la incertidumbre en la que se encuentra "Johnny", entre sueño y realidad, entre sueño y vigilia, tiempo y no-tiempo, y dan cuerpo a esta impresión fuerte, difícil de localizar.

Por eso, la paradoja más viva resulta ser la emoción, los picos de emoción que se cristalizan sobre el fondo de un sentimiento tan singular, hecho de compasión imposible, hasta tal punto es extremo el horror, hacia ese cuerpo que sufre, de una materialidad casi abstracta. Todos esos instantes nacen de las secuencias de la habitación. Contrariamente a los episodios en color, a menudo llenos de una búsqueda de expresividad un poco fácil, esas secuencias están filmadas de manera muy clásica: el trabajo del guión y de la cámara parece acomodarse a la austeridad del lugar, su gris uniforme sobre el cual destacan solamente el blanco de la cama del cuerpo enfermo y el uniforme de la enfermera. De tal modo que puede verificarse aquí esa ley propia del *découpage* clásico, que se propone apoyar la emoción supuestamente inherente a algunos instantes y a algunos actos por medio de movimientos de aparato y aumentos del tamaño del encuadre, basándose en la variación de escala de los planos, con los efectos de transiciones somáticas ligadas a los mismos. Esto resulta patente a través de la atención renovada que dedica a "Johnny" la nueva enfermera, por planos medios y primeros planos que mezclan la materia de dos blancuras, la de su ropa y la del cuerpo yacente. Está sobre todo ese momento en el que, después de un tiempo de reflexión perturbador durante el cual se la ve, con la cabeza agachada, sentada cerca de la cama, se decide a tocar plenamente lo que queda de ese cuerpo, sin duda hasta el sexo: cuando se inclina para besar la piel descubierta del torso, las líneas de su cofia se mezclan con las líneas abstractas de la máscara, y una pura agitación de blancos mezclados sostiene la turbación compartida y el posible acceso de placer. Esa puesta en escena clásica, segura de sus intensidades, también ha sabido abandonarse a excesos repentinos, cuando "Johnny" comprende por ejemplo que, por medio de algunos signos de regularidad en los cuidados, puede intentar registrar el tiempo: ráfagas de primeros planos más o menos cortos de su máscara, captada desde todos los ángulos posibles, desfilan, presas de aceleraciones repentinas con ritmos internos (por ejemplo, una de esas series cuenta con veinte planos para aproximadamente trece segundos escasos). Ese cuerpo privado de movimiento se convierte así, por un exceso en relación con lo poco que le queda, con más razón, en un puro cuerpo del tiempo.

Estas miméticas del cuerpo tendido hacia imposibles percepciones, estos pasos entre el interior y el exterior de sí mismo, estos fragmentos de ficción que se elaboran continuamente, todo ello, siguiendo el alegato sin duda más violento realizado nunca contra la atrocidad de la guerra, termina por hacer también de ese cuerpo extremo el cuerpo posible de un espectador de cine. Un cuerpo activo en la medida de su pasividad reforzada.

PLANOS Y REGRESOS DE PLANOS

Hay en el regresar de los planos, de un tiempo de la película a otro, en el tiempo restringido de un mismo momento o el tiempo extendido a la película entera, una fuerza de principio que produce emoción en la medida en la que el movimiento de las figuras, por el juego abierto de sus diferencias y similitudes, se convierte para el espectador, lo admita o no, en un trabajo de memoria en el que el cuerpo de la película le apresa. Lo que ya se ha podido comprobar, gracias a los ejemplos de *Toni* y *Berlin Express*, o siguiendo los recorridos anteriores, de escalas diversas, a través de *Cuentos de Tokio* o *La se-*

ñorita Oyu. Se trata pues de delimitar ese regreso de las figuras y los planos a través de algunos ejemplos más, para precisar sus efectos, tenues e inmensos, tanto por lo que despliegan como por lo que en sí mismos muestran de singular por uno u otro rasgo.

Se recordará a esa mujer vestida de rojo que cruza una calle con disimulada ostentación, entre otros muchos cuerpos, en *El héroe sacrílego*. Tal vez se recuerde también que en el fondo del primero de los tres planos evocados se veía una bandera roja izada, luego en el tercer plano banderas rojas enrolladas y alguna otra desplegada en distintos lugares. Se llegaba entonces a la tercera secuencia de la película. Ahora bien, ese motivo de la bandera roja es muy expresivo en la puesta en escena desde la primera secuencia, desde el segundo y tercer plano y más precisamente a través de su racord. En esos dos planos, orquestados en parte por largos movimientos de cámara en sentido oblicuo propios del estilo de Mizoguchi, los guerreros del clan Taira, "¡los vencedores de la revuelta del Oeste!", que avanzan por un mercado bullicioso, son identificados por sus inmensas banderas rojas, una de las cuales flota ostensiblemente al aire, a lo lejos, por delante de los guerreros. El movimiento de cámara ha quedado suspendido, de modo que esta última bandera llega, todavía a cierta distancia, al centro de la imagen. El racord que se lleva a cabo vuelve a coger esa bandera en muy primer plano a la derecha del cuadro; y se desliza tan deprisa de derecha a izquierda que ni con el mando a distancia se puede fijar ese instante del paso, solo haciéndolo avanzar imagen por imagen. El motivo que tanto sorprende la mirada se apoya, en ese mismo plano y en el siguiente, en otras banderas que afirman la plástica del encuadre. Además, esos guerreros se encuentran casi al momento enfrentados al cortejo de los palanquines del monte Hei, en el que varios soldados y dignatarios lucen vestimentas de un rojo anaranjado, que hacen juego con uno de sus dos inmensos pendones. Así, desde ese principio de la película, el rojo de la bandera y el de la ropa se convierte en un motivo elegido de la puesta en escena, a la vez que se ve afectado desde el principio, en ese relato de historia y tradición, por un valor simbólico.

De tal modo que cuando, dos secuencias después, el retorno discreto de las banderas se armoniza con la irrupción de la mujer del vestido rojo a la que la mirada puede seguir en el bullicio del cuadro, el movimiento enigmático que en él dibuja actúa ya como un efecto de reconocimiento y de memoria, por ínfimo que sea en relación con la inmensidad de la película.

Un mismo plano, una acción y un motivo material tejen en *Ordet* (Carl Dreyer, 1955) una red que marca repeticiones e intercambios, a través de la secuencia inicial y una segunda secuencia, mucho más tarde, poco antes del final de la película.

El plano que vuelve cuatro veces durante la primera secuencia es prácticamente fijo. Muestra en un ligero contrapicado unos escalones hundidos en la tierra, que suben al bies entre dos masas de hierba y de madera repartidas a cada lado del encuadre, hacia una pequeña elevación donde se ve, a la derecha, ropa tendida en unos hilos fijados a unos postes bastante finos, que ondean al viento. Ya hemos atisbado, a lo lejos, desde el plano inicial de la película, esos escalones y esa ropa de un blanco deslumbrante, durante el largo movimiento lateral que presenta la granja de los Borgen, con sus numerosas ventanas. De forma que el nuevo encuadre parece sacado de esa trayectoria para quedar inmovilizado al momento, esta vez de acuerdo con el eje de una mirada: Anders, el más joven de los tres hijos de la familia, al ver la cama vacía de su hermano con el que comparte habitación, sigue por la ventana, después de haber levantado la persiana, la salida de Johannes. Le ve subir los escalones y llegar arriba a la izquierda hacia un último poste que sostiene un hilo desnudo, que hay que levantar para pasar (un ligero reencuadre, en las dos primeras apariciones del plano, acompaña hacia el final el movimiento del personaje). Dos planos después, retorna el mismo encuadre, mostrando esta vez a Anders que sigue un recorrido idéntico. El plano está entonces justificado por el punto de vista de Inger, la mujer de Mikkel, el mayor de los tres hermanos, cuando levanta a su vez el visillo de la ventana. Aquí, el choque, y la emoción, proceden, más que de la repetición propiamente dicha, de la desorientación que inflige al ojo del espectador una identidad del encuadre que parece improbable. Pues da la impresión de que Inger mira la escena según una dirección divergente de la de Anders. Esta impresión queda reforzada, en el plano anterior, por el largo movimiento puntuado por pausas que, de derecha a izquierda, lleva primero a Anders de su habitación a la de su padre, al que avisa de la fuga de Johannes, luego hacia la salida —movimiento que se detiene por fin ante la puerta de la habitación de Mikkel e Inger, que esta abre antes de dirigirse hacia la ventana desde donde se la ve observar la escena. Aunque la identidad de los ejes y los planos se justificara desde el punto de vista de un Dios arquitecto, en relación con esta casa y sus espacios diversos y complicados, atenta contra la lógica mínima que el espectador está invitado a construir. El plano insiste dos veces. Primero, para mostrar desde el mismo punto de vista de Inger, mientras Mikkel se viste, la llegada del padre que sube la escalera a su vez y alcanza a Anders. Luego, cuando se vuelve a coger el plano por última vez, con Anders que ayuda al padre a ponerse la chaqueta y Mikkel que llega a su vez al comienzo de la escalera, se acaba de producir un segundo choque, sorprendente: efectivamente, en el momento en el que la cámara sigue a Mikkel saliendo por la puerta de la habitación y alejándose, vemos en el fondo de la habitación a Inger apartándose de la ventana. De suerte que se supone que ya no ve el cuadro que vuelve a imponerse. De tal modo que ese plano divide en cuatro tiempos la continuidad de una acción, pero recubriendo de manera flagrante el punto de vista divergente de los personajes con el de la puesta en escena.

Y este efecto, de desorientación y de sorpresa vinculadas a la mirada, vuelve en provecho de otra figura, a través de una distancia aún más misteriosa. Después de que los tres hombres, seguidos de lado por la cámara, han caminado hacia Johannes a través de las hierbas altas, una señal con la mano del padre establece claramente, al final del plano, que le ven a lo lejos, hacia su derecha. Sin embargo, Johannes entra en el cuadro de frente y se inmoviliza, en la orilla de un montículo herboso y en contrapicado, destacado contra el cielo. Este plano parece así coger en sentido contrario la visión virtual de los tres hombres, sea cual sea la configuración imaginada, como confirma la continuación del plano. Mientras Johannes se dirige a Dios, la cámara le deja, yéndose hacia la derecha, recorriendo lateralmente el espacio desnudo, encuadrando solo las hierbas y el cielo. Esta trayectoria permite que por fin entren en el cuadro de uno en uno y de derecha a izquierda, es decir del lado opuesto al que cabría esperar, los tres hombres que llegan, viendo y escuchando a su hijo y hermano. La disyunción espacial entre la visión de los personajes y la de la cámara ha sido tal que uno no puede conformarse con el argumento realista de un trayecto efectuado durante el largo monólogo de Johannes. Parece entonces que los cuerpos surgen del simple poder propio de la puesta en escena: asegurar, por medio de las tensiones extremas entre planos que recortan el espacio, la figuralidad de los seres. En ese momento, lo esencial radica en la fisicalidad del trayecto. El recorrido efectuado por las hierbas así acariciadas expresa el estado todavía desconocido de las relaciones familiares y psicológicas, la relación que cada cual mantiene con el drama religioso de Johannes a través del que Johannes mantiene con Dios; y por ello, el enigma sobre todo de la propia creencia, como fijada materialmente por el movimiento de la cámara. En lo que dura ese breve entre-tiempo, conducido por esa trayectoria, la hierba, la masa de hierbas, tan presente en ese inicio de la película, se convierte en figura de emoción, intensidad de la visión ahondada por la palabra.

La escena que retorne, casi una hora y media más tarde, es muy distinta. Pero empieza con ese mismo plano, con una diferencia mínima de ángulo: el padre está en el montículo, entre los dos postes, bajo el hilo en el que ya no hay ropa colgada hacia la derecha, y llama: "¡Johannes! ¡Johannes!". Hemos visto a este último, aprovechando que Anders estaba dormido, salir por la ventana de su habitación, después de haber dejado a sus allegados unas líneas del Evangelio del que lleva el nombre. Entre los postes, en el montículo, pasa un gato, que se va hacia la derecha, como recurriendo al doble movimiento de ida y vuelta, del personaje y de la cámara, izquierda-derecha, derecha-izquierda, en ese encuadre que actúa ya como imagen-recuerdo. Se inicia entonces una serie de cinco cortinillas, de izquierda a derecha, que cada vez empujan, en unos breves segundos, una imagen en provecho de otra imagen. Todos esos planos se sustentan en movimientos acentuados de varias maneras, más o menos laterales y sinuosos, que finalmente se van, así como los diversos personajes, conocidos y desconocidos, que participan en la persecución, hacia la derecha, en el sentido de las cortinillas. Aquí, el paisaje y la hierba pasan a veces al primer término, pero sin estar nunca aislados por sí mismos. La serie se cierra sobre un plano idéntico al que la inició, repitiendo el encuadre allí donde había quedado suspendido al momento final del plano: esta vez la imagen es totalmente fija y el padre vuelve a subir hacia la derecha entre los postes para gritar el nombre de su hijo que se ha oído a lo largo de la secuencia.

¿Por qué esta disposición llamativa de la cortinilla, que se emplea ya tan poco? Seguramente para comprimir la acción, para dotarla de una velocidad acorde con el hecho de que esta vez Johannes no tiene que ser visto para que pueda reaparecer mejor más adelante, en el momento del milagro de la resurrección de Inger que ha anunciado. Por otra parte, es también permitir de manera radical la variación en la repetición, asegurando el doble plano inicial y final, más allá de la propia acción, la reiteración de la figura, desde el punto de vista tanto del pasado de la película como del presente de la secuencia. Finalmente, es atribuir a la puesta en escena y a un efecto visual propio de esta última las divergencias de puntos de vista y de espacios en los que se apoyaba la emoción de la secuencia inicial, en la juntura de lo visible y lo invisible que constituye el drama de la película. Se ha observado a menudo, por ejemplo Christian Metz, siguiendo a Béla Balázs, Edgar Morin o Étienne Souriau, que los signos de puntuación tienen un valor particular entre los efectos ópticos, al ahondar la diégesis con una fuerza propia directamente relacionada con la instancia que cuenta, con su poder de contar.[8] La fuerza de la cortinilla radica en que se dirige, aun más directamente que el fundido encadenado, convertido en algo tan habitual, a la memoria. El tiempo precipitado que tarda una imagen en empujar a otra es una llamada violenta al recuerdo inmediato de la imagen que se esconde, un choque singular que desborda al que está vinculado a toda transición de plano. A la vez, el conjunto de la secuencia remite aquí la película a su tiempo anterior, cuando se afirma por primera vez el enigma de una profecía que en su fondo afecta por igual tanto a la creencia en el cine como milagro ("el cine como trucaje", decía Metz)[9] como al milagro de la religión que transmite su experiencia.

Se recordará la pregnancia de los planos de árboles, del segundo plano sobre todo, en la secuencia que abría *La señorita Oyu* —variaciones intensas que llevan a Shinnosuke a través del bosque entre los troncos de árboles y bambúes. Con la espera y el deseo representados de entrada siguiendo los intervalos profundizados por la imagen, encarnados al momento entre Shinnosuke y las dos hermanas, Oyu y Oshizu, las relaciones se desplegarán así ligando el destino de las almas con la inscripción de los cuerpos tanto entre formas de árboles como entre las líneas aceradas de las finas vigas empleadas en la construcción de las casas japonesas.

Ya conocemos el trágico punto de partida: Shinnosuke se enamoró a primera vista de la mayor de las dos hermanas, Oyu, cuando esta le presentó a Oshizu, su hermana menor. La boda que se celebra después es un arreglo poco sensato. Permite a las dos hermanas, que así lo desean, no separarse. Prohíbe, a la vez que fomenta, la consumación del deseo entre Oyu y Shinnosuke; pero, también, entre el marido y la joven esposa, que ha tomado la decisión de vivir un matrimonio blanco para no arrebatar a su hermana un hombre que la quiere y al que ella quiere por igual. Lo extraor-

8. METZ, Christian, "Trucage et cinéma", en *Essais sur la signification au cinéma II*, Klincksieck, 1972. [*Ensayos sobre la significación en el cine, II*, Barcelona: Paidós, 2002].
9. *Ib.*, p. 187.

dinario es la manera en la que, justo después de la boda, sobre un fondo de tortura y desasosiego, se desarrolla esta extraña vida de a tres: entre tantos troncos, pilares, montantes por donde esos tres cuerpos pasan, se detienen, se ponen nuevamente en movimiento, se inmovilizan otra vez. Se incorporan así a materias y formas intermitentes sobre las cuales destacan, construyendo, incesantemente, tanto el presente de la imagen como su recuerdo activo, desplegado a medida. No podemos evaluar todas esas escenas y sus apariciones en la larga parte central de la película —hasta que el trío, por pérdida de energía y por la transgresión social que supone, acabe por deshacerse (Oyu cede a un nuevo matrimonio convencional, Shinnosuke hace por fin de Oshizu su mujer, de acuerdo con una doble desgracia consentida). A modo de ejemplo, recordemos solamente dos momentos, hacia el final.

Un año después de su primer encuentro, están los tres otra vez en Kioto, tal como indica Oyu. Acaba de comprobarse la locura que atormenta a unos cuerpos sometidos a movimientos espasmódicos, en el momento de la escena anterior en la que Oshizu impone a Shinnosuke, justo después de la boda, su decisión de mantenerse casta. Vuelve la misma música obsesiva de Fumio Hayasaka, que acentúa el recuerdo del conjunto. Un primer encuadre, muy amplio, muestra en el primer término arbustos en flor, formando un velo de blancura centelleante y opaco. Al principio, no son más que siluetas que avanzan a lo lejos. Pero unos troncos de árboles negros, retorcidos como cuerpos, rompen ese velo frágil por distintos sitios. En el plano siguiente, más corto, se ve de lejos también al trío que va llegando, seguido de dos criadas. Un enorme tronco de árbol negro ocupa ahora toda la parte izquierda del cuadro. De modo que a medida que avanzan en ese plano, cuyo movimiento les sigue, poco a poco los tres cuerpos alcanzan el árbol, parecen imprimirse en él, luego lo dejan atrás, destacando lo negro del tronco en el fondo de la imagen.

Es el final de sus vagabundeos en común. Están los tres en el umbral de la terraza de una casa abierta. Durante ese largo plano de una geometría implacable, el sufrimiento de los cuerpos está expresado más que nunca por su inscripción en los elementos del decorado. Oshizu acaba por fin de confesar a su hermana que sigue siendo virgen. Ambos se precipitan entonces, Shinnosuke siguiendo a Oyu, con un movimiento compulsivo, para encontrarse en el espacio profundo abierto dentro del encuadre, donde se quedan de espaldas, como ateridos. Una persiana desplegada atraviesa a su izquierda la altura de la imagen, uniendo la viga horizontal del techo, cruzando la gran persiana levantada que ocupa en su totalidad la parte alta del cuadro. A la izquierda de ese cuadro interior así formado, un árbol inclinado y un pilar erguido parecen un eco de los dos cuerpos inmovilizados. Oshizu, por su parte, se ha derrumbado en el suelo, en el umbral de la terraza. De modo que un segundo tronco de árbol, a la derecha, en el fondo, extrañamente retorcido, como bajo el poder de un movimiento congelado, parece clavarse, literalmente, en su cuerpo postrado.

Así avanza la película, de emoción en retorno de emoción, por momentos más penetrantes, variadas en su fuerza intensa de repetición, construyendo su memoria.

FRASES-PLANOS

Se ha escrito tanto, aunque solo sea en Francia, de Marie-Claire Ropars a Michel Chion, de Deleuze a Jacques Rancière, sobre los efectos propios de las disyunciones-conjunciones entre el texto o la voz y la imagen, que uno duda a la hora de insistir sobre el tema. Pero se trata en este caso de un nivel de emoción tan fundamental, principio mismo de un efecto de corte que opera o bien de plano en plano o bien en el espesor del plano, que encontraremos aquí, a pesar de todo, solo tres ejemplos, cada uno de ellos referido a un límite.

El primero procede de esa época del cine mudo en la que el texto tiene la función de un plano separado con relación a las imágenes a las que apoya. Se trata de la película rodada en 1910-1912 por el cineasta inglés Herbert G. Ponting, "camera artist" de la gran expedición polar del capitán Scott, al que siguió lo más lejos posible, antes de su final trágico. Entre 1911 y 1933, la película tuvo numerosas versiones y varios títulos. La que comentamos es la cuarta, *The Great White Silence* (*With Captain Scott to the South Pole*)[10], con

10. Esta versión coloreada que pertenece al Nederlands Filmmuseum fue presentada en el Auditorio del Louvre por Philippe-Alain Michaud, en mayo-junio de 1996, en el programa *Exotica*. Es la película muda de la que habla André Bazin, bajo el título *L'Éternel Silence*, en "Le cinéma et l'exploration", *Qu'est-ce que le cinéma?*, t. I, París: Le Cerf, 1958, pp. 48-50. [*¿Qué es el cine?*, Madrid: Rialp, 1966].

fecha de 1924 y una duración de 149 minutos. La singularidad de esa película documental, rodada parcialmente en condiciones extremas, radica en que hace alternar de manera sistemática doscientos sesenta y tres rótulos, todos ellos numerados, con otros tantos planos o grupos de planos. La función de un gran número de esos rótulos va más allá del simple intertítulo; son la mayoría de las veces verdaderos planos de texto cuya duración, determinada por el tiempo calculado para la lectura, puede ser igual o superior a la de los planos de imágenes. Por lo demás, la materia de esos planos de textos no es pura: se adivina, por detrás de las palabras, una imagen oscurecida, que muestra a la izquierda una formación de hielo y tal vez de nubes, a la derecha el perfil de un barco —según se cree, el mismo que muestran en varias ocasiones los verdaderos planos de imágenes. Pero no por ello es menos viva la oposición entre los dos tipos de planos. Y el choque resultante no queda nunca disminuido por todo lo que se supone que el texto explica y hace esperar de la imagen que sigue. Cada vez, la aparición de la imagen se da plenamente como tal, a veces en admirables tonos virados que no parecen obedecer a razones precisas (efectivamente, todo está rodado en exteriores). También llama la atención el hecho de que no se pueda saber nunca cuándo se interrumpirá el posible movimiento del plano, favorecido por el avance del barco o suscitado por escasos desplazamientos de cámara. Pues no es, la mayoría de las veces, otra imagen lo que le espera, sino un texto que a su vez hace esperar otra imagen. Sin duda, cuanto más avanza la película, más se ve cómo se imponen unas sucesiones de planos, en la mayoría de los casos limitados a dos, tres, llegando pocas veces hasta cuatro o cinco planos (también se trata muy a menudo de reencuadres en la continuidad de una misma acción, que recuerdan un poco los efectos de las películas Lumière con cortes). Se nota entonces toda la diferencia, tan difícil de calificar, entre los choques que van de la imagen a la imagen y de la imagen al texto así como del texto a la imagen. Pero también puede tratarse de una acción continua que se encuentra fragmentada por el ritmo regular de los intertítulos; o, de manera excepcional, una secuencia más desarrollada encadena por sí misma varios planos, abriendo de repente un tiempo distinto, más autónomo (para mostrar por ejemplo el nacimiento progresivo de dos pájaros a partir de dos planos de huevos). Se organizan así niveles de sorpresa continua para otras tantas variaciones aportadas a la disposición inicial (una imagen/un rótulo) que sostiene la mayor parte de la película y hasta el final de la misma no dejará de regresar. Se ve entonces cómo nace el plano y cómo muere, continuamente, se dilata, se extiende, vuelve sobre sí mismo, tal como se reanuda una respiración. Pequeños choques que, proporcionalmente a su singularidad de principio, contribuyen a un choque de conjunto.

De todos esos choques, he aquí unos cuantos momentos. Es un plano del barco, de cuya masa oscura una parte ocupa a la izquierda casi toda la zona baja del encuadre; parece que unos mástiles y un montón de jarcias, a la derecha, caen al mar; hay por encima tres fragmentos de vela negra; el filtro es de un hermoso amarillo pálido; el plano se bambolea un poco, con el movimiento del agua. En cuanto ha pasado el rótulo, vuelve el mismo plano, pero esta vez de un azul-verde profundo, que recuerda algunos momentos en el barco de *Nosferatu* (F.W. Murnau, 1922); ahora el plano cabecea mucho menos, hundiéndose de arriba a abajo. Otro rótulo, vuelve de nuevo el plano, del mismo tono profundo; pero esta vez un movimiento de cámara se lanza hacia la derecha y parece hundirse en ese mar de una materia inestable. Cada vez, la sorpresa del plano sube un grado, intensificada por el regreso del intervalo propio del rótulo.

Casi en la otra orilla del cine, a Resnais le corresponde desarrollar, después de haberlo hecho ya tantas veces, un efecto acentuado de texto-imagen. Es en *Mélo* (1986), hacia el final, cuando Pierre (Arditi) va a casa de su viejo amigo Marcel (Dussolier) para demostrarle que su mujer Romaine, o Manouche (Sabine Azéma), se mató de amor por él, cosa de la que acaba de enterarse por la carta que le había dejado. Los dos hombres llevan un rato hablando, de pie, a cierta distancia uno de otro en el gran salón. Mientras Pierre, sentado ahora medio a oscuras, encuadrado en un plano corto que durante mucho tiempo ha quedado fijo, empieza a leer la carta, de repente y poco a poco la cámara le abandona para dirigirse con un lento movimiento panorámico picado en dirección de Marcel. La luz disminuye a medida que se extiende el movimiento; todavía se vislumbra una lámpara difusa, restos vagos de luz, la imagen se ha vuelto lentamente borrosa y empieza a desvanecerse insensiblemente (como en uno de esos muy largos fundidos en negro que han subrayado desde el principio de la película la separación entre los actos, las divisiones dramáticas). Pero no por ello ha cesado la voz que sigue leyendo la extensa carta, mientras se desarrolla el movimiento de la cámara en la oscuridad ya casi completa que constituye ahora la imagen. Apenas si se adivina la sombra de realidad necesaria para que la impresión sobrecogedora del movimiento así desvanecido permanezca e insista, durante un tiempo que parece largo. Hasta que la realidad de la imagen se recompone lentamente, con fulgores indecisos, y la cámara recorre el espacio por un tiempo vacío aún de la habitación, antes de encontrarse con el cuerpo y el rostro de Marcel que se ha quedado de pie, en plano corto sobre un fondo azul acristalado. El efecto de terror mortificado inscrito entonces en ese rostro es proporcional a la revelación del drama y de un amor en el cual Marcel, a lo largo de la película, no habrá querido creer. Pero en eso la revelación lleva la marca de ese movimiento oscuro, ese desvanecimiento de imagen que ha permitido a Resnais evitar, en un momento culminante de la ficción, la figura gastada del contracampo. Y si el espectador se compadece igualmente, o desigualmente, del dolor de los dos hombres, le sorprende más que nada ese largo momento dilatado durante el cual las palabras avanzan, como el movimiento casi invisible, en lo negro de la imagen (de los dos minutos que dura el conjunto del plano, se cuentan cerca de treinta segundos de negro profundo). Entonces, aunque llevada por el efecto de un relato que llega hacia el final y se cierra como de repente en esa oscuridad, la emoción opresiva se parece, en lo más profundo de la impresión del plano y de la materia afectada, a la que impresiona la mirada enigmáticamente detenida frente a la hierba en la película de Dreyer.

Hemos llegado casi al final de *La señorita Oyu*. Como hemos visto, la protagonista se ha vuelto a casar, para dejar que Oshizu y Shinnosuke intenten vivir por fin su vida. Lo han hecho, tristemente, pero de verdad, hasta que Oshizu muere al dar a luz. Ahora, Oyu está en su casa, en una casa suntuosa, rodeada de músicos; toca, como ya la hemos visto hacerlo, cuando Shinnosuke y su tía fueron a visitarla. Se oye entonces, de repente, a lo lejos, el llanto de un niño. Las criadas lo buscan por el jardín; y entregan a Oyu un niño envuelto en pañales, con una carta que han dejado en los pliegues de su ropa. Oyu está en plano corto, en una mezcla tan flexible como cortante de sombra y de luz, cuando empieza a leer la carta de Shinnosuke. Pero casi al momento, un movimiento de cámara, muy lento, se aleja de ella hacia la izquierda; y la lectura prosigue así en *off*, adaptándose al recorrido meditativo que la cámara desarrolla sobre los instrumentos musicales, calculadamente dispuestos en el suelo de la terraza. La sombra se ha hecho más densa; de modo que solo la parte mediana de la imagen se encuentra iluminada a medias y destacan nítidamente algunos detalles de los instrumentos, cuya blancura resalta en proporción inversa a la oscuridad dominante que ha ocupado todo el cuadro.

"Acabo de entreverla de lejos, y me quedo tranquilo. Por eso le escribo. Después de haber dado a luz, Oshizu quedó postrada y murió dejando este niño. No quiero entregárselo a ningún desconocido. Como no tengo intención de volver a casarme, le pido que se ocupe de este niño. Ya sé que esta petición puede parecer poco sensata y hubiera debido presentársela en persona. Pero he decidido firmemente no volver a verla nunca. Se lo ruego, se lo suplico, permita que, unidos en el recuerdo de este niño, Oshizu y yo nos quedemos junto a usted para siempre. Quiérale con ternura".

Durante toda la segunda parte de la carta la cámara recorre un instrumento muy largo, cuyos soportes, finamente esculpidos para permitir la fijación de las cuerdas, brillan a medias en la sombra. De tal modo que estas palabras de un afecto devorador, a través de las cuales refluye toda la película, parecen entonces la emanación de la pura fisicalidad de un lento desplazamiento de la cámara. Y ese mismo movimiento se identifica doblemente con el espacio sonoro de la película: el de la música que acaban de tocar con esos instrumentos; y el de la música que se oye durante el recorrido, esa misma música obsesiva de Fumio Hayasaka, que con tanta fuerza participa, desde el principio, en el sentimiento sublime que comunica la película. El plano que sigue, después de ese otro de casi un minuto dedicado a la lectura de la carta, tiene a su vez un poder total de condensación respecto a la película entera: Oyu sigue de rodillas, con la carta desenrollada; se derrumba llorando. El encuadre es más amplio: está atravesado, en sentido horizontal y en primer término, por una viga cuadrada contra la cual se inscribe el cuerpo de Oyu; y, en sentido vertical, por dos pilares redondos escalonados en el sentido de la profundidad, de los cuales el más macizo cruza en primer término la viga horizontal y delimita, en la parte de atrás de la composición, el cuerpo erguido de las criadas. De tal modo que la película, que acaba casi antes de una breve secuencia en la que se ve a Shinnosuke marcharse a través de las marismas, parece expresar entonces por última vez la pasión de los seres por medio de los cruces e intervalos organizados en el cuadro entre los cuerpos y los elementos escogidos del decorado.

LARGOS MOMENTOS, BREVES INSTANTES DE PLANOS

El número, la duración, la velocidad o la lentitud de los planos contribuyen activamente a inducir la emoción: son sus moduladores, en proporción con los múltiples afectos de la vitalidad y los perfiles de activación o contornos temporales que los inervan.[11] Ello indica lo difícil que resulta hablar de ritmo y de tiempo. Pues si los contornos temporales, hasta en sus dimensiones mínimas, son en teoría cuantificables, los afectos de la vitalidad son experiencias subjetivas. Ya hemos visto lo que se podía inferir de una analogía entre la noción de momento presente y la realidad del plano de cine, tanto a nivel del plano definido por su corte material como de los cortes organizados de distintas maneras dentro del plano, sobre todo en cuanto a planos que se instalan para largas duraciones. Es sobre todo en ese nivel donde la dimensión subjetiva de la experiencia propia de cada espectador se vuelve más pregnante: como el tiempo no se recorta nunca de verdad en cada cual de la misma manera, la realidad del corte ya no basta para instaurar una apariencia de objetividad, en cuanto a los acontecimientos y la percepción. Ordenando según cortes más o menos diferidos los momentos que lo componen, el plano largo tiende a dilatar y reunir valores de emociones que los planos de duraciones medias distribuyen de manera más previsible. A la inversa, el plano breve, o muy breve, o demasiado breve, los planos breves son desconcertantes para la mirada, de otro modo: el carácter repentino y la acumulación próxima de los cortes inducen una especie de emoción de principio, vibración o modulación que se debe al choque más o menos vivo o tenue que asocia los planos. Así, la excesiva rapidez de los planos es tal que puede reforzar la subjetivación, de acuerdo con las desuniones y conexiones intensivas que multiplican los niveles perceptivos (cuando esta subjetivación no es sometida, como en demasiadas películas contemporáneas, sobre todo americanas, a ciertos afectos categoriales intensificados, ante todo la violencia en todas sus formas, a menudo reducida, como subrayaban Vanoye y Daney, a la pura sensación reiterativa, sin verdadera construcción de afecto).

A partir de muchos ejemplos, hemos intentado calificar este trabajo de los afectos y de las emociones a las que sirven de base (al menos para ese espectador que soy yo), localizándolos dentro de los planos de duraciones muy variables, pero sin embargo más bien medias, cuya fuerza visible será establecida en gran medida por los efectos acentuados de corte. Ocurre algo ligeramente distinto, con una dificultad propia, respecto a planos claramente

11. Véase la nota 57 del capítulo anterior.

más largos o más breves cuyos cortes, al igual que los diversos niveles de materias internas al plano, desarrollan así otras inflexiones. Se dirá que el plano inicial de tren en *Berlin Express*, que dura un minuto, anunciaba ya este supuesto. Con una pequeña diferencia: su desglose interior se encuentra regulado de manera tan exacta y unívoca que consigue sumar las ventajas de una sucesión de planos y las de un solo plano.

LARGOS MOMENTOS

La película documental de Chantal Ackerman, *Sud* (1999), al igual que muchas películas suyas, y sobre todo las dos con las que forma una trilogía, *D'Est* (1993) y *De l'autre côté* (2002), tiene la singularidad de estar compuesta por planos en su mayoría muy largos, fijos y, sobre todo, en movimiento. Cojamos el largo principio de esa película de 70 minutos, que cuenta solamente con 47 planos. Imaginemos la presencia de los sonidos, muy viva, a veces exacerbada, que alimenta cierta aridez de su materia. Los cinco planos iniciales son fijos (salvo algún que otro reencuadre) y van de 58 a 104 segundos aproximadamente. Delimitan, a lo lejos, tiempos de actividad, o, desde más cerca, de ocio o de vacuidad. Cuando, en el plano 5, un tren atraviesa en el fondo del cuadro una carretera entre unos árboles, es todo el tren lo que desfila, lentamente, y un coche esboza solo una distancia incierta en el primer término. En el plano 2, que muestra a un negro sentado delante de una tienda, pasan tres coches a intervalos irregulares en el borde anterior del encuadre, creando violentos choques de espacio y de imagen que desfila. En cierto sentido, esos acontecimientos menores tienen más relieve que el corte del plano. Y sin embargo este inquieta, continuamente, por poder producirse siempre o antes o después, bajo el efecto de una indeterminación aparente de tiempo que mezcla así pequeñas emociones apagadas. No ocurre exactamente lo mismo a partir del primer gran movimiento lateral circular que en el plano 6 hace un barrido de izquierda a derecha y durante más de un minuto de una mezcla de casas, matorrales y árboles: en una neutralidad aparente, todo constituye micro-acontecimiento, de manera más activa, como en las vistas Lumière en movimiento. Ocurrirá lo mismo al hilo de las tres largas trayectorias laterales, rápidas, de los planos 9, 10 y 11, encadenados *cut* de derecha a izquierda sobre visiones de viviendas y campiña. Salvo que el corte, siempre preocupante en su incertidumbre, queda esta vez como sepultado entre los múltiples motivos de vida y de paisaje que la cámara descubre incansablemente. Pero, sobre todo, ha aparecido desde el plano 7 la primera de la serie de las nueve entrevistas o testimonios que puntúan la película y afectarán, en adelante, toda visión: atañen a las condiciones de vida de los negros en esa parte del sur de los Estados Unidos (Jasper, Tejas) —la esclavitud en el pasado, hoy en día el asesinato salvaje de un negro atado por tres jóvenes blancos a la parte trasera de un camión y arrastrado a lo largo de tres millas, hasta que el cuerpo queda desmembrado. Los planos 12 y 14 ofrecen dos fragmentos de entrevista que precisan las condiciones del asesinato: de uno al otro, el plano 13 es un *travelling* de retroceso de poco más de cuatro minutos, en una carretera estrecha y desierta. Primero rápido, el movimiento se ralentiza para inmovilizarse hacia el final del plano. Que esa sea la carretera en la que se produjo el asesinato u otra importa poco; la emoción nace aquí de la insoportable ficción moral que ese plano desarrolla. Lo extraño, y de lo que es tan difícil hablar, es el latido difuso que se lleva a cabo entre unos instantes, unos momentos en los que la claridad de la conciencia hace surgir una imaginación del asesinato, y aquellos, sin duda más numerosos, en los que el cuerpo está como cogido en la pura atonía motriz de esa lengua de asfalto que retrocede entre unos árboles. A decir verdad, un efecto semejante invadirá a partir de entonces de un modo menos nítido todos los largos planos de exteriores, fijos o en movimiento. Será llevado a su punto máximo de intensidad cuando, en el momento final de la película, después de un último testimonio en el que se recuerdan los trozos de carne dispersos por la carretera, después de que lo hayamos sabido todo del acto y de su entorno y que la comunidad negra haya celebrado el recuerdo de James Byrd, se reanuda ese mismo movimiento, esta vez durante más de ocho extensos minutos —lo que tarda en llegar un principio de oscuridad, puntuado por el paso de tres vehículos que se convierten en otros tantos pequeños acontecimientos traumáticos, en la imagen y en la idea de la imagen.

Muy distinta es la estrategia empleada en *Le Révélateur* (Philippe Garrel, 1968), que emplea 33 planos para una hora de película. Se trata de una de las películas más bellas de la historia del cine en blanco y negro, cercana a *L'Enfant secret* (1982) y *La Frontière de l'aube* (2008). Todo es, hasta el exceso, contraste y acontecimiento de luz, sobre fondos la mayoría de las veces oscuros, pero en ocasiones de un blanco lechoso deslumbrante, sobre los cuales destacan, de los tres cuerpos obstinadamente puestos en escena, o la blancura exagerada de los rostros y ropas claras, o bien el cabello y la ropa oscuros. No hay más de cuatro o cinco planos bastante breves en la película y el más corto se detiene a los 15 segundos, lo cual sitúa en torno a dos o tres minutos la duración media de los planos. Por otra parte, están poco coordinados directamente unos con otros. Ya sea porque las acciones que evocan la vida y las relaciones de la pareja y de su hijo se encuentren separadas, desde el punto de vista de la continuidad de los actos y los acontecimientos; ya sea porque las modificaciones intensas de la luz hagan irreconocible la transición que de hecho se lleva a cabo de una parte del decorado a otra, tanto en interiores como en exteriores. La calidad esencial de enigma que rige las relaciones torturadas de esos tres seres no sigue ninguna línea dramática directriz, que pudiera llevar de un principio hacia un final: es un drama de cada instante, que se mueve de acuerdo con los gestos, las posturas, los movimientos, los actos que llevan a la madre, al padre y al niño al corazón de un teatro perpetuamente esculpido por la luz, en la intimidad de la habitación así como en el espacio abierto de la carretera y el bosque que la bordea, con sus troncos negros a menudo iluminados por unas ráfagas de luz, según el paso de los cuerpos que caminan, corren, se persiguen, a lo largo de los árboles, entre los árboles.

Puede imaginarse la importancia que cobra, a partir de allí, todo corte de plano. Pues cada vez, en cuanto se establece un mundo, sentido en su plasticidad luminosa y sus violencias afectivas, ese mundo desaparece y deja más o menos radicalmente sitio a otro, que volvemos a sentir. De tal modo que una emoción muy viva queda vinculada por principio a todo cambio de plano, por ligada que esté a lo que se ha tejido lentamente a través de la duración y el espesor de cada plano. Es lo que Deleuze, en las bellas páginas dedicadas a Garrel, llama "el intersticio entre dos imágenes; [...] corte llamado irracional que no pertenece a ninguna de las dos y se pone a valer por sí mismo".[12] El intersticio ligado al corte, dependiendo aquí del misterio variado pero insistente de la duración, es esa emoción que reverbera, hacia arriba, hacia abajo, de cada lado del plano y de los acontecimientos que incorpora, opacos y cegadores.

Tomemos, por ser fácil de localizar, pues aquí todo es un poco igual, los tres planos iniciales, que forman un prólogo, antes de que llegue el título de

12. DELEUZE, Gilles, *L'Image-temps*, *op. cit.*, p. 260.

la película. La imagen que aparece muestra primero, en una oscuridad casi absoluta, un cuerpo y un rostro de niño parcialmente iluminado, por encima del cual se encuentra a su derecha una especie de creciente luminoso irregular que vibra con cada movimiento del niño. Uno de esos movimientos, más amplio, descubre su sombra gigante proyectada en la superficie contra la que se recorta el creciente. Un desplazamiento muy ligero de cámara hacia abajo y la puerta se abre, encuadrando un blanco cegador. El niño está encima del armario, sentado en un cojín, con la sombra atravesada por un verdadero círculo de luz. El padre ha aparecido en plano corto en el blanco. La cámara desciende, dejando al niño, como apoyándose en la masa del armario, descubre a la madre de frente, sentada en el suelo, con el rostro iluminado cruzado por una mecha oscura, y al padre que se adelanta, siguiendo el movimiento de cámara. El padre se pone en cuclillas, tiende un vaso a la madre que primero se aparta, bebe; le da un cigarrillo, intenta encender una cerilla tres veces, sin éxito; el padre coge entonces un cigarrillo muy largo, se lo pone entre los labios y luego entre los de la madre, y lo enciende por el medio hasta que se rompe en dos. La cámara vuelve a subir hacia el niño, ocultando casi con su sombra la mancha blanca. En la puerta inmensa y sobreexpuesta, se adentran los padres oscuros, sus cuerpos se deshacen a medida que pasan en el blanco de cada lado de la puerta; el niño se inclina, descubriendo por fin en la pared la mancha entera, sombreada por círculos irregulares; vuelve a captarse apenas la cabeza de los padres que desaparecen en pequeños movimientos bruscos y graduales en la parte baja del encuadre.

El plano fijo que sigue a ese largo plano inicial de 2'30 ofrece el máximo espacio de racord que se concede la película. En una escalera blanca destacada en un fondo oscuro, en contrapicado, la madre baja por la izquierda, se desliza más bien, cuerpo anudado sobre sí mismo, aferrado a la rampa, inmovilizándose en cuanto llena el borde del encuadre. El padre, en el fondo, muy erguido, ha interrumpido su descenso.

El tercer plano, que vuelve a cerrar ese principio de película de unos cuatro minutos, hace entrar el corte del plano en otra dimensión. Debajo de una escalera blanca iluminada contra unas paredes de un gris átono, que evocan sin el apoyo de realidad alguna la escalera del plano anterior tomada al revés, como por debajo, el niño se mantiene a lo lejos, sentado con las piernas cruzadas, frente a la cámara. El plano dura lo necesario para que el corte tropiece esta vez con las palabras del título de la película, que supone el misterio y el sentido del que el niño se convierte, de un plano largo a otro de intensidades sostenidas y diversas, en el "revelador" entre sus padres, entre el hombre y la mujer.

El plano largo, sobre todo en el cine moderno, actúa así por suspensión, diversificación e intensificación de emociones, desembocando en "dimensiones más grandes y más pequeñas", esos "planos más sutiles" de los que hablaba Bonitzer, entre los cuales el corte establece un contraste con una violencia, una falta de brillo particulares. Si he conservado bien en la memoria *Goodbye South Goodbye* (Hou Hsiao-hsien, 1997), no es porque empiece con tres planos vertiginosos en un tren, alrededor de un tren. Sino por una decisión de usar planos secuencia de manera casi continuada, permitiéndose muy pocos racords convencionales y planos de aclaración para desarrollar una intriga a veces evanescente, aunque de bordes afilados, centrada en dos parejas de maleantes más o menos jóvenes, en la provincia de Taiwan. Sesenta planos para ciento cuatro minutos de película, que equivale a una media de 1'44 por plano, lo cual deja sitio a muchos planos más largos y sueltos.

Su característica consiste en que están en constante evolución, en gran medida gracias a movimientos de cámara de gran flexibilidad pero siempre muy controlados, que permiten por ejemplo pasos frecuentes entre interiores y exteriores, o de una parte a otra del mismo decorado, sin que se pueda nunca decidir del todo si es la cámara la que adopta el movimiento por sí misma o si este está ligado a los numerosos desplazamientos de uno u otro personaje, en situaciones íntimas u otras en las que, de repente, esos desplazamientos se multiplican. Una de sus consecuencias es que cuando se desarrollan acciones más variadas, incluidas las más cotidianas, frecuentemente, en varias zonas y en varios niveles de profundidad del plano, se producen choques constantes de imagen: cuerpos que pasan, íntegros o fragmentados, precipitados, opacados, en una parte determinada del encuadre; ocultaciones y desvelamientos de cuerpos por otros cuerpos; surgimientos inesperados y cuerpos tropezando con los decorados. Un trabajo muy elaborado de la banda sonora, diálogos y músicas, desplegada siempre en niveles múltiples, contribuye a esos efectos discontinuos por naturaleza pero casi constantes de sorpresa y desconcierto de la mirada: en parte son tributarios de las identificaciones con los personajes, por indeterminadas que sean, pero se sitúan sobre todo más acá y más allá de ellas, como sumergidos en la sustancia animada de la película, su cuerpo atractivo y móvil. A veces, la música garantiza continuidades entre planos que sin ella sería difícil comprender; pero esta misma comprensión es desconcertante, pues esas continuidades proceden también por hiatos y conexiones problemáticas. Una función dominante atribuida a los diálogos en *off* acentúa a menudo la inseguridad perceptiva, entre lo que se ve, lo que la fisicalidad de la imagen empuja al momento a seguir y lo que aprendemos, incluso elípticamente, de la evolución de las relaciones y el encadenamiento de los conflictos. A este respecto, la duración de los planos es determinante: permite pasar continuamente, en lo que dura un mismo plano, de una posición a otra en la organización de la materia narrativa y de figuras, y trabajar tanto más sobre sus disyunciones internas, hasta el corte que confiere al plano como tal un nivel incrementado de eficiencia.

Hou Hsiao-hsien ha intensificado y multiplicado una doble figura, muy clásica. El avance subjetivo a partir de un coche (o cualquier otro medio de locomoción); y el movimiento hacia atrás siguiendo ese avance. Así, en dos ocasiones, el coche conducido por Kao, el "jefe" acompañado por "Cabeza de obús", el típico delincuente, avanza por la noche en la ciudad hacia una cita sospechosa: en lugar de encuadrar o bien solo la calle y la ciudad (cosa que también hace, aunque invente otros matices), o bien al conductor y al pasajero cogidos de espaldas delante del parabrisas (cosa que no hace nunca), Hou Hsiao-hsien se ha decidido por una sutil solución intermedia: ha mantenido en el cuadro el borde del parabrisas borroso, apenas un trozo de volante que gira, y a veces de retrovisor, para dar a la imagen una tonalidad inquietante, relativa a un punto de vista que la continuación del plano podrá encarnar mejor. Reencontramos más tarde a "Cabeza de obús" y su amiga "Patachou" en un *scooter*, y a Kao siguiéndoles en una moto *fancy* (las posiciones se invierten una vez, brevemente). El arte, inmenso, ha consistido aquí en variar continuamente, durante cerca de tres minutos, la distancia entre la cámara y el *scooter*, cuya rueda delantera está a veces a punto de desaparecer en la parte inferior de la imagen, y hacer que la moto, a veces oculta, pase, sobre todo en las curvas, de la derecha a la izquierda del cuadro, todo lo cual confiere a este avance un aspecto de ballet acentuado por la música.

Pero una vez casi olvidados los apuntes tomados, del amontonamiento de recuerdos que deja *Goodbye South Goodbye*, lo que queda es el surgimiento de los cuerpos, como impresión fundamental de una capacidad de afección constante con la que juega la película por muchos medios. Los cuerpos surgen sin cesar de las profundidades variadas del encuadre o de sus espacios laterales en *off*, como pegándose a la superficie de la imagen, metamorfoseándola, plegándola, coloreándola, llenándola y vaciándola de repente. La condición de semejante motilidad está en que la película ha sabido usar con tanta flexibilidad como obstinación la traba que se había impuesto, de tantos planos oscilando entre el plano-secuencia y el plano simplemente alargado.

M/Other (Nobuhiro Suwa, 1999) da una vuelta más, entre tantas hipótesis posibles, a la gestión del plano largo. Es un drama restringido, esencialmente doméstico, muy limitado a un espacio: un apartamento en el cual la irrupción de un niño (Shunzuke, o Shun), después de un accidente del que ha sido víctima su madre, perturba completamente la vida del padre (Tetsuro) y de su nueva compañera (Matsuno, llamada Aki). También en este caso, el número limitado de planos (69) y la duración de la película (unos 140 minutos) dan una media elevada que supera los dos minutos por plano. Pero en *M/Other* se cuentan más planos relativamente cortos que en *Goodbye South Goodbye* (planos que van de 10-20 a 30-40 segundos) y también muchos planos más largos (que se desarrollan entre 3 y 7-9 minutos). Aun más que en la película de Hou Hsiao-hsien, los cortes son imprevisibles: están menos estrictamente determinados por la lógica del plano-secuencia y la concentración relativa de la acción en un mismo lugar opera en varios planos de contracciones inciertas de tiempo. Por otra parte, las acciones, sin estar metafísicamente limitadas, como en *Le Révélateur*, se concentran en gran medida en las relaciones entre los tres personajes que componen de repente una falsa familia. Finalmente, la puesta en escena oscila entre un realismo simple de los cuerpos y los decorados y un constructivismo espacio-temporal que los somete a unos arreglos tan imprevisibles como rigurosamente conducidos.

A Suwa le gustan especialmente dos figuras que se engendran mutuamente, en el espacio saturado del apartamento: después de haber seguido el movimiento de un personaje, detenerse en un encuadre fijo muy estructurado y mantenerse en él, mientras el personaje sale de ese encuadre y se oye más o menos desarrollarse en *off* la acción iniciada; o volver a partir de ese encuadre fijo, en el que insiste, para alcanzar otra vez y de repente al personaje, detenerse un momento sobre el mismo, recuperado en otro encuadre igualmente construido, y volver eventualmente al encuadre anterior para permanecer fijamente allí un momento más (se haya quedado o no el personaje dentro del segundo encuadre). La decisión del corte del plano está así sometida a una especie de formalismo flexible, con mucha autonomía y una gran fuerza plástica, en cuanto a líneas, masas, luces, una combinación de superficies planas y zonas más profundas.

Este arte espacio-temporal del corte, de ritmo a menudo enigmático y por eso mismo sorprendente, depende también de las lógicas fluctuantes pero imperativas acordes con los tiempos de las acciones. Un gran principio, propio de muchos cineastas contemporáneos (lo hemos visto en el caso del tren que pasaba en un plano de Chantal Akerman), consiste en dejar que se desarrolle sin elipsis el tiempo continuo de una acción e incluso, más allá de esta, en reservar al plano un tiempo de estasis y de reflexión, como para interiorizar el corte esperado y el contraste que vendrá luego (en este caso, por ejemplo, Aki y Shun, que suben la cuesta de una calle, echan una carrera y desaparecen en la parte alta del encuadre fijo que por un momento permanece, tal cual). Pero sobre todo, los planos incorporan tiempos llamados "muertos" entre los que fermentan los conflictos, hasta la opacidad y la exasperación: como numerosas escenas entre Tetsuro y Aki, las más largas de la película con mucho, que oscilan entre la postración y picos de velocidad. Esas escenas están compuestas por planos recortados desde dentro de varias maneras, que parecieran no poder suscitar un corte claro, hasta tal punto están como pegados a los afectos oscuros que incorporan (ante todo, el deseo no expresado de tener un hijo que la situación ha despertado en Aki). Ese desarrollo del plano, con sus intensidades distribuidas desde dentro, es tan extremo en una ocasión, entre dos de los planos más largos de la película (planos 60 y 61, respectivamente de más de 4 y de 7 minutos), que apenas se aprecia el corte, oculto entre deslizamientos de cuerpos sobre superficies que se vuelven casi abstractas, de paredes, de puertas, de líneas que las delimitan. Pero semejante elección no es solamente el efecto de una dramatización incrementada; es interior al ritmo que la película se otorga desde el principio. Así, el segundo plano de *M/Other*, que presenta a Tetsuro y Aki en el comienzo de un nuevo día, desarrolla durante más de cinco largos minutos, descubriendo al espectador el apartamento, los meandros impecablemente construidos de la segunda de las figuras evocadas, con sus movimientos y sus estasis escalonados entre varios encuadres.

Por otra parte, la película está atravesada por pequeñas precipitaciones cuyo carácter de enigma acusa ese dominio de las duraciones yuxtapuestas por contrapuntos sobrecogedores, que suscitan otros tantos estallidos de emoción. Se trata de algunos pasajes musicales, de negros acentuados, de relámpagos de blanco, de movimientos extremos. Salvo en el último plano, la irrupción de esos elementos parece arbitraria; es decir, no responden a una dramatización particular suscitada por el plano, sino que se convierten en un elemento constituyente inesperado del mismo. Por ejemplo, la pantalla en un negro brutal (en general, duran varios largos segundos) cierra el plano 5, en el que Tetsuro evoca con uno de sus colaboradores la mala situación financiera de sus restaurantes. O bien, cuando por una apertura en negro se pasa al plano 6, en el que Aki se levanta para recibir a Tetsuro en el apartamento y se oyen unas breves ráfagas de música disonante, que se disipan enseguida. Los relámpagos de blanco, seguidos de negros, resultan sorprendentes (así se acaba el plano evocado de la carrera entre Shun y Aki, en la calle en cuesta —el conjunto del efecto, con la reapertura en negro, dura hasta siete segundos). A veces, simples negros más rápidos puntúan una escena, de conversación por ejemplo, encontrándose el plano ligeramente modificado cuando se reanuda. Se cuentan, desgranados a lo largo de la película, cerca de una decena de esas intervenciones variadas, sin razón aparente, y por ello tanto más llamativas. La última es la más extrema y afecta la película en sentido contrario. Las relaciones entre Aki y Tetsuro se han pacificado. El cuarto de estar se halla calculadamente encuadrado, sus desplazamientos respectivos en la habitación dan ocasión a una de esas figuras complicadas entre movimiento y estasis que tanto gustan a Suwa; reencontramos el encuadre inicial, Aki sentada en un sillón, mientras en *off* llegan los ruidos vagos producidos por Tetsuro. Llama la atención, en el centro de la imagen, un extraño y largo reflejo que parece suspendido, vibrando (hay así, a lo largo de la película, elaborados juegos de espejo y de cristales, que reconfiguran el espacio). Empieza a oírse una modulación musical, suavemente, se amplifica, y de repente un movimiento de cámara brutal de izquierda a derecha, como un barrido (pero la visión parece quedar nítida), se lleva la imagen y toda la película al negro final.

La función de esas pocas intervenciones aparentemente enigmáticas —trucajes y unas pocas ráfagas de música contemporánea— tal vez sea bastante simple. Invitan a ver mejor las tensiones que la composición de esos encuadres, de tantos planos extendidos y retorcidos, refuerza en la película, mediante un formalismo intensivo que apoya una situación realista. Estos acontecimientos de imagen y sonido se convierten en los indicadores de una emoción que no deja de surgir, sin que sepamos siempre a qué se debe y cuándo se cristaliza, hasta tal punto está implicada en las pasiones elementales que aquí se ponen en juego, otra vez, entre el hombre, la mujer y el niño.

BREVES INSTANTES

Como la escena que abre *Manos peligrosas* (*Pickup on South Street*, Samuel Fuller, 1953). Empieza poco después del plano inaugural del metro cruzando oblicuamente, con todas las ventanillas iluminadas, la pantalla oscura, y en cuanto surge Richard Widmark en el vagón frente a Jean Peters, vigilada desde hace ya un rato por dos policías de paisano. A partir del plano que aísla en plano medio a la pareja protagonista, son necesarios 22 planos de una alternancia modulada entre tres motivos, en planos rápidos (de dos segundos de media) pero todos ellos muy legibles (primer plano de Widmark con su mirada demente, que parece reproyectada hacia el interior del que procede; primer plano de Jean Peters exhibiendo la mirada vacía de una seducción sistemática, como delata su boca; detalle de la mano de Widmark deslizándose bajo el periódico desdoblado para alcanzar el bolso), hacen falta veintidós planos para llegar al instante del robo consumado, vigésimo tercer plano, el más cargado de ese momento de la película: el instante en el que una vez cogida la cartera, y metida dentro del periódico que se cierra, se produce un movimiento. Movimiento de la mano y del cuerpo de Widmark que se precipita con tal celeridad para salir que el policía, que según se supone lo ha visto todo (como manifiesta enseguida el regreso del plano sobre el mismo), se encontrará bloqueado ante la puerta del vagón que vuelve a cerrarse. Por un momento, en el cual y por el cual culmina el suspense, la película ha ido demasiado deprisa, desconcertando la mirada a la que atrae, y fijando en ese desconcierto la emoción que intenta provocar.

Unos años después, encontramos un plano curiosamente parecido en la secuencia que abre *Pickpocket* (Robert Bresson, 1959). De pie entre los espectadores del hipódromo, Martin Lasalle comete su primer robo. Los planos cortos que alternan entre su rostro y la apertura del bolso están muy medidos, son casi lentos para la acción que se lleva a cabo. Hasta el encuadre en el que la mano del ladrón en primer plano sube el fajo de billetes que ha cogido hacia el bolsillo de su chaqueta, cruzando otra mano, la del hombre que acompaña a la víctima del robo. Ese hombre, que según acabamos de ver empieza a darse la vuelta, lleva en la mano un periódico; de tal modo que, al pasar al plano inicial, ese periódico barre de repente la pantalla, casi como lo haría una cortinilla, ocultando el gesto final de Lasalle. La potencia de este efecto de elipsis unido a un choque háptico está en que hacen dudar por un momento del resultado del robo, cuando en realidad se trata de un simple movimiento de salida de este viajero (a lo cual se añade la ironía del desplazamiento sobre el periódico, accesorio típico de los carteristas).

Bresson aprovechará el tema, más adelante en la película, para provocar una verdadera aceleración y confusión de planos. El pasaje resulta más sorprendente tal vez porque Bresson es el cineasta que mejor ha sabido hacer de cada uno de sus planos tan calculados un momento autónomo en el hilo continuo del relato, hasta tal punto el corte es siempre nítido, el intervalo se encuentra establecido, sin que sobre ni falte nada, como cortando cada plano en el cuerpo del otro, instaurando un tiempo propio. Lasalle acaba de encontrarse con un carterista profesional que se encarga de su educación. Todo ocurre por movimientos de manos, en una sombra cuya incertidumbre es acentuada por medio de cinco fundidos encadenados que hacen deslizarse unos en otros los gestos realizados dentro de esos planos breves, así como por efectos de cortinillas naturales formadas por partes de las chaquetas y de los deslizamientos dentro de los cuadros. Una música insistente sirve de base a ese momento de unos 40 segundos compuesto por micromomentos delimitados y sin embargo imposibles de suspender, cuya intensidad se hace cuerpo. Momento que ofrece al espectador, con el pretexto de una pedagogía, la idea de la película: el poder abstracto de fascinación vinculado al robo impuesto en su inmediatez física, como imposible de captar.

El plano corto, como conciencia de plano, de otro modo que el plano largo, también puede dirigirse al funcionamiento de la memoria y especialmente, en cuanto el argumento se presta a ello, a la que el espectador mantiene con la posibilidad de su propia memoria trabajada por la que la película misma se atribuye. Una película de Alain Resnais, *Te amo, te amo* (*Je t'aime je t'aime*, 1968), ilustra muy acertadamente ese proceso. Cuenta la historia de un hombre escogido entre mil, no por su fijación sobre una imagen del pasado, como en *La Jetée* de Chris Marker (1963), sino por su maleabilidad, como consecuencia de un suicidio frustrado, para aceptar la idea de un viaje experimental al interior de su pasado. Lo que pretende la experiencia es hacer que Claude Ridder vuelva a vivir un minuto de hace exactamente un año, para devolverle luego a su presente llamado real, y aprender a través suyo lo que los ratones, sometidos hasta entonces a la prueba, son incapaces de decir. La película pretende dinamitar, nada más haberlo cumplido casi del todo, ese contrato inicial, y hacer de ese minuto al que se vuelve el pretexto de un vagabundeo aleatorio por un pasado presa de una especie de memoria demencial.[13] Lo que aborda la ficción de la película son paradojas de la ciencia sobre las incertidumbres manifiestas de la memoria y el tiempo. Paradojas propias de la biología moderna del cerebro como sistema "incierto" o "acentrado", a propósito de las cuales Deleuze insiste, basándose sobre todo en Jean-Pierre Changeux, cuando caracteriza en Resnais la pasión de un cine del cerebro, en torno a la idea de Membrana-Memoria.[14] "Pues la memoria ya no es ciertamente la facultad de tener recuerdos: es la membrana que, de los modos más diversos (continuidad, pero también discontinuidad, envolvimiento, etc.), hace corresponder las capas de pasado y los estratos de realidad, emanando unas de un interior que siempre está ya allí, adviniendo las otras de un exterior siempre venidero, socavando ambas el presente que ya no es más que el encuentro entre las mismas". Entre dos muertes que hace coincidir, "la muerte del interior de la que vuelve, la muerte del afuera que le adviene", el protagonista de *Te amo, te amo* vive así la experiencia de una razón-sinrazón moderna del cerebro, basada en "cortes que adoptan un valor absoluto y se subordinan a cualquier asociación". En la Esfera en la que yace, espectador impotente, drogado, más pensativo que nadie ("durmiente despierto", dice uno de los científicos), conoce la prueba de "fragmentaciones perpetuamente reencadenadas", de "fragmentaciones por transformación de estratos [...] El protagonista es remitido a un minuto de su pasado, pero este se reencadena perpetuamente en secuencias variables, por tirajes sucesivos".[15]

---

13. Véase la nota de los editores de la película en *L'Avant-Scène cinéma*, nº 91, abril de 1969, p. 21: "A propósito de los flashes o fragmentos de escenas cortas repetidas, he aquí lo que dice el guión: 'El minuto ha pasado. En principio, Ridder tendría que encontrarse sin transición en la esfera, pero es en esa encrucijada, en el trayecto de su regreso donde todo empieza a funcionar mal. Como si la maquinaria —suponiendo que haya una— antes de trastornarse del todo y rechazar a Ridder, simplemente tuviera fallos. Ello se traduce por oscilaciones en torno a ese minuto ya vivido. Una especie de balbuceo'".
14. DELEUZE, Gilles, *L'image-temps*, sobre Resnais y *Je t'aime je t'aime*, *op. cit.*, pp. 268-279.
15. *Ib.*, p. 277. Deleuze precisa que toma la expresión "fragmentado reencadenado" de RUYER, Raymond, *La genèse des formes vivantes*, París: Flammarion, 1958. Utilizado

No hay solo planos cortos en *Te amo, te amo*, pero hay muchos. Por un lado, nacen del tratamiento fragmentado del famoso minuto en el agua y en la playa, que insiste y vuelve a insistir por ráfagas dispersas (es el problema mismo del fracaso de la experiencia, que se convierte en el logro de la película); pero se vinculan sobre todo con el surgimiento aleatorio de instantes más o menos elípticos del pasado de Claude Ridder, a partir de su encuentro con Catrine, ocho años antes. "Corto" supone planos que varían de 2-3 a 5-7 segundos, inscribiéndose como breves secuencias autónomas entre planos más desarrollados o secuencias que cuentan con varios planos. El efecto de brevedad de esos planos obedece en gran medida al hecho de que son siempre imprevisibles y se imponen de manera repentina, como claros cortes irracionales.[16] A veces están delimitados por breves fundidos en negro, lo cual los hace un poco más familiares, pero en la mayoría de los casos aparecen *cut*, fundamentándose así su valor de sorpresa y cierta violencia de principio. Una vez, incluso, emblemáticamente, una frase queda cortada ("¿Pero qué ..." tiene apenas tiempo de decir Ridder al ver a un ratón blanco surgiendo delante de él en la playa; el plano será recogido un poco más tarde, y se escuchará la frase entera).[17] Son también casi todos planos fijos (o en los cuales hay movimientos limitados, muy secos).[18] Se piensa en lo que indicaba Resnais, a propósito de su deseo de plano fijo en *Muriel* (1963), para preservar intervalos inspirados por el modelo de la historieta, para que "los racords no intervengan en el movimiento, para subrayar el efecto del choque entre los planos".[19] Es decir, de las irrupciones sistemáticas de emo-

---

por este último para caracterizar las cadenas de Markoff y concernientes sobre todo a "fenómenos semifortuitos o mezclas de dependencia y aleatorio", el término parece aplicarse especialmente bien al funcionamiento del cerebro.

16. Véase la precisión aportada por LIANDRAT-GUIGUES, Suzanne y LEUTRAT, Jean-Louis, en *Alain Resnais. Liaisons dangereuses, accords vagabonds*, París: Cahiers du cinéma, 2006, p. 154: "Para *Te amo, te amo*, Resnais intentó un montaje cronológico que dejó de lado, por lo decepcionante del resultado: 'Nos dimos cuenta entonces de que ya no había nada de emoción'".

17. "¿Pero que viene a hacer aquí este ratón?".

18. Los planos de mar ligados al regreso de fragmentos del minuto-base resultan inciertos con relación a movimientos posibles de la cámara, pues el mar se mueve, así como el cuerpo de Ridder, y puede que parezca que el encuadre vacila sin por ello moverse.

ciones vinculadas al propio corte. Es sabido que Resnais hizo un gran uso de otra estrategia para apoyar esa emoción que, según dice, es lo que intenta provocar continuamente por medio del cine[20]: el *travelling*, de avance sobre todo, o lateral, plano largo que de *Toute la mémoire du monde* hasta *El año pasado en Marienbad*, de *Nuit et brouillard* hasta *Hiroshima mon amour*, lleva la voz del comentario o del monólogo salmodiado, para ahondar el intervalo entre texto e imagen y hacer que surja de ello una sinrazón propia. En *Te amo, te amo*, es el plano fijo y breve lo que conduce la mayoría de emociones aberrantes por las que el espectador es empujado a entrar en la ficción habitada por Claude Ridder. Hasta el punto de reconocer en ello el trabajo de su propia memoria y, por qué no, una búsqueda desordenada de su propia vida.

"Cortes irracionales", "recortes perpetuamente reencadenados", "fragmentaciones por transformación de estratos", "sucesiones variables, por tirajes sucesivos", "re-encadenamientos de imágenes independientes": esos términos de Deleuze sirven también para calificar *Chungking Express* (Wong Kar-wai, 1994), "esa película casi arrojada sobre el celuloide".[21] En las modalidades del rodaje así como en su manera de organizar las imágenes y los sonidos, es heredera tanto de la espontaneidad anárquica de las nuevas olas europeas como de los valores táctiles y rítmicos acumulados en sus años jóvenes por el vídeo-clip. Pero es para someter enseguida su materia a una desordenación crónica del tiempo, que organiza en el sentido de su más íntima paradoja los movimientos bruscos de espacios cuya acumulación confiere a las acciones representadas su realidad ficticia.

Los dos primeros minutos son la expresión condensada de ese proceso, del cual el final de la película ofrecerá un despliegue prodigioso. Como siempre, cuanto más depende un proceso del detalle, más difícil resulta evocarlo: en este caso, ello ocurre hasta extremos vertiginosos. Esos dos minutos cuentan, si se quiere, el encuentro virtual de una mujer y un policía, una

---

19. LIANDRAT-GUIGUES, Suzanne y LEUTRAT, Jean-Louis, *Alain Resnais*, *op. cit.*, p. 38.
20. Véase sobre todo en el mismo libro la asimilación entre emoción e inconsciente (p. 78) y la afirmación: "Todas mis películas han sido siempre únicamente una organización y una sucesión de choques emocionales" (p. 133).
21. JOUSSE, Thierry, *Wong Kar-wai*, París: Cahiers du cinéma, 2006, colección "Les Petits Cahiers", p. 16.

noche, en un barrio sospechoso y superpoblado de Hong Kong. La voz del policía expone, en el momento en el que por fin se rozan sus cuerpos, cuando la imagen fija de la mujer se va a borrar en un fundido en negro: "Cuando nos cruzamos, nos separa 1 milímetro. Dentro de 57 horas, estaré enamorado de esta mujer". Es ese milímetro simbólico de espacio, ese fragmento de imagen lo que se encuentra traspuesto en el tiempo físico y perceptivo de la película, trabajado en su cuerpo desde sus planos iniciales, sus primeros fotogramas.

Esos dos minutos compuestos por series se descomponen, en lo que se refiere a sus tres series esenciales (1, 3, 5), en múltiples microseries, cada una de la cuales cuenta solamente con unas pocas imágenes; por lo tanto, estas son calculables, aunque parezcan casi ilimitadas. Una primera serie (5-38)[22], que se focaliza ante todo en unos cuerpos, entre los cuales está el de la mujer que avanza de decorado en decorado, conduce hasta el rótulo-título de la película (38-42).[23] Una segunda serie reagrupa cuatro planos azulados de noche en algunos edificios y un cielo nublado (42-1'11), durante los cuales se presenta al policía, He Ji-wu. Una tercera serie sigue al policía en su carrera, sin éxito, persiguiendo a un hombre con la cabeza tapada, las manos atadas a la espalda, hasta el momento en el que se cruza con la mujer (1'11-1'50). La cuarta serie asocia dos planos cortos de un reloj electrónico (1'50-1'52), tiempo para pasar, el 28 de abril, de las 8h 59 a las 9h00. La quinta y última serie descompone el encuentro, hasta el fundido en negro sobre la mujer (1'52-2'04). Después de lo cual, la película retoma, al menos por un tiempo, su velocidad normal de desfile aparente de 24 imágenes invisibles por segundo, propia aquí de las series 2 y 4.

Aunque armonizando con movimientos reales, acompañados ellos mismos por los avances de una cámara excesivamente libre, las series 1, 3 y

---

22. Se trata del recuento en segundos, forzosamente aproximado, segundo arriba o abajo, y que empieza en el segundo 5 en el DVD. Se hablará pues de imágenes en lugar de fotogramas (aunque se conserve la idea, y por lo tanto a veces la palabra misma) puesto que ha sido recontado a partir del DVD. Se entenderá también que se haya podido deslizar algún que otro "error" en esos recuentos.
23. Ese plano del título sobre fondo blanco, singular por naturaleza, no se ha tenido en cuenta para el recuento de las series. También puede considerarse que se agrega a la segunda, caracterizada por un desfile normal.

5 se desarrollan así según microseries formadas la mayoría de las veces por 4 pero también 3 imágenes idénticas (las microseries cuentan con 4 o 3 fotogramas en grandes zonas, para preservar unidades rítmicas). Algunas veces puede ocurrir que una micro-serie se limite a 2 o incluso a 1 sola imagen; o que por el contrario tenga de repente muchas más, como en la serie final. Pero lo esencial es que, de acuerdo con la música de un encanto repetitivo infalible, sean unidades de imágenes fijas, congeladas, las que engendren un movimiento discontinuo por naturaleza y organicen de instante en instante un hiato, un salto, un choque de amplitud variable debido al paso de una micro-serie a otra. Así, esos momentos de la película tienen algo del aspecto brusco y saltarín tanto como rapsódico propio de las películas de Jonas Mekas o las de Yervant Gianikian y Angela Ricci Lucchi (aunque, por principio, las velocidades sean incomparables). También tienen la calidad de una emoción vibratoria, como un efecto de bajo continuo. Aquí, como cabe imaginar, todo depende del tratamiento de los motivos escogidos, entre una micro-serie y la otra, las otras que vienen luego. De modo que el efecto oscila entre momentos que rozan el límite de lo continuo (esa manera de avanzar de la mujer, de espaldas, con las variaciones muy limitadas de encuadre; o un cierre de puertas de ascensor durante el cual las distancias están reducidas al mínimo, sin por ello dejar de ser dominantes) y otros momentos en los que se multiplican las separaciones, incluso en la continuidad del mismo motivo (algunos avances de Ji-wu en primer plano, que parece andar a tirones, con el rostro marcado por expresiones muy dispares). Las variaciones de lo borroso y lo nítido, entre las microseries, son también un principio activo constante de contraste y modulación.

Así, la última serie se convierte, con relación a las series anteriores, en su resultado sensitivo-narrativo. En cuanto pasa el plano en tiempo real del reloj que marca las 9, una micro-serie de 3 imágenes se reencadena con las pocas microseries que antes han subrayado el encuentro elíptico entre la mujer y el policía. Pero esta vez se suceden cuatro microseries de 17 imágenes que marcan otras tantas poses fascinadas en torno al cuerpo suspendido de la mujer, antes de que unas microseries de 3 imágenes reanimen el sentimiento de aparición que vuelve a quedar fijo, durante unos 3 muy largos segundos, en lo que esta vez se convierte en la congelación de una imagen auténtica, mientras empieza el fundido en negro que la eterniza.

En esta especie de prólogo, tres tiempos se confrontan y articulan. El tiempo del reloj, tiempo neutro y como impotente que, a intervalos regulares, dará ritmo al tiempo de la película que se le escapa pero del cual sin embargo es responsable. El tiempo de las microseries, especular con relación a sí mismo hasta la invisibilidad empero siempre activa del fotograma. Y el tiempo de la ficción, acorde con el del fotograma por esa referencia a un milímetro de espacio que, según se supone, sirve de preludio al encuentro entre los personajes —tiempo así enviado hacia adelante en el cuerpo de la película que se encargará de desarrollarlo.

Es trabajoso evocar una película como *Chungking Express*, pues su historia está dividida igual que sus materias de imágenes. Es alrededor de la misma frase y de una congelación de la imagen sintómatica que asocia a Ji-wu y Faye, la nueva empleada del puesto de *fast-food* que se encuentra en el centro del relato ("Cuando nos cruzamos, nos separa 1 milímetro. No sabía nada de ella"), como, después de cuarenta minutos, la película vira sobre sí misma para volver a surgir de un fundido en negro ("6 horas más tarde, se ha enamorado de otro"). La acción tiene un nuevo protagonista, Wai[24], el policía 633 que sucede al policía 233, del que hereda únicamente su pasión tan errática como decidida por las mujeres y su relación caótica con el tiempo, el tiempo de la película cuyo círculo componen juntos.

Igual que Ji-wu había perdido a May, su novia, la antigua empleada del puesto, Wai, justo después de su encuentro con Faye, a su vez, habrá perdido enseguida en el pasado a la suya, una azafata cuyo sitio acabará por ocupar Faye, al término de una complicada imbricación, casi inagotable, de roles y motivos, de reflejos de espacios y de tiempos. Esta es la fuerza propia del cine de Wong Kar-wai, y lo que le acerca más a un autor como Resnais que a los cineastas de Nuevas Olas a los que se parece.[25] Pero esta apariencia, en *Chungking Express*, es crucial. Es la espontaneidad sin par de la película, su rapidez, su libertad de tratamiento y casi su desorden sabiamente afirmado, en todos sus niveles confundidos (racords, movimientos, luces, colores, velocidades, ritmos, músicas), que confieren a las mezclas y a las reversibilidades de tiempo su encanto físico y su continua modulación emotiva. Como si todo, siempre, ocurriera en esos dos planos a la vez: en la

---

24. El nombre del personaje no aparece en los títulos de crédito, pero se oye en el curso de una conversación. Y "Wai" es uno de los nombres del actor Tony Leung, así como del cineasta.
25. Es lo que destaca Thierry Jousse, *Wong Kar-wai, op. cit.*, pp. 47-48.

imagen y en su idea que encarna la historia. Así, llama la atención una figura recurrente, desarrollada en varias ocasiones en la segunda parte de la película: el personaje, Faye o Wai, está encuadrado en plano semi-corto (ella, activa en el mostrador del puesto, o él, soñador en un bar); delante o detrás de cada uno de ellos, pasan continuamente unos cuerpos, sombras gigantes y borrosas, aceleradamente, a cámara lenta o bien a velocidad real, atestiguando el segundo tiempo que repite siempre el tiempo supuestamente presente que se realiza en toda imagen.

Por eso el regreso, al final de la película, de las microseries compuestas por imágenes fijas hace que tenga tanta resonancia su vista de conjunto. Ya en tres ocasiones, en la primera película del policía 233, unas microseries, siempre de 3 a 4 imágenes, se han encadenado para ofrecer de nuevo escenas de acción, horadándolas y atribuyéndoles sus velocidades anómalas (Ji-wu arrestando a un hombre; la carrera de la mujer liquidando a varios hombres y huyendo en el metro; la mujer liquidando a otro hombre: series de 20, 60 y 5 segundos, respectivamente, de las que dos están coordinadas, para destacar otra vez la paradoja de los tiempos, con el paso de un minuto a otro en el reloj electrónico). Pero las tres series de microseries que al término del recorrido se concentran en Faye tienen una virtud propia, además de su rara calidad plástica que atrae a la imagen hacia una manera nueva de perpetuado auto-temblor: en el plano de la intriga, condensan los tiempos del segundo de los episodios que tienen a Wai como protagonista, mientras que, por el principio activo de la puesta en abismo de los planos a nivel del fotograma, remiten al primero de los episodios y encierran así la película como conjunto en una lógica abismal.

Un primer plano delimita las letras inundadas por la lluvia del rótulo del "California", el bar donde Faye y Wai tenían que haberse encontrado, un año antes, para su primera cita oficial (es el mismo bar en el que hemos visto a Wai esperando durante mucho tiempo, en vano, antes de enterarse de que ella había terminado por emprender el vuelo hacia la verdadera California). Sobre el inserto de letras del rótulo y la primera serie que la muestra en primer plano, con la correa del bolso al hombro, mirando ligeramente hacia la izquierda tanto como en sí misma, Faye hace suyas en parte las mismas palabras del comentario interior pronunciado entonces por Wai. Los trece segundos que dura ese "plano", que no es realmente uno, están marcados por más de cien microseries trémulas de ritmo espasmódico, a la vez ralentizado y acelerado, de 3 imágenes idénticas cada una: "Estaba en el 'California' esa noche. Había venido mucho antes de la hora fijada. Llovía mucho. Fuera, era una 'California' muy lluviosa. Seguro que en la otra hacía sol. Me di un año de plazo". La luz vibra continuamente en un cuadro dentro del cual, de lo borroso a lo nítido, unas formas impalpables se hacen y se deshacen, hasta el infinito, como horizonte de ese rostro. Cuando el plano cambia y la nueva serie, en una armonía de tonos parecidos, del marrón pálido al rosa apagado, parece deslizarse bajo la primera, para una duración sensiblemente idéntica, Faye está de frente y nos mira, detrás de esas gafas pequeñas y redondas que ya nos resultan familiares. "Hoy, vuelve a llover. Al mirar hacia fuera, pienso en una sola persona. ¿Habrá llegado a leer mi carta?". Este salto de un año, llevado a cabo de una microserie a otra en una materia palpitante e inaprensible, prosigue durante unos once segundos más, y otras tantas microseries correspondientes, sobre Faye, ahora de espaldas en plano corto, finalmente vuelta hacia nosotros, ante un fondo de pantalla que se ha ido animando, pero siempre incierto, como un magma de formas en fusión. Después de un plano rápido, otra vez, sobre el rótulo "California" (que delimita así las tres series de microseries), una nueva azafata se levanta para tomar el relevo de la antigua amiga de Wai e ir a su encuentro, con Wai convertido en propietario y empleado del puesto de *fast-food* donde se conocieron.

Así, la dilatación-contracción, la división del tiempo que es la obsesión de *Chungking Express* y de todo el cine de Wong Kar-wai, encuentran en el motivo de la microserie fotogramática una manera de cristalizar, de acuerdo con una modulación sublime, una emoción a través de toda esa película fundamentalmente dispersa, atomizada en mil trazos de imágenes y sonidos y, por ende, de impulsos narrativos que se tropiezan y se reencadenan hasta el desenlace.

CURVAS DE PELÍCULAS

Se habrá comprendido que, partiendo la mayoría de las veces de figuras y modalidades singulares, de naturaleza y alcance variables, que sirven para entender niveles de emoción caracterizados, calificados por su valor intensivo, nos deslizábamos de manera natural, no hacia la película entera, puesto que esas palabras no tienen mucho sentido, pero sí al menos hacia comprensiones globales que suponen niveles de implicación y de emociones más amplias, relativas a los personajes, al relato, a un sentido u otro de la película. Evidentemente, ello supone que los detalles solo existan referidos al todo que componen y expresan. Por eso nos ha parecido necesario precisar, escogiendo de acuerdo con tres entradas diferentes y desde el punto de vista de su "todo", películas lo más diversas posible, aunque sea rápidamente, cómo la emoción nace también explícitamente de trayectos de conjunto, más misteriosos puesto que suponen tanto un cierto nivel de detalle al que estamos acostumbrados como, en cada caso, una hipótesis sobre la gestión de conjunto de la emoción suscitada.

Con la notable excepción de *La Prise du pouvoir par Louis XIV* (1966), las películas pedagógicas de Rossellini han despertado durante mucho tiempo, en Francia, entre los defensores apasionados de sus "Bergman-films", reacciones moderadas, antes de convertirse en objeto de un nuevo interés, sobre todo desde las retrospectivas organizadas en el Auditorio del Louvre en 2001 y en la Cinemateca francesa en 2005. Se puede situar esta reticencia subrayando la fórmula por la cual, en la película de Jean-Louis Comolli (*Rossellini, la Télévision comme utopie*, 2006) dedicada al vasto y último período de una vida de creación, el ayudante de Rossellini, Beppe Cino, resumió con una frase la esencia del gran proyecto de enciclopedia histórica y educación pedagógica concebido por Rossellini como utopía de la televisión: "Filmar pensamientos y no emociones".

Es sabido que Rossellini, renegando de su obra anterior, tachada de "cine inconsciente", optó desde principios de los años '60 (*Viva l'Italia*, 1961, es la primera realización de la enciclopedia histórica) por un "modo de razonamiento audiovisual", capaz de soportar ese paso de lo "instintual" a lo "racional".[26] Adriano Aprà, que tanto ha hecho por Rossellini y ha contribuido sobre todo a una reevaluación de esas películas, destacó algunos de los rasgos que las distinguen del resto de su obra tan distinta en cuanto a tono y estilo, y ello a pesar de pequeñas variaciones internas de las que ha procurado hacer el inventario[27]: preferencia por el plano-secuencia para una mejor ex-

---

26. Véase ROSSELLINI, Roberto, *Fragments d'une autobiographie*, París: Ramsay, 1987, p. 155.
27. ROSSELLINI, Roberto, *La Télévision comme utopie*, textos escogidos y presentados por Adriano Aprà, París: Auditorium du Louvre / Cahiers du cinéma, 2001, sobre todo pp. 26-29 y toda la segunda parte del libro, que presenta las películas de una en una.

posición y claridad de la información (uno de los términos más apreciados por Rossellini), uso intensivo del *zoom* con el mismo fin, elección de actores poco conocidos (a veces incluso no profesionales) para minimizar los procesos de identificación; y finalmente, favorecido por todas esas opciones, un privilegio absoluto otorgado a la palabra, al discurso, a las conversaciones, por medio de los cuales la comunicación y la razón resultantes permiten escapar a la irracionalidad de los sentimientos y los cuerpos. Sócrates y Cristo son los protagonistas de ese programa, estético y ético, puesto que en ellos la palabra es el instrumento, perseguido pero vencedor, del razonamiento y la persuasión.

De tal modo que la emoción tan especial propia de esas películas que pretenden alejarse de ella procede, de manera tan constante como imprevista, de un empeño por filmar la expresión de las ideas, del pensamiento, mientras los cuerpos las conducen y a la vez se ocultan tras ellas. Es lo que ocurre en *Il Messia* (1975), la última película de ficción histórica de Rossellini. En lugar de los milagros, según él, demasiado simples en el cine, lo que ha traído constantemente al primer término son las palabras de Cristo[28]; es la lógica de su despliegue en un espacio que justifica las decisiones de puesta en escena y la manera de recortar los planos, por medio de un trabajo de cámara muy ágil, con unas inflexiones de lo más variadas. Pocos primeros planos, durante mucho tiempo, como para preservar la inscripción de la acción conducida por el discurso dentro del paisaje; hasta ese momento de cambio decisivo de la Cena en la que Cristo anuncia su futura desaparición, en el que los primeros planos, con una sensibilidad siempre muy razonada, subrayan el misterio vinculado a una historia cuyo desenlace conoce todo espectador.

Pero está el final, momento en el que todo se decide, tan repentino que nada había permitido esperarlo. Acaban de cerrar la tumba de Cristo, excavada en la roca, con una enorme piedra redonda sellada con mortero; queda precintada. Se pasa entonces sin transición, y sin una palabra de explicación, al plano siguiente: María aparece a lo lejos entre las palmeras, con su vestido blanco, cubierta con una capa negra que destaca entre los largos hábitos blancos de los discípulos que la acompañan. Un arbusto, en primer término, da a la imagen una profundidad inicial. Cuando el grupo avanza,

---

28. Véase la entrevista de Gian Luigi Rondi con Rossellini (*Ib.*, pp. 187-190).

mientras María se dirige a la izquierda hacia adelante y la cámara progresa hacia ellos suavemente, surgen dos soldados de espaldas, corriendo en sentido inverso, y salen por el fondo a la derecha del encuadre en el momento en el que irrumpe una mujer con el pelo suelto y se arroja a los pies de María, llorando y exclamando: "¡María!, ¡está vacío, está vacío, el sepulcro, está vacío!". La cámara se ha detenido apenas un momento, mientras María, con un precioso movimiento de las manos, levanta por encima de su cabeza la capa a punto de escapársele, la mantiene sobre los hombros y se lanza, dejando caer un objeto que tenía en la mano derecha; está encuadrada primero en plano medio y luego cogida otra vez rápidamente en plano americano y casi medio-corto, a medida que al correr, con un rápido movimiento giratorio, la cámara la sigue para volver a encontrarla de espaldas alejándose poco a poco hasta aparecer en un plano medio, ahora con vista al sepulcro del cual se ve el agujero abierto y la enorme piedra redonda en el suelo. Un paso por un momento de sombra, contra el follaje destacado de un árbol, cuando María es cogida desde más cerca, de perfil, alimenta con un contraste súbito este avance en la luz. En el momento en el que se acerca a los pocos escalones de tierra que llevan al sepulcro, un nuevo plano vuelve a cogerla, de cerca, siguiéndola siempre en su carrera: el cuerpo destaca contra los motivos del paisaje hasta que María llega, de espaldas, en plano medio, delante del agujero abierto del sepulcro, estrecho y vertical; deja caer la capa negra que envuelve sus piernas, descubriendo una trenza muy larga, mientras se inclina hacia el interior de la tumba, con los brazos arqueados contra los bordes del agujero.

El plano que sigue debe su belleza y el efecto de asombro emocionado que provoca al hecho de que corresponde, de repente, a un punto de vista imposible. Es un primer plano centrado en el rostro de María con el pelo suelto, con lágrimas que surcan sus mejillas, en un fondo desnudo, con los ojos mirando fijamente un punto imaginario que la miraría a su vez como desde el fondo del sepulcro. La cámara vacila durante unos instantes alrededor del rostro para coger un poco de campo y volver a encontrar a María, con los ojos alzados fijamente hacia el cielo, arrodillándose con los brazos abiertos y erguidos, encuadrada de medio-cuerpo y destacando sobre el fondo del camino y las palmeras, mientras la masa blanca de los discípulos avanza y se detiene para respetar su emoción. Entonces, la cámara retrocede ligeramente para fijar la postura de María, descubrir la capa negra en las caderas y algo de roca oscura que cierra la izquierda del encuadre, y para ofrecer por fin, visión de María, la imagen de un cielo azul en el que pasan lentamente unas nubes (después, un segundo plano del cielo sirve para que se desarrollen al final los títulos de crédito).

Ese momento compuesto por cuatro planos apenas dura un minuto (1'03 exactamente). No hay palabras, salvo el anuncio referido al sepulcro. La emoción es provocada primero por los dos planos que siguen la carrera de María de manera tan intensamente modulada: variaciones de distancias inducidas por el doble movimiento del cuerpo y de la cámara; continuación del segundo plano que parece reencuadrar un momento anterior del avance del primero y durar más de lo que deja suponer el espacio apenas vislumbrado entre el punto en que ha llegado María y la entrada en el sepulcro; variación de los motivos captados en esos momentos; fragilidad y fuerza igualmente intensas de ese cuerpo de madre demasiado joven, que no ha dejado de sorprender a lo largo de toda la película, pero que aquí es más patente. Rossellini había filmado a una mujer corriendo en una disposición parecida, catorce años antes, el año mismo de *Viva l'Italia*, al final de *Vanina Vanini* (1961), después de la ejecución del protagonista. En este caso encadena dos planos en movimiento, sobre un sendero que bordea una cuneta, cortando la carrera y reanudándola, para acentuar su intensidad, hasta la llegada de la princesa ante la puerta del convento. Pero, por fuertes que sean, esos planos son la continuación y la consecuencia de una dramaturgia psicológica, que conducen en su violencia material. Al final de *Il Messia*, ese momento llama tan poderosamente la atención por el contraste que produce de repente en una película en la que la emoción ha sido hasta entonces más o menos contenida por la lógica de la información y la voluntad pedagógica de la evocación. Pero sobre todo los dos últimos planos, al ofrecer ese campo-contracampo a la vez marcado e inmaterial entre la madre y el hijo, hacen pasar la película bruscamente del plano de un mito tratado hasta entonces con el mayor realismo posible a una visión del milagro servida por puros medios de imagen, en los que se conjugan exterioridad e interioridad.

Al final de su vida, en su *Autobiografía*, Rossellini formulaba dos proposiciones aparentemente contradictorias. Por un lado, proclamaba la total inocencia de la imagen; por otro, la necesidad de transmutarla en palabra para limitar su parte de ilusión. Es emocionante pensar que su última película de ficción, dominada todo el tiempo por la emoción mesurada de una evocación exacta que, se supone, ilumina la figura de Cristo según sus palabras, haya conseguido alcanzar al final del todo, por un puro efecto de montaje y de ilusión, una emoción sublime.

El problema que plantea, con relación a las emociones experimentadas, *Almas desnudas* (*The Reckless Moment*, Max Ophuls, 1949), quinta y última película americana de su director, es muy singular. Cuenta la historia de una mujer sorprendida en el seno de su vida familiar por un drama que la supera hasta el punto de que termina por ir más allá de lo que su naturaleza dejaba suponer, a la vez que permanece muy fiel a sí misma, tanto desde su propio punto de vista como de cara al espectador. Es pues, si no desde su perspectiva, sí en torno a su persona y su acción como en gran medida se organiza la película (se podría contar el elevado número de los planos en los que figura para comprobar un sentimiento seguro), como en esas películas llamadas "de mujer" de las que Ophuls ha sido uno de los grandes inspirados. Por eso el espectador, hombre o mujer, de manera algo diferente sin duda (una de las tareas de la crítica "feminista" fue intentar establecer esa división), se identifica antes que nada con Lucia Harper, sin que por ello disminuyan las identificaciones diversas con algunos personajes que forman el abanico del relato (por el lado de la familia, el esencial: Tom Harper, el marido ausente, el señor Harper, el suegro, Beatrice y David, los hijos, Sybil, la criada negra); por el lado externo: Ted Darby, el vulgar seductor de "Bea", Nagel, el chantajista, y Martin Donnelly, su comparsa, personaje de perdedor crístico atraído por la redención que le ofrece el drama vivido por Lucia (figura tan atractiva que Sybil se permitirá decir a su ama: "Me gusta el señor Donnelly"). Desde el principio de la película, desde el encuentro con el amante de su hija, se urde el drama, y se acelera con el arte propio de los melodramas policíacos de esos años mágicos del cine clásico, de acuerdo con una mezcla sorprendente de realismo e inverosimilitud: el chantaje financiero del amante; su muerte accidental en el embarcadero de la casa familiar, cuando Bea le golpea al comprender demasiado tarde la verdad; el descubrimiento por parte de Lucia del cuerpo del que se deshace sin decir nada a nadie; el chantaje de Donnelly, gracias a las cartas de amor de Bea a Darby; el fracaso de la búsqueda de dinero por parte de Lucia; un falso culpable detenido y liberado poco después; Donnelly poniéndose de parte de Lucia hasta el punto de matar a Nagel, que había venido a exigir el dinero, y víctima a su vez de un accidente de coche que le permite, *in extremis*, devolver las cartas a Lucia.

Nos identificamos, pues, con el drama vivido paso a paso por Lucia Harper. Pero hay que explicar una ansiedad particular que emana de la película y no parece obedecer solamente al arte de los actores (notable Joan Bennet, sorprendente James Mason), ni al de un blanco y negro inervado por cualidades agudas de "parpadeo"[29], ni la función insistente de la música. Se puede pensar en una contracción del ritmo del conjunto de los planos, cosa muy difícil de comprobar en una película de este estilo, hasta tal punto esta variación no podría ser sino mínima y su efecto difícil de valorar, con relación a los otros componentes de la película y a otras películas de género parecido y de la misma época (hay todavía muy pocos inventarios de este tipo). En cambio, está claro que la película parece enseguida como "saturada", drogada por una acumulación constante de elementos y acontecimientos (igual que las fotos de Lee Friedlander, en los años '50, tendían a estar saturadas de formas e informaciones). Los planos, independientemente de su duración, están, en efecto, llenos hasta los bordes de las acciones que se desarrollan y sobre todo de los diálogos, bajo todos los pretextos que el ritmo de la vida en esa casa, de manera particular, no deja de ofrecer.

Así, después de que una voz en *off* establezca brevemente el marco en el que se desarrolla la vida de la familia Harper en la pequeño ciudad de Balboa, a 80 km de Los Angeles, en cuanto el coche de Lucia Harper se adentra a lo lejos en el puente, David, que está pescando en el río, se vuelve, diciendo en el vacío: "Mamá, ¿dónde vas?". En cuanto ella regresa, su hijo, su suegro, le reprochan no haber dicho nada de ese viaje. El diálogo con su hija, a propósito de su relación con Darby con el que Lucia acaba de encontrarse, negándose al chantaje, es llevado con mucho brío e interrumpido brutalmente por la llamada telefónica de Tom, el marido, que llama desde Filadelfia y con quien hablarán todos los miembros de la familia: su padre, su hijo, su mujer, su hija. De este modo, todo sirve de pretexto para convertir el plano en un bloque sobrecargado. La noche del drama inaugural, cuando una puerta se abre, sobre Sybil preguntando a Lucia: "¿Puedo ayudarla, señora Harper?", esta apenas tiene tiempo de contestar por la puerta opuesta: "No, gracias". Si procura animar a su hija de manera un tanto intensa, aparecen el señor Harper y David, que salen cada uno de su habitación para preguntar qué pasa. La primera irrupción de Donnelly en la casa, cuando lee con voz compulsiva a Lucia, alterada por esa presencia extraña, pasajes de las cartas de Bea a Darby, es el pretexto para una sucesión de interferencias implacables: llega David

29. Véase VERNET, Marc, "Clignotements du noir-et-blanc", en *La Théorie du film, op. cit.*, pp. 223-233.

(con la reacción de Donnelly: "Si no hay más interrupciones, sigo"), luego el suegro con el árbol de Navidad, luego Bea que viene compulsivamente a acaparar a su madre, para hablarle con horror de esas mismas cartas. Recuerda *Cita en Saint-Louis* (*Meet me in St. Louis*, Vincente Minelli, 1944), donde la casa es un teatro de intercambios constantes, a los que dan ritmo sus ocho ocupantes. Pero, sin invocar siquiera la distancia que hay entre la comedia y el drama, en Minelli la perturbación es más modulada, concentrada en esos momentos; también está oculta y como dilatada por las largas pausas musicales. Mientras que en la película de Ophuls se da en todo momento, y es tanto más pregnante cuanto que la mínima ocasión parece un pretexto para choques y contracciones. Un ejemplo menor pero sintomático de todo ello es una apertura en negro durante la cual, antes de que aparezca la imagen, la voz de David se alza para sermonear a su hermana: "¡Tendrías que levantarte, Bea, todo el mundo está ya en la mesa!". Un ejemplo masivo es el momento final de la película. Lucia está en su habitación, desplomada en la cama, llorando, agobiada por el sacrificio de Donnelly. Se alza la voz de Sybil: "¡Señora Harper, teléfono! ¡Una llamada desde Berlín!". La voz continúa, mientras Lucia se levanta y sale con dificultad de su habitación: "Es el señor Harper. ¡Está al teléfono!". En cuanto Lucia empieza a bajar, su suegro sale detrás de ella desde su habitación, David explica a su madre, desde el otro extremo de la habitación, que al volver de una velada, Bea y él han visto un terrible accidente, y Bea se abalanza sobre ella, casi radiante, anunciando: "La policía ha dicho que el hombre del accidente ha confesado ser el asesino de Darby". Se oye en *off* la voz del suegro: "¿Qué pasa ahí abajo?". Así hasta el último plano en el que se ve a Lucia al teléfono, apoyada contra la escalera que llena el encuadre, con el cuerpo divido por un pilar, hablando apenas, ante la mirada a de su hijo.

Está claro que el espectador ha sido atrapado poco a poco por las dos líneas de fuerza que trenzan la película: la turbación de una mujer de carácter proyectada en una situación que termina por superarla; y, en esta ocasión, su dependencia dentro de la casa que lleva con autoridad y amor (es un tema en sus conversaciones con Donnelly: "No sabe usted hasta qué punto mi familia me vigila"; eso es lo que ha seducido a la crítica feminista). Pero lo más interesante es la constancia y la variedad de los pequeños medios que la película despliega en todos los sentidos (lo hemos visto rápidamente en unos ejemplos) para hacer físicamente sensibles esa turbación y esa dependencia, que pueden llegar a resultar casi penosos, a través pero también más allá de la identificación psicológica masiva ofrecida por el personaje.

La película de Naomi Kawase, *Moe no suzaku* (1997) acaba de rebasar el minuto 78. Hace ya mucho que el padre ha desaparecido. Llega el momento de la separación. La madre ha escogido volver con su familia; su hija, Michiru, que ahora tiene dieciocho años, se ha decidido a ir con ella. Su primo, Eisuke, ocho años mayor, que vive con ellos desde niño, y la abuela (la madre del padre) abandonarán el pueblo y la casa, que ha quedado demasiado grande, para ir a vivir al lugar de trabajo de Eisuke. Eso es lo que anuncian, con las pocas palabras que se dicen, en el momento de la separación. El plano empieza por encuadrar un cobertizo vacío, muy abierto en la parte delantera, con una puerta en el fondo que da al campo. Avanzan en ese cuadro la madre y Michiru, con sus pequeños bultos, luego Eisuke y la abuela. Seguidos por la cámara, están ahora encuadrados de medio cuerpo, sobre un fondo de vegetación y construcciones frágiles. Michiru y Eisuke están frente a frente, la madre a la derecha, en el borde del cuadro, como lo está más o menos la abuela a la izquierda. La cámara se mueve insensiblemente, con el movimiento más insignificante de cada uno de ellos. Eisuke tiende la mano a su prima, durante mucho tiempo ("Es extraño", dice ella), y luego de la misma manera a su tía. Las miradas se evitan y se buscan. "Bueno", dice la madre. Débiles saludos, cuerpos que se inclinan. Es entonces cuando Michiru y la abuela empiezan, muy contenidamente, y la primera sin dejar de sonreír, a llorar. La madre y Michiru se dirigen hacia una camioneta y Michiru sube en la parte descubierta, detrás. La cámara sigue su movimiento, la abuela también se ha adelantado; la cámara vuelve entonces hacia Eisuke, para reunirle un momento con Michiru y la abuela dentro del cuadro; luego vuelve hacia Michiru y la abuela, juntas por un momento en la profundidad de la imagen, mientras la madre se sube delante. La camioneta arranca; Eisuke se ha adelantado rápidamente, la abuela da unos pasos más, la cámara sigue la partida con un movimiento giratorio para ver desaparecer hacia la derecha el movimiento de adiós con la mano de Michiru que hace eco al de su abuela que oculta sus lágrimas con la otra mano. Este plano ha durado poco más de tres minutos y medio y, solo su parte central, dos minutos. En los cuatro planos que siguen se alterna un plano corto sobre Michiru sentada en la parte trasera de la camioneta, agitando el brazo mientras intenta seguir sonriendo entre lágrimas, y la visión que se aleja, la abuela y Eisuke todavía en la carretera, luego solamente la casa, con esta misma puerta en el centro del cuadro, captada al revés, por la cual les hemos visto aparecer primero a los cuatro.

Surge entonces una pregunta: ¿a qué se debe que el espectador, por conmovido que haya podido estar hasta entonces durante esta película de intenso pudor, se echa a llorar de repente, con el forzado comedimiento que siempre se tiene en el cine, igual que Michiru y la abuela que siguen la tradicional reserva japonesa? Equivale a plantear la cuestión de la identificación, que todas las películas provocan, pero esta de manera muy cautivadora.

Hay por lo menos otros dos momentos, a lo largo de la película, en los que algunos personajes lloran. La primera vez, en el momento de la salida enigmática de la madre sorprendida por la lluvia, seguida de Eisuke: tras haber regresado, Michiru, por la noche, llora escondida detrás de un árbol, descubriendo tal vez entonces, a la vez que los celos, su amor por su primo, que ha venido a encontrarse con ella y sobre cuyo hombro sigue llorando en silencio. El segundo momento muestra a Eisuke solo en el túnel, al que está ligada la figura del padre: es la última vez que le veremos, ante la puerta cerrada del túnel que ahora abre Eisuke. Este se había paseado en otros tiempos con el padre y Michiru de niña. De repente, le vuelve la imagen anterior, una imagen de un verde fantasmal, en la que destacan a lo lejos sus tres siluetas desiguales; y el joven, cuya retención extremada ha podido apreciarse durante toda la película, rompe a llorar de repente en la oscuridad. La imagen es para el espectador tanto más fuerte cuanto que no es solamente una visión subjetiva; es la misma que ha visto cincuenta minutos antes en ocasión de un paseo real, en la primera parte de la película, que se sitúa quince años antes.

La diferencia entre ambas escenas reside en que en la primera el afecto se limita al personaje; es, digamos, psicológico, a pesar de todos sus silencios; mientras que en la segunda, a través del personaje, se hunde en el tiempo de la película que hace así la prueba de su propia memoria por mediación del recuerdo que oprime a Eisuke. La fuerza singular de la escena de la separación, poco antes del final de la película, radica en que no recurre a ningún signo de memoria explícita y, sin embargo, se convierte solo en eso: memoria viva, deslumbrada y sufriente, de lo que se ha tejido durante casi hora y media de película, de vida cotidiana y amorosa, de gestos simples y misteriosos que la alimentan, de planos que de uno en uno y más o menos enigmáticamente los componen. Lo extraordinario es que el tiempo que se toma ese largo plano de encuentro casi inmóvil entre los cuatro personajes, como paralizados por su amor inexpresable, abre al espectador todo el tiempo anterior de la película acumulado en la conciencia sensible, compartida con cada uno de los miembros de esa familia, de un tiempo que quedará ya perdido para siempre, pérdida que precipita la retirada de los cuerpos en el espacio actual. Por eso el espectador llora a la vez que la joven y su abuela. Llora con ellas lágrimas de tiempo.

Los pocos minutos de película que quedan tienen la rara cualidad de hacerse cargo de ese exceso de emoción para llevarlo a su punto más justo. Eisuke está delante de la casa, quemando unos papeles. La cámara le abandona para ir lentamente hacia la abuela, sentada en los escalones. Canta durante mucho tiempo con voz agotada algo parecido a una canción de cuna, apoya la cabeza contra el pilar que sostiene el saledizo, cierra los ojos, se duerme, tal vez se muere. La cámara se eleva y con un inmenso y lento movimiento giratorio descubre toda la casa y se eleva aun más para perderse durante mucho tiempo en la masa del paisaje. Después de ese plano muy largo, más de cuatro minutos, aparecen unas imágenes rápidas, como un oleaje, que se empujan torpemente unas a otras: imágenes que cabe imaginar filmadas en el pasado por el padre y que cierran la película sobre sí misma volviendo al tiempo de la infancia, toda la primera parte de la película, cuando Michiru a los tres años vacila entre el amor que le tienen su madre, su padre, su abuela y su joven primo recogido por la familia.

Pero las lágrimas de cine no son solamente lágrimas, son acompañamientos de afectos. Y esta película es, como pocas, un "festival de afectos". Y de afectos lo menos psicológicos posible, aunque a menudo investidos en los personajes, hasta tal punto estos muestran ambigüedad, reserva, falta de relieve, en provecho de muchos rasgos y gestos que son también puras afirmaciones de existencia. Y sobre todo, en los intersticios abiertos a menudo de manera inesperada entre los planos, o distribuidos también en la duración del plano, se afirma un sentido agudo del momento, de suspensiones de tiempo que permiten a los afectos de la vitalidad cristalizarse e inducir entre los personajes y con la naturaleza, tan presente, entonamientos afectivos. Es todo eso, memorizado poco a poco en el cuerpo de la película y en el de su espectador, lo que refluye y estalla en la escena de la separación y lo que el final de la película repara, puede pensarse así, para cerrarse sobre su bloque de memoria.

Moe no suzaku, Naomi Kawase, 1997

Persona, Ingmar Bergman, 1966

9. VISTAS DE CONJUNTO

De acuerdo con un planteamiento preconcebido e infundado de este libro, la hipnosis puede ser calificada en el cine por la masa de las emociones variadas que suscita la película y, en gran medida, por las que no tienen verdaderamente nombre. Se dice que esa idea preconcebida carece de fundamento porque no hay nada que la demuestre. Pero sí que se puede concebir, dada la incertidumbre que sigue acompañando a la hipnosis (recuérdese que, según la definición de Chertok, recogida por Roustang, ese "cuarto estado del organismo" sigue siendo "no objetivable de momento", contrariamente a los otros tres, estar despierto, dormir y soñar —y que Kubie reconocía en la hipnosis el enigmático "fenómeno de transición" entre esos tres estados).[1] Tampoco se conoce mucho mejor lo que vive un cuerpo de espectador, realmente, si es que esta palabra tiene algún sentido. Se baraja la hipótesis de que este experimenta, en la hipnosis ligera del cine, la confusión perpetua del proceso de inducción y el estado hipnótico. Las emociones que se acumulan, de una en una y todas juntas, son las medidas del ritmo afectivas-intensivas de acuerdo con las cuales se desarrolla la película más o menos continuamente; componen otras tantas respuestas individualizadas a las sugerencias que comunica la película. Masa en perpetuo movimiento, polimorfa, estas se despliegan dentro de un dispositivo concebido para propagar su potencia de captación. Por eso, todo lo que ilustra el dispositivo, por medio de algún elemento de guión o la actualización de potencialidades, aumenta su fuerza de persuasión. Es el valor de inducción ejemplar de la secuencia previa a los títulos de crédito de *Persona*: el cine, captado en su técnica material de ilusión y en su historia, mostrándose con un ritmo acelerado en el seno de un flujo de imágenes originarias.

1. Véase más arriba, "La hipnosis-cine", pp. 69-98.

Un cineasta-filósofo intentó asociar hipnosis y emoción como inflexiones de un mismo cuerpo. En la masa deslumbrante de sus *Escritos sobre el cine*, Jean Epstein hace de las palabras "emoción" y "emotividad" los centros nerviosos de evocaciones según las cuales desarrolla las convicciones iniciales de su "lirosofía", en una perspectiva intuitivamente muy cercana a "la razón de las emociones" de Damasio. El cine, cuyos poderes de espontaneidad, de animismo, de vitalismo y de afectividad, pero también de automatismo y de magia inhumana, reafirma incesantemente, es la máquina con la cual la inteligencia y la razón suprasensible se encargan de producir e inducir emociones. Y emociones sobre todo de un orden nuevo, determinadas por las dimensiones desconocidas que el ojo de la cámara y las modalidades de tratamientos de la imagen abren a la percepción. Así, Epstein escribe: "esa irrealidad, legalizada por la emoción" (I, 147). O también: "Ahora ya, la nueva imagen mental ha suscitado un clima afectivo, ahora ya, se ha convertido en una fuente de emoción" (II, 197). O también: "El primer plano limita y dirige la atención. Indicador de emoción, me apremia" (I, 98). O también, al entrar en los detalles del plano: "La mano del cobrador de tranvía se alza y coge la palanca de la señal de arranque. Inclina la cuerda oblicuamente y luego la palanca sobre la cuerda. Sigue levantándose, se detiene, vacila. De repente, se enrolla el puño de la camisa y arranca la campanada. Esto es, luz y verdad otorgadas, el cine. Fragmentos como este contienen toda la emoción y la independencia cinematográficas" (I, 105).

No acabaríamos nunca de seguir detenidamente, en textos elaborados a lo largo de treinta años, las formulaciones relativas a la emoción o al sentimiento exaltados y renovados por el cine. Lo chocante es el vínculo que se establece a menudo en ellos con la hipnosis, de acuerdo con la posición de principio que lleva a Epstein a concebir la situación de cine como "una hora y media de inhibición e hipnosis ininterrumpida" (II, 56). O a afirmar sin más: "El director sugiere, luego convence y luego hipnotiza. La cinta de celuloide no es más que un enlace entre esa fuente de energía nerviosa y la sala que respira su irradiación" (I, 97). No es fácil hacer apreciar, a través de recorridos sinuosos cuyo valor radica en su manera de captar los filmes y su dispositivo, la irrupción acoplada y casi reversible de los términos "emoción" e "hipnosis". Pero véase, por ejemplo: "Bruscamente la pantalla presenta un rostro y el drama, cara a cara, se dirige a mí y se va hinchando hasta intensidades imprevistas. Hipnosis. Ahora la tragedia es anatómica. [...] Pródromos cutáneos fluyen bajo la epidermis. Las sombras se desplazan, tiemblan, vacilan. Algo se decide. Un viento de emoción subraya la boca de nubes" (I, 93). O también: "Hambre de hipnosis, mucho más violenta que el hábito de la lectura porque esta modifica mucho menos el funcionamiento del sistema nervioso. / La emoción cinematográfica es pues especialmente intensa. [...] Si el cine aumenta la emoción, la aumenta en todos los sentidos" (I, 99). O también, de manera más extensa: "Al cine le correspondía revelar una técnica adecuada para la transmisión y la sugestión de seres mentales, que constituyen fundamentalmente la otra inteligencia, el otro conocimiento, por los ojos y por el corazón inmediatamente ligados, por el amor y por el odio instantáneos, por un impulso histérico de todo el ser. Histéricos, desde luego, esos espectadores que absorben una desgracia de pantalla, hasta convertir esa ilusión en su realidad, hasta llorar por ese simulacro en ellos, llorar por ellos en ese simulacro. Emoción insensata, lágrimas absurdas, párpados enrojecidos y avergonzados, escondidos tras un pañuelo a la salida de los cines. Pero son también estigmas de alivio, de curación parcial. En unos, las breves crisis de sinrazón benigna que desencadenan las películas rebajan el potencial emotivo, peligrosamente acumulado por las barreras del orden racional; a otros, esas hipnosis les enseñan otra vez, poco a poco, el uso del genio intuitivo y simbolista, anquilosado, asfixiado a ras de la conciencia, por la cultura lógica" (II, 259). Finalmente, está la frase, citada al principio de este libro, por la cual Epstein, al empezar un artículo sobre "El ralentí del sonido", vuelve a captar el todo del cine al recuperar la idea de hipnosis colectiva que le es familiar. "En la fascinación que provoca un primer plano y pesa sobre mil rostros unidos en idéntico arrebato, en mil almas magnetizadas por la misma emoción; en el hechizo que vincula la mirada con el ralentí de un corredor que emprende el vuelo a cada zancada o la aceleración de una hierba henchida como un roble; en unas imágenes que el ojo no puede formar ni tan grandes ni tan precisas, ni tan duraderas, ni tan fugaces, descubrimos la esencia del misterio cinematográfico, el secreto de la máquina de hipnosis: un nuevo conocimiento, un nuevo amor, una nueva posesión del mundo por los ojos" (II, 129).[2]

---

2. El pensamiento de Epstein es sin duda el que osa formular, de la manera más clara y expresiva, esos acercamientos, considerablemente favorecidos en los primeros tiempos del cine. Por ejemplo, llama la atención encontrar muy pronto en Hugo Münsterberg series de términos que van en el mismo sentido. Insistiendo en la potencia mental pre-

Así, tras la hipnosis y la emoción, vendrá la fascinación. Es uno de los términos escogidos por Roustang para calificar a la hipnosis, que entonces había diferido comentar. La asociaba con la interrupción; la fascinación puede captarse e iluminarse con su propia luz, también de acuerdo con la manera en la que se entienda esa interrupción. Pero no parece que el valor vinculado a la fascinación tenga que limitarse a un momento o a un aspecto del proceso de la hipnosis; más bien, puesto que se trata sobre todo de pensar la obra de arte en sus efectos, es una manera de calificar ese proceso en su conjunto. Podría decirse como mucho, para distinguir los dos términos asociándolos, como haciendo eco a la dualidad del proceso de inducción y del estado hipnótico, que si en el cine la hipnosis es lo que duerme al espectador, la fascinación es lo que le despierta.

¿De dónde viene la tentación de acercarnos a la fascinación a través de las dos páginas de *El espacio literario* de Maurice Blanchot tituladas "La imagen"?[3] Es que en esa palabra se encuentran ligados términos esenciales, aunque por su ambigüedad penetrante sea difícil deslindarlos y expresarlos en otros términos distintos de los del propio texto. Y aunque también pueda parecer forzado atraer a Blanchot hacia el cine y su imagen demasiado real a la cual prefirió mantenerse ajeno —hasta tal punto lo que le atrae es la pura pasión de la imagen abierta por la experiencia literaria—, esas páginas intentan acercarse a una percepción alucinatoria, en su ilusión táctil, de tal modo que puede parecer que también califica la situación de cine. Ver está ligado a la distancia y esa distancia se establece entre separación y encuentro. "Pero ¿qué ocurre cuando lo que vemos, aunque sea a distancia, parece llegarnos por un contacto emocionante, cuando la manera de ver es una especie de toque, cuando ver es un *contacto* a distancia?" Esa es la tensión que se desarrolla hasta el desposeimiento y la neutralidad de una mirada que queda cautiva de su propia potencia o impotencia —todo en el texto de Blanchot

---

sente en el cine, asocia de manera explícita emoción e hipnosis pasando por la serie de nociones que las suponen: percepción, atención, interés, memoria, imaginación, sugestión (véase especialmente *The Film. A Psychological Study* [1916], New York: Dover Publications, 2004, pp. 46-47, 58). Probablemente ocurra lo mismo, más o menos y con todos los matices posibles, en muchos de los teóricos de la época del cine mudo.

3. BLANCHOT, Maurice, *L'Espace littéraire*, París: Gallimard, 1955, pp. 23-24. [*El espacio literario*, Barcelona: Paidós, 1992].

conduce a que ambos términos coincidan. Hasta esa visión extrema de una mirada que se ve y se concibe a sí misma, tanto más acá como más allá de su captación imaginaria por el espejo lacaniano en el que, inevitablemente, se piensa.[4] "Ese punto medio de la fascinación, donde lo que se ve se apodera de la vista y la hace interminable, donde la mirada queda fijada en luz, donde la luz es el brillo absoluto de un ojo que no vemos, que sin embargo no dejamos de ver, pues es nuestra propia mirada reflejada, ese punto medio es por excelencia atractivo, fascinante". Llama la atención que, más adelante, al intentar acercarse a la inspiración, Blanchot utilice términos muy parecidos para calificar la hipnosis, sugiriendo una identidad en cuanto a experiencia: "La hipnosis no consiste en dormirse sino en impedir dormir, en mantener, en el seno de la noche reunida, una luz pasiva, obediente, el punto, incapaz de apagarse, de la lucidez paralizada, con la cual ha entrado en contacto la potencia que fascina y a la que afecta en ese lugar separado en el que todo se convierte en imagen". Esas palabras, más allá de la soledad de la experiencia creadora que las sugiere, también se refieren, con extraña exactitud, a la situación de la sala oscura y de la proyección, y del espectador libremente capturado en ese dispositivo, cuando se convierte en un espectador pensativo, empujado a pensar por su propia pasividad.

Finalmente, de esas páginas de Blanchot subrayaremos la extraordinaria confianza que hace de la infancia "el momento de la fascinación". Esa es la razón por la cual la infancia y nuestra infancia nos fascinan, "puro reflejo, rayo que no es todavía más que la irradiación de una imagen". Con-

---

4. Lo recuerda al ver la articulación que lleva a cabo Lacan entre los dos tiempos de la mirada en *Les Quatre Concepts fondamentaux de la psychanalyse*, *op. cit.* (pp. 107-108). En un primer momento, "el instante de ver" resulta de la "dialéctica del apresuramiento identificatorio", remitiendo por esas mismas palabras a la plenitud imaginaria de la experiencia fundadora del espejo; en un segundo momento, "terminal", interviene "el efecto fascinatorio": el *fascinum*, o "mal ojo [...], que tiene como efecto detener el movimiento y literalmente matar la vida". Esta es la dialéctica de la mirada fascinatoria, que depende del hecho mismo de que "todo deseo humano está basado en la castración". Es esa fatalidad del corte y de la carencia propia de la lógica psicoanalítica lo que precisamente desbarata el texto de Blanchot, diez años anterior, por próximo que pueda parecer a veces, al texto lacaniano (véase mi texto "L'image", en Bident, Christophe y Vilar, Pierre (dirs.), *Maurice Blanchot. Récits critiques*, París: Farrago/Léo Scheer, 2003, pp. 133-141).

viene citar las líneas que siguen, donde se precisa una inversión capital. "Tal vez el poder de la figura materna deba su fulgor al propio poder de la fascinación, y podría decirse que si la Madre ejerce esa atracción fascinante es porque como aparece cuando el niño vive por entero bajo la mirada de la fascinación, concentra en ella todos los poderes del hechizo. Si la madre es fascinante es porque el niño está fascinado y también por eso todas las impresiones de los primeros años tienen cierta fijeza relacionada con la fascinación". Se ve así cómo se relaja la dependencia psicoanalítica de una fusión originaria del niño con la madre en provecho de la sugestión de un estado en el cual esta se encuentra cogida con relación a lo que el propio niño vive. A pesar de la distancia de los contextos, los objetivos, los modos de pensamiento, los humores y los estilos, esas palabras recuerdan algunas de las descripciones de Winnicott (especialmente en *Juego y realidad*) y sobre todo la situación de "inactividad alerta" reconocida por Stern como propia de la vida del niño muy pequeño, en el contexto de un entonamiento afectivo basado en la percepción amodal y los afectos de la vitalidad, con sus puntos de anclaje y sus virtualidades secuenciales.

De tal modo que la fascinación, y la hipnosis de la que constituye la parte más puramente entonada con la mirada, son también lo que se intercambia entre el niño y su madre (o cualquiera, recuerda Stern, que ocupe su lugar).[5] Es todo lo que se lleva más allá en la vida del adulto y lo que el arte vuelve a encontrar, especialmente el cine, a través de la materia animada que supone su dispositivo. De allí, para volver una vez más al mismo, la fuerza emblemática del famoso plano que cierra, abriendo la película, la secuencia previa de los títulos de crédito de *Persona*: el niño estirando la mano hacia ese rostro uno y doble de la mujer, rostro-pantalla que varía insensiblemente de una identidad a otra, entre una inmovilidad aparente y una animación suspendida.

Se tiene así la tentación de poner de acuerdo dos opiniones que, en principio, no parecen implicarse mutuamente, pero que el pensamiento del cine, por lo menos una vez, si no las ha ligado al menos las ha reafirmado juntas obstinadamente. La primera depende del vínculo privilegiado, invocado a menudo, entre el cine y la infancia. La segunda tiene que ver con una pasión

5. STERN, Daniel N., *Le monde interpersonnel..., op. cit.*, p. 36.

esencial de ese arte de las imágenes que se mueven por ceder tan a menudo a lo que las fascina, según todos los modos posibles de la interrupción, la congelación, la fijeza incorporada a su desarrollo. La evocación de Blanchot establece el vínculo entre ambas opiniones, cuando recuerda que "todas las impresiones de la primera edad tienen cierta fijeza relacionada con la fascinación". Y es sin duda la mejor manera de comprender la insistencia apasionada de Daney respecto a dos maneras de ver que van unidas en él, especialmente en *L'exercice a été profitable, Monsieur*.

Al lector le llama la atención una identidad reiterada entre el cine y la infancia, que cristaliza la fórmula atribuida a Schefer: "las películas que han mirado nuestra infancia".[6] Se refiere a la vez a una realidad de historia, individual y colectiva, que habrá sido sobre todo la de una generación, de niños de guerra y de post-guerra, y una especie de visión genética, antropológica, de la condición en la que se forman las imágenes (como hemos visto, acorde también con las visiones que Stern propone de ello). Cuando Daney repite su fórmula casi ritual: "El cine es la infancia", apunta por igual a la idea que desarrolla Godard del cine como "infancia del arte" y a una profunda connivencia entre la naturaleza del cine como espectáculo y el estado de infancia proyectado de manera retroactiva, entre juego y seriedad, en el cual se reconoce el adulto en el que se ha convertido el niño. ("El niño no piensa nunca en relación con un límite, es una línea de fuga exigente y seria".[7] "En el cine, el niño va hacia lo que todavía no sabe. En el cine, el adulto no puede sino volver hacia lo que siempre ha sabido. Es la naturaleza y la calidad del desvío lo que da su valor y su encanto a la película").[8] En esas palabras, "el niño, en el cine", quedan condensados tres niños: el que muestra el cine, el niño que va al cine y el niño que perdura en el adulto, sobre todo en el cine. De ahí la importancia que atribuye Daney a algunas encarnaciones de niños del cine, encargados tanto de expresar la relación de aprendizaje de la vida de la que es portador el cine

6. La fórmula como tal no existe, pero todo sugiere su realidad a través de *L'Homme ordinaire du cinéma*. Schefer habla así del "poder exorbitante de mirar una infancia" (163). O escribe: "Un niño se ha sentado en nosotros para mirar..." (186). Y la contraportada resume la idea: "[...] voy a ver ese mundo y ese tiempo que han *mirado* nuestra infancia".
7. DANEY, Serge, *L'exercice...*, *op. cit.*, p. 234.
8. *Ib.*, p. 241.

como de simbolizar dolorosamente las evoluciones del cine amenazado por el "infantilismo" de la televisión y la normatividad de la comunicación. Como los niños-espectadores ideales de *La noche del cazador* y de *Los contrabandistas de Moonfleet* (1955), y los niños condenados de Rossellini en *Alemania, año cero* (*Germania anno zero*, 1947) y *Europa '51* (1951-52), hasta Antoine Doinel inmovilizado al término de su carrera por una congelación de la imagen en el último plano de *Los cuatrocientos golpes* (*Les quatre cents coups*, F. Truffaut, 1959). En el adulto que piensa en el cine, hay siempre un pensamiento dirigido al niño de cine en él, y antes que a él también a todo niño poseído por "la fascinación de la imagen".

De una pasión inquieta por las diversas formas de la congelación de la imagen, a la vez signo enigmático vinculado al cine a través de su historia y síntoma manifiesto de su estado virtualmente mortal en la cultura nueva de las imágenes, de tantos textos y momentos en los que la congelación de la imagen surge en Daney como figura propia[9], recordemos sobre todo, porque su eficacia se extiende más allá de lo que se ha decidido llamar congelación de la imagen, ese instante singular en el que la película parece inmovilizarse sobre uno de sus fotogramas. En una ensoñación sobre Ford, ese "cineasta para cineastas", en su última película, *Siete mujeres* (*Seven women*, 1966)[10], a Daney le conmovió la idea de que sus personajes puedan ser arrebatados de repente por su destino hasta el punto de dejar aparecer en el cuadro "una imagen-que-siempre-ha-estado-ahí y siempre-ha-sido-fija". También dice: "*Imagen congelada más antigua que cualquier congelación de la imagen*". Intenta aclarar esa intuición oponiendo el cine, ligado a esa fijeza esencial, y el teatro en él, su parte necesaria de espectáculo. Lo ilustra con una fórmula: "El cine es la imagen fija en el fondo del pozo, el teatro es lo que se representa en el brocal". Parece que se trate de uno de los modos posibles de nombrar lo que de repente fascina en el desarrollo de la película de manera más viva y da la impresión de suspender así su habitual continuidad. Es decir, lo que el espectador retiene como emoción reconocida y como pensamiento: una con-

---

9. Véase mi texto, "Serge Daney et l'arrêt de vie et de mort", en *Trafic*, nº 37, "Serge Daney, après, avec", primavera de 2001, pp. 75-86.
10. DANEY, Serge, "Le théâtre des entrées", en Rollet, Patrice y Saada, Nicolas (dirs.), *John Ford*, París: Cahiers du cinéma, 1990, pp. 62-64.

gelación que se quiere creer interna al desarrollo de la película cuando es, suscitada por uno u otro de sus instantes, la película sentida-pensada gracias a una suspensión virtual de la cual la congelación de la imagen real, al interrumpir la película, se convierte en una forma explícita y dramatizada. Esta formulación enigmática de Daney parece un puente oscuramente tendido entre la película y su espectador y, para este último, entre su estado actual y un estado de infancia que la película reanima al conjugar una fascinación primordial con fascinaciones puntuales y renovadas: esos instantes, esos "momentos misteriosamente precisos", más o menos y de manera cambiante concedidos a cada cual, que cristalizan la emoción.

Así, el cine está relacionado con una especie de sublime, un micro-sublime fragmentario y generalizado. Ello es debido al hecho de que su materia es ante todo la naturaleza, en el sentido más amplio de la vida ofrecida, y puede tratarla, recortándola de acuerdo con determinados planos, según ciertas proporciones que la presentan al ojo humano de una manera que nunca habría podido imaginar por su cuenta. Es la razón de la constante insistencia de Epstein a propósito de lo que inducen esencialmente el ralentí y la aceleración, la inversión y la ampliación —lo que de forma tan asidua ha aplicado en sus películas al tratamiento del mar como figura de un exceso inhumano.[11]

Le Tempestaire (1947), su penúltima película (y en cierto modo su testamento artístico) presenta abiertamente la emoción sublime como hipnosis. La bola de cristal mágica gracias a la cual, a petición de la joven preocupada por su novio que está en el mar, el viejo pescador acepta finalmente calmar la tempestad, es a la vez, por su forma y la materia que acoge, un ojo, un objetivo, un proyector y una pantalla. Su magia es tal que, en cuanto el "tempestario" la ha sacado del viejo armario y ha entreabierto el trapo que la envuelve para mantenerla bajo su mirada, pasan unas nubes y vuelven a pasar aceleradamente en un cielo así dramatizado. En cuanto tiene la bola en la mano desnuda, el hombre la acaricia con su soplo para animarla y ve cómo su voluntad toma cuerpo y el mar se calma, se modera, las olas

11. Véanse los pasajes dedicados por BRENEZ, Nicole, a *L'or des mers*, en "Ultramoderne. Jean Epstein contre l'avant-garde (Repérage sur les valeurs figuratives)"; y el análisis de *Le Tempestaire* por DUBOIS, Philippe, en "La tempête et la matière-temps, ou le sublime et le figural dans l'œuvre de Jean Epstein": ambos en Aumont, Jacques (dir.), *Jean Epstein cinéaste, poète, philosophe*, París: Cinémathèque française, 1998.

terminan por retirarse por movimientos invertidos, como muestran las transformaciones que se acumulan en la bola y sobre todo los planos que son la proyección externa, dirigida a los espectadores, del proceso en curso. Este reúne dos miradas en torno a la bola: la del tempestario, activa y pasiva a la vez, la de la joven, pasiva pero a la vez fuerte por haber conseguido imponer su petición. Dos miradas conjuntamente fascinadas o hipnotizadas, en unos planos que han conservado las virtudes transfiguradoras del cine mudo. Hasta el momento en el que lo real irrumpe por medio de la voz del novio a cuyos pies se rompe la bola en pedazos. Pero la película, que se acerca al final, ha dicho las condiciones en las que se elaboran y se reciben las imágenes.

¿Por qué la palabra *sublime*, empleada en un sentido más modesto, es adecuada para calificar los efectos de arrebato propios del cine? Porque a través de su tratamiento filosófico por Longino, Burke y Kant, terminó por cristalizar la parte de desconocido que recibe la razón a cambio de lo que la supera, tanto frente a la naturaleza como a la realidad del arte. Es el sentido del bello ensayo de Jean-Luc Nancy sobre lo sublime.[12] Como en el caso de Blanchot, cierta distinción de los términos puede parecer desproporcionada con lo sencillo de nuestros ejemplos. Y, sin embargo, su carácter irreductible, frente a cualquier sentido, contenido o incluso forma asignable, su efecto de alma y cuerpo mezclados lo sitúa en el registro de lo que Nancy intenta delimitar, a partir de Kant y más allá. Leamos pues su texto detenidamente en busca de una definición huidiza, hasta tal punto se trata de delimitar lo que lleva el pensamiento al límite, de lo cual el arte ante todo da testimonio, en su capacidad de una ofrenda libre que apunta al todo como "fundamentalmente abierto" (68).[13] "Lo sublime, es *que* haya imagen, por lo tanto límite, a la altura de la cual se hace sentir la ilimitación" (55). "La unión es cosa de lo sublime, como la unidad lo es de lo bello" (57). "¿Qué es lo que lleva a cabo la unión? Es ella misma, es la imaginación. En último término, accede a sí misma: como en su auto-presentación especulativa"

12. NANCY, Jean-Luc, "L'offrande sublime", en *Du sublime*, París: Belin, 1988, pp. 37-76. [N. del T.: En las citas de Nancy habría que tener en cuenta la ambivalencia temática de los términos originales: *síncope/síncopa* ("syncope"), *tocar/emocionar* ("toucher"), *sujeto/tema* ("sujet"), etc.].
13. Nancy cita aquí las palabras de Deleuze a propósito de lo sublime en *L'Image-mouvement* (p. 69).

(58). "Es una operación infinitamente sutil, infinitamente compleja, y es a la vez el movimiento más simple, el estricto latido de la línea contra sí misma en la moción de su trazado: dos bordes en uno, la unión 'misma', no hace falta menos para toda figura. Todo pintor, todo escritor, todo bailarín tiene ese saber" (59). Y así, a través de la idea físicamente encarnada de la síncopa dada como "otro nombre del esquema" (61), Nancy llega al "*sentimiento* de sí misma que experimenta la imaginación al tocar su límite" (62). Lo sublime es pues "la emoción del sujeto en el límite. El sujeto de lo sublime, en caso de que haya uno, es un sujeto emocionado. De lo que se trata en el pensamiento de lo sublime es de la emoción del sujeto" (63). Nancy intenta desvincular esa emoción de una emoción estética demasiado simple para llevarla hacia un tocar, un sentir, un contacto —"y con él, paradójicamente, la imposibilidad de *tocar* inscrita en el tocar, porque es el límite" (65). "Lo sublime es por donde lo bello nos *toca* y no cómo nos agrada" (71); "lo sublime tiene lugar allí donde unas obras nos tocan" (74). Nancy intenta finalmente comprender por allí lo "sublime", esa palabra difícil, en la simplicidad de una ofrenda, la del arte dependiente de su límite y que entrega "algo de una infancia". Escribe: "Es una vibración poderosa pero suave, exigente, continua, aguda, ofrecida a través de algunas telas, pantallas, músicas, danzas, escrituras" (75). Finalmente, hay que añadir, en relación con el cine, que una ofrenda semejante se desarrolla y se capta en el tiempo, y es propia así de "la estética de lo sublime" como del "tiempo propio del arte". Para caracterizar su singularidad, Nancy asocia términos aparentemente opuestos, que implican su potencia íntima de arrebato y de choque: "huida y presencia del instante en el instante" (61).

Lo sorprendente es que, intentando precisar a través del efecto de la síncopa el sentimiento de lo sublime, lo cual procedería de un "sentimiento por sí mismo" o de un "sentimiento por el otro" (66), Nancy ha creído tener que remitir entonces a un texto anterior en el cual había abordado este problema al comentar los pasajes que Hegel dedica a la hipnosis, o más bien al magnetismo animal o sonambulismo magnético, en su *Enciclopedia de las ciencias filosóficas*.[14] Esas mismas páginas de Hegel fueron luego comentadas brevemente en *Influence* por Roustang, que finalmente decidió ofrecer

14. NANCY, Jean-Luc, "Identité et tremblement", en el libro colectivo *Hypnoses*.

una traducción separada precedida por una larga introducción.[15] Lo esencial del argumento de Hegel se encuentra en el concepto de “alma sintiente”, que considera común al estado de hipnosis y a la situación del niño en el cuerpo de su madre, así como en el sueño y el genio de cada cual a través de su relación consigo mismo. La importancia crucial del alma sintiente radica en el hecho de que, en el desarrollo de la mente, es previa a la conciencia de entendimiento que no existiría sin ella. “El alma sintiente prefigura el concepto en la medida en la que prefigura la vida”. Por eso, “la conciencia de entendimiento tiene que poder ocultarse, tiene que poder rebajarse hasta dejar el sitio al alma sintiente en la vigilia”.[16] Esto es lo que se produce de manera especial en la hipnosis. Roustang reintroduce los términos de indeterminación, potencialidad y fuerza (planteados en *Qu’est-ce que l’hypnose?*), para fundamentar la distinción, más que entre dos tipos de conciencia, entre dos sensorialidades: una, sometida a las causalidades de la conciencia, y otra que es anterior, como en el lactante. Esta es inmediata y multisensorial (es la percepción amodal de Stern); la segunda obedece a la mediación determinada de los sentidos —es la acertada oposición que establece Hegel entre “ver únicamente con los ojos” y “percibir [...] sin ayuda de los ojos ni mediación de la luz”.[17] El cuerpo del cine es ese cuerpo en el que vive una sensorialidad actual bajo el dominio de una sensorialidad primaria, dotando según un exceso propio,uno o dos sentidos de la huella y del recuerdo de todos los demás. La vida de pensamiento se encuentra confrontada allí y en parte sometida a la “vida de sentimiento”, que Hegel define como “un estado de pasividad”. Así, describe el dominio del magnetizador sobre el magnetizado y la indistinción que de ello resulta en términos muy cercanos a la situación de cine: “De las impresiones o visiones que conserva, intuye o lleva hasta el saber ese entendimiento formal, no puede determinarse cuál sea la parte de su propio interior o la parte de lo que representa aquel con el que está en relación. Esta incertidumbre puede ser fuente de muchas ilusiones...”.[18]

---

15. ROUSTANG, François, *Influence*, *op. cit.*, pp. 76-79; G. W. F. Hegel, *Le Magnétisme animal*, trd. e intr. de François Roustang, París: PUF, 2005.
16. ROUSTANG, François, intr. al *Magnétisme animal*, *op. cit.*, pp. 17 y 15.
17. HEGEL, G. W. F., *Le magnétisme animal*, *op. cit.*, p. 62.
18. *Ib.*, p. 58.

Sin duda esta visión inspiró la idea del doble sentimiento, "por el otro, por el exterior", opuesto al "sentir por sí mismo", y así la tensión propia en la cual Nancy reconoce "lo que impone pensar el sentimiento de lo sublime".[19] El texto que dedica a las páginas de la *Enciclopedia* pone el acento en ese "sentimiento por el otro" y la "pasividad" se convierte en su motivo central, como lo es en Hegel, en la medida en la que el alma es afectada desde fuera. Pero resulta tan difícil separar dos estados que también se solapan que, en gran parte, las mismas palabras utilizadas por Nancy para delimitar el sentimiento de lo sublime se presentan entonces para calificar a través de la hipnosis lo que Hegel llamaba "la relación mágica del alma sintiente", "relación *mágica*" del niño y de la madre.[20] Estas palabras, por no hablar de sentimiento o de afección, son: ofrenda, ritmo, vibración. También pasan de un texto a otro: temblor, estremecimiento, palpitación. Se comprenderá que sea una incitación más para hacer que armonicen aquí en una misma longitud de onda los términos que nos han llamado la atención por razones diversas: *la emoción, la fascinación, la hipnosis, lo sublime*. Juntos califican, cada uno según su incidencia, a ese espectador tan pasivo como activo, o tan activo como pasivo: el espectador pensativo. Nos gustaría recoger en provecho del cine la palabra que Barthes le negaba para aplicarla a la fotografía: *pensatividad.* A Barthes le parecía que no tenía libertad para "cerrar los ojos" ante la pantalla porque no podía volver a encontrar la misma imagen. "No me da tiempo", decía, para añadir a la imagen.[21] La apuesta que permite concebir un espectador pensativo supone que, con los ojos abiertos, el espectador, más que añadir a la imagen, tiene que poder recibir de ella, según ciertas intermitencias reguladas, lo que viene a añadirse en pensamiento a la imagen reflejada en su propio cuerpo.

¿Por qué, a pesar de las constantes críticas de los cognitivistas por sus implicaciones demasiado psicoanalíticas, la palabra *identificación* podría seguir siendo el término menos impropio tanto para unificar como para pluralizar, o diseminar incluso las fuerzas tan diversas que atraen y modelan al

---

19. NANCY, Jean-Luc, "L'offrande sublime", *op. cit.,* p. 66. A partir de allí, Nancy remite a su texto anterior dedicado a Hegel.
20. NANCY, Jean-Luc, "Identité et tremblement", p. 35 (Nancy precisa que Hegel subraya "mágico"). Y en la traducción de Roustang, véase pp. 43-47.
21. BARTHES, Roland, *La chambre claire, op. cit.*, pp. 89-90.

espectador de cine? Es ante todo por su doble sentido. Y por la reversión continua que se lleva a cabo de un sentido al otro. Por un lado, está todo lo que se identifica, es decir, lo que se percibe, se distingue, enumera, reconoce, asimila, según las diversas modalidades sensoriales, conscientes e inconscientes, con todos los grados que llevan de unas a otras, desde el inicio de la vida (Stern subraya así, en *El mundo interpersonal del infante*, todos los micro-procesos que llevan al infante hacia "la identificación de las invariantes de sí mismo").[22] Por otra parte, está todo aquello con lo cual y con quien nos identificamos, que nosotros mismos llegamos a ser como entidad diferenciada, en proporción con la selección corporal y psíquica que se lleva a cabo continuamente, de acuerdo con diversos grados de implicación y creencia, en lo que se reconoce de la diversidad de lo viviente. Lo cual equivale a decir que nos identificamos con lo que identificamos, según un mundo profuso de inclinaciones propias de cada singularidad que se construye de ese modo, llevada a identificar así con tanta mayor viveza aquello con lo que tiende a identificarse, de acuerdo con un circuito doble y sin fin. Si el cine ha tenido y sigue teniendo tanto poder, hasta en sus avatares contemporáneos, es porque desde el principio lleva a cabo una selección, metamorfoseada al momento en construcción, en la materia del mundo, y cada cual se reconoce en ella para ser y sobre todo creerse un elemento de la misma. Puede llamarse así identificación a lo que sacamos y de ese modo incorporamos dentro de conjuntos en los que nos proyectamos. Deleuze no emplea la palabra "identificación", demasiado psicológica según él; pero se puede situar lo que implica su idea en el corazón del proceso que construyen los tres avatares de la imagen-movimiento, al formar a partir de la imagen-percepción otros momentos o aspectos materiales de la subjetividad.[23] En el cine, nos identificamos con el mundo como imagen, con el "mundo que se convierte en su propia imagen".[24]

Volvamos por un momento a un libro demasiado olvidado, que su autor veía como "un aerolito".[25] Tiene el interés de haber sido escrito en los

---

22. STERN, Daniel N., *Le Monde interpersonnel..., op. cit.,* pp. 87, 100 y sgs.
23. DELEUZE, Gilles, *L'Image-mouvement, op. cit.*, pp. 92-97.
24. *Ib.*, p. 84.
25. MORIN, Edgar, *Le Cinéma ou l'Homme imaginaire. Essai d'anthropologie sociologique* (1956), "Préface à une nouvelle édition", París: Minuit, 1977, p. VII. [*El cine o el hombre imaginario*, Barcelona: Paidós, 2004].

márgenes de la filmología francesa de los años '50 y de hecho constituye la única proposición verdaderamente acabada. Su fuerza de presentimiento aparece hoy tanto más viva cuanto que Edgar Morin, desde su libro clave de 1973, *El paradigma perdido: la naturaleza humana*, ampliamente inspirado por "la revolución biológica", se ha convertido en el iniciador de un *Método* que aspira a unir en una antropología fundamental las ciencias de la vida y las ciencias humanas. Por eso ha podido Morin desde entonces, como hará Damasio de manera más científica, asociar explícitamente el cine y el cerebro, "la maravillosa máquina de captar y proyectar las imágenes" y "nuestra fabulosa máquina mental".[26] Ahora bien, ¿qué escribe Morin en el capítulo central de su libro, "El alma del cine", cuando, basándose constantemente en Epstein, desarrolla su concepto nodal de "proyecciones-identificaciones polimorfas"? Por ejemplo, lo siguiente: "La transformación del tiempo y del espacio, de los movimientos de cámara, los cambios incesantes de los puntos de vista tienden a arrastrar a los propios objetos al circuito afectivo. [...] Esta participación polimorfa que el cine aporta incomparablemente, abarca y une por lo tanto no solo a *un* personaje sino a *los* personajes, a los objetos, a los paisajes, al universo de la película en su conjunto. Más allá de las aventuras del protagonista, participamos de una totalidad de seres, cosas, acciones que el filme arrastra en su flujo. Nos vemos atrapados en una mezcla antropo-cosmomórfica y micro-macrocósmica".[27] Si "el poder de identificación es ilimitado"[28], si no cesa, así, de fluctuar de un nivel a otro de acuerdo con la relación que, según se supone, el espectador vive con la película, si, como en el caso de Epstein, lleva a Morin a calificar en distintos momentos el cine como hipnosis[29] o al menos como estado sutilmente intermedio entre el sueño, la vigilia y el dormir, ello sugiere que puede ser útil conservar su fuerza a ese concepto vago, mucho más allá de una asignación psicológica demasiado simple.

Tomemos como ejemplo los dos últimos planos de *Y el mundo marcha* (*The Crowd*, King Vidor, 1928). Estamos en el music-hall o en el cine, en

---

26. MORIN, Edgar, *Le Cinéma ou l'Homme imaginaire. Essai d'anthropologie sociologique* (1956), "Préface à une nouvelle édition", *op. cit.*, p. XIV.
27. *Ib.*, pp. 111-112.
28. *Ib.*, p. 110.
29. *Ib.*, pp. 102, 108, 157.

una de esas "grandes salas hipnotizadas que [...] vieron hace tanto tiempo"[30] los grandes clásicos del cine mudo. La familia destrozada (el padre, la madre y el niño) cuyos infortunios cuenta la película ha vuelto a unirse para esta función. Los tres se ríen a carcajadas con las gracias de los payasos, igual que sus vecinos, hasta que el encuadre se reduce por un momento sobre la pareja. Y de repente, después de un salto hasta un plano de conjunto medio que los reencuadra entre otros espectadores, la cámara retrocede al instante, con un movimiento amplio y cada vez más rápido, un movimiento vertiginoso, que permite descubrir la cantidad verdaderamente inmensa de espectadores. Pero, como si ese movimiento tuviera que acentuarse para llegar hasta el extremo de sí mismo y no pudiera conseguirlo de una sola vez, un fundido encadenado lleva el plano aún más lejos, último plano que adopta esta vez brutalmente un eje en picado, hasta la visión de una muchedumbre cada vez mayor y que se vuelve casi abstracta, puntillista, en la cual la película se sumerge y acaba. ¿Con qué se identifica entonces el espectador? Mientras nos quedamos en el plano medio, fijo, la cosa es bastante sencilla: nos identificamos a la vez con cada uno de los dos miembros de la pareja y con esta familia como entidad, que nos agrada ver de nuevo reunida, aunque sea de manera un tanto incierta, después de todas las desgracias acumuladas. Nos identificamos con su posición de espectadores satisfechos. ¿Pero qué ocurre cuando empieza el movimiento de cámara, a medida que se acentúa de manera exagerada y se pierde de vista poco a poco a la pareja y al trío entre otros muchos espectadores? Entonces nos identificamos sobre todo con la muchedumbre, con su masa física, pero también con su idea, indisociable del movimiento que la descubre, con el vínculo de implicación que se anuncia para un espectador individualizado, el que soy en ese instante, yo mirando a esa muchedumbre que aumenta y a cuya memoria vuelven numerosos planos, sobre todo del principio de la película, de la ciudad hiperactiva, pero también, unas secuencias antes, sobre interminables filas de parados, todos esos planos que tratan a la muchedumbre como tema, de una fisicidad intensa casi conceptual, antes de dirigirse o de volver hacia los personajes.

---

30. DANEY, Serge, *Devant la recrudescence des vols de sacs à main*, París: Aléas, 1991, p. 37.

Inevitablemente se piensa en Freud, en su ensayo de 1921 que desde luego no basta para aclararlo todo a propósito de la hipnosis, pero presenta a partir de ella una hipótesis consistente sobre los fenómenos de masa, de los cuales el espectáculo es aquí un ejemplo, mezclado con otros de la agitada vida de las metrópolis. Además, como se recordará, la identificación interior con la hipnosis y la muchedumbre incluye, bajo el nombre de estado hipnótico, una parte somática cuyo enigma en gran medida se mantiene, si no se acepta reducirla a una dimensión edípica y mítica. En este ejemplo de *Y el mundo marcha*, la llamada física de los dos movimientos hacia atrás encadenados, a través de los cuales refluye toda la película, cuerpo e idea, se convierte en el afecto dominante que, según su forma y su intensidad, anima los pensamientos que entonces nos vemos empujados a concebir. Se aprecia la fuerza de semejante encadenamiento de planos. Punto terminal de una ficción, la arrancan a ella misma para llevarla hacia la idea que la determina; y para hacerlo, parten de un dispositivo de espectáculo con el que todo espectador se identifica, se sobreidentifica, más allá y más acá de la identificación con los personajes que ha sido su portadora. Esa identificación con el espectáculo supone y confirma, a la vez que con el movimiento y a través del mismo, una identificación con la mirada, ligada de entrada a la situación de cine, la misma que subrayó Christian Metz y que también llama: "identificación con la cámara".[31] Pero esta identificación, sacada del horizonte cinestésico primario de la percepción amodal cuya huella y virtualidades conserva, no debe reducirse a la identificación con el espejo. Sin embargo, como se ha visto, ello no implica excluirla de dicha identificación, pues sigue siendo un componente secundario en una vista de conjunto de los procesos de subjetivación y de su reduplicación específica por la obra de arte. Es uno de los intereses de ese término de identificación el incluir y conjugar niveles de sentido, en el plano tanto descriptivo como histórico, siempre que se establezca entre ellos una elección y una jerarquía. Pero está claro que su mayor valor, como indicaba Morin tan insistentemente, radica en que designa ante todo las modalidades mezcladas, que por eso mismo hay que distinguir constantemente, de la participación afectiva al movimiento de una

---

31. METZ, Christian, la sección "III. Identification, miroir", en "Le signifiant imaginaire", *op. cit.*

vida metamorfoseada de la que el cine ofrece "*la estética más amplia posible*", en la medida en la que "el filme se ha construido a semejanza de nuestro psiquismo total".[32] Por eso, la identificación se da ante todo con un movimiento y a través del mismo con el tiempo, en la extensión atribuida por Deleuze a tales palabras.

Así, en cada plano en el que aparece un personaje, nos identificamos no solo con este sino con todo lo que alimenta y anima la imagen. El cuerpo del personaje, en el cine, no se pertenece en exclusividad. Su gesto más insignificante se inscribe en un todo, de acuerdo con la reciprocidad del todo y del intervalo expresada por Deleuze. El todo que expresa cada plano y del cual el fotograma es la unidad más pequeña virtualmente susceptible de ser descompuesta. Sin hablar siquiera de las interacciones a las que se ve continuamente sometido, el personaje no es en cierto modo más que una figura captada entre otras en la fuerza múltiple de los componentes propios de la máquina-cine. De allí, por ejemplo, frente a la emoción producida de cuerpo a cuerpo, la imposibilidad en la que nos hallamos de separar, en el movimiento interno del plano, lo que procede de los movimientos propios del/de los personaje(s) y de los movimientos de la cámara cuando sigue al cuerpo del personaje, redefiniendo a cada instante otras tantas cualidades sensibles con sus desplazamientos conjuntos.

Se aprecia muy bien en el final de otra película de Vidor, *El manantial* (*The Fountainhead*, 1949), que conduce a su punto álgido la identificación con el / los personaje(s). Después de muchos contratiempos acumulados en los que se basa la película, el arquitecto encarnado por Gary Cooper consigue realizar su más caro deseo al construir el edificio más alto del mundo de acuerdo con sus convicciones. La protagonista, que ahora es su mujer, sube en un montacargas que la arrastra a lo largo del cuerpo del edificio para reunirse con él en esa cima vertiginosa. Su ascensión, que parece interminable (1'15), es seguida por la cámara de tal modo que la continuidad del movimiento consiga impresionar, empleando hasta catorce planos. Son clásicos, alternando encuadres escalonados sobre la mujer (del plano americano al plano medio y casi al primer plano), lo que ella ve de la ciudad y luego, finalmente, desde la cumbre del edificio que se va acercando. Pero la impresión

32. MORIN, Edgar, *Le Cinéma ou l'Homme imaginaire*, *op. cit.*, pp. 174, 207.

de continuidad sigue siendo tan fuerte que, antes del final, podría creerse en el falso recuerdo de un solo plano. Es que, tanto en los encuadres de ese cuerpo humano recortado como en aquellos a través de los cuales ve desfilar la ciudad, prevalece el desfile, debido a todo lo que constantemente afecta al ojo: los motivos del propio cuerpo del edificio por un lado, por otro la ciudad que se inscribe en la estructura metálica abierta, en triángulos entrecruzados, vinculada al montacargas, que proyecta a veces también sus sombras hasta en el cuerpo-rostro. Se nota entonces una especie de latido continuo, intensificado a su manera por el arte del corte y el montaje. Esta impresión física tan viva se desarrolla, con el apoyo de una música invasora, hasta el momento álgido que supuestamente ha de reunir al término del recorrido a la pareja en la cumbre del rascacielos (queda eludido a través del punto de vista del avance final hacia Cooper). Evidentemente, nos identificamos con ese cuerpo de mujer llevada así por los aires, como con el desenlace de la historia contada. Pero de la misma manera e indistintamente, con el arte del corte-montaje falsamente continuo y con los efectos del desfilar que este organiza, produciendo una especie de jadeo y confiriendo a ese momento dilatado un efecto de exaltación sublime.

También se puede pensar en un momento de apariencia menos espectacular, pero de pregnancia muy fuerte, un plano de *El valle Abraham* (Manoel de Oliveira, 1993). Es hacia el final de esa larga película (el plano empieza en 3h 18mn 31s). Está precedido de un plano de trece segundos que le sirve de llamada contrastada y anuncia su aparición: un movimiento hacia adelante, muy regular, en un naranjal dentro del cual progresa la cámara, que capta en contrapicado la fruta, las hojas y las ramas, sostenido por la voz que en esta película cava con tanta fuerza toda la materia de imagen: "Dejó el ramo de flores a la Señora, recorrió el naranjal que le recordaba la época de su virginidad". Entonces aparece el plano que ahora solo se apoya en la música y muestra a Ema avanzando bajo el naranjal, en un contracampo del plano anterior: idéntica velocidad de la cámara en su movimiento hacia atrás, picado marcado sobre el cuerpo que avanza inclinándose bajo los árboles. Ema lleva un vestido beige con adornos azul pálido, un sombrero en armonía con esos tonos que sujeta con una mano para que no tropiece con las ramas, apartando la fruta con la otra, una sonrisa enigmática ilumina su rostro, sombras y destellos de sol que pasan a través de las ramas recorren su cuerpo. La primera vez, llega a un espacio abierto, más iluminado, se yergue al proseguir su avance regular, debe volver a inclinarse un momento al pasar junto al tronco de un árbol pesado, luego se levanta otra vez, en la sombra, yendo hacia un espacio que adivinamos más abierto y que subraya, con un cambio de plano repentino, una cortina de árboles finos a la orilla del río. El propio avance dura treinta y cuatro segundos. La emoción singular que se apodera entonces de nosotros, vinculada al anunciado destino fatal de la protagonista, se debe a las distancias constantemente variables entre la regularidad del movimiento de cámara y los micro-acontecimientos continuos que afectan al cuerpo en su progresión: cuando Ema tiene que inclinarse y rozar constantemente lo que aparta con la mano; pero también, en cuanto camina con más libertad, debido a la leve cojera propia de su personaje, cuyo ritmo sigue como si se opusiera así al deslizamiento uniforme del movimiento hacia atrás. Así, en este ejemplo de *El valle Abraham* y el de *El manantial*, la elección del término "identificación" ofrece la ventaja de conjugar, siempre que los distingamos y los especifiquemos, la identificación como empatía con el personaje y la identificación con el movimiento de cámara —como con cualquier otra posibilidad propia de la máquina-cine, del encuadre al trucaje en el montaje y con todos los efectos propios de los cambios de planos. Sin duda, Alexander Kluge, en una de sus ficciones-ensayos, *Die Patriotin* (1979), orientó la rememoración de un soldado alemán desde el estricto punto de vista de su rodilla, tanto al principio como al final de la película, para subrayar el vértigo polémico que puede producirse a propósito de la idea de identificación, llegando hasta el objeto parcial.

Pero el poder indeterminado de la identificación se extiende mucho más allá. También afecta, de otras maneras, a todas las películas que, en principio, no se presentan como ficciones, sea cual fuere la parte variable de ficción que en ellas queda. En las películas llamadas documentales, destaca a menudo una identificación especial, propia de la voz del comentario: difiere mucho según que esa voz pertenezca a un ser, una especie de personaje "verdadero" aunque la mayoría de las veces no figurado, o que encarne, de manera aparentemente más objetiva, una dimensión de análisis, evocación, testimonio, reflexión o meditación. Con toda la variedad de casos intermedios y ambigüedades que puedan imaginarse: así, Peter Nestler al dar la palabra a un "canal" para explorar un pueblo y un paisaje con una voz tanto más pregnante cuanto que la película carece de cualquier otro sonido y de música en *Am Siel* (1962). Si no, a falta de voz y más allá de lo que esta modela, la identificación depende puramente de la realidad de la que se hace cargo la película. Y en este caso también difiere, según que la presencia humana sea en ella más intensa o más escasa, más concentrada o más variada.

Pensemos por ejemplo en la película de Jürgen Böttcher sobre la caída del muro de Berlín, *Die Mauer* (1991). Muestra esencialmente tres tipos de planos, en cuanto a los contenidos figurados, con todas las mezclas y niveles intermedios que se puedan concebir. Por un lado, muchos planos centrados en personas más o menos singularizadas: como todos esos habitantes de Berlín-Oeste a los que se ve, de uno en uno, con herramientas inadecuadas y resultados a menudo irrisorios, atacar empecinadamente el hormigón recubierto de signos; o esos dos niños turcos que intentan sacar dinero de los primeros fragmentos arrancados. Por otra parte, llaman la atención los innumerables planos de muchedumbre que, apenas reventado y entreabierto el muro, llevan el acontecimiento a su incandescencia; esos planos también dan ocasión a numerosas individualizaciones pasajeras y fragmentarias. Finalmente, están todos esos planos, a veces sin presencia humana, en los que el muro aparece como tal, ya sea previamente en su masa en el corazón de la ciudad, ya sea, una vez empezada la destrucción llevada a cabo en el lado Este por medios contundentes, bajo la forma de bloques más o menos destrozados u ordenados. De allí algunos planos muy expresivos en los que los paneles del muro arrancados y reagrupados son erigidos unos junto a otros, cargados aún con la memoria de inscripciones y dibujos acumulados, como grandes divinidades inquietantes pero casi tutelares. La identificación, intensificada en el documental según sus dos sentidos reversibles (identificar/identificarse con), recorre todos los grados acumulados de realidad, sin dejar de variar sus puntos de apoyo, tanto con respecto a lo real representado como a los medios elegidos para hacerlo visible. En este sentido, me llamó la atención sobre todo un momento breve, al azar de una proyección de festival (*Le Passé est mort*, Nadia Bouferkas y Arikan Mehmet, 2006). Los habitantes argelinos de una antigua "Sección administrativa especial" del ejército francés dan testimonio de la falta de humanidad de sus condiciones de vida, en un presente devorado por el pasado. Una de las mujeres que ha confesado su desgracia está encuadrada, en cuclillas, en el espacio de un patio. Luego, la cámara vuelve a ella, siempre en plano fijo, con el mismo eje pero desde más lejos, atravesando entonces todo el cuadro un muro bajo. Y un tercer plano retrocede otro poco más, de tal manera que ahora descubrimos a la mujer a lo lejos dentro de un decorado más amplio. De un plano a otro, se distiende un cierto grado de identificación con el personaje, pierde parte de su consistencia, al mismo tiempo que esta se transforma por los efectos del cuadro y del montaje que la dotan de una conciencia segunda (esa que, también, lleva a memorizar ese instante de película).

Así, de la identificación, siempre *múltiple*, diremos que es *cambiante, modulada, graduada, diversificada, estratificada, mezclada*, pero también la mayoría de las veces *giratoria*, cuando se quiere especificar lo que de ello resulta entre los personajes. Está claro que a partir del mínimo intercambio entre dos actores-personajes, sobre todo cuando se hablan, nos identificamos sucesivamente con uno u otro; una figura como el campo-contracampo, abriendo la alternancia de los planos, es la forma fílmica consagrada de ese torniquete. Así, la identificación cambia según la presencia o la ausencia de cada uno en el encuadre, todos los juegos del *in* y el *off*. Se ve muy bien en *Octobre* (Pierre Léon, 2005), donde la situación elegida vale, en su sencillez, como experimentación teórica de un proceso banal. Tres hombres se encuentran en un compartimento de tren, para un viaje de París a Moscú. Descubren que dos de ellos han llevado como lectura *El idiota* de Dostoievski, obra de la que el tercero es un ferviente admirador. Se sorprenden, hablan de ello, se hablan, largo y tendido. La palabra gira de uno a otro, va, viene, la recuperan. Nos identificamos así con cada uno de ellos, pero de acuerdo con una graduación continuamente variada, según que el que por un momento tiene la palabra se encuentre presente en la imagen o no, o solo en parte, al seguir las fluctuaciones del montaje. La identificación multiplica así sus facetas, sin marcar ningún centro, hasta tal punto esos tres hombres, diferentes, están igualados en la democracia de su palabra. A lo que la película invita es a reflexionar sobre ese proceso, como lo hace sobre la novela de Dostoievski, durante esos largos momentos de intermitencia entre las escenas dialogadas en las que simplemente fluye, de ventana del tren en paisaje que desfila, al coincidir el tiempo de ese viaje aproximadamente en su mitad con el tiempo de la película —puesto que todo tren, en el cine, es siempre más o menos el tren del cine.

La identificación también puede ser *fracturada*, de entrada, por el principio en el que se apoya. Romuald Karmakar lo llevó al extremo en dos de sus películas, *Der Totmacher* (1995) y *Das Himmler-Projekt* (2000).[33] En la primera, reconstituye el interrogatorio por parte de un experto psiquiatra a Fritz Haarmann, el "carnicero de Hanover", juzgado y ejecutado en 1924 por el

33. Sobre las dos películas y sobre la obra, véase GRAS, Pierre, "Romuald Karmakar - possédés et maîtres fous", *Trafic*, nº 61, primavera de 2007, pp. 56-65.

asesinato de veinticuatro jóvenes. Una sola habitación, a menudo en penumbras; esencialmente, tres personajes, uno de ellos mudo, el secretario. Durante cerca de dos horas, un diálogo, tenso, entre un asesino seguro de sí mismo, que recurre a la seducción, y el que canaliza esa palabra. Identificación giratoria entonces, durante largos momentos, concedidos sobre todo al asesino. Por lo tanto, la identificación con este último actúa, poderosamente, pero por disociación entre el actor (Götz George) y su personaje. Efectivamente, por el saber previo ofrecido al espectador y por la estrategia cortante de la puesta en escena, queda excluido de toda simpatía o incluso empatía, salvo la que se desprende de la realidad elemental del animal humano, favorecida con fuerza por la calidad de presencia del actor que supone la inteligencia y la atracción posible del asesino. La fractura puede ser aún más radical, si el dispositivo lo es. Así la lectura íntegra que hace un actor imperturbable (Manfred Zapatka), durante tres largas horas, del discurso pronunciado en octubre de 1943 por Himmler ante noventa y dos generales de las SS. Las variaciones, calculadamente organizadas, de ángulos, de encuadres y de planos son los soportes insistentes de la distancia que la película adopta de entrada con respecto a lo que muestra, para que nos desidentifiquemos, gracias a lo que identificamos por lo que dice, de la identificación que ineludiblemente se lleva a cabo con ese cuerpo-palabra.

Finalmente, la identificación puede ser *turbia, fusionada*, en provecho de un trauma sensible que supera las divisiones establecidas por el relato en términos de supuesta simpatía o antipatía hacia los personajes. Está claro que a lo largo de *La sombra de una duda* (*The Shadow of a Doubt*, Alfred Hitchcock, 1943), nos identificamos doblemente con esos dos personajes, el tío asesino y la sobrina, que por esa misma razón llevan idéntico nombre: "Charlie". Esta última (Teresa Wright) lleva a cabo, en parte, el trabajo del espectador: al descubrir poco a poco bajo el tío adorado al asesino maníaco, obliga al espectador a dividir su propia atracción hacia el encanto seductor del personaje aumentado por el del actor (Joseph Cotten) —atracción con la que juega toda película que sabe perfectamente que su espectador sabe que está en el cine. Pero llega un momento, hacia el final, en el que todo se invierte y se confunde. Charlie y Charlie han subido al tren, ella obligada a decir adiós al que sabe que es un asesino, él que sabe que ella sabe y la retiene para matarla porque sabe demasiado. Han llegado ante la puerta-ventana del vagón por la cual intentará tirarla. Hitchcock necesita diecinueve planos, en cuarenta segundos apenas de película, para que en lugar de la sobrina sea el tío de manos tan poderosas quien caiga por la puerta abierta y sea arrollado por un tren que avanza en sentido contrario. Con su arte consumado del suspense, Hitchcock ha preparado incluso, en esos planos de lucha física tan rápidos que el choque es ante todo para el ojo-espectador, instantes de monólogo errático del tío que comenta su gesto. También, tres veces, un campo-contracampo entre la mirada asustada de la sobrina aferrada por encima del vacío y los raíles que desfilan. Una dilatación interior a la contracción del espacio-tiempo aumenta aun más el efecto. Pero lo esencial, en ese instante multiplicado, es que toda moralidad del relato que suponga la simpatía o la antipatía hacia uno u otro de los dos Charlie estalla en provecho únicamente de una participación empática (¿puede decirse demasiado simplemente el miedo?) que se ha vuelto intransitiva. Este afecto ya no concierne solo a cada uno de los dos personajes como tales y el desenlace narrativo de su lucha. Sino solamente al hecho de que uno u otro de sus cuerpos o ambos sean proyectados por esa puerta abierta. Y así, que el espectador (aunque sepa entonces siempre, tal vez más que nunca, que está en el cine) tenga la impresión de que el cuerpo que cae arrojado es el suyo. A uno le gustaría conservar simplemente ambos cuerpos y la parte enloquecida del suyo propio, vivos.

Es lo que dice Hitchcock cuando comenta en términos ya famosos la secuencia de la ducha de *Psicosis*, con sus "setenta posiciones de cámara para cuarenta y cinco segundos de película". Contesta a Truffaut, que sugería que podría considerarse *Psicosis* como una película experimental: "Tal vez. [...] En *Psicosis*, el argumento me importa poco, los personajes me importan poco; lo que me importa, es que el ensamblaje de los fragmentos de película, la fotografía, la banda sonora y todo lo que es puramente técnico podían hacer gritar al público. Creo que es una gran satisfacción para nosotros utilizar el arte cinematográfico para crear una emoción de masas. Y con *Psicosis* lo hemos conseguido. No es un mensaje lo que ha intrigado al público. No es una gran interpretación lo que ha conmovido al público. No es una novela muy apreciada lo que ha cautivado al público. Lo que ha emocionado al público ha sido el filme puro. [...] Y por eso mi orgullo en relación con *Psicosis* es que esa película nos pertenece a nosotros, cineastas, a usted y a mí, más que cualquiera de las otras películas que he rodado. No conseguiría tener con nadie una conversación en los términos que estamos empleando en este momento. La gente dirá: 'Es algo que no hay que hacer, el argumento era horrible, los protagonistas eran pequeños, no había personajes'. Naturalmente, pero la manera de construir esa historia y de contarla ha llevado al público a reaccionar de manera emocional. —Emocional, sí... física. —Emocional".[34]

Se recordará que la extrema brevedad, repentina, de los planos de la escena, intencionadamente preparada durante el largo diálogo entre Marion y Norman en el cuarto de estar, luego por la activación del dispositivo *voyeurista*, no impide sin embargo verlos, aunque sea demasiado deprisa. Llevan la velocidad perceptiva a su límite extremo, en una vacilación que nunca se abandona, igual que una respiración consigue mantener su ritmo incluso sin aliento. Y esta se encuentra apaciguada, para poder reflejar al momento los efectos de su aceleración, en el curso de la muy larga y lenta escena de limpieza por parte de Norman devuelto a sí mismo, hasta el hundimiento del coche en el agua negra del estanque. Igual que el plano-fantasma del vals de *La viuda alegre*, seguido del entierro de la secuencia final en *La sombra de una duda*, vienen a apaciguar, a la vez que su potencia continúa reverberando, el momento traumático del episodio del tren.

Ello equivale a decir que a través de los personajes, en una película nos identificamos con el estado global de las relaciones entre los personajes, compuestas a su vez por todos los acontecimientos y accidentes del plano. Nos identificamos con cada modulación de la situación, dramática a la vez que figurativa y figural, y así con la memoria de lo que es vivido a medida que se acumula. Nos identificamos, pues, con el todo de la película en cada uno de sus instantes, según se desarrolla. El cuerpo del espectador es un cuerpo en expansión modelado y modulado por la película de acuerdo con las inflexiones de su masa variable, con el efecto de borrado y de acumulación que amplifica hasta el final su realidad de memoria. Cabe pensar en la imagen de un árbol del cual extraeríamos de arriba hacia abajo cortes finos y sucesivos, en número casi infinito, expresando cada uno de ellos la relación del fotograma con el plano y con la película entera.

Pero, entonces, ¿por qué aferrarse a esa palabra tan indeterminada de "identificación", que parece perder todo su contorno a medida que se extiende su alcance? Simplemente para poder expresar de un sola vez el *vínculo* tan fuerte, tan evidente pero tan oscuro que une a la película con su espectador. A este le corresponde descomponer constantemente ese vínculo en todos sus estratos si quiere intentar comprenderla y evaluar su naturaleza variable, acorde con la realidad de cada película. A lo largo de este libro no se

34. TRUFFAUT, François, *Le cinéma selon Hitchcock*, *op. cit.*, pp. 212-216.

ha hecho otra cosa que seguir, a través de numerosos ejemplos lo más variados posibles, sus vueltas y revueltas, para calificar tantas hipnosis y emociones. A la vez, esa antigua palabra "identificación" presenta, como se ha visto, el interés de conservar en sí unos sentidos que un pensamiento actual puede querer continuar, adaptándolos, más que excluir por considerarlos prescindibles o nefastos. Es sorprendente ver cómo Stern, al que le gusta ser preciso, pero que se resiste a serlo más allá de lo necesario, ofrece en dos ocasiones una sucesión de términos que se presentan como un tanto equivalentes, en el momento en el que postula una evaluación aumentada de los afectos de la vitalidad a la luz de los logros más recientes de la investigación neurobiológica: "contagio mental, resonancia, identificación, empatía, simpatía y así sucesivamente".[35] Como si de la identificación a la empatía no hubiera más que una gama indecisa de participaciones motrices y afectivas de las cuales cada término ofrece sin duda un matiz propio, pero sin que sea posible optar de verdad por uno u otro (varios son próximos, conviene tenerlo en cuenta, al léxico en torno a la hipnosis). Tal es el sentido en el que, con relación a la situación de cine, he privilegiado aquí más bien la identificación, pero también en nombre de todos esos términos, a condición de que no se quiera marcar entre ellos nada demasiado tajante, en detrimento siempre posible del cuerpo inagotable y múltiple de la realidad de las películas.

Parece inevitable evocar aquí por fin la realidad, todavía bastante virtual pero tan cautivadora, de las neuronas espejo, cuyo descubrimiento "crucial" elogió Stern en *El momento presente*...[36] Se empieza a saber más ampliamente que esas neuronas premotoras, adyacentes a las neuronas motoras de las que son complementarias, fueron descubiertas hace poco en el cerebro de macacos y luego encontradas en el hombre. Se ha decidido llamarlas así porque se activan en el cerebro tanto cuando un sujeto ejecuta una acción como cuando otro sujeto observa esa acción. Así, no se trata de una imitación propiamente dicha, puesto que el mismo movimiento producido realmente por un sujeto se encuentra de hecho simulado en otro. Por li-

35. STERN, Daniel N., *Le Moment présent*..., *op. cit.*, pp. 38i/57f y 79i/102f. Solo añade, en la segunda serie, la "intersubjetividad".
36. *Ib.*, pp. 78 y sgs. i/101 y sgs.f.

mitados que sean todavía los resultados comprobados (sobre los movimientos de la mano, del pie, de la boca, pero también sobre los sonidos que acompañan a estas acciones), esas neuronas espejo han suscitado ya un número impresionante de hipótesis referidas a la intersubjetividad y la comunicación humanas.[37] Vittorio Gallese, uno de sus descubridores, ha propuesto el término general de "multiplicidad compartida de la intersubjetividad" para medir la amplitud de un fenómeno que, según él, se despliega en tres niveles[38]: un nivel sub-personal, basado en la actividad de series de circuitos neurales en espejo, estrechamente acoplados con múltiples cambios de los estados del cuerpo, adecuados para engendrar así espacios compartidos de sensaciones y emociones; el nivel funcional de la "simulación integrada": "mecanismo automático, inconsciente y prerreflexivo cuya función es modelizar los objetos, los agentes y los acontecimientos", esta es concebida así como "una facultad general de nuestro cerebro"[39] (Gallese encuentra ahí el "como si", los bucles corporales de simulación de Damasio); finalmente, un nivel fenomenológico, o también empático, que reintegra en una perspectiva neurobiológica las intuiciones de Lipps y las de Edith Stein, discípula de Husserl y Merleau-Ponty. Lo que permiten proyectar las neuronas espejo es, pues, una concepción ampliada al intercambio social y neurobiológicamente fundamentada de la empatía.

Se entiende el gran interés que presentan para Stern esas neuronas espejo: se convierten en una encarnación viva y manifiesta del funcionamiento de la "matriz intersubjetiva" que, entonada con la realidad de los momentos presentes, forma el corazón de su último libro, a partir de las

37. Véase, del lado de la vulgarización científica: RIZZOLATI, G., FOGASSI, L., GALLESE, V., "Les neurones miroirs", *Pour la Science*, enero de 2007, pp. 44-49. Y del lado de la ciencia: RIZZOLATTI, Giacomo, SINIGAGLIA, Corrado, *Les Neurones miroirs*, París: Odile Jacob, 2008.
38. GALLESE, Vittorio, "The 'Shared Manifold' Hypothesis. From Mirror Neurons to Empathy", *Journal of Consciousness Studies*, vol. 8, nº 5-7, 2001, pp. 33-50; "The Roots of Empathy: The Shared Manifold Hypothesis and the Neural Basis of Intersubjectivity", *Psychopathology*, nº 36, 2003, pp. 171-180.
39. GALLESE, Vittorio, "La mise en phase intentionnelle. Le système miroir et son rôle dans les relations interpersonnelles", intervención en el coloquio virtual organizado en 2005 sobre las neuronas espejo (http://www.interdisciplines.org/mirror/papers/1) (22 de mayo de 2008).

conclusiones del *Mundo interpersonal del infante.*[40] Se adivina igualmente la virtualidad con que parece que las neuronas espejo pueden alimentar una intelección del cine. El intercambio más o menos inconsciente establecido en la realidad entre dos cuerpos-cerebros, uno de ellos actuando, el otro simulando su acto en pensamiento, evoca irresistiblemente el intercambio paralelo que parece establecerse entre el cuerpo activo de un actor-personaje y el de un observador-receptor aparentemente pasivo, el espectador. Semejante visión suscita al momento la cuestión delicada de las distancias y los solapamientos entre los efectos suscitados por un movimiento real y un movimiento grabado, convertido en imagen, que pertenece a un cuerpo de ilusión, un efecto de máquina. También puede uno dejarse llevar a imaginar, por no se sabe qué vericuetos, la consecuencia que de ello se desprende para la idea de un gran número de espectadores, esa asamblea de cuerpos-cerebros identificándose entre ellos, de acuerdo con una lógica freudiana de la identificación con un mismo ideal, por los efectos de propagación colectiva de las neuronas espejo. Sería volver a abrir así, con nuevas implicaciones, el debate circular entre la influencia y la catarsis de las que son responsables por igual la obra de arte y el cine. Sin duda, esta cuestión de dos caras solo tiene una respuesta particular, dependiendo del caso, del contexto, de la situación subjetiva y social. Y hay muchas posibilidades de que influencia y catarsis sean una misma potencia reversible. Es la convicción que llevaba hasta el extremo la ficción de *La naranja mecánica*. Pero solo hay una cosa segura: por mucho que le afecte, el espectador sabe siempre (más o menos) que está en el cine. Por asustado que esté, no emprende la huida como la protagonista cuando aparece el monstruo. Y si no soporta, o apenas, mirar fijamente la famosa imagen del ojo cortado por la navaja en *Un perro andaluz* (*Un chien andalou*, Luis Buñuel, 1929), prefiere no imaginar cómo reaccionaría ante ello en la realidad. Pero también, en el cine, toda acción del cuerpo pertenece a las formas y a las fuerzas de la imagen, al marco en el que se produce. Hasta el punto de que un filme libre de todo cuerpo humano, vinculado solamente al cuerpo de la tierra recorrido por el ojo maquínico de una cámara, es por igual o tal vez más puramente una película, como confirmó Michael Snow con *La*

40. Por eso Gallese, en el segundo de los artículos citados, remite al libro fundador de Stern (p. 175).

région centrale. Hay que concebir efectos de transferencias sensibles como los que las neuronas espejo invitan a concebir, en relación con la realidad del cuerpo de la película en su completa irrealidad.[41]

Pero también vemos el abismo que aquí se abre entre una visión científica y una concepción estética o filosófica, cuando esta se muestra dispuesta a inspirarse en aquella. Por ejemplo, consideremos la distinción que precisa Stern entre los afectos de la vitalidad y los contornos temporales, "polifónicos y polirrítmicos", que les corresponden en el desarrollo del momento presente.[42] Como es sabido, los afectos de la vitalidad son ante todo experiencias subjetivas. En cambio, los contornos temporales propios de la intensidad, el ritmo, la forma de la estimulación, son en teoría objetivables. Y a este respecto, Stern subraya hasta qué punto los progresos realizados en el campo de la imaginería cerebral y de las técnicas de registro neurofisiológicas sitúan hoy a las neurociencias en posición de aportar luz sobre esas cuestiones. Distingue dos tipos de datos necesarios: un cronometraje exacto de la actividad cerebral en relación con las experiencias fenomenológicas; y un cronometraje de los cambios analógicos en intensidad o en magnitud propios de las descargas neuronales durante esas mismas experiencias. "Esto bastaría, añade, para proponer un correlato científico a la experiencia subjetiva de los afectos de la vitalidad. Y sobre todo se podría extraer una tipología de las formas temporales de la actividad neuronal relativa a diversas experiencias".[43] De este modo, entre lo fenomenológico de la experiencia y la posibilidad de su cálculo, se anuncia nada menos que la perspectiva de una ciencia exacta de los comportamientos y de los efectos, así como de las obras de arte en sus efectos, aunque Stern se cuide mucho de proyectarla en cuanto tal, incluso cuando pone el acento en la aportación de las neuronas espejo para una comprensión extendida de la intersubjetividad.

En este caso, llegamos a un límite, el mismo que trazaron Deleuze y Guattari en *¿Qué es la filosofía?* Si la palabra "caos" es sin duda la más activa

---

41. Una evaluación problemática ha sido presentada por CURTIS, Robin, "Expanded Empathy: Movement, Mirror Neurons and *Einfühlung*", en Anderson, Joseph y Barbara, (eds.), *Narration and Spectatorship in Moving Images: Perception, Imagination, Emotion*, Cambridge: Cambridge Scholars Press, 2007, pp. 49-62.
42. STERN, Daniel N., *Le Moment présent…, op. cit.*, pp. 35-38i/55-58f.
43. *Ib.*, p. 37i/56f.

de su libro, es porque las tres formas del pensamiento que son la filosofía, el arte y la ciencia, definidas respectivamente por sus conceptos, sus sensaciones y sus funciones, presentan tres maneras diferentes "de afrontar el caos, establecer un plano, trazar un plano sobre el caos".[44] A pesar de las modalidades de interferencias determinadas por ese mismo hecho de afrontar comúnmente el caos, los términos "finito" e "infinito" expresan mejor las diferencias entre los tres regímenes. Allí donde la filosofía "quiere salvar el infinito", lleva al infinito acontecimientos o conceptos, "la ciencia por el contrario renuncia al infinito para ganar la referencia: traza un plano de coordenadas solamente indefinidas, que cada vez define estados de cosas, funciones o proposiciones referenciales". Por su lado, el arte "quiere crear finito que vuelva a dar infinito". Es la razón por la cual, si se quiere pensar el arte ligando su finito-infinito con el infinito de la filosofía, siempre es arriesgado, a pesar de la luz que pueda aportar, someterlo a las finitudes continuamente redefinidas propias de los estados de cosas y de las funciones de la ciencia. Ese riesgo es el de una normatividad de la aplicación, cuya regla resulta fatalmente reductora en cuanto a la excepción que por naturaleza constituye toda obra de arte, a pesar de las regularidades dentro de las cuales se inscribe. Pues estas son siempre secundarias o al menos insuficientes para expresar la singularidad propia de toda obra, de acuerdo con los "monumentos o sensaciones compuestas" que construye. Por eso aquí, tratándose sobre todo de las fabulosas visiones exactas que Stern propone del mundo de la primera infancia y de las experiencias micro-elementales propias del momento presente, no hemos dejado de insistir en la dimensión de analogía o de isomorfismo que ofrecen esas visiones para la comprensión de las películas, sin pensar por ello en ajustarlas a ellas demasiado exactamente para intentar conseguir algún calco. Y cuanto más susceptibles parecen los avances cambiantes y cada día más inauditos de la ciencia, como se ve con el ejemplo sorprendente de las neuronas espejo, de ofrecer modelos capaces de aclarar el funcionamiento del pensamiento material de imaginación que produce la obra de arte, más debe también distinguirse de ellos el pensamiento vinculado a esas obras, como proporcionalmente a las sugestiones que recibe.

Ello equivale a intentar comprender bien las páginas finales de *¿Qué es la filosofía?* Están dedicadas al cerebro como *junción*, y no como unidad, de los

---

44. DELEUZE, Gilles y GUATTARI, Félix, *Qu'est-ce que la philosophie?*, *op. cit.*, p. 186.

tres planos del pensamiento. Dos formulaciones delimitan el problema. "Si los objetos mentales de la filosofía, del arte y de la ciencia (es decir de las ideas vitales) tuvieran un lugar, estaría en lo más profundo de las hendiduras sinápticas, en los hiatos, los intervalos y los entretiempos de un cerebro no objetivable, allí donde penetrar para buscarlos sería crear". Y luego: "La filosofía, el arte, la ciencia no son los objetos mentales de un cerebro objetivado, sino los tres aspectos bajo los cuales el cerebro se convierte en sujeto".[45] Esta insistencia, a partir del cerebro, sobre la confrontación con el caos común a los tres planos, supone pues para la ciencia, a través de sus modelos de objetivación y recognición, "poner de manifiesto el caos en el que el propio cerebro se sumerge como sujeto de conocimiento".[46] Así, el carácter en parte probabilista y azaroso de las conexiones sinápticas, eléctricas y químicas es, más allá de toda relación determinable, lo que garantiza el "efecto libre que varía según la creación de los conceptos, de las sensaciones o de las propias funciones".[47] De allí, a través de la irreductibilidad que sin embargo se mantiene entre los tres planos del pensamiento, las analogías entre los problemas que se plantean a cada uno según su nivel propio y las interferencias de las que, por otra parte, son presa.

Volvemos a encontrar aquí, ampliadas a una concepción de conjunto, las opiniones ya expresadas por Deleuze en *La imagen-tiempo* sobre las nuevas relaciones entre el cine y el cerebro.[48] Lo que la transformación del cine clásico en cine moderno estaba entonces poniendo en juego, de lo cual el nuevo conocimiento del cerebro como "sistema acentrado" se presentaba como referencia y análogo, es toda la cuestión de los intervalos e intersticios, los cortes, los encadenamientos problemáticos y los encadenamientos irracionales entre las acciones y los planos. Como se ha visto, esa correspondencia desarrollada entre el cine y el cerebro ha proseguido en entrevistas concedidas por Deleuze en el momento de la publicación del libro. En la primera, hablando de "sinapsis cinematográficas", invocaba circuitos, propios de la imagen-movimiento y de la imagen-tiempo, cuya invención habría que determinar, puesto que en el cerebro "los circuitos no preexisten". Añadía: "[...] el cerebro es la

45. DELEUZE, Gilles y GUATTARI, Félix, *Qu'est-ce que la philosophie?*, *op. cit.* pp. 197, 198.
46. *Ib.*, p. 203.
47. *Ib.*, p. 204.
48. En el capítulo "Cinéma, corps et cerveau, pensée", *L'Image-temps*, *op. cit.*, pp. 274-279.

cara oculta de todos los circuitos, que pueden hacer triunfar los reflejos condicionados más rudimentarios y dejar una oportunidad a algunos trazados más creadores, a relaciones menos 'probables'".[49] En la segunda entrevista, insistiendo de nuevo sobre la manera en la que el "auto-movimiento" del cine "no deja de trazar una y otra vez circuitos cerebrales", Deleuze endurece esta oposición: "En ese caso también, es para lo bueno y para lo malo. La pantalla, es decir nosotros mismos, puede ser un cerebelo deficiente de idiota o un cerebro creativo. [...] El cine malo pasa siempre por los circuitos ya hechos del bajo-cerebro, violencia y sexualidad en lo que es representado, una mezcla de crueldad gratuita y de deficiencia organizada. El verdadero cine alcanza otra violencia, otra sexualidad, moleculares, no localizables".[50]

Esa oposición polémica, cuyo exceso toma prestado Deleuze del *Petersburgo* de Andréi Biely[51], recubre solo en parte, pero esta parte es esencial, la tensión entre el cerebro no objetivable y el cerebro objetivado de *¿Qué es la filosofía?* De modo que el devenir-sujeto del cerebro, ayudado por esa rúbrica individual, se armoniza con la invención del arte y con las virtualidades de la ciencia más que con la normatividad reguladora del objetivismo científico. Así, en cuanto a la película, de una orilla a otra del cerebro, podría decirse, solo da fe el análisis finito e infinito. En cierto modo, solo tiene a su favor la tenacidad de su lectura, como indicaba Barthes en el preludio de su división en forma de estrella de *S/Z*, con los efectos de miríada de su estructuralismo desencadenado.[52] En ese sentido, no hay ciencia del cine. No hay ciencia del espectador —contrariamente a lo que había podido creer (o fingido creer) Barthes, en la impaciencia de sus inicios semiológicos.[53] Solo experiencias y

---

49. "Sur *L'Image-temps*", entrevista con Calasso, Gilbert y Revault D'Allones, Fabrice, *op. cit.*, pp. 85-87. Véase más arriba p. 198.
50. DELEUZE, Gilles, "Le cerveau, c'est l'écran", en *Deux régimes de fous*, pp. 264-265. Deleuze añade, esta vez desde el punto de vista de la emoción: "[...] hay en las obras creativas una multiplicación de la emoción, una liberación de la emoción, la invención de nuevas emociones, que se distinguen de los modelos emotivos prefabricados del comercio" (p. 269).
51. DELEUZE, Gilles, *L'Image-temps, op. cit.*, p. 277. Biély escribe: "[...] todo era mera excitación de la membrana cerebral, a menos que fuera deficiencia del cerebelo" (*Pétersbourg*, Lausanne: L'Âge d'homme, traducción G. Nivat y J. Catteau, 1967, p. 36). [*Petersburgo*, Madrid: Alfaguara, 1981].
52. BARTHES, Roland, *S/Z*, París: Seuil, 1970, p. 17: "No hay otra *prueba* de una lectura que la calidad y la resistencia de su sistemática".

pensamientos del espectador. Los avances de la ciencia permiten precisar, en la medida de lo posible, pensamientos del espectador; no pueden suplirlos. Incluso admitiendo el día (¿cercano? ¿lejano?, ya lo hemos comentado en el Intermedio) en el que por fin sea posible conseguir un super-escáner exhaustivo del conjunto de las informaciones cerebrales y corporales de un espectador durante la proyección de una película, antes faltará saber cómo leer e interpretar esta partitura gigante; y luego, por no hablar siquiera de los límites intrínsecos a las condiciones de semejante experiencia, saber también que solo valdrá, a pesar de todo lo que de ello pueda inferirse, para *una* película e incluso para *un* espectador. Siempre con el miedo de que la película y el espectador sean tanto más de tipo medio, normativizados, acordes, de un Spielberg a otro, o peor aun, con el cine dominante, cuanto que se buscará un acercamiento a una supuesta verdad del filme y de su espectador, en una especie de congelación de la imagen monstruosa y orientada. Es la valiosa lección de *La Jetée* (como, de otra manera, la de *Te amo, te amo*, que prolonga el intento): que la experiencia del sujeto, sometido a la búsqueda de una supuesta verdad de la producción de las imágenes, se vuelve sobre sí misma de acuerdo con un tiempo subjetivo específico, para que se cumpla el destino individualizado de un hombre que sin embargo también da testimonio por la especie. Así, toda ciencia del arte se vive en la tensión entre una ciencia real y *la ciencia imposible del ser único* a la cual llegaba Barthes en el momento clave de *La cámara lúcida*, frente a la foto de su madre de niña, la foto "del Jardín de Invierno".[54] "¿Una ciencia nueva por objeto?" decía[55], para llevar hasta su límite la paradoja cuyos términos hay que conservar vivos.

53. Para estos antiguos intentos de Barthes, véase especialmente "La recherche des 'unités traumatiques' dans l'information visuelle. Les unités traumatiques au cinéma" (en colaboración con Gilbert Cohen-Séat, *Revue internationale de filmologie*, nº 34, julio-septiembre de 1960), pp. 13-21 (de manera poco comprensible, el texto aparece en las *Œuvres complètes*, t. I, Seuil, 1993, pp. 875-882, solo con la firma de Barthes, en una versión abreviada, titulada "Les 'unités traumatiques' au cinéma"). También es apasionante ver cómo ya se anuncia allí el *punctum* de *La Chambre claire*.
54. BARTHES, Roland, *La Chambre claire*, *op. cit.*, p. 11o (la lógica y la perspectiva de esa "ciencia" han sido analizadas por LEENHARDT, Jacques, "La photographie, miroir des sciences humaines", *Communications*, nº 36, "Roland Barthes", 1982, pp. 107-118).
55. "Une *Mathesis singularis* (et non plus *universalis*)?", *ib.*, p. 21.

Serene Velocity, Ernie Gehr, 1970

10. INTERMEDIO EXPERIMENTAL

—Pero, dígame, desde el principio de este libro, ¿no ha dejado usted de lado una parte esencial del cine?

—Le veo venir...

—Porque se siente culpable.

—Un poco, pero no del todo.

—Un poco ya es mucho, dada la gravedad del asunto. Ha dedicado usted casi todos sus numerosos ejemplos al cine de ficción, de épocas diversas y de varios países; muy modestamente, ha terminado por recordar el cine documental, o la película-ensayo, que aparecen en determinados momentos gracias a algunas películas antes mezcladas con otras muchas (las vistas Lumière, *The Old Place, Ser o tener, The Great White Silence, Sud*...).

—Así que me va a decir que he ignorado lo que también se puede considerar como lo esencial del cine: el cine experimental o de vanguardia, ya sabe que ninguna denominación es del todo adecuada...

—Ya sé.

—... del cual solo he recordado brevemente el carácter de límite que constituye o no para la idea-realidad de narración o de ficción. Es cierto.

—Supongo que tendrá usted sus razones.

—Fatalmente, hay más razones malas que buenas, hasta tal punto está la cosa embrollada desde la base. Ya sabe que la definición de lo que es experimental o no lo es resulta ante todo equívoca. Por eso, en el emblemático *Film Culture Reader* organizado en 1970 por P. Adams Sitney, cuando la revista no estaba todavía estrictamente dedicada a la vanguardia, se encuentran textos sobre Stroheim, Welles o Dreyer junto con otros muchos sobre Kubelka o Mekas, Snow o Brakhage. Como si el criterio más importante estuviera relacionado con el simple rechazo del modelo narrativo clásico dominante que tanto gusta a los cognitivistas. O también con una supuesta anterioridad relativa a ese modelo cristalizado por el cine sonoro. No olvide que *Film Cul-*

ture dedicó un enorme número especial (nº 35-36, primavera-verano de 1965) a *El Nacimiento de una nación (*1915) de Griffith que, sin embargo, aparece como el primer momento verdaderamente fuerte del futuro modelo clásico. Como si por el mero hecho de ser mudo, el cine pudiera parecer experimental, en el sentido amplio en el que así se toma.

—Entonces, ¿sería más válida una definición estricta?

—Sería en ese caso la de Peter Gidal en su *Structural Film Anthology* (1976), dedicada a la alteridad radical de la "definición teórica de la película estructural materialista". Pero si se tiene en cuenta ese mismo año la gran exposición pensada por Peter Kubelka (que, sin embargo, es tan estricto) en el Museo Nacional de Arte Moderno del Centro Pompidou, "Une histoire du cinéma" (1976), vemos que la selección es más amplia: encontramos por ejemplo a Yvonne Rainer, cuyas películas singulares siguen siendo muy narrativas, o Agnès Varda, por su *Opéra-Mouffe* (1958), o también Chantal Akerman, cuya *Jeanne Dielman* (1975) establece muchos vínculos con lo que suele llamarse más corrientemente "el cine". Por no hablar de Vigo, que entra a la vez en dos "historias"... la de Kubelka y la de los *Cahiers du Cinéma*, que tan bien se han ignorado mutuamente.

Asimismo, quiero señalarle que en la mejor tienda de CD/DVD de New Jersey, en Princeton, encontramos la categoría siguiente: "Avant-Garde and General Strangeness".

—¿A dónde quiere ir a parar?

—A lo siguiente, para salir del túnel. Todas las películas innovadoras son experimentales. Y las películas de vanguardia lo son mucho más. Y las películas de vanguardia experimentales son las que más innovan desde el punto de vista de la puesta en perspectiva del dispositivo y de los componentes elementales de la materia-cine. Y como esos zigzags de denominaciones resultan pesados, opto por el cine "EXVAN" (más ecuménico y fácil de escribir, combinando los dos términos que la palabra experimental, tachada dos veces simbólicamente por Dominique Noguez, a quien ese cine debe tanto, en su pregunta: "¿Qué es el cine ~~experimental~~?").[1]

1. En su *Éloge du cinéma expérimental*, Centre Georges-Pompidou, 1979, p.13: el tachado doble equivale a decir, como Kubelka, que el cine denominado "experimental" es simplemente el cine. [N. del T.: EXAG en el original: de "expérimental" + "avant-garde".]

—¿Y qué?

—Con la seguridad completamente banal de que es la materialidad de esas películas lo que las hace singulares y lo que explica la dificultad que el comentario crítico siempre ha tenido para apropiárselas, aunque solo sea para nombrar los elementos, las unidades de composición, los planos, cuya definición y captación estallan.

—Vaya, vuelve usted a encontrar sus largos momentos y sus breves instantes, e incluso su antigua intuición del "texto inhallable".

—¡Muy acertado! Ahora mismo le doy un ejemplo: *T-Wo-Men* (Werner Nekes, 1972), la película por la cual, con mi amigo Thierry Kuntzel, me sumergí entonces en el EXVAN. Es una larga película de noventa minutos, en cinco actos, que evoca la relación amorosa de dos mujeres, en una pluralidad de lugares y decorados. Ningún diálogo, músicas constantes (salvo en el acto 4), variadas según los actos. Simplifico mucho, tanto en lo que se refiere al detalle de todo lo que se puede entrever y anotar como en relación con pacientes trazados establecidos por Nekes, y principios de organización formal tan complejos que no pueden corresponder más que de lejos a las impresiones de la visión, aunque la construyan. La variación más destacada se debe a las velocidades: lentas en los actos 1 y 3, muy aceleradas en los actos 2, 4 y 5. Lentas quiere decir ralentizadas, más o menos ralentizadas: los planos, de cuerpos (vestidos, disfrazados, desnudos, enteros o fragmentados de maneras diversas), de interiores más o menos elípticos, de paisajes (ciudad, campo, mar) —todos esos planos, a menudo ligados por fundidos pero trabajados también por sobreimpresiones internas, se encadenan y se desarrollan a costa de muchas vueltas de motivos y figuras que muestran una especie de evidencia a la vez que despliegan agudas cualidades de enigma. Esos planos se presentan, sin que se desarrolle ningún tiempo distinto del de su puro fluir, por bloques de insistencia, calificados por unidades de lugares. Para dar una idea de su ritmo, que muestra pocas variaciones tajantes: cerca de 21 minutos para 116 planos, en la parte 1, lo que da una media de unos 11 segundos por plano. La parte 3, sobre motivos comparables, a menudo mucho más mezclados, fundidos unos en otros, despliega considerablemente esas duraciones, puesto que cuenta solamente con 22 planos para una duración casi idéntica. Y todos los valores vinculados a esas dos partes destacan mucho más por el contraste con los de las otras tres partes (2, 4, 5), en la medida en la que estas se encuentran programadas según ritmos sistemáticamente ordenados en series variables a partir de una equivalencia de base entre el plano y el fotograma.

—En este caso se tiene, pues, una infinidad de planos, hasta el punto de perder la noción de los mismos.

—Sí, hasta el punto de que indicar su número (cerca de 26.000 para la segunda parte, que dura 18 minutos —Nekes dice que son unos 30.000, contando todos los fotogramas impresionados, muchos de los cuales son objeto de mezclas conseguidas con operaciones ópticas)[2] dice poco sobre el efecto experimentado. Es vertiginoso. Efectivamente, a esa velocidad, nunca se percibe un plano-fotograma solo, sino únicamente cogido en el o los que le precede(n) y/o le sucede(n). Muchas de esas unidades elementales llevan también sobreimpresiones internas, añadidas a las impresiones de fundidos perpetuos que notamos ya en el choque de los encabalgamientos perceptivos. La mayoría de esas unidades de imágenes siguen siendo figurativas (allí también los motivos asocian a las dos mujeres, trenzando escenas de naturaleza —a la orilla del mar sobre todo, con rocas y acantilados— y escenas de interiores y de cuerpos más o menos mezclados); pero algunas unidades viran a la pura abstracción sensible, con sutiles intervalos. De modo que muy a menudo se adivina lo que se ve sin estar del todo seguro de haberlo visto. Y de todas formas la distancia sigue siendo casi absoluta entre el desfile de la proyección real y las muestras que permite el mando a distancia imagen por imagen. Lo uno aclara sin duda lo otro, pero no se corresponde con ello.

—De todas formas, en ese tipo de congelación de la imagen hay una falsedad de principio.

—Evidentemente, como siempre en toda congelación, pero aquí de manera multiplicada. Pues no es solamente la captación por la memoria lo que permite la interrupción, o la posibilidad de integrar ese matiz que se habría escapado. Es como abrir un cuerpo con la esperanza de ver en el detalle de sus partes internas lo que compone la impresión global que recibimos de su manera de andar y de sus expresiones.

—¿No era ya ese el caso para las series aceleradas de imágenes de *Chungking Express*, que se aclaraban teniendo en cuenta los fotogramas que componían cada unidad de movimiento?

—No, porque a pesar de todo se tenía la impresión de poder analizar el principio en el que se basa sin cambiar verdaderamente de nivel en la percepción de la película. Naturalmente, se apreciaba en cada imagen congelada

---

2. Documento sobre la película, facilitado por el autor.

un matiz propio (es el caso de toda congelación de imagen); pero este matiz parecía reintegrarse de manera natural en cuanto la película recuperaba su velocidad normal; y, a la vez, parecía hacerse visible, aunque una parte de esa visibilidad se debiera a la congelación que acababa de hacerse. Forzosamente, resulta imposible zanjar este tema. Por eso el análisis fílmico en sus inicios pudo experimentar el sentimiento de un acto sacrílego, adecuado al deseo de saber que lo empujaba.

—Estamos muy lejos de todo eso, en la era de la congelación total en todos los sentidos.

—Desde luego, pero no por eso hay que dejar de disponer en serie las cuestiones propias de una u otra situación, o de una u otra película, ello en proporción con el hecho mismo de que las variaciones de posición tienden cada vez más a desbordar unas sobre otras.

Volviendo a esta sección 2 de *T-Wo-Men* (eso vale, a pesar de las muchas diferencias, para las secciones 4 y 5), al descomponerla imagen por imagen, vemos verdaderamente otra cosa que lo que percibimos con su flujo real. Y esta dicotomía persiste, imposible de reducir, sin que importe cuántas veces intentemos la operación. Pero esta permite en cambio distinguir a veces la razón o al menos la lógica de variaciones que afectan misteriosamente el cuerpo de la visión, su sentimiento interno, hasta tal punto este es tributario de los efectos de ritmo que llevan y vuelven a llevarse en un flujo continuo los innumerables matices de tonos, encuadres, colores, materias que componen todas esas imágenes. Así, en las series que se desarrollan en interiores (sobre todo en la mayoría de las que ponen en juego un erotismo tan vivo como indeciso que obedece a las posturas y a las mezclas de los dos cuerpos), nos damos cuenta de que, muy a menudo, se intercalan uno, dos o incluso tres fotogramas negros (o a veces más claros, pero siempre vacíos) dentro de esas series, confiriéndoles ritmos propios, inervados por efectos de síncopa. Así, en la sección 4, hay un momento concreto que resulta sobrecogedor: la imagen está delimitada por un negro de bordes inciertos; fragmentos de cuerpos desnudos iluminados por amarillos-rojos oscuros parecen enrollarse unos sobre otros, pero también en esa infinidad de movimientos, como si avanzaran hacia nosotros, por pulsaciones o latidos. Como si la imagen efectuara así el camino inverso del que a veces hace creer que podríamos tocarla con la mano. Ya puede usted apreciar lo difícil que resulta traducir en palabras sensaciones visuales tan cercanas a los valores táctiles.

—Ya veo. Y admiro su empeño en querer compartirlas, a pesar de todo.

—No se puede hacer otra cosa... Hay que responder a la bella frase preliminar de la película, la única: "Whatever happened between the pictures" ("Sea lo que sea lo que sucedió entre las imágenes"). Hay otra impresión indeleble, sobre todo en la parte 5. La impresión de que ver y tocar, pero de otra manera, llega a ser lo mismo. También en ese caso, hay que partir de la descomposición de la lectura, que es la única que permite nombrar. Pero no olvide nunca la equivalencia tan violenta del fotograma por plano. Nos damos cuenta de que los numerosos encuentros entre las dos mujeres, tumbadas, de pie, sentadas ante una mesa redonda, se encuentran alternados muchas veces con imágenes de una de ellas sola (Dore O., la compañera de Nekes, también cineasta). De tal modo que a la velocidad inaudita que parece la del desfile real, la mirada dirigida por la figura aislada se vuelve simultáneamente interior al intercambio de miradas que asocian a las dos mujeres, pero también a sus cuerpos mezclados según tantas posturas, por condensaciones reiteradas, inmediatamente impresivas. Así, un ojo, interno al cuerpo o que duplica cualquier mirada dirigida, parece preparar, a pesar de la velocidad extrema pero a causa de ella, una especie de relevo subjetivo para nuestro ojo alucinado, absorto, sometido a su ritmo, introducido en el furor imprescriptible del desfile. Como si en esta película la percepción, según procesos interminables, no dejara de repetir la operación imposible que se desprende incluso de la lectura de su propio título. "T-Wo-Men" no es solamente afirmar una equivalencia posible entre hombres y mujeres, sino calificar en ella algo impronunciable, a la medida de lo invisible-visible que induce la película continuamente y de la cual solo he podido sugerirle la idea, delimitando con dificultad algunas de sus modalidades.

—Recuerde que se supone que comprendemos mejor en un caso tan especial como este, pero que seguramente vale para otros muchos en lo que usted llama el EXVAN, cómo se desarrollan planos de emoción —aunque la palabra "plano" pierda el valor de ambigüedad que mostraba para acercarse a películas en las cuales las relaciones de planos eran, en sí mismos y entre ellos, clara y visiblemente portadoras de emociones.

—Es el punto más difícil. ¿Cómo calificar la emoción que se desprende de modalidades de imágenes que parecen continuas en proporción con las discontinuidades debidas a sus organizaciones seriales, en el ralentí pero sobre todo en la aceleración?

—¿Está usted seguro de tener siquiera palabras para captar todo eso?

—No, pero aun así. Me parece que la emoción, frente a esa película y frente a tantas otras del EXVAN, sigue un camino doble. De entrada, es más pura, en el sentido de que se pone en relación casi directa con las materias y los principios estructurales que la organizan y se convierten en su dispositivo, ya se refiera explícitamente al aparato del cine o no. La división tan ambigua en toda película de ficción, en su sentido corriente, entre lo que depende de los actores-personajes y de todos los componentes formales y sensibles vinculados a las imágenes y a los sonidos, es aquí mucho más clara. Incluso a veces llega a desaparecer, en provecho de lo que parece una identificación cero, en una película estrictamente no figurativa como *Arnulf Rainer* (Peter Kubelka, 1958-1960) o en *The Flicker* (Tony Conrad, 1966). O bien esa división alcanza su límite mínimo, en *Adebar* (Kubelka, 1956-1957), donde los cuerpos de los bailarines son puras figuras imposibles de asignar de líneas y luz, aunque sean cuerpos. O, de otra manera, en *Serene velocity* (Ernie Gehr, 1970), cuyo decorado reconocible (un pasillo cortado por puertas acristaladas) es el soporte de puras variaciones de distancias y de ritmos cuyo tratamiento acentúa así una paradoja interna al acto de la propia percepción.

—¿No está usted perdiendo su doble camino?

—Solo a medias. La pureza que de tantas maneras se desprende en el EXVAN hace que la emoción sea más directa; por el principio propio del dispositivo, capta como juegos de formas y de fuerzas adoptados. Y en esa medida, al ser en cierto sentido más constante, al estar menos relacionada con acontecimientos modulados según el hilo de un relato, por los planos ligados de emociones, entre otros, a los cambios de planos cuya definición estalla en el EXVAN, esta emoción más estrictamente intensiva se vuelve también más abstracta; tiende a fijarse oscuramente entre una sensible fascinación inquieta y una especie singular de neutralidad o de tedio. A menudo un tedio plenamente positivo, que remite directamente al espectador a su actividad de percepción y pensamiento, cuando no es su cuerpo lo que capta más directamente; pero, evidentemente, las dos cosas también van juntas.

—Hay tantos ejemplos posibles que uno duda al pedirle otro más para encarnar esa tensión.

—Sin embargo, hay uno cuyo privilegio parece absoluto. Es *Wavelength* (1966-1967), de Michael Snow. Pues presenta la singularidad de mezclar en el desarrollado ínfimo, íntimo, de su tiempo, el plano más corto y el plano más largo.

—¡Resulta un tanto exagerado, estirar así en todos los sentidos la noción de plano!

—Desde luego, pero toda la potencia del filme está en el hecho de que autoriza esas desviaciones. En primer lugar, no se trata exactamente, como se ha dicho tan a menudo, de un *zoom* que avanza insensiblemente durante 45 minutos en un *loft* de Nueva York hasta encuadrar una foto clavada en la pared opuesta entre dos ventanas para finalmente quedarse fijo en ella. De hecho, numerosos reencuadres y cambios de eje apoyan ese avance, dibujando otros tantos planos posibles. Pero estos se encuentran como ocultos por el trabajo incesante de la luz y los filtros utilizados continuamente. De tal modo que se ha podido imponer la poderosa idea teórica de movimiento continuo a partir de un punto de vista perspectivo único, que ha hecho de esta película uno de los planos más largos de la historia del cine.[3] Pero, al contrario de lo que se producirá en *La Région centrale*, según el principio de un movimiento giratorio improbable que barre el espacio, de la tierra al cielo y del cielo a la tierra, durante 180 largos minutos, en *Wavelength* la imagen parece absorber su movimiento incesante en las mutaciones de su materia, como si estas engendraran a aquel. Hay tales transformaciones de la luz y el color que la película cambia a cada momento, como si lo hiciera de fotograma en fotograma.

—Entonces, ¿esos son sus cambios virtuales de planos?

—Sí, virtuales porque son reales, y también en este caso hay que haber visto la película en la mesa de montaje para captarla de verdad (puesto que, hasta ahora, Snow se ha opuesto a la cinta de vídeo y al DVD, para garantizar a la película su potencia misteriosa de desfile).

—A este respecto, ¿cómo habría que comprender los acontecimientos fragmentarios que Snow introdujo en cuatro ocasiones para imitar inicios de ficción?

—Se trata de marcas de ironía respecto al realismo de toda narración, a la vez que atraen con el señuelo de la idea de ficción e impiden así las oposiciones demasiado simples que tan a menudo se han desarrollado en nombre de la pureza del EXVAN. Pero estos acontecimientos también tienen como función, al fortalecer el valor de realidad de un espacio concreto, oponer a las virtualidades de un guión ausente las virtualidades en acto de las intensidades y vibraciones que hacen de ese espacio un mundo de metamorfosis. La onda sonora continua que insensiblemente se va ampliando participa de esa impresión. Así, continuamente, instantes que no es posible captar se ensam-

---

3. A este respecto, veáse FLEISCHER, Alain, "La cinémachine de Michael Snow", en *Michael Snow, Panoramique. Œuvres photographiques & Films, 1962-1999*, catálogo de exposición, París: "Centre national de la photographie", 1999, pp. 35-38.

blan en momentos más o menos breves, difíciles de delimitar pero cuya presión luminosa sentimos, de acuerdo con las asonancias y disonancias engendradas por las materias de imágenes. Esto recuerda también que en Stern son la música y la danza, por el escaso espacio que conceden a los afectos de contenido, las que ofrecen los ejemplos más puros de arte en la formación de los afectos de la vitalidad. Pero la intensidad de las emociones que hacen vibrar la percepción como una placa sensible, en *Wavelength*, no es solamente sensorial. Viene duplicada por una conciencia de dispositivo vinculada al efecto de proyección, real y mental, que suscita la película continuamente por el espacio escogido y el movimiento hacia adelante que la anima. La emoción es así al mismo tiempo siempre espiritual. Snow lo ha sugerido con una frase en forma de vértigo: "El espacio arranca con el ojo de la cámara (del espectador), flota en el aire, luego en la pantalla, luego dentro de la pantalla (de la mente)".[4]

—De todas formas, ¿no es el recorrido extraño que lleva a cabo todo espectador de cine?

—Sí, lo sepa o no, y siempre que la película se lo permita. Es una cuestión de arte y de conciencia, que no es propia del EXVAN, aunque lo lleve al extremo. Desde ese punto de vista no hay corte, solo gradaciones, distancias e inversiones inesperadas, entre los diferentes géneros o niveles de cine. Es uno de los grandes méritos de Deleuze, así como la fuerza de la posición de Nicole Brenez, que tanto ha hecho también por el EXVAN, el haber reconocido en el todo del cine los conceptos y la lógica de las operaciones puestas en juego por su proceder. Como en el lado opuesto de la escisión polémica, e ideológica, instaurada en el pasado por Jean-François Lyotard y recogida por Claudine Eizykman y Guy Fihman, entre el "acine" y lo que suele llamarse "cine". Fue una inspiración de Thierry Kuntzel, en esos mismos años ´70, la que hace surgir el acine lyotardiano de una película popular de terror americana (*El malvado Zaroff* [*The Most Dangerous Game*], Ernest B. Schoedsack & Irving Pichel, 1932), a través de los giros que permitía proyectar la película suspendida por el análisis fílmico, como lo había hecho antes gracias a una película de animación y de investigación de Peter Foldes.[5]

4. SNOW, Michael, *Des écrits, 1958-2001*, trad. J.-F. Cornu, París: Centre Georges Pompidou/École nationale supérieure des Beaux-Arts, 2002, p. 28.

—Sin embargo, he oído a Dominique Païni reprochar a Deleuze haber ignorado el EXVAN.[6]

—Error de perspectiva, me parece. Es cierto que Deleuze dedica pocas páginas al EXVAN propiamente dicho, sin duda por la sencilla razón de que ha visto poco esas películas, menos accesibles (basta con ver el uso que hace de *Film* [S. Beckett, 1965], escogido como matriz de las tres variedades de la imagen-movimiento, para sentir el privilegio concedido a esta obra de lo más experimental). Pero, de todas formas, en dos ocasiones, en cada uno de los dos volúmenes de *Cine*, al recurrir a las mejores fuentes (P. Adams Sitney), esas páginas son conceptualmente y estratégicamente cruciales por las conexiones que establecen. La primera vez, se trata de extender, a partir de Vertov, la percepción de su estado sólido a su estado líquido y finalmente "gaseoso, definido por el libre recorrido de cada molécula".[7] Eso es lo que en tres páginas excelentes Deleuze despliega a través del cine experimental americano ("¿la droga como comunidad americana?"), cuando ofrece un listado, a partir del "filme estructural" de Sitney, de los medios o los procedimientos que "conspiran y varían para formar el cine como organización de las imágenes-materias" —hasta encontrar en una descripción (siempre por Sitney) del *Bardo Folies* (1967) de George Landow la imagen de "una definición genética de la percepción".[8] Y tampoco olvidemos las líneas tan interesantes que dedica a *La Région centrale* en su "Carta a Serge Daney".[9]

—En parte, son las mismas referencias que encontramos en *La imagen-tiempo.*

—Sí, pero esta vez en la perspectiva de una evolución histórica que permite distinguir tres "épocas" en lo que Deleuze llama el "cine abstracto" o "eidético".[10] Una organicidad geométrica de la figura, primero (Richter, Eg-

---

5. KUNTZEL, Thierry, "Le travail du film 2", sobre todo p. 152; "Le défilement", *op. cit.*
6. PAÏNI, Dominique, "De l'expérimental comme ritournelle...", en Dosse, François y Frodon, Jean-Michel (dir.), *Gilles Deleuze et les images*, 2008, pp. 61-64.
7. DELEUZE, Gilles, *L'Image-mouvement*, *op. cit.,* p. 121.
8. *Ib.*, p. 123.
9. "[...] la inagotable lección de Michael Snow en *La Région centrale*, inventando la técnica más sobria para hacer girar la imagen sobre la imagen, y la naturaleza salvaje sobre el arte, llevando el cine hasta el puro Spatium" (En "Optimisme, pessimisme et voyage", prefacio a *Ciné Journal* de Daney [1986], recogido en DELEUZE, Gilles, *Pourparlers*, *op. cit.,* p. 109).

geling). Luego, una liberación de la línea y el punto, encarnada por el cine sin cámara de Norman McLaren. Y, finalmente, "aparece una tercera época cuando la pantalla negra o blanca equivale al afuera de todas las imágenes, cuando los parpadeos multiplican los intersticios como cortes irracionales". Deleuze encuentra allí las películas más estructurales de George Landow (*The Film that Rises to the Surface of Clarified Butter*, 1970) y de Tony Conrad (*The Flicker*). El interés de esas páginas radica también en su ubicación, en el capítulo "Cine, cuerpo y cerebro, pensamiento", al final de la sección sobre el cerebro, dedicada sobre todo a las películas de Resnais (insistentemente, a *Te amo, te amo*) y en la que recurre, como se ha visto, a referencias científicas (Changeux, Ruyer, Simondon), para levantar acta de las redistribuciones llevadas a cabo por los nuevos conocimientos sobre el cerebro. Deleuze escribe entonces: "La película no registra el proceso fílmico sin proyectar un proceso cerebral. Un cerebro que parpadea y reencadena o forma bucles, eso es el cine".

—¿Adónde quiere ir a parar?

—A lo siguiente: el pensamiento del re-encadenamiento, del parpadeo, del *flicker*, invita a plantear frontalmente la cuestión de la relación, evidentemente hipotética pero en mi opinión central, como usted sabe, entre emoción e hipnosis. La emoción más depurada, la más abstracta, frente al parpadeo de la luz, es la misma que hace coincidir virtualmente el proceso de inducción y el estado hipnótico, previo a cualquier sugestión distinta, pero de allí, también y sobre todo, a través de toda sugestión. Antes de intentar evocar cómo el abanico de las emociones más fundamentales puede surgir de obras ejemplares del EXVAN, me gustaría detenerme un momento sobre ello.

—Me propone usted, pues, otro pequeño intermedio dentro del intermedio.

—Si no le parece mal, hasta tengo un título.

—Le dejo que monologue.

—Será lo más breve posible.

—De todas formas, una pregunta antes de dejarle con su disquisición. Recordando nuestro antiguo diálogo: ¿qué hacen los cognitivistas con el EXVAN?

—Nada en particular. Tienen un especialista, James Peterson, que ha dedicado todo un libro a ese cine.[11] También ha contribuido a *Post-Theory*,

10. DELEUZE, Gilles, *L'Image-temps*, *op. cit.*, pp. 279-281.

con un texto posterior, que se puede considerar sintético y programático ("Is a Cognitive Approach to the Avant-Garde Cinema Perverse?"). Se puede contestar afirmativamente su pregunta en un sentido muy sencillo. Al manipular los conceptos favoritos de la teoría (racionalidad, comprensión, "problem-solving", inferencia, etc.), ofrece un cuadro coherente y matizado de todas las virtualidades lógicas con las que el cognitivismo puede contribuir a un mejor entendimiento de los filmes del EXVAN, a fin de establecer la superioridad de su modelo sobre el de una perspectiva semiótica basada en la noción de código (no imagina ninguna otra). Pero, en cuanto le toca desarrollar un ejemplo, sobre *Quixote* de Bruce Baillie (1964-1965), su análisis de los contenidos no revela nada que no pudiera ofrecer un simple análisis ideológico-formal; y tropieza con la cuestión de la "belleza" de tantas imágenes, que supera los niveles de estructura y de sentido, pero de los que, desde su propio punto de vista, no dice nada más. Dan ganas de decir: hay empate, mucho ruido para poca aportación real. Pero, déjeme volver a mi asunto sobre el parpadeo y el proceso hipnótico.

INTERMEDIO EN EL INTERMEDIO: ALTERNANCIA, REPETICIÓN, HIPNOSIS

Por lo tanto, equivale a decir que la forma o la estructura de las películas, es decir, la organización de sus planos según distintos modos, estén ligados o no, o más o menos, a menudo más que menos, a la presión de un relato o de una evocación —ello equivale a decir que esta forma-fuerza recibe la acción de dos grandes principios susceptibles de participar en la sugestión de una hipnosis (en el modo ligero que se le ha reconocido, variable según las películas y según los espectadores e incluso las sesiones). Esos dos principios son la repetición y la alternancia. Imbricadas una en otra, puesto que la alternancia supone el regreso de cada uno de sus términos de acuerdo con ritmos determinados, se encuentran, no obstante, diferenciadas: no hay alternancia sin repetición o reanudación, pero muchas repeticiones siguen siendo exter-

11. PETERSON, James, *Dreams of Chaos, Visions of Order: Understanding the American Avant-Garde Cinema*, Detroit: Wayne State University Press, 1994.

nas a la forma alternada. La combinación de esos dos principios se establece en el cine en cuanto su conciencia de arte, de manera oscura y luego cada vez más clara, lo ha llevado a dividir el tiempo medio de una división de su espacio y a concebir así esas unidades variables, los planos, aptos para repetirse y de ese modo variar y poder alternar a menudo entre ellos. Es lo primero que observa Malraux en su *Esquisse d'une psychologie du cinéma* (1939) y que, Deleuze, entre otros, vuelve a formular al principio de *La imagen-movimiento*.

Lo interesante y fácil de imaginar es la extraordinaria variación posible de las apariciones de la repetición y la alternancia al hilo de los diversos modos y géneros de cine, tanto como de áreas culturales o épocas. Su base común está en la realidad de una alternancia liminar, la que mantiene en la oscuridad a un espectador frente a una pantalla —de tal modo que en esa pantalla también se reinscriba entre los elementos organizados y reorganizados un poco de la ficción de esa distancia. Cara a cara con el cual han jugado mucho todas las situaciones de miradas implicadas, desde la mirada-cámara hasta el abanico de los planos-miradas diversamente llamados "subjetivo" y hasta las "puestas en abismo" del dispositivo-cine.

Pero, ante todo, se pueden distinguir dos grandes modos. Suponiendo que sus caracteres notables tengan la virtud de servir de modelos ideales de variación para todos los demás. El primero es el modelo clásico cuya perfección analítica y sintética ha desarrollado ante todo el cine americano, desde el cine mudo al sonoro e incluso en las aceleraciones virtuales que hoy conoce. De Griffith a Hitchcock, de Ince a Hawks, de Walsh a Minnelli, ya ni se cuentan las secuencias cuyo principio está basado en una alternancia —y que los términos opuestos figuren en espacios y tiempos disjuntos o participen en la división de un espacio más o menos homogéneo (son las dos grandes formas complementarias del montaje paralelo y el montaje alternado, a veces no tan fáciles de deslindar como se ha creído). Como modelo de la primera puede bastar el recuerdo de *Intolerancia*; de la segunda, tantos "shorts" de Griffith de los años ´10, o la dramática escena de la persecución entre el negro Gus y Flora Cameron en *El nacimiento de una nación*, o también el último ataque a la diligencia en *La diligencia* (*Stagecoach*, John Ford, 1939). Más banalmente, siendo esa misma banalidad esencial, las secuencias más corrientes de diálogo entre dos personajes, en la mesa, en coche, en tren, etc., pero también muchas acciones más complejas, ofrecen innumerables ejemplos de montaje alternado, amenizados con formas más o menos sutiles de campos-contracampos y con todos los matices vinculados a la espinosa realidad del "punto de vista". Hitchcock desarrolló ese principio hasta el vértigo, como he podido mostrar en alguna ocasión, de la manera más detallada posible, en un segmento de *Los pájaros* (*The Birds*, 1963) —cuando Melanie Daniels lleva los "love-birds" a la casa de los Brenner y es castigada a cambio con el ataque de la gaviota—, o con la famosa secuencia de la avioneta en *Con la muerte en los talones*. Esos momentos tienen el interés de mostrar por añadidura que la alternancia no actúa solamente de un plano a otro sino que se extiende de unos conjuntos de planos a otros, induciendo verdaderas acumulaciones de alternancias que se desarrollan y se extienden hasta el punto de que la ley inductiva de la alternancia se manifiesta en el corazón de la segmentación espacial, temporal, es decir, narrativa de la película. De *Salvada por el teléfono* (*The Lonedale Operator*, Griffith, 1912) a *Gigi* (Minnelli, 1958), por ejemplo, he podido seguir el hilo de la alternancia, del plano al segmento y la película entera, como principio variado de su desarrollo.[12] Pero el modelo clásico, al menos en ese sentido, no es solamente americano. Para convencerse de ello basta con seguir la extraordinaria acumulación de alternancias de todos los niveles en la que se apoya del principio al final una película como *Los espías* (*Spione*, Fritz Lang, 1928), que se destaca tanto por su plasticidad dramática y narrativa como por la extensión teorizada de un principio vinculado al dispositivo del cine.

Por naturaleza se une a la repetición, cuya alternancia es una forma que está lejos de agotar la potencia. Como se ha dicho mil veces, el cine clásico es un arte de la repetición. Repetición sometida a cantidad de variaciones para llegar hasta su resolución, narrativa y formal, siguiendo innumerables vías. Es lo que hace del filme clásico, sobre todo americano, hasta tal punto su producción ha sido ordenada y jerarquizada, siempre más o menos un *bloque*: un conjunto cerrado, centelleante en cada uno de sus elementos en sus películas más inspiradas. Hasta el punto de que la propia repetición puede incluirse como motivo para tomar de soslayo al espectador absorto frente a la pantalla en el dispositivo. Se ve muy bien en *King Kong* (1933), en la escena propiamente dicha, emblemática ya, de la "repetición", del "ensayo" (tan a menudo comentada por esa misma razón). En el puente del barco, el

---

12. Véase mi libro *L'analyse du film* (1979), París: Calman-Lévy, 1995, y, para el análisis de *Salvada por el teléfono*, BELLOUR, R. (ed.), *Le Cinéma américain. Analyses de films I*, París: Flammarion, 1980.

director, Denham, pegado a la cámara, hace ensayar a Ann, la estrella. Entre ellos, la reiteración alternada del campo-contracampo se desarrolla de modo que puedan incluirse, como componente necesario, planos sobre los espectadores de la escena (varios miembros de la tripulación), en los cuales se reconoce fácilmente, a través de la película de ficción que se va elaborando ante nuestra mirada, a su espectador. El campo-contracampo continúa así lo que no deja de imitar a través del juego cambiante de las identificaciones: el efecto de espejo singular propio del dispositivo-cine. Lo que Ann repite al ensayar, con la insistencia que le impone su director, es un grito, un grito de terror que se supone responde a la imagen todavía imaginaria de una monstruosidad sin forma y sin nombre que sugieren las palabras de Denham, puramente depositada así en el aire inmaterial y en la mimética de un rostro. Y ese grito solo tiene sentido, naturalmente, al repetirse. Más tarde, contra la empalizada, en el límite del bosque, Ann será atada al poste en el altar, objeto esta vez de las miradas de los "salvajes" que la rodean, de acuerdo con una disposición idéntica, excepto por la ausencia de la cámara. Pero en su lugar, si se quiere, como en el del director, aparece Kong llenando el campo virtual, provocando la repetición plena y exacerbada del grito. Grito real, casi hiper-real, hasta tal punto insiste, en la mujer, que supone el grito virtual del espectador. Por supuesto, este sabe que está en el cine. Pero, a la sombra de ese saber, la película se repite para forjar un fantasma que la puesta en escena atribuye al espectador en la institución y la sociedad a la que sirve: un fantasma que hace correr el deseo de repetición, el deseo como repetición.

Este ejemplo, modulado a través de sus dos escenas por admirables tonos de blanco y negro, invita a subrayar también una componente que en la película clásica afecta la alternancia y la repetición. Es la luz, sobre todo en sus efectos de blanco y negro (en otros casos sería en su relación con el color: digamos, un ejemplo entre mil, las pulsaciones del rojo en la escena final de *Como un torrente* [*Some Came Running*, Vincente Minnelli, 1958]). En un estudio cuyas bases psicoanalíticas hoy podemos olvidar, Marc Vernet comentó acertadamente esos efectos para el cine negro, que ha trabajado de manera obsesiva los "parpadeos del blanco y negro".[13] Localizándolo en tantos ni-

13. VERNET, Marc, "Clignotements du noir-et-blanc" (para las citas siguientes, pp. 228 y 233).

veles mezclados de la película, siempre justificado por las incidencias del relato, pero aplastándolo también con una especie de exceso, Vernet señala como ejemplo lo brillante de la imagen, debido entre otras cosas a los faros de los coches, que se encuentra allí a través de la noche y la lluvia sumergido en zonas vivientes de sombra ("La imagen, reducida a manchas negras y puntos blancos, es una trampa para la mirada devuelta continuamente de lo negro a lo blanco"). Así "como espectador, igual que a la pantalla, me llegan sin parar luz e imágenes".

Se comprenderá que esas formas tan diversas de repeticiones y alternancias corresponden en parte a los criterios expuestos por Kubie y Margolin para establecer el proceso de inducción que lleva al estado hipnótico. Se recordará que el primer factor adecuado para aislar un foco central de excitación es el que permite inmovilizar el cuerpo además de la fijación en un punto, que el cine realiza de entrada. El segundo factor es una "monotonía" que actúa de dos modos: un estímulo de intensidad constante que se desarrolla sin interrupción durante cierto tiempo, o un estímulo de intensidad constante discontinuo pero sostenido por un ritmo regular. De todo eso las películas garantizan una regulación, más o menos manifiesta o subyacente, según esas grandes formas que son la alternancia y la repetición de los planos, los segmentos, los motivos, las acciones y los latidos de las luces-colores cuya matriz, histórica y formalmente, es el blanco y negro. Se adivinará que si eso es lo que el modelo clásico jerarquiza y oculta en proporción con las necesidades del relato que es su fuerza propia, es por el contrario lo que destaca de manera más significativa en muchos filmes del EXVAN, de acuerdo con disposiciones depuradas tanto como acentuadas por el abandono más o menos completo del relato.

El hombre de la cámara (1929) de Vertov se sitúa de manera ejemplar en el momento de inflexión: las intensidades tan variadas de sus cerca de 1.700 planos[14] obedecen a la curva de una especie de historia formada por la jornada mítica de un operador, que se inicia por la mañana con el despertar de la ciudad y acaba en la velada virtual de una proyección por la cual la película siempre ha empezado ya. Alternancias, repeticiones, engarces, latidos

14. Existen tres recuentos de planos de *El hombre de la cámara*: Vladimir Petric (1682 planos), Bertrand Sauzier (1712 planos), Stephen Croft y Olivia Rose (1716). (Gracias a Youri Tsivian).

de planos y de intensidades luminosas, con las aceleraciones que los inervan: todo está allí, en una síntesis vibrante de lo que la vanguardia de los años ´20 suscitó magníficamente, desde los márgenes más abstractos de sus búsquedas experimentales hasta sus poemas-investigaciones documentales sumergidos en las realidades nuevas.

Pero es evidentemente en las diversas formas del "filme estructural" donde encontramos el grado más elevado de equivalencia entre el desarrollo de la película como tal y los protocolos visuales apropiados para suscitar la inducción hipnótica. Se recordará la importancia que daba Kubie a ciertas equivalencias de máquinas que sustituían la presencia real del hipnotizador. La ironía de Duchamp pronto reconocerá su valor con su *Anémic Cinéma* (1926): por un lado, se cumple allí la ilusión de que el ojo capte por el dispositivo giratorio círculos variables engarzados negro sobre blanco; por otro, esta ilusión quedaría minada gracias a un discurso anagramático cogido, pero al revés, en otro movimiento circular. Se supone que también por espíritu lúdico, aunque siempre directamente relacionado con su propio arte del cine, Norman McLaren realizó en los años ´60 una película muy corta, de 37 segundos, de título explícito: *The Hypnosis Film*. Imaginó siete series breves constituidas por tres círculos concéntricos que avanza en tres impulsos a partir del punto casi invisible formado por su centro. Estas series hacen alternar una raya blanca sobre fondo negro, fina, un poco temblorosa, con un trazo negro sobre fondo blanco, más firme. De tal modo que el encadenamiento llevado a cabo, por breve que sea, fascina de manera absoluta e invita al momento a que se repita. E impone la idea de que allí se muestra al desnudo lo que desarrollan tantas otras películas del cineasta, según una mezcla tan singular de abstracciones y figuraciones fusionadas. Se recordará también que dado que el cine no es hipnosis de verdad, el tiempo de experiencia propio de la película puede mezclar (aunque a veces distinguiéndolos) los dos tiempos de experiencia que diferencia la fenomenología de la hipnosis: el proceso de inducción y el estado hipnótico.

Eso es lo que se impone al desnudo en los "flicker films" o películas de parpadeos. El rigor de Sitney solo tiene en cuenta tres ejemplos importantes: *Arnulf Rainer* de Peter Kubelka, *The Flicker* de Tony Conrad y *N.O.T.H.I.N.G.* (1968) de Paul Sharits, que sustituye la austeridad del blanco y negro por las variaciones con forma de ondas de colores.[15] Pero se aprecia bien que la impor-

15. SITNEY, P. Adams, "Le film structurel", en *Cinéma: théorie, lectures*, *op. cit.*, p. 352.

tancia del *flicker* se debe a la pureza que designa su abstracción, encontrándose su virtualidad dentro de tantas películas en las cuales se encarna su principio para otorgar una potencia singular a los elementos figurados.[16] Lo hemos visto en *T-Wo-Men*: las partes 2, 4 y 5 están regidas por combinaciones y velocidades estructurales propias para hacer surgir, según un latido de apariciones y desvanecimientos constantes, los cuerpos, los decorados, los paisajes, las poses, los actos sugeridos. La fuerza de esta película radica en que hace experimentar lo que procede del exceso de las velocidades, pero también puede deberse a la imposición de las lentitudes, que la alternancia y la repetición se ponen de acuerdo para hacer latir según otros ritmos. También en este caso es crucial el ejemplo de *Wavelength*, por el contraste que mantiene durante toda la película entre el avance muy lento del *zoom* y las pulsaciones luminosas que lo hacen vibrar constantemente sobre sí mismo—hasta la inmovilización final, al término de ese avance, sobre una foto de mar cuyas olas inmóviles invitan al ojo a que las anime con su propio movimiento, según "el espíritu", decía Snow.

Y se aprecia bien cómo, a partir de allí, se extienden otras tantas hipnosis intermedias. Es sorprendente que al término de su ensoñación sobre el cine negro, Vernet evoque "el filme de centelleo" y de manera particular el final de *Makimono* (1974) de Nekes. La singularidad de esa película está en que, arrancando de movimientos circulares muy lentos inspirados por la manera en la que se despliegan los rollos japoneses, se acelera poco a poco hasta llegar hasta un puro centelleo de blancura exacerbada (puntuada, como en dos de las secciones "rápidas" de *T-Wo-Men*, por la música entrecortada de Anthony Moore). Vernet evoca la proximidad de ese momento final con la escena de tiovivo en la que culmina el drama de *Extraños en un tren* (*Strangers on a Train*, A. Hitchcock, 1951) y con otras muchas formas atenuadas de correspondencias parecidas dentro del cine clásico —como los finales llenos de explosiones luminosas en *Perversidad* (*Scarlet Street*, 1945) o *El ministerio del miedo* (*Ministry of Fear*, 1944) de Lang. También recuerdo haber pasado

---

16. Esta afirmación general, que procede de una virtualidad global de la impresión producida por las películas (efecto de hipnosis ligera), no pretende eludir la especificidad irreductible de la postura de Kubelka, definiendo el cine al nivel del fotograma, por la luz más que por el movimiento. Véase KUBELKA, Peter, "La théorie du cinéma métrique" (1978), en Lebrat Christian, (dir.), *Peter Kubelka*, París: Paris expérimental, col. "Classiques de l'avant-garde", 1990.

a velocidad acelerada otra de sus películas americanas, *Deseos humanos*, para que los estudiantes apreciaran la violencia interna de los efectos de luz y de dispositivo, los latidos de blanco y negro pulsados tanto por la acumulación de las puertas y ventanas iluminadas en todas las escenas nocturnas de estación como por su insistencia, de día y de noche, durante escenas cruciales de tren, sobre todo la última, que liga el paroxismo del asesinato con una encarnación manifiesta del dispositivo-cine.

El interés de esos acercamientos, cuya agudeza no hay que sobrestimar ni subestimar, está en que sugieren que hay tantas formas posibles de hipnosis como modos o géneros de películas, de películas y espectadores singulares, en el curso de la larga historia del cine. Es lo que hemos querido comprobar a través de muchas películas por las que ya hemos pasado, al actualizar otros tantos planos variados de emociones. *El año pasado en Marienbad*, con su voz inductiva, sus repeticiones y sus giros, sus engarces y sus deslizamientos de sentido, su circularidad sin verdadero final, puede volver a servir de referencia ideal, en el corazón del cine "moderno", a media distancia entre las barreras hoy destruidas o extenuadas del modelo clásico y los mundos en expansiones autónomas de tantas variedades del EXVAN, de sus formalismos antiguos a todas las renovaciones que le vienen del vídeo y la imagen digital. Pero a ese cine de experimentación le queda un privilegio que comparte con muchas películas que se hacen en sus márgenes, de acuerdo con modos de producción y difusión más tradicionales (pienso en las películas de Philippe Grandrieux): llegar más directamente, en sus obras intensas, a las intimidades de lo viviente y del pensamiento, del cuerpo-cerebro tanto según Deleuze como según Damasio.

INTERMEDIO EXPERIMENTAL
(continuación)

—Ya veo que, en cuanto se trata de volver a la hipnosis y las emociones, no hay quien le pare. Pero hablaba usted de emociones fundamentales que también quería hacernos compartir a través de otras obras del EXVAN.

—Sí, pero antes, permítame citarle unas líneas de una descripción ejemplar de P. Adams Sitney: sugiere como pocas la cualidad de inducción hipnótica propia de una película evocada demasiado deprisa, *Serene Velo-*

city, cuyo efecto de latido intensivo se encuentra incorporado a una imagen de la percepción ordinaria, aunque sustraída a toda actividad humana. "Gehr instaló una cámara en el pasillo de un edificio corriente e hizo fotos, imagen por imagen, cambiando de pose cada vez y agrupándolas por secuencias de cuatro imágenes. Entre cada una de las secuencias cambia la posición del zoom. Lo hace pasar a lo largo de la película de dos posiciones medias muy cercanas entre sí a los puntos extremos del alejamiento y el acercamiento. La única articulación del movimiento temporal en la sucesión de las imágenes de la película es la aparición progresiva del amanecer que se percibe, en los últimos minutos de la película, gracias a la iluminación gradual de una puerta acristalada al final del pasillo. La película se presenta a los ojos de un espectador como la descripción de un crescendo rítmico, pues, aunque la posición de la cámara siga siendo la misma, al igual que su campo visual, el movimiento-ilusión del *zoom*, desde lo que resulta ser una pulsión vibratoria hasta un enérgico movimiento de vaivén, crea una tensión óptica creciente acompañada por la destrucción progresiva de la ilusión espacial, debido al acento aplicado a los ángulos rectos del pasillo convertidos en una cuadrícula de dos dimensiones tras las variaciones del *zoom*".[17]

—Supongo que en el otro extremo del espectro, por el lado del cuerpo más que del cerebro, puesto que estas distinciones, aunque erróneas, siguen siendo indicativas, nos hablará usted de Brakhage, cuyo carácter idealista, empírico, romántico, místico e individualista lamentaba Peter Gidal, al contrario de P. Adams Sitney en *Visionary Film*.[18]

—Sí, ¡qué ristra tan estupenda de adjetivos! Me gustaría detenerme primero en una película un tanto narrativa, al menos por una mezcla de autobiografía y autorretrato, cuya fuerza radica en que hace surgir, desde el fondo mismo de una capacidad de evocación constante, planos de emoción repentinamente más caracterizados: *Trying to Kiss the Moon* (1994) de Stephen Dwoskin. En cierto sentido es una autobiografía basada en gran parte en un material sorprendente de palabras de la infancia (una de ellas se titula incluso

17. SITNEY, P. Adams, "Tableau historique", en *Une histoire du cinéma*, catálogo de la exposición, París: Centre Georges-Pompidou, 1976, p. 31.
18. GIDAL, Peter, "Theory and Definition of Structural/Material Film", en Gidal, Peter (ed.), *Structural Film Anthology*, Londres: BFI, 1976.

"Biography of Stephen John Dwoskin", y el conjunto se presenta como "an autobiographical film"). Pero, aunque ofrezca los acontecimientos de la vida, llevados a veces por la voz del cineasta (una foto fechada, el veredicto de incapacidad, la emigración a Inglaterra), son a la vez tiempos mezclados como en un intenso juego de cartas, revueltos de acuerdo con un flujo asociativo, de formas y motivos, que pertenece a la lógica del autorretrato.

—Seguro que me cita usted a Michel Beaujour...

—Sí, se ha convertido ya en una costumbre... "No os contaré lo que he hecho, pero os voy a decir *quién soy*". O bien: "El autorretrato sería primero una deambulación imaginaria a lo largo de un sistema de lugares, depositario de imágenes-recuerdos". Y lo siguiente, que va derecho al cine y a *Trying to Kiss the Moon*: "[El autorretrato] intenta constituir su coherencia gracias a un sistema de llamadas, repeticiones, superposiciones o correspondencias entre elementos homólogos y sustituibles, de tal modo que su apariencia principal es la de lo discontinuo, la yuxtaposición anacrónica, el montaje".[19]

—Y supongo que es la libertad del montaje lo que constituye la garantía de ese movimiento oscuro hacia sí mismo.

—Sí, pero con la condición de entender el montaje en su sentido estricto pero a la vez amplio. Es decir, por un lado, como articulación entre motivos, temas, entidades reconocibles y, por otra parte, pues lo uno es condición de lo otro, entre unidades más o menos fragmentarias definidas ante todo por los impulsos de la toma de vistas. De modo que a menudo parece deshacerse, al menos a nivel perceptivo, la noción misma de plano, en provecho de un sentimiento de huella, de paso, de puro flujo de imagen. Así, todo el arte de Dwoskin está hecho de picos de afectos que se penetran y chocan entre sí de manera imprevisible.

—Tampoco en este caso parece sencillo dar ejemplos.

—No es sencillo, pero es como siempre necesario. Se puede pensar en el plano de cielo que se encadena al principio de la película con algunos primeros planos claramente planteados, que establece un contraste tan fuerte con ellos desde el principio: trayectoria entrecortada, que parece filmada a sacudidas, cruzando, sobre un bello fondo de cielo azul oscuro con nubes, allí

---

19. BEAUJOUR, Michel, *Miroirs d'encre*, París: Seuil, col. "Poétique", 1980, pp. 9, 110 y 9, respectivamente.

unas ramas de árbol, allá la esquina de una casa, luego siguiendo un momento los hilos telegráficos. De tal modo que a la memoria le cuesta creer en la realidad de un solo plano (parece que hay dos) y ese flujo desorienta la voz que intenta entonces captar su vida. Pero pienso sobre todo en dos momentos que renuncio a evocar detalladamente, hasta tal punto serían necesarias precisiones acumuladas, con el riesgo de perder la calidad de la sensación y la emoción producidas.

—¿Prefiere usted la sugestión?

—Sí, si es preciso, cuando uno se encuentra en el polo opuesto de la geometría sensible que permite seguir de un árbol a otro la progresión de un cuerpo, como al principio de *La señorita Oyu*. El primer momento, en blanco y negro, dura unos cuatro minutos. Es visiblemente un extracto de una de las películas de Dwoskin, acompañado por una música romántica. El motivo es una joven que lleva una camisa blanca abierta, de modo que según los movimientos se entrevén o se adivinan a través de algunos planos sus senos desnudos, en una mezcla de pudor y marcada sensualidad. Lo esencial está en la fragmentación intermitente del cuerpo y en lo inesperado de los movimientos y gestos en el decorado de interior en el que se encuentra la mujer: hojeando un libro, fumando, yendo, viniendo, sentándose, levantándose, volviendo, sonriendo a la cámara. Figuración muy táctil, ondulante, que recorre todas las escalas de planos, de encuadres amplios a muy primeros planos detallados de la cara, ello tanto según continuidades de tomas de vistas más o menos bruscas como por cortes claros de montaje, además con numerosos pasajes o saltos de lo nítido a lo borroso, repentinos instantes de fijeza, hasta el punto de que se apodera de uno cierta impresión muy viva y casi continua, producida por la misma intensidad de las fluctuaciones. Un choque violento trae el desenlace de la escena, irrupción de una de las películas de familia: un primer plano de un niño que se lleva los dedos a la boca y que mira, hasta que solo quedan los ojos devorando el encuadre, presa de un fuera de campo desconocido, preludio del avance radiante de las mujeres endomingadas que componen su familia.

El segundo momento es completamente diferente, pero impresiona también por un efecto de contraste. Acabamos de dejar bruscamente la película de familia en blanco y negro, las visiones, una vez más, de una infancia con el cuerpo todavía intacto. Se desarrolla de repente un plano muy coloreado de paisaje, que gira, bascula, pasando de unas ramas a unos tejados de casas y recorriendo un cielo de tormenta, al acercarse la noche (plano que recuerda el plano del cielo anterior, ya subrayado, al principio de la película). Y, de repente, se encadenan en el sentido fuerte, pues están compuestas por espesores mezclados, trenzados unos con otros, visiones (también en este caso se duda: uno o varios planos) animadas por movimientos continuos, en todos los sentidos, en una playa, en lo cotidiano de la vida de vacaciones. Lo extraordinario es, entonces, la elección de los colores, vivos, cortantes, ácidos, que se vuelven vibrátiles según los espesores constituidos, impulsando una especie de absorción continua del movimiento por el movimiento. Como si ese momento de un minuto se convirtiera para Dwoskin en la realidad misma de su pintura transformada. Y ello poco antes de que hable de sus películas, de las películas como sin duda, adelanta, nunca se habían hecho antes, porque serían "una especie de extensión de mis pinturas".

—Para terminar, le noto cada vez más dispuesto a hablarnos de Brakhage.

—Aun a riesgo de decepcionarle voy a escoger, pero en parte va en ese mismo sentido, un cineasta menos conocido, menos vasto, más íntimo, cuyas películas supusieron para mí un choque inmenso, como proporcionados a una espera no formulada. Igual que al leer a Daniel Stern sentí cómo se formaba la escena que hará del niño un espectador de cine, de la misma manera frente a las películas de Leighton Pierce he creído ver cómo se alzaban los afectos de la vitalidad, de uno en uno y en su masa, como en una escena natural y sobrenatural.

—Pero, de todas formas, nuestro amigo Patrice Rollet, al que hablé de sus teorizaciones de la emoción de cine a partir de las ideas de Stern sobre el niño, me dijo que es en *Scenes from Under Childhood* (1967-1970) de Brakhage donde se encuentra uno de los equivalentes intuitivos más puros.

—Es cierto. Pero aun así, ya se ha escrito mucho sobre Brakhage, déjeme hablarle de Leighton Pierce.

—Por lo menos, dígame quién es.

—Es muy sencillo. Ha pasado la parte más importante de su vida laboral en la Universidad de Iowa, en el Middlewest. Allí es donde realizó, desde 1979, unas cuarenta películas y vídeos, siempre obras breves, entre 3 y 15 minutos. En el texto importante que le dedicó Jon Jost[20], también cineasta

---

20. JOST, Jon, "Leighton Pierce: maître miniaturiste", *Cinema 05*, primavera de 2003, pp. 48-54.

muy poco conocido en Francia, veía en estos dos rasgos, el uso aparentemente modesto de la forma breve y cierto aislamiento, lejos de las escenas reconocidas del este y del oeste de los Estados Unidos, la relativa oscuridad en la cual se ha mantenido durante demasiado tiempo una obra fundamental, que para Jost se iguala a la de los grandes pintores, poetas o músicos. Ese sentimiento también ha sido el de Jacques Aumont, en un bello estudio cuyo título sugiere lo esencial: "Leighton Pierce tras las huellas de Epstein".[21]

—Habla usted de películas y vídeos. ¿No se da allí cierta ambigüedad con respecto a lo que ha dicho usted del EXVAN con relación al cine?

—Es cierto. Nos encontramos ante delimitaciones que, determinantes para un momento histórico, aunque siguen siendo válidas (hay intangibles del celuloide, en Austria por ejemplo, de Peter Kubelka a Peter Tscherkassky), han terminado por volverse relativas antes de tener que convertirse un día, como cabe imaginar, en el pasado (aunque la película como materia propia subsista sin duda en estado de vestigio ejemplar puesto que nada, nunca, desaparece del todo). En este sentido, el ejemplo de Leighton Pierce resulta apasionante (desde ese punto de vista, merecería ya un estudio atento). Partiendo del 16 mm, a principios de los años ´80, encuentra en la película una salida natural a estudios de música concreta y de jazz, y actividades paralelas de escultura y cerámica. Pero, muy pronto, se orienta también hacia el vídeo y alternará durante unos diez años películas y vídeos, hasta el momento en el que, en el cambio de siglo, el vídeo digital tome el relevo y parezca desde entonces haber acumulado las ventajas de los dos modos, permitiendo una investigación cada vez más avanzada en cuanto a fluidez, concreción, fragmentaciones pasajeras captadas en los flujos de la vida más cotidiana y llevadas a un grado extremo de realidad, de tal modo que se confunden materialidad y abstracción, como en todo gran arte.

—Lo que usted dice, para limitarnos al doble registro evocado, recuerda tanto las bellas películas de Brakhage como los vídeos de Bill Viola.

—Sí, son las referencias obligadas en muchos aspectos, pero son tan engañosas como aplastantes. La diferencia sería la de lo mayor y lo menor. De maneras muy diferentes, hay en Viola y en Brakhage la afirmación explícita de una voluntad de experimentación, de composición, de subjetivación así como

21. AUMONT, Jacques, "Leighton Pierce sur les brisées d'Epstein", *Ib.*, pp. 55-67.

de superación de la subjetividad. Digamos, una auto-realidad de arte, intensiva, espiritualizante, igualmente magnífica, que a menudo culmina en obras largas, de carácter sinfónico. Mientras que en Leighton Pierce un arte igual de grande parece limitarse siempre a sus inicios. Ya ve que me vuelve un título de Michaux, y no es casualidad si se trata del texto tardío tan hermoso que dedicó a los dibujos de niños.[22] El niño es el que empieza, vuelve a empezar incesantemente. Inicio, en Leighton Pierce, quiere decir cierta nota mantenida durante cierto tiempo de variación, como en un estudio musical.

Se presiente desde su primera película, delicadamente adscrita al EXVAN de su época. *He Likes to Chop Down Trees* (1981) desarrolla durante cuatro minutos una acción material (un hombre derribando árboles con un hacha) en forma de serie, para que de la simple insistencia de ritmos variados se origine un lirismo del gesto. Estamos allí muy cerca de Brakhage, por ejemplo de momentos de *Dog Star Man* (1962-1964); pero ese momento se basta a sí mismo, lleno de su reserva de instantes, a la vez con una pizca de ironía. Todas las películas de Leighton Pierce, todos sus vídeos, proceden así por bloques muy pequeños, a partir de algunas imágenes planteadas, cuya variedad hay que dejar desarrollarse, según un tiempo limitado que parece tanto infinito como indefinido, misteriosamente necesario. Nos encontramos ante otras tantas imágenes originarias, pero que tienen como origen único su propio umbral aleatorio de sensación-percepción. Estamos en el polo opuesto del arquetipo, de todo sentido previo a la irrupción del acontecimiento. Se lleva a cabo en este caso una distinción clara con la obra de Viola, con una parte al menos de la de Brakhage.

—Da la impresión de que nos encontramos muy cerca de los bloques de infancia de Deleuze y Guattari.

—Sí, muy cerca. Jon Jost ha desarrollado acertadamente esta realidad de un devenir-niño en los filmes de Leighton Pierce. La infancia, escribe, es su verdadero tema. Y ello antes incluso de haber empezado a vivirlo más plenamente con la llegada de sus propios hijos, cuya presencia se convierte en una

---

22. *Les Commencements*: es el título dado en "plaquette" (Fata Morgana, 1983) al texto finalmente recogido en *Déplacements dégagements* bajo el título "Essais d'enfants, dessins d'enfants" (MICHAUX, Henri, *Œuvres complètes*, t. III, París: Gallimard, "Bibl. de la Pléiade", 2004, pp. 1327-1341).

constante en la mayoría de sus películas de los años 1995-2002. En *Principles of Harmonic Motion* (1991, la más larga de sus películas, en tres partes, 22'), "tenemos la impresión de que tal vez así es como un niño empieza a percibir y comprender el mundo". Se trata de un aprendizaje de lo real, a partir de sus componentes sensoriales. Y así, "como si fuéramos otra vez niños, esto se convierte en una revelación". "No hay ninguna duda, añade Jost, de que se trata de un 'truco' artístico: *no* es la manera en la que un niño ve y aprende, es más bien la manera en la que un artista con una maestría y habilidades especiales puede emular y sugerir lo que un niño ve y aprende viendo". Es propio del talento de Leighton Pierce usar los medios más refinados de su arte para volver a encontrar en apariencia la apertura y simplicidad de la infancia, y mantenerse así a la vista del "ser de la infancia".

—Esta proximidad tan intensa con la infancia es, pues, la razón por la cual tiene usted el sentimiento de ver en esas películas, repito sus propias palabras, cómo se alzaban de uno en uno y en masa los afectos de la vitalidad.

—Evidentemente. Recuerda usted cómo los califica Stern, por sus puros valores de calidad, intensidad, forma, ritmo y fuerza, así como por su innumerable variedad constitutiva de la realidad de la experiencia. "Hay miles de sonrisas, miles de maneras de levantarse de una silla, miles de variaciones en la realización de todos los comportamientos, y cada una de ellas presenta un afecto de la vitalidad diferente".[23] Recuerde también cómo presenta su libro, por científico que sea, como una construcción, una hipótesis respecto a la realidad real, por decirlo así, de la experiencia psico-sensorial y motora del niño muy pequeño; y cómo ve en las obras de arte, la música y la danza sobre todo, gracias a su carácter más puramente expresivo y no verbal, equivalentes analógicos de esa realidad. Como recordará usted, en *El momento presente...*, también insiste sobre la manera en la que los contornos temporales que corresponden a las experiencias subjetivas, que son por naturaleza los afectos de la vitalidad son, en teoría, unidades objetivas, por lo tanto virtualmente mensurables en la perspectiva de una evaluación de tipo neurobiológico. Así es como las películas de Leighton Pierce que, por su expresividad plástica y casi musical, descansan sobre una extraordinaria complejidad de la organización del detalle, pueden transmi-

23. STERN, Daniel N., *Le monde interpersonnel...*, *op. cit.*, p. 80.

tir hasta la ilusión de que esa es la manera en la que sensaciones y percepciones se modalizan en el cuerpo-cerebro, hasta el mismo nivel neuronal, por decirlo de manera mítica.

—Teniendo en cuenta todo lo que dice, supongo que en este caso es más difícil que nunca restituir o al menos evocar la naturaleza y los efectos de esas imágenes, de esos planos que, según cabe imaginar, desafían cualquier referencia estable, cualquier permanencia diferenciada de impresión.

—Es verdad, también por eso es más importante que nunca intentar expresar al menos algo de todo ello. Pero antes hay que situar algunos rasgos característicos de este arte. Esos filmes, o esos vídeos, son ante todo realistas; proceden de una ética de la grabación, cualquiera sea el trabajo inaudito de transformación que luego pueda llevarse a cabo. Así, comunican vida, en sentido bruto, intransitivo. Un realismo más o menos sincrónico del sonido contribuye significativamente a ese efecto. Es tan pregnante que el sonido perdura incluso durante los largos fundidos en negro sobre los cuales terminan las películas y sobre todo durante todos aquellos, de duraciones variables, que sirven de puntuación interna, al acentuar así a menudo el efecto de escenas breves que es su rasgo dominante. Se oyen en distintas partes fragmentos o rumores de diálogos. También se aprecia una distancia entre las obras cuyos planos están relativamente diferenciados, al operar por yuxtaposiciones más o menos claras, y aquellas otras durante las cuales se mezclan por trenzados e impresiones, por acumulaciones de capas moduladas, hasta lo indiscernible. Si las obras más recientes van más bien en ese sentido, esta distribución tampoco es verdaderamente cronológica ya que pueden variar los puntos de partida de una película a otra y prestarse también a mezclas inesperadas. Como para confirmar que hay muchas maneras de sugerir que toda percepción es alucinatoria. Finalmente, así como no empezó por filmar niños sino, por ejemplo, un hombre y una mujer intercambiando, hasta el desquiciamiento, sus posiciones en dos espacios fluidos y contiguos (*And Sometimes the Boats are Low*, 1983), Leighton Pierce, en tres obras recientes, reunidas en un mismo DVD, ha ofrecido un autorretrato de pareja que una vez adopta forma de carta (*37th & Lex, A Private Happiness, Viscera*, 2002-2004). Pero siempre, por capas de una sutilidad refinada, la imagen se precipita y vuelve sobre sí misma, se mezcla con su propio nacimiento, absorbida por los efectos multiplicados de sus primeros surgimientos. Si el niño sigue siendo el mediador crucial de esta obra, a través y más allá de su presencia real, es porque las escenas de imágenes que no terminan de esbozarse ofrecen el sentimiento de nacer de una percepción aún amodal, de carácter plenamente cenestésico, en la cual se fusionan todos los sentidos, aunque, según la ley del cine, solo se presente por los medios de la vista y del oído suscitando sin embargo la continua ilusión de un tacto.

—Creo que ha llegado el momento de los ejemplos.

—Ya que insiste, lo intentaré. La película que primero me llamó la atención, en uno de los programas organizados por Nicole Brenez en la Cinemateca francesa, fue *Glass* (1988, una de las últimas películas, antes del paso al vídeo digital). Es uno de los episodios de la serie "Memories of Water". Un pequeño drama, como dice Stern, hecho de accidentes menores en número, una epopeya sensible, una meditación visual en tres partes separadas por largos momentos en los que la pantalla queda totalmente oscura. Desde el negro inicial hay agua que fluye y seguirá haciéndolo de muchas maneras. En un encuadre obstinadamente borroso se adivina el "*backyard*" de una casa. Se oye el chirrido de unos columpios en los cuales surgen, en cámara lenta, dos cuerpos de niños, en la parte superior de la imagen, yendo y viniendo. Un movimiento hacia adelante, una puesta a punto que se transforma por sacudidas (tal vez la única razón del movimiento), unos fundidos probables hacen aparecer en todo el cuadro (al borrar esas primeras visiones cuyo sonido sin embargo persiste durante un tiempo), hacia la izquierda, una hoja verde que vibra bajo el viento, hacia la derecha, un vaso del que se reconoce la superficie granulosa y la forma claramente diferenciada por el hecho de que poco a poco se va llenando de agua, con un sonido invasor, hasta componer un volumen estriado. Luego, con un movimiento inverso, volvemos al planteamiento inicial (ahora hemos comprendido que, desde el principio, el vaso formaba parte del tratamiento formal del "flou"). Pero unos cuerpos un poco diferentes están columpiándose, formándose otra vez lo borroso y desplazándose en el encuadre para dejar que aparezcan otras figuraciones inciertas y, por un instante, el tiempo que dura su desaparición en la oscuridad, dos niños llevados por el movimiento descendente del columpio, uno de los cuales, tal vez, nos mira desde el fondo de esa imagen evanescente. El segundo acto está todo él formado por las refracciones de formas, luces y colores que operan dentro del vaso encuadrado en un primerísimo plano, perturbado por alguna piedra que tiran y más o menos invadido por humos (además de los ruidos confusos de la vida en el jardín, se oyen los chasquidos de un fuego, un avión que pasa, tal vez los cencerros de un rebaño). El tercer acto adopta de nuevo, variándolas otra vez, las disposiciones del primero, a costa de metamorfosis que renuncio a describir con detalle, pero que afectan en profundidad los equilibrios de las cosas figuradas (sin duda está lloviendo en el jardín, aumentan los ruidos de las esquilas, se intensifican las concentraciones y los niveles de "flou" a la derecha de las hojas verdes en el borde del encuadre a medida que en la imagen suben llamas y humo—hasta el trazo final de una masa blanca cuya forma se precisa según un chirrido que se ha vuelto familiar: un montante del asiento del columpio de madera blanca contra el cual se repliega un cuerpo apenas entrevisto).

—Ya veo la dificultad, casi la imposibilidad...

—Jon Jost dice que, como sucede con todas las películas de Leighton Pierce, resulta propiamente imposible describir esta película. Pues su arte capta como pocos una melodía de lo vivo dentro de lo cual parece recortar, aleatoriamente, puros tiempos de fascinación. Como si emergiéramos constantemente del nivel de las pequeñas percepciones, de los pequeños pliegues, para que se formen percepciones. Pero a pesar de todo voy a sugerirle algunas visiones más.

—No me atrevía a pedírselo.

—Pero sí que aceptará que sea breve, casi elíptico, destacando solo acentos sobre lo que parece la vida misma, a poco que se mezcle el "dentro" y el "fuera" de su imagen.

—Acepto.

—La singularidad de *Fall (Three Parts)* (2002) está en que el mundo es captado a través de la reflexión o la refracción que se produce a través de una canica-bola (evidentemente, se piensa en *Le Tempestaire*, cuando el mar de repente afluye también a la bola; pero aquí, ningún tema, ningún relato, nada que pudiera llegar a constituir parábola; solo, en la variedad de su reiteración, el puro acontecimiento; la bola mágica es también una simple canica, que puede oírse mientras se desliza por el suelo). Una variación atañe a la bola, minúscula cuando gira entre unos dedos parecidos a cuerpos monstruosos, enorme cuando llena la pantalla y la totalidad del mundo cambiante se refracta en ella. La propia variación es la del mundo, allí reside la potencia de un simple juego de mano que se convierte en un dispositivo: en varias ocasiones se ve un fragmento determinado de realidad —el mar, un personaje vestido de rosa— al mismo tiempo refractado en la bola y captado en su decorado natural; como si, en ese doble juego, cada elemento captado se convirtiera simultáneamente en su propia alucinación.

—Debajo de esa apariencia de algo cotidiano, se trata de un dispositivo muy elaborado.

—Sí, pero lo fantástico puede surgir de lo más simple, que no por ello es menos sutil. *Water Seeking Its Level* (2002) está compuesta esencialmente (aunque la película apenas dura algo más de cinco minutos) por reflejos incesantes de agua alrededor de unos pies y unas manos de niño (allí es donde se oyen más voces: "Daddy, look!"). Hasta el momento en el que como por arte de magia (es el arte de los muy largos encadenados) ese fondo de agua apacible parece quedarse fijo en las piedras rojas que dibujan su fondo y de donde surge de repente, a la derecha de la imagen, la dureza casi metálica de una cascada; para que, unos instantes más tarde, como la cascada ha invadido la pantalla, se convierta insensiblemente, mientras persiste su ruido suave, en partículas etéreas que parecen nieve envolviendo una forma vaga de árbol.

—Ya veo que le cuesta no hundirse en la imagen.

—Resulta fatal. Pero es también que, por no poder ofrecerlos en color, he estado tentado de renunciar a toda idea de fotogramas.[24] Así que, en *Evaporation* (2002), me quedo solo con ese momento, que surge de la oscuridad durante la cual se ha oído tronar, en el que la lluvia puntea el mar para transformarse enseguida en una vibración de hierbas finas y blancas, agitadas por un movimiento de danza tal que no se sabe si procede del viento o de la sucesión de los fundidos que ligan entre sí tantos planos de una brevedad extrema (el plano inicial de la película era ya eso, lluvia rizando el mar durante mucho tiempo). Pero también hay que decir unas palabras de *Pink Socks* (siguiendo en ese magnífico año 2002). Es muy sencillo: la plaza de San Marcos, las campanas al vuelo que cubren el ruido de voces; la cámara a ras de suelo, las palomas que corren y revolotean en todos los sentidos, dando vueltas sobre sí mismas, que tapan casi cualquier otra vista; y, entre las palomas, pies de niño con playeros o zapatillas, que pasan una y otra vez, como los mismos pájaros, a velocidades y según ritmos variables (se los identifica por los bajos de los pantalones, encanto llamativo de las mallas rosas que contrastan con los cuerpos grises de los pájaros). Es asombroso por su sencillez y sus efectos. Es cierto que estamos muy cerca de Epstein —pero un Epstein que hubiera filmado realmente lo que escribía, veía y pensaba del cine, libre de los

---

24. Los hay muy bellos en los textos citados de Jon Jost y Jacques Aumont. A pesar de todo, se encontrarán algunos, sin numerar, hasta tal punto se mezclan aquí continuamente el antes y el después.

códigos literarios de época en los que se encerró, salvo cuando el mar le daba su verdadera inspiración.

—Noto que todavía necesita usted una última película.

—Sí, *The Back Steps* (2001), que tanto sorprendió. Apenas se atreve uno a hablar de ella, hasta tal punto es la infancia, la pura imagen de la infancia. Es propiamente indescriptible, pero no imposible de evocar. El papel de la pantalla negra, multiplicada, es aquí más pregnante que nunca, como si se tratara de organizar tiempos que el pensamiento del cuerpo necesitaría para recuperarse. Aquí, la repetición es también más manifiesta: fragmentos de frases, tan poco comprensibles como insistentes, ruidos, que vuelven con la repetición de los movimientos. Dos niñas, dos chiquillas vestidas para una fiesta (recuerdan el Halloween de *Cita en Saint-Louis* de Minnelli) se levantan sin dudar de lo alto de la escalera en la que estaban sentadas, bajan los escalones, en la parte trasera de la casa, para reunirse con los adultos en el jardín. Durante mucho tiempo, solo se las ve a ellas, en picado, en un *flou* que será constante, que repite de acuerdo con los fundidos y barridos sin fin el principio de su descenso. Luego, podrá atisbarse a los adultos a lo lejos, pero siempre como tomados en el movimiento de los niños, para que a la vez sea y no sea la supuesta visión de estos últimos. Estos cuerpos distintos dibujan a lo lejos trazos de luz elípticos, como personajes apenas iluminados en el fondo de una tela de Watteau. Y siempre se reanuda el movimiento de las niñas, con sus vestidos maravillosos. Unas niñas que avanzan por oleadas, como si caminaran ya en su propio recuerdo —pues el movimiento también vuelve constantemente hacia atrás para reencadenar sus avances. Jon Jost hizo una asociación sorprendente para decir la impresión que producen esas dos chiquillas de estatura desigual que avanzan de espaldas, vistas siempre más o menos desde arriba: se acordó de las *Meninas*, de ellas, supongo, los retratos de las infantas (sin duda las del Kunsthistorisches Museum de Viena) a las que sin embargo vemos siempre de frente. Naturalmente, es por los vestidos, pero creo que es sobre todo por la mirada que vuelve interminablemente para delimitar su misterio tan claro, que la mirada del cine imita en este caso como puede, haciendo del *flou* la condición de su vacilación. Nos habría gustado que, además de su "ralentí del sonido", Epstein hubiera concebido un "ralentí del *flou*", que habría encontrado la manera de encarnarse perfectamente en este avance de unos minutos que parecen no tener fin. Pues la fascinación, que aquí nace de la mirada invisible de los niños atraídos en los que nos convertimos, sí que es la que él calificaba sucesivamente y a la vez con los términos de emoción e hipnosis.

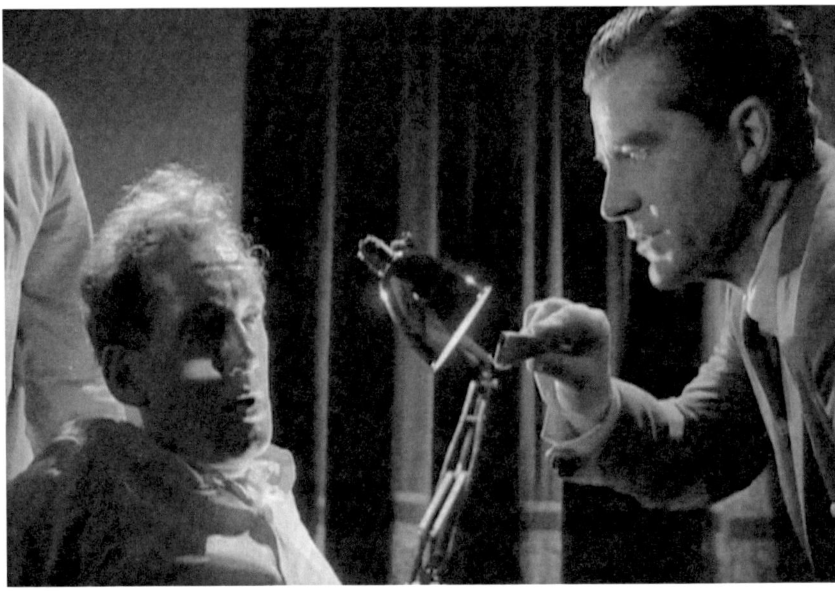

La noche del demonio, Jacques Tourneur, 1957

11. HIPNOSIS - PELÍCULAS

Cuando Fritz Lang emprende en 1921 *Doctor Mabuse*, con sus dos partes, la historia conjugada del cine y de la hipnosis cuenta ya con un largo y rico pasado. Dado que el cine nace también de la hipnosis, en ella y con ella, se entiende que desde sus inicios le haya otorgado un lugar importante en sus espectáculos. Ese lugar no se debe tanto al número de películas implicadas, siempre muy modesto en relación con el de las películas producidas[1], sino a la calidad de lo que en cada caso, más o menos, se manifiesta. Efectivamente, la representación de la hipnosis como tal actualiza una forma específica de la emoción de dispositivo, en dos direcciones: como emoción intensiva, inscribiéndose entonces en la imagen, en el plano de las miradas, los cuerpos, las luces y las voces, toda una materialidad que intenta captar la realidad de una relación y un estado enigmáticos; como emoción simbólica, puesto que el cine se reconoce así como dispositivo adecuado para suscitar semejante estado y la puesta en juego de ciertas instancias se vincula igualmente, a través del misterio de la hipnosis, con la persona del hipnotizador.

De acuerdo con la historia de la hipnosis, desde los planteamientos iniciales de Mesmer hasta las metamorfosis que conoce con Charcot y otros mu-

1. He aquí por ejemplo el número de películas recogidas en el Catálogo del *American Film Institute* para la palabra "Hypnotism" para los años 1893-1910: 20 títulos de un conjunto de 17.000 "shorts". También se cuentan, para los años 1911-1920, de un conjunto de unas 5.400 películas, 32 títulos en la entrada "Hypnotism" y 21 en la entrada "Hypnotists" (a veces los títulos coinciden aunque, curiosamente, poco). De la misma manera, para los años 1921-1930, de 5.000 entradas, 23 títulos en "Hypnotism" y 5 en "Hypnotists" (sin repeticiones). Para 1931-1940, el porcentaje es más o menos parecido: 20 títulos para "Hypnotism" y 10 para "Hypnotists" (sin repeticiones), de 5.200 películas consideradas.

chos, cualquier evocación de la hipnosis en el cine ha de tener en cuenta ante todo un doble objetivo. Ambos se mezclan, aunque alguna película pueda parecer más vinculada a uno que a otro o pueda incluso intentar atenerse a uno solo. El primer objetivo es psicológico, terapéutico y médico, de carácter científico o paracientífico. De muchas maneras, la hipnosis no dejará de estar cerca de la realidad del psicoanálisis, según la intrincación de su historia[2], desarrollándose al mismo tiempo el cine y el psicoanálisis, como ya se ha visto. Por otro lado, se aprecia sobre todo cómo se afirma claramente un objetivo de espectáculo, heredado de una larga tradición: a través de todas las artes de la escena y los lugares que la sirven (teatro, salas de espectáculos de variedades, de ópera, de juego, clubs, etc.), se desprende una complicidad de principio entre el dispositivo de la hipnosis y el del cine (sin que las evocaciones dejen de oscilar de la dimensión privada a la dimensión pública de la relación puesta en juego).

Por otra parte, es sabido hasta qué punto la hipnosis, que puede estar presente en todos los géneros, de la comedia musical al filme negro, también ha inspirado ocasionalmente, por una especie de ósmosis y deslizamiento natural, un tipo de cine que dudamos en especificar como tal, dado todo lo que parece favorecer por sí mismo lo fantástico inherente al cine: el "cine fantástico", cuyas tonalidades han variado mucho a lo largo de la historia del cine y acredita siempre en sus ficciones (se aprecia claramente del *Nosferatu* de Murnau al *Vampyr* de Dreyer) lo fantástico propio de la máquina-cine, capaz de representar cualquier otra máquina así como de simular las representaciones más extremas que pueda concebir la máquina del cerebro humano. Ya se ha destacado más arriba hasta qué punto el cine, desde su nacimiento y por mucho tiempo, tal vez para siempre, se encuentra en una relación de connivencia con el universo de lo fantástico mental cuyo emblema, excesivo y paradójico, han sido las "ciencias psíquicas", en el paso del siglo XIX al XX. Así, la hipnosis no siempre puede separarse del todo de muchos estados vecinos que la imprecisión voluntaria de tantas intrigas y disposiciones de imágenes favorece. Es lo que ocurre con diversos fenómenos de influencia o de posesión emparentados con ella, como el sueño, la adivinación, la reencar-

---

2. La película de John Huston sobre Freud (*Freud, pasión secreta* [*Freud, the secret passion*], 1962) ilustra muy bien la transición histórica de la hipnosis al psicoanálisis.

nación, el vampirismo, la videncia. Pero al mismo tiempo, en la línea de lo que sugería Kubie, podría ser el fenómeno de transición propio de todos esos estados; la hipnosis se distingue de ellos en cuanto es designada por su nombre como tal en el planteamiento de una historia y su dispositivo, de mirada y de puesta en escena, la manifiesta por medio de diversos signos.

No se encontrará aquí ni una historia de la hipnosis en el cine, ni una reseña obligada de las películas en que aparece, sino más bien, como continuación de la primera parte de este libro, un recorrido sin trabas a través de algunas de las películas que mejor parecen ilustrar los diversos objetivos relacionados con la representación de la hipnosis y las cristalizaciones de emociones que suscita. Teniendo en cuenta la historia que falta, como tantas otras todavía en el estudio del cine (por ejemplo, ¿para cuándo una historia seria de la congelación de la imagen?), apenas podemos imaginar lo que aportaría, en la óptica de las investigaciones llevadas a cabo sobre el cine de los primeros tiempos, un estudio algo sistemático de esos veinte años durante los cuales el cine se inventa, en el mismo momento en el que cohabitan el psicoanálisis y todas las formas de hipnosis.[3] De todas formas, el no-historiador que soy ve cómo, una vez pasada la primera época del cine, se desarrollan, de manera somera, tres momentos durante los cuales la hipnosis apareció de modo más explícito y concentrado.

El primero es el gran cine mudo alemán, emblematizado por *El gabinete del Dr Caligari (Das Cabinet des Dr Caligari*, Robert Wiene, 1919) así como por el doble *Mabuse* mudo de Fritz Lang, que, en relación con la hipnosis, puede extenderse hasta *El testamento del Dr Mabuse (Das Testament des Dr Mabuse*, 1932).[4]

---

3. Ya he destacado el interés de un artículo de François Jost. A ello hay que añadir sobre todo muchos estudios de Tom Gunning, llenos de sugerencias (las más importantes aparecen recogidas en la bibliografía de *The Cinema of Attractions Reloaded*).
4. El cine alemán de los años 1910-1920 ha sido estudiado desde el punto de vista de la hipnosis por Stefan Andriopoulos en *Besessene Körper* (véase "Otra hipnosis", capítulo 4, nota 10), luego publicado en inglés con el título: *Possessed: Hypnotic Crimes, Corporate Fiction and the Invention of Cinema*, Chicago: Chicago University Press, 2008). La perspectiva del "New Historicism" que adopta el autor, combinada con una referencia a Foucault, le hace considerar como un conjunto cultural autónomo el período en el que, durante el cambio prolongado de los dos siglos, la representación de la hipnosis se conjuga, a través de la literatura y el cine naciente, con diversos estados de las

En la transición del mudo y el sonoro se constituyó un segundo momento en el cine americano de los años '30, en el corazón de la gran esfera imprecisa de lo "fantástico", que tanto debió a los emigrados alemanes, austríacos y húngaros (de Michael Curtiz a Edgar Ulmer, de Paul Leni a Karl Freund). Su símbolo sería una figura que cubriría, si nos atreviéramos con la imagen, todo el espectro. El carácter único de Bela Lugosi se debe a que, tras una película de excepción que hizo del vampiro por excelencia un hipnotizador explícito (*Dracula*, Tod Browning, 1931), habrá conseguido encarnar durante veinticinco años el mayor número posible de criaturas monstruosas y ambiguas, siguiendo la pendiente de uno de esos reciclajes ilimitados que hacen que resulte tan paradójico y casi imposible llevar a cabo cualquier historia definitiva del cine.[5] Hasta el punto de que converjan aquí el segundo y el tercer momento.

Es también en Estados Unidos donde se afirmó, en los años '40, un creciente interés por la hipnosis, en la frontera del filme negro (*Vorágine* [*Whirlpool*], Otto Preminger, 1949) y de ese conjunto tan singular de películas fantásticas cuyo iniciador fue Val Lewton, entre 1942 y 1945, y su cineasta inspirado, Jacques Tourneur. De allí, sin otra lógica que la del autor, la prolongación que llega hasta la película-faro que será *La noche del demonio*, de Tourneur. Pero ese momento también se reconoce, por ejemplo, en una película, excepcional tanto por su tema como por su actor-protagonista, *Ca-*

---

ciencias, del derecho y del ocultismo. En nombre de la especificidad irreductible de ese campo cultural tan bien puesta al día que el autor, refiriéndose a mis artículos y entrevistas anteriores (véase también capítulo 4, nota 10), me critica por la elaboración "de una analogía puramente formalista, ahistórica y universalizante" de la relación entre cine e hipnosis (estas palabras son las de la reseña muy completa del libro por Mireille Berton: "Les travaux de Stefan Andriopoulos", *1895*, nº 54, febrero de 2008, pp. 208-216). Como si, una vez más, no pudiera haber opiniones complementarias y cruzadas (por lo tanto relativas y, así, reforzadas), sino solamente exclusiones de especificidades (por lo tanto absolutas y empobrecidas).

5. El libro de Richard Bojarski, *The Films of Bela Lugosi*, Secaucus, N.J.: Citadel Press, 1980, recoge con amor las sesenta y tres películas en las cuales, a partir de *Drácula* (por no hablar de algunas de sus películas más antiguas, húngaras, alemanas y americanas), Lugosi encarnó en el cine americano a tantos médicos locos, magos, hipnotizadores, vampiros, zombis, monstruos e hijos de monstruos, a menudo en el límite incierto entre lo animal y lo humano.

gliostro (*Black Magic*, Gregory Ratoff, 1949), en la cual Orson Welles encarnaba la figura seminal de Balsamo-Cagliostro, en una confusión mayor que la que se atrevió a plasmar Dumas con el personaje real de Mesmer.

La tentación de estos frágiles reagrupamientos no debe hacer olvidar que la representación de la hipnosis a menudo ha sido puntual y que las películas de las que se apodera han surgido en distintos lugares, de acuerdo con una especie de azar regular. Como, por ejemplo, tres de las numerosas adaptaciones de *Trilby*, la novela de George Du Maurier (1894), que atraviesan algo más de quince años de cine americano: la de Maurice Tourneur en 1915, la de James Young en 1923, y bajo el título de *Svengali*, el Mabuse de esa historia, la versión sonora de Archie Mayo en 1931, que se inscribe en la lógica para-expresionista de buena parte de las películas fantásticas americanas de los años '30.

Pero esta permeabilidad a la vez puntual y difusa de la hipnosis a través de la historia del cine obedece también a una evolución de conjunto. También en este caso se tiene la tentación de tomar como fecha significativa la tercera y última encarnación del Mabuse de Lang (*Los mil ojos del Dr. Mabuse* [*Die Tausend Augen des Dr Mabuse*], 1960). Sus "mil ojos", así como una filiación reivindicada con el héroe original, la sitúan en la línea de una tipología establecida sensiblemente desde mediados de los años '10 y en la filiación del romanticismo popular del siglo XIX: un personaje omnividente y omnisciente, o al menos catalizador, del que depende la lógica de la acción a través de aquella de las instancias psíquicas puestas en juego. De Svengali a Mabuse o (pues ese poder también puede ser dividido, según configuraciones variadas) del dúo Serafín-Macocco en *El pirata* al dúo Holden-Karswell en *La Noche del demonio*, el poder de la hipnosis, por enigmático que pueda seguir siendo, tiene la fuerza de una claridad que es ante todo la de un relato. Si se quiere, es la visión clásica de la hipnosis como operación discursiva y meta-discursiva. Pero si esos esquemas clásicos perduran más allá de los años '60 como recetas y como estereotipos (por ejemplo, basta con ver la lista impresionante de películas incluidas en las entradas "Hypnotism" e "Hypnotists" en el índice del catálogo del *American Film Institute* para los años 1961-1970)[6], también muestran, en películas más personales y de ins-

6. En el índice del catálogo del *AFI* aparecen 49 "Hypnotism" y 6 "Hypnotists" (sin repeticiones) para la década 1961-1970, sobre un conjunto de unos 6300 títulos.

piración diversa, una erosión que es la de los esquemas orgánicos de la imagen-acción dentro del cine moderno. De *El rostro* (1958) de Bergman a *Epidemic* (1987) de Lars von Trier, de *Corazón de cristal* (*Herz aus Glas*, 1976) de Werner Herzog a *La maldición del escorpión de jade (The Curse of the Jade Scorpion*, 2001) de Woody Allen, de *Daguerréotypes* (1975) de Agnès Varda a *Cure* (1997) de Kiyoshi Kurosawa, la representación de la hipnosis también se ha visto afectada por las metamorfosis de la imagen-tiempo, creadora de planos de emociones más diferenciados.

Ya hemos visto el grado de sugestión y de sutileza mostrado desde 1912 por una película como *Les roches de Kador*. Pero la evaluación conjunta de los dos dispositivos del cine y de la hipnosis parece cubrir por vez primera el abanico de sus posibilidades con el doble *Mabuse* de Fritz Lang. Todo ello, manteniendo continuamente una oscilación complicada sobre el propio estatuto de Mabuse, dividido entre el supuesto oficio de psicoanalista que desempeña y su realidad de hipnotizador. A decir verdad, la pluralidad que se halla en la base de su personaje favorece tanto esa división como esos solapamientos. Una intrincación, cuyo centro será el personaje del conde Told, sitúa esa superposición de niveles. En ocasión de su conferencia pública en la Filarmonía, en *Dr Mabuse, Primera parte*, el "psicoanalista" Mabuse declara: "Si consigo establecer un contacto entre médico y enfermo evitando cualquier interrupción externa, estoy convencido de que, en el futuro, el 80% de las enfermedades nerviosas podrían curarse con el psicoanálisis". Sin embargo, al final de ese primer episodio, si consigue someter a Told, del que es invitado, a su voluntad destructora obligándole, con una sorprendente mirada de lejos, a hacer trampas en una partida de cartas, será gracias a la hipnosis. El secuestro simultáneo de la condesa Told por Mabuse precipitará la degradación del conde, atendido no obstante, en la *Segunda parte*, según deseo del propio Told, por Mabuse, cuyas fechorías ignora, y con la condición expresa impuesta por este último de que su enfermo corte todo vínculo con el mundo exterior mientras dure el tratamiento. Esta es la situación que lleva poco a poco a Told hasta la locura alimentada por alucinaciones, y luego al suicidio, siguiendo la conminación proferida por Mabuse, que el conde repite como un eco antes de cortarse la garganta: "Ya no puede usted seguir viviendo". De modo que sí que es hipnosis lo que practica el "Dr Mabuse, Psicoanalista", cuya placa descubre Wenck al ir a su casa tras la muerte de Told; y es Mabuse quien, en la oficina de Wenck, teoriza en términos que a este le parecen oscuros pero que son evidentes para el espectador acerca de la realidad de esa muerte debida a una influencia nefasta, antes de plantear a Wenck la pregunta que le implicará por segunda vez en un enfrentamiento con Mabuse como hipnotizador: "¿Conoce usted los experimentos de Weltmann? Podría convencerse por usted mismo de que Weltmann, en virtud de sus capacidades inauditas, puede obligar a los hombres a cometer actos contrarios a su naturaleza, preferentemente con personas que previamente se oponían a su poder de sugestión". De tal modo que, de una sesión de la Filarmonía a otra, de la *Primera* a la *Segunda parte* de *Dr Mabuse,* se descubre, en su exceso y su poder improbable, la hipnosis que el psicoanálisis oculta, el mismo año, conviene recordarlo otra vez, en el que Freud publica en Viena *Psicología de las masas y análisis del yo* para intentar por fin arrojar luz sobre el enigma.

Hemos visto cómo la hipnosis, entendida en términos de influencia vinculada con la mirada, en situaciones de presencia real o a distancia, se propagaba a través de la *Primera parte* de *Dr Mabuse*. La hipnosis se lleva a cabo como un dispositivo completo, es decir, extendido a una dimensión social que implica su naturaleza y su parte variada de espectáculo, hacia el final de la *Segunda Parte*, gracias a la figura de Sandor Weltmann cuyos carteles anuncian la "Sesión experimental" de esta manera: "Experimentos de sugestión colectiva, hipnosis, trance, magnetismo natural. Secretos de los faquires indios. Los secretos de la vida del alma". En cuanto ve a ese personaje, el espectador, por poco que trabaje su memoria, habrá reconocido la sexta de las ocho encarnaciones virtuales que Mabuse tiene abiertas en la mano, como un puñado de cartas, en el plano que abre la *Primera parte* del *Dr Mabuse*.

Esta larga secuencia, que por sí sola constituye el quinto acto de la *Segunda parte*, se descompone en cuatro fases en las que Weltmann-Mabuse, de pie en los lados del escenario o recorriéndolo, es el maestro de ceremonias incansable (aunque cada episodio le resulte penoso, como se aprecia por sus esfuerzos no disimulados). Tanto en su singularidad como en sus imbricaciones, esos momentos corresponden a otras tantas situaciones materiales y posturas psíquicas de las cuales, de manera global, el espectador se convierte en presa que consiente de maneras diversas esta condición en la situación de cine.

La primera fase, comentada a menudo, transforma la sala y el escenario teatral en una sala de cine. Para ello, basta con un gesto de Mabuse bajando la mano lentamente y cerrando a la vez los ojos —como si todo fuera a nacer de su ojo interior—, para que un "caso típico de sugestión colectiva parecida a los procedimientos de los faquires de la India" se apodere de la sala y modifique la realidad de la escena. Lang recoge aquí, aproximadamente, la fórmula adoptada durante la partida de cartas entre Mabuse y Wenck en *Dr Mabuse, Primera parte*: reduce la cantidad de luz a una parte del cuadro, de tal modo que la atención del espectador quede focalizada, tal como sucedía con la atención del hipnotizador y del hipnotizado a uno y otro lado de la mesa. Aquí, lo que queda sumido en la sombra son los alrededores del escenario, modificados: la escalera que lleva de la sala al escenario prácticamente desaparece, así como la serie de sillas alineadas delante de la cortina que compone el fondo. Basta con un lento fundido para que un decorado de palmeras y dunas despliegue su profundidad, escalonándose a partir de palmeras "reales" dispuestas frente a las cortinas abiertas; y para que, casi al momento, instalada ya la ilusión y garantizada la creencia, vuelva la luz, mostrando a Mabuse con la mano siempre extendida y la escalera y las primeras filas de espectadores, y sobre todo la realidad, tan material como ilusoria, de una caravana que avanza dentro de esa especie de panorama frontal, fragmentario y animado, hasta llegar a mezclarse poco a poco, bajando la escalera, con la masa de los espectadores. Lo fuerte es que se pueda creer, aunque sea brevemente, que la impresión se debe en parte al efecto de una imagen proyectada (y por ende ya filmada), a causa de la concentración de luz blanca que dibuja, a partir de las primeras palmeras junto a las cortinas y en la profundidad, una especie de pantalla dentro de la imagen. Esta es la ilusión a la que se apunta, la que propone Mabuse a unos espectadores cuyo estupor admirativo expresan claramente los planos intercalados, a medida que se vuelven para seguir el movimiento de la caravana que se dirige a la salida hasta el momento en el que Mabuse, con un gesto brusco y los ojos otra vez abiertos del todo, la hace desaparecer, provocando el aplauso general.

La segunda fase corresponde a la adivinación personalizada, en la pura tradición de la videncia y la hipnosis de feria. En el plano de la acción, el objetivo de la sesión es también provocar la muerte de Wenck sentado con sus hombres entre los espectadores: por eso, utilizando a una joven sumida en trance a distancia, Mabuse somete a Wenck a una prueba de la verdad (el contenido de su cartera, el Browning escondido en un bolsillo, etc.) que consiste también en privarle de su arma debidamente entregada a esa médium.

La tercera fase amplifica la circulación entre sala y escenario, para que cualquier espectador pueda ser aun más virtualmente su beneficiario. Wenck, seguido por sus hombres, y acompañado por algunos espectadores escogidos entre muchos voluntarios posibles, sube al escenario invitado por Mabuse; de tal modo que esas ocho personas elegidas se sientan en semicírculo en el escenario. Esta disposición presenta el interés de volver a dibujar, por desplazamiento y analogía, la figura del círculo espiritista que reúne a los adeptos en torno a un/una vidente (es "el otro mundo" en un episodio de *Dr Mabuse, Primera parte*).

Finalmente, es otra vez el momento de la hipnosis individual. Radicaliza la relación de videncia especificando la identificación del espectador con el sujeto elegido, a la vez que permite intensificar la acción. Evidentemente, su objeto es Wenck, según una disposición que le aísla con Mabuse en el escenario y se convierte en la prolongación de su enfrentamiento en torno a la mesa de juego. Esta vez, Mabuse hipnotiza a Wenck con un cristal que tiene entre los dedos, pero repitiendo las palabras que sellaron su primer encuentro: "¡Tsi-Nan-Fu!" El conflicto es tanto más vivo cuanto que reactualiza la escena anterior, a la vez en la mente de Wenck y en la memoria del espectador (a partir de un cierre en iris sobre el cristal, volvemos a ver el principio de la hipnosis anterior con las gafas chinas). Wenck reconoce entonces en Sandor Weltmann, gracias a una serie de primeros planos encadenados en los que destaca el poder de los ojos (aquí también, la memoria del personaje y la del espectador se encuentran), tanto a su misterioso adversario de cabellos iluminados como al doctor Mabuse, que le había incitado a ir a esa sesión. Pero Wenck solo puede pronunciar la primera sílaba del nombre del "Gran Desconocido" ("Ma...") antes de hundirse en la hipnosis llevada a término por la mano de Mabuse que impregna la cara con su fluido. Este ordena entonces a Wenck que siga las indicaciones que ha apuntado en una carta cuyo texto aparece en la imagen (Wenck tiene que acompañar a una mujer que ha subido al escenario a ocupar su sitio en la sala, subir a un coche que le espera delante de la puerta e ir a gran velocidad en dirección a la cantera Melior).[7] Y así lo hace, por el mismo camino que un poco antes había seguido la caravana, pero para salir realmente de la sala y subir al coche preparado por los

7. En la pantalla, este texto solo puede ser leído por el espectador real. Los espectadores ficticios solo tienen derecho a una carta anodina con la que Mabuse ha sustituido la primera y que manda leer a uno de los miembros del círculo del escenario.

hombres de Mabuse. De tal modo que la palabra "Melior", ya aislada en primer plano en negro sobre blanco al término de la proyección de la carta en la pantalla, se convierte entonces en el motivo visual todopoderoso del trayecto efectuado por Wenck hasta que sus hombres consigan alcanzarle, antes de que el coche criminal caiga al abismo y explote al pie del acantilado.

Sin embargo, la doble película de Fritz Lang no hubiera sido más que la adaptación espectacular de la novela fabulosa de Norbert Jacques si el cineasta no hubiera ideado, siguiendo el hilo del relato pero también para dibujar su trama íntima, una sucesión tan continua como variada de motivos y formas que permiten inducir una circularidad sin defectos entre una puesta en abismo del dispositivo-cine y la mirada de la hipnosis de la que este, míticamente, depende. Esos motivos o formas o figuras constituyen la fuerza de la película, conducen e inervan su puesta en escena. Son respectivamente *el rectángulo o el cuadrado, el haz-triángulo* y *el círculo*. Se trata de formas muy corrientes, propias de toda arquitectura urbana y de todos los mundos de objetos y máquinas. La singularidad del arte de Lang radicará sobre todo en su insistencia, ordenación y articulación. De tal modo que un análisis de esas películas, del que aquí queremos sobre todo sugerir la idea, se ocuparía sobre todo de la relación sistemática y casi interminable de las apariciones de esas formas y su organización, dentro del propio cuadro y de un cuadro a otro, haciendo eco a las imposiciones de la acción y a las conductas de los actores-personajes. La mirada de Mabuse es el centro ideal de esa red que resulta ser de manera reversible la de un dispositivo de proyección. Para no suspender nunca el hilo de una acción que es la razón de ser de esta película, sino para someterla en cambio a una comprensión de su propia máquina que se convierte en su razón última, y para hacer de su espectador, embargado y como sobreidentificado, a la vez un espectador pensativo.[8]

Se aprecia desde la primera secuencia de *Dr Mabuse, Primera parte*, y desde el plano inicial. Cuando Mabuse, con sus manos en primer plano, va cogiendo de una en una varias de las largas cartas-fotos de una pila enorme que tiene delante, que representan algunas de sus identidades posibles, hay en la mesa, en la parte superior derecha de la imagen, un pequeño espejo: solo se

8. Es el ejemplo mismo de lo que Marc Vernet ha formulado tan acertadamente, al hablar de "diegetización del dispositivo" (en "Clignotements du noir-et-blanc", p. 226).

ve la parte inferior, pero eso basta para que cada vez que pasa se refleje la mano de Mabuse y de ese modo se abra, en gran medida fuera de campo, un segundo encuadre, virtual como las fotos ocultas-desveladas. En cuanto Mabuse, segundo plano, ahora más cercano, cierra con sus manos el abanico de las ocho cartas así reunidas, un fundido encadenado imprime en su cuerpo las que todavía se encuentran desplegadas para captarle en una especie de haz. Y en cuanto se disuelve ese efecto, es un rectángulo de luz clara lo que delimita una cortina en el fondo oscuro de la habitación para que, en parte, Mabuse quede destacado. Unos planos después, tras un breve diálogo con Spoerri, volvemos a encontrar a Mabuse en un plano más cercano, inscrito en un círculo sombreado que subraya la intensa concentración de su ojo: así se inicia la serie (ya evocada en la "hipnosis-cine") formada por la sucesión de los tres círculos de relojes en primer plano (el de Mabuse y los de sus dos ayudantes, en el coche y en el tren) y la abertura en iris de la que surge la larga línea del tren, como si de ese modo todo naciera del ojo auto-fascinado de Mabuse. Entre muchas películas mudas, las dos partes de *Dr Mabuse* no parecen gozar de un privilegio cuantitativo en lo que se refiere al uso de aberturas y cierres en iris que para los espectadores dibujan otros tantos círculos de miradas dentro de los encuadres. Pero aquí, esas formas adquieren una fuerza multiplicada, proporcional tanto a su relación con otras muchas formas circulares como a su inscripción deliberada dentro de la máquina enunciativa concentrada en el ojo, el cuerpo y la acción de Mabuse.

Dejemos a la sucesión de las imágenes (presentadas en el orden de la película) lo esencial de una evocación de esas tres figuras estilísticas de realidades captadas en todo momento. El rectángulo-cuadrado, el haz-triángulo y el círculo equivalen, en cuanto a la máquina-cine, al objetivo de la cámara, al haz de la proyección y a la pantalla que lo recibe. Del lado de Mabuse, que en la puesta en escena se convierte tanto en el sujeto delegado como en el objeto, se cristalizan a través del fuego de su mirada y los instrumentos de visión de los que se ayuda para ver y para hipnotizar (gemelos, lentes, cristal), así como por su capacidad para proyectar, tal como aparece en la segunda escena de la Filarmonía.

Pero como es sabido, el hipnotizador es también el hipnotizado. Y eso, en este caso, llega hasta la inversión que cuenta el final de la película, para no restar fuerza a la ley que el deseo del cine pone a prueba con el fin de tener que someterse a ella. Mabuse, cuyo poder radica en las visiones que impone, a todos y cada uno (vale también para los miembros de su banda, que parecen hipnotizados de larga duración), termina siendo presa de alucinaciones fatales, durante la secuencia final. En esta secuencia, es víctima de dos formas rectangulares que se cierran sobre él, en la guarida en la que fabrican el dinero falso: la trampilla abierta en el suelo, por la que ha llegado siguiendo las alcantarillas desde su casa rodeada por la policía, y cuyo mecanismo se bloquea en cuanto deja caer imprudentemente el batiente; y la gran puerta de entrada cerrada con cerrojo. Entonces, las paredes se convierten poco a poco en pantallas de proyección donde ve aparecer a sus sucesivas víctimas (Pesch, la Carozza, Hull, Told). Aumenta la paradoja que acompaña a estas visiones el hecho de que la escena es vista a la vez, si puede decirse así, por unos ciegos encerrados allí para fabricar el dinero, y que las alucinaciones que se presentan a Mabuse son también sus cuerpos transformados en los de sus víctimas. Finalmente, se imponen frente a Mabuse máquinas monstruosas: mecanismos compuestos por engranajes, figuras que oscilan entre lo animal y lo humano, animadas por movimientos automáticos. La más sorprendente es la que se encuentra en el centro, pegada a una pared: una especie de estrella luminosa de brazos múltiples, escalonados en torno a dos círculos que constituyen su centro, se transforma enseguida en una cara tentacular donde dos ojos protuberantes lucen como dos faros, semejantes a los que se encendieron en los dos seres quiméricos que están junto a ella. Esa inversión de una mirada insoportable hacia Mabuse que se hunde en la demencia subraya hasta qué punto Mabuse queda trastornado por los medios de su propia puesta en escena. Desde los planos iniciales de *Dr Mabuse, Primera parte*, le hemos visto imponiéndose como experto en máquinas (tren, coche, teléfono) de las que depende su poder, hasta convertirse en la *Segunda parte* en una especie de proyeccionista. Su guarida se convierte aquí en la última máquina que se cierra sobre su persona.

Así, esas tres figuras insistentes del círculo, del haz y del cuadrado-rectángulo componen una red tupida, continua y discontinua, constructivismo adecuado para captar la mirada e inscribir materialmente, para el ojo y el cuerpo del espectador, esta captación por la hipnosis que la película convierte en su propio tema. Se encuentra igualmente favorecida por el juego riguroso de las repeticiones y las alternancias narrativas que, de un plano a otro y de un segmento a otro, contribuyen a hacer de esta película un bloque, un cristal relumbrante. El ojo del espectador queda clavado en esa materia de figuras en transformación igual que el ojo de Wenck que sigue las letras MELIOR surgiendo del círculo de los faros de su coche y proyectadas en forma de haz a lo largo de la carretera (como hemos visto en "La hipnosis-cine"). De la misma manera, durante la secuencia de la Bolsa, en *Dr Mabuse, Primera parte*, la mirada es captada por los círculos centelleantes de los innumerables sombreros de copa que componen una partitura de movimientos y luces entre los que destaca, aislado o a mayor altura, el sombrero de un Sternberg-Mabuse que manipula los flujos de las cotizaciones, bajo el ojo impasible del gran reloj de una de las paredes de la sala, dentro de una red de formas geométricas. Así, Lang no cesa de recurrir a todas las posibilidades de tratamiento del decorado, armonizado o no con el determinismo de las acciones pero asignándoles siempre sus valores propios, para desviar un realismo indiscutible de la representación hacia un fantástico de la visión cuya metáfora y lugar natural de inducción es la hipnosis. Puede verse tanto en el Folies-Bergères donde actúa la Carozza como en el club en el que Mabuse gana a Hull al póker, cuando irradian del fondo del escenario y las paredes haces entrecruzados, cuyas formas y variaciones luminosas parecen animar la imagen de acuerdo con la potencia psíquica de la que Mabuse es portador.

El ejemplo más claro de esas implicaciones-transformaciones es sin duda el de las secuencias cruzadas entre el Pequeño Casino y el círculo espiritista del "Otro Mundo". En cuanto entran Hull y la Carozza, para la inauguración del Pequeño Casino, en el palco que dibuja una pantalla dentro del cuadro, se desarrolla, a un ritmo variado de alternancias con ese plano de espectadores, el sorprendente motivo del espectáculo propuesto: el director del establecimiento surge del suelo en el centro de un gran círculo rodeado por los palcos; ese círculo casi blanco está dividido en otras tantas partes por pequeñas pistas negras por las cuales han de transitar las cajas con las apuestas de los jugadores, para garantizar la circulación, material y plástica, entre los palcos y el hombre que lleva el juego cogido en una pluralidad de haces. Para escapar a las incursiones de la policía, este dispositivo también puede convertirse instantáneamente en un espectáculo, al hundirse el hombre en el suelo mientras del techo desciende una bailarina, sobre un escenario singular que tapa el agujero liberado y compone otros haces a partir de su centro. Lo sorprendente es la transición que se lleva a cabo entre ese espacio y el del círculo espiritista cuya presentación ha sido puesta en paralelo con la del Pequeño Casino. En el instante en el que todas las cajas convergen en las pistas en torno al director del juego de nuevo en su puesto, en el pequeño círculo iluminado que aparece en el centro del gran círculo se impone, en el plano siguiente, por una abertura en iris que casi se superpone al pequeño círculo desaparecido, la visión de once pares de manos muy abiertas en el borde de una mesa redonda (mesa dividida a su vez en cuatro partes de tonos desiguales, del claro al oscuro, que dibujan cuatro haces convergentes en su centro).[9] El sentido de la alternancia organizada durante cuatro segmentos entre los dos lugares es manifiesto: asociar el juego con las ciencias ocultas (a las que se dice que Mabuse, presente en la sesión espiritista como psicoanalista famoso, es aficionado) y conducir la película con una lógica unitaria según la cual todos sus niveles se comunican, gracias a una implicación de figuras.

(La figura del círculo, singularizada, llevada al extremo, presentará incluso en *Metropolis* [1926] el privilegio de asociar modalidades inesperadas de procesos de inducción y de estado. En la escalera cavernosa de la ciudad baja, Rotwang[10] persigue a María; con una lámpara en la mano, busca y aísla su rostro dentro del círculo luminoso creado por la proyección de la lámpara; todo ello detenidamente, obstinadamente, para terminar por inmovilizar a la joven, de la que se apodera al término de una lucha en la que ella se desmaya. Luego, será por medio de una serie de círculos de luces que pasan insistentemente uno dentro de otro [de abajo hacia arriba, de arriba a abajo] alrededor de la efigie de la Andreida, eléctricamente ligada al cuerpo inconsciente de María, como Rotwang produzca "la máquina de imagen humana", la malvada María, destinada a inducir la parte maléfica de la hipnosis colectiva necesaria para someter a los trabajadores de la ciudad).

Fritz Lang no olvidará esta imagen del círculo. Veintidós años después, en plena guerra, al rodar *El ministerio del miedo (Ministry of Fear*, 1943), una película de espionaje antinazi cuyo motivo central será un microfilm escondido en un pastel, jalonará el recorrido inverosímil de su protagonista con una sesión de espiritismo aun más inverosímil, destinada a reunir en torno a un

---

9. El plano siguiente, que muestra alrededor del médium a ocho de los participantes, entre los cuales están Mabuse, el conde y la condesa Told, se consideró tan emblemático que fue reproducido a media página en la sección "Sunday Styles" del *New York Times* del 29 de octubre de 2000, con este pie y sin referencia a la película de Lang: "The Medium had the message. Spiritualists of an other era performed a seance in Berlin". El artículo ilustrado de esta manera, "A Voice from the Other Side", tenía como finalidad subrayar la reviviscencia de las prácticas espiritualistas en Estados Unidos, en la línea del movimiento desarrollado en torno a las hermanas Fox en la segunda mitad del siglo XIX.

10. Recuérdese que es interpretado por el actor que encarna a Mabuse y a Haghi, Rudolf Klein-Rogge.

inocente a todos los miembros de la red pro-nazi y permitir explorar los juegos de la acción con una puesta en perspectiva de los misterios psíquicos ligados a la realidad del cine. Como destacó Lotte Eisner, en ese sentido, la película se sitúa en la línea de *Mabuse* y de *Los espías*.[11] Cuando se apaga la luz, son trece los que están sentados en círculo con las manos unidas en torno a una mesa baja, con la vidente que organiza la sesión en presencia de un "médium notable". Lo único que brilla entonces en el centro de la mesa es una bola de cristal opalescente cuyo fulgor se refleja en los cuerpos y rostros de los participantes. Durante una espera colectiva en la oscuridad, marcada por las palabras de la vidente y mientras la cámara pasa en la penumbra de un cuerpo y de un rostro a otro, lo realmente fuerte es el vínculo que se establece para el protagonista, sumido en una especie de aturdimiento, entre el círculo formado por la bola de cristal y el círculo, más oscuro, que dibuja el péndulo de un reloj que deja oír su latido y se sobreimpresiona a la escena actual. Ya hemos visto y oído ese reloj: Stephen Neale lo mira fijamente en el plano que abre la película, cuando se dispone a salir del "Lambridge Asylum" donde ha estado encerrado durante dos años, acusado (injustamente, por supuesto, como sabremos más tarde) de haber envenenado a su mujer para abreviar sus sufrimientos. Ahora, a través de la vidente oímos lo que se supone es su voz: "¡Por fin te encuentro, Stephen! ¡Yo también lo miraba, Stephen! Contabas los minutos. ¡Esperabas mi muerte! ¿Actuará el veneno? El reloj se detiene. ¡Me habías matado! ¡El veneno! ¡El reloj se había parado! ¡Asesino!" Es suficiente para que Neale, enloquecido, rompa brutalmente la cadena, suene un disparo en la oscuridad, vuelva la luz, se encuentre un muerto inexplicable en el suelo y la acción arranque nuevamente a partir de ese lance imprevisto.

La escena dice mucho sobre el poder del cine. El dispositivo de visión vinculado al círculo espiritista ocupa, por el vínculo que instaura entre los actores del drama, un lugar a mitad de camino entre el espectador y la colectividad que le rodea, la hipnosis como proceso psíquico singular y la sugestión colectiva. Aquí, jalona también con sus motivos la memoria de la película: abre un pasado anterior al tiempo actual del relato; establece un regreso a su plano inicial para pasar, poco después de ese principio, por una escena apa-

11. EISNER, Lotte H., *Fritz Lang*, París: Cahiers du cinéma/Cinémathèque française, 1984, pp. 289, 295.

rentemente banal de videncia de feria en la que Neale, por un momento, se deja atrapar, ligada al famoso pastel y al microfilm que esconde. A través de esta escena del círculo espiritista, la película gira sobre sí misma, por un aumento de fascinación asociado a un aumento de conciencia, con el placer emocionado que transmite la relación de ambos.

Cualquier actualización de la hipnosis, en el cine, actúa según un doble sentido. Por un lado, a través de los medios que emplea y por la fuerza de su idea, aumenta la influencia que, supuestamente, la película ejerce sobre su espectador; por otro, como juicio en acto sobre la naturaleza de esa influencia, permite, si no contenerla, al menos comprenderla al experimentarla, transformándola en consecuencia. En cuanto a esta influencia, sabemos que nunca ha sido verdaderamente posible emitir un juicio al respecto y que las estimaciones realizadas responden a otras tantas creencias, posturas morales, éticas, políticas o supuestamente científicas, y que varían según los contextos históricos. Se supone o se cree reconocer que hay influencia, pero no se sabe si buena o mala, según nos inclinemos más bien hacia la visión aristotélica de la catarsis de una purga de las pasiones por su puesta en evidencia en el curso del espectáculo, o que creamos más bien en un riesgo de imitación y de modelización de los comportamientos, sobre todo por las imágenes que se proponen. Ya se ha sugerido que, en ese caso, se trataría de un solo poder reversible, por lo tanto muy variable, y su incidencia negativa o positiva podría depender en gran medida del propio valor de los filmes: según se inclinen, de acuerdo con la formulación polémica de Deleuze, más bien del lado del "cerebro bajo" del "cine malo", o del "cerebro creativo" del "verdadero cine".

Si la película de Lang escapa a los resortes de una identificación demasiado simple con las fuerzas del caos trabadas en su protagonista, no es solo porque la locura asesina de Mabuse acabe por derrumbarse sobre sí misma para aparentar dar toda la fuerza de la razón a la ley; es también porque permite al espectador seguir hasta en la composición de las imágenes el poder que rige su formación y, de ese modo, sentirse al mismo tiempo juez y parte. Sin duda Lang desarrolló un pensamiento de la imagen que asociaba también estrechamente la mirada con la muerte al haber presentido oscuramente, desde principios de los años '20, hasta qué punto el cine dependía de fuerzas negativas determinadas por la situación histórica y cultural de Alemania. Pero esta fascinación asumida, sobre todo a través de la ficción de la hipnosis, da a su cine esa tensión particular que lo convierte en un cine del cine que se dirige como pocos al espíritu del cuerpo al que conmueve.[12] Eso es lo que no comprendió Siegfried Kracauer al acusar, especialmente a Mabuse, entre las grandes figuras del cine de Weimar, de haber preparado el camino que llevará *De Caligari a Hitler*.[13] Cuando, en realidad, de todas las películas alemanas de Lang, cuya ideología no siempre carece de ambigüedad (como en la demasiado famosa mediación del corazón que reconcilia el capital y el trabajo en *Metrópolis*), la serie que lleva del *Mabuse* de 1922 al *Testamento* de 1932, pasando por *Los espías* para cerrarse en 1960 con *Los mil ojos*, emblemáticamente convertida en su última película, desarrolla una potencia mítica de desvelamiento única en la historia del cine, ligando en torno a la figura de la hipnosis y de sus avatares las tres épocas del cine mudo, el cine sonoro y la vídeo-televisión.

Apenas un año después del primer *Mabuse, Sombras (Schatten. Eine nächtliche Halluzination,* Arthur Robison, 1923) hizo de la hipnosis el centro de una película para convertirla en un poder más bien benéfico, comparable a una cura favorablemente llevada a término, pero con medios más simples, aunque mágicos, atribuyendo así al cine una supuesta virtud curativa.

El argumento de esta película casi sin palabras[14] es tan asombroso como sencillo. En ocasión de una velada que reúne en torno a una pareja a

---

12. Quien quiera comprobar detalladamente el propósito y la trayectoria, casi de película en película durante cuarenta años de creación, puede hacerlo gracias al libro de Tom Gunning, *The Films of Fritz Lang. Allegories of Vision and Modernity*, Londres: BFI, 2000, el más completo publicado sobre Lang al día de hoy. Véase también la hermosa obra colectiva: Bernard Eisenschitz, Paolo Bertetto (dir.), *Fritz Lang. La mise en scène*, Torino: Cinémathèque française/Museo Nazionale del Cinema, 1993.

13. KRACAUER, Sigfried, *De Caligari à Hitler. Une histoire psychologique du film allemand* (1947), Lausanne: L'Âge d'homme, 1973. Es interesante recordar a este respecto lo que subraya Lang, a riesgo de prestarse a una prioridad excesiva: "Si recuerdo bien, en el *Dr. Mabuse* mostrábamos por vez primera la hipnosis en la pantalla, y ha sido preciso superar grandes dificultades de censura, pues en esta época estaba prohibido mostrar la hipnosis en una película" ("À propos du Docteur Mabuse" [1953], en el *Fritz Lang* de Eibel, p. 36). EISENSCHITZ, Bernard, en *Le Cinéma allemand* (París: Nathan Université, 1999, p. 16), precisa que se había restablecido la censura tras haber sido abolida entre noviembre de 1918 y mayo de 1921.

14. En la versión restaurada, durante el prólogo, las únicas palabras son las caracterizaciones de los personajes. En una versión anterior, durante la hipnotización propiamente dicha, un intertítulo en inglés indica: "Para mostrarles la locura de sus vidas, el mesmerista transportó a todos los presentes".

cuatro admiradores de la mujer, uno de los cuales, llamado "el Amante", despierta especialmente en el marido unos celos desmedidos, aparece un "mostrador de sombras" que les ofrece su espectáculo. Se trata de una fantasía oriental, concebida a partir de siluetas manipuladas y proyectadas en una pantalla que, fatalmente, presenta un calco de la situación, que se agrava durante el propio espectáculo, entre el marido, la mujer y el amante (la máquina de proyectar revela también esa situación, cuando su operador la hace pivotar e ilumina con un círculo de luz las manos del amante y de la mujer que se acercan el uno al otro, dando la impresión de que se tocan en sombras proyectadas en el suelo y se hacen así visibles para el marido). Hasta el punto de que el presentador de esa historia se convierte verdaderamente en su director de escena cuando, mediante el poder de un gesto que oficia de disparador y que recuerda el gesto de Weltmann en la Filarmonía, se propone sumir a los seis personajes en una hipnosis repentina y profunda. La manera en la que lo hace, de lo más singular, confiere a la película la fuerza de su título. Sacando las sombras de los comensales, y haciendo así pasar su cuerpo al otro lado de la mesa donde están alineados para quedar frente al espectáculo, el hipnotizador improvisado los hunde en un estado que se parece mucho a un inconsciente liberado de las trabas del superyo, por simple eliminación de las represiones. La segunda parte de la película cuenta esa liberación salvaje que exacerba los conflictos, al punto de proyectar incluso el asesinato sacrificial de la mujer por los cuatro hombres en la mesa del comedor así como la defenestración del marido. Entonces, siguiendo un proceso inverso, el curandero improvisado vuelve a traer a cada uno con su sombra del lado de la mesa en el que había empezado la velada, de modo que el espectáculo de sombras chinescas ya puede terminar: tanto en su desenlace como en los efectos que produce sobre sus espectadores, manifiesta un deseo moral reinstaurado. A los cuatro pretendientes avergonzados, y sobre todo al amante, solo les queda marcharse para que el marido y su mujer disfruten de su felicidad recobrada.

La fuerza de esta película, una de las más grandes del gran cine alemán, se debe a una extraordinaria calidad de implicación entre sus diferentes niveles, en la que el relato alcanza una intensidad tal porque termina forjado, plano a plano, por las imágenes que lo constituyen. Estas imágenes están organizadas por dos motivos, que se enlazan entre sí incansablemente: *la sombra* y *el espejo*. Así, es correcto decir que la pantalla del espectáculo se convierte en otro espejo, en el que los actores del drama se reconocen o se ignoran, como siguen haciéndolo de acuerdo con los movimientos que realizan en los decorados habitados, como si tratara de verdaderos espejos, por puertas y ventanas a menudo cubiertas con cortinas que ocultan y deforman lo que se ve. En este sentido, hay un momento sorprendente, poco antes de la llegada del mostrador de sombras. El pretexto lo ofrece el narcisismo desmedido de la mujer, mientras se mira y se admira, y su sombra se proyecta de manera excesiva a sus espaldas sobre una puerta acristalada cubierta con una cortina. Uno tras otro, los tres caballeros avanzan hacia esa sombra, colocándose detrás de la mujer, para poder verse de lejos en el espejo y para que sus sombras se impriman a su vez en la cortina de la puerta, con lo que sus cuerpos reales se confunden en parte con esa fantasmagoría indecisa. Entonces, el marido, desde el otro lado de la puerta y duplicado por la proyección en la pared de su sombra inmensa, ve o cree ver cómo el primero y luego el segundo de los dos hombres toma por detrás la mano de su mujer y acerca su cabeza. La impresión es tal que no se sabe si son los cuerpos reales, las sombras o la mezcla de ambos los que producen un efecto que para el marido se parece a una alucinación. Una vuelta al plano anterior deshace esta impresión y muestra a los tres hombres haciendo su juego a espaldas de la mujer plantada delante del espejo. Pero por un momento, durante el cual nuestra mirada ha coincidido con la del marido, la alucinación que se apodera de este último se nos ha vuelto a la vez incierta y verdadera.

Así avanza la película desde el principio, incluso antes de que su inspiración se vea multiplicada por la llegada y las intervenciones del mostrador de sombras. A decir verdad, está allí desde siempre, como manifiestan los títulos de crédito. Efectivamente, en cuanto se abre un imponente telón, vemos dos manos filmadas por detrás y entrecruzadas, entre sombra y realidad, abriéndose para dejar aparecer, sucesivamente, a cada uno de los personajes que representan una acción según su carácter, todos ellos coronados por su sombra. Hasta que, de un motivo barroco dibujado en la parte inferior del marco del escenario, surja con su vela el mostrador de sombras: se entiende entonces que son virtualmente sus juegos de manos los que hacen aparecer a los personajes, tal como se adueñarán de su destino en cuanto entre en la casa e irrumpa en la fiesta. A partir de entonces, su acción se despliega en tres etapas. Primero se hace aceptar seduciendo a los criados y luego al señor de la casa con los juegos de sombras en los cuales, todavía en el hueco de la escalera, los atrae y los envuelve. El marido cede a su encanto cuando el saltimbanqui, al encontrarse frente a frente sus dos sombras recortadas en una pared, le demuestra que es capaz de modificar con su juego de dedos la cabeza del marido para aumentar el parecido entre el cuerpo y la sombra, de tal forma que esta última oficie de espejo. El segundo momento, más clásico, es el de la proyección de las sombras chinescas en una pantalla improvisada tendida contra una pared. Y el tercero, el más largo con creces, ya que abarca más de la mitad de la película, es el de la hipnosis, preparada por la proyección de sombras. El mago la produce con sus manos dirigidas hacia los protagonistas, de la misma manera que dirige sus variaciones de sombras, como si solo emitieran un fluido más pregnante.

Evidentemente, la paradoja está en que si los personajes pierden entonces su sombra para pasar "al otro lado" de la mesa y dar así la espalda a la pantalla, no habrán sido más que unos Peter Schlemil momentáneos: el filme continúa y exacerba los juegos de la sombra y el espejo que lo han alimentado desde el principio para hacer comprender que la hipnosis siempre ha empezado ya. La hipnosis de la que estos juegos son a la vez los signos y la materia y cuyo entrelazamiento trama para los espectadores reales de la película. Pero también puede concebirse *Sombras* como si estuviera dividida entre un largo proceso de inducción y un paso al estado hipnótico en el seno del cual se resuelve la crisis. La manera en la que se lleva a cabo la vuelta a la "realidad" es de lo más sorprendente, por la forma en la que inscribe el dispositivo-cine dentro del proceso atribuido aquí a la hipnosis. Los cuatro hombres acaban de tirar al marido por la ventana cuya cortina vuelve a caer. La luz se concentra entonces sobre ellos dibujando un cuadro dentro de la pantalla, mientras la cámara retrocede y descubre a los espectadores-personajes sentados detrás de la mesa, tal como lo estaban ante la proyección de sombras chinescas. Se entiende entonces que están viendo la película de la que durante todo ese tiempo han sido los protagonistas inconscientes, cuya imagen desaparece poco a poco para que el mago, al devolverles la sombra, los saque del estado en el que los sumió. La puesta en escena insiste entonces, con una especie de voluptuosidad, en la figura del mostrador de sombras, que guarda de uno en uno a sus actores-siluetas en su caja, así como durante los títulos de crédito había hecho surgir de sus manos encantadas a los actores-personajes. A través de esa figura, el cine se convierte en el arte cuya influencia cura al purgar las pasiones.

Pero, desde el punto de vista del cuento que se ofrece, el espectáculo también puede considerarse una influencia nefasta, de la que habría que librarse. Salvo que a medida que esta se ejerce, se convierte también en la supuesta buena influencia de la película, según la catarsis que, como toda película, garantiza, y de manera especial en todas las películas de carácter más o menos fantástico. Es lo que ocurre en *Trilby* (1915) y en *Svengali* (1931), su remake sonoro. El planteamiento es prácticamente el mismo, a pesar de las diferencias más o menos importantes que se aprecian con relación a la novela de George du Maurier (1894). Casi toda la acción se sitúa en París. Trilby, una joven escocesa, modelo de pintores, tiene relación con tres pintores ingleses y sobre todo con Billie, el más joven. Aunque sensible a la música y con una voz excepcional, solo es capaz de cantar bien "Ben Bolt", una vieja balada. Sin embargo, Svengali, músico de talento y dotado de poderes hipnóticos, decide convertirla en cantante sometida a su voluntad, en cuanto queda comprobada la influencia que ejerce su arte de pianista sobre la joven, a la que consigue librar de sus jaquecas la primera vez que la duerme. A partir de entonces, como anuncia un rótulo decorado en *Trilby*, "el diabólico Svengali triunfó. El alma de Trilby le pertenecía. Sus pensamientos se convertían en los de Trilby, sus deseos eran los suyos, y así, como en un sueño, viajaron a países desconocidos". Por eso Trilby se convierte en una gran cantante, a la que Svengali lleva por los más grandes teatros de ópera de Europa. Es el esquema clásico propio de la representación novelesca de la hipnosis en el siglo XIX: una mujer-médium tansformada por el poder-deseo de un hombre para convertirse en su proyección y en una especie de doble. De ese esquema, el filme conserva un rasgo sobre el cual, por ejemplo, había insistido Dumas para calificar la relación entre Joseph Balsamo y su vidente Lorenza: la intensidad de la fatiga inherente al ejercicio de ese poder. Pues en el caso de Svengali ese poder ha de ser constante para que Trilby permanezca a su lado; y esto resulta penoso sobre todo en el momento de las actuaciones, durante las cuales ninguno de los dos puede apartar los ojos del otro ni un instante. Tanto en *Svengali* como en *Trilby*, el hipnotizador se agota hasta morir. Pero las dos películas difieren en cuanto al final. En *Trilby*, es en la Scala de Milán donde Billie se reencuentra con Trilby, que vuelve en sí en cuanto un Svengali moribundo no puede dirigir su actuación, en la que ella entona otra vez su "Ben Bolt" favorito antes de volver a su antiguo amor. En *Svengali*, el proceso se alarga, ya que la pareja debe abandonar las salas de ópera para terminar en miserables escenarios exóticos, como el "Sphinx Café" en el Cairo. Pero sobre todo, la relación entre Svengali y Trilby, abstracta y como automática en *Trilby* donde la joven es puramente pasiva frente a su maestro de música, resulta en *Svengali* de lo más extraña, ya que una carencia fatal habita lo que se presenta, a pesar de todo, como un sentimiento mutuo inducido por la relación hipnótica. Así, cuando Svengali se derrumba ante su pupitre y muere, pronuncia estas últimas palabras: "¡Oh, Dios! Concédeme en la muerte lo que me has negado en vida, la mujer a la que amo...". De sus grandes ojos fijos iluminados, pasamos a Trilby que se ha derrumbado en el escenario y a la que Billie, que ha llegado apresuradamente, tiene entre sus brazos; ella le observa con una especie de apatía indiferente y se aparta, con un asomo de sonrisa en el rostro, murmurando por última vez y como si fuese a realizar ese deseo último: "Svengali"; y parece que ella se muere para que en el plano siguiente este último muera a su vez.

No obstante, como cabe imaginar, lo esencial está en las dos películas en la representación de la propia hipnosis, en la emoción particular que hace surgir de la imagen, en lo que induce en la puesta en escena. Los planos de los títulos de crédito de *Trilby*, que introducen a los actores con todo el lujo de símbolos que tanto gustan en el cine mudo, sugieren lo esencial: en cuanto pasa el rótulo que le introduce ("Out of the mysterious East"), Svengali aparece sobre el fondo de una pared, se vuelve estirando las manos hacia la derecha, fuera de campo, y se retira a medias dejando sitio al cartón que introduce a Trilby, para llevarla, atraída por esas manos en el cuadro, al centro de la imagen donde parece sufrir por una relación todavía oscura. Más tarde, cuando Svengali duerme y despierta por primera vez a Trilby delante de sus amigos pintores, se puede apreciar que la representación de la hipnosis está relacionada con una dirección de actor convertida progresivamente en una dirección de espectador. Así, Trilby escribirá al dictado una carta de ruptura dirigida a Billie, igual que cantará bajo su dirección. Pero también se advierte que en la imagen está presente el deseo de sugerir un estado enigmático que contribuya a desarrollar la dinámica de sus formas, como la secuencia de la Scala. Se inicia, con la fijeza pregnante de una imagen, el cuadro de Svengali como maestro, para desarrollarse en el camerino de Trilby por medio de una elaborada disposición de biombos y espejos: comparten el cuadro haciendo aparecer a Trilby y a Svengali multiplicados en la imagen, unas veces dobles, triples e incluso en una ocasión, cuádruples. La dirección de actriz alcanza allí su punto culminante, cuando Svengali lleva a su cantante de la mano y con todo su cuerpo hasta el escenario, a medida que refuerza su poder hipnótico con pases sucesivos. Una vez que han llegado al escenario, se desarrolla una alternancia regular entre los planos que muestran juntos a Svengali delante de la orquesta con Trilby en el escenario frente a él (de tal manera que en ningún momento se pierden de vista) y los planos que son su contracampo e implican esta vez a la sala (y así a Billie y a sus amigos en planos más próximos, para mantener el suspense ligado a la acción y a los sentimientos). De tal modo que la hipnosis, en esta película todavía bastante sencilla pero refinada, pueda saturar todos los niveles por los cuales, del relato a la imagen, actúa como equivalente de la puesta en escena.

Hay también en *Svengali* un momento único, heredado de la literatura romántica y la leyenda espiritista, que supone una hipnosis a distancia.[15] Una noche, desde su casa, Svengali llama a una Trilby dormida, que despertará por esta influencia. Se ve a John Barrymore, con un trucaje pavoroso, poniendo los ojos en blanco, que se iluminan como bolas de cristal. Y, desde ese primer plano insistente, la cámara retrocede, llevada por un inmenso movimiento hacia atrás, pasa por la ventana cerrada, llega a los tejados, descubre una aglomeración de casas creadas según el estilo neo-caligarista que tanto gustaba a cierto cine fantástico americano de los años '30; luego, cambiando de plano, sigue su camino por encima de unas cuantas casas para dirigirse hacia una ventana iluminada, con los postigos ligeramente entreabiertos. En ese momento, lo curioso es que, aprovechando un cambio de plano que se acerca aun más a la ventana, esta parece cerrada y es la fuerza del viento, unida a la fuerza psíquica que supone este avance, lo que la abre del todo para llegar hasta Trilby que dormita en la cama. La joven recibe esa llamada, reforzada por un contracampo sobre un Svengali de ojos iluminados, y se dirige a su encuentro. Así, es la propia cámara la que conduce la mirada de la hipnosis con la que capta, con un mismo movimiento, al personaje y a su espectador.

También puede ocurrir de otra manera. De modo tal que la realidad del espectáculo abierta por la hipnosis no sea ya solamente una prueba y una mediación, por íntegra que sea con relación a la película, como en *Sombras*, o el

---

15. EUGENI, Ruggero, ha destacado muy bien ese momento: "Capitargli sotto gli occhi. Ipnosi, sguardo e potere in *Svengali* de A. Mayo", en Albano, Lucilla y Pravadelli, Veronica (a cura di), *Cinema e psicoanalisi*, Roma: Quodlibet, 2008, pp. 157-170. También debemos a Eugeni un interesante acercamiento arqueológico al dispositivo-cine a través de la novela de George du Maurier (capítulo X de su libro *La relazione d'incanto*, cuyo título inspiró).

resultado de una posesión ambigua y nunca del todo aceptada, como en *Trilby* o *Svengali*. Sino, al contrario, para que, una vez invocada, la hipnosis se convierta al mismo tiempo en prueba viva y metáfora del espectáculo y de ese modo cine e hipnosis se presenten de entrada como una misma cosa. Es lo que se ve en *El pirata* de Vincente Minnelli (1948). Las dos escenas de hipnosis que la enmarcan, poco después del principio y hacia el final, llevan el magnetismo animal de Mesmer hacia la hipnosis de feria que se convertirá en uno de sus componentes (Mesmer es recordado en dos ocasiones y el virrey de la isla ficticia del Caribe donde se sitúa la acción dice haberle conocido bien).

La primera vez, Serafín/Gene Kelly hipnotiza a Manuela/Judy Garland en el escenario de su teatro ambulante, con ayuda de un espejo giratorio que hace vibrar de manera acompasada la luz en la cara. Serafín subraya, de acuerdo con una de las condiciones conocidas de la prescripción hipnótica: "Para llevar a cabo este experimento con éxito, necesitaría a una persona confiada. Nunca he conseguido hipnotizar a los incrédulos". Y añade, condición propia del mito romántico de la médium femenina: "Lo ideal sería un alma pura". Sometida al influjo, Manuela empieza así su canción-actuación "Mack the Black" (la imagen del pirata sanguinario se anunciaba ya desde la secuencia inicial, con la lectura que hace Manuela del libro de imágenes dedicado a las hazañas de Macocco). Y Serafín revela así el deseo de teatro-cine supuestamente inscrito a través del de los actores en cada espectador de cine.[16]

La segunda secuencia repite la primera: condenado a muerte por haber usurpado la identidad de Macocco para conseguir el amor de Manuela, Serafín ha convencido al virrey para que le permita dar una última representación en su teatro. Manejando otra vez su espejo giratorio cuya luz pasea por la cara de Don Pedro, con el verdadero Macocco oculto (es el argumento malicioso de la película) bajo la apariencia de un burgués respetable, Serafín repite su presentación y precisa otra vez que necesita a alguien con pasado irreprochable. Don Pedro se ofrece para el experimento, para coincidir con esa imagen. No sabremos más, puesto que la tía de Manuela rompe el es-

16. Puede encontrarse un análisis detallado de esta escena, así como de todo el proceso de representación de *El pirata*, desde un punto de vista en gran parte psicoanalítico, en el estudio de RODOWICK, David N., "Le circuit du désir" (*Le Cinéma américain. Analyses de films, II*, *op. cit.*, pp. 162-190).

pejo y Manuela toma el relevo por sí misma: se adelanta, hipnotizada de nuevo, o simulando la hipnosis (pero ¿dónde estaría entonces la diferencia?), para subir con Serafín al escenario de su teatro y entonar para él el canto de amor que perderá a Don Pedro-Macocco, empujado por los celos a revelar su verdadera identidad. El beneficio de estas últimas variaciones es doble. Por un lado, si Don Pedro cede o finge ceder a la hipnosis, por reprochable que sea, ello supone que cada cual puede abandonarse igualmente a esa apariencia de hipnosis que es el cine. Por otro, si Manuela, a la que entonces no pretende dirigirse el espejo, puede parecer plenamente hipnotizada, es también porque todo el mundo puede serlo a partir del momento en el que acepta la ley del espectáculo. Y sobre todo la hipnosis se refuerza, en cada caso, por ser una fuerza de repetición.

Minnelli dedicó, de manera más amplia, su penúltima película a la hipnosis: *Vuelve a mi lado* (*On a Clear Day You Can See Forever*, 1970). Carece del esplendor radiante y la inocencia simulada de sus grandes películas de la MGM; y sobre todo, sale desfavorecida por sus actores (Yves Montand poco creíble como profesor de universidad-analista, Barbra Streisand excesiva, demasiado diva desde el principio). Pero esta película tiene la virtud de las obras ya retrospectivas, que aplican a todas las películas pasadas un juicio en acto sobre su naturaleza y su finalidad. La hipnosis como cine se presenta en *Vuelve a mi lado* desde los títulos de crédito: adoptan el valor de un proceso de inducción explícito gracias a sus rectángulos concéntricos que se engendran siguiendo un movimiento hacia atrás que parece no tener fin y aíslan en su centro lejano un punto de color variable y vibrante.

A partir de ese momento, la hipnosis se despliega aprovechando la relación electiva que establece Marc Chabot, al término del curso en el que enseña y practica la sugestión post-hipnótica, con esa estudiante tan especial que se duerme compulsivamente sin que nadie se lo pida. Daisy tiene también un don de visión y de premonición (sabe dónde Chabot ha puesto una dirección que no encontraba, le anuncia una llamada telefónica que lo veremos recibir); también puede acelerar el crecimiento de las plantas solo con hablarles (como se ve desde la canción que sigue a los títulos de crédito). En resumen, es una médium sin igual cuya identidad pasada, que ella misma ignora, descubre Chabot: Melinda Winifred Wayne Tantrees, la mujer cuya vida hará surgir la película en ráfagas cada vez más desarrolladas, a principios del siglo XIX. Lo que se despliega así es el tema de las vidas anteriores: desde los diálogos de Chabot con su amigo Conrad acerca de la percepción extrasensorial a la propuesta de Mr. Stratton, patrocinador de la Universidad, de organizar un departamento sobre la reencarnación (incluso en el futuro, indica), después de haberle pedido a Chabot su renuncia por haber abordado el tema en sus cursos con excesiva libertad. Este llegará incluso a contar con Daisy, a lo largo de sus sesiones, catorce de esas existencias pasadas (incluida una en la que los vislumbra juntos, casados y felices, bajo los nombres de Laura y John Kaswell, viviendo en Virginia en el año 2038). Evidentemente, el amigo Conrad descubrirá también la historia de Melinda Tantrees en un libro sobre el espiritismo en el siglo XIX, que la presenta ya como vidente.

Se trata pues de saturar el imaginario por todos los medios para convertirlo en una condición de lo espectacular, a lo que contribuye la dimensión de la película de época, así como la seducción que el filme musical comunica gracias a las numerosas canciones. Estas, más que nunca, están concebidas como una especie de fluido que asocia libremente de acuerdo con sus ritmos los espacios y los tiempos (lo apreciamos sobre todo cuando Montand canta "Come back to me" para atraer de nuevo a Daisy/Melinda e invade con su voz los tejados de la ciudad mientras él mismo se transforma por la magia de la música en un viejecito o un presentador de televisión). Como en todas las películas de Minnelli, se trata de ampliar el poder del arte por medio del poder propuesto del sueño de cada cual intentando adueñarse del sueño del otro, incluso a riesgo de perderse en él. "Hipnosis" es el nombre que aquí se da a esa relación, tan seductora como amenazante, según la cual todos, actor-personaje y espectador, quedan absorbidos en el sueño del otro para alcanzar, al viajar entre dos mundos, "un punto de indiscernibilidad de lo real y lo imaginario" al que Minnelli se ha acercado como pocos cineastas.[17] Así, *Vuelve a mi lado* puede concluir, como si volviera al punto de partida, con los rectángulos implicados que retroceden para atraer a su espectador hacia el punto de color que forma su centro inalcanzable.

En este sentido, puede verse *Brigadoon* como la realización consumada de dicho estado.[18] La larga secuencia inicial en el bosque, durante la cual los dos cazadores van dando vueltas hasta perder cualquier sentido de una posible orientación, actúa como un proceso de inducción; y el resto de la pelí-

---

17. DELEUZE, Gilles, *L'Image-temps*, *op. cit.*, p. 87. Deleuze insiste, como ya lo había hecho Jean Douchet en muchos textos dedicados a Minnelli, en la amenaza constitutiva propia del sueño del otro.
18. El autor del guion, Alan Jay Lerner, adaptando su propio "musical", será también el autor del libreto de *Vuelve a mi lado*.

cula, como la realización de un estado de encantamiento. Con el riesgo de poder sustraerse al mismo aprovechando una realidad insostenible (es todo el episodio del regreso de Gene Kelly a Nueva York). Y el riesgo aun mayor pero absoluto de poder quedarse allí, contra toda lógica, a costa de las hipótesis míticas que son la base de "Brigadoon". Para librarse tanto del Mal como de los estragos del tiempo, el pueblo está destinado a no revivir más que un día cada siglo; se puede aceptar a un extranjero, con la condición expresa de que "ame a alguien" (es la versión hollywoodense de "Estado amoroso e hipnosis"); finalmente, ninguno de sus habitantes puede huir de Brigadoon sin verlo desaparecer. Si se piensa, es también un poco la situación de excepción que vive un espectador captado en una sesión de cine.

Si la representación de la hipnosis se convierte sin dificultad en espectáculo para destacar su parentesco con el espectáculo del cine, también puede ocurrir que su ejemplo, puntual o desarrollado, se limite a una caracterización psicológica, sea cual sea la dinámica que suministra a la intriga y a la dramatización propia con la que alimenta la imagen. Es, evidentemente, el caso de la película de Huston sobre Freud; prolonga, en cuanto a la hipnosis, el interés que su autor mostró tempranamente, en *Let There Be Light*, por las posibilidades que esta ofrecía en el tratamiento de las neurosis de guerra, empleando una expresión dramatizada de los traumas.

De manera muy distinta, es también el caso de *Vorágine*, cuyo título francés (*Le Mystérieux Docteur Korvo*, Otto Preminger, 1949), al insistir en el personaje turbio que es su protagonista, ignora el motivo del "torbellino" inducido por la potencia de la hipnosis que dibuja su motivo central. Curiosamente, parece que de las películas de esos años 1940-1950 en los que tan presente está el filme negro, *Vorágine* sea la única de este estilo, de fronteras imprecisas, centrada en la hipnosis propiamente dicha (si dejamos de lado motivos paralelos como la videncia o el espiritismo, que también entran en resonancia con la lógica del dispositivo-cine, en una colusión de bordes flotantes con el filme fantástico).[19] Como si, en esas películas, el valor de hipnosis

19. Piénsese por ejemplo en esa película de título elocuente, *Mil ojos tiene la noche (Night has a Thousand Eyes*, 1948) de John Farrow, en la que al protagonista padece un don de videncia que hace de la premonición una condición cercana a la muerte.

radicara en gran medida, como ya se ha sugerido, en los "parpadeos del blanco y negro" de los que la imagen de *Vorágine* no depende tanto, por sus tonos más atornasolados, y cuyo atractivo tanto debe a los deslizamientos de sus movimientos de cámara.

En *Vorágine*, la hipnosis muestra varias facetas. Es primero un teatro mundano, que hace del Dr. Korvo, durante un cóctel, una especie de Cagliostro de poca monta, capaz de leer los pensamientos, de dirigir los destinos. Se comentan sus conferencias sobre el hipnotismo, y le gusta presentarse más como científico que como hipnotizador. Curiosamente, una de esas conversaciones frívolas se abre con la pregunta: "¿Se dedica usted al cine, Sr. Korvo?". Se entiende que le llamara la atención a Benoît Jacquoit cuando intentó concebir, con *Le Septième Ciel*, una versión moderna de la relación hipnótica invocando el recuerdo combinado de *Mabuse* y *Vorágine*.

Luego, la hipnosis es, clásicamente, el poder ejercido por un hombre sobre una mujer. En este caso, ese poder es muy intenso, aunque se adapte a la ley de la hipnosis según la cual no se puede empujar a nadie a actuar en contra de sus intereses profundos ni de su sentido moral. Así, Ann Sutton, fiel a su marido, no cederá a las insinuaciones del Dr. Korvo. Esta influencia también es paradójica: se ejerce sobre la mujer de un famoso psiquiatra, incapaz de imaginar la profunda miseria neurótica de su mujer, cleptómana y mentirosa desde la infancia; mientras que desde el principio, el Dr. Korvo la salva de la vergüenza como por arte de magia en ocasión de un robo en un gran almacén. Consigue así tratar a Ann Sutton en secreto, librándola de sus insomnios. La única escena en la que se ve cómo la duerme, en una terraza apartada de la casa en la que se desarrolla el cóctel antes mencionado, tiene el encanto de los primeros planos fascinados que suspenden el tiempo y a los que Gene Tierney presta su rostro tan bello, impregnado de una inquietud inimitable. La influencia del maestro hipnotizador llegará lejos, pues podrá ejercerse a distancia, llevando a Ann hasta la casa de una antigua amante de Korvo cuyo cadáver descubre para que la policía pueda acusarla del crimen que Korvo ha cometido poco antes. El poder de la sugestión post-hipnótica ha borrado en Ann todo recuerdo de la escena; la continuación de la película tendrá como objeto terminar de devolvérselo, gracias a la obstinación de Sutton, convencido de la inocencia de su mujer, que acabará por hacer que se conjuguen en ella, al menos implícitamente, estado amoroso e hipnosis.

Pero lo raro, tal vez único, de esta película, es la dimensión de auto-hipnosis. Aparece en dos ocasiones. Primero como una hipótesis, presentada al policía incrédulo por el Dr. Sutton: Korvo, con una coartada irrefutable, puesto que estaba en el hospital recién operado a la hora en la que se cometió el asesinato, ha podido hipnotizarse a sí mismo, como atestigua un caso reciente que Sutton encontró en sus archivos (supuestamente, un tal Dr. Herr, de Hamburgo, el 10 de diciembre de 1948, se auto-hipnotizó, se operó de apendicitis y luego fue a su trabajo). Así, dice Hutton, "Korvo se hipnotizó, salió del hospital y mató a la Sra. Randolph. Luego, volvió, y le subió la fiebre de repente". Y a partir de allí, según la lógica de los guiones clásicos empeñados en la repetición de sus motivos, se desarrolla la escena: en la cama del hospital, Korvo se auto-hipnotiza de nuevo para volver a la casa del crimen y hacer desaparecer un indicio acusador; naturalmente, será para morir allí al encontrar, con el fin de que todos los cabos queden atados, al inspector de policía, a Sutton y a Ann que vuelve a su propia verdad. Los planos que muestran la auto-hipnosis son extraordinarios. En la cama, Korvo sostiene con mucha dificultad el espejo que acaba de sacar de su bolsa; enciende la lámpara de la cabecera de su cama para que la luz dé en el espejo, componiendo de ese modo un primerísimo plano alucinante que muestra reflejada su cara distorsionada, con los ojos que se observan mientras su boca profiere las fórmulas obsesivas del proceso de inducción: "Me relajo. Entro en trance. No siento dolor. Recupero las fuerzas. El dolor se ha ido. Ya no me duele. Puedo moverme sin sentir dolor. Ya no me duele. Puedo andar. Estoy fuerte. Puedo hacer lo que quiera. Ya no me duele. Puedo andar". De tal manera que al ver cómo se observa ese rostro-cuerpo con el que forzosamente se identifica, el espectador reconoce la parte de autosugestión que le llega de la hipnosis de la película y simpatiza doblemente tanto con el movimiento de la película como con el destino de ese asesino paradójico.

Recordando esta escena y lo que viene después, Jacques Lourcelles indicó acertadamente cómo Korvo monopoliza entonces "en provecho suyo [...] toda la emoción del drama". Observa hasta qué punto en la escena final, es él, Korvo, "el más fuerte convertido en el más vulnerable —quien ocupa el primer término de la escena". Es sorprendente que en su comentario se deje llevar a una digresión sobre Preminger, referida de manera más general a lo que hace de las emociones variadas que una película semejante, y cualquier película fuerte, suscite una condición de su poder de captación: "En las películas de Preminger, la emoción evoluciona, igual que la intriga y el examen de los hechos: no queda vinculada de una vez y para siempre a uno u otro personaje, según un decreto estricto formulado de antemano. Va de uno a otro y, dentro de un personaje, acompaña y refleja las vicisitudes de su itinerario. Podrá ocurrir a menudo que un personaje que al principio ha quedado completamente en la sombra y marginado desde el punto de vista emocional se convierta bruscamente en la fuente única de la emoción».[20]

Habrá que esperar a finales de los años '50, cuando empieza el largo y admirable crepúsculo del cine clásico hollywoodense, para que una película aparentemente menor pero en verdad inmensa se presente como su propia teoría en acto poniendo frente a frente dos versiones de la hipnosis, para hacer vacilar su realidad de imágenes y decir así de qué está hecha la creencia en el cine. Esta película de género, cercana a los filmes producidos por Val Lewton y que recupera el esplendor de pensamiento de los primeros *Mabuse*, es *La noche del demonio* (*Night of the Demon*, Jacques Tourneur, 1957). Como los filmes de Lang, por importante que sea lo que los separa, el de Tourneur asocia al máximo las dos funciones de la hipnosis, su dimensión psicológica y médica y su valor de espectáculo que evoca el del cine.

El argumento de *La noche del demonio* es sencillo, aunque su historia sea complicada. El primer objetivo de esta complicación consiste en resaltar el debate entablado acerca de la creencia en las fuerzas de lo irracional, de la que el cine como imagen se convierte en una analogía. Así, la intriga enfrenta a dos hombres, para que la eliminación de uno suponga la transformación del otro. A lo largo de este proceso, que constituye la película, el espectador, que pasa de una a otra posición y se adapta a ambas, se entera de lo que ocurre con su deseo de ver y con las condiciones que lo forman.

El primer hombre es John Holden, psiquiatra e hipnotizador famoso. También es autor de un libro que confirma que la brujería ha desaparecido desde la Edad Media. Llegado a Inglaterra para participar en un congreso de parapsicología, pretende oponerse a las tesis fanáticas de los partidarios de Julian Karswell, a las que la muerte muy reciente y dramática de un colega de Holden, el profesor Harrington, dota de mayor actualidad. Por su lado, Karswell es el jefe espiritual de una secta de fronteras oscuras, los "True Believers"; naturalmente, posee los poderes de la hipnosis pero practica sobre

20. LOURCELLES, Jacques, *Otto Preminger*, París: Seghers, col. "Cinéma d'aujourd'hui", 1965, p. 42.

todo un arte múltiple hecho de magia negra cuyas referencias diabólicas se remontan a la Edad Media y más allá, hasta tradiciones célticas encarnadas en los megalitos de Stonehenge (que componen la imagen de los títulos de crédito). El conflicto abierto entre ambos pasa por una serie de fases hábilmente graduadas: pretenden convencer, de una en una, al escéptico Holden de la existencia de hechos sobrenaturales que supongan una vacilación de su percepción clara y nítida basada en la razón, en provecho de alucinaciones diversas en cuanto a su naturaleza y extensión pero que implican una entrega a la creencia (una tarjeta de visita que le da Karswell, en la que unas palabras amenazadoras desaparecen en cuanto se leen; una tormenta exagerada que Karswell desencadena de repente en su propiedad donde, disfrazado de payaso, organiza un espectáculo destinado a los niños, para luego anunciar a Holden su muerte inminente; unas páginas arrancadas de la agenda de este último, después de la fecha en la que Karswell ha vaticinado su muerte; un fragmento de pergamino “mágico”, dotado de una vida casi autónoma, que Holden encuentra entre sus papeles —similar al que, supuestamente, habría provocado la muerte de Harrington; finalmente, sobre todo, la bola de luz vibrante que se precipita sobre Holden desde lo alto del cielo a través del bosque, como para volverle loco y refluir súbitamente sin razón, al término de una visita imprudente en la que intentó entrar de noche en la casa de Karswell para descifrar el libro que, según se cree, solo posee este último: *The True Discoveries of the Witches and Demons*). Todos esos fenómenos de imagen (y de sonido) tienen en común el hecho de aparecer simultáneamente a los ojos de Holden y a los del espectador; a algunos, Holden los comparte con Joanna, la sobrina de Harrington, mucho más proclive a aceptar los signos de lo sobrenatural. Así se forma, en el espectador, la doble lógica según la cual, junto a ese Holden al que la película acompaña, tiene que creer y a la vez no creer en la realidad de la ficción del cine.

He omitido intencionadamente algo esencial, para ir directamente al problema, cosa que no hace ninguna verdadera película, en la medida en la que la creencia que supone es forzosamente retorcida, más aun cuando de una película popular resulta una película teórica. No he mencionado las secuencias que abren el filme, formando un prólogo, y que preceden a la llegada de Holden, confiriéndole su perspectiva. En ellas, Harrington es el protagonista enloquecido, que viene en busca de Karswell para disculparse por su escepticismo y pedirle que anule la maldición que ha recaído sobre él. Los planos iniciales, insistentes, son cruciales, mostrando a Harrington al volante de su coche, que parece atraído por la luz que sus faros dibujan en la carretera, como el haz de un proyector, y le llevan derecho hasta Karswell. Luego, se desarrolla un diálogo sobre la creencia y la fatalidad del maleficio que acaba con el regreso precipitado de Harrington, atacado delante de su casa por la bola luminosa convertida de repente, de manera grosera, en demonio[21]; de tal modo que es asesinado en un diluvio de luz intensificado por la explosión de un poste eléctrico. Cuando deliberen sobre la muerte de Harrington (las huellas misteriosas encontradas en su cuerpo), Holden no querrá creer en la ficción de esa escena primordial. Pero el espectador sí que la ha visto; y tanto para él como para Holden será invocada regularmente y reproducida mentalmente a lo largo de la película. Una vez, incluso, surge de manera exacerbada, según la disposición característica de la figura del círculo espiritista en la que Holden se encuentra atrapado, a su pesar: después de haber encarnado a distintos personajes para demostrar sus dotes, un médium en trance vuelve a representar la escena, la recuerda como si se hubiera convertido literalmente en Harrington; de ese modo, presagia el episodio durante el cual, huyendo a través del bosque, Holden se convertirá a su vez en la víctima (calculada) de la luz demoníaca. Así, la película gira sobre sí misma para consumarse al ahondar su enigma, de acuerdo con un arte de la "vuelta de tuerca" con el que James vinculó su poder de sugerir imágenes imposibles de dominar.

En un proceso semejante, lo esencial se debe también al trabajo de la luz. Se cristaliza según la intriga en la medida en la que está presente en todas partes, a lo largo de una película en la que muchas escenas son escenas de noche, cuando todo se convierte en un pretexto para contrastes de luz y sombra, quedando cada una de ellas amplificada por la otra debido a su propio exceso. Más que nunca, quedamos atrapados en el parpadeo del blanco y negro.

La gran escena de hipnosis aparece cerca ya del desenlace. Mezcla, como pocas, la ciencia y su teatro, de acuerdo con una lógica ordenada de las miradas que solo pertenece al cine. Entre la sala (con sus espectadores

---

21. "Siempre he dicho [...] que el horror se produce en la mente del espectador, que hay que sugerir las cosas. [...] En las tres o cuatro películas de horror que he hecho, y tengo muchos ejemplos, nunca se veía la amenaza, excepto en la última que hice en Inglaterra; terminé la película y volví a América; después pusieron un monstruo ridículo y estropearon toda la película". MANLAY, Jacques y RICAUD, Jean, "Entretien avec Jacques Tourneur", en *Caméra-Stylo*, nº 6, "Jacques Tourneur", 1986, p. 59.

sentados) y el escenario (con sus actores: Holden; Mark O'Brian, un segundo médico; Hobart, el supuesto criminal "loco"), la circulación es constante, el grado de implicación, máximo (desde los planos generales sobre los espectadores hasta el primer plano del ojo desorbitado de Hobart, pasando por alternancias calculadas entre la cara de este último y las de sus hipnotizadores). Lo que públicamente está en juego se presenta desde el punto de vista de la ciencia y el orden: se trata de saber qué fuerza impulsó a Hobart a matar (efectivamente, bajo hipnosis ha dibujado una figura similar a los grabados sobre madera que en la Edad Media representaban al diablo). Sumido desde su asesinato en estado catatónico, le sacan del mismo en el escenario gracias al pentotal y, en cuanto se despierta gritando, vuelven a dormirle por hipnosis. Ese elemento público de lo que está en juego se vuelve entonces privado en cuanto O'Brian interroga a Hobart sobre la escena que es el motivo principal de la película y le da su título; pues el enfermo la evoca a su vez, y Holden toma entonces el relevo del interrogatorio para saber más sobre la amenaza de la que es objeto (Karswell le ha predicho su muerte para esa misma noche). Holden obliga entonces a Hobart a mirar fijamente el fragmento de pergamino mágico que saca de su cartera; este último, temiendo que Holden le obligue a tomarlo como él mismo debió habérselo dado a otro convirtiéndose así en su asesino, rompe sus ataduras, echa a correr por un pasillo y se tira por la primera ventana que encuentra.

El final de la película es alucinante. Pues lo que se ve consiste en seguir la alucinación cada vez más "verdadera" de un hombre que durante mucho tiempo ha sido escéptico (escepticismo que, por otra parte, ha permitido la película), un hombre con cuyo cuerpo y con cuya mirada nos ha identificado la película insistentemente para que vivamos con él la división, la oscilación interminable entre la creencia y la no-creencia atribuida al cine. El propósito de Holden, como al principio de la película para Harrington, es reencontrar a Karswell, pero esta vez con el fin de devolverle sin ambigüedad el fragmento de pergamino fatal. Naturalmente, es lo que ocurre, por el efecto combinado de tres trenes (repetición condensada de los dos trenes de *Berlín Express*, que también eran trenes nocturnos). En el primero, Holden encuentra a Karswell (en compañía de Joanna, a la que este último ha hipnotizado). El fragmento de escritura rúnica, finamente devuelto a su emisor, se le escapa y Karswell lo persigue, interminablemente, por los pasillos del tren y luego, una vez que el tren se ha detenido, a lo largo de la vía, como un punto de luz enigmático que retrocede hacia el fondo de la noche (el papel se consume a la orilla de la vía cuando Karswell lo alcanza). Por su parte, el segundo tren llega entonces en sentido contrario, rápidamente acompañado por la bola de luz que anuncia la figura del demonio inevitable[22]; el tren atropellaría a Karswell, y llegamos casi a creerlo, si en el mismo momento el demonio no le hubiera agarrado, lacerado y arrojado de nuevo a la vía. El tercer tren pasa en el último plano de la película, en la pequeña estación en la que Joanna y Holden llegan al andén tras haber formulado la moraleja de la historia ("Tal vez sea mejor no saber", dice ella; "Tiene razón, tal vez sea mejor no saber", contesta el otro). El tercer tren que pasa, con sus ventanas-fotogramas que iluminan la noche, emitiendo un silbido cercano al de la luz-monstruo, deja el cuadro vacío, como si hubiera borrado la imagen de los actores-personajes en provecho de su presencia pura. Provoca cierta ensoñación la manera en la que esas imágenes reunidas de trenes absorben en sí el poder doble y único de la hipnosis que está en la base de la película. Y también hasta qué punto, casi sesenta años más tarde, responden a la llegada del tren Lumière que anuncia la hipnosis del cine.

¿Qué ocurre con la hipnosis, una vez pasada la época clásica de un arte de la representación que emplea a esta última con objetivos claramente definidos de su puesta en escena? Cuando "ya no hay siquiera centro mágico, del que puedan partir acciones hipnóticas diseminándose por todas partes, como en los dos primeros Mabuse de Lang".[23] Simplemente una dispersión, una confusión fragmentaria y múltiple en la que la hipnosis sigue siendo como la metáfora encarnada del cine que la exhibe, pero sin esa distancia esclarecida en su misterio que hasta entonces servía de principio a sus evocaciones variadas. Como si la hipnosis siguiera impregnando las películas por todos lados, tanto con referencias manifiestas como con lógicas propias, pero de una manera que se ha vuelto oscura, a ratos oblicua, a ratos alusiva, o indirecta, parcial, incierta, juguetona, pero también masiva y excesiva, en resumen, de manera más o menos desplazada con relación a todo centro del que sin embargo es aún la referencia elíptica.

---

22. Tourneur quería incluir solamente cuatro imágenes del demonio en la escena final, para que no se pudiera estar seguro de haberlo visto.
23. DELEUZE, Gilles, *L'Image-mouvement*, *op. cit.*, pp. 282-283.

Un momento de transición podría encontrarse en *La trama* (*Family Plot*, 1976), la última película de Hitchcock. Una vez más, no se trata en este caso de una historia de la hipnosis en el cine, sino de curvas lógicas que siguen movimientos de conjunto. *La trama* ocuparía así con relación a la hipnosis un papel análogo al que, de manera general, Deleuze atribuye a Hitchcock al final de *La imagen-movimiento*, cuando hace de Hitchcock el representante de la imagen-relación, estableciendo el paso del movimiento al tiempo. Hitchcock nunca se acercó directamente a la hipnosis, por muy elevado que sea el grado de fascinación que desarrollan sus películas.[24] Un solo momento, el famoso episodio de "Mr. Memory" al final de *Los 39 escalones* (*The Thirty-Nine Steps*, 1935), juega con la idea de videncia de una manera que puede hacer pensar en el momento inicial de la sesión de Mabuse en la Filarmonía —con la diferencia de que el extraño personaje, como si estuviera al borde del agotamiento, parece hipnotizado por su propia capacidad de concentración, como un espectador que intenta recordar la totalidad de una película. Más tarde, vemos la hipnosis sugerida de manera metafórica, en la figura abstracta de la espiral que parece a la vez salir del ojo y ahondarlo, en los títulos de crédito de *Vértigo*. Pero en *La trama*, parece que Hitchcock, al término de su recorrido, haya querido recordar al espectador las condiciones teóricas vinculadas al poder del cine. La protagonista, Blanche, es una vidente; y una voz de hombre

24. A propósito de un proyecto abandonado después de *Marnie la ladrona* (*Marnie*, 1964), Hitchcock explica de la siguiente manera a Truffaut su reticencia con respecto a la imagen de la hipnosis: "Abandoné ese proyecto, porque me doy cuenta de que no se puede mostrar la hipnosis en la pantalla con la eficacia suficiente. Es un estado demasiado alejado de las experiencias vividas por el público y de esta manera volvemos a caer en la misma imposibilidad que nos impide filmar a 'ilusionistas y magos'. El público ha visto tal cantidad de trucos en las películas que adivina instintivamente el procedimiento de los cineastas; se dice: '¡Han detenido el filme en el rollo, han hecho salir a la mujer de la caja y la han soltado!' Pasa lo mismo con la hipnosis y, virtualmente, no habría diferencia alguna entre un personaje que estuviera hipnotizado y otro que simulara estarlo" (*Le Cinéma selon Alfred Hitchcock*, *op. cit.*, p. 233). A eso se puede contestar, como se ve en el caso de Manuela al final del *Pirata*, que no saber si un personaje está hipnotizado o no equivale a creer que puede estarlo, en relación simplemente con lo que muestra, al actuar, acerca del poder de fascinación (ya sea que la reciba o la ejerza). Y esa es también una manera de dar implícitamente testimonio a favor del cine como hipnosis.

—así se oye al inicio de la película— resuena entonces en ella ("Henry", Harry, en inglés uno de los nombres del diablo). Como si un tercer poder, un enunciador misterioso la hipnotizara. Por eso lo que ve o finge ver y sirve de matriz a todo lo que sigue desencadena la posibilidad simultánea de dos historias. Su cruce, coherente pero aleatorio (en eso *La trama* pertenece a un cine ya moderno, o al menos postclásico), culminará en el último plano de la película. Se trata de un primer plano de diamantes, escondidos entre los abalorios de la lámpara donde los descubre Blanche: plano que reúne en un espejeo único toda la película sobre el rótulo "Fin", de manera idéntica a la anunciada en la bola de cristal de la que surgía el rostro de Blanche en los títulos iniciales.

Más allá empieza el cine moderno, en sus fuera-de-tiempo mezclados. Tomemos por ejemplo *El espejo* (*Zérkalo*, Andrei Tarkovski, 1974). Su plano inicial no es, como se ha dicho[25], la imagen tan pregnante de la madre sentada en la barandilla delante de la casa (ese plano que abrirá *Un día en la vida de Andrei Arsenevitch* [*Une journée d'Andrei Arsenevitch*] de Chris Marker[26] —sin duda porque en él se combinan el recuerdo del moño de Madeleine en *Vértigo*, a través del cual se refleja la espiral del tiempo, y el de un plano parecido en *La Jetée*). Un largo prólogo, a menudo olvidado, como lo ha sido a veces el de *Persona*, abre *El espejo*. Su protagonista es un joven: desde el plano inicial, después de que un adolescente intente primero arreglar una televisión, el hombre se encuentra enseguida sometido a una sesión de hipnosis. Tartamudea de manera acusada, y la hipnosis debe suprimir ese tartamudeo. La mujer médico pide al joven que la mire, que mire fijamente un dedo que tiende hacia él entre sus ojos y al que la cámara acompaña hasta el rostro de perfil cuya sombra se proyecta en la pared. La inducción continúa, siguiendo diversas órdenes que suponen transferencias de energía, de las manos a la cabeza y al cuerpo entero; se crea así un estado de tensión extrema, cuya salida repentina debe liberar al sujeto. A una señal dada, la médico exclama: "En voz alta: 'Puedo hablar. ¡Venga!'. 'Puedo hablar'", dice el joven con voz firme. La película puede empezar, volver a empezar. Lo que liga el prólogo con el filme es totalmente opaco. Salvo que la búsqueda desespe-

25. Por ejemplo AMIEL, Vincent, "Mon fils, ou l'avenir de ma mémoire", en *Andreï Tarkovski*, col. "Dossiers Positif-Rivages", 1988, p. 109.
26. "Cinéma de notre temps" dedicado a Tarkovski (2000).

rada de memoria que arrastra a la película pueda presentarse como la autohipnosis a la que se somete su autor y a la que su espectador es atraído. Así, la hipnosis ya no es un proceso que se supone ha de dar forma a la película; se convierte en la película, por una transferencia enigmática una vez depositada en su poder y que podremos olvidar.

Teniendo en cuenta ese poder, Bergman ha podido decir que para él "Tarkovski es el más grande de todos. Se mueve con una naturalidad absoluta en el espacio de los sueños; él no explica, y además ¿qué iba a explicar? Es un visionario que ha conseguido poner en escena sus visiones en el más pesado, pero también en el más explícito, de todos los medios. Yo me he pasado la vida golpeando a la puerta de ese espacio donde él se mueve como pez en el agua. Solo alguna vez he logrado penetrar furtivamente".[27] Es conocida la insistencia con la cual Bergman ha vuelto en sus escritos y entrevistas sobre el cine como sueño, visión, invasión primordial de imágenes, hipnosis. Y sin embargo, si bien intentó representar muchos sueños y se acercó como pocos a través de las vacilaciones de sus personajes de los estados intermedios entre sueño y vigilia, solo una vez trató la hipnosis por sí misma. Y la manera en la que lo hizo, solo un año antes de *La noche del demonio*, es tan luminosa como desconcertante.

Efectivamente, todo lo que se refiere al poder y a la imagen de la hipnosis aparece en *El rostro* (1958) por defecto o por exceso, desplazado con relación a cualquier expectativa, como bajo el golpe de una exaltación depresiva debida al carácter mismo de los personajes. La indefinición de la hipnosis, que constituye su realidad singular, es inducida por contradicciones e inversiones varias que amplifican su imagen tanto como la diseminan, para hacerla coincidir con el vértigo propio que suscita la película. Hasta el punto de que esta se convierte propiamente en esa hipnosis cuya realidad es puesta en duda a medida que se produce. En un estudio detallado, Francis Vanoye señaló cómo *El rostro* es a la vez una meditación sobre las relaciones entre actores y espectadores, y sobre los poderes respectivos del teatro y el cine.[28] Es el des-

27. BERGMAN, Ingmar, *Laterna Magica*, (1987), París: Gallimard, "Folio", 1991, pp. 102-103. [*Linterna mágica*, Barcelona: Tusquets, 1995].
28. VANOYE, Francis, "Le spectateur capturé", *Iris*, nº 17, otoño de 1994, pp. 109-118. También indica cómo la película se ha presentado siempre como una transposición de elementos propios de la actividad teatral de Bergman y dibuja sobre todo a partir de esos datos un autorretrato indirecto de su realidad de cineasta y de artista en crisis

plazamiento del uno hacia el otro lo que permite especialmente una ficción situada en plena mitad del siglo XIX que tiene como protagonista a un magnetizador, continuador de Mesmer. Las mismas atribuciones de Vogler son imprecisas, tal como subraya el doctor Vergerus, un racionalista convencido, enemigo de "lo inexplicable". El momento en el que Vogler le deja en un estado lastimoso constituye la parte incandescente de la película: "Está por una parte el doctor Vogler que ejerce la medicina aplicando los métodos discutibles de Mesmer, y por otra está Vogler el ilusionista, de actividades más sospechosas, que hace juegos de manos con fórmulas que ha inventado". Pero son solo los trucos de este último, presentado como un falso mudo, llevados a cabo con su compañía (su mujer, disfrazada de ayudante-discípulo, un señor Loyal bullicioso, una vieja bruja que engaña a todo el mundo con sus ungüentos mágicos), los que establecen el recorrido con altos y bajos de la película, en la casa del cónsul donde actúan bajo control para unos espectadores selectos.

Así, la hipnosis, directa o indirecta, impotente o activa, relativizada pero productora de efectos allí donde menos se la espera, regula las relaciones cada vez más turbias y tensas entre actores y espectadores. Y ello hasta el momento clave en el que Vogler, al que habíamos creído estrangulado por un sujeto mal hipnotizado, se encuentra en posición de director de escena soberano, so pretexto de que Vegerus va a diseccionar su cadáver ficticio[29], lo que constituye la ocasión para comunicar por fin a este último la verdadera fascinación y el verdadero miedo que el cine es capaz de inducir. Este es el momento que Vanoye califica acertadamente de pre-cine, puesto que se sale del teatro para entrar en él; también podría denominarse "sobre-cine", hasta tal punto el pretexto de la muerte engañosa y el verdadero-falso cadáver se convierte en la ocasión no solamente de la venganza de Vogler sobre su arrogante contradictor, sino sobre todo en el triunfo permitido, en términos de visión, de un puro fantástico de puesta en escena que por fin trae a la imagen, estaríamos tentados de decir, la hipnosis como

(véase también sobre este punto AUMONT, Jacques, *Ingmar Bergman. Mes films sont l'explication de mes images*, París: Cahiers du Cinéma, 2003, p. 18).

29. Ello resulta posible gracias a la sustitución del cuerpo de Vogler por el cadáver de un actor que la *troupe* había encontrado al principio de la película y que desde entonces no ha dejado de oscilar entre la vida y la muerte.

materia propia, liberación esperada de un inconsciente de imagen. No se puede describir de verdad ese momento, como tampoco se puede describir el prólogo de *Persona* con sus planos múltiples soldados entre sí tanto por destellos como oscuridad. Sin embargo, aquí sigue la línea de una acción: los signos proyectados uno tras otro en el decorado de un desván lleno de trastos, por un Vogler oculto en la sombra a un Vergerus que actúa en la luz. Pero, por su fuerza arbitraria, estos signos también superan cualquier justificación realista, para confirmar que detrás del magnetizador ilusionista se encuentra otro, dotado de los poderes más puros de la puesta en escena (si antes de que empiece la escena Vogler ha tenido la posibilidad de poner un ojo humano en el orificio del tintero hacia el que Vergerus lleva su pluma, las hojas que resbalan del escritorio en el mismo cuadro donde este está sentado suponen un artificio distinto: así, lo que se apodera de Vogler es una fuerza de alucinación múltiple). Vanoye destaca dos rasgos dominantes en la secuencia: la soledad de Vergerus, que resulta idéntica a la del espectador de cine; el paso de la frontalidad hasta entonces determinada entre escenario y sala a un entorno perceptivo fragmentado, propio del "découpage-cine", en el cual queda atrapado el cuerpo del médico. A ello añade "la inducción física pura, producida por el ritmo y las tonalidades de la secuencia".[30] Llaman sobre todo la atención dos momentos que se encadenan, hacia el final: el rostro de Vergerus avanzando pegado a una especie de empalizada del otro lado de la cual le persigue Vogler, rostro que pasa así de un barrote a otro, de mayor a menor grado de sombra; y, cuando Vogler avanza por fin directamente hacia Vergerus que retrocede, pegado al suelo, el latido de sombra y de luz concentrado en el rostro de Vogler. Mantenido por la alternancia entre los planos sobre los dos personajes, ese latido alcanza la pura intensidad de un efecto de *flicker*. A falta de ser un poder seguro, apto para mantener la integridad orgánica de los relatos y la autonomía psíquica de los personajes, la hipnosis ha pasado a los planos, manifestando la fuerza aumentada de los dispositivos de los que participan, tal como ya hemos visto y como veremos cada vez más después de *El rostro* en las películas de Bergman, desde *El Silencio* hasta *Persona* y más allá.

30. VANOYE, Francis, "Le spectateur capturé", *op. cit.,* p. 115.

A dos cineastas contemporáneos se les ha ocurrido pedir algo más a la hipnosis. U otra cosa, y manifestar así de manera singular una relación reafirmada entre hipnosis y cine. Para poder llevar a bien el proyecto de *Corazón de cristal* (1976), Werner Herzog decidió hipnotizar a sus actores; y Lars von Trier agrupó tres de sus primeras películas, *El elemento del crimen (Element of Crime*, 1984), *Epidemic* (1987) y *Europa* (1991), dándoles como referencia común la hipnosis considerada en cada caso desde un ángulo propio, hasta el punto de que se ha podido hablar de ellas como de una trilogía de la hipnosis.[31]

La realidad de la experiencia vivida por Herzog con sus actores en el momento de la preparación y luego del rodaje de su película implica evidentemente, en sí misma, una dimensión enigmática. Pero, en conferencias de prensa y entrevistas, Herzog ya insistió lo suficiente sobre ello para que resulte indiscutible; se puede apreciar en un libro, aunque en términos indecisos, pues más que intentar aclararlo, se identifica con su objeto.[32] Parece ser que una película, ante todo, inspiró ese proceder: *Les Maîtres fous* (1955) de Jean Rouch ("cuando vi la película, estuve a punto de morir"). Herzog pidió primero ayuda a un hipnotizador reconocido para hacer el *casting* y escogió a los actores (profesionales y sobre todo no profesionales) tanto o más por su predisposición a la hipnosis que por su talento actoral o su aspecto físico (así, el 30% o 40% eran susceptibles de quedar en estado hipnótico manteniendo los ojos abiertos). Pero enseguida, Herzog prefirió obrar por su cuenta, y así ocurrió durante todo el rodaje. Recuérdese que para el momento de la selección les proyectó una parte al menos de su última obra, *Fata Morgana* (1971), y que así la visión misma de una película formaba parte del proceso de conjunto. En un registro parecido, Herzog también había pensado incluir un prólogo de cinco minutos antes de la película en el cual él mismo habría querido hipnotizar a los espectadores para poder despertarles al final de la proyección. Pero le pareció demasiado difícil, demasiado arriesgado.[33]

---

31. "Rendez-vous avec la peur", entrevista inédita con Lars von Trier, de 1988, por FEVRET, Christian, *Les Inrockuptibles*, suplemento Lars von Trier del número 261, octubre de 2000, pp. IV-VI. Las palabras de Lars von Trier citadas más adelante proceden de esa entrevista.
32. GREENBERG, Alan, *Heart of Glass*, Munich: Skellig Edition, 1976.

Hay dos maneras de comprender esta experiencia sin equivalente conocido (aunque se pueda imaginar, implícitamente, común a la situación de puesta en escena y de dirección de actores).[34] Por un lado, está al servicio de una película singular, aunque tanto esta película como la prueba suscitada sean el resultado provisional de una obra entregada ante todo a estados extremos, en lo que se refiere al guion y a los estados de cuerpos y los tratamientos de imágenes. Estados con los cuales la hipnosis puede estar más o menos emparentada, de acuerdo con su realidad ambigua y los medios para producirla. La ficción de *Corazón de cristal*, situada en una época remota en un pueblo bávaro, articula las visiones-predicciones de una especie de profeta, Hias, que hace más o menos oficio de recitador (significativamente, es el único al que no hipnotizaron), con el destino fatal de una comunidad abocada a su propia destrucción. Destrucción relacionada con la pérdida de la fórmula necesaria para la fabricación del Cristal-Rubí, que hasta entonces se llevaba a cabo en una fábrica de la que depende la supervivencia del pueblo (el hombre que estaba en posesión de la fórmula murió sin haber podido transmitirla). En cuanto a lo esencial, la película pone en relación cuerpos en estado de sonambulismo que, con los ojos abiertos, parecen ir al encuentro de su propia fatalidad consentida, hasta la locura y la muerte, con un color rojo múltiple que contrasta con los armónicos de los tonos más o menos apagados de interiores asfixiantes y otros de una intensa belleza luminosa, alucinatoria, inspirados por algunos paisajes. Rojo triple: de la sangre derramada varias veces (como el sacrificio ritual de una doncella, que había de ayudar a encontrar el secreto perdido); del incendio final de la fábrica, iluminando la noche; y sobre todo, a lo largo de toda la película, del Cristal-Rubí que se busca a través de los gestos de los obreros sin poder alcanzar nunca su esencia. Ese cristal que falta, "corazón de cristal", se convierte así, en la imagen y

33. Véase *Herzog on Herzog*, entrevistas realizadas por CRONIN, Paul, Londres: Faber and Faber, 2002, pp. 126-133, especialmente p. 127.
34. Robert Benayoun destaca la inspiración que conservó Huston del rodaje de *Let There Be Light,* durante el cual los médicos le autorizaron a hipnotizar él mismo a algunos de los pacientes a los que luego filmaba (HUSTON, John, *An open book, op. cit.,* p. 124): "De esas sesiones de hipnotismo había de guardar una facultad inaudita de persuasión y más de una vez mesmerizó a sus intérpretes, a sus colaboradores, empleando su voz grave" (*John Huston*, París: Seghers, 1966, col. "Cinéastes d'aujourd'hui", p. 45).

en el mito de la película, en un punto de fuga exacerbado que, a los ojos del espectador, garantiza esa hipnosis que flota sobre la película sin darle nunca una forma pero de la que depende su "estilización", como sugiere Herzog.

Por otra parte, resulta claro, aunque esta claridad siga siendo oscura, que la experiencia intentada por Herzog vale como metáfora del poder que siempre se manifiesta, en el cine, aunque de manera muy variable, entre un director y sus actores. La propia expresión, dirección de actores, supone una influencia que se convierte en garantía de otra de la que, combinada con otros muchos factores, el director saca provecho en relación con el espectador, en diferentes niveles de identificación (lo que Hitchcock llamaba la "dirección de espectadores"). Es esta variedad, de los factores y de los niveles, lo que parece haber querido explorar la trilogía de Lars von Trier (no sin recursos fáciles de puesta en escena y ambigüedades ideológicas).

Su fuerza radica en la variación que se produce de una película a otra. En *El elemento del crimen*, la situación viene dada desde el principio: un hombre se somete a hipnosis para retroceder en el tiempo. En varias ocasiones, por medio de pequeños toques, basta con el diálogo que apenas se establece entre el hipnotizador y el protagonista para que se reactive el proceso y se mantenga la película, al menos teóricamente, bajo su dominio (sintomáticamente, la última réplica de *El elemento del crimen* será: "Ahora ya puede despertarme. ¿Está usted ahí?"). Por otra parte, la propia película, por su ficción circular y desdoblada así como por la opacidad onírica de las imágenes ante todo nocturnas que la inducen, acumula un potencial de extrañeza que puede evocar, a veces con vulgaridad, la salida a la luz de un inconsciente, por opaco que sea. La situación es muy diferente en *Epidemic*, un proyecto ambicioso sobre diversas epidemias que golpearon Europa durante la Edad Media, que Lars von Trier tuvo que sustituir por la ficción de un guion improvisado cuya elaboración se convierte en el hilo conductor. La hipnosis interviene a dos niveles muy distintos en esta película muy errática, que mezcla el presente turbulento de la elaboración del guion con fragmentos de un pasado fluctuante, procedentes del proyecto inicial, que oscilan entre el siglo XIV y el siglo XX indefinido de una Europa presa de los recuerdos del nazismo. En cierto sentido, el primer nivel es puramente simbólico: es un Dr. Mesmer quien mantiene el delicado vínculo entre el pasado y ese presente borroso del que es un héroe condenado (se ve primero su partida de defunción redactada en letras góticas en un libro antiguo; y, por otra parte, ha sido designado para luchar contra la epidemia, a la vez que es considerado responsable de la enfermedad que propaga al querer curarla). Se propone así un vínculo entre peste, hipnosis y cine. El segundo nivel es mucho más sustancial, enriquecido por una escena extraordinaria de hipnosis, seguramente la más extrema si no la más fuerte que se haya visto en una pantalla (dejando de lado la posesión de *Les Maîtres fous*). Hemos llegado al final de la película real; los guionistas y el productor se reúnen para cenar y celebrar la terminación de un guion ficticio. Los guionistas comentan el final, el último episodio vivido por su protagonista Mesmer. Es entonces cuando llegan otros dos invitados: una joven y un hipnotizador. Este duerme rápidamente a la joven, tras un proceso de inducción clásico que acaba, no obstante, con estas palabras: "Entra en la película. Entra en *Epidemic*". A través de las palabras del médium, la película vuelve a empezar entonces como visión de una muerte generalizada transmitida por la peste. La médium se identifica tan profundamente con su evocación dolorosa que al hipnotizador le cuesta sacarla del trance ("Sales de la película. Sales de *Epidemic*"). Pero no sale, y los últimos momentos de la película evocan un caos indeciso en el corazón del cual la joven parece sucumbir a la crisis a la que ha sido arrojada.

Lars von Trier ha comentado extensamente esta escena, el proceso que la permitió y la creencia que obtuvo a través de ella. Recurrió a un hipnotizador muy bueno, un organizador de espectáculos; en una especie de *casting*, este escogió a una joven especialmente sensible. Previamente, le habían hecho leer un texto sobre la epidemia de peste. Luego representaron la escena final, primero sin hipnosis, y sin éxito. La escena se repitió bajo hipnosis, con el acierto que se aprecia, perteneciendo el final, por supuesto, a la ficción. Lars von Trier dice así, maravillándose del poder de la hipnosis que entonces descubría: "Creía que el hipnotizador iba a tener que hablarle durante mucho tiempo, pero le dijo apenas unas palabras y ya estaba. Cuando empezó a sugestionarla a propósito de la epidemia de peste [...], no tardó ni un minuto en echarse a llorar. Había visto llorar a actores muy buenos pero nunca nada parecido. [...] Lo extraño es que cuando se despertó no se acordaba de nada; pero tenía unos cardenales considerables en las rodillas, porque había saltado en la mesa". De esta manipulación que le parece justificada por los resultados que produce, el cineasta deduce a la vez una revelación sobre el cine que quiere hacer y la creencia en una identidad ("Para mí, está muy claro el paralelismo entre el cine y la hipnosis"). Y, volviendo sobre el papel que la hipnosis desempeñaba ya en *El elemento del crimen*, anuncia el que desempeñará en la última película de la trilogía.

La fuerza de *Europa* es la de una película enteramente concebida como un interminable proceso de inducción que se confunde así con el estado en el que supone ha dejado sumido a su espectador. Desde el primer momento se alza una voz, que se dirige largamente, o al menos así lo cree, solo a este último: "Ahora escuchará mi voz. Mi voz le ayudará y le guiará más profundamente al interior de Europa. Cada vez que escuche mi voz, con cada palabra y cada número... entrará en un nivel más profundo, abierto, relajado y receptivo. Ahora contaré hasta diez. Cuando llegue a diez estará en Europa". Y así, de uno a diez, despacio, la voz formula las transformaciones, físicas y psíquicas, que el espectador debe conocer para entrar en el estado hipnótico. Hasta que un fundido seguido de un *travelling* hacia adelante sugiera la visión de una masa oscura a través de la noche lluviosa. La voz prosigue: "Está escuchando el ruido de la lluvia que cae sobre un gran tambor metálico. ¡Acérquese!". Entonces entra en el campo un actor, de espaldas, en plano medio, se detiene, y la voz prosigue, dirigiéndose ahora al protagonista que se presenta, pero también, a través de este último y de manera evidente, siempre al espectador —es la inteligencia retorcida de un dispositivo de enunciación que se convierte en un análisis en acto de los procesos de identificación que vinculan al espectador simultáneamente con los actores-personajes y con el dispositivo-cine que los pone en escena. "Ha viajado usted a través de la noche alemana. / Ha conocido a la joven alemana. / (...) hay poco que ver. / Vaya a un nivel más profundo. / Cuando llegue a tres, recibirá un mensaje muy importante. Uno, dos, tres". Desde el principio del proceso de inducción y hasta que la voz cuenta "diez", un primerísimo plano de los ojos del protagonista todavía virtual remata la inscripción con una mirada que se ha abierto a la del espectador, sobre la imagen de un primer plano rodeado de oscuridad que avanza al compás de una música repetitiva a lo largo de los carriles de tren.

Dos estrategias formales y narrativas confinarán tanto a la película como a su espectador en una red tupida. Por un lado, la voz no cesará, dirigiéndose constantemente al protagonista para anunciar, comentar, precipitar sus acciones; y todo ello hasta que se ahoga en el río, cuyo curso acompañará (la voz habrá estado presente en diez ocasiones, induciendo en cada caso la acción en curso y llevándola a la siguiente). La voz podrá entonces volver al espectador al que en verdad jamás abandonó, para llevarle a las últimas imágenes que la ficción propone: "Siga el cauce del río. Al pasar los días, diríjase al Océano, que refleja el cielo. Quiere despertarse, liberarse de la imagen de Europa. Pero no es posible". Así, una vez terminada la película, la hipnosis prosigue en el espectador, su durmiente, para destacar su efecto y su recuerdo. De ese modo, *Europa* actualiza una versión más suave y más inventiva de la estrategia que Herzog había imaginado para abrir y cerrar *Corazón de cristal.*

Por otra parte, esta imagen obsesiva de los raíles sobre la cual se abre la película no es un emblema pasajero. Lleva directamente al tema de la película que precipita al héroe, convertido en revisor de coches-cama, al corazón del imperio formado por la compañía de trenes Zeutropa. Activa todavía al final de la guerra en el que se sitúa la acción, esta se ha visto comprometida con el régimen nazi cuya expansión siguió, hasta el punto de que la familia que ha fundado y sigue dirigiendo Zeutropa apoya a los partidarios nostálgicos de Hitler en su oposición a las medidas derivadas de la ocupación americana. La fuerza del tema depende también en gran medida de la lógica del dispositivo en el que entra, induciendo una equivalencia sin duda nunca antes formulada con tanta insistencia entre hipnosis y tren, hipnosis y cine. Sería muy largo desgranar todos los signos por medio de los cuales la imagen y la realidad del tren saturan las acciones y los procesos de imágenes (hasta la escena de amor entre el protagonista y la heredera de Zeutropa, tumbados entre los motivos de un gigantesco tren eléctrico). De la misma manera, resulta chocante que tantos planos se empeñen en multiplicar los efectos de contraste luminoso, de movimientos en espiral que hacen girar la imagen sobre sí misma, de avances obsesivos de todo tipo favorecidos por el tren —todo ello para mantener en el propio estilo y el trabajo de la imagen una fascinación inducida por una voluntad sistemática. Puede resultar irritante un expresionismo a menudo demasiado evidente (deseo sobremanifestado de expresión), una voluntad de captura demasiado marcada, todo lo que Daney resumía con la palabra "surlignage" [*sobre-rayado*] y que aquí se debe al reciclaje de muchos motivos y momentos tomados de Welles, Fassbinder o Lang (la escena de los dos compartimentos de trenes que se encabalgan reflejándose recuerdan tanto la de *Los espías* de Lang como la de *Berlín Express* de Tourneur). Pero a pesar de todo, la fuerza de *Europa* procede de esa exageración persistente, de la violencia de su tema que implica una sobreafirmación tal del cine, conducido, como el tren que es, en su dispositivo de hipnosis.

Finalmente, tres películas pueden bastar para cerrar este recorrido en zigzag del cine moderno o contemporáneo empeñado en decirse mediante la verdad oscura que le viene de la hipnosis. La primera, *Cure* (1997), del japonés Kiyoshi Kurosawa, se mantiene en el límite de la película de terror y del cine fantástico. La segunda, *La maldición del escorpión de jade* (2001), del americano Woody Allen, pertenece en cierto sentido al género que constituye su obra por sí sola, pero que está más o menos relacionado, como *Vuelve a mi lado* por ejemplo, con la comedia fantástica. La tercera, *Daguerréotypes* (1975), de la francesa Agnès Varda, tiene la virtud única de introducir en esa lógica la película documental. Una cuarta película, *Le septième ciel* de Benoît Jacquot, ya comentada detenidamente con detalle, adoptaba los contornos de la comedia psicológica a la francesa para abrir una relectura de *Vorágine* a las visiones esbozadas de "otra hipnosis". Juntas, estas tres otras películas tan diferentes dibujan una visión dislocada pero no menos pregnante de la hipnosis. Integrándose en el hilo/filme de la vida de barrio como heredera de los espectáculos populares procedentes de tiempos inmemoriales, en *Daguerréotypes*. Llegando en *La maldición del escorpión de jade* a una exacerbación paródica que la convierte en garantía del espectáculo cuyo curso determina. Finalmente, introduciéndose sordamente, en *Cure*, con un arte sutil de sus extravíos, en los meandros de una sociedad asustada de sí misma, así parece la hipnosis de ayer y de hoy.

Cure es también, como lo fue *El elemento del crimen* para Lars von Trier, la primera parte de una trilogía invadida por "fantasmas vengadores", conforme a un subgénero típico del cine japonés, de la que *Sesión* y *Kaïro* constituyen una especie de continuación.[35] Pero contrariamente a la serie de Lars von Trier en la que, de una película a otra, la hipnosis profundiza sobre sí misma, aquí solo se difunde en *Cure*, desplazándose en las otras dos películas hacia el espiritismo y la videncia, o la (des)posesión propia que se difunde a través de Internet. El tema de *Cure* es la influencia maléfica (espantado por la repetición y el carácter ritual de los asesinatos, el psiquiatra se ve reducido a invocar al "demonio"). Pero esta influencia se ejerce de acuerdo con una transferencia singular. Actuando sin motivo aparente pero

35. Sobre la trilogía, véase el estudio de DESCHAMPS, Youri, "Ghosts de Tokyo. La trilogie des 'yurei eiga' de Kiyoshi Kurosawa: *Cure* (1997), *Séance* (2000), *Kaïro* (2001)", *Trafic*, nº 59, otoño de 2006, pp. 83-96.

siempre de la misma forma, lacerando a su víctima con una X inmensa dibujada en las mismas carnes, los asesinos son empujados insidiosamente al acto por un ser a la vez mítico y muy real. Esta es la fuerza especial del argumento: un amnésico errabundo, que sugiere a cada uno lo que podría desear cumplir secretamente. Su lógica es vertiginosa. Dice a la joven médico que se supone le ha de curar, antes de convertirla en asesina: "Lo que antes tenía dentro de mí, ahora está fuera, así que puedo ver todo lo que usted tiene dentro". El primero en plantear la hipótesis de la hipnosis es el policía encargado de la investigación. Descubrirá en el asesino a un antiguo estudiante de psicología, gran lector de Mesmer, sobre el que le informa un psiquiatra (de una película a otra, llama la atención lo insistente que es la referencia). El momento más extraño de la investigación es aquel en el que este último muestra al inspector unos segundos de imágenes que serían "sin duda el documento más viejo filmado en Japón", probablemente rodado "a finales del siglo XIX": en un cuerpo impreciso se vislumbra la marca de la X sintomática y la posible sombra de un asesino o un hipnotizador. Así, el cine es reproyectado desde sus inicios en la genealogía de la hipnosis. Sin embargo, el momento más fuerte de la investigación es el final: se adivina que el asesino, al que el policía ha terminado por matar, renace en este último, convirtiéndose en el probable asesino de su mujer, presentada desde el principio de la película como un ser perdido, entre la neurosis y la psicosis, que arruina su vida en común. Así, la hipnosis es ese exceso incontrolable que infiltra la vida de una sociedad en la que su influencia fatal se ejerce proporcionalmente a la desesperación aislada de sus integrantes. También se convierte en el hilo que liga entre sí planos afectados por una violencia misteriosa, que a menudo parecen propagarse de uno a otro en ondas de choque, más que motivarse según una sucesión previsible, llevados por un arte impresionante del encuadre, el movimiento y la iluminación.

Es sabido que a Woody Allen, aficionado a la psicología, también le interesan los dispositivos de los que están hechos los pensamientos y las almas: de 1983 a 1990, *Zelig*, *La rosa púrpura del Cairo (The purple rose of Cairo*, 1985), *Días de radio (Radio days*, 1987), *Alice*, entre otras películas, lo atestiguan. La singularidad de *La maldición del escorpión de jade* está en que radicaliza, con cierto simplismo, una visión de la hipnosis aplicada al pie de la letra para desencadenar una mecánica alocada que, según se supone, justifica el espectáculo del cine. Bastan dos palabras ("Constantinopla", "Madagascar") sugeridas en el momento de un espectáculo por un hipnotizador de feria que es a la vez un ladrón de alto vuelo, para que dos agentes de una compañía de seguros, enemigos declarados, se enamoren perdidamente. Luego, basta la palabra dicha por teléfono a uno u otro por Voltan Polgar, para verse empujados a cometer bajo hipnosis robos de joyas sobre los que se supone que ellos mismos conducen una investigación. La simplicidad un tanto absurda del planteamiento tiene una ventaja: abre una espiral cuya lógica se despliega mientras dura el espectáculo del que oficia como garantía. La película se convierte así en la hipnosis de la que es el cuento, hasta el final feliz que garantiza el uso por parte de cada uno del vocablo mágico, que se supone ha de garantizar, a la vez y para siempre, el estado de enamoramiento de su *partenaire*. El cine es así ese dispositivo que tiene en la hipnosis uno de sus nombres. Basta con recordarlo parodiando a principios del nuevo siglo el cine hollywoodense de los años '40 (es la época en la que se sitúa la acción), para perpetuar su planteamiento.

Como cabe imaginar, muy distinto es el ejemplo *Daguerréotypes*, filmado con ayuda de un cable de noventa metros sacado por Agnès Varda de su casa en la calle Daguerre. La hipnosis es introducida en este caso por Mystag, el mago que un día vino a presentar su espectáculo a los vecinos del barrio. Espectáculo de magia tradicional, con todos sus trucos convencionales, de los cuales la hipnosis será solamente el término. "Voy a dormirles a todos. Concéntrense en mis palabras. Se encuentran en un sueño profundo. Están dormidos, dormidos, dormidos..." dice Mystag a los presentes, después de haber despertado en el escenario a un primer sujeto. Mucho antes en la película, la voz de Agnès Varda decía, para introducir a ese héroe de paso: "Va a despertar a los médiums adormecidos. Va a dormir a una gente que ya está inmóvil". Todo dependerá del arte del montaje, que poco a poco enlazará los motivos del espectáculo con los de la vida cotidiana de los vecinos de la calle. Hasta el punto de transformar, por ejemplo, el cuchillo del carnicero que corta su trozo de carne en el cuchillo de Mystag, que se atraviesa el brazo para quitárselo al momento mágicamente. O de asociar la mirada soñadora de una joven, que presuntamente iba a convertirse en médium de una manifestación de los espíritus, con planos pregnantes en los que se la ve fascinada por un número de patinaje artístico, donde se manifiesta como la figura que no para de dar vueltas. Así, poco a poco, todos los vecinos del barrio se encuentran presos de las fuerzas misteriosas que propone el espectáculo de magia y las que les sostienen o les obsesionan en su vida cotidiana (como la turbadora figura de Madame "Chardon Bleu", aquejada de una especie de amnesia y llamada, al atardecer, por la fuerza que la impulsa a salir de su tienda, sola, a la calle, tal como explica su marido con inefable ternura). A partir de este impulso, Agnès Varda hizo a todos sus actores improvisados una pregunta sobre sus hábitos de sueño, y así descubrió a un sonámbulo. Cuando llega en la película el momento fuerte de la hipnosis, al pronunciar Mystag sus fórmulas de inducción ante *La Gioconda* colgada en la pared y mirando fijamente a los asistentes con su ojo eterno, aparecen todos los vecinos del barrio, de uno en uno, inmóviles, capturados en determinados momentos de su vida cotidiana, sin por ello ser objeto de verdaderas congelaciones de imagen. Cada plano es separado del siguiente por un largo fundido en negro, para componer "daguerrotipos vibrantes".[36] Se intercalará un plano mudo del mago con los brazos extendidos, para recordar ese efecto del que es el intercesor. ¿Cómo entender todos esos planos, que vienen poco después de las respuestas acerca de los sueños? Según parece, equivale a decir que la hipnosis entra también en la materia misma de la vida más simple, que esta se halla en cierto modo impregnada por una especie de hipnosis. Volviendo sobre su película y ese cable que recién sacó a su calle, Agnès Varda dirá también: "Más tarde, he vuelto a pensar en ese hilo que me había mantenido atada a la casa y al pequeño Mathieu [su hijo, nacido dos años antes del rodaje]. Era el cordón umbilical, ¡todavía no estaba del todo cortado!".[37] La hipnosis también es eso, el cuerpo más cercano, más íntimo de la infancia. Es también, en *Daguerréotypes*, una manera más de disolver la imagen de la hipnosis y generalizarla.

---

36. VARDA, Agnès, *Varda para Agnès*, París: Cahiers du cinéma, 1994, p. 143.
37. VARDA, Agnès, *Varda para Agnès*, *op. cit.*

Al azar de Baltasar, Robert Bresson, 1966

III. ANIMALIDADES

Unos cincuenta días después, se encuentran en un museo lleno de animales eternos.

Chris Marker

La mirada fija y animalmente extática de los niños ante lo nuevo, sea lo que sea...

Charles Baudelaire

El hombre es el animal que va al cine.

Giorgio Agamben

El cuerpo, el animal, el ser en acción de la pantalla nos dejan algo al pasar.

Jean Louis Schefer

El cine es como un animal [...]. Del animal a la animación, de la figura a la fuerza, de una ontología pobre a una pura energía, el cine sería la metáfora tecnológica que configura miméticamente, magnéticamente, el otro mundo del animal.

Akira Mizuta Lippit

Esa emotiva banda de Moebius en la que consiste todo animal.

Élisabeth de Fontenay

No existe reino alguno, ni del hombre ni del animal, solamente transiciones, soberanías furtivas, ocasiones, huidas, encuentros.

Jean-Christophe Bailly

Aun más que las películas de niños, uno de los méritos de las de animales, entre otros, es que nos hacen tocar los poderes extremos del cine y sus límites.

André Bazin

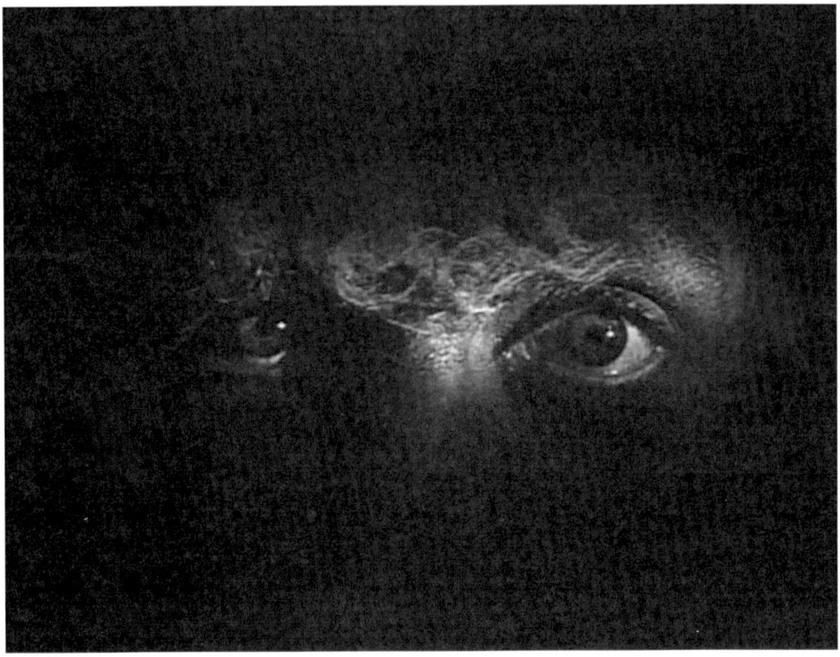

El Dr. Mabuse, 1º parte, Fritz Lang, 1921

12. DE LA HIPNOSIS AL ANIMAL

A través de Mabuse, una línea lleva directamente de la hipnosis al animal. En la *Primera parte* de *Dr. Mabuse*, durante la partida de cartas, surge ese plano, después de que el rostro de Mabuse se haya acercado hacia Wenck como una fuerza implacable de luz. Un plano rápido, aberrante, en el límite de la alucinación: solo la parte alta de la cara de Mabuse, con los ojos centelleantes, convertida en algo parecido a una máscara de animal, entre león y perro. De la misma manera, también durante otra partida, la "rusa gorda" que pierde en el juego dice a la Carozza, para explicar su desasosiego: "Me miraba con esos ojos malvados, ¡¡¡como un diablo!!! — Sí... tiene los ojos malvados de un animal feroz...". En la *Segunda Parte*, el rótulo que anuncia la Sesión experimental de Sandor Weltmann en la "Gran Sala de la Filarmonía" lleva a cabo esta fusión, añadiendo a los términos que se encadenan, como se ha visto, de la sugestión colectiva a la hipnosis: "el inconsciente de los hombres y de los animales". La hipnosis establece el vínculo entre ambos. Por eso, demostrando un poder capaz de inducir, a la vista de un público fascinado, imágenes animadas que se imprimen en una pantalla de teatro pero que se convierten en reales hasta el punto de que los cuerpos suscitados superan el límite del escenario y se dirigen hacia los espectadores, Fritz Lang escogió como motivo de esa ilusión una caravana que avanza por el desierto, mezclando hombres y animales. Tres años antes, ya había dado como título a su primer gran serial, *Die Spinnen*, 1919-1920, el nombre de la sociedad secreta ("Las Arañas") opuesta al aventurero Kay Hoog en un relato descabellado, uno de cuyos motivos fluctuantes y múltiples será la hipnosis.

Hay dos maneras de expresar este vínculo. La primera, factual, enumerativa, equivale a una colección de signos. En muchas películas, por la situación de hipnosis, se recurre a una insistencia puntual, más o menos enigmática, en la figura animal. Por ejemplo, *Sombras* termina con la imagen insistente del mostrador de sombras montado sobre un cerdo y desapareciendo del encuadre por el impulso de la carrera que los arrastra. Pero habíamos observado, también, la parte inferior de su traje de mago que, subida, dibuja en su mismo cuerpo burlesco un rabo parecido al del animal que termina montando. O bien, según el mito, el *Dracula* de Tod Browning, hace surgir, al contrario que el *Nosferatu* de Murnau, el vuelo inmenso de un murciélago en el marco de la ventana de la habitación en la que duerme Mina, antes de que entre el vampiro como una criatura de ultratumba y atraiga a la joven, sumida en un estado que es una mezcla de sueño e hipnosis (es lo que retomó Herzog en su *Nosferatu* en 1979). En el mismo *Nosferatu*, una verdadera cadena animal se encuentra asociada a lo largo de la película a la hipnosis implícita que emana de la figura del vampiro, pensada como tal por el genio de Murnau.[1] O también: durante el sueño-fantasma bailado en *El pirata*, Manuela se encuentra de repente transformada en un conejo cuyas orejas inmensas son cortadas por Serafín. Lo cual es una manera de subrayar el ir y venir de la seducción y la agresividad que abre entre el hombre y la mujer su abandono común al dispositivo de espectáculo, situado bajo el signo de la hipnosis a la que Serafín somete a Manuela en el tablado de su teatro. O también, en otras películas por las que ya hemos pasado: Svengali tratado de "buitre", su voz comparada con el "graznido áspero del cuervo", las representaciones de animales que ilustran los rótulos (en *Trilby*); y ese gato negro que duerme ostensiblemente sobre las rodillas de Svengali cuando Trilby llega por la noche, atraída por su llamada hipnótica —ese gato duplicado por su sombra, apostado delante de un agujero de ratón, y ante el cual la cámara queda fascinada, en un primer plano enigmático, el úl-

1. He aquí la lista, establecida a partir del "découpage" con fotogramas en el libro de BOUVIER, Michel y LEUTRAT, Jean-Louis, *Nosferatu*, París: Cahiers du cinéma/Gallimard, 1981 (los números que se dan corresponden a los de los fotogramas que en el "découpage" van en negrita): gato con el que juguetea Ellen-Nina (6) - la hiena que anuncia a Nosferatu, asustando a los caballos, cuando Hutter llega a los Cárpatos (78-80, 83, 85) - el insecto que caza Hutter escribiendo, los mosquitos o las arañas que podrían justificar las mordeduras que se descubre en el cuello (182-183) - las ratas que salen del ataúd abierto y que invaden el barco (291-294) - la planta carnívora, "vampiro del reino vegetal", cerrándose sobre una mosca, que muestra a su auditorio Bluwer-Van Helsing, el profesor de ciencias naturales (296-301) - las moscas que coge y se come Knock, el agente inmobiliario, en su celda (306-311) - "¡otro tipo de vampiro! Un pólipo con tentáculo", que Bluwer enseña (314-320) - la araña avanzando en su tela dentro de la celda (322) - el gallo anunciando la llegada del día y la muerte inminente de Nosferatu (584).

timo de la secuencia, después de que Trilby le haya abandonado (en *Svengali*); Yves Montand en *Vuelve a mi lado*, transformándose virtualmente en perro, entre otras metamorfosis, cuando canta "Come back to me"; o también, con la capacidad sugestiva propia de las películas más recientes, esos planos tan extraños sobre animales, en libertad y luego en jaulas (conejos, monos, pájaros), en *Cure*, en el camino que lleva al policía al apartamento del asesino, donde descubre a un asiduo lector de Mesmer —planos repetidos, intercalados sin razón aparente, a veces de manera muy elíptica, para parecer insistentes y subliminales. Finalmente, el propio animal puede convertirse en sujeto de la hipnosis, como se ve por ejemplo en *Was ist los im Zirkus Beely?* (Harry Piel, 1927), donde, entre tantos animales implicados en la acción, el protagonista amaestra por hipnosis a un tigre que a partir de ese momento le sigue como un perro.

Pensemos también en cuánto puede oscilar la imagen de la hipnosis entre literalidad y metáfora, en proporción con la sensación de realidad singular despertada por algunos momentos que solo la palabra permite calificar y que se encuentran determinados por la violencia de una presencia animal. Como indica la anotación de Jean-André Fieschi a propósito de una escena "terrible" de *Diario de una camarera (The Diary of a Chambermaid*, Jean Renoir, 1946): "[...] cuando el Capitán loco interpretado por Burgess Meredith e hipnotizado por Célestine-Paulette Goddard estrangula poco a poco y sin darse cuenta a la ardilla que tiene entre sus manos febriles —de la caricia al estrangulamiento, hasta el estupor del cuerpecillo repentinamente inerte, en una sola toma, que traza una línea imparable e imprevisible de la euforia al horror".[2]

Pero también puede ocurrir que ciertos efectos de cruzamiento sean mucho más pregnantes. También en este caso, Tourneur sirve de ejemplo. En *La noche del demonio*, dejando de lado al diablo incandescente introducido por la productora, la realidad de la hipnosis que impregna la película se encuentra doblemente relacionada con la animalidad. Por un lado, la referencia a la imagen bestial del diablo medieval que presentan los grabados del *Compendium Maleficarum* se reactiva, a través de dibujos hechos en pleno siglo XX que imitan tales grabados, en un sujeto fulminado por una creencia irracional (Hobbard). Por otro, la transformación fulgurante de un gato en leopardo des-

---

2. FIESCHI, Jean-André, "Poulpe au regard de soie!", en ASTRIC, Sylvie (dir.), *L'Animal écran*, París: Centre Georges Pompidou, 1996, p. 23.

plaza en el sujeto escéptico (Holden) el grado de realidad de la creencia en lo irracional. Este ha entrado de noche, por efracción, en casa de Karswell, para consultar el famoso libro (*The True Discoveries of the Witches and Demons*) que falta en la biblioteca del British Museum. Baja por la escalera en una oscuridad relativa. Un primer plano de una cabeza de gato de ojos amenazadores le corta el paso; luego, el animal se aleja y Holden, con la mirada pensativa, se acerca al despacho en el que le espera el libro. Mientras frota una cerilla para iluminar las páginas, se cierra una puerta y se repite el primer plano sobre el gato. Pero, con un breve encadenado, lo que aparece es una cabeza de leopardo, y el animal se lanza sobre Holden. La llegada de Karswell interrumpirá el furioso combate iniciado: encendiendo la luz en la habitación y acariciando ostensiblemente a su gato, se acerca a un Holden descompuesto, con un atizador en la mano. Ante sus protestas a propósito de la presencia de una "cosa", como atestigua al menos la manga destrozada de su chaqueta, Karswell solo replica: "Nada que deba preocuparle. Solo un demonio menor protegiendo la habitación, nada parecido a algo real si uno se lo encuentra". Justo después, volviendo por el bosque, Holden será atacado por la luz-monstruo, tocando el punto en el que su escepticismo está a punto de vacilar. Cabe entonces recordar que, dos secuencias antes, entre el momento en el que Holden vaga por los megalitos de Stonehenge (comparando los signos del fragmento de pergamino "mágico" con los grabados en la piedra) y el momento en el que se encuentra con Joanna y la lleva a la sesión de espiritismo durante la cual será representada de nuevo la muerte de Harrington, aparece un gato sin motivo, insistente, en el ángulo de una pared (luego de lo cual un movimiento de cámara se aleja para volver a la acción en curso). Así, en *La noche del demonio* la presencia animal parece el suplemento natural de las fuerzas en conflicto encarnadas a través de las dimensiones plurales de la hipnosis, alimentadas a su vez por la captación de la mirada propia de las variaciones continuas de la sombra y la luz.

A la inversa, en *La mujer pantera*, hay una situación totalmente dedicada a la animalidad, durante una secuencia crucial, estrechamente relacionada con la hipnosis. Irena está en la consulta del doctor Judd. Primero se la ve, en una oscuridad profunda, tumbada en el diván, con el óvalo de la cara iluminado solo por una lámpara-proyector, y se adivina al doctor Judd de espaldas en la sombra (para que, según ese tratamiento de la mirada y la luz, el dispositivo psíquico parezca una puesta en abismo del dispositivo-cine). Luego, un primer plano impresionante expone ese rostro de ojos cerrados, del que surge la queja de la joven sobre el tormento que le infligen los "gatos" que habitan sus noches ("Sus pasos sigilosos resuenan en mi cerebro. No tengo sosiego, porque están dentro de mí"). Cuando el doctor Judd la despierta, Irena no se acuerda de nada; pero, como había avisado, el doctor Judd ha ido anotándolo todo en su libreta, y vuelve a hablar con ella sobre el fantasma del que, según cree, Irena es presa desde la infancia (de paso, ha desarrollado un motivo clásico que, según hemos visto ya, es común a Mabuse y Svengali: "La hipnosis siempre me cansa. A algunos de mis pacientes también les parece agotadora"). La ley de lo fantástico llevará a Judd a morir por cometer el error de no querer creer en su hipótesis: en su cuarto encuentro con Irena, demasiado abiertamente marcado por un deseo de seducción, el fantasma se vuelve cuerpo real e Irena-la-pantera se arroja sobre él, como lo hará quince años más tarde sobre Holden el gato convertido en leopardo. Lo esencial es que, en ambos casos, se ha establecido una relación de implicación entre animalidad e hipnosis. De tal modo que las dos dimensiones se propagan juntas, en el ambiente y el destino comunes que desarrollan las modalidades intensivas del blanco y negro. En sus películas de carácter fantástico, la fuerza de Tourneur radica en que hace que elementos capitales de guion, que son al mismo tiempo visiones del mundo —la hipnosis, la animalidad, así mezcladas—, resulten reveladores de lo que le parece el cuerpo del cine.

Se recordará que, sobre la imagen de los títulos de crédito de *La mujer pantera* (la pantera negra grabada que encontramos en un panel en el apartamento de Irena), se oye una variación orquestal de la canción de cuna "Dodo l'enfant do"[3], situada allí por el siempre francés Jacques Tourneur, antes de convertirse en un leitmotiv persistente de la película y su protagonista. Es una manera de decir que el niño que duerme en cada espectador, como el animal que es, entra desde el principio de la película en la hipnosis del cine. Y para que no se olvide nunca hasta qué punto la música participa de ello, recordemos también que en cuanto acaban los títulos de crédito con la frase "freudiana" citada y atribuida al doctor Judd, oiremos, desde el plano inicial que introduce a la verdadera pantera en su jaula con un admirable movimiento de vaivén, una música penetrante de organillo, que aumenta el efecto de inducción de la canción de cuna.

---

3. EISENSCHITZ, Bernard, "Six films produits par Val Lewton", en *Le cinéma américain. Analyses de films, II, op. cit.,* p. 50.

Así, la animalidad encarna la parte de hipnosis interna del cuerpo de emoción. En línea directa con la hipnosis animal, con un influjo ejercido de un cuerpo a otro, como por medio de máquinas que desatan en la criatura humana sus afectos más somáticos.

Esta es la segunda manera, mucho más delicada, de captar semejante vínculo. Es añadir a una idea preconcebida ya oscura otra que no lo es menos, con la firme esperanza de que se aporten luz recíproca. La primera ha creído posible establecer una equivalencia entre la masa infinitamente variable de las emociones suscitadas por las películas y los efectos de hipnosis más o menos leve que inducen. La segunda idea preconcebida lleva a reconocer, a través de esa misma equivalencia, una razón atribuida a la parte de animalidad que supuestamente define lo humano, en proporción con el vínculo primordial atestiguado entre el animal y el cine a lo largo de su historia.

Es sabido que todas las artes, y en primer lugar la literatura, dieron testimonio de la importancia de la representación animal, cada vez mayor desde el gran giro del siglo XIX, como para responder a la desconexión que, en realidad, afectó a una complicidad inmemorial entre hombres y animales. La aparición del maquinismo y el desarrollo de la racionalidad industrial son una de las varias razones de esta desconexión. Lo que sirve de marco conceptual para una transformación progresiva de la historia natural en biología, de manera general, es la aparición de "la vida", descrita por Michel Foucault[4], asegurando así poco a poco, a lo largo de dos siglos, complicidades de un orden distinto entre lo humano y lo animal —en el mismo momento en el que el equilibrio antiguo de la realidad del mundo se encuentra cada día más amenazado por la desaparición de tantas especies, por motivos tan diversos de los que el hombre es igualmente responsable. También a eso responden, desde hace tanto tiempo, muchas imágenes de animales, y el cine desde su nacimiento de manera sobrecogedora.

En un artículo hoy muy olvidado, de la época de los de André Bazin (el hombre del loro Coco[5] y otros muchos animales, reales o de cine), Étienne Souriau presentaba un estado de las estrechas relaciones entre "el universo fílmico y el arte animalista".[6] Deteniéndose en "la parte proporcional de pre-

---

4. FOUCAULT, Michel, *Les Mots et les Choses. Une archéologie des sciences humaines*, París: Gallimard, 1966, pp. 238-245, 275-292.

sencia", destacaba como una evidencia que "la del animal en el arte fílmico es masivamente superior de lo que cabía esperar, si nos limitamos a evaluar sus probabilidades por analogía con las otras artes del presente, el nivel medio de las curiosidades 'animalistas' en nuestra cultura y la situación tecnológica general". Hacía observar, por ejemplo, que los sesenta años durante los cuales el cine se ha constituido como arte han coincidido con "un hecho tecnológico de gran importancia en la historia de la humanidad [...], el cese brusco y casi total del uso del caballo como fuerza motriz, como procedimiento práctico de locomoción, como medio de combate". Subrayando que la razón se debe más a la invención del motor de explosión que a la del ferrocarril, indica todo lo que el cine debe en cambio al caballo, aunque sea solo gracias al *western* (podrían añadirse muchas películas históricas), en lo que se refiere a temas y personajes y, sobre todo, a "recursos cineásticos" (luces, velocidades, etc.), Souriau aprovecha para destacar que se trataría de una justa reciprocidad, si se tiene a bien recordar la importancia que en el nacimiento del cine tuvo el estudio del galope de caballo, a través de las realizaciones de Muybridge y los trabajos decisivos de Marey sobre la locomoción animal. Por otra parte, insiste en tres "hechos masivos", que examina rápidamente: la importancia de las películas concebidas para verdaderas "individualidades animales", todos los caballos, elefantes, chimpancés o perros amaestrados para ser protagonistas (desde la serie de los Tarzanes hasta la "fiel Lassie"); la existencia de verdaderas monografías animalistas, de las que ofrecen un modelo las películas científicas de Jean Painlevé (que tanto gustaban a Bazin)[7]; finalmente, "la abundancia y el enorme éxito de las películas documentales" (desde *Nanuk el esquimal* [*Nanouk of the North*], Robert Flaherty, 1922) o las primeras películas de Ernest Schoedsack y Merian C. Cooper hasta la masa de películas de Walt Disney

---

5. BAZIN, André, "De la difficulté d'être Coco", *Cahiers du Cinéma*, nº 91, enero de 1959, pp. 52-58.
6. SOURIAU, Étienne, "L'univers filmique et l'art animalier", *Revue internationale de Filmologie*, t. 7, nº 25, enero-marzo de 1956, pp. 51-62.
7. Souriau recuerda aquí, sin razón, *L'étoile de mer* (1928) de Man Ray, que es una ficción breve de tipo poético (basada además en un poema de Robert Desnos). Pero es cierto que en la base de la evocación que hace las veces de relato se encuentra la imagen más que insistente de una estrella de mar, animal vivo a la vez que objeto, analogía vibrante de la figura femenina y del deseo que habitan el filme.

dedicadas a animales reales). Souriau ve también todos los efectos de mezcla entre documental y ficción que afectan por ejemplo, y el caso le fascinó, a la "provincia particular" del mundo animal submarino. Finalmente, reprochando amablemente a Henri Agel la omisión de "un arte animalista completamente nuevo" en un libro al que su título, *Le cinéma a-t-il une âme?*, debería, más que ninguno, comprometer en esa vía, hasta tal punto el cine ofrece una "exploración asidua, llena de una simpatía intensa y a veces casi piadosa, de la vida y el alma de las criaturas con instinto", Souriau termina su revisión destacando tres dimensiones "propiamente fílmicas" del motivo animalista. Se trata de las *motivaciones cinéticas* (las más evidentes, cuyas curvas y arabescos se dedica a detallar); las *motivaciones morfológicas* (entre las cuales se encuentran todos los juegos de luces, de tonos, de colores, así como de las maneras propias que tiene el animal de "*amueblar* el espacio fílmico"); y para terminar, las *características expresivas*. Esto sería, para Souriau, lo esencial. Y si, al escribir del animal que "su relación diegética con el hombre hace que esté disponible toda la gama emotiva", Souriau insiste especialmente en emociones acostumbradas, categoriales, basta con poner en relación los tres niveles de motivaciones destacadas para comprobar que es todo el juego de las emociones más libres lo que se induce mediante este elogio tan sentido del animal de cine.

¿Pero cómo relacionar más claramente esta red de emociones que nace de la animalidad con la hipnosis? Poniendo frente a frente, para mezclarlas, dos áreas de pensamiento de amplitud desigual, pero cuyo cuerpo, en su vínculo con el alma o la mente o el cerebro, constituye el punto de unión problemático. La primera, interior a la filosofía al menos desde Aristóteles, luego en el seno de un mundo durante mucho tiempo definido por el cristianismo, está obligada continuamente a definir y redefinir el enigma propio de la naturaleza siempre incierta del hombre confrontándola con un supuesto saber acerca de la naturaleza de los animales (es el programa esbozado como en negativo por Jacques Derrida: "Solo se comprende a un filósofo entendiendo bien lo que pretende demostrar, y no consigue demostrar de verdad, del límite entre el hombre y el animal").[8] Élisabeth de Fontenay ha llevado a

8. DERRIDA, Jacques, *L'animal que donc je suis*, Galilée, 2006, p. 147. [*El animal que luego estoy siguiendo*, Madrid: Trotta, 2008].

buen término la historia monumental de esta confrontación, subrayando el sentimiento que la acompañó: "una impotencia real para definir algo que pudiera ser propio del hombre".[9] Así, parece que en el pensamiento moderno —si exceptuamos a Montaigne, algunos momentos muy escasos de cambios favorables en los grandes sistemas clásicos (en Leibniz por ejemplo) y luego a los pensadores materialistas del siglo XVIII— ha sido preciso llegar, a través del laberinto de razones e instintos mezclados propio del siglo XIX, a la época actual para tener la posibilidad de alcanzar de manera verdaderamente segura lo que Élisabeth de Fontenay designa al principio de su libro como una "zona de indeterminabilidad, de indiscernibilidad entre el animal y el hombre".[10] Evidentemente, se precise o no, el sentimiento es tributario del avance cada día más llamativo de la biología molecular y del pensamiento del cerebro, siempre que este sea concebido como cuerpo más que como ordenador.[11] Es, por ejemplo, la postura de Jean-Didier Vincent, que vincula la hipnosis con "las fuerzas vivas de la animalidad"[12] e instituye el espacio común al hombre y al animal en una individuación subjetiva del cuerpo fundamentada desde el nivel molecular.

El segundo objetivo depende de la imbricación más limitada, pero pregnante, establecida entre la hipnosis y la animalidad, tanto en el pensamiento filosófico como en la teorización, médica o de otra índole, de la hipnosis. Es en François Roustang la afirmación central de una "animalidad humana", inspirada en gran medida por los trabajos de Jean-Didier Vincent.[13] Llega a sugerir que "los animales viven en estado de hipnosis permanente" y

---

9. DE FONTENAY, Élisabeth, *Le Silence des bêtes. La philosophie à l'épreuve de l'animalité*, París: Fayard, 1998, p. 13.
10. *Ib.*, p. 37. Deleuze, al que Élisabeth de Fontenay cita entonces de manera aproximada, escribe que la pintura de Francis Bacon constituye "una *zona de indiscernibilidad, de indecidabilidad*, entre el hombre y el animal" (*Logique de la sensation*, p. 20). Élisabeth de Fontenay sitúa a Deleuze, al principio de su libro, entre las "intercesiones".
11. Véanse los dos libros de PROUST, Joëlle, *Comment l'esprit vient aux bêtes. Essai sur la représentation*, París: Gallimard, "Les Essais", 1997; *Les animaux pensent-ils?*, París: Bayard, 2003.
12. VINCENT, Jean-Didier, "Animalité de la pensée et subjectivité animale", en STENGERS, Isabelle (dir.), *Importance de l'hypnose*, París: Les Empêcheurs de penser en rond, 1993, p. 143.
13. ROUSTANG, François, *Influence*, *op. cit.*, pp. 9-10.

que “en este sentido, la hipnosis animal no existe, porque siempre viene dada”.[14] La propia expresión “magnetismo animal”, en Mesmer, indicaba la vía, que además se expresa en otros enunciados: cuerpo animal, fluido animal, gravedad animal. Pero será en Maine de Biran, el primero en intentar pensar el mesmerismo, tal como ha destacado Roustang, en quien tomen cuerpo ambos temas, por una especie de coalescencia. Efectivamente, fue el autor tanto de *Notes sur le traité de la nature des animaux* (1794-1795) como de *Mémoire sur les perceptions obscures ou sur les impressions générales affectives et les sympathies en particulier* (1807) y sobre todo de *Nouvelles considérations sur le sommeil, les songes et le somnambulisme* (1809). Liberando al magnetismo de la objetividad atribuida al fluido para reconocer allí la dimensión de influencia de una psicología intensiva, Maine de Biran ilumina así las tres grandes cuestiones que, según Roustang, recubre “el enigma de la influencia”.[15] Es decir: “[...] ¿qué características cabe suponer al estado de crisis? ¿Por medio de qué signos se lleva a cabo la comunicación en ese estado? ¿Qué ocurre con la relación entre magnetizador y magnetizado?”.

Tomemos estas cuestiones en sentido contrario, para llegar a la animalidad. Más que por la voluntad, el magnetizador y el magnetizado comunican por el deseo y la imaginación. Roustang cita así a Maine de Biran: “Puede haber signos y formas de comunicación de una imaginación a otra [...] especialmente apropiados al estado del alma y el cuerpo llamado magnético. En ese estado [...] una multitud de impresiones, nulas o sin efecto en el estado ordinario, que se han vuelto entonces sensibles, podrían servir de signos o medios de comunicación del magnetizador con el magnetizado”. Segundo punto: esas impresiones múltiples son lo que Maine de Biran llama “percepciones oscuras”. Si seguimos tanto lo que retiene Roustang de este concepto como lo que Maine de Biran incansablemente intenta captar en su *Mémoire*, se advierte que esas percepciones o impresiones oscuras (que llama sobre todo “impresiones afectivas”), de naturaleza esencialmente pasiva, se oponen a las “percepciones completas”, vinculadas a la actividad del yo y sus poderes de representación. “Cada sentido, subraya Roustang, puede

14. ROUSTANG, François, *Qu'est-ce que l'hypnose?*, *op. cit.*, pp. 86-87.
15. ROUSTANG, François, *Influence*, *op. cit.*, pp. 71-76, para todo el largo pasaje sobre Maine de Biran.

ser la sede de una diferenciación de este tipo". Insiste sobre la vista y el oído, sobre los valores sensibles y afectivos inmediatos que destaca Maine de Biran, por encima de cualquier conciencia organizada. Así, nos encontramos muy cerca de la lógica leibniziana de las pequeñas percepciones, oscuras o confusas, frente a las de la percepción consciente, claras y diferenciadas: esos "pequeños plegados" en los que Deleuze reconoce "el estado animal o animado por excelencia". También dice: "El animal al acecho, el alma al acecho", para calificar el paso continuamente inestable y recurrente de un nivel de percepción a otro.[16] Y, tercer punto, lo que Roustang subraya desde el principio es una referencia semejante a la animalidad, constante en Maine de Biran, en cuanto este intenta calificar el estado de sonambulismo en su proximidad paradójica con el sueño, del que se diferencia como acción de la imaginación pasiva: "Ese principio de impulso interno es el mismo principio del instinto primitivo de las diferentes especies de animales, el movimiento del feto en el seno de la madre o el movimiento del recién nacido".[17]

Esta equivalencia con el feto en el seno de la madre es también, como se recordará, la que hace Hegel intentando explicarse el estado inconcebible del magnetismo animal. Roustang, que recuerda a Hegel después de Maine de Biran, también ha destacado la analogía establecida por este último establece entre los clarividentes y los animales ("pues su instinto les informa sobre lo que puede curarlos").[18] Hegel insiste sobre ello al hablar, para el magnetizador y el magnetizado, de "dos esferas animales que se sitúan una frente a otra", recordando también que "la fuerza del magnetizador no actúa solamente sobre los hombres, sino sobre los animales, por ejemplo, los perros, los gatos y los monos". Pues el sueño magnético deja que el alma quede sumida en sí misma, para permitirle "una vuelta [...] a su universalidad simple", es decir, "dejar de lado la inhibición de la vida animal [...] para recubrir el ser-fluido-en-sí-mismo del organismo". Respondiendo a Peter Gabriel van Ghert, que le pregunta por el magnetismo, Hegel precisa: "Me parece que su efecto

---

16. DELEUZE, Gilles, *Le pli*, *op. cit.*, pp. 115-116.
17. DE BIRAN, Maine, *Nouvelles considérations...*, en *Œuvres, V* (AZOUVI, François, dir.), París: Vrin, 1984, p. 120 (y ROUSTANG, François, *Influence*, *op. cit.*, p. 72).
18. *Ib.*, pp. 76-78, para el pasaje sobre Hegel. Doy la traducción más reciente en HEGEL, G. W. F., *Le Magnétisme animal*, respectivamente, pp. 84, 79, 87.

reside en la simpatía que una individualidad animal puede sentir hacia otra, en la medida en la que la simpatía de esta consigo misma, su fluidez en sí, quede interrumpida e inhibida. Esta unión de las dos simpatías devuelve la vida a su corriente general".[19]

Así, a lo largo del siglo XIX, el magnetismo o la hipnosis han sido asociados frecuentemente con la animalidad. Se aprecia muy bien en Schopenhauer, comentado respectivamente por Élisabeth de Fontenay y Bertrand Méheust, cada uno de ellos desde el punto de vista que le interesa. La primera, en la línea de la psicología de Locke, Condillac y, especialmente, Rousseau, señaló muy acertadamente cómo Schopenhauer llega a una ontología de la piedad, una "compasión de la desesperación" que asocia en la Voluntad (en el sentido singular en la que lo entiende: principio primordial y vital opuesto a la representación) al hombre y al animal de acuerdo con una unidad continua de lo vivo. Esta "voluntad de vivir" como experiencia de la simpatía, que empujará a Schopenhauer hasta una lógica de la metempsicosis, se encuentra ilustrada por una nota del *Mundo como voluntad y como representación*, que comenta Élisabeth de Fontenay: el filósofo refiere la historia de la magnetización de una ardilla por una serpiente, tanto para indignarse como para ver en ello un signo reforzado de identidad fatal entre el animal y el hombre.[20] Es que, por otra parte, según Méheust, Schopenhauer puede ser incluido, como Ampère o William James, entre los "magnetistas": es decir, aquellos a los que, desde el punto de vista de los enigmas abiertos por el sonambulismo, sitúa en oposición al cientifismo de la medicina institucional encarnado por los hipnólogos. Reconoce así que en Schopenhauer la lucidez magnética vale intrínsecamente como prueba de la continuidad inalienable de lo vivo, asociando de ese modo al hombre y al animal y abre, en este sentido, "un registro de experiencia donde el Mundo

---

19. HEGEL, G. W. F., *Correspondance*, trad. de Jean Carrère, t. I, París: Gallimard, col. "Tel", 1962, p. 294.
20. DE FONTENAY, Élisabeth, *Le Silence des bêtes*, *op. cit.*, pp. 577-585. También recuerda (p. 584) otro ejemplo dado por Schopenhauer en *El mundo como voluntad y como representación*: las tortugas gigantes que vienen a depositar sus huevos en tierra y son devoradas vivas por perros salvajes, indicando que la escena será recogida por Joseph L. Mankiewicz en *De repente, el último verano (Suddenly, Last Summer*, 1959).

es percibido al mismo tiempo como voluntad y como representación", por sus dos bordes vueltos uno sobre otro.[21]

A pesar de todo, las dos líneas entrecruzadas de la hipnosis y de la animalidad alcanzarán en Bergson, sin duda, un poder más singular. Es sabido cuánto se interesó Bergson, muy tempranamente y con una fidelidad constante, por todos los fenómenos erráticos incluidos en términos como magnetismo, hipnosis, sonambulismo, videncia, espiritismo y telepatía.[22] Ya en 1886, escribe un artículo que enseguida llamó la atención, "De la simulación inconsciente en el estado de hipnotismo". Tres años después, en el *Ensayo sobre los datos inmediatos de la conciencia*, invoca "la sugestión recibida en el estado de hipnosis" para aclarar "una observación personal" sobre el determinismo psicológico.[23] Mucho más tarde, en 1913, aceptando con entusiasmo la presidencia de la Society for Psychical Research, pronuncia en Londres la famosa conferencia "Fantasmas de vivos en la investigación psíquica", incluida en *La energía espiritual*. Y a Méheust le resulta fácil recordar que la "terra incognita" de la página final de *Dos fuentes de la moral y de la religión* (1932) pone en perspectiva las aportaciones de la metapsíquica a "una visión del más allá en una experiencia científica ampliada" (1245). Sin entrar en el laberinto de los matices que suscita en Bergson la perspectiva de una confrontación con lo irracional, en el corazón de la cual se encuentra el trance del sonambulismo, ofreciéndole un registro rico en equivalencias, hay que subrayar el vínculo que de ello resulta con insistencia con la animalidad, según un principio fundamental de esta obra: "[...] el hilo que no habría que soltar nunca es el que aporta la biología" (1295). Hay que volver a leer las

---

21. MÉHEUST, Bertrand, *Somnambulisme et magnétisme. Le Défi du magnétisme, op. cit.*, pp. 126, 237, 314. Se basa esencialmente en el capítulo "Magnetismo y magia" de *La Volonté dans la nature* (1836) y el *Essai sur les apparitions* (en los *Parerga*, 1851). Precisa, en *Somnambulisme et magnétisme. Le choc des sciences psychiques*, que el trance en estado de sonambulismo es para Schopenhauer "la figura del Puente, de la Mediación que permite la comunicación entre los mundos" (p. 307).
22. Puede verse un recuento muy completo en *Somnambulisme et magnétisme. Le choc des sciences psychiques, op. cit.*, pp. 240-256.
23. BERGSON, Henri, *Œuvres* (edición del Centenario), París: PUF, 1970, pp. 103-104 (páginas indicadas luego en el texto). Este ejemplo es destacado por CARROY, Jacqueline, en "Magnétisme, hypnotisme et philosophie", en STENGERS, Isabelle (dir.), *Importance de l'hypnose, op. cit.*, pp. 187-188.

secciones de *La evolución creadora* sobre la inteligencia y el instinto, a continuación de las dedicadas a la animalidad. Por un lado, todo parece justificar la "función primordial de la inteligencia".[24] Pero es en proporción a su "*incomprensión natural de la vida*" (635). Pues la inteligencia obra por discontinuidad y mediante interrupciones obligadas de movimiento. Por sí misma, no puede captar ni la "*manifestación súbita*" ni la "*genialidad*" (634). Que es lo que el instinto no deja de hacer constantemente, en la oscuridad propia que traza su límite. Si bien hay entre el hombre y el animal no "una diferencia de grado sino de naturaleza" (650), también es cierto que "el hombre está a caballo sobre la animalidad" (725). Se refiere así a "la vida, que es [...] un todo simpático por sí mismo" (637). He ahí el término esencial: la *simpatía*, que habita esas páginas en nombre de una "metafísica", frente a la ciencia (644). "El instinto es simpatía" (645). Y la simpatía es "adivinadora" (644), en los fenómenos de sentimiento y en las organizaciones de la naturaleza. Así, ese pasaje extraordinario sobre "las diversas formas del mismo instinto en diversas especies de himenópteros [...], cierto *tema musical* que primero se habría transportado él mismo, entero, en cierto número de tonos, y sobre el cual, también entero, se habrían ejecutado luego variaciones diversas, unas muy sencillas, otras infinitamente complicadas. En cuanto al tema original, está en todas partes y en ninguna. En vano pretenderíamos anotarlo en términos de representación: en su origen, fue sin duda algo *sentido* más que algo *pensado*" (640-641). Las palabras "tema musical", subrayadas por Bergson, son esenciales. Pues "la existencia, en el hombre, de una facultad estética junto a la percepción normal" se debe al instinto "que se ha vuelto desinteresado, consciente de sí mismo" (645).

Por eso volvemos a encontrar, desde las primeras secciones de *Ensayo sobre los datos inmediatos de la conciencia*, la palabra "simpatía" en el corazón de una evaluación del sentimiento estético. Pero, sobre todo, al intentar evaluar la realidad de ese sentimiento en contacto con la naturaleza tanto como con el arte, Bergson adopta como medida de esta "simpatía móvil" (13) un sujeto acostumbrado a obedecer al gesto del magnetizador. Mejor aún, distinguiendo en la emoción estética "grados de intensidad" y "grados de elevación", asimila el paso entre esas fases, distintas de las que actúan en el es-

24. Es un título del Índice de materias; en Bergson, pocas veces figuran en el texto.

tado de hipnosis (14-15). Se ve así cómo la hipnosis, la emoción y la animalidad se ordenan de una vez con una ejemplaridad propia del arte, de acuerdo con una extensión cadenciada de la naturaleza.

Pero ¿a qué se debe que, en el capítulo IV de *La evolución creadora*, "El mecanismo cinematográfico del pensamiento y la ilusión mecanística" (que sigue a las secciones finales del capítulo III, sobre el instinto y la inteligencia), Bergson haya negado al cine cualquier virtud de analogía con la hipnosis como realidad y metáfora del sentimiento estético, cuando se lo concede a las otras artes, música, poesía, artes plásticas, al principio del *Ensayo...*? Es conocida la respuesta de Deleuze, que deshace las contradicciones aparentes de las tres tesis sobre el movimiento desarrolladas por Bergson en *La evolución creadora*. Termina mostrando que allí donde Bergson denunciaba en el cine naciente un falso movimiento basado en *cortes inmóviles*, este permite más bien concebir en su desarrollo como arte, a través del montaje sobre todo, un movimiento real abierto sobre una duración concreta, "un todo que dura", un movimiento que es de ese modo "él mismo un *corte móvil* de la duración".[25] Así, el cine se convierte, por excelencia, en el arte que encarna la idea de imagen-movimiento tal como la concibe Bergson desde *Materia y memoria*.

Tanto en relación con Bergson y como en relación con Deleuze, suponer que el cine se acerca tanto a la hipnosis como a la animalidad equivale a dar un salto. Sin embargo, eso es lo que sugiere invenciblemente el enigma de realidad corpórea y sensible vinculada a ambas. Como se ha visto, se puede deducir en Bergson un componente de instinto que se propaga del cuerpo animal a la relación hipnótica y penetra en el arte con la conciencia singular que allí se desarrolla sin perder nada de su fuerza inicial. En cuanto a Deleuze, ha concedido poca autonomía a la idea-realidad de la hipnosis. Pero esta interviene de manera extrañamente poderosa y repentina al menos en dos ocasiones en *La imagen-tiempo* (por no hablar de menciones relativas a Lang-Mabuse o a Herzog en *La imagen-movimiento*). Una vez, en el capítulo "El pensamiento y el cine", para calificar el cine de la imagen-movimiento mediante el "pensamiento hipnótico" (junto al pensamiento crítico y el pensamiento-acción), definido como la "relación con un pensamiento que no puede

25. DELEUZE, Gilles, *L'Image-mouvement*, *op. cit.*, p. 22 (y todo el capítulo 1 para ese "primer comentario de Bergson").

estar sino figurado en el desarrollo subsconsciente de las imágenes").[26] La segunda vez, a propósito de Resnais, cuya importancia para Deleuze en lo que se refiere a la relación entre cine y cerebro es conocida. Para ilustrar en sus películas la relación entre las capas de pasado (especialmente en *El año pasado en Marienbad*, "una historia de magnetismo, de hipnotismo"), Deleuze se basa en la distinción de Bergson entre la imagen-recuerdo y el recuerdo puro, recordando que este es comparado (en *Materia y memoria* y en *La energía espiritual*) con un magnetizador que se mantiene detrás de las alucinaciones que sugiere. A propósito de *Van Gogh* (1948), habla de "una operación 'magnética' [...] ese exceso que transforma las edades de la memoria o del mundo". Y de "esas capas paradójicas, hipnóticas, alucinatorias", propias de la invención de la obra de arte. Profundizando en Resnais todos los estados estratificados de transformaciones mentales, Deleuze emplea esta fórmula enigmática y extrema: "Es la hipnosis lo que revela el pensamiento a sí mismo" (recuérdense las formulaciones de Kubie sobre la hipnosis como "fenómeno de transición"). En ese sentido, Deleuze habla de un "método de *hipnosis crítica*", que une en Resnais fascinación y toma de conciencia y alcanza los sentimientos puros al dejar a "los personajes por los sentimientos, y a los sentimientos por el pensamiento del que son personajes". Y le asimila la intuición de Biély que, en *Petersburgo*, hace de la vida del cerebro "el transcurrir de un filme cinematográfico sometido a la acción minuciosa de fuerzas ocultas".[27] Eso es lo que concentra en el índice de materias en una fórmula sorprendente: "De los sentimientos al pensamiento: la hipnosis".

Si la referencia a la hipnosis en Deleuze permanece en estado semi-latente, se sabe en cambio hasta qué punto el pensamiento sobre el animal ha sido, para él, determinante.[28] En esta obra, que procede por cruces y niveles más que por síntesis, semejante visión del animal se constituye en otros libros y no en los dedicados al cine. Pero culminará, en la décima de las catorce me-

---

26. DELEUZE, Gilles, *L'Image-temps, op. cit*, p. 212.
27. *Ib.*, pp. 163-164.
28. Véase SAUVAGNARGUES, Anne, *Deleuze. De l'animal à l'art*, en el libro colectivo *La philosophie de Deleuze*, París: PUF, 2004, pp. 117-227. Muestra bien cómo "la cuestión de la animalidad se afirma muy pronto como una zona estratégica de elaboración de los conceptos del sistema" (pp. 121-122).

setas, con una película que abre una serie de "recuerdos" mediante los de un "espectador".[29] "Devenir-intenso, devenir-animal, devenir-imperceptible...": esos términos que suponen otros tantos devenires múltiples tienen la capacidad de afectar en las películas y en toda obra de arte tanto los motivos de una historia como las inflexiones más insignificantes, todo el pulular de la materia que la hace sensible. En línea recta con la ruptura ofrecida por *El anti-Edipo*, a partir del modelo del rizoma presentado en el umbral del libro, aquí los conceptos determinantes son: multiplicidad, divisibilidad, intensidad, la modulación opuesta al molde, el devenir a la serie y a la estructura, y el régimen molecular al régimen molar. El animal se capta y se piensa en función de un medio y un territorio (de acuerdo con un juego de fuerzas que hacen variar constantemente los tres términos articulados: territorialización, desterritorialización, reterritorialización).[30] Y así es como "el arte empieza tal vez con el animal". Concepción "melódica, en la que ya no se sabe lo que corresponde al arte o a la naturaleza"[31], y que lleva "del devenir-animal a la etología de los afectos".[32] Anne Sauvagnargues indica acertadamente: "Devenir-animal en ningún caso significa preferir al animal, imitarlo o volverse como él, sino entrar en su zona de proximidad molecular que permite hacer variar su propia relación de velocidades y lentitudes, su propia intensidad de potencia".[33] Esa es la idea misma del devenir, en la frontera reversible entre

---

29. DELEUZE, Gilles y GUATTARI, Félix, *Mille Plateaux*, París: Minuit, 1980 [*Mil mesetas*, Valencia: Pre-Textos, 1994]. Para "Souvenirs d'un spectateur" (dedicado a *La revolución de las ratas* [*Willard*], Daniel Mann, 1971), pp. 285-286; para el conjunto de la meseta, la más larga del libro, pp. 284-380. El tema "animal" es desarrollado detenidamente por Deleuze y Guattari en su *Kafka* (1975), y luego recogido por Deleuze en su libro sobre Bacon (1981) y reelaborado con Guattari en *Qu'est-ce que la philosophie?* (1991). Además, Deleuze inicia su *Abécédaire* (con Claire Parnet, Éditions Montparnasse, DVD, 2004) con "A comme Animal".
30. "El hecho de que no haya desterritorialización sin reterritorialización especial debe hacernos pensar de otra manera la correlación que todavía subsiste entre lo molar y lo molecular: ningún flujo, ningún devenir-molecular escapan a una formación molar sin que los acompañen componentes molares, que forman pasos o puntos de referencia perceptibles para los procesos imperceptibles" (DELEUZE, Gilles y GUATTARI, Félix, *Mille plateaux*, *op. cit.*, pp. 372-373).
31. DELEUZE, Gilles y GUATTARI, Félix, *Qu'est-ce que la philosophie?*, *op. cit.*, pp. 174, 176.
32. SAUVAGNARGUES, Anne, *Deleuze. De l'animalité à l'art*, *op. cit.*, p. 202 y siguientes.
33. *Ib.*, p. 203.

lo perceptible e imperceptible. Y si el animal lo encarna con tanta fuerza, es porque se trata ante todo de movimiento, como se ve en Bergson; y, en cuanto al cine, porque su movimiento natural parece por excelencia contradecir, a la vez que encarnar, el movimiento oculto de los intervalos definidos por la máquina-cine, reinventando, a su propio modo, un movimiento aparente de la vida.

Un pasaje de *Mil mesetas*, muy bergsoniano, hace del movimiento lo que "es por naturaleza imperceptible".[34] Deleuze y Guattari precisan: "Los movimientos, y los devenires, es decir, las puras relaciones de velocidad y de lentitud, los puros afectos, están por debajo o por encima del umbral de percepción". Invocan el ejemplo de los luchadores de sumo, "cuyo avance es demasiado lento y la toma demasiado rápida y repentina como para ser vistos". También añaden: "Habría que alcanzar el umbral fotográfico o cinematográfico, pero, con relación a la foto, el movimiento y el afecto siguen refugiándose por encima o por debajo". Con esa sugestión elíptica, su formulación afecta, más que a la foto, al cine, y en el cine a la cuestión de los intervalos (un poco antes habían hablado de los "intervalos en expansión o en contracción (microintervalos)". Intervalos que son el movimiento sin el ser y de los cuales los dibujos animados hacen resurgir, por sí mismos, la cuestión viva en el cuerpo del cine: efectivamente, el cálculo de sus intervalos se encuentra prescrito en el mismo antes de que la grabación efectúe en la cámara oscura del aparato la transmutación de la fijeza en movimiento aparente; mientras que el misterio mecánico, para la captación de la vida llamada real, parece ir del movimiento al movimiento, por distintos que sean en verdad y por cercanos que parezcan en ilusión. La encarnación de ese misterio, que depende del dispositivo (grabación-proyección) del cine, podría ser una de las razones por la que los dibujos animados propiamente dichos, dentro del vasto campo del cine de animación, ha dado semejante preeminencia a la figura animal y especialmente a la virtualidad de todas sus mezclas posibles con la figura humana.[35] También por eso los dibujos animados han podido ser tan mayoritariamente americanos.[36]

---

34. DELEUZE, Gilles y GUATTARI, Félix, *Mille plateaux*, *op. cit.*, p. 344 (también para las citas que siguen).
35. Véase al final del capítulo la "Nota sobre Disney y Eisenstein".

Por supuesto, todo ello guarda proporción con el hecho de que el animal, la figura animal, no deja de estar al servicio de lógicas de representación y simbolización, mediante las cuales algunas sociedades históricas intentan concebirse y justificarse, con relación a un estado de naturaleza siempre más o menos mítico del que se imaginan que nacen, tanto más cuanto que consuman su muerte diaria.

Esa es la dualidad, múltiple (como hay "multiplicidades de multiplicidades")[37], que queremos seguir con el animal, a partir y alrededor del animal. Pero si no hemos pretendido hacer una historia de la hipnosis en el cine, aun menos intentaremos aquí esbozar siquiera una historia del animal de cine. Historia inmensa, impracticable, hasta tal punto se trata de tantas películas y países tan diversos y relativos a todas las orillas del cine, todos sus regímenes de ficción y todos sus niveles documentales, sin olvidar ni las películas puramente animalistas, ni el cine experimental, ni los dibujos animados.[38] Llegan a contarse cerca de trescientos perros en el Índice del *Catá-*

---

36. Véase por ejemplo, sobre el hecho en sí, la valiosa puesta a punto de BENAYOUN, Robert ("Animation") en el *Dictionnaire du cinéma*, de PASSEK, Jean-Loup (París: Larousse, 1991).
37. DELEUZE, Gilles y GUATTARI, Félix, *Mille plateaux*, *op. cit.,* p. 47. Es una de las condiciones de la formación de un "*agencement*" ["agenciamiento", según la traducción española].
38. Que yo sepa, no hay más que un libro de carácter verdaderamente general sobre el tema: BURT, Jonathan, *Animals in Film*, Londres: Locations, 2002 (véase al final del capítulo la "Nota sobre *Electric Animal*" de Akira Mizuta Lippit). Además de los pasajes muy esclarecedores sobre las películas que ha escogido para comentar, su interés se debe en gran parte a la información que ofrece sobre las dimensiones documentales y éticas de la relación individual y social con los animales. Sin duda, como precisa el autor, la razón estriba en que es un historiador de los animales que se ha interesado por el cine y no a la inversa. Todas las otras obras, numerosas, se refieren, lo confiesen o no, a un país determinado (especialmente, Estados Unidos) o a uno u otro animal o colectividad de animales, o uno u otro género o película o autor de películas. Señalemos algunos conjuntos muy valiosos: ASTRIC, Sylvie (dir.), *L'Animal écran* (publicado con ocasión de la *Animalia Cinematografica*, 5-11 de diciembre de 1995, dedicado al cine documental), París: Ediciones del Centro Pompidou, 1996; *CineZoo, Cinema* (Basilea), nº 42, 1997; *Animal, Vertigo*, nº 19, 1999; Goot, Ted y Weir, Kathryn (eds.), *Kiss of the Beast. From "Paris Salon" to King Kong*, catálogo de una exposición acompañada de una programación en la Queensland Art Gallery en Melbourne por la Cinemateca australiana, 16 de noviembre de 2005-22 de enero de 2006.

logo del American Film Institute para la década 1930-1940, de los cuales solo destacaré a uno. Así, se trata como mucho de llevar a cabo algunos cortes ejemplares en un campo de bordes incalculables y mal definidos, para comprender mejor lo que el animal o la animalidad, en su singular-plural, induce para el pensamiento de un cuerpo del cine que siempre hay que volver a captar, como hipnosis y como emoción.

A pesar del formidable atractivo que ejercen los cines de Oriente, por limitar las sugerencias (sobre todo el cine japonés, Shôhei Imamura, muy inspirado por el animal, Oshima...), nos quedaremos con las tentaciones de Occidente. Por un lado, el cine americano, a través de una genealogía muy fragmentaria, destinada a fijar con el animal una relación identitaria, casi antropológica. Por otro, el cine europeo, francés e italiano sobre todo, que adopta, de manera acentuada después de la guerra, una intención más bien ontológica, más directamente tributaria de un pensamiento del animal como pensamiento del cine.

NOTA SOBRE DISNEY Y EISENSTEIN

Hay dos razones para esta Nota, demasiado larga para ser una simple nota. La primera es que no se puede siempre mezclar todo, por mucho que guste. La segunda es que debe mucho a lo sugestivo de un caso singular, pero central, que ha sido resaltado por un texto intuitivo.[39] Se refiere a la pasión de S. M. Eisenstein por Walt Disney, que se aprecia en un largo texto en parte fragmentario, fragmento considerable de un libro inacabado.[40] Así, Érik Bullot se dio cuenta de que el episodio de las nubes de *Hamlet* —que se convierten sucesivamente en camello, comadreja, ballena, episodio citado ampliamente por Eisenstein en *La no-indiferente naturaleza*, valiendo las transformaciones animales como ejemplo del funcionamiento del pensamiento como ritmo y fuerza plástica, pática, emocional— podría quedar esclarecido si se pusiera en

39. BULLOT, Érik, "Hamlet et les nuages", *Animal (Vertigo)*, pp. 95-99.
40. EISENSTEIN, Serguei, *Walt Disney*, Estrasburgo: Circé, 1991 (anotado por Naum Kleiman, responsable del Fondo Eisenstein, que ha establecido el texto en ruso; no se indica el traductor). El libro inacabado se titulaba *Método*.

relación con todo lo que desarrolla en torno al texto sobre Disney (además, se indica en el margen: "Hamlet y las nubes"). Bullot destaca la fascinación de Eisenstein por las metamorfosis y el polimorfismo de los personajes de Disney. "Esa cualidad de movilidad y fluidez le parece también lo propio de algunos motivos: el agua que refleja, el viento, el juego de las nubes, el fuego". Sobre todo, en este último, tan "proteico", Eisenstein ve una identidad con el "plasma original". De allí la convicción que se va forjando, de una *plasmaticidad*, referida al animal. Y, de allí, a las películas de Disney que tan bien conjugan "animal" y "animación". "Por eso el cine, escribe Bullot, estructuralmente, parece mantener una relación privilegiada con la figura del animal". Esta opinión se articula igualmente, a través de la técnica de la animación, tanto con la teoría del fotograma, por la que tanto se interesó Eisenstein, como con la insistencia de la figura animal en sus propias películas. Pero, sobre todo, esa opinión se confunde con la función que les atribuye, práctica y teóricamente, de encarnar la potencia de montaje como "sacudida", "disparo", "salto" (como el famoso ejemplo del león de mármol que ruge del *Acorazado Potemkine* (1925), motivo fijo cuyo montaje produce precisamente una especie de animación). El animal se convierte así en el índice de lo patético, del éxtasis que hunde al espectador en el elemento protoplásmico —digamos también que provoca una emoción.[41] Disney llega a ser tan importante para Eisenstein (es la hipótesis de Bullot) porque su ejemplo forja el vínculo que el mismo cineasta no establece primero de manera explícita, a propósito de las nubes de *Hamlet*, entre plasmaticidad y montaje, entre animación continua y salto expresivo. Y este vínculo del que resulta el cine está relacionado con el propio animal. Así, en todos los sentidos, para Eisenstein Disney constituye el vínculo: entre discontinuidad y continuidad (en lo que se refiere a la animación imagen por imagen y los efectos que produce); entre lo humano y lo animal, con cuyas diferencias satura sus películas para asentar la identidad, ofreciendo al espectador la imagen del animal humano que es. Esa es también la conclusión

---

41. Hay aquí un paralelismo que puede llamar la atención. Bullot cita a Eisenstein cuando define lo patético como "lo que obliga al espectador a salir de sí mismo". Deleuze responde a Hervé Guibert, que le pregunta sobre Bacon: "La emoción no dice 'yo'. Lo dice usted mismo, uno está fuera de sí mismo. La emoción no es del orden del yo, sino del acontecimiento" (*Deux régimes de fous, op. cit.*, p. 172).

a la que llega Hervé Joubert-Laurencin, que sigue por su lado el hilo de André Bazin, en el artículo que sucede al de Érik Bullot dentro del conjunto *Animal*: "[...] el cine de animación, desde siempre cuartel general del interregno de las especies y, por esa vía, de nuestra verdad animal".[42]

Cabe añadir una observación. Como se aprecia claramente en el libro de Jacques Aumont[43], Eisenstein estaba obsesionado por la idea de una "elaboración", de un "cálculo" del espectador. Cálculo destinado por el montaje a producir lo que Eisenstein llamará sucesivamente atracción, pathos y éxtasis, en una búsqueda de organicidad. Ese cálculo es concebido como una "influencia" (Aumont dice: "eficiencia") a la cual debe ser sometido el espectador para ser educado de acuerdo con las normas ideológicas del comunismo revolucionario. Esta influencia pretende ser "científica", según "la doble determinación de reflejos fisiológicos y de reflejos de clase".[44] Apunta así a un espectador al que se puede llamar a la vez activo (reivindicación constante de Eisenstein) y pasivo, de hecho, si su actividad apunta a conformarle tanto con leyes generales del psiquismo humano como con las de la dialéctica. Activo y pasivo más que pensativo, es decir, libre con respecto a una pasividad aceptada y transformada en actividad propia. Así, se pueden sugerir simplemente dos cosas. Primero, que la pasión de Eisenstein por Disney se explica también por esta idea del cálculo, puesto que el cine de animación es por definición aquel en el que todo puede ser calculado, en todos los niveles de la cadena. Luego, que la obsesión de Eisenstein por el cálculo del espectador prefigura bastante bien —cualquiera sea nuestro grado de simpatía por una u otra— cierto cognitivismo aplicado al cine, tan preocupado por las leyes generales del espíritu como por las del capitalismo liberal erigido en modelo. Con la diferencia de que el límite de Eisenstein será finalmente el de su propia obra

---

42. JOUBERT-LAURENCIN, Hervé, "Un trou dans la plainte", *Animal (Vertigo)*, p. 104.
43. AUMONT, Jacques, *Montage Eisenstein* (1979), París: Images Modernes, 2005. De ahí tomo prestados estos pocos elementos (se pueden seguir detalladamente las formulacions variables de Eisenstein de acuerdo con su historia y la de la revolución soviética).
44. *Ib.*, p. 78. Aumont precisa: "A un psiquismo humano considerado como una sucesión de reflejos (de una serie de procesos acción-reacción) corresponde una forma fílmica pensada como encadenamiento de estímulos elementales debidamente calculados" (p. 86).

(nunca analizó, hasta el vértigo de la prueba de un sistema objetivo posible, otra cosa que sus propias películas) y que su subjetivismo obligado remunera así en esas mismas películas su creencia empecinada en las verdades de la ciencia, cuando no en las de la ideología.

NOTA SOBRE *ELECTRIC ANIMAL*

Tal como destaca Jonathan Burt, el libro de Akira Mizuta Lippit atañe al cine solo de manera muy parcial.[45] Pero lo hace al final de su recorrido, de manera incisiva y frontal. Inspirado por el famoso ensayo de John Berger, "Why Look at animals?"[46], cuya visión crepuscular hace coincidir el modernismo con la desaparición del animal, y de manera más amplia por la filosofía de Derrida[47], ese libro es a la vez una historia (sucinta) de las filosofías del animal y una evaluación (detallada) de las modalidades según las cuales, a través de las filosofías modernas (y luego "posmodernas"), las ciencias de la evolución, la concepción del psicoanálisis, la literatura y la aparición de los medios tecnológicos, el animal se ha encontrado como sustituido por sí mismo, pasando de su realidad antigua a un destino de representación y de metáfora generalizada. Se trata, al mismo tiempo, de una constatación y de un lamento. "Aunque los animales hayan estado siempre muy presentes en la topología de la subjetividad humana, la naturaleza del animal ha pasado en la era moderna de una metafísica a un fantasma; de un cuerpo a una imagen; de una voz viva a un eco técnico".[48] El cine, con los otros medios (la fotografía, la radio), pero de manera más sorprendente, viene así a ocupar el lugar que correspondía a los zoos (que, como se sabe, también se ha dedicado a representar) en la argumentación nostálgica de Berger.

---

45. LIPPIT, Akira Mizuta, *Electric Animal. Towards a Rhetoric of Wildlife*, Minneapolis: University of Minnessota Press, 2000. En BURT, Jonathan, véase pp. 26-30.
46. BERGER, John, "Why look at Animals?", en *About Looking*, Nueva York: Pantheon Books, 1980, pp. 1-26.
47. Sobre todo el ensayo "L'animal que donc je suis", en MALLET, Marie-Louise (dir.), *L'animal autobiographique*, Galilée, 1999, pp. 251-301, desarrollado más tarde en forma de libro: *L'animal que donc je suis*.
48. LIPPIT, Akira Mizuta, *Electric Animal*, *op. cit.*, p. 21.

La fuerza de este libro, cuya argumentación ondulante no es fácil de resumir, radica en que por encontrarse atrapado en el centro de una red de disciplinas de pensamiento y de ciencias tanto como de tecnologías, el animal acaba por convertirse a la vez en su punto de unión y su instancia de flotamiento enigmático. A eso responde el concepto de *animetáfora* (con su derivado "animetaforicidad") que Lippit toma de Derrida. El término tiene el inconveniente de un efecto de sincretismo teórico que permite colocar casi en el mismo plano, por ejemplo, el *fascinum* lacaniano, el *punctum* barthesiano, el devenir-animal deleuzo-guattariano al cual el término "metáfora" no conviene del todo, puesto que, por el contrario, el devenir tiende a desprenderse del mismo. Pero si el término vale, por los vínculos que permite trenzar entre los diversos campos de saber y de realidades puestas en juego, es en relación con la visión de conjunto del libro, de su capacidad panorámica. Siguiendo un hilo de historia sin ser una historia, este libro es, me parece, el único que ha establecido un vínculo tan directo entre la animalidad y la hipnosis, sobre todo a través de la génesis de los *Estudios sobre la histeria* de Freud y Breuer. Y, a la vez, el único que propone una articulación, en parte indirecta, pero sugestiva, entre animalidad, hipnosis y cine (Lippit escribe así, con una concisión llamativa: "El magnetismo animal ha emigrado del ojo del hipnotizador al ojo de la cámara").[49] Lo interesante es que, según la lógica de conjunto que quiere que sean ante todo procesos de pensamiento y dispositivos, teóricos y tecnológicos, los que vengan a ocupar el lugar de la instancia viva encarnada en el pasado por el animal, ocurra lo mismo con el cine: será la máquina como tal, el cine como dispositivo el que se vea afectado por un destino y una virtud sustitutiva de la animalidad. De las películas mismas, de la realidad de vida que, desde el fondo de la espectralidad" propia vinculada a la imagen de cine, han podido o pueden transmitir todavía esas películas, como devenir singular, no hay aquí huella alguna. Por eso, tras algunos nombres de cineastas citados solamente por el valor de sus escritos teóricos (Eisenstein, Vertov, Germaine Dulac, acompañados por Artaud), la pequeña sección final del libro dedicada específicamente al cine acaba con la evocación sintomática de una sola película, una de esas con las que el cine empieza con la muerte del animal: *Electrocuting an Elephant* (1903) de Thomas Edison. Si Lippit

49. LIPPIT, Akira Mizuta, *Electric Animal*, *op. cit.*, p. 197.

puede insistir tan acertadamente en el hecho de que el cine de animación ha dotado incluso al animal del lenguaje que la filosofía ha querido negarle con tanto empeño, es porque el animal está siempre ya-muerto —es un espectro. Se trata, por un lado, de negar ciertamente al cine, tan rico en animales, toda calidad de real (en el sentido deleuziano) en su ilusión misma. Por otro, para devolver (amablemente) la pelota hacia el lado de Derrida, de olvidar que, pese a todo, sigue habiendo animales vivos —por ejemplo, ese gato gracias al cual Derrida prolonga su meditación sobre el animal, con el sorprendente pretexto de la vergüenza que experimentó una mañana cuando un gato le miró mientras estaba desnudo, en su cuarto de baño.

La fiera de mi niña, Howard Hawks, 1938

13. ANIMALES DE AMÉRICA

Hace unos treinta años, vendían en Los Ángeles un álbum popular en papel de brillo, *LOS ANGELES Hollywood*, que, con gran despliegue de imágenes, desarrollaba una especie de historia de la ciudad. Casi nada más empezar se detenía uno, "In the Beginning...", en tres suntuosas páginas dobles dedicadas a los orígenes. Primero, un paisaje de sabana al pie de unas montañas azuladas, invadido por animales prehistóricos: mamuts, mastodontes, pájaros gigantes, osos, esmilodontes (*sabre-tooth-cat*). Luego esos mismos animales u otros, más afinados, convertidos en iconos de ciencia popular. Finalmente, en unas de esas composiciones pintadas que tanto gustan a los museos americanos, se podía ver a unos indios shoshones cazando un mamut y contribuyendo así, hacia el final de la era glaciar, a su extinción programada. Antes de la aparición, en un océano hospitalario, de los barcos españoles, eco del *Mayflower* abordando en la costa este, abriendo así la era histórica que verá cómo se asienta en la "Ciudad de los Ángeles" la industria de lo imaginario nacida en la otra orilla de un continente empeñado tanto en exaltarse como en comprenderse. Esplendor de Hollywood que nace cuando apenas va consolidándose el país y encargado a partir de entonces de ofrecer todas las versiones posibles de una pasión por los orígenes, unas veces triunfante y otras inquieta, siempre proporcional a la realidad de un desarrollo histórico sin precedentes.

En un bello libro, en cuanto a ideas y estilo, Leo Marx ha ofrecido la historia de un sentimiento que no ha sido exclusivo de América aunque allí adquirió una fuerza y una intimidad particulares.[1] El ideal pastoral heredado de

---

1. MARX, Leo, *The Machine in the Garden. Technology and the Pastoral Ideal in America*, New York: Oxford University Press, 1964 (mis referencias corresponden a la edición de bolsillo de 1967). Igual que el autor, aquí se dirá "América" a Estados Unidos, pues sus análisis cobran sentido en relación con la idea de un continente nuevo.

Virgilio, reactivado en la literatura inglesa por el descubrimiento y la exploración de América como Utopía de un Nuevo Mundo posible (el *Shepherd's Calendar* de Spencer data de 1579, la *Arcadia* de Sidney de 1590), se convierte en un sentimiento capital de la América del siglo XIX. Leo Marx distingue dos modos del pastoralismo, que componen un cuadro de matices complejos: un pastoralismo popular y sentimental, inmediato, instintivo, que hace del mantenimiento de un marco de vida rural la condición de una felicidad dependiente de su cercanía con la naturaleza; y un pastoralismo más imaginativo, complejo, que se despliega en las obras de arte y de pensamiento, ante todo en la literatura, y muestra una capacidad de elaboración y de mediación entre términos enfrentados. Leo Marx encuentra para ello una imagen sorprendente, que se ha extendido a todo el siglo, en unas notas de Nathaniel Hawthorne, tomadas un día de 1844 en los alrededores de Concord, Massachusetts, en un lugar entre bosque y campiña llamado "Sleepy Hollow". La calma interior, la meditación sugestiva inducidas por la inmersión en ese apacible paisaje son puestas a prueba de repente por el silbido de un tren que se desliza a través de la campiña, subrayando la violencia y el desgarramiento propios de la revolución industrial.[2] Si el episodio pareció ejemplar, se debe también a su fecha, considerada como el año del "despegue" para el desarrollo de la economía americana —ese año de 1844 que vio, como recordará Henry Adams en su libro autobiográfico, la aparición simultánea del tren, el barco de vapor y el telégrafo.[3] Así habrá sido la irrupción fatal de la "máquina" en el "jardín".

El término *jardín* es esencial. Supone una utopía mediata, un humanismo de la naturaleza cultivada en la cual el hombre se reconoce como sujeto individual y social en armonía con su entorno. Pero a este pastoralismo fundamental, que fue el del Jefferson de *Notes on Virginia* (cuando su política realista permitía iniciar el lento arranque industrial del país), hay que oponer el Edén amenazador que constituye su envés: es lo que encierra "*wilderness*",

2. MARX, Leo, *The Machine in the Garden. Technology and the Pastoral Ideal in America*, op. cit., pp. 11-16.
3. Leo Marx cita la obra clásica del economista ROSTOW, W.W., *The Stages of Economic Growth. A Non-Communist Manifesto*, Cambridge: Cambridge (G.B.) University Press, 1960 (pp. 26-27) y *The Education of Henry Adams*, 1907 (p. 345).

una palabra casi intraducible.[4] También en este caso, Leo Marx ha encontrado en la literatura inglesa el modelo que inspiró la nueva realidad de América y que en compensación prefigurará la gran literatura americana, de Thoreau a Melville y a Fitzgerald: es el universo utópico de *La tempestad* de Shakespeare, dividido entre sus dos personajes opuestos: Próspero, el héroe del pastoralismo humanista; Gonzalo, el del primitivismo salvaje. Las relaciones de ambos términos están tan estrechamente imbricadas que se ha podido hablar de "semi-primitivismo" para explicar el pastoralismo.[5] Y el término mismo de "jardín" puede pasar continuamente de una visión más o menos primitivista, incluyendo la visión paradójica del Edén bíblico, a la naturaleza plenamente humanizada del jardín cultivado.[6] La dificultad también procede de que tanto la realidad como el fantasma de la *wilderness* no han dejado de moverse a la vez en el espacio y en el tiempo. En el espacio, a medida que la Frontera, dibujando la línea de encarnación visible de este a oeste del continente, se modifica hasta terminar por desaparecer[7], marcada por la lógica de la matanza y los encierros de los indios en las reservas. En el tiempo, hasta el cambio del siglo, casi acabada por fin la unidad del país, en el momento en que empieza el cine que se dedicará a expresar esos movimientos de confusión intensa. Y al encontrarse así desplazada, la *wilderness* acaba por cambiar de naturaleza. Roderick Nash, su escrupuloso historiador, ha mostrado hasta qué punto ese "ingrediente fundamental de la civilización americana" se ha ido modificando con el tiempo[8]; y también cómo el horror mezclado con cierto atractivo

4. Había que escoger: PÉTILLON, Pierre-Yves, dice "el wilderness" en su *Histoire de la littérature américaine*"; pero Tocqueville pone la palabra en femenino en *De la démocratie en Amérique*. Le he seguido, de acuerdo con mi intuición inicial.
5. MARX, Leo, *The Machine in the Garden*, *op. cit.*, p. 23.
6. "En su excelente libro, *Virgin Land*, Henry Nash Smith muestra que hasta principios del siglo XX la imaginación de los americanos ha estado dominada por la idea de transformar el corazón salvaje del país en un nuevo 'Jardín del Mundo'" (*Ib.*, p. 141). El libro fundador de SMITH, Henry Nash, *Virgin Land. The Amercian West as Symbol and Myth*, es de 1950.
7. Véase TURNER, Frederick Jackson, *The Frontier in the American History*, New York: Holt, 1920. El primer capítulo, "The Significance of the Frontier in American History", fue leído en una sesión de la American Historical Association, el 12 de julio de 1893, tres años después de que la "Frontera" se declarara oficialmente "extinguida".
8. NASH, Roderick, *Wilderness and the American Mind*, New Haven: Yale University Press (1967), 1973, p. XV.

que durante mucho tiempo ha suscitado la *wilderness*, entre pioneros y tramperos así como en los espíritus aventureros inspirados por un rousseauismo radical, se ha transformado poco a poco en pasión social reguladora, tanto para el gran público infatigablemente nuevo de ciudadanos-turistas como para los ecologistas de todas las tendencias.

En el prólogo de la nueva edición de su libro, Nash destaca hasta qué punto, a partir de los trabajos de antropólogos y biólogos, se pueden asignar orígenes inmemoriales al abanico de las reacciones suscitadas por la *wilderness*, llegando hasta los tiempos infinitamente remotos de las disociaciones progresivas entre el hombre y el animal. Introduce su recorrido con unas observaciones relativas a la propia palabra, que etimológicamente, en inglés antiguo, designa "el lugar de los animales salvajes". Por eso, sin insistir después en la dimensión de animalidad, permite comprender hasta qué punto esta ha podido llegar a ser capital en una cultura cuya historia y formación implicaron, en cuanto a lo esencial y hasta una fecha reciente, la domesticación acelerada de un salvajismo durante mucho tiempo tan temido como exaltado, y al que se ha ido cobrando más afecto a medida que desaparecía. Si a ello se añade que además de los animales salvajes asociados a la *wilderness*, los otros más o menos domésticos han estado siempre estrechamente ligados a las formas diversas del sentimiento pastoral, se entiende que el animal, como realidad tanto como idea, haya ocupado en la sensibilidad y en la cultura americanas un lugar más fundamental que en las culturas europeas de las que procede esa convicción, y que se manifiesta en ellas de manera mucho más acusada. Leo Marx ofrece una bella imagen de semejante destino animal al comentar unas líneas de las *Letters from an American Farmer* publicadas en 1782 por uno de los allegados de Jefferson, J. Hector St. John de Crèvecœur, en las que este describe así lo que de "verdaderamente singular" les ocurre a los europeos confrontados al bosque umbrío de la Frontera: "Al 'encontrarse sus vidas determinadas por el salvajismo del entorno', se vuelven 'feroces, taciturnos y asociales'. Tal como describe a los hombres de la Frontera, no 'son más que animales carnívoros de una categoría superior, viviendo de la carne de los animales salvajes' —native American Calibans".[9]

9. MARX, Leo, *The Machine in the Garden*, *op. cit.*, p. 111.

Así, el cine americano se ha convertido en el cine del mundo (al menos occidental) en el cual la presencia animal resulta ser, con mucho, la más impresionante. Desde las obras del cine primitivo y mudo hasta las del cine contemporáneo, prácticamente no hay ningún género que no haya tomado como elemento, fundamental o secundario (pero siempre crucial), de su relato uno u otro animal o conjunto de animales. Aunque ciertos géneros, como el *western*, la película de aventuras exóticas o el filme fantástico (por no hablar de las películas animalistas propiamente dichas, o también los dibujos animados, tan poderosamente americanos), incluyan animales de manera motivada en el desarrollo de su intriga, también los encontramos en la comedia y la película psicológica, el filme negro y el drama social.

A través de todas esas películas, el animal se despliega siguiendo una línea doble, con puntos que se entremezclan. Por un lado, tiene valor de símbolo. Es un agente de transformación privilegiado en el sistema simbólico que ha sido ante todo el del gran cine clásico americano, expresión manifiesta del desarrollo de la nación como totalidad originaria y renacimiento histórico, reactivación generalizada de la cultura occidental. Un sistema de ese tipo afirma el solapamiento constante, hecho de tensiones, entre los diferentes niveles o códigos puestos de manifiesto por Barthes para el análisis del relato clásico: por un lado, el código de las acciones narrativas y el código hermenéutico; por otro, lo que llamaba el campo simbólico, definido por sus tres entradas (retórica, económica, psicoanalítica) y por una permutabilidad fundamental de sus elementos.[10] En ese sistema, el animal ocupa una función de mediador (en el sentido de Lévi-Strauss). Permite simbolizar así el paso de la naturaleza a la cultura, pero también su realidad constantemente recuperada como naturaleza. De ese modo, permite plantear, romper y volver a establecer las oposiciones que manifiestan esos pasos incesantemente reactualizados en la cultura americana.

Esta lógica de la representación animal parece desplegarse sobre todo en tres niveles. El primero supone una relación de complementariedad y antagonismo entre el Animal y la Máquina, símbolo del desarrollo técnico e industrial. Esta disposición implica a la máquina-cine como tal, con la que el animal entra en una relación de metáfora (figura predilecta del tren, "*iron*

10. BARTHES, Roland, *S/Z*, *op. cit.*, pp. 25-26.

horse" cuyo carácter básico para toda comprensión del dispositivo-cine es de sobra conocido). El segundo nivel se refiere a una caracterización de la subjetividad como animalidad. Equivale a afrontar el problema racial, a partir de las figuras centrales del indio y el negro (y a partir de allí todas las figuras de la inmigración, dato constitutivo de la identidad americana). Finalmente, un tercer nivel atañe a "la lucha de los sexos" —en el sentido en el que fue planteada sobre todo por Lacan, después de Freud, con una reinsistencia aumentada a propósito de las lógicas propias del Edipo y la castración. De ese modo, se acentúa aún más entre los sexos la obsesión relacionada con las fatalidades de su similitud y de su diferenciación, obsesión intensificada en la cultura americana por un desarrollo precoz y luego acelerado de la identidad femenina (por no hablar, más tarde, de la homosexualidad y todas las formas de transexualismo). El animal participa así de una problemática aguda de la "novela familiar", capital en el cine americano clásico dominado por la representación de la pareja.

Puede verse así, en *Torrentes humanos* (*The River*, Frank Borzage, 1929), la función extraordinaria otorgada al cuervo que sirve de insignia y protector de la protagonista.[11] En esa película que presenta como pocas la inmersión de los cuerpos humanos en la *wilderness*, el cuervo que parece cuidar de Rosalie (Mary Duncan) es el emblema del deseo sexual que pasa del hombre a la mujer y de la mujer al hombre, tanto atracción como amenaza. Concentrando en su ojo-pico fálico el poder de los intercambios humanos de miradas, el pájaro agita salvajemente las alas en cuanto Allen John (Charles Farrell) parece demasiado seducido por Rosalie, que le incita; y el animal llega incluso a atacar al hombre cuando se tumba sobre el cuerpo de la mujer. También puede pensarse en la manera en la que en Howard Hawks, gran cineasta de animales pero autor también de muchas películas en las que, propiamente hablando, no figura ninguno, la metáfora animal se pone espontáneamente al servicio de la agresividad "natural" de las relaciones de seducción. Es el caso en *El sueño eterno* (*The Big Sleep*, 1946), por ejemplo, en una larga conversación falsamente desenfadada entre Vivian (Lauren Bacall) y Marlowe (Humphrey Bogart), durante la cual la imagen de las carreras de caballos, ali-

---

11. De ahí la traducción francesa del título, que por una vez resulta reveladora: *La Femme au corbeau*.

mentada por todos los rasgos que sirven para calificar a los animales, hace girar entre ambos protagonistas la imagen cruda del sexo y metaforiza su atracción mutua.[12]

Pero, por otra parte, el animal es un devenir perpetuo. "Devenir-intenso, devenir-animal, devenir-imperceptible...". Es movimiento puro, línea de fuga, intensidad y desafío a cualquier sentido. Es energía sustancial que se transmite, cuerpo más o menos indómito, a los movimientos de los cuerpos humanos junto a los que se encuentra, así como a la fuerza de los planos, trazando otras tantas líneas libres a medida que sobre él se cierra, demasiado a menudo, la trampa simbólica fomentada por la película de la que también es el héroe.

Esta tensión y esa manera de enrollarse las dos líneas animales, la una dura, molar, la otra fluida, molecular, están en el corazón del cine americano. Como se ve, por ejemplo, en *Rin-Tin-Tin y los lobos* (*Clash of the Wolves*, Noel Mason Smith, 1925).

IT'S SHOWTIME

Pero no antes de haber sugerido, tal como decidió hacerlo una vez al menos un filme antológico, la variedad de los animales de cine americanos, y la de sus ocurrencias. El título dado a esta recopilación, *It's Showtime* (1976)[13], es elocuente; así como su prólogo, con los espectadores en la sala y los actores en la pantalla convertidos en perros que mezclan ladridos y gruñidos con las voces de hombres y mujeres a los que supuestamente encarnan. Por ejemplo, una imitación paródica del número cantado bajo la lluvia de *Cantando bajo la lluvia (Singing in the Rain*, Stanley Donen, 1952). Pero también aparecerá el verdadero Gene Kelly, asociado al perro que le está escuchando cantar: el cantante imita los ladridos con los que este imita los sonidos de su canción ("Here we are in a little dog's house for two").[14] Canción que prosi-

12. *Le Grand Sommeil*, *L'Avant-Scène Cinéma*, nº 329-330, junio de 1984, pp. 84-85.
13. Escrita por Alan Myerson, producida por Fred Weintraub y Paul Heller para la MGM, la película carece de realizador propiamente dicho.
14. Se trata de *Vivir a lo grande* (*Living in a Big Way*, Gregory La Cava, 1947).

gue en las imágenes siguientes de Charlot colocando a su perro de almohada en *Una vida de perro* (*A Dog's Life*, Charlie Chaplin, 1918) y viviendo con su perro varios momentos de su vida de animal desheredado.

Así, cientos de actores más o menos famosos aparecen mezclados a lo largo de *It's showtime* en todas las situaciones imaginables con otros tantos animales en películas de todas las épocas y todos los géneros. Con el fin de manifestar su fuerza, esta diversidad ofrecida por su valor propio también está dividida en capítulos. Después del prólogo canino y un tropel de animales de todos los formatos (leones, simios, gallinas, caballos, elefantes, pájaros), encontramos secciones individualizadas por especies: PERROS, CABALLOS, GATOS (incluyendo a los leones), SIMIOS. Pero también, por imposición del *star-system*, secciones nominales: los perros RIN-TIN-TIN, DAISY, LASSIE, ASTA, el delfín FLIPPER, la mula parlante FRANCIS, el caballo TRIGGER, todos los que constituyen los encabezados de capítulos del libro clásico de David Rothel, *The Great Show Business Animal*.[15]

Entre todos esos capítulos, el último, y único dedicado a una película singular, llama la atención por la intensidad que inscribe en el propio cuerpo el intercambio con el animal. Elisabeth Taylor tiene doce años cuando se convierte en la protagonista de *Fuego de juventud* (*National Velvet*, Clarence Brown, 1944), su cuarta película ya y de la que dirá en su autobiografía "la más excitante que haya rodado".[16] En el primer momento escogido, mucho antes de que consiga ganar el Grand National Steeplechase, la joven Velvet Brown dice a su padre, mientras un plano insertado sigue al caballo galopando con un movimiento lleno de gracia a orillas de un lago: "Estoy enamorada de él [...] es algo serio". Luego, del animal entrenándose, dando vueltas en el corral de la granja, llegamos, siguiendo la trayectoria sutil de la cámara que se desliza contra los montantes de una ventana abierta, a la joven tumbada boca arriba en su cama. Con las dos manos crispadas sobre un objeto indefinible, imita el movimiento circular y frenético de una carrera imaginaria que acompaña con voz exaltada: "*Come on, oh! come on, faster!*". Mientras la cámara se estremece cuando sube y baja contra su almohada y termina abandonándose al placer que la arrastra, gracias a un largo fundido elíptico saturado de música

15. ROTHEL, David, *The Great Show Business Animals*, San Diego: Barnes, 1980.
16. *Ib.*, p. 253.

al término del cual volvemos a encontrarla, seguida por un gran movimiento lateral, cabalgando a orillas del agua.

En este ejemplo intenso y en otros muchos, por poco individualizados que estén a lo largo de *It's Showtime*, está claro que algunos animales más bien domésticos o animales salvajes debidamente amaestrados pierden parte de su realidad sustancial para poder conciliarse con lo humano. Mae West puede introducir su cabeza en la boca abierta del león y Mack Sennett acoger a otro león sonriendo como un rey, o al mismo león, que irrumpe en su despacho, poco más amenazador que el que ruge en el círculo del logo MGM. Pero, en cada caso, se trata de otras tantas apariciones del devenir-animal, variables, imprevistas y siempre acordes con ciertos movimientos frenéticos, que se adueñan del cuerpo humano y lo llevan más allá de sus límites, a un mundo de afectos multiplicados. Esta es la primera regla simple de lo que produce el animal: un exceso de movimiento que revela en su nivel elemental la excelencia del cine.

DEL LOBO AL PERRO: *RIN -TIN-TIN Y LOS LOBOS*

El único animal al que se dedican dos secciones autónomas en *It's showtime* es Rin-Tin-Tin, el animal más galardonado de la historia del cine. Es también el único presentado, con ocasión de una gala en Hollywood a principios de los años '30, después de Humphrey Bogart y John Barrymore, "animal idol of America" que salta por la ventana de su limusina y avanza por la pista para recibir sus trofeos de estrella.

Rin-Tin-Tin y los lobos es la décima de una serie de veintinueve películas que hicieron la fortuna de la Warner Brothers entre 1922 y 1931. Es una de las dos o tres que adoptaron el principio de la transformación del lobo (o, como en este caso, del "mestizo") en perro. Y es por tanto la historia de una domesticación. La trayectoria es ejemplar, de una situación inicial a la situación final, resolución demasiado humana. Al principio: Lobo, su loba y sus cinco lobeznos son expulsados por un incendio del bosque montañoso donde viven y empujados hacia un desierto cuyas orillas están habitadas. Al final: en un lago apacible, la pareja de enamorados constituida durante la película (una forma de pastoralismo sucede así a cierto grado de *wilderness*) se encuentra en una barca. Pero también descubrimos, detrás de ellos, en una barca más pequeña, a la pareja recompuesta de Lobo-Rin-Tin-Tin y su ex-loba

Nanette, imitando con sus inclinaciones de cabeza a la pareja humana; y finalmente, más atrás aún, en una embarcación minúscula, la masa de lobeznos agitándose. No cabe imaginar un familiarismo más completo, imagen ofrecida de revés de lo animal a lo humano. Un rótulo moralizador acentúa este episodio final: "El corazón del lobo y el del hombre son iguales para siempre —cuando reina el amor". De la misma manera, la ficción habrá atribuido a Lobo un estadio del espejo cuando, disfrazado por Dave con una barba postiza para no ser reconocido en la ciudad, se mira en un espejo y se decide a quitársela. A esta racionalización del deseo corresponde una lógica del territorio. Efectivamente, el relato debe su dinámica a dos intrigas entrecruzadas: por una parte, la humanización de Lobo herido en una pata, curado y recogido por Dave ("De la misma manera que, hace muchos años, el primer lobo cedió al amor del hombre, así Lobo renunció a la vida salvaje y se convirtió en el perro de Dave"); por otro lado, el deslinde de un terreno por parte de Dave en el que ha descubierto bórax, despertando la envidia del "malo" de la historia que quiere eliminarle para apoderarse de ese terreno. Lo conseguiría si Lobo, en justa compensación, no salvara a Dave destrozando a ese "malo" (el perro apela entonces, en contra de todo realismo, a la manada de lobos a los que, según se ha visto, dirigía en el pasado y que luego desaparecen como por ensalmo). Pasamos así, en todos los niveles, del salvajismo natural a la humanidad de la cultura. Pero, a lo largo de la película, el conjunto de sensaciones-emociones cuya dinámica traza la figura animal se debe a una energía de las fuerzas naturales recompuestas de acuerdo con el arte de la cámara, así como el del encuadre y el montaje.

Como en los planos iniciales del bosque nocturno en llamas, atravesado por la manada de lobos que escapan. O más tarde, la manada que corre a través del desierto y persigue el tiro llevado por Dave, de tal modo que el estremecimiento nervioso del cuerpo de los lobos alterna con el galope de los caballos golpeando la tierra —en cuanto se pasa a planos más cortos cuya intensidad, insistente, se transmite a los planos generales que les sirven de contexto. Es también la ocasión de un momento puro de la manada, subrayado por un intertítulo, con los lobos destrozando y devorando en el acto a uno de los suyos herido por un disparo. O este otro, con una gran fuerza de aceleración: cuando, al perseguir la manada a un rebaño de vacas que huye subrayando las ondulaciones de las colinas, Lobo aísla a uno de los animales y se lo deja a los otros lobos, junto a un árbol aislado. El combate representa entonces una especie de danza, interrumpida por la llegada de los vaqueros cuya atención Lobo ha decidido atraer sobre él mismo, provocando una persecución muy larga llena de valores e intensidades de movimientos (es entonces cuando Lobo queda herido por una espina de cactus, haciendo que la película cambie de dirección).

Se piensa entonces en dos distinciones que proponen Deleuze y Guattari. Primero, entre tres tipos de animales: "los animales individuados, familiares domésticos, sentimentales, los animales edípicos, personales", cuyos emblemas son el perro y el gato; luego, los que definen sus cualidades de atributo y de clasificación, por ejemplo en los grandes mitos, donde adquieren valor de arquetipo; y finalmente, "animales más demoníacos, de manadas y afectos, que crean multiplicidad, devenir, población, cuento...". El interés del argumento está también en que entre esos tres tipos, entre el primero y el tercero sobre todo, pueda haber inversiones; de tal modo que el animal salvaje sea tratado como animal familiar, y este "en el modo de la manada y el pululamiento [...] Incluso el gato, incluso el perro...".[17] La segunda distinción opone esta vez al principio de multiplicidad y de contagio, dados como definitorios del devenir-animal, el hecho de que "allí donde haya multiplicidad, encontraréis también un individuo excepcional", jefe de banda, amo de la manada o Solitario. De ahí procede que "todo Animal tiene su Anomal".[18]

Así es Lobo, mientras se humaniza, para convertirse verdaderamente en perro. Pero también se aprecia cómo Dave, en la bella secuencia en la que se acerca al animal herido que se ha ido a morir solo para no convertirse en víctima de la manada, entra en un devenir-animal. Pues si a partir de entonces deberá su supervivencia al lobo que se convierte en su perro, este conservará hasta el final, hasta el epílogo familiar que por su abstracción, de tiempo y de espacio, destaca un poco del conjunto de la película, lo suficiente de lobo en sí mismo para que los caballos se asusten y huyan cuando se acerca, y para que esta energía se extienda al espectáculo de la película. Hay un momento que llama la atención, por su carácter excesivo (aunque su razón sea clara). Perseguido por Lobo al que ha querido matar como a Dave, Horton, el malo, se cae del caballo, y al momento es alcanzado por Lobo tras una cortina de matorrales. Es entonces cuando llega toda la manada para la eje-

17. DELEUZE, Gilles y GUATTARI, Félix, *Mille plateaux, op. cit.*, p. 294.
18. *Ib.*, pp. 297-298.

cución. En dos largos planos (entrecortados por un plano más cercano de Lobo ensañándose de lado con una pierna), solo se ve el gran matorral de ramas secas recorrido por una vibración intensa, una especie de agitación que traduce la muerte infligida por todos esos cuerpos casi invisiblemente mezclados. Como si, gracias a los animales, y al hombre reducido al estado animal, la planta misma se animara.

PEQUEÑOS Y GRANDES SIMIOS

Siempre ha habido simios en el cine. Pequeños (más bien *monkeys*) y grandes (más bien *apes*), aunque la distinción así planteada carezca de fundamento. Pero si volvemos a fijarnos en los Índices del *Catálogo del American Film Institute*, nos damos cuenta de que a partir de los años '20 la proporción, sobre todo de los segundos, aumenta considerablemente, prosigue en los años '30 y se confirma también en los años '60. A menudo se ha entendido esta acumulación espectacular de los grandes simios, que es paralela a la de los filmes de horror a principios del sonoro, como una respuesta a la violencia de la Gran Depresión de 1929. Monstruosidad sublime de King Kong como eco a la manzana robada en un puesto por una joven hambrienta, futura estrella y su víctima prometida. Pero hay que invocar anteriores determinaciones más amplias y más internas de la cultura americana, en la línea de las tensiones investidas entre pastoralismo, *wilderness* y desarrollo industrial. Como la autoridad conquistada en los Estados Unidos, durante el último tercio del siglo XIX, por el darwinismo social, doctrina abusivamente inspirada por *El origen de las especies* de Darwin (1859), para aclimatar los términos introducidos en el mismo momento por el filósofo inglés Herbert Spencer: es decir, aplicar a las sociedades humanas las leyes de la selección natural para racionalizar lo que Spencer llamó "*the survival of the fittest*" (la supervivencia de los más aptos), y justificar así en nombre de "la lucha por la vida" las consecuencias sociales más extremas del capitalismo liberal. Richard Hosftadter ha mostrado acertadamente hasta qué punto la doctrina encontró en los Estados Unidos un terreno favorable, combinando las ideas de Darwin con las convicciones propias de la ética protestante del trabajo basadas en la racionalidad económica.[19]

A partir de allí, ¿cómo orientarse hacia las realidades de la representación animal, y del simio en particular? Hosftadter destacó de qué manera, a partir del cambio de siglo, el "darwinismo social" había retrocedido en los Estados Unidos, desplazándose más bien hacia cuestiones relativas a las naciones y las razas, no dudando algunos autores en utilizar las ideas darwinianas para legitimar la subordinación de las razas inferiores a la hegemonía anglosajona. Por otra parte, está claro que si el capitalismo industrial había podido encontrar, en la hipótesis darwiniana de la selección natural de las especies animales ampliada al hombre, una justificación de sus tendencias más egoístas, parecía que también tendría que integrar en sus credos, desde *La ascendencia del hombre* (1871), una visión evolucionista que amenazaba las verdades inmemoriales del texto bíblico sobre la creación del hombre y el mundo. De ese modo, Hofstader precisa que hacia finales del siglo XIX fue surgiendo un evolucionismo cristiano dominante, que tuvo en cuenta a la vez las necesidades de la religión y los logros de la ciencia, sin por ello dejar nunca de ser criticado severamente por un fundamentalismo cuya persistencia en el siglo XX "es un testimonio del carácter incompleto de la conquista darwiniana".[20]

A este respecto, hay que recordar un acontecimiento famoso de la historia americana, que desgarró muchas conciencias y cuyos términos suscitaron desde principios de los años '80 un renovado interés. Es el famoso "Proceso al mono".[21] Nace en el contexto de una vasta campaña desarrollada a partir de finales de los años '10 en los estados sureños que, con el fin de defender la Biblia, aspiraba a conseguir la promulgación de una ley que prohibiera la enseñanza del darwinismo y de las teorías de la evolución en todas las escuelas públicas. El voto de semejante ley por el senado de Tennessee, en

19. HOSFTADTER, Richard, *Social Darwinism in American Thought* (1944), con una introducción de Eric Poner, Boston: Beacon Press, 1992. Tal vez por haber sido comunista durante una (breve) temporada, Hofstader no cita a Max Weber, tan violentamente anti-marxista, pero cuya *Ética protestante y el espíritu del capitalismo* (1904-1905), ed. fr. París: Plon, 1964, responde tan bien a sus ideas. Weber comenta de manera especial los preceptos de Benjamin Franklin como modelo de la ética protestante del trabajo y del provecho justificados en Dios (sobre todo pp. 48-53).
20. HOSFTADTER, Richard, *Social Darwinism in American Thought*, *op. cit.*, p. 25.
21. Véase la entrada "Procès du singe" en el *Dictionnaire du darwinisme et de l'évolution*, dirigido por TORT, Patrick (París: PUF, 1996), así como el libro al que, según dice, debe lo esencial de su información: GOLDING, Gordon, *Le Procès du Singe (la Bible contre Darwin)*, París: Éditions Complexe, 1982.

1924, incitó a la American Civil Liberties Union a entablar un proceso-test a un joven profesor con su consentimiento, para someter a prueba la constitucionalidad de la ley. Sin entrar en los detalles de las argumentaciones apasionadas sobre el carácter literal o metafórico del texto bíblico, recordaremos que el profesor fue modestamente condenado a una multa pero sobre todo que las declaraciones del juez sobre la constitucionalidad de la ley fueron admitidas con carácter definitivo. Y es sabido que los "creacionistas" americanos siguen siendo hoy en día lo suficientemente poderosos como para haber conseguido, en 1981, en Little Rock, Arkansas, el voto de una ley que obliga a las escuelas del estado a enseñar paralelamente la versión bíblica de la creación del hombre y la teoría de la evolución que le hace descender del mono.[22]

Todo ello permite imaginar, a mediados de los años '20, la agitación ideológica que asocia corrientes más o menos persistentes de religiosidad fanática con una fascinación a menudo mezclada con repulsión hacia la idea de una continuidad evolutiva del animal al hombre. Se abre así el fantasma de una mezcla virtual de las especies, que encuentra un alimento natural en la amenaza o la seducción más reales de una mezcla de las "razas" alimentada comúnmente por la coexistencia, real y mítica, con las comunidades negras e indias, así como por las lógicas de la inmigración. En este cuadro, no habrá que olvidar el formidable fenómeno que desde mediados del siglo XIX constituye la aparición de los "zoos humanos".[23] El fenómeno toma forma como una cultura de masas en Europa, bajo la inspiración del alemán Carl Hagenbeck, "el rey de los zoos". A su vez, él se inspiró en el americano Barnum que, antes de recorrer los Estados Unidos y luego Europa con sus circos ambulantes, tuvo la idea de introducir exhibiciones de monstruos humanos (los "freaks") en su museo americano de Manhattan, donde programaba simultáneamente "conferencias 'científicas', números de magia, danzas o reconstituciones teatrales". La originalidad de Hagenbeck, por su parte, consistió en concebir "una exhibición *antropozoológica*", que asociaba por vez primera "una banda de hombres 'exóticos'" con sus animales (fueron, en 1874, en Hamburgo, lapones con

22. Véase el libro de LECOURT, Dominique, *L'Amérique entre la Bible et Darwin*, París: PUF, 1992, que analiza la cuestión de manera muy completa desde finales del siglo XIX.
23. Véase el notable libro colectivo *Zoos humains. De la Vénus hottentote aux reality shows*, BANCEL, Nicolas, BLANCHARD, Pascal, BOËTSCH, Gilles (dir.), París: La Découverte, 2002. Tomo los elementos que siguen de su introducción.

un rebaño de renos). A partir de entonces, en la mayoría de los países de Europa y luego de Estados Unidos, el fenómeno cobró una importancia que durante medio siglo nunca disminuyó, incorporándose a la moda de las grandes Exposiciones Universales que supieron amalgamar desarrollo mercantil, programa científico y espectáculo popular. Y todo ello, en unos conjuntos de connotaciones imperturbablemente racistas y colonialistas pero que también manifiestan una apertura obligada hacia "el Otro", al menos por la curiosidad y la inquietud que pudiera despertar. Hacia los años 1931-1932 irán acabándose poco a poco esos "*ethnic shows*" cuya boga, según suponen los autores de *Zoos humanos*, es suplantada entonces por la del cine, capaz de tomar el relevo con unos beneficios superiores. Conviene recordar que el cine y los "zoos humanos" habrán cohabitado al menos mientras duró el cine mudo. Y que, desarrollándose en el último tercio del siglo XIX en el momento en el que se busca una lógica de la mirada espectacular a través de muchos dispositivos entre los cuales surge el cine, los zoos humanos como dispositivo propio también tienen cierta relación, por las mismas razones que las múltiples formas del panorama, el museo de cera o la morgue.[24]

Por eso se entiende que la figura del simio haya adquirido en el cine, sobre todo americano, un valor de símbolo y de materialidad viva. No ha dejado nunca de manifestarse como tal desde las primeras cintas mudas en torno a Darwin, como en ese título elocuente de Griffith, *Man's Genesis* (1912, con su elocuente subtítulo: "A Psychological Comedy Founded on Darwin's Theory of the Genesis of Man"), luego el inaugural *Tarzán de los monos* (*Tarzan of the Apes*, Scott Sidney, 1916) o *Gorilla Hunt* (Ben Burbridge, 1926), exótico documental en el que unos gorilas son sorprendidos por vez primera en su hábitat natural.[25] O ese mismo año, la producción de Charles Durban, *Evolution*, "Del nacimiento de los planetas hasta la emergencia del hombre", cuyo cartel muestra cómo se pasa a través del mono desde los animales prehistóricos a la figura de Lincoln.[26] Ese valor de símbolo atormentado triunfa

---

24. Véase más arriba, en "Perspectivas retrospectivas", pp. 51-52
25. Estos tres títulos figuran en el catálogo *Kiss of the Beast*.
26. El cartel es reproducido y comentado por BURT, Jonathan, *Animals in Film*, *op. cit.*, pp. 94-95.

en los grandes filmes de los años '30 que durante años servirán de modelos, a fuerza de imitaciones, de secuelas o de *remakes*. Fue sobre todo el caso de *King Kong*: *El hijo de Kong* (*The Son of Kong*, E. B. Schoedsack, 1933), rodado el año mismo del triunfo de su "padre", hasta la pálida variación debida a John Guillermin, 1976, y la versión digital de Peter Jackson, 2005, a través de las cuales se puede seguir la mutación del mito en simulacro, de acuerdo con las transformaciones de la historia y de la ideología.[27] Todo ello para marcar un corte simbólico, hasta el éxito clamoroso de *El planeta de los simios (Planet of the Apes*, Franklin J. Schaffner, 1969), donde se lleva a cabo por fin una inversión capital en provecho de los primates que les da la superioridad sobre los humanos (película consagrada por la sucesión impresionante de cuatro secuelas en cinco años, por no hablar de sus continuaciones en la televisión).[28] 1968 es el año en el que Kubrick vuelve a coger al principio de *2001: una odisea del espacio* (*2001: A Space Odyssey*, 1968) el destino de la humanidad en su génesis con un solo movimiento: tras un largo tiempo pasado, "En el amanecer de la humanidad", entre las manadas de chimpacés gritones, el hueso arrojado al aire por uno de ellos después de un combate fratricida se transforma en una nave espacial y establece entre el Animal y la Máquina una relación que distiende hasta el infinito, a la vez que acerca, los términos de una escisión entre progreso industrial y *wilderness*. Así, en apenas unas décadas, se lleva a cabo una revolución en la lógica de una representación. Se debe, por un lado, a pesar de las resistencias todavía activas y de sacudidas violentas, a una integración gradual de la comunidad negra en la democracia real de una sociedad durante tanto tiempo y tan profunda-

---

27. Sobre este paso del mito al simulacro, del primer al segundo "King Kong", véase ISHAGHPOUR, Youssef, "Du mythe en image aux images du mythe", en *D'une image à l'autre. La nouvelle modernité au cinéma*, París: Denoël/Gonthier, "Médiations", 1982, pp. 83-101. Y sobre las tres películas, junto con otras, Raphaëlle Moine, "Déliquescence d'une chimère. *King Kong*, ses remakes et ses suites", *Animal (Vertigo)*, pp. 119-123; o consideradas como variaciones del punto de vista del turista y del trotamundos, "A King Kong Day", por Duhamel-Muller, Marie-Pierre, Neyrat, Cyril, Aubron, Hervé, Lardeau, Yann, catálogo del "Cinéma du Réel", 2008, Centro Pompidou, pp. 177-179.
28. GREENE, Eric, *Planet of the Apes as American Myth. Race and Politics in the Films and Television Series*, Jefferson (NC): Max Farland, 1996. THORET, Jean-Baptiste, recuerda también que "el ciclo constituye un comentario casi *live* de los sobresaltos de América" (*Le cinéma américain des années 70*, París: Cahiers du cinéma, 2006, p. 292).

mente racista, integración que aumentó con un reconocimiento parcial del genocidio indio. Por otro lado, los progresos de la antropología y de la biología no han dejado de acercar al hombre y al simio, con el cual comparte el 98,2 % del programa genético, así como muchas emociones.

Si las grandes películas de los años '30 conservan un privilegio en esta historia, es por la riqueza y la calidad de las tensiones que encarnan, al componer un panorama de las virtualidades proyectadas entre lo animal y lo humano (aunque el deseo que manifiestan los grandes simios y sus avatares por las heroínas rubias sea una constante obligada). Esas pocas películas participan también de las cualidades propias de las mejores de su época, sobre todo en el tratamiento de la luz, de las intensidades e intermitencias del blanco y negro. Para no seguir insistiendo sobre ello, destaquemos hasta qué punto esas cualidades de la materia-imagen son desarrolladas aquí por las imprevisibilidades variables de los movimientos animales, tan diversos, hasta en los trucajes que los hacen posibles. Y también hasta qué punto se impone el valor de espectáculo para acentuar la relación directa del cuerpo animal con el cuerpo del cine. Así, seis películas constituyen una especie de sistema de los simios, grandes y pequeños, induciendo todos ellos un desajuste del humano por el cual este se ve obligado a reconocerse como el animal que es. De acuerdo con la cronología, son: *El cameraman* (*The Cameraman*, Buster Keaton y Edward Sedgwick, 1928), *Tarzán de los monos* (*Tarzan the Ape Man*, William S. Van Dyke, 1932), *El doble asesinato en la calle Morgue* (*Murders in the Rue Morgue*, Robert Florey, 1932), *La Venus rubia* (*Blonde Venus*, Josef von Sternberg, 1932), *La isla de las almas perdidas* (*Island of Lost Souls*, Erle C. Kenton, 1932) y *King Kong* (Merian C. Cooper y Ernest B. Schoedsack, 1933).

En este conjunto, el privilegio de *La isla de las almas perdidas* es hacer que su regla excesiva sea el principio interno de todas esas películas, al que solo *El doble asesinato en la calle Morgue* se acerca tan claramente, focalizándose en el guion clásico de "la Bella y la Bestia": es decir, la mezcla de las especies.[29] Lo que alimenta con un fantasma explícito el misterio ofrecido

29. Sobre esta película, bastante poco comentada, véase el análisis de WOOD, Robin (pp. 15-16) en *The American Nightmare: Essays on the Horror Film* (Festival of Festivals, Toronto, 1979). Esa pequeña obra colectiva tiene el interés de establecer, desde

por Edgar Poe en *El doble asesinato en la calle Morgue*, del que la película de Florey es una adaptación muy libre, es la obsesión del Dr. Mirakle (encarnado por Bela Lugosi): entregar a una joven a su "gorila de cerebro humano", pero bajo la forma singular de una mezcla de las sangres por la cual pretende inyectar sangre animal en el cuerpo humano; como para tomar en sentido contrario la teoría de la evolución de la cual pretende ser una ilustración el espectáculo presentado por Mirakle en una feria parisina. Su mono, Erik, "el primer hombre", cuyo lenguaje Mirakle ha aprendido y traduce a sus oyentes, es buena prueba de esta descendencia del hombre y una identidad que se reconoce por ejemplo en el hecho de que Erik ha sido secuestrado en África por "monos blancos sin pelo". La mezcla de las sangres, de manera clásica, debe incluir a una joven pura (tal como lo ha querido a menudo el romanticismo para la relación hipnótica). Tras haber "fracasado" una experiencia con una prostituta (por estar su sangre "corrompida"), escoge a Camille, la novia de Dupin (convertido para la ocasión en estudiante de medicina), hacia la cual el simio ha manifestado un interés muy vivo desde la secuencia inicial. A partir de ese momento se hará todo, con el arte sugestivo de las películas de esta época, para establecer un paralelismo, por medio del montaje del relato y la organización de las imágenes, entre la relación real de Dupin y Camille y la relación virtual entre la joven y el simio. Mirakle facilita pues a Erik la entrada al apartamento de la joven, donde matará a la madre como en el relato de Poe, pero raptará a la chica como en los cuentos. "¡Su sangre es perfecta!", exclama Mirakle en el momento en el que se dedica a mezclar las sangres y entregaría Camille a Erik si Dupin, alertado por el análisis que ha hecho de la sangre de la prostituta, no llegara con la policía; lo que provocará el asesinato del Maestro a manos de su criatura, y el secuestro de Camille por Erik de manera espectacular por los tejados de París, convirtiéndose Dupin, evidentemente, en el salvador que vence al monstruo. Además de su belleza propia que, como en otros momentos del filme, procede de la fotografía "expresionista" de Karl Freund, ese momento tiene el interés de recordar tanto el secuestro de Jane por Cesare en *El ga-*

---

una perspectiva mítico-psicoanalítica, el vínculo entre películas clásicas (como la de Florey o *Nosferatu* de Murnau) y películas de terror más tardías, algunas de la cuales, como *Tiburón*, incluyen animales.

binete del doctor Caligari como el de María por Rotwang en *Metropolis*, estableciendo un vínculo más entre hipnosis y animalidad.

El fantasma abierto por *La isla de las almas perdidas* es mucho más poderoso. Se barrunta desde el principio, en el barco en el que el protagonista, Parker, ha sido recogido tras un naufragio; y poco después, cuando ya ha salido del delirio y lo ve todo sin comprender: por un lado, jaulas llenas de animales, monos, tigres, perros, que le hacen pensar en un zoo; por otro, la presencia de criaturas sobre cuya naturaleza resulta imposible pronunciarse, que el capitán y un hombre llamado Montgomery tratan con desprecio y violencia y que parecen estar reprimiéndose constantemente para no mostrar a su vez una violencia aún mayor. Parker necesitará tiempo para entender la situación, cuando es desembarcado con Montgomery, las criaturas y los animales en la isla en la que reina el doctor Moreau. Cuando al oír unos aullidos Parker acude corriendo a una sala en la que una criatura está atada a una mesa de operaciones, Moreau terminará por explicarle que lejos de torturar a un ser humano, como cree Parker, transforma a los animales en hombres para llevar a cabo sus investigaciones, haciendo la competencia a la creación divina. El argumento que la película toma prestado de la novela filosófica de H.G. Wells se presenta como una reflexión sobre la Naturaleza, de la cual Moreau pretende recorrer todos los reinos: ha llegado a una práctica sistemática de la vivisección trabajando sobre las orquídeas[30] y ha constituido así una población intermedia entre el animal y el humano, de acuerdo con una lógica de la evolución justificada por la creencia de que "toda vida animal tiende hacia la forma humana". Esas criaturas híbridas, procedentes de todo tipo de animales (se ven sobre todo hombres-simios, que hacen de criados en la casa), han adquirido ciertos rudimentos de lenguaje; siguiendo el modelo

---

30. Conviene recordar que se trata de la cuestión fundamental que nace en el siglo XIX, como subraya Élisabeth de Fontenay a propósito de la puesta a punto del "método experimental" de Claude Bernard (en el capítulo "La science sacrificielle" de *Le Silence des bêtes*). En su relato, Wells ofrece a este respecto una fórmula condensada: "El estudio de la naturaleza hace que el hombre sea al menos tan despiadado como la propia naturaleza" (*L'île du docteur Moreau*, trad. Henry-D. Davray, París: Mercure de France, 1946, p. 130). Por su parte, Jonathan Burt recuerda los problemas que la película tuvo con la censura en Inglaterra por las referencias a la vivisección (*Animals in Films, op. cit.*, pp. 133-134).

de los Mandamientos, Moreau ha conseguido inculcarles algunos fragmentos de Ley y ante todo la prohibición de matar —fórmulas que conminados por Moreau, apoyado por una especie de líder (Bela Lugosi otra vez), salmodian como si fueran miembros de una muchedumbre hipnotizada, en la inmensa caverna que les sirve de guarida.

El episodio crucial es el intento de seducción que Moreau provoca entre Parker y Lota, la joven que en los títulos de crédito aparece como "the Panther-Woman". Moreau la considera su obra maestra y le gustaría comprobar hasta qué punto se ha convertido en mujer ("poder amar, emparejarse, tener hijos"). En ella, la Naturaleza vacila en las orillas de la Cultura: habla un inglés casi convincente, pero tira al agua el libro que posee Parker, que no comprende y que podría distraerle de ella (un plano sorprendente recompone entonces la imagen enturbiada de sus dos cuerpos reflejados en la piscina, separando sus siluetas inciertas a partir de un fondo original común). Y es al abandonarse a medias a su abrazo apasionado, a pesar de su reserva (explica a Lota su amor por otra persona, cosa que ella no puede concebir), cuando Parker siente en su espalda las uñas de Lota y, atrayendo sus manos hacia él, descubre las garras que subyacen y están dispuestas a formarse de nuevo ("esa estúpida carne de bestia que vuelve", dirá Moreau). Así, Lota es una mujer porque llora, pero en ella el animal siempre acecha.

Una vez alcanzado este punto, a lo que hay que sumar la llegada-sorpresa de Ruth, la novia de Parker, a la isla, la última parte de la película se despliega con la perversión-perfección estructural que casi solo este cine supo alcanzar. Lo que puede verse emblematizado por un plano, réplica de otro plano anterior. Cuando Ruth se está desnudando, aparece un hombre-mono en montaje paralelo; en cuanto se duerme, el monstruo humano, observándola primero desde fuera por la ventana, entra en la habitación rompiendo un barrote. Alertado por el grito de terror de Ruth, aparece Parker; abriendo un tragaluz, que permite también vigilar la habitación, dispara sobre el hombre-mono que emprende la huida. El plano así recordado es el de Moreau observando a Lota a través de ese mismo tragaluz, cuando la película la descubre. En esa perspectiva voyeurista, la sucesión de las miradas de hombre se encadena de Moreau al hombre-mono a Parker, sobre esas dos mujeres reversibles que son Ruth y Lota. El final de la película acelera y precipita el desenlace de esa lógica en dos niveles mezclados. Por un lado, es la rebelión de las criaturas contra Moreau (al ritmo del eslogan "Ni hombres ni bestias. Mitad hombres, mitad bestias"); terminará encadenado, en "*the house of pain"*, en la mesa de operaciones. Por otro lado, Parker y Ruth huyen hacia la orilla, con Montgomery y el capitán del barco, llevándose a Lota a través del bosque habitado por hombres-simios. Pero uno de ellos ataca a Lota: mono contra pantera, luchan y se matan entre sí como bestias; es una manera de dar la impresión de que se libera a la pareja humana de las pulsiones que, desde tiempos inmemoriales, todos comparten.

Muy distinta es la mezcla de animal y humano que ofrece el mito de Tarzán. *Tarzán de los monos*, novena de la serie de películas adaptadas a partir de 1918 de los relatos de Edgar Rice Burroughs, publicados desde principios de los años '10, es la primera de la prestigiosa serie iniciada por la MGM, con Johnny Weissmuller como Tarzán y Mauren O'Sullivan como Jane, que se cierra en 1942 con *Tarzán en Nueva York (Tarzan's New York Adventure*, Richard Thorpe, 1942).[31] Acabamos de ver que en *La isla de las almas perdidas* la complejidad se debía a la multiplicación de los animales. Esta es aún mayor en *Tarzán*, de acuerdo con divisiones muy distintas. Destacándose de un fondo de animales que podrían considerarse neutros (antílopes, cebras, etc.), encontramos por un lado a los animales buenos, que son aliados de Tarzán: en primer lugar, monos, pero también elefantes e incluso hipopótamos; por otro, los enemigos potenciales, fieras diversas sobre todo, cocodrilos, rinocerontes, pero también un gran simio. El mismo Tarzán se mantiene a medio camino entre el hombre y el animal, como sugieren el título de la película y la situación inicial. Hasta que, muy pronto, a partir de su encuentro con Jane, con la que construye una pareja (e incluso, más tarde, con la adopción de "Boy" en la cuarta película de la serie, funda una familia), vuelva a ser el hombre que siempre ha sido (el hijo de Lord Greystoke, del que nada dice la película), pero destinado a vivir, como un niño salvaje milagrosamente adaptado, en la jungla africana, de acuerdo con ese exceso de pastoralismo que es para él una *wilderness* sin fronteras. Así, Tarzán representa un sueño acelerado de la evolución, descendiente en una generación del hombre y de la mona que le recogió y ofició de madre. La película no

31. Las informaciones sobre "Tarzán" proceden del libro muy completo de LACASSIN, Francis, *Tarzan*, París: 10/18, 1971. En él se encuentra sobre todo un análisis sobre la progresiva insipidez del mito, de la cual acusa al cine, a pesar de las cualidades de salvajismo y del encanto de Johnny Weissmuller "en sus dos primeras apariciones" (p. 273).

dice tanto, pero es lo que supone el mito, y lo que subraya el vínculo indefectible de Tarzán con los monos cuya lengua comparte antes de acceder, gracias a Jane, a un inglés rudimentario.

Pero hay monos y monos. Está el grupo de los chimpancés que rodean a Tarzán con su afecto y también constituyen su guardia. Y entre ellos está Cheetah, el pequeño simio que, entre Tarzán y Jane, pronto encarnará al niño metafórico que introduce algo más de confusión en la evolución y la descendencia —garantizando al mismo tiempo, a su manera, la supervivencia de Tarzán en muchas ocasiones, hasta el episodio del gran mono al que juntos se verán enfrentados. Jane, su padre y Harry Holt (los tres ingleses de la expedición que va en busca del "oro blanco") son hechos prisioneros por una tribu de pigmeos, que aquí simbolizan el grado extremo de salvajismo humano frente a la animalidad humana de la manada de los chimpancés. Esos pigmeos adoran, como a un dios, a un gorila gigante, prefiguración de King Kong, al que mantienen en el fondo de un foso y cuya cólera y hambre consiguen calmar entregándole prisioneros en un sacrificio ritual. Así, los porteadores y los guías, salvajes más civilizados que los pigmeos en la supuesta escala de la evolución, son los primeros en ser arrojados a la fosa. Luego Jane, presa selecta, que el gorila coge en sus brazos y a la que Holt y el padre, saltando al momento, intentan salvar en vano, hasta que por fin llega Tarzán, avisado por Cheetah. Esta se precipita a su vez para ayudar a Tarzán, que yace en el suelo después de un primer enfrentamiento con la bestia que se deshace de Cheetah de un manotazo. Tarzán clavará el puñal en todo el cráneo del gorila divinizado para rematarlo. Y serán necesarios los elefantes a los que Tarzán llama a través de los bosques, con su famoso grito, para acabar con los pigmeos cuyo pueblo queda arrasado. Planos extraordinarios, de los minúsculos salvajes humanos aplastados en masa por los animales gigantes culturalizados. Los elefantes lo están hasta el punto de que, como es sabido, tienen un cementerio para morir. Escena no menos sorprendente en la que, llevados con todo el rebaño que sigue a un animal herido de muerte por las flechas envenenadas de los pigmeos, los supervivientes del drama consiguen llegar a esa reserva natural de marfil que haría soñar a cualquier colonizador. El padre de Jane muere allí muy oportunamente al igual que el paquidermo —aunque más simbólicamente, de acuerdo con un esquema muy edípico. Así, Naturaleza y Cultura se unen para que Jane, sin estar ya dividida entre su padre y Tarzán, pueda escoger quedarse con esta última en la jungla, en lugar de volver a Inglaterra.

Tres modalidades contribuyen a dar forma a la animalidad mediata del mito de Tarzán. Primero, la extraordinaria capacidad de movimiento del que ha sido dotado ese cuerpo que se desliza de liana en liana por una jungla de estudio y que se mueve con la misma facilidad que todos los animales, amigos o enemigos, por el aire y el agua, con los que se mezcla de muchas formas. El encuentro un tanto milagroso entre una primera y aún fresca aparición, en cuanto al actor, y la dirección de un cineasta de gran talento, W. S. Van Dyke, en esa época especialista de rodajes en exteriores[32], inspiró una "adaptación mágica de Edgar Rice Burroughs".[33] El famoso grito de Tarzán que, como es sabido, se consiguió por un trucaje de diferentes fuentes, se convierte en la modulación de ese movimiento. Por eso, segundo punto, el lenguaje de Tarzán, que nace como reflejo de la imagen que le devuelve Jane, según una versión invertida de la leyenda de Narciso y Eco, debe seguir siendo rudimentario, para conservar la huella de la lengua de los simios que sigue habitándole. Todo ello para que el mito de la Bella y la Bestia encuentre aquí una realización única. Serge July lo expresó mejor que nadie: "Por ser la maravilla de las maravillas, por ser un sueño encarnado, el animal Tarzán tiene una morfología de hombre. Se le podría confundir con una estrella de piscina. Tarzán, ese hombre 'de gusto salvaje', es un milagro: su sexualidad aún no ha sido civilizada. Es bestial". July añadía, acercándose lo más posible al deseo universal suscitado por el hombre-mono: "Dice 67 palabras, es blanco, es el más alto y el más fuerte, no le asustan ni la oscuridad ni los 'salvajes' [...]. Su elemento natural es el imaginario de un niño de cuatro años: reina sobre todos los animales del panteón infantil. [...] Finalmente, ha conseguido transformar la espesura de los grandes árboles en una pista de circo: el rey de los animales es también un trapecista que trabaja sin red por encima de los colmillos de cocodrilos y que nadando puede alcanzar a los peces".[34]

---

32. *Sombras blancas (White Shadows in the South Sea*, 1928), *Trader Horn* (1931, cuyas tomas documentales sobrantes se utilizaron en *Tarzán*), *Eskimo* (1933).
33. TAVERNIER, Bertrand, COURSODON, Jean-Pierre, *50 ans de cinéma américain*, París: Nathan, 1991, p. 928. También destacan "una fotografía espléndida" y añaden: "una poesía, un sentido de lo imaginario, un bestiario maravilloso que faltarán clamorosamente en las diferentes continuaciones".
34. JULY, Serge, "Jane et Tarzan, le couple de l'année", *Libération*, 11 de marzo de 1980. Sobre la Bella y la Bestia, véase también LACASSIN, Francis, *Tarzan, op. cit.*, p. 140. Y el libro clásico de BOULLET, Jean, *La Belle et la Bête*, París: Le Terrain Vague, 1958.

No se sabe qué película pudo inspirar o no la famosa secuencia "Hot Voodoo" en *La Venus rubia* de Josef von Sternberg, que se estrena en septiembre de 1932: *Tarzán de los monos*, estrenada en marzo de ese mismo año; *El doble asesinato en la calle Morgue*, en febrero; o los rumores que, desde julio de 1932, empezaron a correr en Hollywood en torno al rodaje de *King Kong* que, en el mayor secreto, intentaba llevarse a cabo en el plató 11 de la RKO. Pero una cosa es cierta: en los cerca de veinte planos durante la que se anuncia y dura, en gran parte bajo la mirada fascinada de Nick Townsend (Cary Grant), el número de la canción interpretada por Marlene Dietrich oculta en la piel de un gorila de la que sale por medio de un inesperado *striptease* que desvela su "deshabillé" de plumas negras y su monstruoso peinado de revueltos rizos rubios, se pasa una página en la representación del fantasma vinculado al hombre-mono, por la superposición en un solo cuerpo de la mujer deseada por el simio y del simio que la desea. Degenerar de este modo en número de club nocturno, equivale primero a subrayar el carácter de cliché adquirido por la representación. No falta nada: el animal domesticado al que traen al escenario con una correa un grupo de mujeres negras que llevan unos remos cortos y constituyen el coro de la canción que inicia el *striptease*; los escudos que sostienen, decorados con motivos que recuerdan inmensas vaginas dentadas; sus enormes pelucas negras, eco de la peluca rubia. Todo contribuye a una de esas puestas en escena fetichistas de las que Sternberg, ayudado sobre todo por Marlene Dietrich, tuvo el secreto; donde mejor se combina es en *La Venus rubia*, con los otros dos números en los que la protagonista canta "disfrazada" sucesivamente de hombre y de mujer, saturando el espectro y sugiriendo todo lo que la imagen del mono, del animal al humano, supone también entre el hombre y la mujer, de acuerdo con la lógica de una novela familiar.[35]

Frente al valor de espectáculo relacionado con la imagen del mono y de los "salvajes" que le rodean, puede pensarse en esas actuaciones de "zoos

---

35. A partir de un análisis pormenorizado de la secuencia, un artículo de BAXTER, Peter, "*Blonde Venus*: Memory, Legend and Desire", *CineAction!*, Primavera de 1987, pp. 42-50, recordando los argumentos de Laura Mulvey y de E. Ann Kaplan, Robin Wood y Bill Nichols, hizo la síntesis de los escritos sobre esta película convertida en uno de los "objetos adecuados" de la teoría feminista-psicoanalítica anglosajona.

humanos" que tanto gustaron a muchos públicos durante medio siglo, y a sus equivalentes en *Tarzán de los monos* y *El doble asesinato en la calle Morgue*. En la primera, es el episodio de los pigmeos lo que ocupa ese lugar, organizado como una fiesta ritual, con música y cantos, en la que los "blancos" están destinados a ser las víctimas, después de haber sido espectadores a la fuerza. En la segunda, las secuencias iniciales componen una síntesis ejemplar, gracias a la ficción de tres parejas que deambulan a través de una "feria" popular en el París de 1845, intercambiando bromas, vagamente escabrosas, a propósito de lo que ven. Una primera caseta propone una danza del vientre oriental. La segunda, representada por unos indios alrededor de un hombre blanco atado a un poste, una danza de la cabellera —cuadro en el cual los paseantes parisinos reconocen precisamente una imagen de América. La tercera será la de Erik, "el gorila de cerebro humano", con los resultados ya conocidos.

Esa es la lógica del espectáculo que King Kong llevará a su punto culminante. Sobre ello, ya se ha dicho todo, de acuerdo con el efecto de una fórmula, "Producción de la realidad, realidad de la producción", que designa mejor que ninguna otra al cine americano.[36] Basándose en un primer estado de las investigaciones americanas relativas a la elaboración de la película, Roger Dadoun ha mostrado muy acertadamente[37] hasta qué punto *King Kong* tuvo entonces valor de síntesis: desde el punto de vista de las posibilidades de producción, aumentando los gastos considerablemente; desde el punto de vista tecnológico, como resultado de las soluciones de los efectos especiales puestos a punto por Willis O'Brien (de *El mundo perdido [The lost world]*, 1925, realizado por Harry Hoyt, a su pequeña película *Creation*, 1931); resultado también, desde el doble punto de vista antropológico y artístico, de los diversos filmes documentales o de semi-ficción rodados desde hacía años por sus dos directores-exploradores, Merian C. Cooper y Ernest B. Schoedsack (*Grass: A Nation's Battle for Life*, 1923; *Chang: A Drama of the Wilderness*, 1927); finalmente, desde el punto

36. BAUDRY, Pierre: es el título de su texto sobre los filmes-catástrofes de los años '70, entre los cuales está el "*King Kong* número 2" (en *Le Cinéma américain. Analyses de films*, II, *op. cit.*).
37. DADOUN, Roger, "King Kong: du monstre comme dé-monstration", *Littérature*, nº 8, diciembre de 1972, pp. 107-118 (para las citas que siguen, pp. 109 y 115-116) —aumentado y recogido en volumen, *King Kong*, París: Séguier, 1999.

de vista de su contemporaneidad, puesto que, única entre todas las películas "de simio", que parece condensar y superar, *King Kong* se inscribe explícitamente en la realidad de una América devastada por la Depresión, cuya realidad ha sugerido la secuencia inicial, ofreciéndose las secuencias finales como una imagen de catástrofe de esa situación. Especialmente Dadoun ha sabido expresar, más teóricamente, la reversibilidad que se inscribe en *King Kong* entre el filme como "película", "superficie negra impresionada", y "el personaje llamado King Kong [...] como superficie o soporte de inscripción; [...] la parte de él mismo que es su 'película', teniendo que funcionar su 'pelaje' negro, su piel, metonímicamente, para todas las otras partes de la película", es decir "como forma-superficie totalizadora que encierra todos los desarrollos posibles del relato fílmico, permitiendo la circulación de todos los tipos de interpretación". Dadoun enumera esas interpretaciones, de tonalidad psicoanalítica, después de haber recordado cómo el grito de Ann se desarrolla a través de la película, desde el robo inicial de la manzana al ensayo en el barco, desde la primera aparición de Kong cuando Ann se encuentra encadenada en el altar y luego de manera continuada hasta que vuelve a atraparla para llevarla a la cima del Empire State Building, la "octava maravilla del mundo", denominación que también merece el simio. Así, King Kong es a la vez: "*Eros*, si se da más importancia a su poder y su deseo por Ann [...]; *Edipo*, si se destaca el antagonismo con el teniente Driscoll, héroe imberbe e hijo de América, que consigue arrancarle a la joven; el *Padre primordial*, el Déspota de la horda originaria, amo indiscutible del territorio y de la tribu; la *Madre arcaica*, esa envoltura negra y tibia, y sin embargo devoradora; la *Agresión*, como momento verdaderamente originario del hombre (la 'crueldad' de Artaud); el *Ello*, como superficie ilimitada, como circulación osmótica en la que fluyen y refluyen todas las formas...".

A partir de esta visión de King Kong que se convierte así en la matriz de un "Vacío" esencial para la forma fantástica que se despliega por esos mismos años del cine hollywoodense, un ensayo más reciente de Helmut Färber, que retoma el análisis de Dadoun y se apoya en nuevas fuentes, ha sabido desarrollar también esa virtualidad de la película.[38] Färber vuelve a insistir en el

38. FÄRBER, Helmut, "King Kong: comment le cinéma se raconte lui-même", *Trafic*, nº 34, verano de 2000, pp. 88-107. Las citas que siguen se encuentran en las pp. 91, 104, 100-102. Färber tiene en cuenta, por ejemplo, una interpretación según la cual King Kong habría sido "negro para representar la condición de los negros en América".

hecho de que contrariamente a los monstruos que fueron tan numerosos en los años '50 en Estados Unidos y Japón, que supuestamente han de responder a la amenaza nuclear, King Kong "recuerda a un ser prehistórico que por sus orígenes está emparentado con los hombres, que está en relación con el mundo humano y que desea a una mujer". Sobre todo, coincidiendo con el análisis de Youssef Ishaghpour[39], subraya, recordando la intensidad de las imágenes que esa película ha sabido inventar, el efecto de profunda tristeza que se instala tras la muerte de Kong: "Entonces parece que la película no habla solo del final de ese personaje, del fin de ese mito particular, sino, inconscientemente, de un final de la mitología". Además, Färber desarrolla una idea importante (sugerida por Judith Mayne) sobre la correspondencia entre Skull Island, la isla en la que se desarrolla la acción de la película, y la isla de Manhattan. Encontró la confirmación en un mapa antiguo de Manhattan, llamado antaño New Amsterdam, en el que se ve la parte habitada de la isla, hacia el sur, protegida por un muro rectilíneo que la encierra por el norte de un extremo a otro. Ese "algo del otro lado" del que, supone Driscoll, se protegen los indígenas, y que manifestará la monstruosidad de Kong, era, para los holandeses de la época, o bien los ingleses con los cuales estaban en conflicto, o bien "los indios que vivían allí antes de la llegada de los europeos". La Nueva York moderna atestigua todavía en recuerdo de ese muro, con el nombre de Wall Street. Para apoyar esa alianza entre la figura de King Kong y la obsesión durante mucho tiempo tan fuerte a propósito de los indios, Färber señala asimismo el recuerdo posible del más grande de sus jefes, Sitting Bull que, después de su derrota, fue exhibido a través de Estados Unidos igual que King Kong en Nueva York ante un público ávido de espectáculo.

Así, por todas partes, "King Kong", película-personaje, lleva a cabo la síntesis de todo lo que autoriza el simio, animal tan familiar como fantástico en cuanto la hipótesis darwiniana le convierte en el más cercano al hombre. Hay que repetir hasta qué punto este efecto se debe en la película a la materia inaudita de su imagen. Pues esta imagen no tiene solamente la alta calidad fotográfica-pictórica del blanco y negro de su época. Se alimenta también de la turbación propia del trabajo de animación y de trucaje que permitió dar una apariencia de vida a criaturas inverosímiles, tanto Kong como otros ani-

39. Véase la nota 27 de este mismo capítulo.

males prehistóricos de formas y nombres bárbaros con los que lucha sucesivamente para preservar su deseo por la mujer y merecer el hecho de representar la ascendencia del hombre. Siempre hay en el trucaje, tanto por su abstracción manifiesta como por las figuras de puntuación, o por la ayuda que presta a ciertas inverosimilitudes, un efecto de "maquinación reconocida".[40] En este sentido, más que del lado del relato, el trucaje está siempre del lado de la máquina-cine y del dispositivo que insiste en ella. Toda la fuerza de *King Kong* radica en que lleva a cabo su relato por la potencia en acto de su dispositivo, magnificada a medida que avanza la película. El animal se convierte así, propiamente, en la fuerza suprarreal por la que el cuerpo del cine se apodera del cuerpo de su espectador.

Pero todavía queda un simio, un mono muy pequeño, para cerrar una serie que en realidad este mono abre sin que le pertenezca de verdad, inmediatamente antes de la Gran Depresión y precipitando esa obsesión de representación. Es el mono milagroso de *El cameraman* de Buster Keaton. Es paradójico y regocijante que, gracias a ese monito, cinco años antes de *King Kong*, se afirme la relación más directa que pueda existir entre el animal y el dispositivo del cine. Pues esta vez el animal se convierte en el objeto idealizado del espectáculo proporcionalmente al hecho de que también es el sujeto.[41]

Todo el encanto del asunto está primero en las imágenes que filma Luke Shannon, fotógrafo ambulante que quiere llegar a ser reportero de noticiario, para impresionar a Sally, la bella telefonista de la MGM, y también a su jefe: unas imágenes sin pies ni cabeza, pero que se parecen extrañamente a las que Dziga Vertov reunirá un año más tarde por medio de sobreimpresiones vertiginosas en *El hombre de la cámara*, a la vez que recuerdan el principio de aquellas en las que Méliès introducía unos trucajes semi-involuntarios en las simples "vistas" del cine. De modo que Shannon es debidamente despedido y, gracias a una información que le da Sally a escondidas sobre una

---

40. METZ, Christian, "Trucage et cinéma", en *Essais sur la signification au cinéma II*, *op. cit.*, pp. 180-181.
41. ¿Pudo el recuerdo de *El cameraman* justificar la aparición en *King Kong* de Iggy, un mono igualmente minúsculo, que se ve en el puente del barco con Ann, justo cuando Denham viene a buscarla para rodar los ensayos que a través de su grito prefiguran la amenaza futura del gran simio?

fiesta en Chinatown, podrá volver a probar suerte. Pero antes de empezar a rodar, Shannon golpea con su cámara a un hombre y a un minúsculo babuino vestido con traje de marinero, al que su dueño hace bailar para ganar unas monedas. Dando por muerto al mono después de la caída, este último obliga a Shannon a comprárselo. Volviendo al momento a la vida, y tan poco animal que le asusta un simple perro, el monito se aferra a Shannon y se le sube al hombro; poco después no formarán más que un solo cuerpo. Y así, a lo largo del rodaje alocado al que se entrega Shannon, en condiciones cada vez más acrobáticas a medida que la fiesta degenera en batalla campal entre bandas, el mono está a su lado y vive con él su furia y su miedo de filmar. Esta extraña fusión entre el operador y su animal fetiche se desdoblará sin embargo cuando al final de la película, Shannon, filmando desde la playa un bote en el que se encuentra Sally en compañía de otro operador, su rival, se precipita para salvarla cuando explota su bote. Al conseguir el otro hacerse pasar por el salvador, Shannon perdería el beneficio de su gesto, si mientras tanto, en la playa, el monito, girando la manivela de la cámara, no hubiera filmado toda la escena, dando testimonio de su realidad.

En esta suplencia se ha querido ver solamente un gesto que manifestara, por parte de Keaton, la escasa importancia que atribuía a su equipo técnico frente a lo esencial, constituido por su propia acción frente a la cámara.[42] Pero ¿por qué semejante subterfugio? ¿Por qué habría tenido que acompañar el mono de esa manera todo el rodaje en Chinatown, convirtiéndose así en algo parecido a un inspirador de la manera "correcta" de filmar, y en una encarnación de los consejos que Sally da a Shannon? ¿Por qué iba a sustituir el mono a los cargadores, dejando creer primero a Shannon y luego al productor que la cámara había rodado en el vacío? ¿Por qué asiente, como si entendiera el lenguaje humano, cuando Shannon, en el bote cuyo timón sujeta el mono antes de empezar a filmar en la playa, le pregunta por esos cargadores intercambiados? ¿Por qué, nada más descubrirse la verdad, cuando en la proyección desfilan las dos secuencias, la de Chinatown y la de la playa, despertando el entusiasmo del productor, y Sally encuentra por fin a Shannon para anunciarle la noticia, y a la vez vuelve a él, por qué el mono se queda aferrado a Shannon, como uno más dentro de la pareja que forman? Este mono

42. COURSODON, Jean-Pierre, *Buster Keaton*, París: Seghers, 1973, p. 143.

minúsculo está allí para dar testimonio tanto de una animalidad interior a la relación que va del hombre a la mujer como a la que se desarrolla entre el cuerpo humano y la máquina del cine. Como se verá, otros muchos animales pueden convertirse también, de acuerdo con determinados desarrollos de guion y elecciones varias de fuerzas y formas, en agentes de abstracción de efectos propios del cine. Pero solo el mono, según una lógica darwiniana acorde con las investigaciones recientes, antropológicas y neurobiológicas, puede de verdad sostener la cámara (salvo en los dibujos animados que se lo permiten todo a todo). Y en esta perspectiva, hay que subrayar la situación de niño que ese monito, de Cheetah a esta mascota sin nombre, deja entrever, aunque otros animales también puedan venir a ocuparla.

LA FIERA DE MI NIÑA: ME SIENTO REJUVENECER

I.

El niño al que aquí se trata de educar [es el sentido del título original: *Bringing up baby*] resulta ser un leopardo. En esta película, es el tercero que aparece en una sucesión impresionante de animales, solo comparable a las de la película de aventuras exóticas o de caza, como puede verse por ejemplo en *¡Hatari!* (H. Hawks, 1962).

El primero de esos animales es un brontosaurio, esqueleto gigante en el que está encaramado el protagonista desde el principio en una sala del Stuyvesant Museum of Natural History. El segundo es una golondrina, patrónimo de su novia. El cuarto y el quinto son dos cisnes y toda una serie de pollos alegremente exterminados por Baby. El sexto es George, el perro de la tía de la heroína. El séptimo es un caballo cuya imagen presenta un traje ecuestre que por un tiempo lleva el protagonista. El octavo es una lechuza, cuyo ulular se parecería al grito del leopardo. El noveno surge de una red de cazar mariposas con la que la protagonista captura al héroe durante una partida de caza. El décimo es un leopardo de verdad, adulto y de circo, pero peligroso, puesto que acaba de escaparse. El décimoprimero y el duodécimo son un lobo y otro cisne, que la heroína utiliza para calificar al protagonista (el segundo calificativo, Don Swann, subra ya también aquello de lo que entonces se convierte en metáfora). Finalmente, el décimotercero es una mariposa idéntica pero distinta: metáfora también, última, con la cual la novia, que vuelve y se eclipsa al momento, califica al héroe, poco antes de que, gracias a la esperada reaparición de la heroína, el brontosaurio en el que se encuentra de nuevo encaramado el héroe se venga abajo, ligando su destino de hombre y de mujer.

Un animal prehistórico gigante, al que solo le falta un huesecillo: ese es el objeto de los desvelos amorosos de David Huxley y Alice Swallow. El esqueleto armoniza con la severidad de esta última, su rigidez, su traje de chaqueta ajustado y sobre todo la austeridad de sus palabras, que congelan hasta los legítimos deseos del mesurado aunque muy distraído profesor. Su boda, prevista para el día siguiente, no ha de ser un obstáculo para los progresos de la ciencia que viene a rematar en ese momento, anunciada por telegrama, la llegada inminente del hueso que faltaba, recién exhumado por unas excavaciones arqueológicas. Según precisa Miss Swallow, esa boda no tiene que implicar ninguna interferencia doméstica: nada de luna de miel, nada de niños, por lo tanto nada de sexo: "Este es nuestro hijo", proclama señalando al brontosaurio. Así, la película está situada bajo el signo de ese animal gigante y mortífero cuya destrucción habrá de llevar a cabo, al término de un recorrido iniciático, tan calculado como aparentemente caótico, que permitirá a Susan Vance venir a ocupar el lugar perdido por Alice Swallow.

Pero ¿por qué un animal como ese para desempeñar semejante papel? Cabe imaginar que sobre *La fiera de mi niña*, filme pastiche de tantos géneros y sub-géneros de los años '30, flota el recuerdo del cementerio de elefantes al que viene a morir el padre de Jane al final del primer gran Tarzán, *Tarzán de los monos*, con el fin de que desaparezca el último obstáculo para la unión de su hija con el hombre-mono. El brontosaurio también está acorde con los mitos de primitivismo por los cuales Estados Unidos, creyéndose América, transforma su falta de historia antigua en deseos de prehistoria. Pero ¿por qué ese animal mítico tiene que ser debidamente completado, convertirse en un cuerpo entero, para poder finalmente desplomarse? Es que es, por excelencia, el animal y por lo tanto el ser humano muerto y acabado cuyo lugar deben ocupar todos los demás animales vivos, que van apareciendo a lo largo de la película, haciendo correr el hilo del deseo en devenir del que son portadores. En este caso, el psicoanálisis dispone de un doble concepto útil del cual la película parece llevar a cabo una vuelta de tuerca irónica (la presencia de un psiquiatra iluminado, cuyas intervenciones aceleran las hazañas de David y Susan, puede servir de marco a esta referencia). El padre al que se idealiza, o se mata, en Lacan releyendo a Freud, es aquel cuya imagen, suponiendo una lucha a muerte y sin salida iniciada por el hijo para la conquista de la madre, impide a este el acceso a toda sexualidad y descendencia. El padre simbólico, o padre muerto, en cambio, es aquel cuyo duelo se hace posible, abriendo de ese modo una conciliación entre el deseo y la ley, y así un acceso al linaje genealógico.

Este es el doble destino atribuido al brontosaurio. Permite a la película cerrarse sobre sí misma, haciendo de su final el espejo de su comienzo, perturbado por la odisea que ha contado la película. Susan puede así, final de carrera, alcanzar a David subido otra vez al animal, nada más declararle Miss Swallow su ruptura tratándole de mariposa. Susan viene a devolver al hombre al que quiere el hueso que faltaba y que había sido robado por George —cuya desaparición determina el curso de los acontecimientos—, y a anunciarle que ha conseguido de su tía el millón de dólares virtualmente destinado al Museo, cuya búsqueda habrá servido de motor para el relato desde el principio. Pero sobre todo, Susan tiene que convencer a David para que termine por aceptarla. Viene para hacerle confesar, naturalmente sin poder creerlo, que, a imagen del espectador cautivado por la película, ha pasado en su compañía —sin por ello dejar de maldecirla— los días más inspirados de su vida. De tal modo que, Susan encaramada a su vez en el animal frente a David refugiado en la plataforma en la que esperaba quedar fuera de su alcance, se ven atrapados juntos en un balanceo improbable destinado a provocar el derrumbe final del esqueleto gigante —aferrando entonces David a Susan por la mano, suspendida en el vacío, para atraerla por fin hacia él, con un gesto que Hitchcock no olvidará para terminar *Con la muerte en los talones*. Así se encuentra por fin reunida esa pareja tan hipotética como fatal con la cual la película consagra la victoria de la vida sobre la muerte, la vida que no ha dejado de encarnar en los remolinos de su movimiento alocado. Según esa misma orientación psicoanalítica, cuyo interés está en que subraya la tensión hecha de imbricación, tan intensa en el cine americano, entre una racionalidad del orden simbólico y una energía libre de las potencias de vida, la clavícula intercostal del monstruo primitivo se convierte en un puro significante extraviado, un falo que faltaba en su sitio para que nada más conquistado ese sitio, se volatilice. Si, por un tiempo, David puede pasar por un Mr. Bone, como sugiere Susan a su tía y como él mismo insiste a lo largo de momentos de teatralidad lúdica, es para que ese nombre emblematice la transformación de David que toda la película se empeña en contar, de cuerpo fósil a cuerpo vivo y sexuado.

Pues, frente al brontosaurio (y a la golondrina, pájaro tan vivo al que aquí se atribuye una valencia mortífera), todos los demás animales, metafóricos o reales, están plenamente vivos. Encarnan la vida, calificada por una libertad extrema del movimiento de los cuerpos y por una inocencia de los instintos. En esta animalidad, hay distintos grados: desde el perro super-domesticado al leopardo-niño amaestrado, hasta el leopardo de circo esta vez semi-salvaje que interviene en el último tercio de la película para acelerar la ficción, por confusión y desdoblamiento de las acciones. Pero esos grados trazan un límite, que nunca se traspasa. En *La fiera de mi niña* no hay sitio para la animalidad pura, que se desarrollará plenamente en *¡Hatari!* En esta película más de veinte años posterior, las únicas excepciones serán los bebés-elefantes adoptados por Dallas. Y esta excepción resulta esencial en el camino que lleva al amor y al matrimonio. Pues, en ambos casos, se trata de infancia y de niños.

En este sentido, por paradójico que parezca, los animales verdaderamente salvajes de *¡Hatari!* cuya captura es el gran juego, destinados a zoos europeos y americanos de los que podrán escaparse como el segundo leopardo de *La fiera de mi niña*, tienen en *¡Hatari!* una función un tanto comparable a la del gran mamífero primitivo que es el tótem de la comedia de los animales: al término del recorrido tendrán que pasar a segundo plano, como aquel que solo puede terminar por derrumbarse. Y mientras que en *¡Hatari!* la caza constituye el corazón de la película, en *La fiera de mi niña* es su parodia organizada por el pretexto de la desaparición del hueso lo que reúne a Susan y a David en una carrera-persecución desenfrenada de la que son los héroes-niños, tras la pareja improbable formada por George y Baby.

Ambos son, según su raza y su estilo, el movimiento y la vida misma a merced de los cuales arrastran los planos. Resulta muy marcado el contraste entre los movimientos lánguidos del felino, su rapidez elíptica, y la excitación nerviosa del chucho, cuyos ladridos en cascada acompañan sus recorridos y saltos espasmódicos. No se los ve juntos prácticamente nunca, para complicar una ficción que quiere, según David, que Baby pueda devorar a George e impedir para siempre que se encuentre la clavícula intercostal robada y luego enterrada por este último. Sin embargo estará ese momento, ideal, donde las dos parejas, de humanos y animales, se encuentren soldadas en el corazón del parque transformado en bosque, en una gran identidad cómplice. Pero para captar todo su alcance, hay que haber seguido el juego que desde el principio se ha formado entre David y Susan: un juego según el cual la mujer vuelve loco al hombre, por su propia animalidad, para provocar la animalidad adormecida en este último.

Por eso, en cuanto David Huxley traspasa el umbral de su respetable museo y aparece en el campo de golf donde tiene que convencer a Mr. Peabody, el abogado de Mrs. Carleton Random, supuesta donante del millón de dólares destinado al museo, es arrastrado por el movimiento en forma de remolino engendrado por Susan Vance. Tal vez nunca Katherine Hepburn, inspirada por Howard Hawks, haya llevado tan lejos los rasgos de su ser paradójico. Este movimiento se debe primero a un uso incongruente del lenguaje. Mediante incesantes juegos de palabras e inversiones de ideas, así como un ritmo desenfrenado, este arte de la lengua contagia su vértigo a toda realidad de comunicación. Va acompañado por una brusquedad muy viva de los movimientos más insignificantes del cuerpo, que se propagan, en una sucesión indefinida de vibraciones, a través de estremecimientos de vestidos, faldas y blusas tan amplios y volátiles como encorsetadas son las prendas de Miss Swallow. La libertad del peinado con ondulaciones sueltas también contribuye a ello, servida por las irisaciones finas de la luz propias del blanco y negro. Finalmente, una risa única, una risa gutural en cascada se apodera de Susan de vez en cuando, la mayoría de las veces gracias a planos medios o a primeros planos que dejan imaginar, por el fuera de campo suscitado, que el efecto de esa risa se extiende a todo el cuerpo.

Así, Susan es una fuerza en movimiento que en su torbellino arrastrará al infortunado (afortunado) profesor, en cuanto un buen golpe de guion consigue sembrar la confusión entre sus respectivas pelotas de golf, en los dos campos vecinos donde están jugando. A partir de entonces, todo va a reunirles o, mejor aún, unirles, de acuerdo con una lógica alocada destinada a hacer de sus dos cuerpos, según una serie de acciones y de posturas, un cuerpo doble en espejo.

Enumerar esas acciones, esas posturas, localizar sus fases, sus disposiciones, equivale a atravesar la película entera. En el campo de golf y sus alrededores, se pasa de la identidad cambiante de las pelotas de golf, de las confusiones que provocan entre sus poseedores, a las de sus dos coches, uno de las cuales termina por enganchar violentamente al otro, hasta ese instante disparatado en el que se ve a David, subido en el estribo del coche de Susan, arrastrado y desapareciendo del decorado, repitiendo la frase que hará de transición y leitmotiv hasta la secuencia siguiente: *"I'll be with you in a minute, Mr. Peabody"*.[43] Inmediatamente después, en el restaurante, las acciones se encadenan de la misma manera al asociar, por medio de percances físicos, relaciones de causa-efecto y situaciones especulares. Intentando aclarar las cosas a Susan que se cree seguida por David igual que este se siente acosado por ella, el psiquiatra pone esas conductas en perspectiva; enuncia la divisa que relaciona, para diferenciarlos, animales y humanos: "*Love impulse in man often reveals itself in terms of conflict*". Susan está intentando atrapar, con un gesto calculado, una aceituna que rueda por el suelo; David resbala en la aceituna y al caer se aplasta el sombrero de copa. En la escalera en la que prosigue su largo diálogo, Susan se agarra a la parte baja del chaqué de David y se lo descose; al volverse, él pone el pie en la cola de su falda y se la arranca. La única solución que le queda es pegarse a ella para ocultar a la vista de todos, a riesgo de aplastar su sombrero por no poner la mano, una semi-desnudez que ella descubre horrorizada, tras haber querido rechazar ese cuerpo inoportuno que ahora atrae hacia sí; de tal manera que salen de la sala con paso sorprendente, entre marcha y danza, como cuerpo único duplicado. Más tarde, bastará una piedra tirada por Susan a la ventana de Peabody, para que David sienta que le consideran culpable. Mucho más tarde aún, cuando llegan con Baby a Connecticut, a la propiedad de la tía de Susan, Mrs Carleton Random, la ducha que Susan y David toman uno tras otro será el pretexto para un disfraz obligado: como Susan le ha quitado a David la ropa para que no escape, este se ve obligado a ponerse una bata con volantes de Susan. La aparición de la tía en ese instante será el pretexto de la ficción que construye Susan sobre ese muy singular Mr. Bone, supuesto amigo de Mark, el hijo de la tía, y, como este último, gran cazador de fieras. Es también el momento en el que el furor lingüístico de Susan y sus dotes inventivas se transmiten a David, por una contaminación cuyo carácter hilarante no impide pensar en las intrusiones psíquicas que aquejan a tantos personajes de ambos sexos en las novelas de Henry James.

A partir de entonces, David ya no dejará de seguir a George para recuperar "su" hueso, y Susan de seguir a David repitiendo las llamadas que este dirige a George, provocando la fórmula que liga en una única totalidad fantasmática sus dos cuerpos asociados: "*Stop it! You sound like an echo*". Tam-

43. El encanto de la lengua, sus efectos de doble sentido y su sencillez invitan a dejar las réplicas citadas en inglés.

bién tendrán que encontrar a Baby, que se ha escapado de la guarida improvisada en la que le habían encerrado. Además, Susan ha terminado por comprender que ese "Baby" que ella había creído un regalo de su primo era en realidad para la madre de este.

Entre todos esos momentos gracias a los cuales se consolida entre David y Susan una relación turbulenta, hecha de disonancias y de ajustes, el episodio desarrollado en el "bosque" marca un punto culminante, entre pastoralismo y *wilderness* domesticada. Se refuerza cuando se pone en paralelo con la salida al jardín de la pareja paródica de "padres" formada por la tía y el Mayor Applegate, otro supuesto gran cazador de fieras —situación que favorece las implicaciones lúdicas que se establecen entonces en torno al sexo entre animales y humanos (se oye a lo lejos el bufido de Baby; la tía opta por una lechuza, el Mayor por un leopardo; imita entonces la "llamada del macho", que es su especialidad; cuando Baby le contesta, cree que el grito procede de Mrs. Carleton Random, la cual se indigna). Y así, entre los "hijos", como eco del eco, prosigue este gran juego (David equipado con una cuerda y un mazo de cróquet, Susan con un cazamariposas). "*It's like a game*", dice ella, con una palabra que concentra caza, juego de niños y persecución erótica, al hilo de una probable parodia de *El malvado Zaroff* (*The Most Dangerous Game*, E. B. Schoedsack & I. Pichel, 1932).[44] Los dos cuerpos tan animados de Susan y David son arrastrados entonces por una verdadera mimética, de palabras, de gestos, de actos, David maldiciendo la aventura, Susan exaltándose con ella. Resbalando ambos de manera sucesiva y brutal hasta la base de un talud (con la red de mariposas en la cabeza, David simula estrangularla). Hundiéndose uno tras otro en el río que según Susan era poco profundo. Ambos secando la ropa en un fuego de campamento improvisado (distracción de Susan, quemando un calcetín de David). Más tarde, Susan resbalando otra vez por una pendiente, empujando a David a una cuneta en la que cae a su vez, David rompiéndose las gafas, Susan perdiendo uno de los tacones. Es entonces cuando por vez primera, sentados uno junto a otro y

---

44. Irving Pichel y Ernest B. Schoedsack, 1932, un año antes que *King Kong*. Sobre esta película, incluso sobre la dimensión animal, véase KUNTZEL, Thierry, "Le travail du film 2" y "Savoir, pouvoir, voir", en el número de *Ça Cinéma* dedicado a Christian Metz (nº 7/8, 1975).

dando vueltas a la historia que les ha llevado hasta ahí, David siente la tentación de besarla, cosa que Susan espera ardientemente, pero en el último momento prefiere apartarse de ella.

El principio que organiza este episodio tan largo impregnado de una locura burlesca es bastante sencillo. David se verá sometido, como lo está desde su encuentro con Susan, desde las escenas del campo de golf y del restaurante, a una agresión permanente, tanto física como psíquica, cuya distribución es organizada por la energía rocambolesca de Susan, proporcionalmente a la atracción que experimenta hacia David desde el principio. Así nace la ficción que ella misma instala enseguida para pedir auxilio a David con el pretexto de que está en peligro por culpa de Baby —de donde deriva toda la película, según la implacable construcción de un guion de lo improbable.

La imagen en la que podemos detenernos un momento es la del coche en el que Susan y David se llevan a Baby a Connecticut: este, sentado modosamente en la parte trasera del coche, como un niño entre sus padres. Pues Baby no es solo el regalo ambiguo de un primo a su prima o de un hijo a su madre; es, evidentemente, el niño que Miss Swallow no quiere conceder a David y que Susan espera de él. Allí radica toda la sugerencia del estribillo ante el que se supone que ha de reaccionar el animal con toda su gracia doméstica ("I Can't Give You Anything but Love, Baby"), y que constituye el único tema musical de una película en la que toda la música es la de las palabras.[45]

Pero el deseo encarnado por Baby también es salvaje. De allí ese segundo leopardo más peligroso, representado por el mismo "actor" (Nissa), que aparece en el momento en el que, en el episodio del bosque, se va estrechando el doble juego de la seducción y la agresividad entre Susan y David. Esta agresividad nace de la mujer, tanto de su inconsciencia inspirada como

---

45. MAST, Gerald, "'Everything's Gonna Be All Right'": The Making of *Bringing up Baby*", en el libro que dirigió sobre la película (con *découpage* completo, escenas cortadas, etc.), *Bringing up Baby*, Rutgers, "Films in Print", 1994, p. 9. Si no hubiera explicado tanto en clase *La fiera de mi niña* y *Me siento rejuvenecer* desde finales de los años '70, me habrían resultado incómodos los solapamientos inevitables entre lo que intento decir aquí y el ensayo muy completo que Mast también ha dedicado a la película en ese volumen ("Bringing up Baby"), ensayo que sigue la lógica de la película y de sus cinco "actos", alternando día y noche, según su desarrollo cronológico.

de su desorden espontáneo. La del hombre procede de esa agresividad y la responde, al igual que esas ramas que al abrir el camino con su hombro, David proyecta en tres ocasiones contra el rostro de Susan, hasta el punto de que esta se ve obligada a avanzar de rodillas bajo las ramas (*"David, don't you think it'd better if I went first? / Oh, Susan. You might get hurt"*). Ya hemos visto hasta qué punto la mayoría de esas acciones se inscriben reflejadas en los cuerpos, hasta el símbolo (el tacón, las gafas).[46] En esos efectos especulares entre los sexos, un punto de vista psicoanalítico (que habrá que comprender según su historia más que como verdad) no puede sino localizar una incidencia de la amenaza de castración, como ida y vuelta entre similitud y diferencia, y marcación de los cuerpos. Esta problemática es más o menos propia de lo esencial del gran cine clásico americano que, más que ningún otro, encarnó "todas las incidencias psicológicas propias del fenómeno moderno llamado *lucha de los sexos*"[47], lucha a la cual ha sabido dar tantas formas, intrigas, comportamientos e imágenes. Pero si queda abolida "la polaridad cósmica de los principios macho y hembra"[48], una manera de suplirla es reconducirla abriendo un espacio propio a la energética de los cuerpos que encuentra uno de sus puntos de anclaje más fuertes en los cuerpos animales, sus valores de movimiento y de afecto, más acá y más allá de las interpretaciones de las que estos mismos podrían ser objeto.

En el centro del episodio puede apreciarse toda la belleza del momento ideal, cuando Susan y David llegan a la orilla del río, a la vista de un claro, y adivinan primero, por sus ladridos y bufidos mezclados, la presencia de George y Baby, al que Susan intenta atraer con su canción de amor. Luego los ven, en una penumbra luminosa, en el centro del claro, ladrando, bufando, atacándose, luchando, revolcándose, con una furia lúdica y mesurada. David teme ya la pérdida irremediable de su hueso, pero Susan le sugiere: *"Look, David, they like each other"*. Y el combate que se reanuda con furia termina por apaciguarse, abandonándose Baby tiernamente boca arriba y estirando hacia Ge-

---

46. El diálogo insiste finamente sobre la rotura de las gafas. *"Oh! It does not make any difference. Hm. The things I've been doing today I could do just as well with my eyes shut."* (Mast, *op. cit.*, p. 161).
47. LACAN, Jacques, *Écrits*, París: Seuil, 1966, p. 122.
48. *Ib.*, p. 121.

orge una pata lánguida. Ese momento será breve, puesto que en cuanto intentan llegar a los animales Susan y David se hundirán en el río, haciendo que George y Baby desaparezcan. Pero mientras dura ese juego de lucha y afecto que tiende su imagen soñadora al de los humanos, se ha cristalizado una reversibilidad, que sostiene toda la película y que la conducirá hasta su término.

Se conjugan entonces dos elementos, antes de la secuencia final: el desarrollo que introduce, en el doble plano de la intriga y del tema, la presencia del segundo leopardo, convertido en el doble amenazador de Baby; y, en cuanto la tropa alocada de los "padres" y los "hijos" es encarcelada gracias a los esfuerzos conjugados del psiquiatra y el sheriff, el invento de la "banda del leopardo", último descubrimiento de Susan para dotar a la situación de una lógica en la que el delirio alcanza su envés de verdad. Lo interesante de esos diálogos pasmosos es la formación de una escena imaginaria que toma prestadas al cine (incluidos los dibujos animados) la mayoría de sus referencias y concede de ese modo a la metáfora animal un valor proyectivo cuya realidad la película no ha dejado de construir. Ese mundo, en el que los animales son hermanos y testigos de los humanos y traducen, por desmultiplicación, los movimientos de sus cuerpos y sus deseos, es un mundo de cine.

Un rasgo más, al final de esa penúltima escena de resurgimientos múltiples, viene a rematar con un nuevo encaje la relación de identidad que se ha establecido poco a poco entre Susan y David. Cuando Susan —cojeando con un solo tacón y convertida en "Susie la coja", heroína de la pandilla cuya ficción ha fraguado— consigue escaparse y vuelve llevando de una cuerda al leopardo salvaje que aterroriza a todo el mundo, y también a Baby y a George, Susan y David consiguen hacer entrar al animal en una celda con un movimiento calculado, acoplado, como si fuera un ballet, de tal modo que David, agotado por su acto heroico, termina por derrumbarse en brazos de Susan. Es el preludio del último efecto que vuelve a asociarles como para siempre en la secuencia final, cuando se balancean lateralmente uno frente a otro para confesarse su deseo recíproco, David en la plataforma y Susan en el brontosaurio, alcanzados entonces sus dos cuerpos por la energía vital que les ha transmitido a lo largo de la película una camaradería intensa con los animales vivos y que implica el derrumbamiento del gran animal muerto.

II.

Se necesita todo el espíritu de paradoja que tanto aprecia Stanley Cavell para llevar *La fiera de mi niña* al círculo de sus comedias de segundas nupcias, cosa que la película no es, y a la vez ignorar *Me siento rejuvenecer*, que es un modelo de las mismas.[49] Pero sobre todo, esta es una continuación de aquella, desde el punto de vista de la dinámica del animal y de la infancia, salvo que la mujer (Ginger Rogers) posee, como en *La fiera de mi niña*, las virtudes espontáneas que Cary Grant, en cambio, hereda al pasar, con catorce años más, de una película a otra.

Esta es la ecuación que encierra también *Me siento rejuvenecer*, en torno a un mito renovado de primitivismo. Esta vez se encuentra relacionado con el animal predestinado que tan presente estuvo en el momento de la querella de la evolución, tormento de la conciencia americana desde la publicación de *El origen de las especies* y de *La descendencia del hombre* y simbólicamente marcado, como se ha visto, a mediados de los años '20, por el famoso "Proceso del mono", preludio de la serie de películas que, a principios de los años '30, acompañaron la Depresión a través de la figura de los grandes simios. En *Me siento rejuvenecer*, los simios no son ya gorilas amenazadores sino tranquilos chimpancés, primos de los de Tarzán y ascendidos a la categoría de sujetos experimentales. Viven dentro de las jaulas del laboratorio donde Barnaby Fulton, usándolos de cobayas, intenta elaborar un elixir de juventud en el que la firma que le emplea ha puesto demasiadas esperanzas: será el B4 (o también "*before*", anuncio de un verde paraíso de adolescencia e infancia, y de una "primera vez" en la vida amorosa de una pareja). El logo ideado por Mr. Oxley, el director, muestra a un pájaro real (unas veces "buitre", otras "fénix") destinado a otorgar al producto toda su resonancia animal. Y en este asunto la función del chimpancé es crucial, puesto que "inventa" la fórmula convirtiéndose a la vez virtualmente en la presa, de acuerdo con un intercambio regulado entre animales y humanos que desde el principio asocia una inversión de las edades con una confusión entre los sexos de esas que tanto gustan a Hawks. En un primer momento, las hazañas infanti-

49. CAVELL, Stanley, "Des léopards dans le Connecticut", en *À la recherche du bonheur. Hollywood et la comédie du remariage* (1981), París: Cahiers du cinéma, 1993.

les de Rudolph, viejo mono de ochenta y cuatro años que ha sido sometido a la fórmula ("es más viejo que yo", dice Oxley con una excitación que aumenta cuando le ve acercarse a una jaula en la que se encuentra una mona), son en realidad las de Esther, una hembra joven de apenas seis meses, cuya inocencia animal ha hecho creer en la eficacia del producto. Y será también Esther quien —al término de una serie muy larga de campos-contracampos en los que se la ve observando, a través de los barrotes de su jaula, a Barnaby que está trabajando en su fórmula— aproveche el momento en el que este se ausenta, para llevarse la mezcla, salir de la jaula mal cerrada e, imitándole, dedicarse a un sorprendente tejemaneje de frascos y productos, hasta conseguir una nueva mezcla cuyo sabor parece agradarle y del que vierte finalmente lo esencial en el botellón de agua filtrada del laboratorio que acaban de cambiar. A partir de ese momento, los efectos de la fórmula se desarrollarán en cinco fases portadoras de otras tantas regresiones complementarias.

1. La primera afecta a Barnaby, que nada más volver con el contenido de su fórmula adecuadamente "calentada", se la traga, la siente amarga y se enjuaga la boca con un vaso de agua que sigue pareciéndole amargo. Los efectos son casi inmediatos y espectaculares: él, que es miope, puede leer sin gafas; se pavonea; se dedica a juegos incongruentes de lenguaje con Oxley y desaparece por la ventana para ir a cortarse el pelo, que se dejará muy corto, comprarse un traje juvenil y un coche deportivo. En el garaje se encuentra con Miss Laurel, a la que Oxley ha enviado en su búsqueda.

Esta merece una mención especial. Encarnada por una Marilyn Monroe en vías de acceso al estrellato, Miss Laurel es un cuerpo extremo. Así, es deseada por su jefe, que la mantiene como secretaria a pesar de su ignorancia ("*Anyone can type*", dice contemplando sus movimientos de nalgas y caderas). Cuando más tarde la regresión se extienda a todo el laboratorio, Miss Laurel se librará de la fórmula que no necesita para nada, puesto que de acuerdo con una misoginia bien entendida y sobreactuada, ya es en sí misma regresiva, mujer-animal-niña. "*Half-infant* [...]. *She is not my type*", dirá Barnaby para justificar ante su mujer Edwina los restos de carmín que le han quedado de su odisea en compañía de Miss Laurel. Pero, mientras ha durado esa regresión, ella se ha puesto en total sintonía con los juegos adolescentes de los que Barnaby ha sido la presa heroica (carreras alocadas en coche, pista de patinar, piscina, etc., con sus diversos accidentes).

Sin embargo, la fórmula inventada por el mono debe salir también virtualmente del cuerpo humano, puesto que es su deseo lo que ella debe expresar. Durante la secuencia de introducción, en la cocina en la que se refugian para preparar amorosamente una cena en lugar de salir, como ya habían hecho en otras ocasiones, en su luna de miel, Edwina y Barnaby viven una doble prueba: en la cocina, habiéndose recogido el vestido y solo con un delantal, Edwina se sienta, con las nalgas medio desnudas[50], en un taburete, y nota frío; Barnaby empieza a comer la sopa que le da y se quema. Ese contraste, dice, entre frío y caliente, es el principio mismo que ha de llevar a la elaboración de la fórmula.

2. En este caso, la regresión afecta a Edwina, que a su vez se toma un vaso grande de agua para mitigar la amargura de la fórmula que también ha decidido probar. Un primer efecto la impulsa enseguida a deslizar un pez de color en el pantalón de Oxley, cuyo vientre prominente se agita espasmódicamente con movimientos obscenos. Luego, es la odisea que, transformando a Edwina en recién casada, la lleva a revivir su noche de bodas, mientras que Barnaby solo quiere anotar sus alteraciones de comportamiento. Aquí, el B4 se convierte en el índice explícito de una sexualización vivida de manera asimétrica entre la joven esposa excitada y su marido calmado, agotado por la jornada, que revive en una noche traumática los juegos del sexo y del símbolo: ella le rompe las gafas; le echa de la habitación (*"Oh! Edwina, let me in!"*); como el cordón del pijama se ha quedado enganchado en la puerta, tira de él y tiene que agarrarse el pantalón, que se le cae; entra a ciegas en el cuarto de la ropa blanca, se cae por el conducto de la ropa, aspirado como en una pesadilla para reaparecer en un carro que le arroja contra una pared, gimiendo otra vez: *"Oh! Edwina, let me in! Let me in!"*. Por la mañana, cuando Edwina ha vuelto a la normalidad, encuentra a Barnaby y le presta su chaqueta de piel para llevarle de vuelta a casa (igual que antes David cogía la bata de Susan). Pero todavía tienen que ir más lejos en el reconocimiento de sus identidades y de su deseo para volver a formar una pareja desbaratada por la prueba de la fórmula.

3. La tercera regresión afectará pues conjuntamente a Barnaby y Edwina. Volviendo a comentar con su mujer los conflictos despertados (su escapada con Miss Laurel; un antiguo pretendiente de Edwina, Hank Entwhistle,

---

50. La escena había empezado con la visita inesperada de un amigo; para ocultar este descuido de su mujer, Cary Grant se pega a ella por detrás como lo había hecho con Susan en *La fiera de mi niña*.

al que habría podido escoger y cuya imagen es reactivada durante la noche —le hemos visto, convertido en abogado, desde la escena de la cocina), Barnaby se decide a destruir los papeles de la fórmula, culpable de suscitar deseos inconscientes malos o falsos. Pero ambos toman varios vasos de café hecho con agua de la botella. La regresión se acentúa esta vez de la adolescencia a una especie extrema de infancia: Barnaby y Edwina entran en la sala del consejo de administración de la firma, reunida para decidir sobre los efectos del B4, con Esther, la joven chimpancé, entre los dos, a la vez su hijo virtual y un cuerpo a imagen de esos niños grandes en los que se han convertido; juntos sembrarán un caos indescriptible. Luego, en la calle, después de haberse tirado pintura uno al otro como en una vieja película de Mack Sennet, y al borde de la ruptura después de que Barnaby oyera como Edwina volvía a llamar a Hank Entwhistle, se ven arrastrados a dos series de acciones cuyo valor radica en el entrecruzamiento activo y el encaje simbólico.

Por un lado, Barnaby se encuentra con una pandilla de críos que están jugando a los indios (primitivismo duplicado, que asocia de modo divertido al indio con el mono, otra vez como en las películas de los años '30, por ejemplo, tal como se ha visto en *El doble asesinato en la calle Morgue*). Deja parte de su ropa en una casa cercana y se pinta la cara de piel roja, luego se une a los niños dirigiendo el juego para proponer arrancarle la cabellera a Hank Entwhistle. En cuanto este llega, los niños le atraen y, a cambio de una promesa de avisar a Mrs. Fulton, acepta dejarse atar a un poste. Aparece entonces Barnaby y empieza la danza de la cabellera, que dejará a Hank transformado en iroqués.

Por su parte, después de haber llamado a Hank, Edwina se ha quedado dormida en la misma casa. Es entonces cuando un niño, al que una vecina ha dejado en el jardín casi desnudo, avanza con paso inseguro, entra en la casa, llega a la habitación en la que está durmiendo Edwina, se tumba desnudo junto a ella y se duerme. Cuando Edwina se despierta, ve al niño y la ropa que ha dejado Barnaby, y cree que el niño es su marido, convertido en la víctima radical de los excesos de la fórmula. Llama urgentemente a un taxi y le lleva a su desapcho. Allí, rodeada por el personal del laboratorio, Oxley y Miss Laurel, a la que mantiene celosamente a distancia, Edwina canta al supuesto Barnaby su canción favorita, cuya metáfora animal ha marcado toda la película y sobre todo la noche de bodas: "We Are Poor Little Lambs".

5. Se produce entonces la última regresión. Mientras el verdadero Barnaby, que ha vuelto por la ventana de su despacho, se está explicando con Ed-

wina, en el laboratorio el ayudante de Barnaby ha preparado café (que no toman ni él ni Miss Laurel). En lo que se tarda en cambiar la botella, porque el agua resultaba amarga, una locura colectiva se adueña de los otros miembros del equipo, dando lugar a diversos excesos adolescentes e infantiles, locura groseramente simbolizada por Oxley persiguiendo a Marilyn con un sifón. Mientras tanto, en medio de ese desorden que ha provocado, Esther se halla atareada ante los tubos y los frascos para nuevas mezclas.

La moraleja de la historia es simple: apunta a exaltar las segundas nupcias que, por naturaleza, como bien ha visto Cavell, son lo único que puede revelar la validez del matrimonio, al permitir a cada cual vencer las asperezas de lo real o de la realidad y las tentaciones del imaginario y acabar con todos los *impasses* de lo simbólico (celos, miedos de castración, fantasmas de asesinato del padre, deseos no confesados de niño, etc.).

Hay dos fórmulas en *Me siento rejuvenecer*: la que podría haber concebido Barnaby y que, míticamente, el mono inventa en su lugar; y esa nueva fórmula que dice haber encontrado (es casi su última réplica) en una aceptación transformada de la felicidad conyugal. Pero ambas van de la mano. Y si la segunda supone un equilibrio de lo humano, la primera implica una inspiración que procede del animal en él. Es decir, una libertad de movimiento de los cuerpos, inventiva e imprevisible, y una aceleración vital que solo la mimética animal consigue liberar. Se trata sin duda, como irá comprobándose según la lógica de las acciones orientada hacia su fin, de llegar a un equilibrio que se supone justo entre el deseo y la ley, que pueda satisfacer al sujeto individual y a la sociedad de la que depende. Es la lógica del bloqueo simbólico, presente en una buena parte del cine clásico americano. Pero durante la propia película se libera una energía que posee y conserva su eficiencia, como más acá o más allá de la normalización que la devuelve al orden de las cosas. En su conversación final, Edwina liga acertadamente ambas dimensiones: "*We have got a new contract, we had a lot of excitement*". Pero a la vez las dos cosas están desligadas, en beneficio de la intensidad propia del tiempo del espectáculo, de la suave ebriedad que comunica. De la misma manera, David sorprendía a Susan cuando finalmente le confiesa que ese día que ha vivido con ella, es decir, la hora y media de película recién vivida por el espectador, ha sido el día más bonito de su vida. Allí está la paradoja de la que en esas dos películas el animal es especialmente portador, por la manera en la que determina desde dentro las acciones del relato y las conductas de los actores-personajes.

Esto puede ilustrarse con una comparación tomada de otra película de Hawks. En *Río rojo* (*Red River*, 1948), filmó tal vez los más bellos movimientos de rebaños en imágenes de cine. En el momento dramático del paso del río, sobre todo, los movimientos contrapuestos del agua y de la masa enorme, ondulante, de las vacas reunidas producen un flujo contra otro, intensidades cuya energía se propaga y varía en una serie admirable de planos. Y otros momentos de menor importancia siguen despertando, en distintos lugares, a lo largo de la película, una vibración especial relacionada con esos movimientos de animales cuyos efectos de olas, unas veces violentos y otras sutiles, se mezclan por contraste con las líneas del paisaje. Pero por intensa que sea, esa animalidad se inscribe con su fuerza propia en la organicidad global que el *western* manifiesta de manera especial dentro del cine americano; en realidad, no va más allá de la familiaridad gestual de principio que se establece entre el animal y el humano.

Mientras que en la doble comedia de los animales, es en el plano de la sugestión global vinculada tanto al engendramiento de las acciones como al sentimiento de los cuerpos, por una especie de inducción propia de la imaginación, donde se organiza en su totalidad el ir y venir entre las animalidades reflejadas de los hombres y las bestias.

DEL BISONTE AL CABALLO, DE LA PANTERA A LOS PÁJAROS

Símbolo y organicidad, devenires e intensidades: esa es la dualidad que se despliega en el cine clásico americano, en gran medida gracias a los animales que ofrecen de todo ello una visión deslumbrante. Una doble imagen, que resulta casi teórica, surge de dos películas de aventuras "exóticas", que casualmente datan de 1954 (en su traducción, los títulos permiten que esas visiones se impriman según la cinefilia de barrio: *La senda de los elefantes* [*Elephant walk*, William Dieterle], *Cuando ruge la marabunta* [*The naked jungle*], Byron Haskin). En una, los elefantes que atraviesan la plantación familiar llevan en sus patas arrolladoras el desenlace al conflicto de las pasiones amorosas, al destrozar en el fondo del jardín la tumba del padre; en la otra, el ritmo de una relación difícil está marcado, de acuerdo con una pura variación de intensidad, por el avance arrasador de las hormigas que hacen virar las colinas vecinas del verde al rojo. Al seguir el desarrollo de esas dualidades en algunas películas, algunos géneros y algunas obras más, veremos que esa tensión puede hacerse más fina, en momentos de gran sutileza, en los que la potencia de las imágenes parece acabar trabajando por sí misma, en Tourneur y en Hitchcock. A la inversa, acabamos de sugerir que en el *western* esta dualidad tiende a naturalizarse a través de un intercambio inocente y reglamentado de los hombres y los animales. Pero también puede ocurrir que en él se exalte, mezclando brillantemente los niveles de representación propios de las relaciones de paso y de aquellas en las que Naturaleza y Cultura se solapan: la complementariedad antagonista entre el animal y la máquina, la subjetivación animal encarnada a través del indio (el mejicano, el negro) y la lucha de los sexos. Es lo que se aprecia, entre otros muchos ejemplos posibles, en *Duelo al sol* (*Duel in the sun*, King Vidor, 1946) y en *La última cacería* (*The last hunt*, Richard Brooks, 1956).

A.

La intención de Brooks es explícita, como lo es todo su cine. Hay que denunciar la matanza sistemática de los bisontes y el genocidio de los indios y de paso, en ambos casos, un mito de la virilidad vinculado a la figura americana del Cazador. "Ese asesinato sistemático de animales no tenía ningún sentido, era ridículo matar a un animal y dejar que se pudriera su carne, por un dólar o dos que valía su piel, cuando esa carne constituía la casi totalidad de la alimentación de la nación india".[51] Sandy, el "bueno" de la historia, recuerda la ecuación propia de la política del general Sheridan: "Cada bisonte muerto era un indio que se moría de hambre".[52] Aunque asqueado de matar, Sandy (Stewart Granger) lo sigue haciendo para ganarse la vida miserablemente; mientras que Charley (Robert Taylor), el "malo" que es su socio, mata ante todo por matar, con un goce tan extraordinario que parece sexual (dispara, con el fusil pegado al muslo, a tal velocidad que se le calienta el arma). De ahí el conflicto inevitable entre los dos hombres, que se cristaliza en su

---

51. Brooks, citado por BRION, Patrick, en la ficha que dedica a la película (*Films III, Dossiers du cinéma*, París: Casterman, 1975, pp. 61-64), a la que mucho deben estas páginas.
52. Suya es la fórmula: "El único indio bueno es el indio muerto".

actitud hacia los indios: Charley expresa continuamente su racismo exacerbado ("No son seres humanos"), mientras que Sandy muestra comprensión y empatía. Una joven india, recogida con un bebé, únicos supervivientes de un grupo al que Charley ha exterminado, despertará, en uno, una servidumbre pobremente sexual, en el otro, un sentimiento nuevo. La aparición del "bisonte blanco" vendrá a precipitarlo todo: objeto de culto ("Para los indios, es el gran hechicero") y una rareza muy valiosa para el cazador. Entre el que duda frente al animal y el que lo mata sin más, la lucha llegará a su fin, alimentada por todas las escisiones provocadas por la realidad india. El final es sorprendente: persiguiendo en pleno invierno a Sandy y a la india convertida casi en su compañera, Charley se detiene una noche ante una gruta en la que se han refugiado los otros dos; preparando un duelo para el amanecer, mata a un bisonte al que él mismo desollará (tarea que hasta entonces correspondía en el grupo a un joven indio) para envolverse con su piel y calentarse durante la noche. Pero por la mañana le encuentran "muerto de frío, dice Brooks, como un fósil, casi como un bisonte".

Manifestando una gran sensibilidad por el paisaje en el que se encarna su propósito, la película fundamenta así la lógica según la cual el hombre que destruye al animal lo hace a condición de coincidir plenamente con el animal en sí. Charley se convierte en el hombre de la naturaleza en sí misma, a la medida del "matar es natural" que es su divisa. De ese modo, se sitúa por debajo del indio cuya alteridad y cultura se niega a admitir, reduciéndole al nivel del animal como lo hace consigo mismo. Por eso su deseo de matar llega hasta la alucinación: momento extraordinario en el que, creyendo oír a los bisontes pisotear la tierra, lo que permite adivinarlos de lejos, Charley se aleja para matar; pero era solo un trueno. Resulta más comprensible el sentimiento irreal que se experimenta, con ocasión de momentos de matanzas intensas, al ver a lo lejos a bisontes de verdad cayendo en la pradera como moscas.[53] Esa es la lección que un cineasta americano pretende transmitir ante todo a América (aunque parezca que se ilusiona por lo menos con uno de los perso-

53. Un rótulo de los títulos de crédito advierte. "Se nos ha autorizado a filmar el momento en el que, anualmente, una parte del rebaño más importante de América es abatida. El tiro al bisonte es el trabajo de tiradores especializados que dependen del Gobierno".

najes): "Lo que quería mostrar en esta película, a través de la matanza de los animales, era el conocimiento que los personajes acababan teniendo de sí mismos, de su realidad profunda. Acababan por captar cuáles eran sus verdaderas relaciones con el país en el que vivían; en cierto modo, le pertenecían, al igual que los animales. En cierto modo, ese país lo constituían ellos mismos y los animales: tenían que comprender que destruirlos equivalía a destruirse a sí mismos".

La complejidad presente en *Duelo al sol*, que es también una gran película esquemática, se encuentra en el paralelismo establecido por otra parte entre el animal y la máquina, así como en las torsiones de una novela familiar debidas a los excesos de arrebato que tanto gustaban a David O'Selznick, productor y marido de la estrella. Desde el principio, la animalidad procede del mestizaje: porque su padre, blanco, pero mejicano, es "ese renegado que se casó con una squaw"; y Perla Chávez (Jennifer Jones), su hija, es "una flor salvaje" que el prólogo de la película inscribe con la crudeza de un mito en un decorado primitivo de rocas al que vendrá a morir al final como una bestia. Por una fatalidad vinculada a su naturaleza, Perla lleva a cabo la descomposición de la familia McCanles escindida entre dos extremos: el padre (Lionel Barrymore), dueño tejano de una propiedad rural inmensa, patriarca autoritario y racista; la madre (Lilian Gish), burguesa delicada y siempre en segundo plano (su vínculo de parentesco con el padre de Perla, con el que habría podido casarse, es el pretexto para la adopción de la joven tras la muerte de su padre, ejecutado por haber matado a su mujer india y a uno de sus amantes); los dos hijos, Jess (Joseph Cotten) y Lewt (Gregory Peck), opuestos en todo: el primero, cercano a su madre, de carácter cultivado y urbano; el segundo, imagen acentuada del padre, entregado a su instinto y al desprecio de cualquier ley. A pesar de las atenciones de Jess, se convierte en el seductor brutal, pero deseado, de Perla; impide así su paso de la Naturaleza a la Cultura, que es el tema de la película. Ese deseo está simbolizado por el regalo de un caballo salvaje que Lewt ha domado tal como le gustaría someter a Perla. Montada en ese caballo hacia el final de la película, después de que Lewt haya matado al hombre con el que se había resignado a casarse intentando huir de sí misma, y después de que, convertido en forajido, Lewt casi asesina también a su propio hermano, dispuesto a recoger a Perla junto con su futura esposa —montada en ese caballo, Perla, con su fusil, se adentra en el desierto hasta la roca, acertadamente llamada, de la Squaw, donde Lewt se ha refugiado y donde se inicia entre ellos un duelo de amor y muerte.

Esta escena es una de las citas más extensas de Jean-Luc Godard en sus *Historia(s)*. Casi dos minutos, en los que todos los planos esenciales desde que Perla, herida de muerte, intenta alcanzar a Lewt inmovilizado, que la llama al sentir llegar la muerte. En la propia película, se crea un sentimiento de vértigo por medio de las ilusiones de proximidad y de distancia que el montaje paralelo mantiene entre los cuerpos que parecen siempre a la vez demasiado lejos y demasiado cerca uno de otro. Hasta que finalmente los veamos una vez, ya más próximos, dentro del mismo encuadre, y el montaje recupere, para dilatar, el escaso tiempo interminable que necesita Perla para alcanzar por fin a Lewt, abrazarse a él, besarle y morir con él en ese último beso. Desde el principio, todo el movimiento de ascensión se ha concentrado en Perla, que se arrastra por el suelo, se agarra con las manos a las piedras que se le escapan entre los dedos, repta como el animal que la habita desde los planos iniciales de la película en que se la ve bailar (al morir, Lewt repite por última vez las palabras con las que le gusta calificarla: "mi pequeña tigresa"). Godard ha acentuado a su manera la fuerza de esos planos con los negros que introduce, para suspender y como para precipitar su respiración, pero sobre todo con las palabras, dichas y escritas, con las que los acompaña. Por un lado, su voz profetiza en sordina: "el cine proyectaba / y los hombres / han visto / que el mundo / estaba ahí / un mundo / todavía casi / sin historia / pero un mundo / que cuenta / pero para / en lugar de la incertidumbre / instalar la idea y la sensación / las dos grandes historias han sido / el sexo y la muerte". Pero por otro lado, sobre todo, algunos de los negros que entrecortan los fragmentos de planos escogidos ofrecen por primera vez la famosa frase: "LA IMAGEN / VENDRÁ / ¡OH! TIEMPO / DE LA / RESURRECCIÓN".[54] Así, lo que se ofrece a través de esa animalidad de los cuerpos humanos, con un exceso pocas veces alcanzado, es toda la creencia en la realidad y la utopía del cine.

Pero *Duelo al sol* también cuenta una historia de máquina y de territorio. En cuanto a los personajes, presenta la oposición del padre y Lewt frente a Jess (y, a través de este último, a los políticos de la ciudad); y en

54. Doy seguido el texto recortado del libro, que solo corresponde a medias a la manera en la que aparece en la imagen (al menos en la versión emitida por Arte). Por ejemplo, el rótulo "DE LA" desaparece en el libro (GODARD, Jean-Luc, *Histoire(s) du cinéma*, París: Gallimard/Gaumont, 1998, pp. 164-169).

cuanto a las entidades, opone por un lado la realidad territorial de los grandes ganaderos, cerrada sobre sí misma, a la territorialidad en expansión del ferrocarril. Es uno de los primeros puntos culminantes de la película, su línea divisoria: el extenso montaje paralelo que capta por un lado, llegando desde todas partes de la inmensa hacienda, hordas de vaqueros cabalgando, y, por otro lado, el ferrocarril que avanza por la llanura y del que están colocándose los últimos metros de raíles. Movimientos vibrantes de los caballos, de lejos, de cerca, dibujándose contra el suelo y subrayando los pliegues de las colinas; movimientos del tren, de la locomotora, de los engranajes que la forman, del humo que proyecta. Para que se produzca el desenlace de la crisis, será preciso que llegue el ejército desplegándose frente a los vaqueros a lo largo de la valla formada por la línea de alambre de espino, enarbolando las banderas de la Unión y del estado de Tejas ("He luchado por esa bandera, no dispararé contra ella", dice el padre, ya impedido, que morirá al término de ese enfrentamiento). Así, se efectúa un deslizamiento de la historia a través del cuerpo del caballo. Caballo apenas domado de Perla, "Pinto", que lo monta a pelo y que la llevará hasta el desierto; caballos de vaqueros, todavía individualizados por la tierra a la que pertenecen; caballos desterritorializados-reterritorializados del ejército, por lo tanto de la nación, más cerca ya del caballo-vapor, del tren tan acertadamente llamado "the iron horse" (se recordará que este es el título de una gran película de John Ford, de 1924, sobre la construcción del tren a través del territorio de la Unión). La tensión múltiple asumida por *Duelo al sol* dice que si en todo ello la Cultura solo puede ganar en términos de realidad, la Naturaleza triunfa en términos de mito y sensación, por una búsqueda de primitivismo que supuestamente persigue la emoción del espectador y que el trabajo del filme tiene la obligación de exhibir.

B.

Se ha escrito tanto y tan bien sobre las películas producidas por Val Lewton (para la RKO a partir de 1942) y sobre las de Jacques Tourneur que constituyen su núcleo deslumbrante, que siempre resulta difícil volver otra vez sobre ellas. Dejando de lado intencionadamente *Ciudadano Kane*, filme de autor aislado (aunque producido en el mismo momento, 1941, por el mismo estudio[55], Bernard Eisenschitz ha dicho lo esencial al reconocer en esas películas "un trabajo sobre las formas", tal vez "el primero desde el cine mudo —o desde que Sternberg abandonara la Paramount".[56] Citaba a Mark Robson, que había sido uno de sus directores: "Eran obras que carecían de estructura [...] en el sentido de que los conflictos de carácter entre protagonista y antagonista eran difusos. [...] En cierta manera rompían muchas reglas del relato. Su forma es diferente de la de cualquier película de esa época o posterior —son mucho más libres". Así, a la sombra de limitaciones de presupuesto estrictas y de un pliego de condiciones muy preciso, esas películas de serie B, de carácter más o menos fantástico, que de acuerdo con unas alianzas insólitas arrastraban fragmentos de simbolismos y de ideologías propias tanto de la época como de rasgos de la conciencia americana (psicoanálisis, espiritismo, creencias y cultos diversos, atracción-rechazo del extranjero, del otro, de lo no-americano, conflictos de razas y de sexos), se convertían en películas de cine, en un sentido distinto del que estas palabras han adquirido hoy en día: películas que, al contrario de la (¿demasiado?) famosa transparencia clásica del cine sonoro americano de los años '30, dejaban que se imprimiera en ellas, por un empeño y una obsesión excesivos con relación a sus temas centrales, el trabajo del cine como tal, con una evidencia retorcida y lúdica. En Tourneur, todo ello fue unido a una conciencia extraordinariamente aguda de la animalidad como condición propia del cine.

Bernard Eisenschitz lo expresa acertadamente al comentar, respecto al principio de *La mujer pantera*, el momento en el que, cuando Irena está dibujando a la pantera negra dando vueltas en su jaula, una ráfaga de viento vuelve a unir en el suelo las dos partes de la hoja que ha roto y luego tirado, mostrando a una pantera atravesada por una espada: "Nos encontramos ante una escena en la que todo está íntimamente relacionado, en la que hombres, animales y objetos tienen algo que decir". De esta película tan co-

55. A Tourneur le gusta recordar: "La película salió en una sala nueva [...] justo después de *Ciudadano Kane*, que [...] funcionó durante doce semanas, y dijeron: vamos a tomar *La mujer pantera* después, para una semana. Y se presentó una verdadera muchedumbre, estuvo durante trece semanas... una semana más que *Ciudadano Kane.*" (Manlay, Jacques, Ricaud, Jean, "Entretien avec Jacques Tourneur", *op. cit.,* p. 59).
56. EISENSCHITZ, Bernard, "Six films produits para Val Lewton", *op. cit.,* pp. 48-49 (para las citas que siguen, pp. 45 y 51).

mentada[57] que abre la serie de Val Lewton atrayendo a Tourneur hacia ese sub-género nuevo en el que destacará, hay que decir ante todo que lleva a cabo en todos sus niveles una desimbolización del símbolo, en proporción con la exacerbación que del mismo produce, hasta el extravío. Tomemos por ejemplo el trío que componen Irena, la pantera y el doctor Judd, por un momento psiquiatra-hipnotizador de Irena, frente a la pareja formada por Oliver, el improbable marido de Irena, y Alice, esos americanos formateados cuyas normas se ven amenazadas a lo largo de la película. La lógica dada quiere que Irena se convierta en pantera, que pueda amenazar virtualmente a Oliver, que amenace sobre todo a Alice, luego a los dos en cuanto forman una pareja, y finalmente a Judd, al que Irena convertida en pantera matará en cuanto la besa (es el beso que Oliver nunca dio a Irena, ni antes ni después de su matrimonio, y que sería la norma de la relación amorosa).[58] Y sin embargo siempre se nombra a la pantera en masculino (*him*), ya se trate del guardián en el zoo, de Irena en varias ocasiones o de Judd, cuando ambos se encuentran ante la jaula. Equivale a designar la agresividad masculina que Irena teme y de la que podría ser víctima si no se defendiera encarnando a

57. Además de las páginas que le dedica Bernard Eisenschitz, y los capítulos sobre la película en los libros interesantes sobre Tourneur (por ejemplo, el de WILSON, Michael Henry, *Jacques Tourneur ou la Magie de la suggestion*, París: Centre Pompidou, 2003), recordemos: varios textos en el bello número de *Camera-Stylo*, sobre todo el de ZLATOFF, Dominique, "La Féline", compuesto por largos extractos de un trabajo "exhaustivo", excelente, sobre el conjunto de la película, nunca publicado como tal; VANCHERI, Luc, "L'ombre ou la condition des images", *Trafic*, nº 42, verano de 2002, así como el capítulo "*Cat people*: l'expérience théorique de la figure humaine", en *Film, Forme, Théorie*, París: L'Harmattan, 2002, pp. 83-135. Para muchas secuencias iniciales de las películas de Tourneur, véase también ROLLET, Patrice, "Le faux départ et l'après-coup", en *Passages à vide, op. cit.*, pp. 119-137. Finalmente, película por película, el libro más desarrollado es el de FUJIWARA, Chris, *Jacques Tourneur. The Cinema of the Nightfall*, Baltimore: John Hopkins University Press, 2001 (a pesar de las reservas un tanto duras sobre *La mujer pantera*).

58. Oliver dice a Irena: "En América, cuando la gente está enamorada, o incluso cuando creen estar enamorados, normalmente, hace ya mucho que se han besado". Y después de que Irena le haya contado el mito nacional y el fantasma familiar que la obsesionan, heredados de su Serbia originaria, Oliver añade: "Todo eso no tiene nada que ver con usted. Está en América y es normal hasta el punto de estar enamorada de mí, Oliver Reed, un buen americano".

esta pantera que es a la vez hombre y mujer. Así, todo se vuelve doble: el trozo de espada que Judd ha dejado plantado en el cuerpo de Irena-la pantera, cuya otra mitad queda en la mano de este después de su muerte. La muerte de Irena, por la estocada pero también por el salto de la pantera que la tira al suelo cuando abre la jaula. Finalmente los dos cuerpos, el de la pantera atropellada por una camioneta y el de Irena que yace ante la jaula, y que parecen en el suelo una misma mancha negra. Eso es lo que ofrecen a la interpretación los versos de John Donne insertados al final del último plano: "Pero el negro pecado traicionó a la oscuridad infinita / a mi mundo, a ambas partes y ambas deben morir". Pues la interpretación vacila entre esas dos partes y esos tres cuerpos, de mujer, de hombre y de animal así soldados, sin esperanza de poder discernirlos.

Es un espejeo semejante de identidades lo que inscribe a lo largo de la película un trabajo sobre las sombras, característico de tantas películas en blanco y negro de esa época, aunque es sabido que el talento de Tourneur lo llevó al extremo. Todo cuerpo, igual que todo objeto alcanzado por la luz, es así la presa más o menos actualizada de su doble de sombra, que unas veces se simplifica y otras se desmultiplica, de acuerdo con las lógicas de la acción pero mucho más allá de ellas: pura afirmación, interpenetraciones de intensidades variables y que nunca pueden establecer un sentido definitivo en el momento mismo en el que el misterio de evidencias anunciadas no cesa de tomar cuerpo. Una verdadera difusión de la sombra se convierte en la expansión de una mirada que encuentra en Irena su punto de captación, en la juntura entre animalidad e hipnosis (como lo que dice Oliver a este respecto, en el polo opuesto del simple sentimiento de amor que le expresa Alice: "Me atrae. El fuego que arde en ella me cautiva. No puedo evitar observarla cuando está presente"). Hasta el punto de que el devenir-animal de Irena, refractado en las miradas que suscita y él mismo envuelto en la precipitación de sombras que afectan a toda la película, se desarrolla como la materia propia de la imagen, de la que es a la vez la razón y el efecto.

Recordemos solo dos ejemplos (la belleza del trabajo deslumbrante de Dominique Zlatoff radica en haber querido captar y saturar cada instante). El primero tiene el interés de añadir el sonido a la imagen, y asociar muchos animales. Irena y Oliver van a la tienda de animales a cambiar el gatito, que inocentemente él le ha regalado, porque se repelen mutuamente. En cuanto Oliver e Irena cruzan la puerta de la tienda en la que la vendedora está medio dormida entre los gritos mezclados e inocentes de monitos, gatos, loros y periquitos, se desencadena un jaleo espantoso: gritos estridentes, movimientos de pánico, planos rápidos, bruscos, barridos, como respuesta, expresando el desarreglo provocado por la simple presencia de Irena. "Como la última vez, dice la señora mayor, cuando entró un gato y se comió a uno de mis encantadores pinzones blancos". El segundo ejemplo, famoso, es la escena de la piscina (está situada desde el principio bajo el signo confusamente simbólico de un gatito negro al que acaricia Alice antes de bajar sola hacia la piscina, seguida por el gatito, mientras Irena se prepara para ir hacia ella). En cuanto Alice, a la vez que el espectador, entrevé una sombra baja deslizándose por la escalera y oye un bufido pronunciado, se tira al agua. Los planos siguientes, como un eco de los estremecimientos del agua, dibujan uno de los momentos más fuertes de cine que se pueden imaginar. Pues a los bufidos amortiguados por su reverberación en el espacio, la imagen asocia una serie de planos, que corresponden a lo que supuestamente ve Alice: ocho planos de las paredes y del techo de la piscina, que son otros tantos instantes largos de intensidades luminosas puras, horadadas a veces por negros injustificados; se despliegan como olas u ondas delimitadas solamente por las masas geométricas de la arquitectura, de tonos contrastados de blanco y negro. Después del grito de Alice, pidiendo auxilio, un noveno plano, primero masa indecisa y vibrante de sombras, se transforma en cuanto aparece Irena, encendiendo la luz con toda naturalidad, acompañada por una sombra única que se extiende por la pared de manera casi monstruosa. La lógica del misterio se encontrará en el albornoz de Alice, desgarrado a zarpazos, que impedirá pensar que se trataba únicamente de alucinaciones. Pero la lógica del cine habrá visto cómo se propaga en las paredes, en vibraciones acentuadas por luces y sombras, uno de sus posibles devenir-animal, cuyo valor de emoción, más allá del miedo, se debe a su efecto pronunciado de captación hipnótica.[59]

---

59. Así es como Tourneur comenta la escena, su efecto y su realidad: "[...] veía a la gente gritando en la sala cuando había una joven en medio de una piscina con un leopardo negro dando vueltas alrededor... nunca se veía al leopardo negro: había un foco bastante fuerte y era mi mano... yo hacía esto... pasaba así delante del foco, era apenas un poco borroso y todo el mundo había visto el leopardo, hacían '¡oh!'... Lo hice unas diez veces". (MANLAY, Jacques, RICAUD, Jean, "Entretien avec Jacques Tourneur, *op. cit.*, p. 59). No sé si "leopardo" traduce mal aquí "pantera", porque el empleado del zoo insiste diciendo que la peor de las bestias, la bestia del Apocalipsis, "se parecía a un leopardo pero no era un leopardo".

Lo mismo ocurrirá en los momentos intensos de *El hombre-leopardo*, entre un supuesto leopardo, aunque negro, animal de circo, pero no del todo amaestrado, que, huyendo y asustado, mata a una joven ante la puerta misma de su casa demasiado bien cerrada con llave por su madre, y un desequilibrado que imita los modos de obrar y la leyenda del animal para asesinar a otras dos mujeres. Si el plano en el que se manifiesta la primera muerte ha parecido tan ejemplar, en su pura virtud de imagen apoyada por el sonido en *off* de los aullidos mezclados de Teresa y de la bestia, es porque sugiere un pavor real con un cambio mínimo de sustancia y de tonalidad: lo negro de la sangre se filtra muy lentamente por debajo de la puerta para derramarse apenas en una fina ranura paralela.[60] En la hermosa página dedicada a esta película en la que veía "una de las auténticas joyas de Hollywood", Manny Farber destacaba "una manera de contar una historia sobre personas, que no estuviera dominada por la actividad, el peso, la estatura y el porte de la figura humana". Precisaba que "Tourneur transformó los efectos psicológicos —el miedo, etc.— en componentes no humanos de la película".[61] Lo cual equivale a decir en afectos de vitalidad, con sus niveles de emociones propias, vinculando a los personajes con las mutaciones de la materia-imagen, a su vez más o menos tributarias de las decisiones arbitrarias del relato y de la situación de conjunto que se atribuye. Así, por ejemplo, la presencia tan inmotivada como extrañamente pregnante de un tren que marca el ritmo, con sus intensivos latidos de luz, del encuentro de Teresa y del leopardo, en una tierra de nadie en la que la naturaleza invade unas construcciones medio derruidas: una vez más, se trata de ligar al animal con la máquina y a ambos con la máqina del cine. Por otra parte, los fuertes componentes "mejicanos" del relato desarrollan lo que en *La mujer pantera* se debía a la "serbidad" de Irena: es decir, la relación turbia que el americano mantiene con el extranjero, tanto de fuera como de dentro o, como aquí, de la frontera, frente a una animalidad que le

---

60. La fuerza del plano es tal que ha bastado para inspirar una de las partes de la instalación de Thierry Kuntzel, *Les tombeaux de Fritz Lang et de Jacques Tourneur* (en la exposición "Thierry Kuntzel. Lumières du temps", Le Fresnoy, Studio national des Arts contemporains, febrero-abril 2006).
61. FARBER, Manny, "Val Lewton", en *Espace négatif*, trad. Brice Matthieussent, ed. de Patrice Rollet, París: P.O.L., 2004, p. 74.

atrae y de la que se defiende. Así, las tres jóvenes asesinadas son mejicanas; Charlie, el dueño del leopardo con el que va de gira (su coche lleva las palabras: "The Leopard Man"), es un mejicano indio, acusado por un tiempo de uno de los crímenes; finalmente, el verdadero "leopard man", americano, es el director de un museo de antropología dedicado a la cultura india. Por uno de los resortes propios de las películas de Val Lewton, defensor del *cut-up* cultural, encontramos finalmente al asesino identificado entre los miembros encapuchados de una procesión, que desfilan, de noche, a la luz trémula de las velas, para celebrar el recuerdo de la matanza, en el siglo XVII, de todos los habitantes del viejo pueblo indio a manos de los conquistadores.

C.

Cuando en marzo de 1962 Alfred Hitchcock emprende el rodaje de *Los pájaros*, su cuadragésimoctava película, tiene tras de sí una larga vida de atracción, inglesa y americana, por los animales y sus imágenes. Como imagen de la vida, de lo vivo como tal, el animal es empujado a encarnar la fatalidad de muerte, ya sea que la padezca o la inflija, en ese universo de ficción que tiene en el asesinato uno de sus motivos fundamentales. Como si la potencia de vida de la que, por su cualidad propia de animación del movimiento, se encuentra dotado el cine exigiera con más razón esa réplica de la muerte, ya sea como acto o por una interrupción, manifiesta u oculta, de ese movimiento.

Se ve desde el principio de *Sabotaje (Sabotage*, 1936). El protagonista, Verloc, vendido a unos nazis ingleses, paraliza por un momento la vida de Londres introduciendo arena en los engranajes de las máquinas que distribuyen la electricidad. Pero Verloc es también dueño de un cine, el "Bijou", cuya sesión también interrumpirá. A partir de allí, se propaga una distribución del motivo animal, de acuerdo con dos lógicas combinadas. Primero, por una analogía oscura hecha también de antinomias, el animal está ligado a la acción que provoca la muerte. Será delante de unas tortugas gigantes que nadan en el acuario del zoo de Londres donde un agente nazi ordene a Verloc sembrar el terror en Londres, depositando una bomba en Picadilly el día del desfile del alcalde. Un plano sorprendente, que virtualiza la visión interior de Verloc, transforma entonces durante un momento, por efecto de un trucaje, un acuario lleno de peces pequeños en un derrumbamiento de edificios aspirados en su caída. Verloc tiene que ir a recoger la bomba de relojería a una tienda de pájaros. De manera insistente, la esconderán en el cajoncillo situado en la parte baja de una jaula para pájaros que Verloc encuentra pretexto para ofrecer a Stevie, el hermano pequeño y muy querido de su mujer; el paquete va acompañado por una carta con estas palabras: "Recuerde. Los pájaros cantarán a la 1h 45". Este canto de pájaro simbolizará tanto más la muerte cuanto que irá unido a la idea del cine: temiendo la vigilancia de la policía, Verloc confía a Stevie la misión de depositar el paquete en una consigna, y a la vez traer los rollos de un cortometraje de título prometedor: *Bartholomew the Strangler*. Así, Stevie, retrasado por el tráfico, muere en la explosión del autobús que al final sí que cogió, a pesar de la prohibición relativa a los rollos de películas en los medios de transporte públicos londinenses.

Pero el animal también encarna la vida. Se ve en el vendedor de pájaros asesino, empeñado en demostrar a una clienta enfadada que el pájaro que le ha vendido canta bien, que está vivo de verdad. O a través de Stevie, preguntando a Verloc cómo se puede distinguir a la hembra y al macho en su pareja de pájaros (la escena es un esbozo de diálogos comparables sobre los *love birds* de *Los pájaros*, entre Mitch y Melanie en el prólogo, y luego entre Cathy y Melanie). El niño está ligado a los animales, jugando de manera insistente, prácticamente hasta la explosión de la bomba, con un perrito en el autobús (el animal es mantenido constantemente al borde del encuadre, en esos planos en los que Stevie se impacienta por el retraso, y que alternan con los del reloj que indica que se acerca el instante fatal); un momento antes, en la calle, tenía una paloma en la mano y se entretenía con ella. En el acuario, donde a Verloc le sorprende su visión de muerte, unas palabras que intercambian un joven y su compañera relacionan la fertilidad de la ostra con la diferencia de los sexos ("Su fertilidad es extremadamente elevada. Después de haber puesto un millón de huevos, la ostra cambia de sexo. / Cómo la comprendo"). De manera más sutil, el movimiento del animal se inscribe en el de la acción, a la que dota de un temblor particular: un vuelo de palomas urdiendo el avance de un policía que sigue a Verloc, y que continúa a través del fundido encadenado que permite acercarse al joven inspector encargado de la investigación, quien se dirige hacia Stevie que está jugando con la paloma.

Hay un momento que llama la atención, por la reversión que permite entre esos extremos de vida y de muerte continuamente vueltos uno sobre otro. Al enterarse de la muerte de Stevie, su hermana se dirige a la sala de cine pegada a su casa —sala que, desde el principio de la película, atraviesa todo el mundo, favoreciendo muchos solapamientos entre espectáculo y realidad. Se proyecta entonces un *cartoon* de los estudios Walt Disney, filmado solo un año atrás, *Who killed Cock Robin?* (1935). Sentándose un momento, a través de sus lágrimas, la joven no puede evitar reírse con los niños, ante un Cock Robin en plan tenor, subido a un árbol, hasta que le atraviese la flecha disparada por otro pájaro y su larga caída, al ritmo de la pregunta que da título a la película, devuelva a la espectadora a su triste realidad. La película en la película insiste así en la dualidad de la imagen animal que se inscribe en ella en todas partes. Tanto más cuanto que se trata de dibujos animados, a los que solo el artificio explícito del cine permite dotar de un exceso de movimiento y hacer pasar así, continuamente, de la muerte a la vida, mientras dura la proyección, aunque tuviera que mostrar la propia muerte (por lo demás, se pasará de la muerte representada en el *cartoon* a la muerte "real" en la película, cuando la heroína sube a casa y mata a su marido). Son la tensión y el poder de los que se dotará más tarde Hitchcock sometiendo a efectos de trucaje generalizado, en *Los pájaros*, el cine de la realidad que ha sido siempre el suyo. Como en respuesta a la reversibilidad que han marcado a menudo sus filmes entre vida y muerte en la asimilación de lo animal y de lo humano.

De este modo, sin pretensiones de exhaustividad, y siguiendo en lo esencial la cronología de un momento fastuoso del período americano tendríamos los siguientes ejemplos. El perrito de la pareja mayor al que encuentran destrozado en el patio de *La ventana indiscreta* (*Rear Window*, 1954), imagen-espejo del cuerpo de la mujer de Lars Thorwald a la que este ha despedazado para sacarla de su piso. En *¿Pero... quién mató a Harry?* (*The trouble with Harry*, 1956), el cadáver enigmático de un hombre encontrado en pleno bosque, que podría ser el resultado de un accidente de caza, o no. En *El hombre que sabía demasiado* (*The Man Who Knew Too Much*, 1956), sobre todo, la inquietante secuencia que lleva a Londres al doctor Ben McKenna (James Stewart), a casa del taxidermista Ambrose Chappell. El diálogo se vuelve enseguida agresivo y la lucha que se produce luego entre el doctor y el personal de la casa tiene como trasfondo dos acontecimientos que justifican la intrusión de McKenna: la muerte misteriosa, en el mismísimo inicio de la película, de un falso árabe con un puñal clavado en la espalda al término de una carrera por el zoco, que confía al oído del doctor el nombre de Ambrose Chappell, luego el rapto del niño del matrimonio McKenna, ligado a esa muerte y amenazado, él mismo, de muerte. La presencia vibrante, en ese taller superpoblado, dentro de cada encuadre, de animales muertos de todas las especies, mamíferos, pájaros, peces, disecados o a punto de serlo, no tiene un sentido verdaderamente determinado, salvo que sea una sugestión de la propia muerte. Pero el instante sorprendente en el que McKenna, al debatirse, mete la mano entre los colmillos abiertos de una cabeza de tigre y queda allí apresado, muestra que un animal muerto no muerde. Sin embargo, esos animales inmovilizados también parecen animarse de acuerdo con los movimientos de los personajes y las trayectorias de la cámara (como ese pez sierra cuidadosamente retirado por Ambrose Chappell, cuya cuchilla pasa ante el cuello de Stewart, quien tiene encima y a su izquierda a un león bonachón agitado por vibraciones nerviosas). Dejando planear así, entre drama y comedia, la imagen amenazadora de su animalidad real, todos esos animales denotan, de manera global, la animalidad interna a los conflictos de los cuerpos humanos. Pero al mismo tiempo definen por contraste la naturaleza de la imagen de cine que se supone ha de reproducir el movimiento de la vida que encarna el animal en sí mismo y en el hombre. Esta es la tensión que, concentrándose en los pájaros, Hitchcock pronto desarrollará en dos películas sucesivas, complementarias y dispares: *Psicosis* y *Los pájaros*.

Los pájaros aparecen en *Psicosis* durante el cara a cara entre Marion Crane y Norman Bates, en el cuarto de estar de este último, detrás de la recepción del motel. Disecados, colgados de las paredes o posados en algún mueble, dominan desde arriba, con sus ojos, sus picos y sus alas, un diálogo en los planos y entre los planos en el que se interponen y del que se convierten en un motivo constante. Por un lado, esos pájaros son la pasión de Norman, cuyo único hobby es la taxidermia; por otro, Marion, que apenas toca los sándwiches preparados para ella, es, de manera poco razonable, comparada por Norman con dichos pájaros (*"you eat like a bird"* —ella cuyo nombre [*Crane*: grulla/grúa] es tanto el nombre de un pájaro como el de una máquina de cine). Ya se sabe cómo Norman, después de haber fijado, gracias a un agujero hecho en la pared que recuerda a un dispositivo de proyección, en su ojo desorbitado la imagen de Marion desnudándose, volverá para asesinarla dentro de la ducha, en la secuencia que tal vez se haya convertido en la más famosa de la historia del cine. También es sabido que asestando a Marion repetidas puñaladas, el cuerpo disfrazado de Norman se despliega por encima de ella como un pájaro inmenso; y que, de ese modo, este se convierte entonces aún más en su propia madre, disecada como lo han sido sus pájaros, para que él pueda seguir viviendo en ella como ella vive en él. Una interpretación decididamente psicoanalítica según la lógica del fetichismo llevado hasta un alto grado de exacerbación, tiene aquí tanto más razón de aplicarse cuanto que es ofrecida al término de la película por el psiquiatra que reformula a su manera la novela familiar de Norman Bates.[62]

Eso es lo que *Los pájaros* tomará del revés sustituyendo la figura inmovilizada de los pájaros disecados por la lógica desplegada de los pájaros vivos. A decir verdad, Hitchcock ya lo había intentado una vez, brevemente, un cuarto de siglo antes, en *Inocencia y juventud (Young and Innocent*, 1937). El plano es sobrecogedor. La secuencia en la que figura aparece después de la secuencia inicial, que enfrenta violentamente a un hombre con su mujer, a la que acusa de tener un joven amante. Un plano de gaviotas volando a lo lejos en una playa vacía abre la segunda secuencia. Enseguida se descubre un cadáver de mujer arrastrado por las olas; un joven viene corriendo, la reconoce, grita su nombre y se va; desde el otro lado llegan dos chicas y, al ver el cuerpo, se precipitan, se inclinan y apartan la vista con un grito horrorizado que al momento se mezcla con el grito de las gaviotas. Estas aparecen entonces, cuerpos mezclados, en primerísimo plano, volando contra el cielo, gritando, aleteando, durante apenas dos segundos. Justo el tiempo que necesitan las dos jóvenes para volverse y poder soportar, esta vez, lo que ven. ¿Por qué este primerísimo primer plano vibrante de pájaros, que provoca un *shock* intenso, aparece antes y en lugar de lo que ellas tendrían que haber visto? Puede decirse (tanto más cuanto que, al levantar la vista, ven al amante emprendiendo la huida y convirtiéndose así en el falso culpable ideal del asesinato llevado a cabo por el marido): la violencia del hombre y de su sexo es representada en este caso por el vuelo y el pico del pájaro. Eso es lo que ellas ven, un fantasma de imagen encarnada por el animal. Pero la lógica del símbolo responde, sin agotarla, a la intensidad que también se ha producido, incluso en tan poco tiempo, entre las alas y los cuerpos de los pájaros, en los intervalos sensibles aunque casi imperceptibles que se imponen

---

62. Véase DADOUN, Roger, "Le fétichisme dans le film d'horreur", *Nouvelle Revue de Psychanalyse*, nº 2, verano de 1970, pp. 227-247. Desarrollando la lógica de su texto anterior sobre *King Kong*, Dadoun asocia en un solo bloque, en torno a las nociones de madre arcaica y de "phallambule", algunos de los clásicos del cine alemán, el cine fantástico americano de los años '30 y diversas películas inglesas y americanas de los años '60 (sobre *Psicosis*, pp. 237-238).

de una inclinación del cuerpo y un batir de alas a otro. Me imagino que si Hitchcock sintió el deseo de adaptar el relato de Daphne Du Maurier nada más leerlo, una vez terminada *Con la muerte en los talones*, fue para desarrollar esa tensión entre el relato y su imagen, llevada al extremo por medio del vuelo de pájaros.

Del largo capítulo dedicado a *Los pájaros* en *Hitchcock au travail*, nos quedamos sobre todo con dos cosas, que en parte parecen haber estado ligadas: "el estado de sitio emocional" en el que ese rodaje sumió a Hitchcock, muy poco habitual en él, hasta el punto de provocar cambios inesperados de guion e improvisaciones en el plató; y su deseo de apartar finalmente, tras muchas formulaciones posibles, cualquier motivación demasiado clara para el repentino furor de los pájaros concentrado de manera sistemática en el pueblo de Bodega Bay, a dos horas en coche al norte de San Francisco.[63] Si, a medida que se van produciendo los ataques, todo el mundo quiere comprender la razón, solo se darán dos respuestas, durante la única escena colectiva de la película, en el restaurante, cuando los pájaros atacan el corazón de la ciudad. La primera respuesta es apocalíptica, en la voz de un borracho que anuncia "el fin del mundo" a golpe de versículos bíblicos. La segunda quiere ser psicológica y marca un ataque histérico; una madre de familia asustada, abrazando a sus dos hijos aterrados, acusa a Melanie Daniels de ser el origen de la plaga: "¿Por qué hacen eso...? ¿Por qué lo hacen...? Dicen que empezó cuando usted llegó. ¿Quién es usted? ¿Qué es usted? ¿De dónde viene? Creo que usted es la razón de todo esto. ¡Creo que usted es el mal! ¡¡¡EL MAL!!!". Esta interpretación no carece de base; está relacionada con el propio relato. Es cuando por primera vez Melanie Daniels mira hacia arriba,

---

63. KROHN, Bill, *Hitchcock au travail*, París: Cahiers du cinéma, 1999. Para el primer aspecto, pp. 238-240; para el segundo, pp. 240-250. La intensidad de las relaciones establecidas con Tippi Hedren fue un motivo "emocional", pero también la naturaleza misma del proyecto, las dificultades de realización que presentaba. Véase también TRUFFAUT, François, *Le Cinéma selon Hitchcock, op. cit.*, pp. 217-223 (algunas diferencias de formulaciones con el libro de Bill Krohn se deben a detalles de traducción). Recordemos también cómo responde Hitchcock a Truffaut: "Antes de decidirse, ¿intentó usted asegurarse de que se podrían superar los problemas técnicos con los pájaros? —En absoluto. Ni siquiera lo pensé. Leí el relato y me dije: 'Esto es algo que vamos a hacer, hagámoslo'" (p. 217).

al inicio de la película, al dirigirse a la tienda de animales, y ve, con gran asombro, que las gaviotas ya han invadido el cielo de San Francisco. Luego, con el pretexto de los *love birds*, subrepticiamente llevados por Melanie a la joven Cathy Brenner, en respuesta al interés provocativo que le ha mostrado su hermano mayor en esa tienda de pájaros, será en el momento en elque Melanie va adentrándose en la intimidad de la familia Brenner cuando se desarrollen en Bodega Bay los ataques de los pájaros, cuidadosamente escalonados por Hitchcock para mantener el interés, la emoción y el miedo (primer ataque a Melanie golpeada en la cabeza por una gaviota en la barca; gaviota todavía aislada estrellándose por la noche contra la puerta de Annie, la maestra, en cuya casa Melanie se ha alojado; primer ataque en grupo de las gaviotas con ocasión de la merienda de cumpleaños de Cathy; invasión, por la chimenea, de los gorriones en la casa Brenner; asesinato de Fawcett perpetrado por las gaviotas en su granja; ataque de los cuervos a la escuela; invasión de gaviotas en la ciudad; Annie muerta por los cuervos en el umbral de su casa; luego, ataque generalizado a la casa Brenner; finalmente, Melanie será atacada en el desván al que sube imprudentemente por pájaros de todo tipo de especies mezcladas).

Así, el descubrimiento del deseo de Melanie por Mitch es paralelo al cataclismo cosmológico relacionado con los pájaros. Pero una cosa no es estrictamente la causa de la otra; más bien, se encuentran como adosadas una a otra, se desarrollan juntas. Al contrario de lo que se produce en *Psicosis*, aquí no hay un simbolismo propio vinculado a los pájaros: al atacar a Melanie sobre todo, al principio y al final de la película, atacan por igual a hombres, mujeres y niños, a una comunidad entera, e incluso más allá, como anuncia la radio, hasta Santa Rosa, pueblo vecino de California del Norte.[64] Salvo para quien quiera interpretarlo todo, la película no se presta de verdad a ese sim-

64. La alusión a Santa Rosa recuerda que allí transcurre *La sombra de una duda*. En el excelente documental de Laurent Bouzereau, *The Birds*, que figura entre los contenidos extras del DVD, Evan Hunter, el guionista, comenta los elementos de *story-board* del final no rodado, que mostraban el efecto destructivo de los pájaros por toda la región ("Así, ya no se trata de una cosa personal, dirigida contra Melanie [...], se ve que se trata de algo universal"). Hunter sugiere que Hitchcock habría renunciado a ello por razones de tiempo y sobre todo de presupuesto (un mes más de rodaje).

bolismo fálico que volverá en *Marnie la ladrona* (*Marnie*, 1964) con la búsqueda de un trauma, y cuyo peso lleva durante mucho tiempo el caballo demasiado amado de la protagonista (a ese nivel, *Marnie la ladrona* es también una versión intelectualizada de *Fuego de juventud*). Es cierto que hay en *Los pájaros*, como casi siempre en Hitchcock y tan a menudo en el cine clásico, una pareja y/o una familia que formar o volver a formar. Pero no es como una presión que se ejerza en compensación sobre los elementos que componen la película para saturarlos de sentido. La conducta pasada, más o menos escandalosa, de Melanie, la soledad de la madre desde la muerte de su marido, la dificultad de Mitch para deshacerse de su influencia y encontrar una mujer, la pubertad de la joven Cathy, es decir, la normalidad neurótica de la cual los *love birds* en la jaula, del lado de los pájaros, son la garantía psíquica y social —todo ello compone un cuadro más o menos convencional del que se alimenta la película; pero sin que lo esencial, los pájaros familiares transformándose de repente en fuerza salvaje, se convierta en su prueba ni en su garantía, salvo en el sentido general, haciendo que en ellos vida y muerte se inviertan. Porque aquí no hay ningún secreto que descubrir, ningún enigma que resolver, ningún culpable verdadero ni falso. *Los pájaros* es prácticamente la única película de Hitchcock (excepto el hápax *Waltzes from Vienna*, 1933) que escapa a la regla del crimen o el delito y de la investigación que debe resolverlo. Pues toda la energía que suscitan en cualquier otro lugar se encuentra concentrada aquí en el vuelo de los pájaros. En *Inocencia y juventud*, el crimen sexual metaforizado parecía inscribirse, durante dos breves segundos, en sus picos y entre sus aleteos. En *Los pájaros*, esa misma potencia material se extiende, desarrollada por sí misma, convirtiéndose en el todo de una película destinada a acoger un desajuste de toda la naturaleza.

Tanto Hitchcock como sus colaboradores se han explicado largo y tendido sobre las diversas proezas técnicas que hicieron posible sugerir una violencia natural que las aclaraciones son incapaces de moderar.[65] Lo dice muy bien Patricia Hitchcock que, por haber asistido al rodaje, se lo sabe todo del aspecto más insignificante pero que en cada proyección encuentra la ilusión plena de la realidad y de la emoción provocada. Ello se debe en gran medida

65. Especialmente todas las que se ofrecen en la película de Laurent Bouzereau.

al propio pájaro, al vuelo de pájaros que llena tantos planos. Pues el pájaro no es un animal como los demás. Es ante todo un animal siempre numeroso, un animal de bandada. Y muy a menudo su vuelo destaca como tal, figura sobre un fondo de cielo. De tal modo que entre los cuerpos de los pájaros agrupados en un vuelo aparecen diferencias análogas a las que en el trayecto de un solo pájaro seguido de cerca se producen entre los diferentes momentos de sus aleteos. Una foto de Édouard Boubat expresa muy bien lo que se esconde en ello: se ve una gaviota, volando a la orilla de una playa; la parte baja de su pata parece tocar la duna de piedras y el resto del cuerpo está suspendido sobre el mar; el ala derecha, vuelta hacia nosotros, está casi definida, mientras que la otra, orientada hacia el agua, muestra un abanico de variaciones borrosas que se extienden escalonadamente, como intervalos imperceptibles de movimiento y tiempo.[66] Como si esos micro-intervalos designaran con una sola imagen fija las series cada vez más descompuestas de movimientos de alas que Jules-Étienne Marey se empeñó durante tanto tiempo en multiplicar y en reunir para hacerlos visibles en un solo bloque. Si "los movimientos del hombre son ciertamente los temas más frecuentemente tratados por Marey"[67], Michel Frizot recuerda también hasta qué punto el pájaro fue "su tema favorito pero el más veloz".[68] Debiéndose una dimensión esencial de esta cuestión a lo que los movimientos captados de los pájaros aportan a la visión de los del hombre y otros animales.

Esta excelencia del pájaro respecto al movimiento es lo que indujo a Deleuze a escoger su imagen para expresar los dos aspectos del tiempo implicados en el montaje, al nivel de una imagen todavía indirecta del tiempo (hay que volver a citar esas líneas): "[...] por una parte el tiempo como todo, como gran círculo o espiral, que recoge el conjunto del movimiento en el universo; por otra, el tiempo como intervalo, que marca la más pequeña unidad de movimiento o de acción. El tiempo como todo, el conjunto del movimiento en el universo, es el pájaro que se cierne y agranda su círculo sin

66. "Île de Houat", Francia, 1994.
67. FRIZOT, Michel, *La Chronophotographie*, catálogo de exposición, Beaune: Association des Amis de Marey et Ministère de la Culture, 1984, p. 81.
68. FRIZOT, Michel, *Étienne-Jules Marey chronophotographe*, París: Nathan/Delpire, 2001, p. 113. Véase también, sobre los vuelos de pájaros y de la aviación, pp. 272-275.

cesar. Pero la unidad numérica de movimiento es el batir de las alas, el intervalo entre dos movimientos o dos acciones que no deja de hacerse más pequeño. El tiempo como intervalo es el presente variable acelerado y el tiempo como todo es la espiral abierta en los dos extremos, la inmensidad del pasado y el futuro. Infinitamente dilatado, el presente se convertiría justamente en el todo; infinitamente contraído, el todo pasaría al intervalo".[69] Unas páginas antes, Deleuze seguía las variaciones del todo formándose y volviéndose a formar dentro del plano como conciencia de la cámara ("la conciencia única o la percepción de un todo de los pájaros, dando testimonio de una Naturaleza completamente pajarizada")[70] y daba el ejemplo de los ataques sucesivos de los pájaros en el filme de Hitchcock. De tal modo que hay que entender esta insistencia en el plano, el todo y el intervalo, en relación con lo que dice Deleuze al final de *La imagen-movimiento*, cuando define el estatuto singular de Hitchcock en la crisis de la imagen-acción: "llevando la imagen-movimiento hasta su límite", introduciendo "la imagen mental en el cine"[71] al poner en evidencia "la relación" en todos los niveles, es decir, en última instancia, aquella que mediante el pensamiento liga la película a su espectador. Deleuze vuelve entonces a *Los pájaros* para reconocer en esta película "un símbolo" (en sentido no peirciano, tal como subraya, ni, por supuesto, psicoanalítico). Símbolo en la medida en la que los pájaros presentan "la imagen invertida de las relaciones con la Naturaleza y la imagen naturalizada de las relaciones de los hombres entre sí".[72]

Se puede intentar ir más lejos en esta óptica de la relación, para sugerir que, a través de los movimientos indisociablemente naturales y trucados de los pájaros, Hitchcock nos ofrece para que veamos y sintamos, y por lo tanto pensemos, los intervalos invisibles pero sensibles que, de un fotograma a otro, constituyen la falsa naturalidad de su movimiento, su falso movimiento, si se quiere. Una vez más, en el sentido de la reversibilidad entre los pequeños pliegues y el gran pliegue de la percepción, mutuamente responsables de su calidad de alucinación. La paradoja está en que esa aceleración

---

69. DELEUZE, Gilles, *L'Image-mouvement*, *op. cit.*, pp. 49-50.
70. *Ib.*, p. 34.
71. *Ib.*, pp. 276, 269, 274.
72. *Ib.*, p. 276.

intensificada del movimiento materializada por el vuelo de los pájaros incita al ojo de la mente a imaginar constantemente los intervalos propios de cada fase de esos aleteos, entre esos pájaros de repente innumerables. Como si el espectador no pudiera dejar de inmovilizarlos mentalmente para suponer la plástica imaginaria por la cual su propio cuerpo se encuentra entonces modelado, sobrecogido por una emoción sin nombre, más allá y más acá del miedo que la película invita a compartir. Y ello, hasta la virtualidad del último plano en el que los pájaros, dispersados alrededor de toda la casa, no vuelan, solo se agitan, por micro-movimientos y ondulaciones vagas, mientras la familia Brenner ayuda a Melanie a llegar hasta el coche y el coche se aleja en el paisaje de apocalipsis falsamente apaciguado que componen.[73]

(De la interrupción mental a la congelación real no hay, no habrá habido más que un paso. Tal vez sea la razón, tan oscura durante mucho tiempo, por la que escogí una "secuencia de *Los pájaros*", hace ya cerca de cuarenta años[74], para empezar a experimentar esa realidad entonces tan irreal de la congelación de la imagen convertida en gesto banal y que la cinta de vídeo y sobre todo el DVD han hecho tan familiares.[75] Una película que se detiene, si es una película fuerte, se convierte entonces en sublime, proporcional a la locura particular de sorpresa formal que sugiere el movimiento interrumpido. En el caso de *Los pájaros*, esa sublimidad está muy acentuada, hasta el punto es una experiencia sorprendente el hecho de penetrar en el cuerpo interno de las vibraciones de alas para revivirlas luego a su velocidad real. En gran medida, sin duda se deba al hecho de que se suspenden instantes que han sido objeto de trucajes y se entra así en el corazón de su animación, como si fuera imagen por imagen. En esta perspectiva, también se entiende que haya sido frente a unos dibujos animados, *Appétit d'oiseau* (1964) de Peter Fol-

73. En el documental de Bouzereau, Stephen C. Smith, biógrafo de Bernard Herrmann, dice de este último plano: "Hitchcock quería transmitir la sensación de que los pájaros pensaban".
74. Este texto publicado en 1969, con el título "*Les Oiseaux*: analyse d'une séquence", está recogido en el volumen *L'analyse du film*.
75. Todo lo cual MULVEY, Laura, ha designado acertadamente con las palabras "delayed cinema" en *Death 24 x a Second. Stillness and the Moving Image*, Londres: Reaktion Books, 2006, p. 146.

des)[76] como a Thierry Kuntzel, deteniéndose en el "vuelo ostentatorio" mediante el cual al final de la película un pájaro se transforma representando de manera sucesiva los órganos sexuales de ambos sexos, se le haya ocurrido la tensión entre "el filme película" y "el filme proyección", para instalar "entre los dos" la búsqueda del análisis fílmico.

Con el título de su meseta, Deleuze y Guattari designaron de manera muy acertada lo que la película supone y realiza plenamente: "Devenir-intenso, devenir-animal, devenir-imperceptible...". A lo que apuntan los títulos de crédito del filme es al programa tejido por esas tres palabras, en virtud de la relación entre los elementos de la película y de la que se supone entre la película y su espectador. Como es sabido, están hechos solo de pájaros dibujados o redibujados y como animados a una velocidad enloquecida, que atraviesan la pantalla una y otra vez despedazando hasta el último de los nombres que aparecen acreditados. Los títulos también dejan oír, en su pureza, la partitura electrónica de ruidos vinculada al vuelo de los pájaros, que, mezclada o no con verdaderos gritos y aleteos, oficiará de música para toda la película y marcará el ritmo de cada ataque. Así como estuvo orgulloso de los efectos especiales visuales (371, según él mismo proclama), Hitchcock se mostró orgulloso de esa hazaña sonora, debida a la colaboración de su músico Bernard Herrmann y el compositor alemán Remi Gassman. Por ejemplo, confiesa a Truffaut, a propósito de la escena en la que Melanie es atacada sin tregua en el desván, para la cual suprimió todo grito de pájaro en favor de los aleteos para purificar su intensidad: "Más que un sonido de un solo nivel, había que conseguir una ola amenazadora de vibraciones, para que hubiera una variación dentro de ese ruido, una asimilación del sonido desigual de las alas".[77] En ese ataque final, Hitchcock transforma *la* escena de *Psicosis*. Decía a Truffaut, para exaltar el valor de *shock* de dicha escena y su potencia de desfile: "[...] setenta posiciones de la cámara para cuarenta y cinco segundos de película".[78] Esta vez reunirá ochenta y cuatro planos en poco más de dos minutos.[79] Sin hablar de la dife-

---

76. KUNTZEL, Thierry, "Le défilement", *op. cit.,* pp. 97-110.
77. TRUFFAUT, François, *Le Cinéma selon Hitchcock, op. cit.,* p. 226.
78. *Ib.*, p. 212.
79. Esta comparación no es estricta: he tomado la secuencia entera de *Los pájaros* como tal, mientras que Hitchcock detalla en *Psicosis* el momento puro de la agresión propiamente dicha.

rencia que está en juego en el tratamiento del símbolo, la fuerza propia de la escena de *Los pájaros*, menos única pero mucho más acorde con la película a la que conduce hacia el final, radica en que parece siempre haber empezado ya, desde los títulos de crédito y el plano inicial de pájaros revoloteando en el cielo de San Francisco, desde el canario que se escapa de las manos de Melanie y revolotea asustado en el techo de la tienda de pájaros. Una palabra, de imagen y de sonido, puede resumir por sí sola el efecto que se extiende a través de *Los pájaros* de una escena a otra, ahondando con su invisible-visible, de fotograma en fotograma, la materia-emoción de la película por la violencia y la gracia del pájaro que representa la excelencia del cuerpo-animal: modulación.

La belleza de *Muerte en los pantanos* de Nicholas Ray está en que no tiene necesidad alguna de símbolo. Los pájaros que constituyen su núcleo no son ni representantes (en el sentido del psicoanálisis) ni funciones abstractas (como las que ve Deleuze, en parte, en el caso de Hitchcock). Las plumas de los pájaros exterminados, que lucen exageradamente los sombreros de las mujeres de Miami en el cambio del siglo XIX ("de la mujer respetable a la chica fácil"), apenas son signos. Los signos susurrantes de la muerte anunciada de los pájaros cazados en masa a través de las marismas de los Everglades. Precisamente para hacer respetar el reglamento que prohíbe esa caza, llega en el tren Walt Murdoch, presentado primero como el nuevo profesor de "ciencias naturales". La película empieza con unos primeros planos de la locomotora rutilante[80], anunciando que en el sur se abre una "nueva Frontera americana", que hace eco a la del oeste. Y por eso mismo, según la lógica propia de la idea-realidad de la *wilderness*, ese "paraíso salvaje" se convierte (son las palabras de la voz en *off*) en "un paraíso ya perdido".

En *Muerte en los pantanos* hay dos grandes tipos de animales, que corresponden a los dos regímenes entre los cuales oscila Deleuze para caracterizar el cine de Nicholas Ray: la abstracción lírica vinculada a la imagen-afección y el mundo originario de la imagen-pulsión.[81] Por un lado, los

80. Sin decirlo, estos planos recuerdan que se comunicó Miami con el Florida East Coast Railway en 1896, constituyéndose entonces la ciudad en municipalidad.
81. Es la imagen que se encuentra entre la imagen-afecto y la imagen-acción: DELEUZE, Gilles, *L'Image-mouvement*, *op. cit.*, p. 173. Sobre Nicholas Ray: pp. 188-190. En unas líneas define la película como "una obra maestra del naturalismo" (p. 190).

pájaros, calificados por su vuelo, con el cielo como horizonte; por otro, una variedad impresionante de animales, de los que también forman parte los pájaros mientras siguen vinculados al agua y a la tierra. Así se entenderá con ocasión de la primera expedición de Murdoch en piragua a través de los pantanos. Empieza con uno de los planos más bellos que haya ofrecido nunca una pantalla: un vuelo de pájaros blancos que se alza lentamente del suelo para desplegarse en vertical, como una cortina ondulante de intensidades entre las cuales se abren pequeños espacios que siguen el ritmo de la vibración de las alas. Plano seguido al momento por un vuelo captado a lo lejos contra el cielo, de esos mismos pájaros o de otros, dibujando un expresivo entrelazado de líneas. Pero según avanza Murdoch, van apareciendo todos los otros animales: pez sierra, antílope, flamencos metidos en el agua, patos, cocodrilos. Un flamenco que se traga un pez, un cocodrilo que atrapa y devora un flamenco u otro. Es el mundo bullicioso de la tierra y el agua, del que se apartan los pájaros atrapados en él cuando abandonan el suelo para dirigirse al cielo y al aire.

A esos dos mundos corresponden dos hombres: el idealista procedente de la civilización, especialista en ciencias naturales, y el verdadero "naturalista" nacido en el corazón de los pantanos, Cottonmouth, llamado el "Serpiente" (lleva una alrededor del cuello, a modo de emblema, que manosea voluptuosamente). "El Hombre de las pulsiones, escribe Deleuze, que quiere 'disparar a Dios en toda la cara', con 'su pandilla de 'hermanos de Caín', matadores de pájaros'". El enfrentamiento de ambos, que se atraen mutuamente tal como se comunican los dos mundos y las dos clases de animales, se convierte en el tema central de la película, hasta su larga lucha final en los pantanos (sin embargo, Cottonmouth, virtualmente vencedor, muere allí según la lógica fatal de la naturaleza que le ha modelado, por la picadura de una serpiente venenosa). Su encuentro, en la primera expedición de Murdoch, es ejemplar, cuando introduce la máquina que va a la par que el tren para encarnar tanto la escisión como la interpenetración de los mundos: al montar su aparato de placas, que recuerda el del fotógrafo de *Amanecer*, Murdoch ve aparecer de repente en él la maciza silueta de Cottonmouth, al revés.

Una pareja de guionistas-productores recurrió al cineasta americano, que pronto había de convertirse para los críticos de la futura Nouvelle Vague en el más apto para captar por sí misma la emoción a pesar de las trabas que supone atenerse a un guion y a una técnica, porque pensaban que "Nick tendría un sentido instintivo de esos personajes primitivos".[82] Y así encontramos esa emoción en esta gran película enferma que Ray no terminó, pero en la que se aprecia mejor que en la mayoría la pluralidad, afectiva y antropológica, de los vínculos entre animales y humanos. Primer nivel: la relación amorosa que une casi al instante a Murdoch con la única mujer, o casi, que vemos sin sombrero de plumas. Relación hecha de afecto inmediato captado por ligeras oscilaciones de cámara que responden a los movimientos de los cuerpos, como se ve en un primer plano muy bello de la cabeza de Naomi dando vueltas hasta chocar con el borde del cuadro en el momento en el que Murdoch inicia su expedición y también más tarde, sobre todo a través de sus encuentros bajo el kiosco de música.[83] Segundo nivel: la presencia india, en esa región durante mucho tiempo devastada por la guerra con los indios semínolas. Es la que encarna Billy, durante un tiempo el guía de Murdoch, condenado por Cottonmouth a no volver a ver a su mujer ni a su hijo. Es él quien dice a Murdoch: "Los semínolas son como los pájaros" y prosigue la comparación calificando a los hombres blancos: "Unos son como garzas, otros malos como buitres". Billy morirá por la violencia natural a la que pertenece, atado por Cottonmouth a un manzanillo, "el único árbol en el mundo, dice este último, que puede grabar iniciales en la piel". Finalmente, tercer nivel, y se habrá comprendido que todos ellos actúan conjuntamente: una libertad otorgada a la mirada propia de la cámara, más allá de la del personaje al que se supone ha de acompañar. Se nota claramente, durante la primera expedición de Murdoch: es el primero en ver el pez sierra a la deriva en el río. Pero, enseguida, al acumularse los planos, las direcciones de los movimientos escapan a toda mirada humana asignable; y solo la cámara parece descubrir la naturaleza en la espontaneidad atractiva y maléfica de su vida animal. Ello hará decir a Murdoch, la noche de su regreso: "Los pantanos han quedado tal como debían estar en el primer día de la creación, cuando empezaron a emerger las primeras tierras". Es la *wilderness* en estado original, antes de que su concepto pudiera formarse.

---

82. Budd Schulberg, citado por EISENSCHITZ, Bernard, *Roman américain. Les vies de Nicholas Ray*, *op. cit.*, p. 369.

83. Véase más arriba, p. 180. En esos debates con la producción, es una de las pocas escenas que Ray pretendía conservar para esta parte de la intriga (carta dirigida a Budd Schulberg, Eisenscheitz, p. 384). También menciona "el vuelo de los pájaros blancos".

TANTOS ESTADOS ANIMALES

Al terminar su capítulo sobre *Los pájaros*, Bill Krohn escribía que "Hitchcock cineasta moderno" había "abierto la vía, a una revolución de los efectos especiales y los efectos sonoros que iban a acompañarlo durante los veinte años posteriores".[84] También es sabido hasta qué punto la escena de *Psicosis*, que parece liberar por sí misma la violencia del plano, y desde entonces incansablemente citada, plagiada, invertida, alterada, incorporada, ha sido modelo y obsesión para el cine del Nuevo Hollywood que a partir de los años '70 y siguientes tomó el relevo del cine clásico, del cual los últimos grandes títulos simbólicos podrían ser, con diez años de diferencia (1966-1976), *Siete mujeres* y *La trama*. Rupturas de las relaciones de planos, dislocación de los espacios, disolución de los relatos, conflagración de los tiempos, exacerbación de las conductas, errancias de las psiques, explosiones-implosiones en todos los niveles y en todos los géneros, violencia generalizada: esos son los rasgos por los que se reconoce "el cine americano de los años '70" cuya lógica y genealogía ha intentado fijar Jean-Baptiste Thoret.[85] Según su hipótesis, la energía, esa "violencia inherente a la cultura americana", más que la acción que se convierte en su consecuencia, constituye "la fuerza seminal y fundadora de la gran forma americana". De allí, al hilo de una crisis de América cuyos elementos más notorios son la guerra de Vietnam y la cultura *pop* que parece responderle, la imposición de una "imagen-energía" entregada a sí misma, a su puro gasto, según sus modos opuestos: la asfixia como excedente energético y la desaparición como déficit.[86] Desde entonces, son tanto

84. KROHN, Bill, *Hitchcock au travail, op. cit.*, p. 263.
85. THORET, Jean-Baptiste, *Le Cinéma américain des années 1970, op. cit.* (para las citas que siguen: pp. 102, 110, 117, 101).
86. De este modo, Thoret llega a dos formulaciones contradictorias en relación con el concepto deleuziano de imagen-acción: en una, la imagen-energía propia del Nuevo Hollywood sucede a la imagen-acción del cine clásico (se convierte así en el equivalente de una imagen-tiempo que el cine americano no habrá conocido como tal, porque nunca ha sido propiamente moderno); en la otra formulación, esta imagen-energía interna de la cultura americana también habría estado ya allí, encarnando la imagen-acción solamente una modalidad de todo ello (en una primera versión de su capítulo "¿Qu'allons-nous faire de toute cette énergie", *Trafic*, nº 48, verano de 2003, el autor

la puesta en crisis de la crisis —su aceleración baja o atrevidamente "posmoderna"— como su reparación-restauración "neoclásica" las que han dominado un cine americano cada vez más dominante y atraído abiertamente por el espectáculo anhelante de su propia catástrofe. Desde 1990, Serge Daney había podido escribir a este respecto, impresionado por la idea de "que en América *solo hay una capa*: [...] el cine americano, único en el mundo, porque a imagen de los cuerpos y de los rostros que ha creado y publicitado, carece de *profundidad*, lo cual quiere decir: condenado a hacer que todo quepa en una sola superficie: la piel. Si esta se cuartea, todo se desmorona".[87] Pero eso no excluye, según un reflejo antropológico que permanece intacto, relacionado con la complicidad inmemorial con un supuesto estado de naturaleza, que en el corazón de las peores catástrofes siempre haya que salvar al perro[88] (igual que antes Cathy Brenner pedía a su hermano poder llevarse a los *love birds* en su jaula, cuando todos abandonan la casa para enfrentarse a la masa ligeramente temblorosa de los pájaros).

¿Qué pasa con el animal, en estas nuevas configuraciones? ¿Qué tienen en común? ¿Hay todavía algo común entre tantas películas en las que se impone la figura animal, ya quede como el centro de la misma o brille con un fulgor pasajero y a veces mucho más sorprendente? Cómo aprehender juntas, por detenernos únicamente en estas pocas películas diversamente pregnantes, en orden cronológico: *La revolución de las ratas (Willard*, Daniel Mann, 1971), *Gallos de pelea (Cockfighter*, Monte Hellman, 1974), *Tiburón (Jaws*, Steven Spielberg, 1975), *El cazador (The Deer Hunter*, Michael Cimino, 1978), *Aullidos (The Howling*, Joe Dante, 1981), *La ley de la calle (Rumble Fish*,

---

escribía: "más que una categoría particular", p. 64). Se corre un gran riesgo entonces de confundir un concepto que se aplica a la totalidad del cine, ciertamente en su historia pero también más allá de ella, con la realidad de una situación cultural singular, por ejemplar y monumental que sea.

87. DANEY, Serge, *L'exercice..., op. cit.*, p. 268. Citado por TOMASOVIC, Dick, *Le palimpseste noir. Notes sur l'impétigo, la terreur et le cinéma américain contemporain*, Yellow Now - Côté cinéma, 2002, p. 17.

88. AMIEL, Vincent, COUTÉ, Pascal, *Formes et obsessions du cinéma américain contemporain. 1980-2002*, París: Klincksieck, 2003, pp. 143-145. La sección 42 se titula: "Faut-il sauver les chiens?" —solo para el año 1996 se dan tres películas como ejemplo: *Pánico en el túnel* (*Daylight*, Rob Cohen), *Independence Day* (Roland Emmerich), *Twister* (Jan de Bont), así como *La última noche* (*25th Hour*, Spike Lee, 2002).

Francis F. Coppola, 1982), *Blade Runner* (Ridley Scott, 1982), *Perro blanco (White Dog*, Samuel Fuller, 1982), *Corrientes de amor (Love Streams*, John Cassavetes, 1984), *Atracción diabólica (Monkey Shines*, George A. Romero, 1988), *Parque jurásico (Jurassic Park*, Steven Spielberg, 1993), *Doce monos (Twelve Monkeys*, Terry Gillian, 1995), *Dead man* (Jim Jarmusch, 1995), *La mosca (The Fly*, David Cronenberg, 1996).

Una película, y en esa película una imagen, puede servir de símbolo-pivote. Es la imagen del ciervo cazado dos veces que da su título a la película de Cimino.[89] La primera vez, durante una "última caza", en vísperas de marcharse a Vietnam, el animal es abatido por Michael, el "deer hunter", con una sola bala, conforme su principio declarado, con un supuesto respeto por la naturaleza que implica esa muerte. La segunda vez, tras el regreso de Vietnam, en el momento de disparar, Michael desvía el fusil; el largo grito que emite entonces, que repercute a través de las montañas, recuerda que la idea del "one shot" encarna para siempre el trauma del suplicio de la "ruleta rusa" al que le sometieron sus torturadores vietnamitas junto con su mejor amigo. Así, el gesto identitario que hace del americano un cazador —ese gesto cuyo desarreglo, a través de una rememoración de la tragedia india, había anunciado la película de Brooks— quedará en lo sucesivo pervertido en su esencia. Ya no se mata a Bambi sin correr el riesgo de morir por ello. Lo que se pierde es la claridad de un punto de fascinación, a costa de fascinaciones duplicadas, pervertidas, desnaturalizadas, en sentido propio y figurado.

En el espacio de diez años y tres películas, veinte años atrás, un director clásico siempre muy en sintonía con las realidades de su tiempo (en 1944 había filmado en la Italia en guerra *The Battle of San Pietro*, y se recordará *Let There Be Light*) parece haber hecho el balance de lo que iba a perderse para siempre, en el seno de su cultura, de una relación elemental con el animal, a menudo celebrada en su obra. Al adaptar *Moby Dick* (1956), esa "epopeya del animal"[90], John Huston tocaba el punto mítico de la conciencia ameri-

89. Véase el análisis detallado que hace Thoret de *El cazador*, la primera película que abordó frontalmente la guerra de Vietnam (*Le cinéma américain des années 70*, *op. cit.*, pp. 332-369, especialmente sobre el "one shot", pp. 346-348).
90. JAWORSKI, Philippe, prefacio a su edición de *Moby Dick* en la "Bibliothèque de La Pléiade", París: Gallimard, 2006, p. XXIV. Para las citas que siguen, pp. XXV-XXVI.

cana, con la presencia añadida del indio gracias al personaje de Quiqueg. Toda la vida de la película está sometida a la aparición de la ballena blanca que se espera durante mucho tiempo y, en cuanto surge, a la inmensidad de su movimiento imposible de dominar. "La ballena perseguida de Melville, paradigma de la animalidad, no se captura, sino que se revela". Ante todo, ha de "suscitar un desvelamiento". Es ese puro devenir-animal lo que encarna Ahab precipitando la búsqueda del barco, marcando el ritmo al golpear la pata tallada en una mandíbula de ballena que sustituye a su pierna izquierda, arrancada en el pasado por Moby Dick. Todo ello, hasta el impresionante ir y venir de planos entre el cuerpo de Ahab magnetizado por la proximidad del animal y el ojo gigante del monstruo que la mirada-cámara intenta fijar siguiendo el hilo del movimiento que se pierde en su masa.[91] Y así, hasta el enfrentamiento imposible que se lleva a Ahab en el flanco del animal al que arponea incansablemente y en el cual termina por morir, crucificado, antes de que la ballena blanca vuelva a desaparecer, una vez aniquilado el Pequod. Ahab adivina su presencia gracias a los pájaros ("Los pájaros la señalan, ¡estad atentos a los pájaros!"). La espera, la aparición, los movimientos enormes y la desaparición de la ballena blanca van acompañados también por numerosos planos de pájaros, a menudo aislados, exaltados por sí mismos. Una vez más el movimiento del cine, encarnado aquí por el cuerpo improbable (y trucado) del animal monstruoso, se presenta entre las alas vibrátiles de los pájaros, en los espaciamientos interiores de sus vuelos.

Poco después, *Vidas rebeldes (The Misfits*, 1960) señala una renuncia. Los tres vaqueros perdidos (interpretados por Clark Gable, Montgomery Clift y Eli Wallach) dejarán de cazar *mustangs* destinados a terminar en hamburguesas caninas. Una mujer (Marilyn Monroe) y su amor inseguro pero apremiante, su sentido instintivo de la vida, provoca esa mudanza. El ataque que padece cuando, al ser capturada la hembra *mustang*, su potrillo inquieto da vueltas a su alrededor, es una respuesta del cuerpo según la línea de separación de los sexos. Marilyn es también amiga del perro de Gable, al que ali-

91. Deteniéndose en ese ojo de Moby Dick (pp. 64-69), BURT, Jonathan, dedica un largo pasaje de *Animals in Film* (pp. 38-72) a reseñar figuras capitales de la mirada animal, desde *Equus* (Sidney Lumet, 1977) hasta la obra-vídeo *I Do Not Know What It Is I Am Like* de Bill Viola (1986).

menta y protege, conforme un pacto común de supervivencia. El gran cazador que era Huston filmó con mucha intensidad las escenas de capturas, de lucha cuerpo a cuerpo entre hombres y animales, sobre todo entre Gable y el garañón, así como la fluidez de los caballos que corren, seguidos por el avión que se acerca a ellos, y el camión que los acosa. Después de haberse centrado en el gran mito animal del siglo XIX americano, y honrado por vez primera, un año antes, en *Los que no perdonan (The Unforgiven*, 1959), el mundo orgánico de la sociedad antigua en un *western* iluminado por el rostro griffithiano de Lillian Gish (el guion inverso, sobre la cuestión india, lo ofrece *Centauros del desierto* [*The Searchers*], John Ford, 1956), con *Vidas rebeldes* se despide por primera vez de América, vista como "una sociedad en la que los perros se comen a los caballos".[92]

Pero una segunda despedida, paradójica, es la que simboliza *La Biblia (The Bible: In the Beginning...*, 1965). De los ciento setenta y cuatro minutos que dura la película, Huston dedicó cuarenta al episodio del Arca de Noé y treinta y tres propiamente dichos a la llegada, la vida y la salida de los animales, en el Arca y fuera del Arca. El mismo Huston hace de Noé. "Estoy absolutamente encantado de trabajar en el Arca de Noé. Esos animales que me rodean en todo momento crean un ambiente mágico del que no me canso nunca. [...] Hay en el decorado un verdadero poder de sugestión y tiendo a creerme Noé. Tengo buena mano con los animales".[93] Soplando en una trompa unas notas obsesivas, Noé lleva hacia el Arca, con largos *travellings* laterales barridos, a todos los animales de la Creación, que avanzan de dos en dos, cada uno según su estilo, su velocidad, sus diferencias (al final tiene que llevar a las tortugas que no pueden seguir el ritmo). En el Arca, en cuanto empieza el Diluvio, un latir acentuado de luces y sombras, tejido con gritos de animales mezclados, compone una partitura intensa que se irá suavizando pero que ya no cesará, hasta la llegada al monte Ararat. En ese mundo mágico y autosuficiente en el que las fieras beben la leche de los rumiantes, el hombre y el animal se hablan ("Cuervo", dice Noé, y el animal se posa a su lado). También en este caso, el pájaro tiene el privilegio de ligar, al ritmo de su vuelo largamente subrayado, el espacio del Arca con el de la tierra firme (la paloma

92. Huston citado por BENAYOUN, Robert, *John Huston, op. cit.*, p. 91.
93. *Ib.*, pp. 118-119.

que ha vuelto con un ramo de olivo). "¿En qué continente extranjero desembarcaremos?" pregunta entonces uno de los hijos de Noé. Se ve cómo se representa a través de ese fragmento elegido del mito bíblico la utopía de un descubrimiento original de América que resuena hasta en *El nuevo mundo (The New World*, 2005) de Terrence Malick. Un doble hechizo le sirve de base: el de un mundo a la vez natural y sobrenatural, que es también el del cine capaz de ofrecer su imagen. El privilegio propio de su primitivismo absoluto permite a Huston fijar como por última vez el gran sistema armónico de hipnosis y emociones centradas en torno a la representación del animal.

Las mutaciones de fondo que se encuentran en la base de la violencia acelerada de la historia americana que afecta de lleno a su cine a partir de los años 1960-1970 son, como en todas partes en el mundo pero sobre todo en Estados Unidos, científicas y tecnológicas. La primera afecta al cuerpo, humano y animal: la revolución biológica, abriéndose sobre lo infinitamente pequeño como si integrara los datos de la teoría de la información y la cibernética, es decir, al tratar a la célula como máquina, da un giro radical a la fatalidad de la metamorfosis y de la mezcla de los cuerpos que siempre ha sido una obsesión para el cine. La segunda mutación afecta al cuerpo de la película como materia: al pasar del grano de la película al electrón y luego a la digitalización, abriéndose a la ficción generalizada de los efectos especiales, la imagen del cine pierde en valor de realidad lo que gana en virtualidad y maleabilidad. Esta virtualidad aumenta de acuerdo con la multiplicación desmesurada de las redes, de difusión y recepción, dependientes de las transformaciones capitales introducidas por la televisión, el vídeo, la informática y, pronto, Internet. Esas mutaciones son en realidad una sola y asocian los componentes informáticos con los componentes más pequeños de toda materia y de toda imagen. Un cineasta como David Cronenberg, fascinado por las transformaciones extremas de lo humano enfrentado a los avances de la ciencia, habrá podido decir que "en el curso de una vida, incluso de una vida profesional, la proliferación de las imágenes y el número de los medios de reproducir esas imágenes se han ido multiplicando por mil".[94] Era ya el diag-

---

94. CRONENBERG, David, *Entretiens avec Serge Grünberg*, París: Cahiers du cinéma, 2000, p. 100.

nóstico de Antonioni, al presentar *La aventura* en Cannes en 1960, sobre el retraso ineluctable de los sentimientos humanos con relación a la evolución científica. Dos pensamientos sobre todo (en Francia), antinómicos en muchos aspectos, han calibrado el valor de esas evoluciones en forma de aceleraciones. Jean Baudrillard, llevando al extremo el desarreglo de las lógicas autonomizadas de la copia y el modelo, hasta una ontología negativa del simulacro. Deleuze y Guattari, según el triple proceso vital —territorialización, desterritorialización, reterritorialización— propio de las potencias opuestas pero reversibles del capital y del deseo.

Si los dibujos animados han permitido desde siempre encarnar en el cine de Hollywood donde triunfan una vida trascendente de la animalidad libre de cualquier prueba de realidad, es justo que una mezcla de figuras dibujadas y de cuerpos grabados haya terminado por ilustrar, gracias a las nuevas tecnologías, su cohabitación excesiva y su virtual indistinción fatal. Allí radica toda la importancia de *¿Quién engañó a Roger Rabbit? (Who Framed Roger Rabbit?*, Robert Zemeckis, 1988), producido por Touchstone Studios (Disney) y Steven Spielberg. La fuerza del tema, tanto como la de la proeza técnica, consiste en proyectar a través de una exacerbación del espectáculo y de su velocidad una idea de su final posible: a fuerza de ser amenazada con desaparecer en el esquematismo de la animación, la analogía fotográfica bien podría terminar a la vez por conocer la suerte que el juez Doom (en nombre de un Destino que lleva en su nombre) reserva a las criaturas de dibujos animados a las que quiere arrojar a la "sopa", el ácido destinado a disolverlas a todas.

Ello equivale a decir: si todo es animal, ya nada lo es. Si cualquier humano puede en todo momento convertirse en animal igual que cualquier animal en humano, lo que se ve afectado, y a la vez la integridad del arte que se supone ha de expresarla, es la virtualidad misma del devenir-animal como realidad sensible de lo humano. Naturalmente, desde los años '30, en el límite entre filme de horror y filme fantástico, se había podido asistir al desarrollo de todo tipo de interpretaciones entre la figura animal y la figura humana. Ya sea porque el animal es cruelmente llevado hacia el hombre, como en la situación extrema y rara de *La isla de las almas perdidas*. Ya sea porque, de manera más clásica, el hombre es invadido por el animal que lleva en sí, como traduce el desdoblamiento del Dr. Jekyll en un Mr. Hyde simiesco y negroide en *El hombre y el monstruo* (*Dr. Jekyll and Mr. Hyde*, Rouben Mamoulian, 1931). O porque, de manera más ambigua, "algo animal" parezca surgir en las figuras monstruosas propias de las películas de Tod Browning, especialmente en *La parada de los monstruos (Freaks*, 1932). Como hemos visto, la figura de Bela Lugosi, sucesivamente mago, hipnotizador, vampiro, criatura innominable, será la encarnación más ajustada de esos flotamientos combinados. Ya sea que su personaje ceda al animal o que más bien lo propague en el otro. Su sorprendente carrera manifiesta también cómo se ha extendido el reciclaje de esos mismos planteamientos a través del cine americano de serie hasta los años 1940 y 1950. Pero si el cuerpo humano ha podido encontrarse así amenazado por una animalidad proteiforme, resulta sorprendente que, a través de casi todas las películas, la figura del animal propiamente dicho haya seguido mostrando en cambio una integridad que le permite encarnar el deseo y la fuerza, la angustia o el miedo en el hombre, con las emociones de puesta en escena que los acompañan. King Kong es un simio monstruoso; y su monstruosidad trucada permite que se le atribuya un sentimiento casi humano; pero ante todo sigue siendo un simio. Como lo es Iggy, el mono minúsculo que por un momento le sirve de imagen de llamada, o el de *El cameraman*. En los filmes fantásticos de los años '50, sometidos a tantas presiones ideológicas (comunismo, guerra fría, conflictos raciales), amenazas y realidades nuevas (peligro atómico, investigaciones genéticas), los animales a los que incumbe materializarlas ya no tienen alma; pero, en la mayoría de los casos, sus cuerpos siguen estando enteros, hasta en su desmesura: como las hormigas mutantes de la película de *La humanidad en peligro* (*Them!*, Gordon Douglas, 1954), o la araña gigante de *Tarántula* (*Tarentula*, Jack Arnold, 1955). Pero al mismo tiempo aparecen mezclas imprevistas, indeterminables: como la criatura, muy pronto mítica, que aparece en *La mujer y el monstruo (The Creature of the Black Lagoon*, Jack Arnold, 1954), batracio inmemorial de andar humano y deseos más afinados, cuya silueta, según la leyenda, habría sido inspirada por la estatuilla del Oscar de Hollywood.

A lo largo de varias décadas, lo nuevo estará sobre todo en la lógica y las modalidades de la transformación entre el animal y el humano, así como en el carácter indeterminable de nuevas criaturas llamadas a simbolizar tanto la evolución de las inquietudes como la de las tecnologías y, por tanto, la del cine. Dos películas y sus remakes, con treinta años de distancia, indican el camino. Se inscriben dentro de un vasto paisaje heterogéneo que será habitado especialmente, como si de un paraíso para sociólogos se tratara, por el incansable regreso de lo mismo, desarrollando en proporciones pasmosas el registro y el número de lo que se ha podido recoger como "agresiones animales".[95]

El relato de George Langelaan *La mosca (The Fly*, 1957), adaptado un año más tarde por Kurt Neuman con ese título, propone gracias a un planteamiento de ciencia ficción una lógica de la transformación. La máquina puesta a punto por André Delambre supone una transferencia automatizada de la materia de un punto a otro. A pesar de dos ensayos poco alentadores (un cenicero cuyas letras "Made in Japan" reaparecen invertidas y un gato que se volatiliza), otros tres son un éxito (un periódico, una bandeja con champán, un conejillo de Indias). De tal modo que el científico, usándose a sí mismo de cobaya, habría podido conseguirlo si una mosca que se había metido con él en el aparato no hubiera provocado una catástrofe irremediable: hombre con una cabeza y un brazo de mosca, y su corolario, una mosca con una cabeza minúscula y una pata blancas. Aunque no puede encontrar a esa mosca única para realizar la experiencia en sentido contrario, el protagonista lo intentará sin más, pero en vano. De allí su decisión de suicidarse con la ayuda de su mujer, que le aplasta con un martillo pilón. En este planteamiento, que sigue muy fielmente el relato, no hay nada que concierna propiamente al animal, ni devenir alguno que pueda afectar al humano. Solo la peor catástrofe de un darwinismo teratológico invertido por la megalomanía de la ciencia. Lo expresan dos imágenes espantosas, que marcan ese corte entre los mundos. Cuando por fin vemos la cabeza de mosca del protagonista, más que esa monstruosidad, lo sorprendente es el efecto de lo que se supone el contracampo de su mirada: el rostro multiplicado como hasta el infinito de su mujer, que corresponde a la visión de ojos con facetas. Y al final del todo, la mosca de cabeza blanca a la que por fin encuentran en el jardín, que acredita la verdad de la historia que a la policía le cuesta creer: la minúscula cabeza de hombre que grita, en una tela en la que la araña se dispone a devorar la mosca.

---

95. Es el nombre de una página web (http://www.animalattack.info) en la que se encuentran enumeradas más de un veintena de categorías y sub-categorías de animales agresores (incluidos los "vegetales asesinos"): así, solo para la sub-categoría "tiburón", aparecen unas cuarenta películas, treinta de las cuales, americanas, entre 1969 y 2005 (consultado el 11/9/08). De la misma manera, muchos libros antológicos de vulgarización han intentado unir lo antiguo con lo nuevo en torno a palabras-clave: monstruos, terror, criaturas prehistóricas, *fantasy*, etc. Se puede recordar, por su título y su claridad crítica: UNGARI, Enzo, *Imagine del disastro*, Roma: Arcana, 1975.

La perspectiva que abre Cronenberg en *La mosca* (*The Fly*, 1996) es distinta. La transformación del protagonista por la mosca induce una epopeya subjetiva, si bien absolutamente espantosa; pero su realidad fantástica alcanza la altura del deseo de ensoñación científica que entraña la experiencia, y se adentra más allá. En cierto sentido, esta parece tan improbable como en la primera adaptación; con la diferencia de que la plausibilidad de las máquinas —los dos "telepods" que permiten la teleportación, y sobre todo el ordenador gigantesco cuyo poder de cálculo contribuye al intento— se ha elevado infinitamente, superando siempre la ficción a la realidad, pero en menor proporción (el mundo de píxeles o moléculas o átomos en movimiento que componen los títulos de crédito es una indicación). Por otra parte, se trata de una historia de amor intensa. A partir de la relación inicial que pronto se convierte en pasión dominante con Verónica (Ronnie), la periodista científica con la que Seth Brundle vivirá a puerta cerrada en su inmenso taller-estudio, dedicándose a filmar todos los experimentos, la película se desarrolla, dice Cronenberg, "como una ópera"[96] (su única debilidad, difícil de evitar, es la razón que empuja a Seth a intentar el experimento sobre él mismo en cuanto se encuentra solo, porque Ronnie ha tenido que salir un momento para volver a ver a su antiguo amante). De tal modo que la transformación progresiva de Brundle en "Brundlefly" va acompañada primero por una intensificación física pasional que pronto ha de virar a lo imposible en cuanto, a medida que el animal crece en él, se convierte en una especie de superhombre, antes de su gradual mutación en mostruo (el ordenador lo confirma, recomponiendo la imagen de la mosca y pronunciando el veredicto: "Fusión genético-molecular"). Es la sanción-realidad de la "imagen viral" propia del cine de Cronenberg.[97] Una sucesión de enunciados, admirables por su virtualidad, marca el ritmo del proceso de animalización que lo ratifica: "la recomposición molecular purifica" (cuando Seth descubre la inmensidad de su fuerza y su deseo); "parece una forma extraña de cáncer" (cuando explica a Ronnie, que se quedará con él hasta el final, el proceso del cruzamiento); "me

96. CRONENBERG, David, *Entretiens avec Serge Grünberg*, *op. cit.*, p. 94. Añade: "Era una película muy lírica, así que quería una música que se acercara a la ópera".
97. GRÜNBERG, Serge, *David Cronenberg*, París: Cahiers du cinéma, col. "Auteurs", 1992, pp. 32-36.

estoy convirtiendo en una mosca de noventa kilos" (cuando se sube por las paredes y anda por el techo, mientras Ronnie le filma sin parar); "me gustaría ser el primer insecto político" (cuando echa a Ronnie por miedo a hacerle daño); "formaremos la familia ideal. Tres en un mismo cuerpo" (cuando Ronnie aborta, "Brundlefly" aparece de repente en la sala de operaciones, llevándose a la "madre" y a la extraña larva que es el feto; le propone una fusión a tres, y finalmente Ronnie tiene que matar de un disparo al monstruo descompuesto que avanza hacia ella). Así, en *La mosca* ya no hay animal propiamente dicho (un solo plano discreto sobre la mosca en el momento del experimento fatal; y un mono, afortunado superviviente de una teletransportación anterior, al que Seth toma simbólicamente en sus brazos cuando sale metamorfoseado de su "telepod", entre una gran niebla luminosa).[98] Pero se asiste a un lento proceso de animalización del hombre: un devenir-animal en estado paradójico y puro.

La segunda doble película en la que se aprecia una mutación paralela está formada por las dos versiones de los "body-snatchers" debidas a Don Siegel y Abel Ferrara. En la primera, *La invasión de los ladrones de cuerpos (Invasion of the Body Snatchers,* 1956), significativamente, no hay ningún animal: son vegetales de aspecto inocente, "vainas" (en inglés, "*pods*"), mediadores de una transmutación que da a luz una población de dobles humanos idénticos a sus originales —salvo que carecerán de toda emoción. En resumidas cuentas, anti-animales, instrumentos de una energía neutra, que sugieren la desaparición del hombre.[99] En la segunda, *Secuestradores de cuerpos* (*Body Snatchers*, 1993), el "*snatching*" se extiende por el contrario a todos los reinos y ello constituye su nueva violencia en relación con toda imagen o pensamiento de lo humano.[100] En la introducción de su libro, donde

---

98. Cronenberg dice: "En esa escena, se ve incluso un mono. Así que tenemos a la vez un primate, un dios y hasta un insecto". (*Entretiens avec Serge Grünberg, op. cit.*, p. 98).
99. Véanse las páginas que J.-B. Thoret dedica a esta película que le parece una de las matrices del cine de los años '70, en el eje del déficit energético (*Le cinéma américain des années 70, op. cit.*, sobre todo pp. 54-58).
100. Intencionadamente, entre las dos (de la misma manera que hay dos *remakes* o secuelas de *La mosca* poco después de la película de Neumann), dejo de lado la película de Philip Kaufman, *La invasión de los usurpadores de cuerpos* (*Invasion of the Body*

toma la película de Ferrara como ejemplo importante, Nicole Brenez destacó el valor del carácter mixto de la materia innominable que extiende su dominio. Distingue "tres sustancias originales: el plasma, la placenta y el plancton", cuyas cualidades propias se combinan para inducir la transformación de los cuerpos. "Así, los planos de gestación se hacen cargo indistintamente de la filogénesis (la formación de la especie) y la ontogénesis (la del individuo), confusión llevada a cabo gracias al modelo biológico vegetal de la germinación. La imagen del embrión remite entonces simultáneamente a la especie humana en general y a la arqueología de la vida, un complejo de abstracción, vegetalidad y animalidad que oscuramente daría forma a lo humano".[101] Ese es el proceso de formación y de deformación constante cuya "lógica figurativa" despliega el análisis a través de la experiencia de los diferentes cuerpos: es decir, una red de emociones más o menos ordenadas que por sí misma combina los menores accidentes-acontecimientos de la acción y las metamorfosis de la materia-imagen.

Se ve así, como nunca se había visto antes, de qué manera la figura animal se extiende y se disuelve, entre ciencia ficción, horror y fantástico. Otras dos películas de menor alcance, tanto político como plástico, pueden simbolizar este proceso. Por un lado, *Alien, el octavo pasajero (Alien*, Ridley Scott, 1979), donde la criatura, una y múltiple, mezcla de pulpo y araña y luego máquina innominable, surge primero de dentro de los cuerpos humanos antes de habitar el espacio de la nave espacial, a una velocidad horrenda que identifica su inteligencia sin alma con la de la perfección de los efectos especiales. El acierto de la película podría ser el papel atribuido al gato: confundido primero en la sombra, por lo menos dos veces, con la criatura, gracias a grandes primeros planos marcados por una fuerte ambigüedad, se convertirá para la

---

Snatchers, 1978). Pero hay que recordar lo que dice Ferrara, citado por Nicole Brenez: habría que rehacer una película como esta todos los años, como un principio en relación con las mutaciones del tiempo (en BRENEZ, Nicole, *De la figure en général et du corps en particulier*, *op. cit.*, p. 24). Véase también, sobre la película de Ferrara como extensión y mutación de la figura: AUMONT, Jacques, "Leçon de ténèbres: *Body Snatchers* d' Abel Ferrara", *Cinémathèque*, nº 10, otoño de 1996, pp. 5-11.

101. BRENEZ, Nicole, *De la figure...*, *op. cit.*, p. 25 (sobre la película en su conjunto, pp. 21-28).

protagonista en la única compañía "humana" tras la muerte de todos los miembros de la tripulación. Mientras que la criatura, finalmente eyectada de la nave espacial, adquiere curiosamente en ese momento el perfil de una forma casi humana. Así se va tramando algo parecido a un deslizamiento de reinos, que contrasta con la mecánica unívoca del horror. Por otro lado, *La cosa (The Thing*, John Carpenter, 1982) es más sorprendente, tiene un interés más variado, por razones diversas.[102] Primero, como remake de un clásico de los años '50 (*El enigma de otro mundo* [*The thing from another world*], 1951, producido y más o menos correalizado por Howard Hawks con Christian Nyby), en el cual la aparición monstruosa de la Cosa estaba implícitamente relacionada con las amenazas de la guerra fría y la virtualidad del peligro atómico. Luego, de manera más fiel al relato original de John W. Campbell, la transformación parte en *La cosa* de un animal verdadero, o al menos de su imagen "real": un perro de trineo del que acabará por surgir "la cosa". Finalmente, esta es capaz de adoptar la forma de cualquier ser vivo, humano, animal, vegetal; de tal modo que se instala una duda radical que resultará mortífera dentro de la comunidad de doce científicos relegados en una estación de la Antártida. La película ha decidido, pues, llevar a un punto extremo el trabajo de transformación visible de lo humano por parte de la Cosa. Este proceso ha sido posible porque, por vez primera, Carpenter, ante todo gran cineasta del miedo inducido por los recursos módicos pero sistemáticos del montaje y el fuera de campo, dispuso de medios considerables para representar lo irrepresentable. Los alucinantes efectos especiales, a cargo de su gran especialista Rob Bottin, precipitan así hasta el infinito dentro del campo los horrores sugestivos reservados hasta entonces al fuera de campo, en el que reina la Cosa desde el principio. De tal modo que, invocando el ejemplo de las secuencias informáticas en las que la naturaleza de la Cosa se halla reducida al estado de células elementales, tam-

102. Recordemos que tanto *Alien* como *La cosa* suscitaron, junto a otras películas como *Blade Runner o Terminator (The Terminator*, James Cameron, 1984), numerosos estudios de tipo antropológico-psicoanalítico-ideológico, por considerarse películas importantes de la producción de Hollywood. Véase especialmente KUHN, Annette (ed.), *Alien Zone. Cultural Theory and Contemporary Science Fiction Cinema*, New York: Verso, 1990. Y en ese libro, el texto de CREED, Barbara, "*Alien* and the Monstruous-Feminine", que establece cómo los procesos inconscientes presentes en la película controlan y reprimen la figura femenina.

bién propias de toda representación posible, se ha podido decir: "El trabajo de Bottin es el mismo que el de la Cosa en la película: engendrar monstruos. A la vez fascinado y asustado, Carpenter los filma y luego los destruye. En este sentido la Cosa representa al especialista en FX, y el miedo que le tiene el cineasta [...]. *La cosa* sería una película de Rob Bottin realizada por John Carpenter".[103] El trabajo en cadena de los efectos especiales resulta así análogo al del cine de animación, sobre todo por el movimiento sintetizado propio de sus castas animales, cuyo encuentro y posible fusión con la grabación de las formas humanas emblematizó *¿Quién engañó a Roger Rabbit?* Una fuerza semejante atrae hacia ella de manera irresistible, por un exceso destinado también a disolverla, el poder de emoción y de hipnosis vinculado al movimiento del cuerpo animal y al del cuerpo humano.

Entonces, ¿qué le ocurre al animal, al animal real, a la simple araña, por ejemplo, que no fuera atraída a la puesta en abismo de la metamorfosis y la reduplicación automática propias del motivo dominante de los monstruos guerreros descomunales de *Las brigadas del espacio* (*Starship Troopers*, Paul Verhoeven, 1996)? Ya se sabe que una realidad nueva nunca expulsa del todo a la otra, que más bien tienden a cohabitar acumulándose, según yuxtaposiciones que corresponden a estratos cada vez más diversificados de expectativas y de públicos, así como de acuerdo con interpenetraciones retorcidas a las que se deben las evoluciones más evidentes. Así, ningún efecto especial atentó contra la carrera en fiel expansión de "Lassie", desde la inaugural *La cadena invisible (Lassie Come Home*, Fred M. Wilcox, 1943 —en la que Elisabeth Taylor se encariñaba con el perro, un año antes que con su caballo de *Fuego de juventud*) hasta el último remake a día de hoy después de tantas secuelas: *Lassie* (Charles Sturridge, 2005), que cuenta la misma historia cuyo interés original permanece intacto. Sin embargo, algo también les ha ocurrido realmente a los animales del cine americano, algo que se puede resumir en cuatro fórmulas: *repetición y aceleración; transformación-mezcla; desaparición-proliferación; pérdida, resistencia y devenir*.

---

103. CLERGET, Sébastien, "Le Sur-Monstre. John Carpenter, *The Thing*", *Admiranda. Figuration Défiguration L'invention figurative*, nº 6, 1991, pp. 94, 96 (para el conjunto, pp. 92-96).

1. Los animales de Spielberg bastan para encarnar la primera, tan prolífica. *Tiburón* fijó en el cine popular americano de su tiempo, con un genio comercial y una habilidad artesanal a toda prueba, la doble imagen de un poderoso deseo de orden (sexual, familiar, social, político) y de las fuerzas que lo amenazan, de todo lo cual el espectáculo tiene que sacar goce, razón y provecho. Lo particular del gran tiburón blanco que representa esas fuerzas y ese espectáculo es que arrastra a su espectador en una "*identificación con la pareja cazador/cazado*, con vacilación especular, cortocircuito del saber y del punto de vista, pérdida de todo punto de referencia".[104] Lo atestiguan, a lo largo de la película, esos planos sucesivamente bajo el agua y a ras de la misma a través de los cuales se anuncia la amenaza, que suponen un punto de vista vago del monstruo. Para el espectador no hay más que dos registros, en una relación con el plano que se ha vuelto a la vez borrosa y automática, que no deja lugar a ninguna emoción real ni a la visión ni al pensamiento que de ella pudiera nacer. Ese espectador se encuentra remitido interminablemente de la sensación bruta, fuerte y repetitiva, que se acumula en el miedo inmediato, a lo simbólico que recupera sus efectos en su propio y variado beneficio (por ejemplo, a través de ese diálogo un tanto obsceno entre los tres cazadores improvisados que presumen de sus cicatrices, en el que Quint establece un paralelismo entre los marinos americanos naufragados devorados por los tiburones del Pacífico y la bomba arrojada sobre Hiroshima). Así, no hay razón para comparar, salvo por el placer de la analogía, el ojo del tiburón, que vale por su cuerpo omnividente acorde con el doble registro del miedo y la ideología de la seguridad, con el ojo del asno de Bresson en *Au hasard Balthazar*, donde pasa en el animal el estremecimiento metafísico que se vincula con la criatura humana. Ni siquiera con el ojo gigante de Moby Dick en el que se concentra el deseo mítico de Naturaleza característico de la historia de la sensibilidad americana.[105] En cambio, el ti-

---

104. DANEY, Serge, *La Rampe*, París: Cahiers du cinéma/Gallimard, 1983, p. 107.

105. Véase AUBRON, Hervé, "Les volte-face du modèle. Bresson/Spielberg: l'âne et le requin", *L'Animal* (*Vertigo*), pp. 83-89. Y ello, en lo que se refiere a la ballena, aunque Spielberg haya tenido la intención de rodar una escena en la que Quint estaría viendo la película de Huston, a lo cual se opuso Gregory Peck (Jim Hoberman, "Nashville *Contra* Jaws. Or 'The Imagination of Disaster' Revisited", en ELSAESSER, T., HORWARTH, A. y KING, N. (eds.), *The Last Great American Picture Show. New Hollywood Cinema in the 1970's*, Amsterdam: Amsterdam University Press, 2004, p. 212).

burón blanco vale para la agresión como destino propio. Como hemos visto, el cine, sobre todo americano, se alimenta de ello[106], al inducir efectos en cascada cuya búsqueda de beneficio vinculado al sistema es a veces compensado por el humor autodestructor (como *Piraña* [*Piranha*], Joe Dante, 1978), que se desmarca irónicamente de *Tiburón* por la gracia espectacular de un cambio de escala en el pez).

En cuanto a *Parque jurásico*, con el paso del tiempo, y al evolucionar las técnicas, fue el pretexto soñado para conjugar las tensiones de dos tiempos opuestos: uno, en el *presente del pasado*, al convocar a los animales imaginados más antiguos, los dinosaurios (y sus parientes), siguiendo la lógica turística en pleno desarrollo de los parques temáticos (para comprender la dimensión mítica relacionada con los "dinosaurios", basta con recorrer las salas que les dedica el Museum of Natural History de Nueva York); el otro, en el *presente del futuro*, haciendo resurgir a esos dinosaurios de embriones inmemoriales conservados en cuerpos de insectos preservados a su vez en el ámbar, y desarrollados así nuevamente gracias a las virtualidades de la investigación biogenética. De tal modo que cuando, para justificar el espectáculo, los animales pasan con toda facilidad de lo apacible a lo horrible, el terror propio de *Tiburón* es llevado a su punto culminante[107]: apocalipsis rechinante y garantizado en el cual la idea misma de animal se disuelve únicamente en provecho de la mecánica descompuesta de lo vivo.

2. Una forma más interesante de la agresión se debe a modos aumentados de la transformación, que inducen nuevas figuras y realidades por medio de mezclas. Cuatro años antes de *La cosa*, Rob Bottin realizó para *Aullidos* (*The Howling*, Joe Dante, 1978) los efectos especiales que permitían la mutación de los humanos en hombres-lobo. Planteamiento clásico, desde los años '30 por lo menos, puesto al día a lo largo de la serie de películas de Terence Fisher en los años '60, adquiere en este caso una calidad de fascinación exacerbada. El sentido del segundo grado, tan del gusto de Joe Dante,

---

106. Véase más arriba, nota 95 de este mismo capítulo.
107. "*Tiburón* es la referencia suprema, pero bajo forma nocturna, crepuscular, definitiva", GRÜNBERG, Serge, "Règlement de comptes à Jurassic Park", *Cahiers du Cinéma*, nº 473, noviembre de 1993, p. 62.

más que desactivarlo lo aumenta (es la parte otorgada a un espectador algo pensativo). Dos fuerzas contribuyen a ello. Las propias escenas de transformación, que adquieren un grado de abstracción sensible y de realidad física inmediata (Bill, el marido de la presentadora de televisión, Karen, y la diva de la "Colonia", Marsha, transformándose en lobos en un encuentro sexual en el corazón del bosque, iluminado por las llamas de un fuego que se mezcla con sus cuerpos, para formar una masa móvil en fusión; o Terry, la amiga de Karen, atacada por Eddy, el hermano de Marsha, al que se ve transformarse interminablemente, plano por plano, fragmento de cuerpo por fragmento de cuerpo, a un ritmo acelerado y a la vez ralentizado —todo ello, después de que un *cartoon*, en la televisión, mostrara con detalle a un lobo feroz y sugiriera la regla de la animación interna de las imágenes). La segunda fuerza procede de la propia televisión, mediación socio-tecnológica que induce una analogía con el proceso de la transformación física. Es en la televisión, al inicio de la película, donde el psiquiatra, que finalmente resulta ser el gurú de la Colonia de hombres lobo, invita a recordar el "magnetismo animal" y a no ignorar a "la bestia que hay en nosotros". Y es en directo, al final de todo, desde el inicio de su programa, cuando la misma Karen se transforma para demostrar la realidad de la existencia de la secta extendida virtualmente a todo ser que haya sobrevivido a la mordedura del monstruo: sus dientes que se alargan y su aullido se dirigen a la realidad de la propia imagen, invadida por el virus electrónico y digital.

Pero una fuerza aun más interesante se manifiesta en *Atracción diabólica*, que se interpone dentro de la famosa serie de películas de zombies realizadas por George A. Romero. La fusión que se lleva a cabo en ella entre una mona superdotada, Ella, y un tetrapléjico, Allan, es de otra naturaleza. Allan sufre el accidente por culpa de un perro que surge violentamente mientras está haciendo *footing*. En cuanto se encuentra en silla de ruedas, su devenir-animal dependerá de Ella, que, según se supone, tras un adiestramiento especializado, podrá ayudarle en sus pequeñas tareas cotidianas. Pero previamente y en secreto, le han puesto inyecciones de células de memoria de un cerebro humano recuperado gracias a una donación (inyecciones que le hace Geoffrey, amigo cercano de Allan e investigador iluminado en biogenética). De tal modo que la comunicación y la ósmosis que se extienden entre Allan y Ella pretenden hacer que el mono ejecute, de manera a la vez realista y fantástica, los pensamientos no confesados y los deseos más violentos experimentados por Allan clavado en su silla de inválido. Lo fuerte está en la manera en la que son prefigurados esos actos diversamente mortíferos y cuyo carácter horrendo se debe en gran medida al hecho de que Allan se siente investido de un poder que, según parece adivinar, le pertenece sin poder comprenderlo ni aceptarlo. Para introducir esos momentos de violencia, más o menos elípticos o insistentes, la puesta en escena imaginó encadenar a gran velocidad largas series de planos breves, esencialmente imágenes de naturaleza (campos, setos, hierbas altas), organizados de tal modo que su fluidez entrecortada y su aceleración extrema parecen encarnar el trayecto que lleva desde el interior al exterior del cuerpo, del pensamiento al acto. Una vez incluso, en uno de esos barridos apoyados por una música de estridencias electrónicas, se ve el cuerpo de Ella, estirado al máximo en el aire nocturno, entrar en ese movimiento que supuestamente dirige, convertido en elemento de la imagen de la que es agente. De tal modo que, también en este caso, con una radicalidad sorprendente, una animalidad de la imagen, de aspecto casi experimental, debida a una sucesión de *shocks* intensivos y marcados, viene a adaptarse a la transformación por fusión inducida por una situación inédita de prótesis entre lo animal y lo humano.

3. La desaparición y la proliferación van a la par, acertadamente encarnadas a través de *Blade Runner* (Ridley Scott, 1982) y *Doce monos (Twelve monkeys*, Terry Gillian, 1995).[108] En la primera, los animales tienen un destino idéntico al de los "replicantes". Están concebidos según su propia imagen, tal como los replicantes están concebidos a imagen humana. Como los de estos últimos, pero más aún, los movimientos de los animales parecen naturales aunque se insista desde el principio en su naturaleza artificial. Como la lechuza que atraviesa la habitación en cuanto se entra en casa de Tyrell, el creador de los replicantes. O la paloma que echa a volar de entre los brazos de Roy, el último replicante, en el momento de su muerte. Es la imagen invertida de la que, en *La Biblia*, escapa de las manos de Noé y vuelve a ellas para significar la inminencia de una tierra prometida en la que todos los animales del Arca podrán vivir con los humanos. Hay una vez, en *Blade Runner*, unos pájaros que sorprenden, y que podrían ser "pájaros de verdad", como

---

108. Jonathan Burt asocia ambos filmes al comentar las implicaciones propias de la mirada animal (*Animals in Film*, *op. cit.*, pp. 72-82).

se dice en *La Jetée*: cuando Deckard, perseguido por Roy, entra en una habitación oscura y un vuelo de pájaros enloquecidos-enloquecedores se desencadena en la superficie del plano, dotando a la acción de otra intensidad. Pero en cuanto a lo esencial, los animales están marcados como símbolos de la muerte de lo humano y de la imagen de vida proyectada más acá de esa muerte. Primer plano de la lechuza cuando Roy aplasta la cabeza de Tyrell, su creador. Imagen fantástica, mental, del caballo unicornio inscrito en el único plano de paisaje de esa película sumida en una realidad urbana indefinida. Una vez, evocación por parte de Deckard de la araña que vivía cerca de su ventana cuando era niño. La presencia animal multiforme ratifica el lamento por lo humano a la vez que queda como su único signo distintivo. Por eso las preguntas del test llamado "Voigt-Kampff", que supuestamente permitiría apreciar las diferencias entre humanos y replicantes por medio de preguntas cuyos efectos se leen en variaciones del ojo del sujeto interrogado, versan casi todas sobre realidades que implican a un animal (vaquilla, mariposa, avispa, ostras, perro...). Lo cual estaría en sintonía con la lógica contradictoria según la cual los replicantes son "la copia exacta de los humanos, salvo por las emociones" y que sin embargo con el tiempo pueden adquirir sus propias emociones (odio, amor, miedo, ira, envidia...). Esa podría ser una distinción sutil entre las emociones de contenido y las emociones de puesta en escena, propagándose de la película al espectador pensativo. Así es la regla vacilante que a lo largo de la película, y a través de la violencia extrema de las emociones de identificación suscitadas por la acción, garantiza la multitud de las emociones sutiles y diferenciadas vinculadas a los matices de movimientos y a las materias crepusculares de la imagen. En *Blade Runner* el animal prolifera desapareciendo, manteniendo la propia diferencia entre los niveles y los modos de emoción.

En *Doce monos*, la proliferación se desarrolla por principio. En uno de los cuatro tiempos que se solapan para formar la trama de la película, se supone que los animales han invadido la superficie de la tierra, abandonada por los escasos humanos que han sobrevivido a la diseminación mortal de un virus, y viven ahora refugiados bajo tierra. Se ve así, en dos tiempos diferentes, a los animales, presentados de uno en uno (oso, búho, león, araña), viviendo en la superficie deshabitada de una ciudad nevada, o esparciéndose en masa y en desorden en una ciudad todavía humana (el "Ejército de los Doce Monos", cuyo nombre sirve de emblema tanto como de enigma hermenéutico, los liberará entonces de un zoo). A decir verdad, parece difícil encontrar una coherencia real en la invasión discontinua y casi espasmódica de la trama por animales de especies diversas. A Burt le ha parecido posible distinguir dos "trayectorias" opuestas, justificadas por los efectos destructores del virus y la profecía de un final de civilización: por un lado, el arcaísmo ligado al regreso de los animales salvajes, indicio de un primitivismo que implica el final de la Historia; por otro, un modernismo encarnado en la función propia de los animales en el desarrollo científico, a través de las investigaciones biológicas. Pero, más allá de esta racionalidad, lo que llama la atención es la intimidad de un desorden, producido por todo aquello de lo que el animal llega a ser un valor múltiple y fluctuante, y que en la película surge a ráfagas. Por ejemplo, ¿por qué el protagonista enviado por los humanos supervivientes para colectar en la tierra especies animales, recogiendo un coleóptero y una araña en un bocal, en otro momento, cuando está prisionero en un asilo psiquiátrico, tiene que coger una araña de la pared y, al no saber que hacer con ella ante sus vigilantes, termina por tragársela? ¿Por qué, en ese mismo asilo, se ven tantos animales en la televisión? *Cartoons*, claro está, pero también animales reales de todo tipo, en un desorden acumulado hasta el anuncio de la película de los hermanos Marx, *Pistoleros de agua dulce (Monkey Business*, Norman Z. McLeod, 1931), cuyo título es coreado por los pacientes. Simplemente, para destacar la fuerza indeleble de un vínculo entre el animal y el cine. Y a través de ese vínculo la nostalgia de un tiempo distinto, que no es solamente el del tiempo pasado y presente de la tierra, sino el de un tiempo del cine. En esta película "inspirada por *La Jetée*", que conserva de la película de Marker la inspiración procedente de *Vértigo* sobre las paradojas del tiempo, la pareja protagonista vuelve pues a ver entera, en un cine que programa una "24 Hour Hitchcock Fest", la secuencia de la secoya de *Vértigo*, cuya música invade entonces *Doce monos*. Pero también, unos momentos más tarde, aparece, encadenado directamente sobre los animales enjaulados del zoo de Filadelfia, el ataque de los pájaros contra Melanie en el desván de *Los pájaros*, dos de cuyos momentos son entonces incorporados a la acción actual, propagándose la sonoridad tan distintiva de los aleteos a toda una sucesión de planos. La referencia se extenderá hasta el punto de que la heroína desaparecida por un momento volverá a aparecer irreconocible, como "hitchcockizada". La película contemporánea se apodera así de la película antigua como medida de un tiempo perdido. Pero reconoce de manera más específica en *Los pájaros*[109] el giro sintomático de una animación tecnológica de la imagen, desarrollada a través de la figura de los pájaros, a la que la hipótesis del virus animal propia de *Doce monos* precipita en el exceso de una metaforización apocalíptica.

4. Finalmente, ¿qué le ocurre al animal cuando, más simplemente, sigue siendo el animal, raro o común, pero desprovisto del carácter fantástico que, a través de las transformaciones que afectan al cuerpo humano, supone una mutación de la imagen? Simplemente: el animal pierde su función de mediación positiva. Es decir, el movimiento que, cualquiera sea el desenlace, favorable o no, reservaba ese resultado, por una gracia o una fatalidad simbólica (como se ve por ejemplo al final de *Los pájaros*, cuando Melanie ha conseguido su integración en la familia Brenner). De este modo, el animal se convertirá tanto más en un puro devenir cuanto que separará de su supuesta identidad a aquel o aquella que, a través del animal, se abandone a una fascinación propia que le atrae en el vértigo de sus propios poderes.

Es el caso de *La revolución de las ratas*, la película que toman como ejemplo Deleuze y Guattari, en el umbral de su décima meseta. La alianza que establece el protagonista con las ratas, que muy pronto pululan en el sótano de su casa, rompe poco a poco los vínculos familiares y sociales de los que se siente víctima: su madre opresiva; sus colegas de trabajo que le mantienen apartado; el jefe, sobre todo, que le despide de la empresa que había fundado su padre. Las agresiones y asesinatos que perpetran las ratas componen una disposición ejemplar que los lleva con Willard hasta el extremo de la desterritorialización. El envés de todo ello es la locura en la que se hunde este último tras haber tenido que sufrir a su vez el asalto fatal de las ratas. En su celda de hospital, ya no le queda más que la compañía de una rata blanca (macho o hembra) que sustituye al que/a la que tanto había querido, en su devenir-rata, hasta el punto de convertirla en compañera de sus noches.

Una alianza semejante de la pérdida, del devenir y de la resistencia impregna *Gallos de pelea*, *Perro blanco*, *La ley de la calle*. En cada una de esas películas, el animal dibuja la línea de fuga que separa a un hombre, una

---

109. Resulta sorprendente que el programa de la "24 Hour Hitchcock Fest", anunciado en la fachada del cine justo después de la inserción del segundo fragmento del ataque en el desván, presente los títulos siguientes: *Extraños en un tren, Con la muerte en los talones, Vértigo* y *Psicosis*, pero no *Los pájaros*, siendo percibida ya esta película como interna al exceso propio de *Doce monos*.

mujer o dos hermanos de su mundo amoroso o social. En *Gallos de pelea*, la fascinación casi exclusiva del protagonista por las riñas de gallos le retrae en sí mismo hasta el punto de que, por superstición, renuncia a toda comunicación verbal, hasta su victoria final. Esta victoria tendrá como efecto privarle de la mujer que ama, horrorizada por la pelea a la que ha acudido por sorpresa. Violencia extrema, entonces, del gesto por el cual, cuando Mary Elizabeth le rechaza con horror ("No quiero que vuelvas a tocarme. No he mirado a los gallos, he mirado tu cara. Ni amor, ni piedad, nada. Este pájaro tiene más corazón que el que tu podrás tener nunca"), Frank retuerce el pescuezo a su gallo blanco, victorioso pero agonizante, y se lo pone a la fuerza entre las manos. En *Perro blanco*, la pasión excesiva de Julie por el perro-lobo de un blanco deslumbrante al que ha atropellado con su coche, y luego ha recogido, la aleja también poco a poco del hombre al que está unida, hacia el cual el perro da muestras de agresividad. En *La ley de la calle*, los peces de colores que tanto atraen a "the Motorcycle Boy" son también instrumentos de su pérdida: cuando destroza la tienda de animales para liberarlos, el policía le ejecuta de manera sumaria.

Pero a la vez esas pasiones exclusivas se despliegan descubriendo ciertos mundos. En *Gallos de pelea*: el universo errante de los torneos, los trayectos, las derivas que implica (la componente homosexual implícita de esos grupos de hombres, por ejemplo) y sobre todo la extraordinaria inmersión entre esos cuerpos volátiles sometidos a la tortura de una agresividad recíproca y, a la postre, siempre mortal. En *Perro blanco*, es el desencadenamiento encarnado de una violencia de raza lo que desborda a Julie, al descubrir que ese perro adoptado por un afecto repentino ha sido amaestrado por sus amos para atacar a negros. De allí el proceso de contra-adiestramiento que emprende en un sorprendente parque de animales, destinados la mayoría de las veces a rodajes de películas, un domador negro, con una abnegación a la altura del desafío, hasta la obligada liquidación del animal incurable. En *La ley de la calle*, el tema que encarnan los peces tropicales se divide entre los dos hermanos: "the Motorcycle Boy", que los identifica con su deseo de libertad sin objetivo y quiere liberarlos para ver cómo estarían en el río; y Rusty James´, que realiza el gesto de su hermano y se los lleva al lugar del que este, al principio de la película, volvía míticamente: el Océano.

Y cada vez, en cada película, el animal se adueña del relato con una serie de figuras variadas, según el propio cuerpo que cada título invoca. En *Gallos de pelea* (en dos situaciones de *flash-back* y de posible sueño), dos secuencias tienen como función dividir por medio de efectos pregnantes de cámara lenta las peleas —de no ser así, siempre demasiado elípticas— de gallos soltados repentinamente uno contra otro. Se ve así incansablemente, entre los inmensos aleteos filmados desde muy cerca y las admirables variaciones de colores que allí se perfilan, lo que en todas partes escapa al deseo de la percepción pero compone su cuerpo. Es también un efecto de ralentí, dos veces, lo que permite dilatar en *Perro blanco* el efecto que desarrolla la violencia de los avances del perro. Esos momentos han sido preparados a través de los innumerables planos con los que la cámara vibrátil de Fuller sigue lo más cerca posible los movimientos del animal. Movimientos constantemente furiosos, en cuanto está encerrado, y que parecen a punto de reventar el encuadre. A menudo, planos de noche, en los cuales la forma tan blanca del animal dibuja haces luminosos, casi táctiles. Muy diferentes son los efectos de concentración de la figura sobre el motivo animal en *La ley de la calle*, que con su blanco y negro de principio recoge el pasado del cine dotándolo de una crudeza propia. Los dos peces destacan respectivamente en rojo y azul dentro del acuario, dibujando el punto de fuga de la imagen-relato. De tal modo que cuando Rusty James, justo después de la muerte de su hermano, se los lleva huyendo hacia el océano, esa escena final se resuelve en un intervalo: una tonalidad umbrosa y fría, que parece irrumpir desde dentro, blanco y negro trabajado en el cual se elevan, por encima de las olas, vuelos intensos de gaviotas de cuerpos oscuros, que acogen el devenir-animal del adolescente. Así, a través de estas tres películas, lo que se pierde en subjetividad identitaria se gana en intensidades animales, al impregnar la ficción y el destino de los personajes con una crueldad política y social. Se puede añadir una película, que recoge en un pasado mítico transfigurado una animalidad de América: *Dead Man* (1995) de Jim Jarmusch. En cuanto sucede al tren inicial, ensordecedor, y antes de la canoa que, según un rito indio, lleva al final al protagonista muerto dos veces, el caballo traza la línea de fuga que arrastra muy lejos en la *wilderness* a los dos hombres: el indio, inmerso en ella con toda su masa de la misma manera que hace cuerpo con su caballo; y el héroe blanco con nombre de poeta, Blake, que sobrevive a su primera muerte para vivir ese viaje en la idealidad natural. Allí vuelve a estar bastante cerca del animal para tumbarse "en el suelo del bosque junto a un gamo muerto" y pintarse las mejillas con su sangre, en un rito renovado de totemismo.[110]

Una última película precisa mejor que cualquier otra esta aleación atormentada de pérdida, resistencia y devenir que encuentra manera de encarnarse en la figura animal: *Corrientes de amor*, la última película de John Cassavetes. Los flujos intensos de deseos contrariados que circulan por un lado entre la hermana y su familia, por otro entre el hermano y muchas mujeres, se concentran en el momento crucial de la película entre el hermano y la hermana. Cassavetes destacó que con esta película volvía a encontrar "la naturaleza de negativo fotográfico de la relación hermano-hermana [...] gráficamente descrita en la familia interracial de *Sombras*". También dice: "Es prácticamente como si Robert y Sarah se soñaran mutuamente... encerrados en el mismo sueño del que no pueden despertar puesto que, de hecho, sus sueños y sus vidas son una sola y misma cosa".[111] Esos flujos de deseos adoptan la apariencia de un obsequio desaforado que Sarah (Gena Rowlands) hace a Robert (John Cassavetes). Se trata de tantos animales como puedan caber en un taxi grande. Se los ha ido sugiriendo suavemente a Sarah el vendedor, en una escena sorprendente en la que ella se deja seducir, uno tras otro, por cada uno de los animales que trae a Robert, transformando el jardín de su casa en un jardín del Edén improvisado: dos caballos enanos, una cabra, jaulas de pájaros (loro y periquitos), un pato, una gallina con sus polluelos; más un perro, sobre todo, al que Sarah ha sabido domesticar enseguida (para ella, se convertirá en una especie de ángel guardián, y será también el mediador entre el hermano y la hermana). La llegada de los animales a la casa es filmada por la cámara siempre emocionada de Cassavetes plegándose al ritmo propio de cada animal para magnificar el valor del obsequio a los ojos intrigados del que lo acepta sin poder encontrarle otro sentido que el de la *vida* como viene. Su encanto se debe precisamente a la intuición sensible de la cámara capaz de seguir el hilo, continuo-discontinuo, plegado —Deleuze y Guattari dirían: a la vez liso y estriado.[112] El regalo es tanto más puro cuanto que

---

110. BAILLY, Jean-Christophe, *Le Versant animal*, París: Bayard, col. "Le Rayon des curiosités", 2007, p. 21.
111. CASSAVETES, John, *Autoportraits*, declaraciones seleccionadas por Ray Carney, traducidas por Serge Grünberg, París: Cahiers du cinéma, 1992, p. 38 (para las otras citas, pp. 38 y 37).
112. Véase por ejemplo lo que dicen Deleuze y Guattari, en la meseta "Lo liso y lo estriado", donde insisten en los deslizamientos constantes entre ambos niveles (el liso,

se convertirá en presente del adiós, aunque la hermana todavía no lo supiera cuando sintió el deseo de hacerlo.

Todo ocurre una noche de fuerte tormenta, bajo una lluvia diluviana. De tal modo que la imagen, en todo ese final de la película, vendrá determinada por vacilaciones continuas de sombras y luces, de visiones y sugestiones parciales que insisten en la flexibilidad y la cualidad física del rodaje; para que el mito, también, penetre en la vida más cotidiana ("Vamos, vamos, venid al Arca de Noé", dice Robert llevando a los animales dentro de casa). Será tumbada en su cama junto al cuerpo del perro cuando Sarah, presa hasta entonces de una profunda postración, reciba la iluminación del "más maravilloso de los sueños": un sueño que supone una reconciliación con su marido y su hija, que provoca su partida inmediata. Desde ese momento, mientras Sarah prepara sus enormes baúles entre los animales que van y vienen, a través de las luces umbrosas de la tormenta, "Robert, por su parte, tiene un sueño despierto —casi una visión. Está completamente empapado y se le rompe el corazón al verla marchar. Y contemplando ese agujero negro en el que ha quedado convertida su vida, se da cuenta de que el perro que ha traído se ha convertido en un hombre, una especie de espíritu, un 'visitante' cuya presencia le ayuda a aceptar ese momento terrible en el que se revela a sí mismo...". Cassavetes dice también, de su personaje: "A Robert Harmon solo le interesa el poder de la emoción que crea una situación nueva". Y al cineasta en él solo le interesa encontrar la manera de solucionar emotivamente cada situación. Robert sale de la enorme risa que provoca esa visión, frente a un perro que abre unos ojos inmensos, mientras Sarah lleva febrilmente su equipaje hacia el coche de una amiga que ha venido a acompañarla. Robert se entretiene sugiriendo al perro que podría atacar a Sarah, para decirle luego: "¿A lo mejor quieres escuchar música?". Y el perro se instala en un sillón, con el cuello estirado en el respaldo, hacia un Robert atareado. La música arranca apenas un instante para ocultarse al momento detrás de los primeros planos febriles que subrayan los adioses del hermano y la hermana. Son seguidos por otros muchos planos que se deslizan alrededor del coche y el equipaje y se detienen en el rostro conmovido de Sarah en primer plano dentro del

---

más háptico; el estriado, más óptico): "[...] los pasos entre estriado y liso son a la vez necesarios e inciertos, tanto más conmovedores", *Mille plateaux*, *op. cit.*, pp. 615 y 593.

coche, con la cara desencajada por la emoción y por lo borroso de la lluvia que se acumula contra el cristal. Es entonces cuando desde el supuesto ángulo de ese punto de vista del que sin embargo Sarah se aleja, otra vez preocupada por sus baúles, la música vuelve a empezar y se extiende ("I'll Leave It Up to You", compuesta y cantada por Bo Harwood). Armoniza con la intermitencia de una noche llena de relámpagos, acompaña a la cámara que se interna a través de la tormenta, golpeando durante mucho tiempo a la izquierda del cuadro un árbol oscuro agitado por el viento, avanzando hacia el rectángulo de luz borrosa donde Robert aparece en el marco de uno de los cristales de la ventana. La cámara se ha acercado lo suficiente y luego se ha detenido, para que entendamos, a través de lo borroso del cristal recorrido por la lluvia, lo que hace Robert, que da vueltas entre sus manos al sombrero que se había empapado en el momento de la salvación de los animales llevados a la casa y lo agita hacia la ventana en señal de adiós. Dice hasta la vista o adiós a la que le ha mirado pero tal vez ya no le ve. De tal modo que, a través del avance de la cámara que mantiene el vínculo que se deshace, todo ese muy largo plano final queda afectado por la energía procedente de un contracampo diferido, muy fuerte en él. Cada momento de ese avance, y después de esa espera de la cámara ante su personaje, cada parte de ese cuadro que vibra con sombras y luces inciertas atravesadas por relámpagos repentinos, todos esos elementos llevan hasta su intensidad última los movimientos que afectan en este final de la película a los cuerpos, los movimientos conjuntos de los cuerpos humanos y los cuerpos animales.

Torrentes humanos, Frank Borzage, 1929

Al azar de Baltasar, Robert Bresson, 1966

14. PENSAMIENTOS DEL ANIMAL, PENSAMIENTO DEL CINE

Después de la guerra, en Europa, tanto en Francia como en Italia, lo que pronto se llamará "teoría del cine" se desarrolla con una conciencia aguda de la animalidad y de lo que de singular puede aportar a la visión de un cine de la realidad. Esta visión está basada en gran medida en una evaluación del filme documental, bajo sus formas más diversas[1], y en una convicción innata del valor documental interno a toda película de ficción que se piensa como tal. Un enamorado de los animales abre esta vía de pensamiento que se concentró en grandes textos, sin dejar nunca de quemarse en el fuego de la actualidad del cine, con sus innumerables reseñas en periódicos y revistas. André Bazin utiliza dos fórmulas para resumir el objetivo de los estudios recogidos en el primero de los cuatro volúmenes reunidos bajo el título *¿Qué es el cine?*: "Los fundamentos ontológicos del arte cinematográfico o si se prefiere, en términos menos filosóficos: el cine como arte de la realidad".[2] Sin embargo, resulta que frente a la realidad, no solo: "El cine nos enseña a conocer mejor a los animales", sino que: "Las películas de animales nos revelan el cine".[3]

¿Cómo comprender exactamente el privilegio que lleva consigo esta revelación? Es sabido que para Bazin va unida a dos principios, estrecha-

---

1. "Las formas marginales del cine (científico, turístico, médico, aficionado)" escribe NARBONI, Jean ("Le style d'André Bazin", prefacio al volumen de textos de Bazin que preparó: *Le Cinéma français de la Libération à la Nouvelle Vague*, París: Cahiers du cinéma, 1983, p. 13).
2. BAZIN, André, "Avant-propos", *Qu'est-ce que le cinéma?*, t. I, *Ontologie et langage*, París: Cerf, 1958, p. 9.
3. BAZIN, André, "Les films d'animaux nous révèlent le cinéma", *Radio Cinéma Télévisioin*, nº 285, 3 de julio de 1955, pp. 2-3 y 8. El primer texto ("Le cinéma..."), mencionado por Bazin al principio del suyo, es de HURET, Marcel (*Radio Cinéma Télévision*, nº 175, mayor de 1953, pp. 4-5 y 8).

mente ligados. El primero está relacionado con el carácter esencial de la imagen fotográfica, que fundamenta su valor ontológico propio: ser una huella objetiva de la realidad, en virtud del carácter mecánico de la grabación, que garantiza "una transferencia de realidad de la cosa a su reproducción". Si el cine se convierte así en "la momia del cambio"[4], puesto que embalsama la duración, está obligado a respetar cuanto sea posible la realidad de ese cambio, y tanto más cuanto que desea dar testimonio de ello directamente, como es el caso sobre todo en el filme documental. Se trata, segundo principio, de la famosa formulación del "montaje prohibido". Bazin lo plantea así como "ley estética": "Cuando lo esencial de un acontecimiento depende de la presencia simultánea de dos o más factores de la acción, el montaje está prohibido".[5] Frente a la función primordial del *découpage* y el montaje en la realización de cualquier película (o casi), la presión de semejante imperativo es doble. Por un lado, aunque más bien se imponga con ocasión de reflexiones sobre el documental, atañe igualmente al filme de ficción (es la conclusión, tan virtualmente precisa, del texto sobre el filme de animales, en el que Bazin desarrolla también el problema: "Creo que no solo a los puros documentalistas y a los cineastas que deciden rodar películas de ficción que contengan un aspecto documental, sino a todos los directores en general, les convendría meditar estos ejemplos"). Por otro, los ejemplos que acaba de ofrecer, para el documental y para la ficción, incluyen en su mayoría animales (aunque la idea expuesta pretenda ser más amplia: "[...] cuando el acontecimiento presenta en sí mismo un gran peligro físico para el intérprete, o su protagonista es un animal, o mejor aún los dos a la vez").[6] Son los planos convertidos en iconos de la teoría, reiterados en "Montaje prohibido": Charlot y el león en *El circo (The Circus*, 1928), el niño, los padres y los dos leones al final de *Quand les vautours ne volent plus* (Harry Watt, 1951), asociados en el mismo encuadre en el momento de mayor peligro.

Esta convicción fue tan fuerte en Bazin que, como le tocó hacerlo durante mucho tiempo a la crítica antes de su época técnica, le llevó a alucinar

---

4. BAZIN, André, "Ontologie de l'image photographique", en *Qu'est-ce que le cinéma?*, t. I, *op. cit.*, p. 16.
5. BAZIN, André, "Montage interdit", en *op. cit.*, p. 127.
6. BAZIN, André, "Les films d'animaux nous révèlent le cinéma", *op. cit.*, p. 8.

lo que quería ver según las condiciones que le parecían justas. Alabando a Flaherty con tanta convicción por haber mostrado en *Nanuk el esquimal*, "en el mismo plano, al cazador, luego el agujero, luego la foca", le reprochaba "lo floja que resultaba" la pesca del cocodrilo en *Louisiana Story*, "visiblemente realizada 'en el montaje'", para volver a alabar, en esa misma película, "el plano secuencia del cocodrilo atrapando una garza, filmado en una sola panorámica".[7] Sin embargo, como se ha visto después, "lo que el cocodrilo atrapa es un puro acontecimiento gráfico: unos trozos de patas que salen de entre su boca después de un corte".[8] Y Jean-André Fieschi ha podido comentar así el ejemplo princeps de *Nanuk*: "Lo que Bazin ignoraba, en la caza de la foca en un solo plano (Nanuk luchando con el pinnípedo invisible, arrastrado por su fuerza hacia el agujero, resbalando por el hielo boca abajo, consiguiendo levantarse y tirar hacia su lado, resbalando otra vez, etc.), era la presencia fuera de campo de cinco o seis hombres que ayudaban con todas sus fuerzas al inuit solitario de la fábula, aunque de manera invisible. / Y también que las mujeres de Nanuk eran en realidad las del Hechicero blanco —que la escena del gramófono era 'representada otra vez', por no hablar del iglú —estudio a cielo abierto".[9] Volviendo a su vez sobre el ejemplo, Maxime Scheinfeigel sugirió que, aunque lo hubiera sabido, a Bazin la escena le habría parecido igual de bella, compensando con el amor al cine el amor a la realidad a partir del momento en el que "se instaura un eco profundo entre el mundo del cine y el de la realidad, por la gracia —o la elegancia de las decisiones fílmicas ontológicamente adecuadas".[10] De acuerdo. Sin embargo, no conviene olvidar cómo Daney, tan baziniano, pudo llevar de manera más general hasta su límite, en un texto perturbado por la dificultad de las cuestiones que planteaba, la obsesión de Bazin por una realidad de la realidad, de la cual el cine habría tenido que ser garantía: filmar o no filmar el paso, por ejemplo, de la vida a la muerte; o el hecho de que el cineasta, si el riesgo era real, no tendría que haber vuelto con vida, o al menos incólume, del encuentro con lo que filmaba (Daney recuerda el ejemplo, exaltado por Bazin,

---

7. BAZIN, André, "Montage interdit", *op. cit.*, pp. 127-128.
8. JOUBERT-LAURENCIN, Hervé, "Le trou dans la plainte", pp. 102-103, n. 2.
9. FIESCHI, Jean-André, "Poulpe au regard de soie!", p. 24.
10. SCHEINFEIGEL, Maxime, *Jean Rouch*, París: CNRS Éditions, 2008, p. 33.

de Ponting, el operador de Scott en el polo sur, al que se le helaron las manos manejando su aparato a 30º bajo cero y sin guantes). Por eso Daney titulaba "La pantalla del fantasma" su texto sobre "Bazin y los animales".[11] Como para confrontar los dos enunciados con un mismo imposible, al que solo un punto de fuga psicoanalítico (implícitamente lacaniano) parecía entonces ofrecer en su argumentación, un tanto difícil de seguir, algo parecido a una respuesta.

Así, en el remolino de problemas que aparecen en cuanto nos ocupamos de estos textos de Bazin se encuentran oscuramente ligadas dos cosas. La primera está relacionada con el cambio radical que introduce el valor documental concebido de esta manera, en la realidad y en el pensamiento del cine. La segunda hace del animal una piedra de toque del pensamiento de lo humano o de lo inhumano que ese valor supone. Más que como afirmación de verdad, la insistencia en el valor documental se ofrece como autenticidad de experiencia y manifestación de esencia. Al igual que ocurre con toda cosa apuntada, el objetivo deviene lo que en ella corresponde a una existencia reconocida y a una esencia del cine. Como hemos visto, este valor documental es también propio del filme de ficción, en cuanto hace de un acercamiento a la realidad no solo una cuestión de temas y contenidos sino también una prueba de su realidad que se supone la más real, según un respeto ético y de acuerdo con soluciones estéticas que implican sobre todo continuidades de acciones en el tiempo. A ese tipo de exigencias respondió después de la guerra, de manera global, el cine neorrealista italiano al que Bazin siempre se sintió tan cercano, del cual fue un ardiente defensor a lo largo de su vida de crítico y teórico, hasta el punto de dedicar a esa "tendencia ejemplar del cine contemporáneo"[12], anunciada como "Una estética de la realidad", el cuarto y último volumen de *¿Qué es el cine?* Sin embargo, resulta que a través de varias de esas películas, la figura animal insiste para sugerir también, a partir de su propia realidad, una realidad del cine. Ya sea en una película de estricta obediencia neorrealista, *Umberto D.* (1952) de Vittorio de Sica (escrita por Cesare Zavattini), o en sentido amplio, en películas de Rossellini.

---

11. DANEY, Serge, "L'écran du fantasme (Bazin et les bêtes), en *La Rampe*, *op. cit.*, pp. 34-42.
12. BAZIN, André, *Qu'est-ce que le cinéma?*, "Avant-propos", *op. cit.*, t. I, p. 9.

Si se ha podido pensar en dedicar un libro entero a *Rossellini y los animales* es gracias a *India* (1957-1958), esa película ya tardía.[13] Pero en ese volumen al menos un estudio, el de Adriano Aprà[14], muestra acertadamente que antes del punto culminante de una visión cosmogónica exaltada con *India*, que paradójicamente parece haber abierto el abandono programado de cualquier referencia posterior a la vida instintiva, del animal y del hombre, a lo largo de su gran proyecto enciclopédico[15], Rossellini no había dejado de enaltecer la figura animal, de un modo a la vez telúrico y cristiano. Evidentemente, el símbolo es un primer cortometraje, *Fantasia sottomarina* (1938): el comentario permite seguir como sentimientos y conflictos humanos, de dimensión personal y social, los movimientos de un pez pequeño individualizado entre una multitud de ellos, enfrentados a la agresividad mortífera de un pulpo. Es una ocasión para observar que por rosselliniano que fuera Bazin, Rossellini se mostró espontáneamente poco baziniano, al menos en cuanto al aspecto de la doctrina: filma ese drama submarino en un acuario; y tuvo que inventar un sistema ingenioso para que unos peces delicados, que se morían siempre demasiado pronto, parecieran vivos.[16] Tag Gallagher también cita los trucajes más refinados desarrollados para "una segunda película de peces", de un antropomorfismo ampliado a otras especies, *Il ruscello di Ripasottile* (1940), hoy perdida. Siguieron otros dos cortos, que ampliaron el abanico animal a los insectos y los animales de corral y anunciaron, dice Gallagher, "el zoom investigador del Rossellini más tardío".[17] El interés de esas primeras obras radica también en el contraste, destacado por Aprà, con las películas de guerra y las grandes películas fundadoras de posguerra, en las cuales "los animales parecen haber desaparecido de la superficie de la tierra". Añade: "La

---

13. BOURGEOIS, Nathalie y BENOLIEL, Bernard (dir.), *India. Rossellini et les animaux* (con la colaboración de Alain Bergala), París: Cinémathèque française, 1997.
14. APRÀ, Adriano, "Rossellini et les animaux, de *Fantaisie sous-marine* à *India*", pp. 65-75.
15. Para empezar, Aprà cita una intervención de Rossellini en la televisión en 1970, donde este opone incluso dos partes del cerebro, el arcaico encéfalo y el evolucionado córtex, para rechazar "la ebriedad" animal en beneficio de "la alegría extraordinaria de la inteligencia" (p. 65).
16. GALLAGHER, Tag, *Les Aventures de Roberto Rossellini* (1998), París: Léo Scheer, col. "Cinéma", 2006, pp. 83-84.
17. *Ib.*, p. 87.

bestialidad del conflicto los ha alejado. Para mirar al hombre en lucha con sus semejantes, Rossellini no necesita metáforas animales, puesto que el hombre mismo se encuentra reducido al estado animal".[18]

Por eso su regreso resulta más llamativo. A partir de *El amor (L'amore*, 1947-1948), en sus dos episodios. Por un lado, en *La voz humana*, la perra Micia, cuya presencia postrada acompaña el abandono de la protagonista encerrada en su habitación, en su extravío interminable en el teléfono. Por otro, en *El milagro* (*Il miracolo*), las cabras sobre todo, primero en rebaño en torno a Nannina, antes y después de su seducción por el extranjero al que toma por san José; luego la cabra aislada que sigue continuamente a la pastora mientras sube por la montaña, hacia la iglesia donde cree alumbrar a un nuevo Cristo. En ambos episodios, la invención sorprendente del trabajo de cámara responde a las dos modalidades de la voz puestas en escena (el teléfono, la transmisión divina): cámara como jadeante en planos muy largos para seguir al personaje en un espacio cerrado; y liberada en exteriores para identificar la aventura carnal, redoblada por su creencia irracional, con una incorporación del paisaje. Como si, de esa manera, el modo tan flexible de filmar de Rossellini encontrara una inspiración propia apoyándose también en la espontaneidad natural de la figura animal. Así, de *Strómboli (Stromboli, terra di Dio*, 1949), donde las pruebas de realidad de Karin pasan en gran medida por sus encuentros con muchos animales (su espanto en la famosa secuencia de la pesca del atún), a *Francesco giullare di Dio* (1950), donde el futuro santo, como no podía ser menos, habla con los pájaros (suscitando múltiples contracampos sobre pajarillos en las ramas, que acompañan su oración)[19]; de *Los celos* (episodio de la película colectiva *Los siete pecados capitales* [*Les Sept Péchés Capitaux*], 1951), donde una mujer acaba deseando matar a la gata blanca tan querida por su marido pintor, hasta *Ingrid Bergman* (titulado en inglés *The Chicken*, episodio de *Siamo donne*, 1952), donde la mujer-actriz se vale torpemente de un perro para deshacerse de la gallina que le estropea los

18. APRÀ, Adriano, "Rossellini et les animaux", *op. cit.*, p. 67.
19. Francesco dice a los pájaros: "Pajaritos, hermanos, podéis alabar a Dios con toda facilidad pues podéis volar en la pureza del aire. Ahora, calláos, para que yo también pueda rezar". Se pasa así de una sucesión de planos ruidosos de gritos de pájaros a otros en los que esos gritos son sustituidos por la oración del santo.

arriates; y hasta la última de las películas con Ingrid Bergman, *El miedo (Angst*, 1954), en la cual a Irene Wagner le asustan los cobayas manipulados en el laboratorio por su marido, hasta tal punto su destino le resulta parecido a su propio estado interior. En todas esas películas, de tonos e inspiraciones tan variadas, el animal, metáfora y realidad, permite a Rossellini ahondar la relación entre los cuerpos humanos y las maneras propias de la cámara de poder asegurarse de su realidad. A propósito del experimento, intentado con *La voz humana*, de acorralar a su personaje reduciendo la distancia el máximo posible: "Ese aspecto microscópico del cine forma parte de lo que constituye el neorrealismo: un acercamiento moral que se convierte en un hecho estético". El animal también le sirve para eso.

Hay otro animal sobre el que conviene insistir y que Aprà no cita. Se trata del burro de *La macchina ammazzacattivi* (1948). Según el argumento de la película, el santo patrón de la pequeña ciudad de Amalfi, disfrazado de mendigo, entregó al fotógrafo local, Celestino, archivista y memoria viva del lugar, el secreto mediante el cual podría deshacerse de sus enemigos. Todo ello, en un contexto avivado, después de la guerra, por el surgimiento del turismo, contrario a las tradiciones locales y, sobre todo a la conservación del viejo cementerio. Este secreto consiste en volver a fotografiar una fotografía, para matar *automáticamente* al sujeto representado, en la misma postura que tenía en la imagen. Hace una primera prueba, sobre un policía al que Celestino no apreciaba mucho, congelado al momento en la actitud del saludo fascista que mostraba la foto. Después del entierro del policía, Celestino, perturbado, está dando vueltas en su estudio, cuando oye rebuznar a un asno. Presa de una inspiración repentina, separa un poco la cortina, ve cómo el dueño del burro se aleja con una parte de la carga y el animal se queda, tranquilo, ante la puerta del estudio. Celestino toma su aparato con el trípode, entreabre nuevamente la cortina y fotografía al asno, que está rebuznando sonoramente. La elipsis de un fundido permite que la foto sea revelada y fijada al momento en la pared con una chincheta, sin que el burro se haya movido, puesto que le oímos rebuznar otra vez en el mismo momento en el que Celestino hace una fotografía de la foto, interrumpiendo así el grito mágicamente. Cuando vuelve el dueño, no consigue mover al burro y exclama: "Morto!". Una revelación dará forma y sentido a esta fábula desarrollada a través de algunos asesinatos fotográficos más, hasta el desenlace que permitirá una vuelta al orden: en realidad, el hombre santo que había aparecido y se había desvanecido era el Diablo. La prueba ficticia que ha infligido al mundo, a través de Celestino, ha sido la del poder de la fotografía, del cual se compone el poder del cine, ocultándolo: forma de muerte interior a su vida, como lo es la realidad del instante suspendido con relación al tiempo que pasa. La importancia del animal radica aquí primero en que es captado dentro de esa cadena en la que califica al humano. Y en la que aparece, sobre todo, como un elemento a partir del cual se produce un cambio. En efecto, este animal ofrece el motivo de la única foto que ha sido tomada al hilo mismo de la película para dar testimonio del dispositivo que permite, *in vivo*, pasar de la vida a la muerte a partir de una primera muestra realizada por la máquina de tomar vistas. Y así, pasando de la foto a la foto, pasar del cine a su idea. Aquí, el animal es ciertamente la figura electiva que permite entrever y pensar el cine.[20]

A principios de los años '50, *Umberto D.* fue considerado por Bazin la película tal vez más ejemplar del neorrealismo italiano. Su admiración se debe al hecho de que en lugar del "episodio, el suceso, el efecto teatral", la unidad del relato se convierte en "la sucesión de instantes vitales, sin que pueda decirse de ninguno de ellos que sea más importante que otro". En nombre de esta "igualdad ontológica", Bazin destaca la secuencia en la que se levanta la criada, María, todavía medio dormida y dedicada a sus ocupaciones matutinas. De hecho, ese momento en el que no ocurre nada, salvo un gesto tras otro de una indiferencia apagada, conforma el otro aspecto del pensamiento del montaje prohibido. Si el plano está obligado a ser continuo, no es en función ni de un "gran peligro" ni de "lo esencial de un suceso", sino para manifestar que "De Sica y Zavattini intentan, al contrario, dividir el acontecimiento en acontecimientos más pequeños y estos a su vez en acontecimientos aún más pequeños, hasta el límite de nuestra sensibilidad a la duración".[21] De allí la decisión adoptada en la secuencia, de momentos fijos entrecortados por panorámicas ligeras pero precisas, que recorren toda la cocina, subrayando cada movimiento del cuerpo y de la acción, para instalar físicamente esta duración, para

---

20. Se observará también que en cuanto Celestino comprueba la muerte del policía, es un gato, subido a un armario del pequeño estudio lleno de fotos, lo que sirve de inicio al plano que marca el regreso del fotógrafo y por tanto de signo asociado a su turbación.
21. BAZIN, André, "Une grande œuvre: *Umberto D.*", *Qu'est-ce que le cinéma?*, t. IV, *op. cit.*, 1962, pp. 92-96.

hacerla sensible mediante la evidencia de una forma.[22] Sin embargo, por presente que esté en el desarrollo de esta historia sin historia, María no es, después de Umberto D., el jubilado finalmente empujado al suicidio por la miseria y la soledad, el otro personaje principal de la película. Este personaje es Flike, el perro fiel del viejo.[23] Desde el principio hasta el final de la película, forman juntos una suerte de cuerpo doble, en el que la vivacidad del perro contrarresta la tristeza que se abate sobre su amo. Un episodio terrible aumenta esta impresión, cuando, después de haber desaparecido Flike tras una breve estancia de Umberto D. en el hospital, este le encuentra en la perrera, entre otros muchos perros que aúllan enloquecidos: pocas veces se habrá abordado así el carácter elemental de la miseria animal y, a la vez, el vínculo del hombre y el animal cuando, como Flike y Umberto D., se pertenecen hasta ese punto. Sobre el fondo de esta solidaridad de afectos la película da un giro, de repente, cuando a Umberto D. le asalta tal vez la visión anticipada de su futuro suicidio. En esta película tan sobria, un brutal movimiento hacia adelante, plano subjetivo, precipita desde una ventana la mirada contra los adoquines de la calle, poco después del paso de un tranvía, de manera insistente. Y toda la secuencia que muestra entonces al viejo en su habitación desolada se nutre de contrastes y latidos de sombras y luces como nunca se habían visto hasta entonces en una imagen más bien armónicamente sin relieve. Como si la inminencia de un peligro mayor empujara de repente esta película de la continuidad del plano (por lo demás, a menudo relativa) hacia un *découpage* sobre-expresivo, tal como se manifiesta en la secuencia final. Tras haber intentado en vano confiar a Flike a unos guardianes de perros (imagen espantosa, en dos ocasiones, de un dogo tirando furiosamente de su correa), después de dárselo, en vano, en un parque, a una niña atraída por un perro tan bien amaestrado ("Obedece

---

22. Sin decirlo, Bazin piensa en este arte aplicado al *découpage* del plano, cuando al final de su texto habla del proyecto ideal de Zavattini y De Sica, "de trazar con el cine la asíntota de la realidad. Pero para que en último término sea la vida misma la que se convierta en espectáculo, para que, por fin, en ese puro espejo, nos venga dada como poesía. Tal como en ella misma, por fin, el cine la cambia" (p. 96).
23. Daney recordaba en "Bazin et les bêtes" estas líneas de Bazin sobre *Umberto D.*: "[...] pocas veces ha llegado el cine tan lejos en la toma de conciencia del hecho de ser hombre. (Y también, después de todo, del hecho de ser perro)" ("De Sica metteur en scène", *Qu'est-ce que le cinéma?*, *op. cit.*, t. IV, p. 91).

como un niño"), Umberto D., aprovechando la situación creada, se decide a abandonar a Flike y se dirige, a escondidas, hasta la vía donde ya hemos visto pasar el tren de lejos. Pero el perro alcanza a su amo en el momento en el que se oye el sonido que anuncia un nuevo tren. Umberto D. avanza, pues, con Flike en brazos hacia la vía. El montaje, desde un buen rato ya más suelto en su realismo simple, se vuelve entonces francamente expresivo, sobre-expresivo en relación con el conjunto. Se trenzan tres encuadres a un ritmo cada vez más rápido: la vía y luego el tren que avanza; un primer plano de Umberto D., inmovilizado por la proyección de la muerte y por el combate que mantiene para retener a Flike; un primer plano del perro debatiéndose en los brazos de su amo de donde consigue escapar justo en el momento en el que, en un encuadre más amplio, el hombre es captado, derrotado, contra el tren que pasa a gran velocidad, en un remolino de polvo. Lo que se ha experimentado entonces, por alejados que estén el contexto y el tratamiento, es una identificación fusionada, como al final de *La sombra de una duda*, pero aquí con el animal y el hombre juntos. El momento que sigue es extraordinario. Una vez que ha pasado el tren, el hombre se dirige hacia el animal que se ha alejado; pero este retrocede a medida que él avanza. El animal tan amante y tan obediente ya no acepta a ese amo que ha cruzado la línea intangible que lleva el filme hacia la muerte. Hará falta mucho tiempo de domesticación y mimetismo de juego para que el perro vuelva al hombre y encuentren de nuevo su devenir común. En este final de película se oponen pues dos movimientos puros, cada uno de los cuales da testimonio a favor del cine. El movimiento del tren, de la máquina que devora el cuadro en un plano breve. Y la carrera del perro, en ese último y otra vez muy largo plano en el que, siguiendo el juego por el cual ha atraído a Flike, Umberto D. le lanza cada vez más hacia adelante, hasta llegar muy lejos en el fondo del cuadro, la piña con la cual ha conseguido atraerlo de nuevo, mientras una marea de niños atraviesa la imagen.

Considerando solo estos pocos ejemplos, a partir de la perspectiva abierta por Bazin, se puede ver cómo se dibuja la línea divisoria sugerida más arriba entre dos maneras de referirse al animal.[24] La primera es la manera

---

24. El bello libro erudito de HELLER-ROAZEN, Daniel, *The Inner Touch. Archaeology of a Sensation*, New York: Zone Books, 2007, ofrece, entre otras muchas cosas, el zócalo

americana, según la cual el animal se identifica con el cine mediante la evidencia de una proximidad que el hombre admite con el animal en el seno de una naturaleza que seguiría siendo común a ambos, a pesar del alejamiento sin fin que ha podido afectar a ese sentimiento de origen. Y ello sean cuales sean los devenires extremos, las mutaciones excesivas de las figuras de lo humano reinvestidas a partir de los avances de la ciencia, como hemos visto sobre todo en películas de carácter fantástico. Es lo que se ha calificado de visión antropológica y mitológica. Pues ese sentimiento de origen va acompañado por una creencia desmedida en la ficción, en la capacidad de la ficción de tener consistencia por sí misma, aunque tenga que rechazar constantemente sus límites, hasta fingir a menudo seguir creyendo en sus espejismos para no dejar de afirmar su realidad, y su potencia. Naturalmente, esto no equivale a decir que no haya tradición documental en el cine americano. Pero parece haber evolucionado, esquemáticamente, según dos modos. Primero, en los años '20, en Flaherty por ejemplo, la película llamada documental habría estado como esperando la ficción, atrapada en las lógicas de la imagen-acción, a pesar de sus virtudes propias de testimonio. La fecha simbólica de un giro del documental hacia la ficción bien podría haber sido *King Kong*, esa película en la que Cooper y Schoedsack volvieron a incluir los elementos de reportaje exótico de sus películas anteriores, *Grass* y *Chang*, que ya contenían sus dimensiones de heroísmo y de ensoñación. Luego, a medida que se produce la racionalización industrial del cine americano, la línea divisoria entre los dos mundos irá fortaleciéndose. En la obra considerable de un Frederick Wiseman, por ejemplo, el documental parece alcanzar una especie de estado puro, en su idea y en su realización, aflorando a veces la ficción solo por la fatalidad propia de los encadenamientos de planos. Y por otro lado, salvo escasos momentos excepcionales, el valor documental no penetrará en sí mismo el mundo cerrado de la ficción, que en eso ha seguido siendo plenamente orgánico. No turbará una capacidad de conversión perpetua de toda realidad en ficción. Una escisión análoga entre mundos casi homogéneos ha hecho del cine experimental o de vanguardia americano el más grande del

---

epistemológico, casi inmemorial, común a esas dos actitudes, a partir de una reflexión de conjunto sobre el "sensorio común" de Aristóteles, y un interés profundo por la cuestión animal.

mundo, en una marginalidad casi absoluta con relación al cine dominante. No se trata solo de una cuestión industrial, vinculada a lo que fue en el pasado el poder de Hollywood convertido en el del Nuevo Hollywood. Es también una cuestión identitaria —y lo uno responde a lo otro— según la cual el hombre, el animal y la ficción están íntimamente ligados, como tan acertadamente y durante tanto tiempo mostraron los dibujos animados.

Si se presta atención, es también lo que se deduce del análisis que proponía por primera vez Deleuze de la crisis de la imagen-acción, al final de *La imagen-movimiento*. Empezaba por reconocer, significativamente, los efectos de esa crisis dentro del cine americano, allí donde la imagen-acción alcanzó su grado de excelencia, en una co-naturalidad con el desarrollo de una Historia y de una nación. Resumía así "los cinco caracteres de la nueva imagen", que actualizaban la ruptura del vínculo sensorio-motor inherente a la imagen-acción: "*la situación dispersiva, los vínculos deliberadamente débiles, la forma-vagabundeo, la toma de conciencia de los tópicos, la denuncia del complot.* Es la crisis, a la vez, de la imagen-acción y del sueño americano".[25] Pero, a falta "de un proyecto estético y político capaz de constituir una empresa positiva", esta nueva imagen, subrayaba Deleuze, habrá quedado dentro del cine americano trabada en cuanto a lo esencial por modelos críticos limitados, defectivos, paródicos, esencialmente negativos. Es lo que le habrá impedido ir más allá de sí misma, como lo hicieron los cines europeos durante tres décadas a partir de la posguerra, primero en Italia, con el neorrealismo, en Francia, con la Nouvelle Vague, luego en Alemania, con la fuerza nueva de una imagen que se abre directamente al pensamiento en la forma del tiempo. Aunque basada en una valoración mucho más positiva del "cine americano de los años 1970", semejante visión era también, como se recordará, la de Jean-Baptiste Thoret, que traía al primer plano, en una ambigüedad irresuelta con el concepto de imagen-acción, la idea de una imagen-energía: naturaleza de imagen consustancial al cine americano, y cuya crisis este ha vivido plenamente, siguiendo unas vías de creación renovadas pero sin por ello cambiar fundamentalmente su planteamiento, como en una especie de eternidad en expansión. Así, acción o energía, la imagen del cine americano habrá sido llevada y seguirá siéndolo

25. DELEUZE, Gilles, *L'Image-mouvement, op. cit.*, p. 283.

por una fuerza de inspiración directa, plenamente entregada a la ficción, y de la que puede decirse que es en parte animal, en la medida en la que se manifiesta, hasta en la pérdida y el horror, dependiente de una intimidad y una proximidad inmediatas con este último.

A esta visión del animal puede oponerse una segunda, italiana, francesa, digamos europea. Llamarla ontológica es una manera de mantenerla en principio en la perspectiva del pensamiento baziniano, que la ha acompañado. Evidentemente, también es porque en Bazin esa visión se inscribe implícitamente en el contexto de visiones filosóficas que han constituido, de manera cada vez más crucial a partir de Nietzsche y a lo largo del siglo XX, un tema cada vez más esencial para el sujeto humano de ser o de no ser semejante al animal y, así, de estar enigmáticamente vinculado o más bien pegado al mismo. Y es relacionar entonces esa visión, por la fuerza de las cosas, con la ontología dispersiva del pensamiento deleuziano[26], que ha sido uno de los hilos de este libro. En este caso, la dificultad se vuelve al menos doble. Primero, como se ha dicho, Deleuze decidió ignorar en sus libros sobre el cine al animal presente en su filosofía. Lo cual no impide nada, pero desvía las cosas. Por otra parte, la relación que se establece en esos libros con Bazin es delicada, por dos razones, incluso más allá de la distancia de pensamiento que tanto aleja a Deleuze de la fenomenología implícita baziniana. La primera se debe al desfase manifiesto de los tiempos propios de ambas obras; la segunda, a la diferencia igual de clara entre los modos de elaboración y de construcción, entre el crítico teórico y el filósofo. Esto se puede ver en tres niveles mezclados, que tienen globalmente su incidencia en la cuestión de los animales, aunque por un momento parezca que nos estamos alejando de ella.

El primer nivel se refiere al neorrealismo del que Deleuze toma prestado a Bazin, al principio de *La imagen-tiempo*, la caracterización más general: "la imagen-hecho". Pero es para reprocharle al momento "plantear el problema al nivel de lo real", de "un 'plus de realidad', formal o material";

26. Élisabeth De Fontenay dice a propósito de "A comme animal": "Creemos comprender que el modelo animal puede ayudar a salir del 'ser'" (*Le silence des bêtes, op. cit.*, p. 35). Más precisamente, acerca de la ontología del múltiplo y lo diferente, que se abre sobre "el concepto de devenires", veáse el artículo de ZOURABICHVILI, François, "Univocité de l'être", en *Le Vocabulaire de Deleuze* (Ellipses, 2003).

también precisa: "a nivel de lo real, se trata de la forma o del contenido". Mientras que el problema se plantea "a nivel de lo 'mental', en términos de pensamiento".[27] Es la hipótesis que, a partir de la ruptura interna con el vínculo sensorio-motor, y de la distancia introducida de ese modo entre la percepción y la acción, descubre la irrupción de situaciones ópticas y sonoras puras que hacen del propio personaje "una especie de espectador".[28] Un vidente, repetirá Deleuze a menudo. De tal modo que los cinco caracteres aparentes que servían para definir la nueva imagen, a partir de la crisis de la imagen-acción, sean llevados mucho más allá del movimiento, en un pensamiento del tiempo. Parece sin embargo que, a su manera, intuitiva, Bazin no ha sido tan ajeno como dice Deleuze a esta perspectiva, cuando escribe por ejemplo (y los ejemplos podrían multiplicarse) a propósito de cómo la protagonista de *Te querré siempre* (*Viaggio in Italia*, 1953) percibe Nápoles: "[...] es un paisaje mental a la vez objetivo como una pura fotografía y subjetivo como una pura conciencia".[29] En lenguajes diferentes, son pensamientos muy cercanos los que así se expresan.

Porque además, segundo punto, a partir de su interés por las formas documentales, pero más allá de las "formas marginales del cine", se afirmó en Bazin una atracción por todo un conjunto de películas más o menos cortas o largas y de factura tan diversa que prefiguraron la Nouvelle Vague y a las que dedicó varios artículos[30]: *Hôtel des Invalides* (1952) de Georges Franju (autor también de *Le Sang des bêtes*, recuerda Bazin), *Nuit et brouillard* (1955) de Alain Resnais, *Les Maîtres fous* (1955) de Jean Rouch, *Lettre de Sibérie* (1957) de Chris Marker, *La Pointe courte* (1954) de Agnès Varda. Introduce por ejemplo, a propósito de *Lettre de Sibérie*, la noción de "ensayo documentado por la película", calificando así la forma de pensamiento que el texto induce en la captación de la imagen, según una nueva idea del montaje. Es llamativo que esa misma noción de ensayo haya llegado así al primer plano, aunque su to-

---

27. DELEUZE, Gilles, *L'Image-temps*, *op. cit.*, p. 7.
28. *Ib.*, p. 7.
29. BAZIN, André, "Défense de Rossellini" (carta a Guido Aristarco), *Qu'est-ce que le cinéma*, *op. cit.*, t. IV, p. 156.
30. Estos artículos están reunidos en el capítulo "Le Nouveau cinéma français" de *Le Cinéma français de la Libération à la Nouvelle Vague*.

nalidad sea diferente, para calificar, a propósito de *Te querré siempre*, la modernidad del cine de Rossellini, en la famosa "Carta sobre Rossellini" de Jacques Rivette, en el mismo momento en el que Bazin envía a Guido Aristarco su "Defensa de Rossellini". "Ensayo metafísico, confesión, carné de viaje, diario íntimo", escribe Rivette.[31] Se trataba ya de la reivindicación y los términos de Alexandre Astruc en su intuición de la "cámara-bolígrafo".[32]

De modo que, tercer nivel, basada en una disyunción de la ficción, una extensión generalizada del valor documental apela directamente al pensamiento. André S. Labarthe percibió con tal fuerza este valor documental que, en 1960, dos años después de la muerte de Bazin, al examinar las primicias y primeras obras de la Nouvelle Vague y sus alrededores (desde Rouch al llamado "Groupe Rive Gauche": Resnais, Marker, Varda), podrá enunciar con total convicción su regla en el *Ensayo sobre el joven cine francés*: "El cine moderno supera la oposición que mantenía alejados entre sí el filme de ficción y el documental".[33] Evidentemente, Deleuze no ignoró nada de semejante realidad, redistribuida en las categorías de *La imagen-tiempo*. En el camino que lleva de las organizaciones de la imagen-cristal a la confrontación directa entre el cine y el pensamiento, dedicó incluso un momento especial, al final del capítulo "Las potencias de lo falso", a esas obras inclasificables, y todas ellas de carácter más o menos abiertamente documental, que reunió bajo el bello concepto de "fabulación": Pierre Perrault, Rouch, Cassavetes en sus inicios y Shirley Clarke (casi los únicos cineastas americanos, exceptuando a Welles y Kubrick, incluidos plenamente en *La imagen-tiempo*). Lo que se gana así es inmenso, con respecto a la idea del cine, y de sus estratificaciones de imágenes. Lo que se pierde es solo cierta capacidad de descripción y por tanto de evaluación de las obras, debido en realidad a las variaciones innumerables del valor documental como tal, a la vez cantidad y calidad, tanto en las películas llamadas de ficción como en los supuestos documentales. Las

---

31. RIVETTE, Jacques, "Lettre sur Rossellini", *Cahiers du Cinéma*, nº 46, abril de 1955, p. 20.
32. ASTRUC, Alexandre, "Naissance d'une nouvelle avant-garde, la caméra-stylo" (1948), "L'avenir du cinéma" (1948), en su libro *Du stylo à la caméra... et de la caméra au stylo. Écrits (1942, 1984)*, París: L'Archipel, 1992.
33. LABARTHE, André S., *Essai sur le jeune cinéma français*, París: Le Terrain vague, 1960, p. 19.

secciones que siguen, sobre algunos cineastas y películas francesas, y una película alemana, tienen como objeto ordenar, en relación con la representación del animal, algunos de los niveles posibles de esta variación del valor documental, índice de pensamientos del animal como pensamiento del cine.[34]

Así, apenas es una casualidad que hayan aparecido con un año escaso de distancia dos textos muy interesantes dedicados a los animales sin el cine, uno de Jacques Bontemps, sobre películas de ficción francesa, el otro de Jean-André Fieschi, relativo sobre todo a documentales, fundamentalmente franceses.[35] Y de tal manera que, tanto por la elección de sus objetos como por sus estilos de pensamiento, esos dos textos se sitúan juntos en el intervalo que hace vacilar la ficción en nombre de la exigencia de su valor documental, y a la inversa, en las películas más bien documentales, atrae dicho valor hacia una condición de invención y de drama.

1. A punto de acabar su texto, Jacques Bontemps recuerda que habiendo intentado primero delimitar la dimensión animal del hombre, le parecía que esta "se inscribía con toda naturalidad, pero como una especie de paso en el límite, dentro de la concepción del cine del que Bazin fue el teórico y que, según la ambición declarada de Renoir, consiste en hacer 'algo docu-

34. Puede llamar la atención que, interesándose en esta ocasión por algunas películas, en un estudio importante, "The Death of an Animal" (*Film Quarterly*, vol. 56, nº 1, 2002, pp. 9-22), Akira Mizuta Lippit, aunque partiendo otra vez del emblemático *Electrocuting an Elephant* de Edison (sobre el que terminaba *The Electric Animal*), tenga presentes de manera tan clara películas casi exclusivamente europeas. Así, pasa libremente de la ficción al filme de vanguardia a través de todas las formas intermedias del ensayo: de *La regla del juego* (Renoir) a *Le Sang des bêtes* (Franju), de *Zoo* (*A Zed and Two Noughts (ZOO)*, Peter Greenaway, 1985) a *Unsere Afrikareise* (Kubelka, 1966). Destaca sobre todo su bello análisis del montaje alternado entre la muerte de una jirafa en África (a partir de un documento de archivo) y un servicio funerario para animales en Japón, en *Sans soleil* (1982) de Chris Marker.

35. BONTEMPS, Jacques, "La bête humaine et la chose cinématographique", en AUMONT, Jacques (dir.), *L'Humain et l'Inhumain*, París: Cinémathèque française, 1995, pp. 319-331; FIESCHI, Jean-André, "Poulpe au regard de soie!" (recordemos que este texto fue escrito para el libro colectivo que acompañaba la manifestación "Animalia cinematografica", en el marco de la misión de difusión del cine documental de la BPI del Centro Pompidou).

mental' a propósito de los actores, igual que se haría, 'en la naturaleza a propósito de un animal'".[36] Bontemps empieza pues por *Boudu salvado de las aguas (Boudu sauvé des eaux*, 1932), después de otros tres títulos de Renoir desgranados como ejemplos, enumerando en la perspectiva de una de las categorías deleuzianas (relación animal con el animal) todos los signos a través de los cuales Boudu se animaliza: gracias a su perro Black, pero también, de manera espontánea, por sí mismo (a través del alarde amoroso para seducir a la criada), hasta terminar compartiendo su comida con una cabra. En Bresson o los Straub (referencia rápida a Straub-Huillet), los otros dos cineastas a los que aquí considera, Bontemps ve más bien, en esta primera vertiente de su presentación, al animal surgiendo en su principio a través de la figura del hombre mismo: cuando, en su generalidad de modelo en uno, de hieratismo a veces excesivo en el otro, el hombre tiende al animal distinguiéndose de la cosa (lo vegetal, lo mineral) a la que sin embargo se acerca.

El segundo caso que considera Bontemps es el de "la aposición del animal". Así, ha recogido esos instantes, en los momentos culminantes de las películas elegidas en los que, de repente, como sin razón, pasa un animal, interponiéndose en la continuidad de la acción y en la de los planos. En *La golfa (La Chienne*, Jean Renoir, 1931): el gatito negro tomado de manera elíptica cuando el movimiento de cámara sube hacia la ventana, justo después del momento en el que, tratando a Lulu de "perra", Legrand tiene un arrebato de ceguera blanca (la cuchilla del cortapapeles, la piel de la mujer) que le ha llevado al asesinato. En *El proceso de Juana de Arco (Le procès de Jeanne d'Arc*, Robert Bresson, 1962): el momento en el que aparece un perro, "como extraviado", pero mirando hacia la hoguera, "entre el plano en el que los verdugos encadenan a Juana y el momento en el que la envuelven con una cuerda". Bontemps ha recogido así en otras películas de Bresson (*Mouchette*, 1966-1967; *El dinero*), instantes comparables en los que la muerte es captada en una elipsis que la figura animal encarna sin por ello atribuirle ningún sentido. Pues esas figuras, devolviendo lo humano a su parte exterior, siguen siendo —y ahí radica su fuerza— impenetrables. El animal no simboliza entonces ni la vida ni la muerte. Simplemente está puesto al lado de la muerte, como enigma de una presencia opaca.

---

36. BONTEMPS, Jacques, "La bête humaine et la chose cinématographique", *op. cit.*, p. 329 (para las citas que siguen, pp. 324, 326).

(El ejemplo de ese perro bressoniano incita a compararlo con otro perro, americano, destacado por Sylvie Pierre en una de las secuencias finales de *El caballo de hierro* de John Ford.[37] El animal surge en un plano de conjunto, atravesando el encuadre de manera tan precipitada que se puede pensar en un accidente de rodaje que costaba demasiado solucionar, pero aprovechado enseguida por la inserción de un segundo plano, mucho más próximo. en el que se ve al animal acercarse al cuerpo de un indio al que acaban de matar en un enésimo ataque contra los trabajadores del tren: " [...] el perro [...] se tumba al lado del indio, deja tiernamente una pata sobre su pecho y luego estira la cabeza en su cuello". Lo interesante es primero la necesidad experimentada de justificar la presencia del perro desde el punto de vista de la acción, por tangencial que parezca al desarrollo de las operaciones. Pero sobre todo, se puede ver en ese plano repentinamente insistente, una manera de hacer "pasar claramente al indio del otro lado de la barrera del bien y el mal. Su actitud cariñosa humaniza al indio, o más sutilmente le 'animaliza', extrayendo de ese acercamiento con el animal todo un potencial moral de inocencia, es decir un más allá de la responsabilidad humana, donde se encuentra el lugar de una mayor humanidad". "Zoo-humanismo", concluye Sylvie Pierre, con una fórmula que basta para destacar plenamente el contraste entre ese perro americano, captado en el orden natural, humano-animal, de una antropología sanamente compartida, y el perro abandonado que pasa en el plano de Bresson para hacer que, con su cuerpo animal, caiga un peso de enigma sobre la muerte esperada de la futura santa).

Bontemps cierra su tripartición con otra mezcla distinta de lo animal y lo humano: cuando según el realismo más intransigente, e insiste en ello, el estatuto del animal se vuelve "problemático", y adquiere "una dimensión ora humana, ora sobrehumana". Bontemps toma de los Straub la imagen de la primera vertiente: uno de los diálogos pavesianos de *De la nube a la resistencia (De la nuée à la résistance*, 1979), *El hombre-lobo*, en el curso del cual uno de los dos cazadores manifiesta su turbación por haber abatido a un lobo al que la mitología hace nacer de la transformación de un hombre, y que por añadidura fue, como ellos, cazador. Ese diálogo pone así en escena una ver-

37. PIERRE, Sylvie, "L'Indien, le chien et le cheval de fer", en *Animal (Vertigo)*, pp. 27-31 (para las citas que siguen, pp. 28, 30, 31).

dadera vacilación entre el hombre y la bestia, desde el punto de vista de la propia muerte: o bien porque, en ese "devenir-lobo [...], el hombre-lobo no perece, como un lobo, muere, como un hombre"; o bien porque, al contrario, "por mediación suya, el hombre es situado de nuevo en el seno de lo vivo en general". Se trata de una doble manera de ir más allá de la famosa restricción heideggeriana sobre el animal privado de mundo y de muerte propia, condenado al estupor, que Giorgio Agamben y Jacques Derrida han comentado detenidamente, para reconocer en ello, sobre todo el segundo, uno de los últimos momentos de esplendor que la racionalidad occidental concedió plenamente al privilegio del ser.[38] La superación del mismo es precisamente lo que hace que destaque, esta vez en su dimensión sobrehumana, el asno de *Au hasard Balthazar* (1962), después de haber permitido, de una etapa a otra, que se midan con él las múltiples figuras, matices y grados de lo humano. Volveré sobre ello, para intentar calificar una última emoción que tal vez solo el final de esta película ofrece. Pero siguiendo el hilo de las posiciones trenzadas por Bontemps, se ha podido comprobar hasta qué punto, desde todas partes, el animal hace temblar cualquier caracterización de lo humano.

2. Al escribir para un festival de cine documental dedicado a las películas de animales, Fieschi se permite las escapadas que le parecen necesarias (Murnau y *Nosferatu* a propósito del vampiro, Renoir y *La regla del juego* por la secuencia de los conejos) para dar testimonio de un destino común entre los animales forjados por la ficción y los que existen antes de la misma, en la alianza que intenta analizar entre el cuerpo animal de cine y el humano. Su recorrido (gozoso) se resume, en cuanto a lo esencial, a tres nombres que permiten disponer en espejo dos formas extremas, a la vez que dos épocas del cine: su época inicial sin voz y su momento actual en el que la voz puede optar por decirlo todo o desaparecer para dejar sitio a la música. Como en Rouch, Marker, Lumière.

---

38. AGAMBEN, Giorgio, *L'Ouvert. De l'homme et de l'animal*, París: Payot & Rivages, "Bibliothèque Rivages", 2002 (especialmente, pp. 74-108, 135-136); DERRIDA, Jacques, *L'Animal que donc je suis, op. cit.*, pp. 193-219. Por su parte, BAILLY, Jean-Christophe, opone al estupor heideggeriano lo que llama de manera emocionante la "pensatividad de los animales" (*Le Versant animal, op. cit.*, pp. 32-33). Vuelve a encontrar así la palabra de Barthes calificando a la fotografía para oponerla al cine, esa misma palabra que he intentado atraer hacia el cine.

Del primero, Fieschi dice allí bastante poco, en relación con lo que sabe de él, por haberlo dicho ya antes.[39] Pero recuerda lo esencial: al principio, la pobreza de los medios para tomar vistas (la pequeña cámara Bell & Howell con una autonomía limitada de 20 segundos, suscitando planos cortos y un montaje instintivo durante el rodaje; el objetivo de 25 mm que, en 16mm, "corresponde a la visión del ojo, con la perspectiva del ojo en movimiento")[40], que precipita el cuerpo en la acción, manifestando a la vez la realidad delimitada y la del rodaje, ambas, cada una a su manera, accidentales. Así, en *Bataille sur le grand fleuve* (1951), donde Rouch filma la caza del hipopótamo, "el espectador se encuentra sentado en una piragua, en medio del río y rodeado de hipopótamos, a la distancia en la que se encontraría si estuviera realmente presente". Fieschi también había subrayado antes la importancia manifiesta, para esta película y para otras muchas, de *la voz*: voz del comentario postsincronizado pero siempre voz de Rouch que, al contrario de la tradición del documental etnográfico, vuelve a representar el acontecimiento, enuncia su fábula y se convierte en una especie de segundo cuerpo, trenzando un vaivén constante con la imagen.[41] Cuerpo muy concreto, por lo mucho que añade a lo que se ve y modifica a cada instante su planteamiento; pero también de una gran fuerza abstracta, dando al pensamiento de lo que se ve lo ilimitado de una cultura y de un mundo en el cual el animal y el hombre parecen ser uno solo, vinculados al cuerpo de la misma tierra. Es lo que se experimenta intensamente en *La Chasse au lion à l'arc* (1965). Maxime Scheinfeigel recuerda de entrada que si esta película recibió el León de oro, reservado más bien a las películas de ficción, en la XXVI Mostra de Venecia, se debe a la resonancia del "efecto *feedback*" iniciado a través de *Bataille sur le grand fleuve* y desarrollado sobre todo en *Moi, un Noir* (1958, cuando empieza el extenso rodaje de *La Chasse au lion à l'arc*). Lo fundamental de este

---

39. FIESCHI, Jean-André, "Dérives de la fiction", en *Cinéma: Théories, Lectures* (1973), *op. cit.*, pp. 255-264.
40. FIESCHI, Jean-André, "Poulpe au regard de soie!", p. 25 (también para la cita que sigue).
41. "Voz que más que explicar o comentar la representación, la duplica, por detrás de la imagen y 'cargándola', voz de relato, voz *del* relato." (FIESCHI, Jean-André, "Dérives de la fiction", p. 257). Por su parte, Maxime Scheinfeigel habla de "*récitant*" (*Jean Rouch, op. cit.*, p. 102).

efecto, definido por Rouch como "la proyección de una película a los que participaron en ella", con todos los efectos que de ello se derivan para una película y de una película a otra, con el regreso y la implicación de los personajes-actores, es que se convierte aquí en un nexo entre el cineasta y su materia, análogo al que existía, en la cultura que filma, entre los hombres y los animales, y por el cual todo y todos se comunican. Eso es lo que se experimenta a lo largo de *La Chasse au lion à l'arc*.

En este sentido, Maxime Scheinfeigel señaló acertadamente dos rasgos definitorios, en el prólogo de la película.[42] Primero, antes del plano que abre el relato propiamente dicho, en una imagen oscura e indecisa, se oye el rugido de un león que llega desde muy lejos, como desde el fondo oscuro del plano (se piensa en el rebuzno del asno aislado que surge en *off* al final de los títulos de crédito de *Au hasard Balthazar*). Así es como Rouch pone voz a la fábula que presenta dirigiéndose a unos niños reunidos por la noche alrededor de un fuego ("Niños, en nombre de Dios, escuchad... escuchad la historia de Gaweye Gaweye, la historia de vuestros padres y de vuestros abuelos, la historia de los cazadores de león con arco"). El segundo rasgo que destaca el análisis es una larga roca que la cámara descubre, adornada con grabados, y cuya aparición acompaña largamente la voz del operador-recitante. Por un lado, la voz comenta la realidad y las hazañas de los "hombres de antes" que dejaron esas imágenes, en las que ofrecían testimonio de que atrapaban "a los animales salvajes, los cocodrilos, los musmones, las jirafas, los búfalos, los grandes antílopes". Por otro, se oye la voz otra vez, volviendo a la sabana desértica donde se desarrolla lo esencial de la película: "Y si los hombres de antes han desaparecido del país de ninguna parte, los animales salvajes, ellos, se han quedado". Esos son entonces los animales que se ven, facóqueros, avestruces, jirafas, abriendo la película de la caza, y en ella el presente de un pasado como futuro de una película, según la regla de fabulación formulada por Deleuze. "Así es la fábula documental, concluye Maxime Scheinfeigel: es un tejido de verdades indeterminables que confieren a un espacio-tiempo sin concretar datos precisos".[43]

(Cómo no sugerir aquí al menos el argumento de un racord que la obra de Rouch sugiere de entrada entre la animalidad y la hipnosis, a través del "cine-

42. SCHEINFEIGEL, Maxime, *Jean Rouch*, *op. cit.*, pp. 112-116 para las citas que siguen.
43. *Ib.*, p. 116.

trance" que este convierte en su método, por analogía con los diversos fenómenos de posesión que ha filmado.[44] Para introducir el cine-trance, Maxime Scheinfeigel tuvo la idea de recurrir a un texto antiguo de Béla Bálazs en el que, cerca de treinta años antes que Bazin, se maravillaba no, como este último, de que a Ponting se le helaran las manos recargando la cámara, sino de que Scott y sus compañeros hubieran dado testimonio, sobre todo, de una "forma nueva, objetiva, de la conciencia humana", que consistía en mirar a la muerte de frente siendo mirados por el proceso mecánico de una cámara. Resumía la idea con una fórmula: "[...] no se rueda mientras se sigue estando consciente, se sigue estando consciente mientras se rueda".[45] La analogía que, a través del "autómata espiritual" de Artaud y "el hombre de la cámara" de Vertov, presenta Maxime Scheinfeigel para calificar el gesto de Rouch en el cine-trance apunta a determinar "la imagen de sí mismo convertido en otro" como acceso a la "*imagen fílmica* del Otro". El cine-trance, trance de cine[46], a partir de la manera propia que tiene Rouch de filmar, esa fisicalidad mecanizada sobre la cual tanto ha insistido, también está relacionado con el "desplazamiento de sus afectos de cineasta sobre uno o varios personajes de sus películas". Pero tal vez sea abandonar demasiado pronto la analogía que formula Rouch con los fenómenos de posesión. Es imposible saber lo que el circuito de experiencias físicas, y de proyecciones identitarias, desplegado por Rouch en sus películas a partir de su rodaje mantiene precisamente con la posesión de la que da testimonio por ejemplo *Les Maîtres fous*. Pero ese algo que circula así entre dos estados psíquicos, tal como circula entre los cuerpos humanos y los cuerpos animales, también podría llamarse "hipnosis", en su realidad metamórfica. Eso es precisamente lo que había captado Herzog cuando decía que "había estado a punto de morir" al ver la película de Rouch, que le inspiró para *Corazón de cristal*).

Si hay un cineasta que ha convertido al animal en una función-realidad múltiple —cuerpo activo, materialidad sensible, metáfora variable, supuesta compañía, incluso un alter ego de puesta en escena-puesta en páginas (entre

44. Sobre el "cine-trance" en general, *ib.*, pp. 117-124.
45. BALÁZS, Béla, "Conscience filmante" (1925), *Admiranda*, nº 10, 1995, pp. 12-13.
46. Maxime Scheinfeigel precisa: "a diferencia de Scott y Shackleton, Rouch hace una obra de cine" (p. 120). Pero olvida a Ponting..., con sus manos heladas, operador convertido en cineasta, al menos, de una película tan bella.

tantos y tantos gatos, figura elegida de Guillermo-en-Egipto, gato mítico que se sobrevive a sí mismo en dibujo estilizado, convertido en mediador de *Immemory*, 1998, luego en protagonista de un efecto galopante de obsesión bautizado *Chats perchés*, 2004)— ese es, antes que nadie, Chris Marker. El inventario avanza hasta el infinito, en imágenes y en palabras. Para honrar al otro animal tutelar, se puede por ejemplo unir con una línea, alrededor de *An Owl Is an Owl Is an Owl*[47], a la lechuza emblemática de la serie de televisión sobre Grecia (*L'Héritage de la Chouette*, 1989), el proyecto "Owls at Noon" con el cual Marker pensó que era posible una historia renovada del siglo a partir de la Primera Guerra mundial (con su prólogo *The Hollow Men*, 2005, instalación que siguió desarrollándose en Internet) y la manera en la que, al principio de *Description d'un combat* (1960), esos "animales contemplativos" que son las lechuzas estaban puestos en fase con los osciloscopios del Instituto Weizmann en Jerusalén[48], manifestando así el vínculo de los animales con el Libro Sagrado. Por no hablar del reno, puesto en imágenes "naturales", en canción y en película de animación al hilo de *Lettre de Sibérie*. En resumen, con la joven, en una línea cercana a los devenires privilegiados del capítulo ya tan citado de *Mil Mesetas*, el animal es el cuerpo enigmáticamente añadido a todo signo de existencia humana, en un cineasta al que a menudo se ha calificado de intelectual.

Por eso el acierto de la idea de Fieschi habrá estado en elegir entre todos esas posibilidades a menudo tan saturadas de palabras, dos momentos en los que el animal solo está vinculado a la música. Primero se preguntó cuándo se le había ocurrido a Marker la idea de añadir a los 4 minutos y 12 segundos del movimiento danzante del elefante filmado en el zoo de Ljubljana el *Tango* de Igor Stravinski (*Slon Tango*, 1993). Pues "se trata en ese caso de un puro milagro: es como si el elefante oyera el *Tango* de Stravinski desde dentro, y respondiera a ello con movimientos muy suaves —*quick, quick, slow*—, en un acuerdo profundo con el ritmo, sus avances y sus repeticiones, las cuerdas y los

47. Este pequeño vídeo de algo más de tres minutos es, con *Chat écoutant de la musique* y *Zoo piece*, uno de los tres elementos que componen *Bestiaire* (1985-1990) dentro de la instalación *Zapping Zone* (1990). A los que se han añadido *Slon* (1993) y *Bullfight in Okinawa* (1994) para componer *Petit Bestiaire de Chris Marker*.
48. La comparación se refiere a la vibración de la señal electrónica de las máquinas y el latido regular del pecho de los pájaros.

vientos, los *pizzicati*".[49] El punto esencial de la cuestión es lo que pasa del cuerpo del operador enfrentado en el momento del rodaje a ese cuerpo cadencioso de animal, que parece resolverse de manera natural en la simple fisicalidad de la música. De allí la búsqueda de algo parecido a una respuesta a través de otro ejemplo, muy diferente (pero de ese mismo año), del "Gato escuchando música": el verdadero Guillermo-en-Egipto situado a modo de entreacto entre las dos partes de *El último bolchevique* (*Tombeau d'Alexandre*, 1993). Fieschi llama a ese gato "un gato de montaje", porque esta vez se halla recortado en "veinticinco fragmentos de gato discontinuo" que, estirado en un teclado, no reacciona al unísono de la música de piano (Federico Mompou) que se escucha, salvo cuando una casualidad de movimiento, del animal y del fragmento interpretado permite pensarlo. La idea de Fieschi es que, colocado así a modo de intermedio en una película dedicada al gran cineasta ruso revolucionario Alexander Medvedkine, del cual Marker hizo descubrir tanto *La felicidad* (1934), su obra maestra, como los "cinetrenes" organizados a principios de los años '30 para servir a la Revolución[50], el episodio se ofrece como un tiempo posible de reflexión sobre la retórica del montaje y sus implicaciones posibles con el terror (como sugería, antes del intermedio, el comentario de la película). Aquí, lo más significativo, lo que Fieschi no dice con su arte de la elipsis pero queda ratificado por su elección, es que se coja por donde se coja el cuerpo del cine, iluminado de ese modo por la música, es un cuerpo animal.

Es también lo que se desprende del ejemplo (mudo) que Fieschi va a buscar en Lumière, para encontrar en *Le Déjeuner du chat* (nº 41 del catálogo, 1897), "una de las películas más bellas del mundo".[51] La razón se debe en gran medida a la descripción que hace de esa película, con amor y minuciosidad, no sin observar que podría ser más larga que los cuarenta segundos de la cinta. Lo que se exalta aquí es la pura duración, elemental, del tiempo supuestamente real de la vida captada en un solo plano, en una visión después de todo baziniana del plano pero sin que se pueda hablar de

49. FIESCHI, Jean-André, "Poulpe au regard de soie!", *op. cit.*, pp. 17-20, para este pasaje.
50. Véase la película de Chris Marker, *Le Train en marche (Portrait d'Alexandre Medvedkine)*, 1971.
51. FIESCHI, Jean-André, "Poulpe au regard de soie!", *op. cit.*, pp. 16-17, para este pasaje.

montaje "prohibido", puesto que no existe todavía. A este respecto, cabe recordar que esas vistas Lumière no tienen en Deleuze ninguna existencia propia, mientras que ejercen una mayor fascinación en muchos cineastas de hoy en día, en nuevas reflexiones sobre el plano largo, la toma única, muy cercanas a la obsesión de Bazin. Para Deleuze, esas vistas caen, y no dice nada más al respecto, bajo la condena bergsoniana del falso movimiento del cual el cine formaría la mala ilusión, antes de que el montaje permita modelar su idea sobre la concepción anterior de la imagen pensada por Bergson en *Materia y memoria*. Sin embargo, cuando Fieschi dice: "una de las películas más bellas del mundo", elegida de entre tantas vistas Lumière, hay que pensar que al ocupar así la duración, la oscura fenomenalidad del animal, mientras el niño entra y sale del campo, difunde una impresión común de cuerpo con la propiedad del médium para capturar la vida. Pero a la manera de un "cristal".[52] Y es para el bien y para el mal. Es lo que se deduce, de un modo llevado a lo trágico, de otra película Lumière (*La Petite fille et son chat*, nº 1100 del catálogo, 1900), sometida a una lectura intensiva.[53] Tal como está contada, lo que vivió Madeleine Koehler, la sobrina de los inventores del cinematógrafo, es una escena de terror que parece sacada de una película de Tourneur. Pues el gato, que al principio está comiendo unas albóndigas que le da la niña, sale del campo; y, después de un momento breve de espera, debido al rodaje ininterrumpido, vuelve, pero como si fuera otro gato, descrito como "una bestia hirsuta, salvaje", que invade monstruosamente el encuadre y tapa a la niña que parece devorada por esa presencia excesiva. Lo que se manifiesta, ante esa metamorfosis que pasaría así de la vida a la muerte, es que el cuerpo del animal, como se ha experimentado tan a menudo, coincide entonces con el cuerpo del cine.

Lo propio del valor documental es ser variable, hasta el infinito. Y el hecho de aumentar su campo a medida que no solamente se acumulan las re-

---

52. "*Le Déjeuner du chat* [...] encierra en su perfecto cristal un tiempo eternamente suspendido y el indicio de algo como la belleza cinematográfica en estado puro, en estado naciente: en el triángulo niño-cámara-animal, la relación de lo que es previsible y de lo que no lo es, el *cuadro* como *trampa* (del acontecimiento, de su duración...)".
53. GARAT, Anne-Marie, "Le crime de Lumière", *Trafic*, nº 23, otoño de 1997, pp. 99-105.

alidades, sino que se multiplican las pruebas que han de dar testimonio de ello. Como ocurre con todas las películas a base de archivos, sean cuales sean tanto los archivos como las películas. Si entre todos y todas podemos escoger aquí una, es porque el archivo del cual parte no tiene equivalente y, tanto por el carácter muy elaborado de su sustancia bruta como por el trabajo de cine que la prolonga, es la manifestación de una experiencia única del devenir-animal. La gran fuerza de Werner Herzog en *Grizzly Man* (2005) radica primero en haber elegido ese archivo y luego haber sabido, sin forzarlo, mostrar su carácter de límite casi absoluto en cuanto a la identidad del deseo de animal y del deseo de cine. Timothy Treadwell, un joven americano, vivió durante trece años, todos los veranos, entre dos y tres meses, en el "laberinto de los *grizzly*" en el norte de Alaska, en el corazón de la reserva protegida del parque nacional de Katmai. Militante ecológico exaltado, pero sobre todo hombre singular animado por un deseo que ha expresado interminablemente sin por ello aclararlo más, hasta tal punto ese deseo supera cualquier sentido conocido, Treadwell habrá vivido el mito de una misión de protección de la naturaleza animal además de una vocación educativa, mediante una prueba que él presenta como una oportunidad de supervivencia personal, en contacto con los grandes osos salvajes. Dejó, hasta el día de una muerte programada, continuamente invocada como un final posible, un centenar de horas de grabación en vídeo, acumuladas en el curso de sus cinco últimas estancias. Interesado desde siempre por figuras y situaciones extremas, a Herzog le atrajo el caso de Treadwell, finalmente destrozado por un oso, poco antes de su partida, prevista al final del verano de 2003, y ello en circunstancias que en parte han permanecido oscuras, pues de esa escena solo quedó grabado el sonido, al no haber podido quitar el protector del objetivo de la cámara.

La fuerza que sirve de base al filme radica en el respeto que sintió Herzog por Treadwell como cineasta.[54] Sin hablar de la admiración por su valen-

54. En la propia película, Herzog dice: "Ha captado momentos improvisados magníficos, de esos con los que los directores de estudio y sus equipos sindicados no podrían ni siquiera soñar". Ello permite imaginar que si un estudio (americano) se hubiera apoderado de esta historia, la película habría sido rodada con un actor y animales más o menos amaestrados, para convertir en una verdadera ficción esos elementos sin embargo tan cargados de ficción de la realidad documental.

tía, por inconsciente que parezca (Treadwell no llevaba ni arma ni protección de ningún tipo); y ello a pesar de las reservas que expresa Herzog a título personal sobre la naturaleza de los osos, en los que no percibe más que bestialidad bruta, "una aplastante indiferencia de la naturaleza", allí donde Treadwell experimentaba misteriosamente connivencia y amor. Nos encontramos ante, por lo menos, cinco variedades de planos filmados por Treadwell, combinados a lo largo de la película con las numerosas entrevistas realizadas por Herzog para arrojar luz sobre su personaje y los fragmentos de naturaleza con los que intentó traducir su exultante opacidad (como esos largos *travellings* encadenados sobre estratos glaciares erizados en los cuales veía la "metáfora de su alma"). En muchos planos solo se ve a los osos en su vida cotidiana, a menudo a lo lejos, pero también cercanos, de manera inquietante, por natural que acabe por parecer. Otros planos, en los cuales los osos (y a menudo un zorro, "Spirit", amigo fetiche) se encuentran aún más cerca, sitúan la mano o el brazo en el borde del encuadre de Treadwell que avanza hacia el cuerpo, la pata, el morro. Otros planos, unidos por un vértigo interior, establecen un diálogo constante entre Treadwell vuelto hacia uno o varios osos y volviéndose constantemente hacia la cámara, por lo tanto hacia nosotros, sus espectadores, a los que intenta convencer, interminablemente, de su intimidad con los animales, de los peligros a los que se expone, de un amor que su miedo no puede disminuir. Pero a menudo, sin que esté presente ningún animal, simplemente, Treadwell se pone en escena sin más para comentar, explicar, seducir. "Cineasta metódico", dice Herzog, que multiplica las tomas, muestra que las repite, juega incluso con la colocación de sus dos cámaras. "Es como si se hubiera convertido en una estrella por la virtud de su propia creación" y entonces "el actor de esa película fuera más importante que el cineasta" (eco lejano de unas palabras en las que comentaba su vocación de actor fracasado, la amenaza de la droga y el alcoholismo, un desamparo íntimo cuya transmutación favorecerá la vida inmersa en la naturaleza y la proximidad del salvajismo animal, con el estrellato que los prolonga). Finalmente, un último nivel de planos abandona a veces el encuadre totalmente fijo para encadenar con otras imágenes breves, impulsivas, de paisajes, de hierbas, de árboles, que de repente se acercan a una obra experimental. Como si lo que el diluvio de palabras no consigue decir, ni la irreal realidad de los animales hacer comprensible, pasara a través de esas imágenes hápticas con las cuales el cuerpo de la película intenta acercarse a la locura del intercambio proyectado entre ese cuerpo de hombre y esos cuerpos de animales.

Las palabras exaltadas de Treadwell y las de sus allegados, o las personas encargadas de la investigación y de la autopsia, plantean continuamente la pregunta: ¿qué es desear ser animal, convertirse en animal, es posible, hasta dónde, bajo qué condiciones? Según una de las hipótesis formuladas, los osos habrían aceptado durante tanto tiempo a Treadwell porque era “mentalmente retrasado”. También por eso, y es otra manera de expresarlo, Treadwell tenía tanto éxito con los niños. En uno de los momentos más emocionantes de la película le vemos mesmerizando con sus evocaciones a unas clases de colegiales y vemos la carta que le dirige uno de ellos, dibujando al cineasta-cameraman frente a los osos. Otra manera de decirlo, también, es que Treadwell encarna de la manera más viva la cuestión espinozista, sobre la que tanto insistió Deleuze: “¿Qué puede un cuerpo?”.[55] Ese cuerpo que pasa como sin transición del calor de su oso de peluche (el que se ve en el cuarto de niño de Treadwell, en casa de sus padres, y dentro de su tienda, en el “laberinto”) a ese acercamiento enigmático con los animales inmensos con los que habla asiduamente, dirigiéndose a ellos con el nombre que les ha puesto, como un actor insensato, pretendiendo ser animal, queriéndose a sí mismo animal. En el estudio tan interesante que dedicaron a *Grizzly Man*, donde vuelven a poner en perspectiva los puntos de vista bazinianos sobre el animal y el cine, Seung-Hoon Jeong y Dudley Andrew[56] asociaron la virtualidad del devenir-animal deleuzo-guattariano, y su corolario, el cuerpo sin órganos, con lo Real lacaniano por un lado, la “Différance” derridiana por otro —es decir con unos límites donde el lenguaje desfallece en un cuerpo que le supera, en el que ya deja de producir sentido. El devenir-animal tiene sobre esos equivalentes teóricos posibles la ventaja de su virtualidad material, por imposible de captar que pueda parecer. Está compuesto por flujos, líneas y partículas por donde emigran aquí las energías, físicas y psíquicas, del cuerpo humano forzando su lenguaje hacia el cuerpo animal que no puede recibirlos, parloteo que sin embargo entra en las estrategias de acercamiento con las cuales el hombre intenta hacerse aceptar por la bestia. Evidentemente, ello

---

55. Es el título del capítulo XIV de su libro *Spinoza et le problème de l’expression*, París: Minuit, 1968.
56. JEONG, Seung-Hoon y ANDREW, Dudley, “*Grizzly Ghost*: Herzog, Bazin et l’ animal cinématique”, *Trafic*, nº 68, invierno de 2008, pp. 62-75.

pasa por la parte externa de los cuerpos, a través de esa forma de desplazarse de los osos sobre todo, contoneándose, moviendo siempre su masa como imperceptiblemente, espectáculo del que, con Treadwell, no nos cansamos. Pero llega también hasta el interior del cuerpo. A este respecto, la imagen más fuerte es el momento en el que, durante una pelea entre dos osos por una hembra, filmada muy largamente, uno de ellos, llevado por la violencia de su cuerpo, se suelta las entrañas en un largo flujo. Entonces, el asombro maravillado de Treadwell, totalmente extasiado, por él, por nosotros, llegando incluso a tocar la mierda y mostrárnosla como signo de un interior al que por fin tiene acceso, es un puro instante de devenir tangible. Ese es el exceso que conmovió a Herzog en el cineasta Treadwell: "Descubrí una película sobre el éxtasis humano y el trastorno interior. Como si deseara abandonar su envoltura humana y quedar ligado a los osos. Treadwell se abrió a un encuentro primordial. Pero al hacerlo, traspasó una frontera invisible".

Hay pues otra imagen, literal, foto mostrada rápidamente, del interior de los cuerpos, que realiza negativamente el devenir en el cual el enamorado de los osos[57] no ha dejado de proyectarse: el cuerpo abierto de la bestia que devoró a Treadwell con Amie Huguenard (su compañera de entonces, que esta vez le había acompañado), y del que sacaron, atestigua el piloto del helicóptero que ayudó a la limpieza después de la tragedia, cuatro bolsas de basura de restos humanos. Es el fracaso paradójico de Treadwell: deseaba ardientemente vivir, a la vez que repetía continuamente que de ninguna manera, aunque fuera para defender su vida, habría aceptado atentar contra la de un oso. Pero ese fracaso se convierte en la condición del éxito del filme que se apodera del suyo incorporando y magnificando su memoria. Jeong y Andrew insistieron precisamente en el efecto de esa muerte que se ha propagado de una película a otra, cuyos elementos Herzog ofreció enseguida en el curso de su montaje y que, retomada y comentada de vez en cuando, habita la película para dibujar su "devenir-espectro".[58] Este devenir tiene su ley de azar. Ese azar ha querido, por un lado, que la escena de la muerte haya sido filmada, evidentemente sin haber podido concebirse como tal; y por otro,

57. Les dice constantemente, dirigiéndose a uno u otro: "Te quiero, te quiero".
58. JEONG, Seung-Hoon y ANDREW, Dudley, "*Grizzly Ghost*: Herzog, Bazin et l'animal cinématique", *op. cit.*, p. 72.

como ya se ha dicho, que solo se haya grabado el sonido. El contenido de la cinta es comentado detenidamente por el médico forense que, con ayuda de fragmentos de cuerpo, intentó reconstituir los seis minutos que duró la escena. Evoca los gemidos de Timothy, los gritos de Amie, cada vez más violentos, la voz de Timothy gritándole: "¡Vete! ¡Déjame! ¡Vete de aquí!", Amie quedándose con él, intentando en vano golpear al oso en la cabeza. Herzog se mostró a sí mismo a medias en la imagen que sigue inmediatamente a esta evocación: escuchando a su vez la grabación, frente a Jewel Palomak, amiga íntima de Treadwell, evocando lo que oye, visiblemente afectado por lo que prefiere callar, rogándole que destruya la cinta para no quedar obsesionada por ella. El límite que impide al espectador y a la amiga oír el sonido real, permitiéndoles imaginarlo todo, es la ley ética que se impone a sí misma la ficción documental para que el devenir-espectro de Treadwell, a través de su película duplicada en la de Herzog, coincida con el devenir-animal que le estremece completamente. A través de una identificación extrema del hombre con el animal, lo que aborda *Grizzly Man* es una idealidad mezclada: entre la naturaleza del cine como espectáculo de la vida devuelta a su memoria y la supuesta animalidad de su espectador pensativo.

También puede ocurrir que el archivo pertenezca al cine de ficción, pero con un objetivo de tonalidad documental: una dimensión explícita de ensayo viene entonces a ahondar la ficción, para desdoblarla sobre sí misma, de acuerdo con un saber de la ciencia atraído al relato al que sirve de base. Es el caso altamente ejemplar de *Mi tío de América* (*Mon oncle d'Amérique*, Alain Resnais, 1980), esa película en la que el hombre-la mujer, animal enfrentado con el animal, intenta desarrollar su vida.

Ya se ha dicho hasta qué punto Resnais era un cineasta de animales, a propósito del cual se podría componer un bestiario.[59] Hasta el punto de que se ha sugerido que "su obra es una excrecencia de la de Jean Painlevé". Animales estratégicamente colocados, de una película a otra, como verdaderos enigmas sin solución, asociaciones fascinantes y opacas, al llegar a ciertos pla-

59. LIANDRAT-GUIGUES, Suzanne y LEUTRAT, Jean-Louis, *Alain Resnais*, sección "Méduses et Cie", *op. cit.*, pp. 122-127, con la página de fotogramas "Bestiaire" (123); para las citas que siguen, pp. 126, 124.

nos o diálogos, para propagar una turbación, a través de los personajes, o directamente hacia el espectador. Todos esos animales dicen: el hombre es también algo vivo, por cada animal oscuramente calificado. Se ha podido recordar así la aparición desconcertante de las medusas en la larga escena final que reúne en una fiesta a todos los protagonistas de *On connaît la chanson* (1997). Flotan caprichosamente en el espacio y allí se disuelven, pero deslizándose visiblemente de un personaje a otro como para desaparecer en los mismos, combinándose con una afluencia repentina de fundidos encadenados. Por eso, más que ver en ello únicamente el gusto reconocido de Resnais por "un sentido flotante", parece que sus encarnaciones borrosas sean una manera de sugerir, sin fijarla nunca, la materia indecisa de afectos y pensamientos que, ligando y desligando a los personajes entre sí, se convierten también en los de los espectadores que están frente a ellos, incorporándolos, de acuerdo con ese régimen de alucinación admitida que, en su libro sobre Leibniz, Deleuze llama "percepción en los pliegues".

Pero hay dos películas en las que el animal adquiere una proporción distinta, al servir de analogía y sugerir directamente la idea de las aventuras humanas de las que se trata. Y todo ello además por medio del mismo animal o casi, ratón o rata, escogido por las facilidades varias que ofrece a la investigación neurobiológica. En *Te amo, te amo*, como se recordará, los científicos se proponen intentar, por fin, llevar a cabo con un hombre los experimentos que desde hacía mucho se practicaban con ratones para probar saltos hacia atrás en el tiempo. El sujeto humano está encargado virtualmente de confirmar la realidad del experimento, puesto que el ratón manipulado como su análogo supuesto no puede dar testimonio de ello. A lo largo del filme, se incluyen tres ocurrencias o estados del ratón blanco junto a su colega humano. Primero, los ratones tranquilos de laboratorio, antes de que Claude Ridder entre en la Esfera. Luego, el ratón que se encuentra encerrado a su lado y que, como él, desaparece y reaparece, según los fallos que afectan al experimento, induciendo así la realidad de la película. Al final, y es el último plano, primer plano, volvemos a encontrar a ese ratón bajo su campana de plástico dentro de la Esfera, disociada del cobaya humano que aparece fuera tumbado en el césped en estado crítico: el animal da vueltas, se levanta para pasar la punta del hocico por uno de los agujeros que le permiten respirar y se queda allí, atrapado en una congelación de imagen de una soledad absoluta. Finalmente, como indicio del desajuste, está también ese ratón que ha aparecido dos veces, primero como un *flash* y luego en un momento algo más desarrollado, delante de Claude y Catrine en una playa de Normandía. Se convierte así en testigo de no se sabe qué tiempo, pero por ello más solidario de la proximidad improbable que se le supone con la especie humana.

El deslizamiento que se lleva a cabo de *Te amo, te amo* a *Mi tío de América* es el de la ciencia ficción a la ciencia adoptada por sí misma ("es una película sobre el sistema nervioso central y el comportamiento, acompañando esas palabras con un especie de risa").[60] Esa risa es la libertad que se permite la película en la construcción de una analogía continuamente desarrollada entre el animal y el humano. Analogía que esta vez Resnais pidió a un científico real expresar y encarnar a la vez, decidiendo darle la palabra como neurobiólogo pero incluyéndole como personaje al lado de los otros tres seres cuyos destinos mezclados tejen la demostración, componiendo el diagrama de la película. "El diagrama en Resnais será una superposición de mapas que define un conjunto de transformaciones de una capa a otra, con redistribuciones de funciones y fragmentaciones de objetos [...] *Mi tío de América* será una gran tentativa de cartografía mental diagramática, donde los mapas se superponen y se transforman, dentro de un mismo personaje y de un personaje a otro".[61] Dos planos actualizan ese diagrama: al principio, el reducido círculo de luz de una linterna recorriendo a ciegas minúsculas fotos reunidas, mientras las voces superpuestas de los tres personajes van presentando fragmentos de su biografía; hacia el final, la imagen entera pero forzosamente alucinante de esas mismas 120 fotos-fotogramas más o menos reconocibles que comenta la voz de Henri Laborit. Dos motivos principales se articulan con los elementos dispersos del diagrama, componiendo tantas secuencias y planos arrojados al viento de la película como una baraja. Por un lado, surgen tres figuras arquetípicas del cine francés: prolongan, cortándolas, las acciones sintomáticas de los tres personajes (se pueden contar veintiséis de esas apariciones). Por otro, las imágenes de animales van acumulándose, más o menos pregnantes según los momentos, pero siempre cruciales: ya sea porque participan en el relato, aferrándose a la vida de los personajes (como la tortuga y los cangrejos para Jean Le Gall de pequeño); o bien sobre todo porque sir-

60. "Entretien avec Alain Resnais sur *Mon oncle d'Amérique*", en BENAYOUN, Robert, *Alain Resnais arpenteur de l'imaginaire*, París: Stock, p. 245.
61. DELEUZE, Gilles, *L'Image-temps*, *op. cit.*, p. 160.

ven de apoyo para el discurso de Henri Laborit (sobre la evolución, la teoría de los tres cerebros, la lógica inconsciente y el determinismo de los comportamientos, etc.), siguiendo los planos que van desgranando las especies, y permiten así que se relacione siempre lo animal con lo humano; ya sea, también, porque las imágenes sirven de base a ese discurso a nivel propiamente experimental, con ayuda de ratas blancas sometidas en sus jaulas a distintas series de estudios de comportamiento; ya sea, por fin, último cruce, que se trate de personajes con cabeza de rata que ejecutan acciones vistas previamente, llevadas así a su último grado de agresividad.

La lección es clara y monumental, a la vez que entretenida y equívoca por naturaleza. A través del archivo diseminado de los tres cuerpos de actores franceses, imagen elegida de cada uno de los tres personajes —Danielle Darrieux para Jean Le Gac (Roger Pierre), Jean Gabin para René Raguenau (Gérard Depardieu), Jean Marais para Janine Garnier (Nicole Garcia)—, esta lección concierne al cine en su totalidad, en cuanto a la modelización de los afectos, sus expresiones y los gestos que suscitan. Es presentar una hipótesis en acto de la supuesta influencia del cine, o al menos de su resonancia imaginaria: pues esta se extiende desde los instantes de películas referidos a las acciones-sentimientos de los personajes hasta el efecto que supuestamente se propaga en cada espectador a medida que avanza la visión de esa misma película que vemos, y la prueba a la que se somete a sus actores-personajes, así como de todas y cada una de sus imágenes. Horizonte de esta experiencia, la ciencia se encuentra con el arte para designar a través del animal su naturaleza común, según la formulación que podemos retomar aquí, planteando que "tal vez el arte empiece con el animal".[62] Al mismo tiempo que la biología del cerebro escapa a sí misma encarnándose en destino de los cuerpos, tal como la película que permite esa objetivación se singulariza por su propio arte de conseguir sostener esa lección.

(¿Por qué esa película supuestamente de ficción, *Mi tío de América*, resulta tan cercana al *Vampire* (1939, 15') de Painlevé, ese filme supuestamente documental? Es en gran medida gracias al doble efecto, que tienen en común, del archivo interpuesto y el peso de la voz analítica. Los tres movimientos según los cuales Painlevé organizó su película son en sí mismos una

62. DELEUZE, Gilles y GUATTARI, Félix, *Qu'est-ce que la philosophie?*, *op. cit.*, p. 174.

manera de unir lo animal y lo humano, acercando el enigma a los motivos mezclados que los ligan. Primer movimiento: la voz acompaña la aparición variada de "animales extraños o espantosos en cuanto a formas y movimientos", subrayando (un poco como en *Las estatuas también mueren* [*Les statues meurent aussi*], Alain Resnais y Chris Marker, 1953) que el arte del hombre se inspira en ellos ("máscara negra tal vez imitada de ese grillo del Camerún"). Segundo movimiento: llegada de Nosferatu, preludio a un montaje inspirado en uno de los planos más llamativos de Murnau, introducido por esas palabras que revuelven las cartas de los mundos animal y humano: "Todo ello explica que la imaginación humana haya transformado al vampiro en un ser humano que bebe la sangre de la misma herida que hace en una garganta humana, como Nosferatu en la película de Murnau". (Se entiende entonces la razón de las letras góticas utilizadas para el título de la película). Tercer movimiento: "Sin embargo, el vampiro existe". Así es introducida la "estrella" de la película, el "Desmodas Rotundas", espantosa criatura de América del Sur, que chupa la sangre de los mamíferos mientras están dormidos, y cuyas hazañas cuenta detalladamente el comentario. El animal ha sido incluso provisto de un cobaya (un conejillo de Indias sedado) para que puedan verse con detalle sus técnicas de succión (una vez, entre los dos animales, además de otros muchos planos, se organiza un campo-contracampo de lo más extraño). El golpe de fuerza es la reversibilidad que hace ir a la realidad por la ficción, a través de la criatura de cine, sin duda y para siempre, que mejor puede hacer vacilar la frontera entre lo animal y lo humano. Si hay un "beso del vampiro", es porque el hombre se sueña animal para comprenderse humano. Pero también vale la inversa. Y que el archivo de ficción viene a responder a la ciencia, como en la película de Resnais, para acercar dos mundos, mientras deja abierto un abismo entre ambos).

Tal vez Daney pensara en *Mi tío de América* al escribir: "[...] ver una película de Resnais es seguir la marcha forzada de un influjo nervioso a lo largo de las imágenes (si las imágenes fueran neuronas)".[63] Para explicarse lo que experimentaba como imposición excesiva de una cuadrícula preconcebida y por tanto de un programa que aplicar, Daney invocaba el singular destino de Resnais, que entre todos los cineastas habría de dar testimonio en

63. DANEY, Serge, "Resnais et l'écriture du désastre'", *Ciné Journal, op. cit.,* pp. 163-165.

tres películas fundadoras (*Nuit et brouillard, Hiroshima mon amour, Muriel*), de que "tanto en el cine como en otras partes, habría que contar otro personaje: *la especie humana*". Daney veía así en el mundo de Resnais —destinado en lo sucesivo a concebir las "películas como experimentos, con 'especie humana' en el papel principal— un "mundo convaleciente", que siempre está volviendo del "momento inmediato que sigue al fin del mundo". Apuntando a *Mi tío de América*, añadía: "Convaleciente, el cine de Resnais dice que todavía hay mucho con que soñar". El interés de esta anotación rápida está en que se formula en relación con el enigma, para Daney, "de una manera de filmar en la que no circula ningún afecto (o muy pocas veces)". Es impulsar así a comprender la emoción muy especial que termina por surgir de esa confrontación entre el hombre, individual y social, y el animal que lo permite tanto como obliga a ello.

Para el espectador que yo soy, esta emoción se ha quedado fija sobre todo cuando hacia el final de la película encontramos a Laborit en un plano muy cercano sobre fondo negro, presentando con su voz seductora las conclusiones que puede sacar de sus investigaciones: "El inconsciente constituye un instrumento temible, no tanto por su contenido, reprimido, reprimido porque es doloroso expresarlo, pues sería castigado por la sociocultura, sino por todo lo que, al contrario, es autorizado y a veces incluso recompensado por esa sociocultural y ha sido colocado en su cerebro desde su nacimiento, sin que tenga conciencia de que está allí, cuando es sin embargo lo que rige sus actos. Ese inconsciente, que no es el inconsciente freudiano, es el más peligroso". Para llegar hasta allí, en cierto modo, la película se ha ido estrechando en torno al drama agudo de los personajes hasta alcanzar un final provisional. Primero sobre Janine cuando llega, filmada de una manera que concentra la emoción: al principio desde muy lejos, en el extremo del campo cerrado donde surge para sorprender a Jean, y luego captada y seguida por un movimiento hacia atrás en un plano cercano vibrante. A Resnais se le ocurrió entonces muy acertadamente desplazar el disparo que se oye contra el jabalí que de repente cruza el campo y que Janine se ha quedado mirando fijamente: es Janine quien cae al suelo, alcanzada por el choque, más que el animal por la bala, de acuerdo con una identidad de destino marcada de ese modo. La escena de enfrentamiento sin salida que se produce a continuación entre los dos antiguos amantes, atravesada por la caída de Jean Marais en la escalera de *L'Aigle à deux têtes* (Jean Cocteau, 1948), es el preludio de un cierre de instantes: este mezcla esa escena ya muda, filmada desde muy lejos, con planos cortos sobre la mujer de Ragueneau encontrándose con su marido en la cama del hospital después de su suicidio frustrado; pero también con los de un jabalí que da vueltas como sin fin sobre sí mismo buscando trufas[64]; y un plano, único en su especie, en el que una rata blanca gigante atraviesa los decorados antes relacionados con los personajes cuando pasaba en el laboratorio de una parte de la jaula a otra. Unos planos fijos, rápidos, cortos, de objetos que ya resultan familiares, y luego más planos de naturaleza, y entonces Laborit nos habla, haciendo remontar toda la película, con una convicción parecida a la que buscaba Rossellini en las películas de su proyecto enciclopédico. Laborit prosigue así en el plano-suma de las 120 fotos en las que se reconoce todo y nada, en el desorden fatal de toda memoria, para llegar a lo que quiere decirnos de verdad, sobre la producción casi animal, en el hombre, de una angustia, individual y social, "que no retrocederá ante nada, ni ante el asesinato, en cuanto al individuo, ni ante el genocidio y la guerra en cuanto a los grupos sociales, para expresarse". La voz de Laborit pronuncia sus últimas palabras mientras avanzamos por el agua hacia la isla de Jean Le Gac (que fue también la de Resnais adolescente): "Empezamos a comprender por medio de qué mecanismo, por qué a través de la historia y en el presente se han establecido escalas de dominación. [...] Mientras no se haya difundido muy ampliamente entre los hombres de este planeta la manera en la que funciona su cerebro, la manera en la que lo utilizan, y mientras no se haya dicho que hasta ahora ha sido siempre para dominar al otro, pocas posibilidades hay de que algo cambie". Y es entonces cuando la emoción va acompañada por una profundidad distinta: en cuanto, sin una palabra más y con un cambio brutal de la música, se encadenan unos largos *travellings* laterales (uno de derecha a izquierda, cinco de izquierda a derecha) sobre paisajes de ciudad deshabitada, de edificios de ladrillo abandonados —movimientos que recuerdan tanto los de Rossellini por el Berlín en ruinas del principio de *Alemania año cero* como los de Resnais a lo largo de las construcciones de ladrillo de los campos de *Nuit et brouillard*.

Hay un enigma en este final que se cierra sobre la imagen pintada, en medio y en toda la altura de un edificio, de una visión de árboles y bosque:

64. "Me gusta mucho el jabalí", dice Laborit ("Entretien avec Madeleine Chapsal", en RESNAIS, Alain y GRUAULT, Jean, *Mon oncle d'Amérique*, París: Albatros, 1980, p. 24).

está pormenorizada en ocho planos fijos, siguiendo un avance regular, hasta la opacidad total de los ladrillos coloreados.[65] ¿Será que del animal al hombre hay que llegar a la cosa muda, la planta, pero concebida por la mano del hombre, signo de arte, para ir más allá de la terrible identidad entre el animal y el hombre, él que por haberse creído tan diferente habrá desarrollado una crueldad propia, hacia su propia especie y hacia el animal?

Todavía recuerdo la impresión imborrable que experimenté la primera vez que vi *Au hasard Balthazar*: el hombre que había sabido filmar eso era el único cineasta que habría sido capaz de concebir una ficción alimentada por un impulso documental sobre la insoportable realidad de los campos de exterminio. También pensé que esa realidad de los campos era tal vez una de las razones que había acentuado, en el cine europeo, una sensibilidad particular hacia el animal. Aunque, como observaba Aprà a propósito de Rossellini, habría hecho falta tiempo para que el animal reapareciera en la pantalla con una inocencia que siempre se quiere inicial, allí donde el tiempo de guerra y de inmediata posguerra lo había excluido, si el hombre había sido reducido al estado animal. Theodor W. Adorno y Max Horkheimer ya lo habían sospechado en su *Dialectique de la raison*[66], y Élisabeth de Fontenay lo destaca, al principio del capítulo que les dedica: "[...] después de la Segunda Guerra mundial, y sobre todo en quienes la han vivido en la carne de su historia personal, el animal aparece como una gran sombra que envuelve y oscurece la escritura".[67]

Philippe Arnaud[68], Bontemps, Schefer[69] y otros han hablado tanto y tan bien sobre Balthazar que poco hay que añadir. A propósito de esa se-

65. Estos ocho planos han sido reproducidos y comentados en el libro de Suzanne Liandrat-Guigues y Jean-Louis Leutrat sobre Resnais, pp. 103, 106-107. Citan estas palabras de Resnais: "Es una especie de esperanza a la que nos acercamos cuando nos parece que hemos comprendido" (p. 106).

66. Escrito durante la guerra en Estados Unidos, el libro fue publicado por primera vez en Amsterdam en 1947.

67. DE FONTENAY, Élisabeth, *Le Silence des bêtes*, *op. cit.*, p. 729.

68. ARNAUD, Philippe, *Robert Bresson*, París: Cahiers du cinéma, col. "Auteurs", 1986, pp. 41-66.

69. SCHEFER, Jean-Louis, "Au hasard Balthazar", recogido en *Images mobiles*, París: P.O.L., 1999, pp. 210-220.

cuencia del circo, sobre todo, donde el asno es confrontado de repente, en silencio, con otros animales. Un león, un oso, un mono, un elefante, sucesivamente, desde dentro de sus jaulas. De modo que el ojo opaco de cada uno de ellos repentinamente enfocado por la cámara en respuesta ilusoria al de Balthazar, por efecto de contracampos vertiginosos, expresa acertadamente la parte de silencio y enigma que, según un antropomorfismo inevitable, tiende a reducirse en cuanto ese intercambio es atribuido a un animal con un humano. Y lo que de ese modo resulta implicado es nuestro lugar de espectador, en ese punto de flotamiento entre lo animal y lo humano. Pues en esos intercambios, Balthazar parece menos "bestia" que las otras bestias, también porque es el protagonista al que acompañan nuestra mirada y nuestro pensamiento desde el principio de la película. Lo que resulta extraordinario del tratamiento de Balthazar, tal como lo lleva a cabo Bresson, es que, por animal que sea, parece aquejado de la misma ruptura sensorio-motriz que Bresson impone a sus actores, sus "modelos", para mantenerlos más acá de cualquier asimilación demasiado directa con una representación convencional de lo "humano". Es la razón por la cual ese diálogo oscuro entre animales también puede parecer análogo al que se produce entre humanos, igual que entre el ojo humano y el espectáculo proyectado dentro del cual se realizan esos intercambios. Hay en eso un circuito, que asocia como en una hipnosis esos intercambios ensamblados. Escuchemos lo que escribe Bresson de sus modelos, con la idea de que en ellos apunta a una exactitud anterior al pensamiento, lo que llamaba "el automatismo de la vida real", un automatismo propiamente animal: "Entre ellos y yo: intercambios telepáticos, adivinación"; "Dos hombres que se enfrentan, *mirándose a los ojos*. Dos gatos que se atraen...".[70] Y citemos estas pocas líneas del guion de la película que durante tanto tiempo proyectó Bresson pero no pudo realizar, *El Génesis*, donde habríamos entrevisto tantos animales: "Están frente a frente, mirándose a los ojos. Hipnotización. Eva es convencida por las intenciones calladas de la serpiente (estridencia de los silbidos agudos de la serpiente). Vacila... y bruscamente coge una fruta".

70. BRESSON, Robert, *Notes sur le cinématographe* (1975), París: Gallimard, "Folio", 1995, pp. 70, 17, 118.

Balthazar se encuentra así como alineado con lo humano, a la vez que permanece más acá, puro animal que es, pero porque, como ha destacado Bontemps, "a lo que accede este asno también es a un más allá de lo humano". Bontemps recuerda la fórmula con que le designa uno de los personajes, saliendo al paso de cualquier argumento: "Además, es un santo". Y sobre todo insiste sobre la manera en la que Bresson encuentra los términos de la oposición planteada en las *Elegías de Duino* entre la vida animal y la existencia humana (términos que la ontología heideggeriana, para la cual el animal está a la vez privado de muerte y de mundo, encontraba tan poco aceptables). "Mientras que *nosotros* mortales no tenemos nunca delante, escribe Rilke, 'ni un solo día el puro espacio', el animal, 'exento de muerte', 'avanza en la eternidad, como el correr de las fuentes'. De tal modo que, también como dice Rilke, cuando paseamos a su alrededor nuestras miradas 'como trampas', intentamos comprender cómo va, él, al contrario que nosotros, 'al unísono', tratamos de captar el secreto de su connivencia con el mundo".[71]

Para intentar concluir, me gustaría detenerme un poco más en el final de la película. No para decir nada más sobre ese mismo animal, y lo que de único aporta al cine. Sino para intentar expresar, releyendo esos pocos últimos planos, la extraordinaria calidad de la emoción que de ellos se desprende. Evidentemente, tiene su motivo, tanto razonable como irrazonable: la profunda identificación que se ha ido construyendo con ese cuerpo de animal tan elemental y tan tierno, envejecido poco a poco por la edad y los malos tratos. Todo el arte del cineasta ha estado en preparar su posibilidad al mismo tiempo que en hacer sentir, como lo hace en relación con sus personajes, una distanciación, la que en su misma emoción deja al espectador pensativo. Pero al final de todo, sin duda porque es el final, tanto de la película como del animal, se produce algo parecido a un acercamiento, por una gracia que concede el *découpage*, por cruel que sea, que conmueve al cuerpo y que se debe, eso es lo que intento sugerir, a lo palpable-impalpable de las relaciones de planos y movimientos que allí se traman.

Se acaba de producir un disparo. En la oscuridad, el ojo de Balthazar, refugiado detrás de un árbol, brilla débilmente; se adivina la línea clara de su

71. BONTEMPS, Jacques, "La bête humaine et la chose cinématographique", p. 329 (las citas de Rilke proceden de la octava y cuarta elegías, trad. Armel Guerne, Seuil).

párpado inferior en su "rostro" encuadrado en primer plano. Se oyen cuatro disparos más, que provocan en el animal movimientos de la cabeza y descubren a veces el otro ojo, provocando ligeros reencuadres. Al cuarto disparo, Balthazar se sobresalta, oscuramente alcanzado. Da vueltas en la oscuridad, se adivina su descenso dentro de un plano más amplio cuyo movimiento le sigue apenas mientras desaparece en un fundido en negro. Por la mañana, Balthazar está de pie, a lo lejos, bajo los árboles. Un primer plano revela su herida que sangra y dos planos más amplios le arrastran, siguiendo su movimiento, hacia la cumbre de la pendiente de hierba donde se queda inmovilizado, en el centro del cuadro, frente a la montaña clara que cae abruptamente a la derecha contra una cortina de árboles. Apenas suenan las esquilas en el cuerpo de Balthazar, cuando lo abandonamos para seguir el lento ascenso del rebaño desde la parte baja del valle. El principio de la hendidura del valle en pendiente suave, la masa ondulante del rebaño, tres manchas de árboles, a la derecha, al fondo, a la izquierda, apenas, contrastando con los fragmentos recortados de los campos en masas grises desiguales, en el horizonte del encuadre —todo ello da a la imagen la impresión de algo suspendido, una materialidad, no se sabe cómo, impalpable. Allí empieza el misterio de los planos. Siempre faltará el adjetivo para poder calificar la irrealidad corpórea que asciende de los elementos-fuerzas del cuadro, de los movimientos de cuerpos y de cámara. Se oye el ladrido del perro, enseguida se le ve dando vueltas en un plano aislado en el que la cámara vacila al seguirle. Luego casi volvemos a encontrar el encuadre anterior, variando ligeramente la proporción de árboles y de cielo. Las ovejas avanzan ahora en una columna, cerrada por el pastor, seguidas por la cámara que retrocede, descubriendo poco a poco al resto del rebaño que ya ha llegado al rellano y rodea a Balthazar tumbado en la hierba. Se produce allí una elipsis invisible: la distracción, durante unos segundos, sobre el plano del perro no puede bastar para explicar esta llegada repentina que capta, aumentando en el encuadre fijo, durante un tiempo, el efecto de torbellino de los animales vivos, esos cuerpos blancos agolpados, hasta el primer término, que se agitan alrededor de un cuerpo oscuro y herido (solo la punta del hocico, la línea del párpado inferior y el zurrón en el que Balthazar lleva los objetos prohibidos le emparentan con la claridad uniforme de las ovejas). También en este caso, un breve plano insertado de dos perros ladrando parece apresurar un poco, en relación con un tiempo supuestamente real, el movimiento en retirada de las ovejas que abandonan el primer término y se retiran en la línea de fondo del cuadro, con un movimiento que acelera, por tercera vez, el ladrido de los perros. Lo llamativo del mismo es que parece puramente sincrónico con su imagen, para dejar que el tintineo de las esquilas de las ovejas califique por sí mismo la presencia inmóvil de Balthazar.[72] Así se acumulan intervalos de tiempo ahondando el espacio. Y en ese mismo encuadre del que se retiran las ovejas poco a poco empieza a mezclarse con sus esquilas el piano de la Sonata Nº 20 de Schubert. El plano que sigue recibe todo su efecto, mostrando —al principio Balthazar se encuentra fuera de campo— el movimiento ondulante de las ovejas, como una ola, avanzando hacia nosotros y luego deteniéndose, mientras la cámara, derivando hacia la izquierda, descubre a Balthazar tumbado de costado, sin duda muerto ya, con una muerte simple, callada, elíptica. Le rodean unas ovejas, que parecen vacilar ante ese cuerpo que olfatean. La música se ha callado entonces y otro plano vuelve a tomar al rebaño, descubriendo de nuevo la pendiente que lleva hacia el valle y un fondo de árboles, siguiendo apenas (con un ligero avance de la cámara que gira, atrapando a la derecha, en el fondo, en el ángulo del cuadro, la masa oscura de los árboles) esa ola animal que vuelve a marcharse con un movimiento inverso al de la pendiente, como una vibración. De allí, entre muerte y vida de animales, pasando por los contrastes de lo blanco y de lo negro que armonizan con tonos graduados del paisaje, emana un afecto inigualable, impreciso. Es solo el ruido de las esquilas lo que seguimos escuchando en el último plano, que vuelve a mostrar a Balthazar, muerto, y solo.

72. El montaje deja sutilmente que el sonido del perro ladrando marque apenas la transición de los planos, para que no parezca irreal, a la vez que induce un fuerte efecto de abstracción.

Alarma en el expreso, Alfred Hitchcock, 1938

EPÍLOGO

EPÍLOGO

Gracias al tren, por última vez, podremos referirnos conjuntamente a la hipnosis, la emoción, la animalidad. El tren establece el vínculo entre la hipnosis y la emoción: dispositivo que favorece el adormecimiento, con sus efectos de ritmo y suave balanceo, visuales y sonoros, y cuyos efectos ilimitados de encuadre, desde el cuerpo de la máquina a la manera de recortar el espacio que permiten sus ventanas y puertas, sobre todo, organizan innumerables emociones, como hasta el infinito, a través de todas las épocas del cine. De todas las máquinas que el cine se empeña en filmar para captar mejor la irrealidad de la suya, el tren es (con la guillotina, de otra manera) la que más se le acerca, por una mimética del desfile. Como se ha visto, el tren también es, en muchos relatos realistas o fantásticos, relacionado con el animal, *"iron horse"*, como lo son tantas máquinas, de acuerdo con la lógica fascinada que vincula continuamente lo mecánico y lo vivo. Es al mismo tiempo un lugar en el que el niño queda maravillado. Hasta tal punto es un solo cuerpo, desconocido para él mismo pero tan vivo, siempre por reconocer, el que compone, y que compone el cuerpo del cine. Eso es lo que nos gustaría ligar también por medio de dos películas que juntas pueden encontrar cierta resonancia, en dos épocas del cine: *Alarma en el expreso*; *Café Lumière* (Hou Hsiao-hsien, 2003).

Alarma en el expreso empieza dos veces. Primero en un albergue de fantasía en el que se traban las relaciones entre los personajes. Luego, veinticinco minutos después, cuando Iris, la protagonista con nombre de diosa, de flor, de ojo y de objetivo, recibe en la cabeza, justo cuando va a subir al tren, el tiesto destinado a Miss Froy, la espía buena oculta tras la muy afable ama de llaves inglesa (es ella, la mujer que desaparece). A partir de entonces, lo más significativo es que el tren se convierte en "el protagonista principal" del filme, como decía Robert E. Sherwood, que co-escribió *Rebeca* (*Rebecca*,

1940) para Hitchcock, de *El expreso de Shanghai* (*Shanghai Express*, Josef von Sternberg, 1932).[1] El momento en el que Iris, titubeando, apenas sentada en su compartimento, es presa de alucinaciones, confunde durante un tiempo las caras de sus dos amigas que se habían quedado en el andén con los mecanismos de la locomotora poniéndose en movimiento y luego se duerme, ese momento se convierte en el equivalente condensado del proceso de inducción que se abre al estado hipnótico. Pero, a decir verdad, en *Alarma en el expreso* hay dos tiempos propios de la inducción del estado, teniendo en cuenta que, como se sabe, en el cine los dos tiempos coinciden, más o menos, desde el primer momento. Lo cual no impide que las películas más sinuosas jueguen con los dos niveles para mostrar claramente que, aunque concuerdan, también pueden estar diferenciados. Es una manera de sugerir cómo en el cine puede darse el equivalente de lo que en el lenguaje médico se llama "profundización del trance". La primera parte de la película, en el hotel, es un largo proceso de inducción que conduce al verdadero estado hipnótico, que empieza con las alucinaciones de Iris y el sueño en el que se hunde. Pero la caída del tiesto también actúa como una inducción brutal, un disparador ("en un relámpago", decían Kubie y Margolin), prolongado y atestiguado por las alucinaciones, para llevar a Iris al sueño. La película nos lleva hacia ese momento y vuelve a salir del mismo, vuelve a empezar, confirmada en su realidad por la representación de ese sueño de cine cuyo nombre es "hipnosis". Así, Iris puede despertarse poco a poco de su turbación para que la película vuelva a

---

1. "*El expreso de Shanghai* es un triunfo de la tecnología, pues el protagonista principal es un tren, vehículo perfecto para expresar la inteligencia especial de Sternberg. Grabó la marcha de ese vehículo con una habilidad tan notable que no nos deja la oportunidad de que nos preocupemos por la insuficiencia de su cargamento fatal" (Citado por WEINBERG, Herman G., en *Josef von Sternberg*, París: Seghers, col. "Cinéastes d'aujourd'hui", 1966, p. 34). He aquí lo que, por su parte, dice Truffaut en su diálogo con Hitchcock a propósito de *Alarma en el expreso*: "La ponen muy a menudo en París y suelo ir a verla dos veces en la misma semana, y cada vez me digo: como me la sé de memoria, no voy a seguir la historia, voy a mirar el tren... si el tren se mueve... cómo son las transparencias... si hay movimientos de cámara dentro de los compartimentos, y cada vez me cautivan de tal forma los personajes y la intriga que sigo sin saber cómo está fabricado el filme". A lo cual Hitchcock contesta: "Se rodó [...] en el pequeño estudio de Islington en un plató de noventa pies, con un vagón, y lo demás está hecho con transparencias o maquetas" (*Le Cinéma d'Alfred Hitchcock*, *op. cit.*, pp. 85-86).

arrancar. Pero volverá a dormirse para que pueda desaparecer Miss Froy, y la película se precipite más todavía. Que la inducción y el estado puedan reactivarse así mutuamente se debe a la lógica y la fuerza de las emociones de dispositivos investidas en los personajes.

A partir de entonces, a lo largo de ese trayecto convertido en la propia película, todo contribuirá incansablemente para variar y multiplicar los efectos perceptivos mecánicamente asociados con el avance del tren. Cuerpo del tren devorando el espacio, engranajes insistentes de la máquina, cambio de agujas en los rieles, barrido de los postes telegráficos, ventanas de los pasillos, de los compartimentos, del vagón-restaurante, por donde el paisaje desfila continuamente y la luz se abate, pero en las cuales también se inscriben los signos de realidad como posibles alucinaciones, sin olvidar nunca el incesante ritmo sonoro del tren.[2] Así, todo asegura tanto el solapamiento continuo como la profundización mutua entre el proceso de inducción y el estado. Todo ello, gracias a la inteligencia de una intriga de espionaje que hace de la duplicidad de las apariencias y del empeño de la heroína en querer desvelarlas la regla de la identificación modulada por la cual la película se apodera de su espectador, tanto más dispuesto a disfrutar de ella en tanto adivina lo esencial. Sabe que si bien es cierto que la película está situada desde el principio bajo el signo de la alucinación, que si se vale del tren para perpetuar su efecto, no obstante Miss Froy, desaparecida en cuanto Iris se ha vuelto a dormir en su compartimento por segunda vez, no es una alucinación de Iris. Por lo tanto, esta tiene que demostrar, y primero al hombre incrédulo convertido en su galán (que le dice: "usted ve cosas"), que Miss Froy sí existe. Aunque sea haciendo caso omiso de ese cirujano-psiquiatra especialista del cerebro y jefe de la red de espías "nazi", que querrá obligar a Iris a confundir la alucinación ficticia con la alucinación verdadera. Pero ambas son una sola, como muestra el momento en el que, al haberse establecido finalmente un fragmento de ver-

2. Entre las muchas lecturas de *Alarma en el expreso*, la de Michel Chion destaca acertadamente cómo el trabajo del sonido está acorde con el de la imagen a lo largo de toda la película, sobre todo en la pregnancia horadada por desvanecimientos que envuelve al tema musical, cifra secreta de la película puesto que contiene el mensaje codificado que, según se supone, el agente secreto trae a Scotland Yard ("Chiffre de destinée", en su libro *Le Son au cinéma*, París: Cahiers du cinéma, 1985, pp. 138-142).

dad, para los dos personajes investigadores, ese fragmento servirá para perfeccionar la lógica de la máquina de ilusión.

Es entonces cuando llegan los animales. Pasando de un vagón a otro en busca de Miss Froy, Iris y Gilbert llegan a un vagón cerrado. A lo largo de la secuencia, la luz no dejará de latir con mayor insistencia por la ventana opaca de la puerta de entrada y por otra abertura que da al exterior, por la que a veces también desfila el paisaje. En un baúl de mimbre que se tambalea y enseguida les llama la atención, Iris y Gilbert descubren primero un ternerillo. Luego viene la efigie de cartón, de tamaño natural, del mago-ilusionista Doppo, uno de los miembros de la red que niegan la existencia de Miss Froy. En el cartel del espectáculo, que Gilbert desenrolla, se anuncia su "Número sensacional: la mujer que desaparece". Surgen entonces unas palomas, que vuelan y luego se posan. En todo lo que resulta ser un material de circo, a Gilbert y a Iris les llama sobre todo la atención la "caja de desaparecer", de la que este vuelve a salir simplemente, pero en cuya entrada la joven cae, seguida otra vez por dos palomas. Mientras tanto, un conejo blanco ha aparecido solo por un instante, elípticamente, en el fondo de un cuadro negro, formando una suerte de pantalla. Es entonces cuando Iris y Gilbert encuentran por casualidad las gafas de Miss Froy. Y cuando el verdadero Doppo se interpone como por arte de magia. Y se produce una lucha, que dura la mitad de lo que queda del episodio: lucha tragicómica, pues como la caja en la que Iris y Gilbert terminan por encerrar a Doppo también es de doble fondo este consigue escapar para dar a la acción una razón de proseguir. Pero lo esencial es que, en cuanto empieza la lucha, unos animales se han convertido en espectadores temerosos: tres conejos blancos que surgen del fondo de un sombrero se alzan un poco. Y hasta el final de la escena los pájaros revoloteando seguirán puntuando la acción, movimientos que se mezclan con los de los cuerpos. Un plano cortante del tren corriendo a través del paisaje señala a la vez una cesura y una repetición y cierra el episodio sobre sí mismo. De tal manera que lo que se ofrece en espectáculo dentro del vagón encantado es una magia que asocia la animalidad, la emoción y la hipnosis, y atrae la totalidad de la película a su juego explícito.

La animalidad no se inscribe en *Café Lumière* como en *Alarma en el expreso*. Da un rodeo, que es más que un rodeo. Para rendir homenaje a Ozu, que hacía pasar tantos trenes en sus planos inmóviles, Hou Hsiao-hsien concibió y filmó *Café Lumière* en Tokio como una película de trenes y de metros. Naturalmente, es también un homenaje a Lumière y sus vistas tan numerosas de trenes llegando a la estación o descubriendo paisajes, míticamente mostrados en el Gran Café. Así, Yoko, la joven periodista que es su protagonista, no deja de pasar de un metro a un tren y de un metro a otro. (Y a veces se queda dormida, como tantos japoneses captados por Chris Marker mientras dormían, a lo largo de *Sans soleil*). Pero, sobre todo, sin ninguna necesidad narrativa, unos trenes se deslizan libremente, se cruzan, se entrecruzan, según trayectorias a menudo imbricadas que resultan tanto más insistentes, deslumbrantes, por los colores vivos y variados de los vagones. Por la gracia del personaje que armoniza con la de la puesta en escena, el ojo es así perpetuamente atrapado, en el interior, desde el exterior, por la pregnancia de un dispositivo en el cual el cine no ha dejado de reconocerse desde sus orígenes. Yoko también tiene un amigo cercano, Hajime, librero de segunda mano, sin duda enamorado de ella, aunque nada se dice al respecto. La pasión que muestra la película es sobre todo la de Hajime por el metro, por sus valores sonoros, que tanto difieren según las líneas, y que graba obstinadamente, como un cineasta del sonido. Es en uno de sus encuentros en una estación de metro cuando se entera casualmente del embarazo de Yoko. Ha dicho y volverá a decir a sus padres que no quiere casarse con su amigo taiwanés instalado en Tailandia, donde dirige una fábrica de paraguas, para llevar una vida que no sería la suya; pero quiere quedarse con el niño.

El niño se convierte así en el otro tema posible de esta película sin tema. Un libro acentúa su motivo, en tres tiempos escalonados: primero están hojeándolo tranquilamente en la librería de Hajime, que le regala el libro a Yoko (es su respuesta al relato que le ha hecho Yoko por teléfono de un sueño obsesivo, tan esencial que abre la película, entre un plano fijo de tren que indica el homenaje a Ozu y el título *Café Lumière*; y enseguida, al pasar las páginas, a Yoko le parece que ya ha leído ese libro, y ha reconocido ese fantasma del "Bebé de hielo"); otra vez, hojean el libro, de manera insistente, en un vagón del metro; luego, cuando Yoko ya ha llegado a casa, hojea el libro otra vez, pero entonces las páginas invaden la pantalla a medida que Yoko las vuelve y su voz lee las frases que las acompañan. Ese libro es el álbum *Outside Over There* de Maurice Sendak, uno de los libros más bellos que existen, por la imagen y el texto asociados, como lo están en el cine la imagen y el sonido, sobre el imposible deseo de ser a la vez adulto y niño, de estar en un lugar y en otro, en una y otra época.[3]

Así ha ido preparándose la escena en torno a la cual gira la película, y girará como sin fin, aunque se ofrezca con una sencillez idéntica a la de todos los momentos de esa película, de un arte y una naturalidad conmovedores. Hajime ha llegado a casa de Yoko para enseñarle la imagen que ha construido en su ordenador. "Trenes. —Sí, trenes. —Un montón de trenes. —Sí, muchos trenes. Es la línea Yamanote". En cuanto vemos aparecer la imagen de la pantalla de ordenador en la pantalla del cine, se ve lo que comentan las voces, sin poder decirlo todo, pues sería ir más allá de la reserva de la película, que sugiere ese todo. Se verá esa imagen incansablemente, alejada, acercada, por Hajime y luego por Yoko que no cesa de variar su proporción, como para entrar en ella. Vemos pues una composición esquemática de vagones verdes dispuestos y superpuestos en todos los sentidos, cuyas ventanas blancas evocan a un espectador pensativo, instantáneamente, fotogramas (en los que cada vagón representa un fragmento de película). Y en el centro, en un rectángulo negro preservado, ya se vea de lejos o de muy cerca, en el corazón de cada plano, hay una figura, de tono claro. Un cuerpo, a la vez replegado y desarrollado. Deciden que es Hajime, "con el micro y el magneto MD", escuchando todos esos trenes que le rodean. Les hace gracia ese negro tan oscuro que podría ser su sangre. Y con Yoko y Hajime, a través de ellos, más allá de ellos y de lo que comunica lo no-dicho de la película, pensamos evidentemente en el niño que Yoko lleva en su vientre, en el ruido del metro que el niño ya oye, en el niño sin más, el animal-niño. A la vez ya niño grande y muy pequeño. El *infant* imaginado por Daniel Stern.

Vuelven entonces dos imágenes, como las del sueño de Yoko, reencontradas durante la lectura del libro de Sendak. La primera es un feto que evoca esa figura, en la abstracción simple de su dibujo: el "feto astral" de *2001 Una odisea del espacio*[4], cría de humano ya formada en la bola traslúcida en la que destacan sus rasgos azulados, en el último plano de la película. Aparece en el lecho de muerte del protagonista astronauta, allí donde, "más allá del infinito", las edades de la vida se invierten como las de la humanidad: pues volvemos a encontrar en la habitación final el monolito visto cuatro mil años antes, en la época en la que un simio victorioso, ti-

3. Sobre este libro, véase mi texto "L'ici-là-bas", *L'Entre-Images 2. Mots, Images*, París: P.O.L., 1999, pp. 329-333.
4. Esta expresión quedó consagrada con el título del libro de DUMONT, Jean-Paul y MONOD, Jean, sobre la película de Kubrick (París: Christian Bourgois, 1970).

rando al aire el hueso utilizado en la lucha, abre la trayectoria lancinante del satélite a través del espacio. La segunda imagen es la del bebé de *Cuentos de Tokio*, instalado dentro de la forma redonda de paredes opacas, en el cual se ha querido ver una imagen posible del niño-espectador que la ficción verdadera del libro de Stern ha permitido pensar. De tal modo que ante la imagen de ordenador que trae a la mente esas otras imágenes, procedente de una película que cree como pocas en la virtud de un cine de la realidad tal como se ha podido imaginar desde Lumière, se tiene la impresión de alcanzar el corazón del cine.

PRINCIPIOS, AGRADECIMIENTOS, REFERENCIAS

PRINCIPIOS

Se encontrarán en el índice todos los nombres de autores y todas las obras citadas —películas, libros, artículos, obras colectivas (de manera excepcional, se han añadido algunos productores, así como Balsamo-Cagliostro, Bela Lugosi y Henri Laborit). En la mayoría de las ocasiones, se han omitido los subtítulos de los libros y se han abreviado los títulos extensos de algunos artículos. Las páginas indicadas son estrictamente aquellas en las que aparecen los nombres y los títulos. [Los números en cursiva indican las imágenes que corresponden a las películas]. *[N. de T.: en el caso de esta edición, se ha optado por no reproducir las imágenes]*

La fecha de los filmes se indica la primera vez que aparecen; alguna vez se ha repetido, según las necesidades del contexto. Las películas son citadas en el texto en versión original, para las lenguas más frecuentes (en cuyo caso aparece entonces el título francés en el índice; en los filmes de lenguas menos familiares, se procede de manera inversa). Por cuestiones de claridad, también se han dado a veces los dos títulos en el texto. Por otra parte, se han dejado algunas veces los títulos en francés cuando aparecen en citas o equivalentes de citas. *[N. de T.: en la presente edición, la primera vez que se nombra un filme en el texto se indica su título en español y entre paréntesis el título original, director y año. A continuación, cada vez que se vuelve a nombrar el mismo filme aparece solo el título en español. En el índice se localizan las películas por su título en español]*

La referencia completa de los artículos y libros se da siempre en la nota correspondiente, la primera vez que aparecen.

(Solo el prólogo supone una excepción y no lleva ni notas ni fechas para las pocas películas citadas. El texto de Leibniz al que se alude lo publicó en Francia por primera vez Yvon Belaval en *La Nouvelle Revue française* en octubre de 1958, y se recogió en *Trafic*, nº 6, primavera de 1993).

No se puede ilustrar todo. Simplemente, a la vista de los ejemplos elegidos y de los argumentos propuestos, algunas películas, por razones diversas, se prestan mejor que otras a sugestiones de imágenes siempre más o menos equívocas. De manera evidente, se ha prestado más atención a las películas en blanco y negro, sin por ello convertirlo en un principio. Pero, por ejemplo, nos ha parecido inútil intentar seguir a la mujer de rojo del *Héroe sacrílego*, cuyo color sobre todo subraya, entre muchos movimientos, el desplazamiento propio dentro del encuadre. Por otra parte, el efecto de trayectorias encadenadas de *El año pasado en Marienbad* parece todo un desafío a cualquier intento de ofrecerlo por medio de algunas ilustraciones. *[N. de T.: en el caso de esta edición, se ha optado por no reproducir las imágenes]*

Las imágenes reproducidas corresponden a veces a la sucesión de los planos, o incluso descomponen algunos planos (se entiende entonces con toda claridad por el comentario, así como por las letras añadidas a los números): más a menudo, esas imágenes componen sucesiones ordenadas de planos escogidos al hilo de las secuencias o de las películas en su conjunto. Su orden de lectura sigue prácticamente siempre la sucesión del filme. *[N. de T.: en el caso de esta edición, se ha optado por no reproducir las imágenes]*

Tampoco se puede citar todo, ni haberlo leído todo o haberlo visto (o vuelto a ver) todo a tiempo. Me refiero por ejemplo a *The Cinematic Body* (Minneapolis: University of Minnesota Press, 1993) de Steven Shaviro: libro original en el paisaje universitario americano, cercano al mío por su título, y por sus referencias deleuzianas. Pero lejos de mis preocupaciones también, y que finalmente no he usado. Otro ejemplo: el libro de Rae Beth Gordon, *Why the French Love Jerry Lewis: From Cabaret to Early Cinema* (Stanford: Standford University Press, 2001), que he conocido demasiado tarde y me habría permitido precisar unos puntos más en "Perspectivas retrospectivas". Finalmente, me indicaron ya muy tarde, cuando este libro estaba listo para la imprenta, en la película de Werner Herzog, *El enigma de Kaspar Hauser* (*Jeder für sich und Gott gegen alle*, 1974), una representación elocuente del "experimento maravilloso" de Kircher, en el que se veía a la gallina hipnotizada en el suelo por la raya de tiza trazada a partir del pico. En resumen, es una manera de decir, en caso de que fuera necesario, que todo trabajo es forzosamente parcial, en todos los sentidos.

Finalmente, traduje al francés, sin indicarlo, todas las citas provenientes de textos ingleses inéditos en francés.

AGRADECIMIENTOS

Doy las gracias a aquellas y aquellos que han contribuido al desarrollo de este libro:

Danielle Sivadon, por haberme hecho leer, hace ya mucho, a Daniel Stern; Nicole Brenez, por el evento "Émotions" en Aix-en-Provence, en febrero de 1992; Maria Dora Mourão y Suely Rolnik, por el seminario y la conferencia "Le corps du cinéma", asociando hipnosis y emociones, en São Paulo, en septiembre 1995 (Universidad de São Paulo/Universidad Católica); Gertrud Koch, que me empujó a asociar por fin la animalidad a esos dos elementos, para un curso dado con el mismo título en la primavera-verano de 2001 en Berlín (Freie Universität Berlin);

Daniel N. Stern, que a partir de un momento dado se interesó por este trabajo;

Daniel Heller-Roazen que me invitó, cuando ya lo estaba acabando, a exponer las grandes líneas del libro en los "Gauss Seminars", en la primavera de 2008 (Princeton University); y Adrian Martin, que me ayudó a presentar una versión inglesa aceptable de estas conferencias;

Christa Blümlinger y Patrice Rollet, que tan cariñosamente consagraron parte de su tiempo a la lectura de un voluminoso manuscrito, con todas las sugerencias tan valiosas que me aportaron;

Jean Douchet y Bernard Eisenschitz, por haber puesto generosamente a mi disposición sus inestimables colecciones de DVD y cassettes;

Mireille Cardot, por las investigaciones en bibliotecas.

También doy las gracias a quienes me han ayudado de distintas maneras, indicándome, señalándome alguna película, algún libro, algún texto, aclarándome algún punto, o que a lo largo de los años me han invitado, en distintos lugares, a hablar de algunos de los aspectos de este libro:

Adriano Aprà, Lucilla Albano, Emmanuelle André, Dudley Andrew, Asociación Hermanos Lumière, Michelle Aubert, Jacques Aumont, Mary Lea Bandy, Hélène Bellour, Julien Bellour, Janet Bergstrom, Mireille Berton, Dominique Bluher, Françoise Bonnefoy, Bernard Boubat, Frédéric Bonnaud, Patrick Brion, Léon Chertok, Jean-Louis Commolli, Robin Curtis, Marie-Pierre Duhamel-Muller, William K. Everson, Elisabeth Fivaz, Michel Frizot, Jérôme Game, André Gaudreault, Philippe Grandrieux, Julie Grèzes, Tom Gunning, Jan-Christopher Horak, Kent Jones, Hervé Joubert-Laurencin, Bill Krohn, Jean-Marc Lamotte, Christian Lebrat, Pierre Léon, Robert Louit, Trond Lundemo, Martine Marignac, Philippe-Alain Michaud, Didier Michaux, Lihi Nagler, Werner Nekes, Claudine Pacquot, Constance Penley, Leighton Pierce, Hugues Pradier, Veronica Pravadelli, Hilary Radner, David N. Rodowick, Corinne Rondeau, Jonathan Rosenbaum, François Roustang, Pierre Rusch, Jean-Louis Schefer, Maxime Scheinfeigel, Karl Sierek, Xavier Sirven, P. Adams Sitney, Corinne Thévenon-Grandrieux, François Thomas, Margrit Tröhler, Youri Tsivian, Kathryn Weir, Peter Zach;

así como a Ruggero Eugeni, por nuestros intercambios de puntos de vista sobre la hipnosis y el cine.

Tampoco me olvido ni de mis estudiantes americanos del Centro de Estudios Críticos, ni de mis estudiantes de "maîtrise" de la universidad de París 3, que me han seguido animosamente durante mucho tiempo, de un año a otro, en determinados momentos de este ensamble y también han contribuido a que acabe por convertirse en "uno".

Finalmente, todo mi reconocimiento a Paul Otchakovsky-Laurens, que me ha apoyado durante estos últimos años para la terminación tantas veces diferida de un libro en el que ha sabido creer, con una amistad y una generosidad intelectual única. Muchas, y amistosas, gracias también a Thierry Fourneau por su trabajo en el montaje tanto de las páginas como del índice, y a Jean-Luc Mengus por su cuidadosa relectura.

REFERENCIAS

Casi todas las imágenes reproducidas proceden de capturas de DVD, salvo: p. 10, la imagen de la "gallina" de Athanasius Kircher (aparece en la p. 154 de su gran obra *Ars Magna Lucis et Umbrae*); p. 22, la imagen de la guillotina (sin fecha, sacada del catálogo *La Guillotine dans la Révolution*, concebido por Daniel Arasse y Valérie Rousseau-Lagarde, Museo de la Revolución Francesa, 27 de marzo-24 de mayo de 1987, p. 41); p. 57, la imagen del Photorama-Lumière, amablemente ofrecida por la "Association frères Lumière" (se publicó en *La Nature*, nº 1499, 15 de febrero de 1902, p. 173); p. 322, el fotograma de *Serene Velocity* (debido a la amabilidad combinada de P. Adams Sitney, Ernie Gehr y Christian Lebrat). Finalmente, p. 454, dos planos de *Island of Lost souls* debieron ser tomados, a falta de otras fuentes adecuadas, respectivamente, del libro de Jean Boullet, *La Belle et la Bête*, París: Le Terrain vague, 1958 (lámina fuera del texto) y del catálogo *Kiss of the Beast "Paris Salon" to King Kong*, Ted Goot y Kathryn Weir (eds.), Melbourne, 2005-2006 (p. 95). *[N. de T.: en el caso de esta edición, se ha optado por no reproducir las imágenes]*

Algunas partes de este libro han aparecido en revistas o en obras colectivas, siempre más o menos retocadas en la versión final (las indico según el orden del texto):

El capítulo "La hipnosis-cine":
"Hypnose und Film", en Gertrud Koch et Christiane Voss (Hg.), *... kraft des Illusion*, Munich: Wilhelm Fink Verlag, 2006, pp. 17-38;
"L'Ipnosi-Cinema", en Lucilla Albano y Veronica Pravadelli (a cura di), *Cinema e psicoanalisi. Tra cinema classico e nuove technologie*, Macerata: Quodlibet Studio, 2008, pp. 57-80.

El capítulo "Otra hipnosis" (con el título erróneo "Wie man mit Daniel Stern das Kino besser fühlen/denken, kann"), en Ludwig Nagl, Eva Waniek, Brigitte Mayr (Hg.), *Film Denken / Thinking Film*, Viena: Synema, 2004, pp. 213-236.

"Le dépli des émotions" (que corresponde a los capítulos 5 y 6), *Trafic*, nº 43, otoño de 2002, pp. 93-128 (en alemán: "Das Entfalten der Emotionem", en Margrit Tröhler y otros (Hg.), *Kinogefühle. Emotionalität und Film*, Marburg: Schüren, 2005, pp. 51-102; en italiano: "Dispiegare le emozioni", en Giulia Carluccio y Federica Villa (a cura di), *Il corpo del film. Scritture, contesti, stile emozioni*, Roma: Carocci editore, 2006, pp. 111-150).

Las páginas dedicadas al segundo libro de Daniel Stern (en "Un espectador pensativo"): "Daniel Stern, otra vez", *Trafic*, nº 57, primavera de 2006, pp. 52-62.

La sección sobre *Moe no susaku* de Naomi Kawase: "El don de las lágrimas: a propósito de la despedida en *Suzaku*", en José Manuel López (ed.), *El cine en el umbral. Naomi Kawase*, Madrid: T&B, 2008, pp. 75-80.

La parte dedicada a los filmes de Howard Hawks: "*Bringing up Baby*: monkey business", *Trafic*, nº 63, otoño de 2007, pp. 116-127.

Finalmente, algunos análisis de secuencias y planos fueron realizados por primera vez, por invitación de Jacques Aumont, en la conferencia "Figures aux allures de plans", publicada bajo ese título en el libro por él dirigido, *La Mise en scène*, París: De Boeck Université, 2000, pp. 109-126.

[Nota a la presente edición en español: Julián Mateo Ballorca, traductor de la presente edición, agradece especialmente a Guillermina Sabadell y a Mariel Manrique su atenta lectura].

[Nota de la presente edición: conforme el criterio de abordaje alternativo de los textos propio de la colección Contracampo de Shangrila Textos Aparte, en esta edición no se incluyen en el interior de los capítulos los 684 fotogramas que se reproducen en la edición original en francés.]

ÍNDICE

B

E

G

H

I

N

TABLA DE CONTENIDOS

El cuerpo del cine

Hipnosis, emociones, animalidades

se imprimió

en septiembre de 2013

en los talleres de

Todo Print Digital

Santander

(Cantabria)

shangrila
textos aparte